ウイルス(1〜5)
グラム陰性細菌(6〜10)
シアノバクテリア(11 〜15)
グラム陽性細菌(16〜20)
アーキア(21, 22)

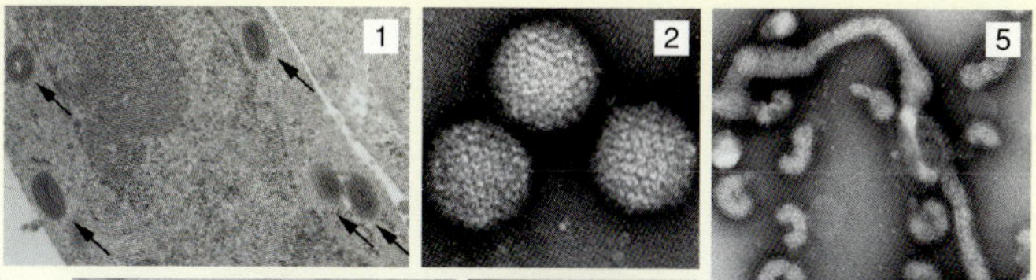

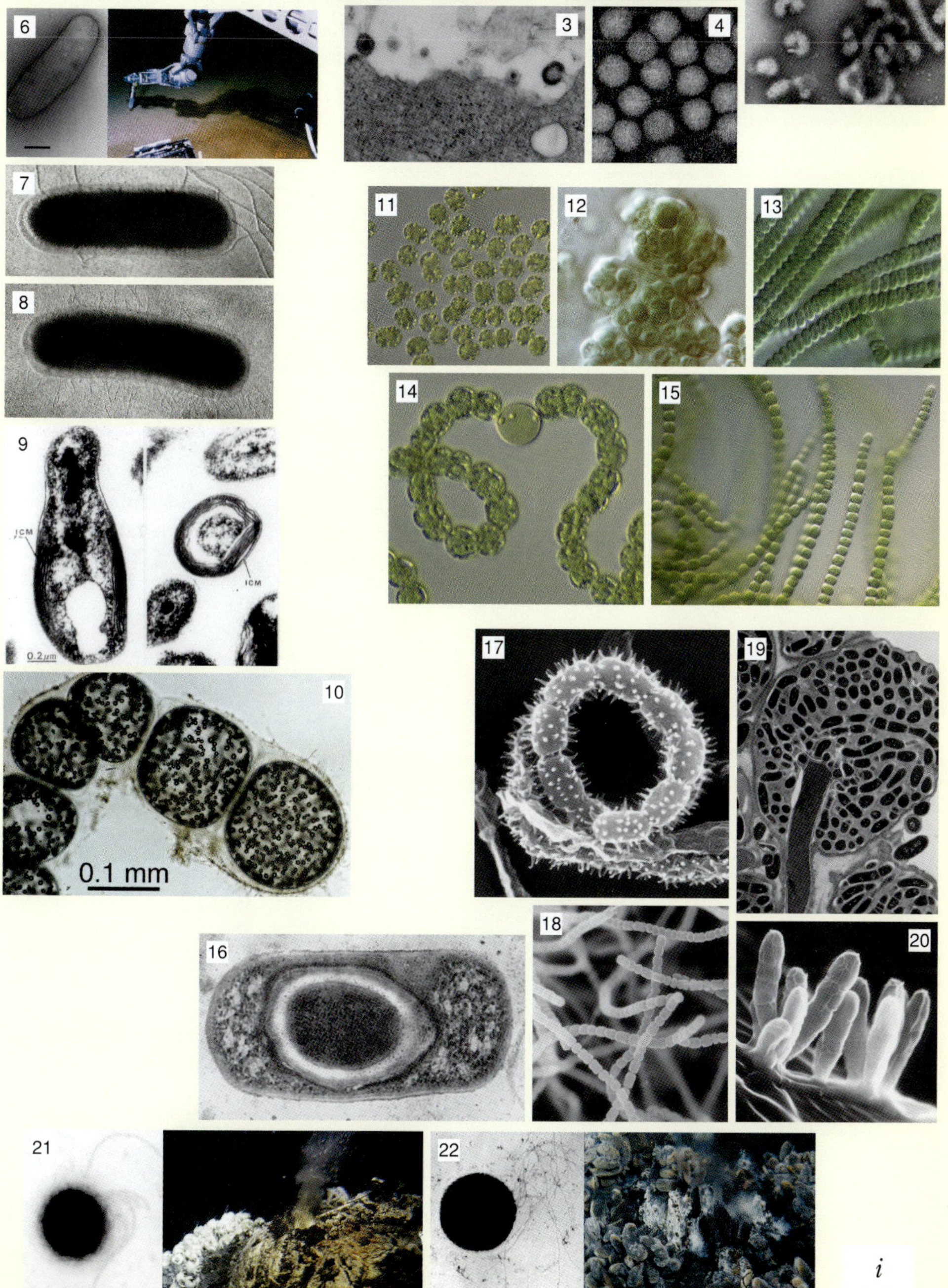

各写真の詳細はix頁を参照

アクラシス菌門(23)
タマホコリカビ門(24, 25)
変形菌門(26～31)

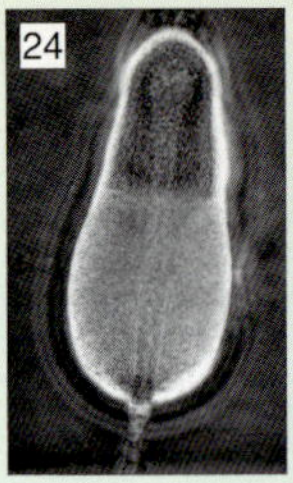

ネコブカビ門(32)

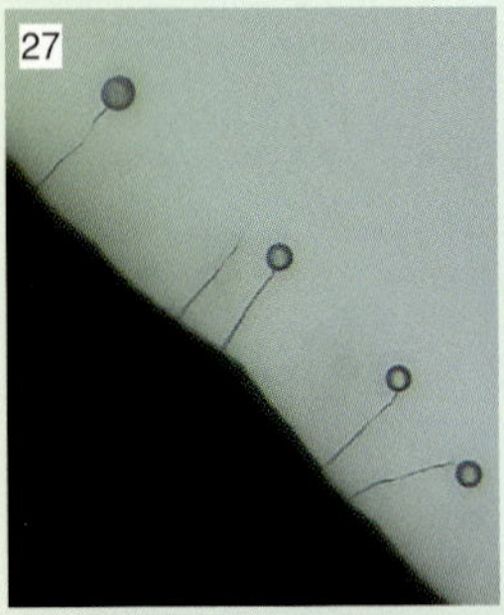

ラビリンツラ菌門
(33, 34)

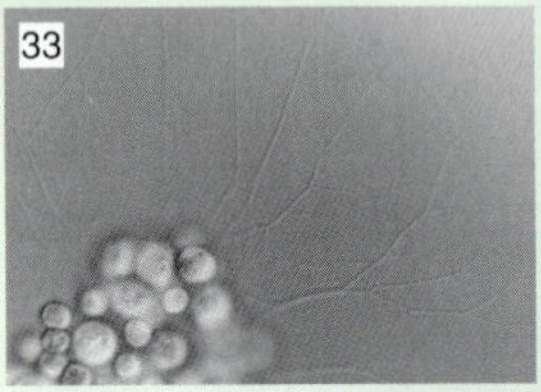

卵菌門(36～38)

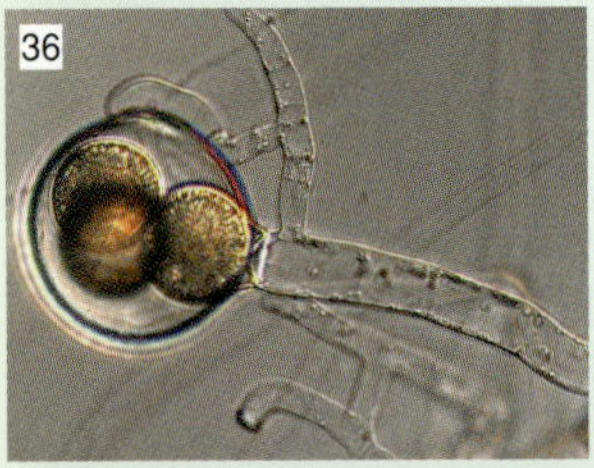

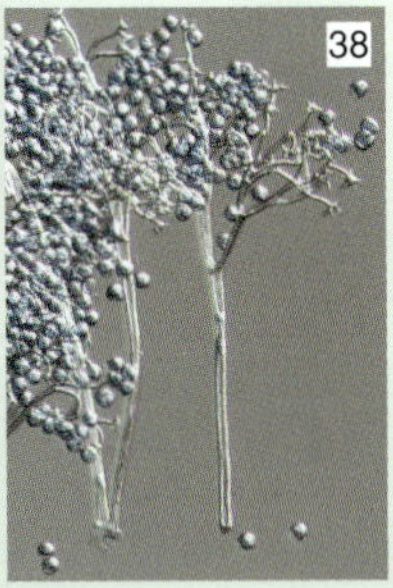

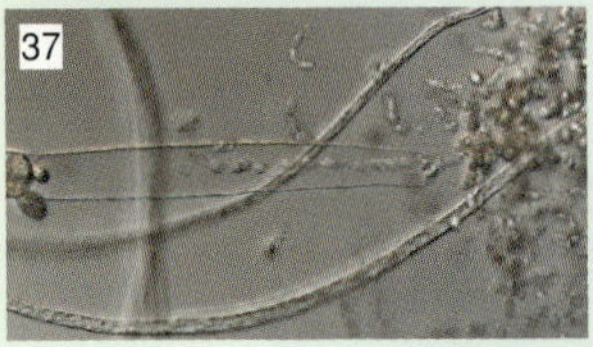

サカゲツボカビ門
(35)

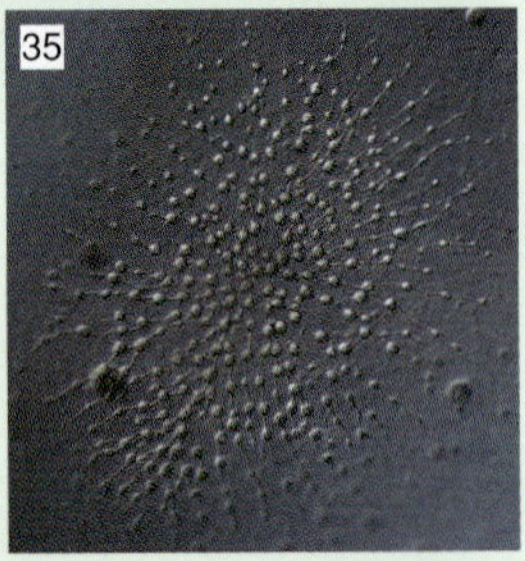

ツボカビ門
(39～41)

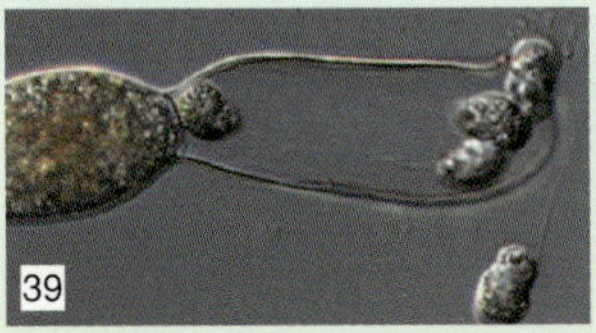

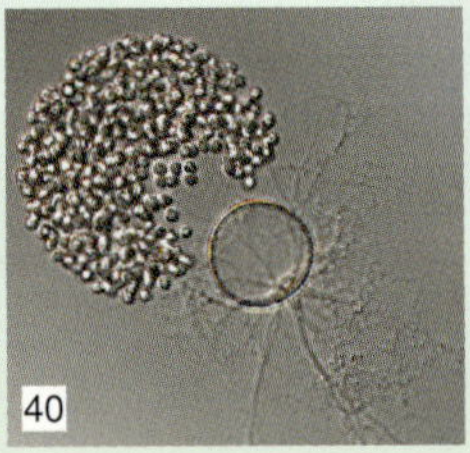

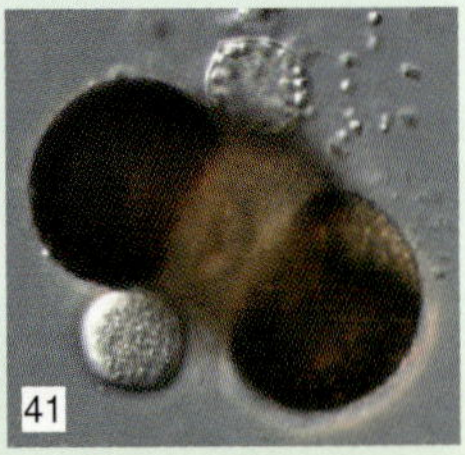

接合菌門　接合菌綱（42～52）

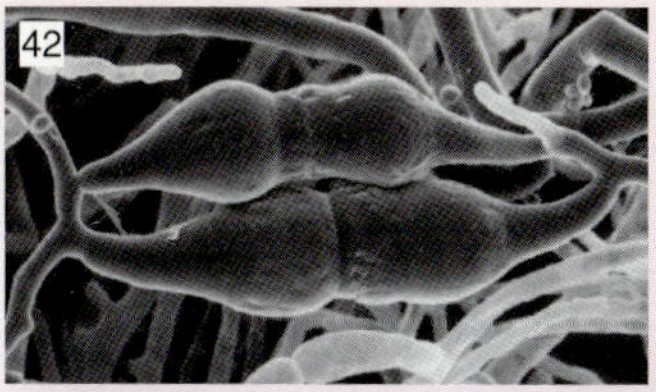

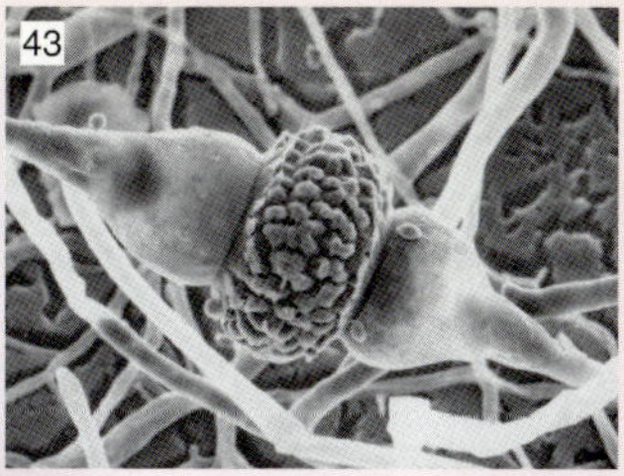

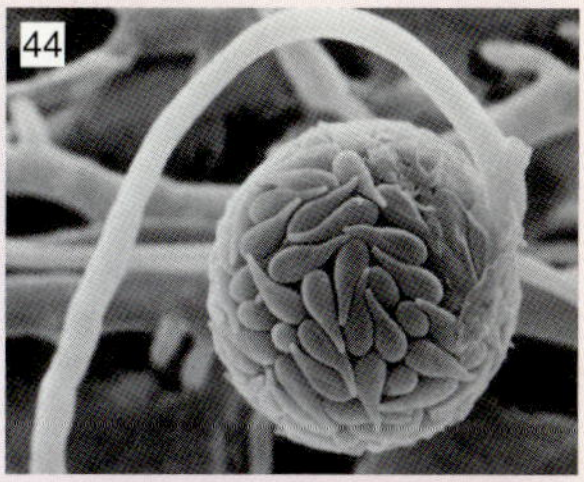

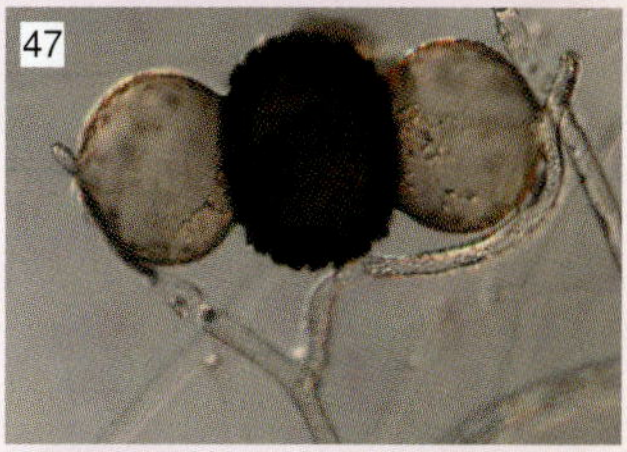

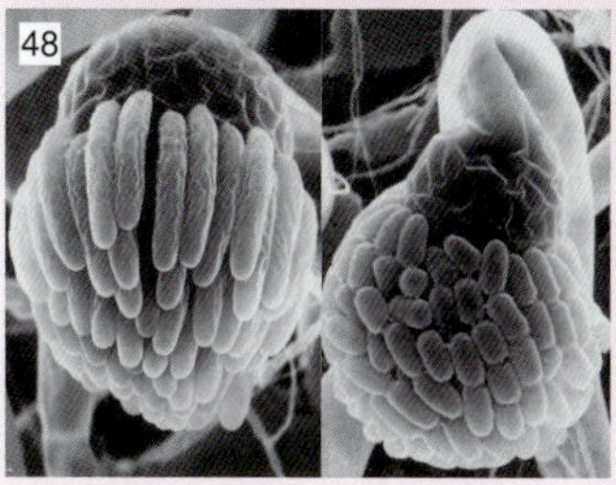

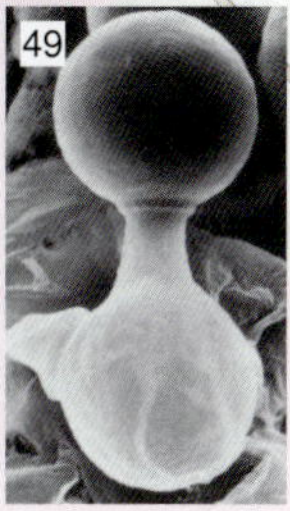

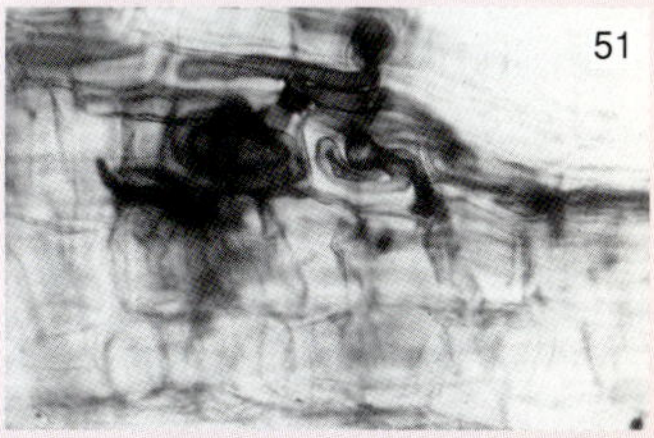

トリコミケス綱（53～57）

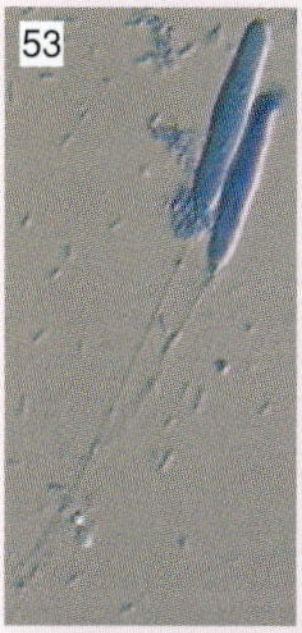

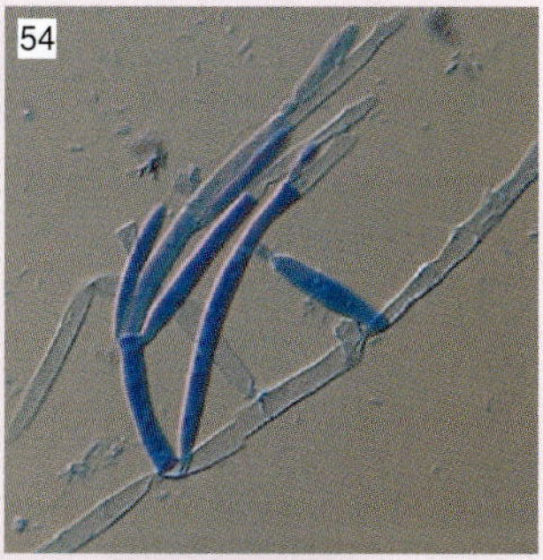

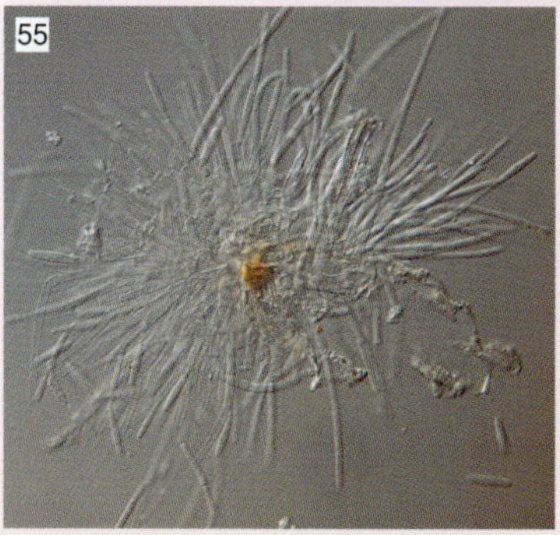

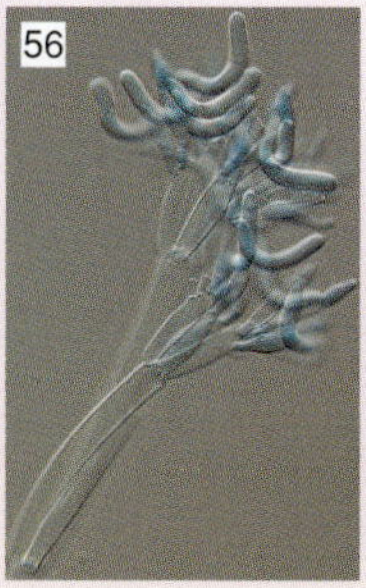

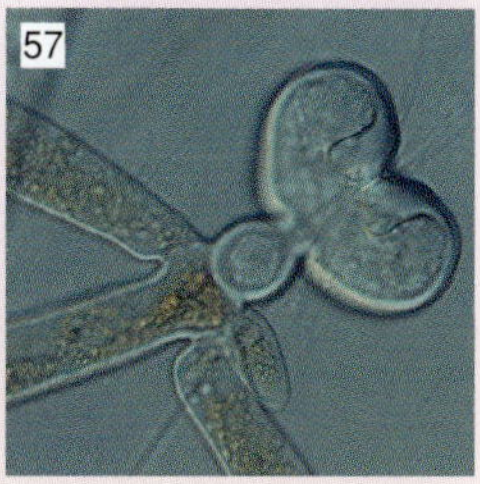

子嚢菌門（1）　古生子嚢菌類（58～60）

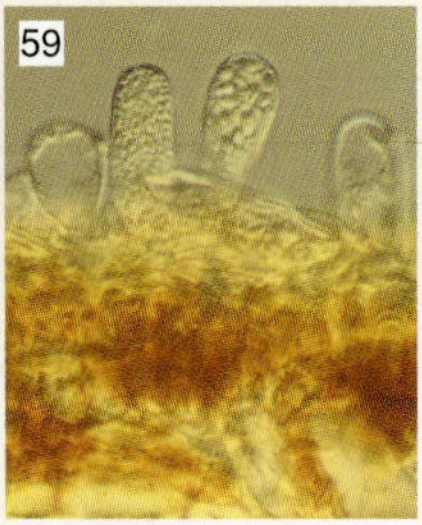

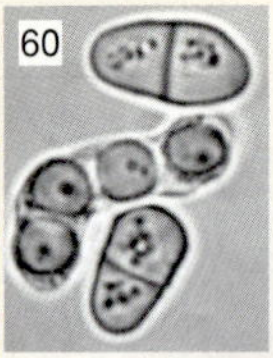

半子嚢菌類（61～64）

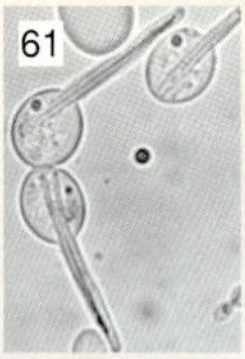

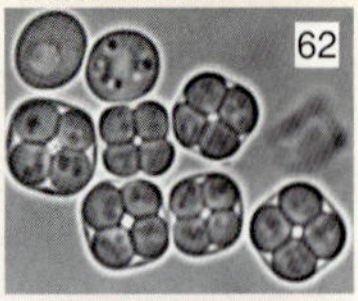

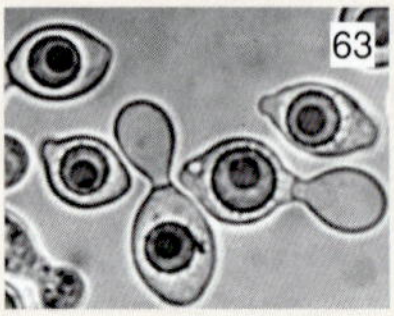

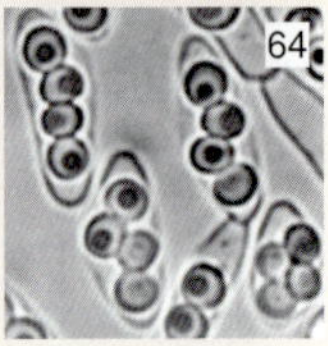

不整子嚢菌類（65～72）

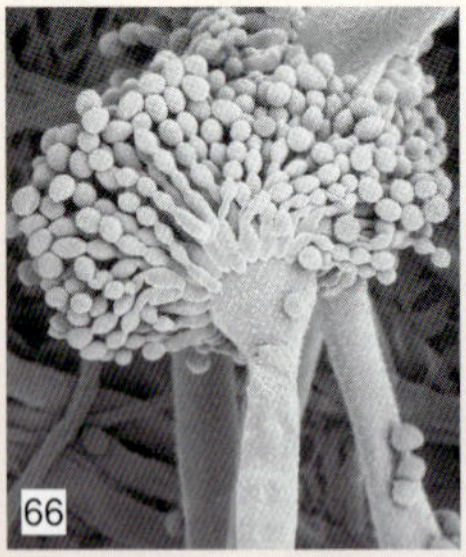

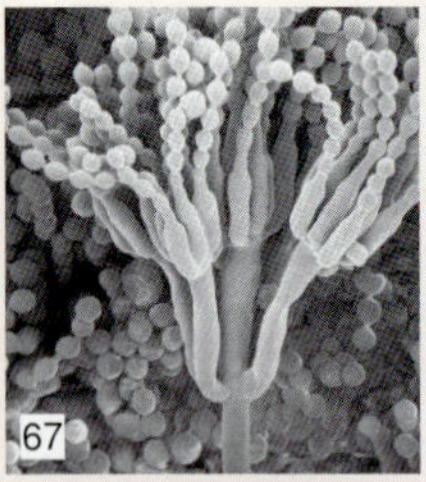

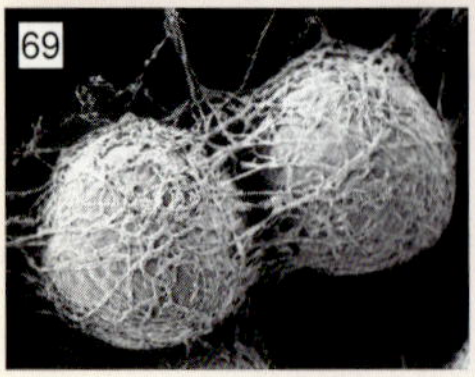

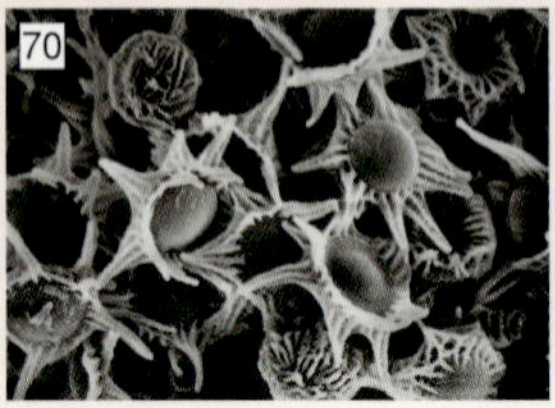

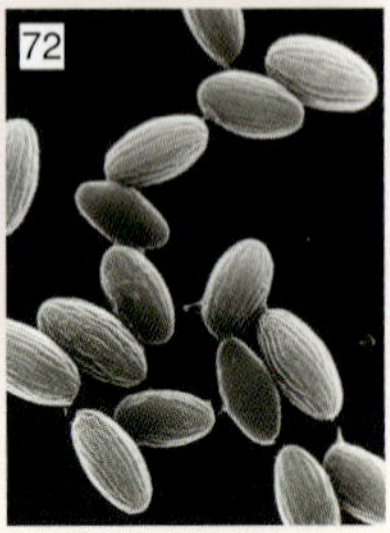

核菌類（73～77）

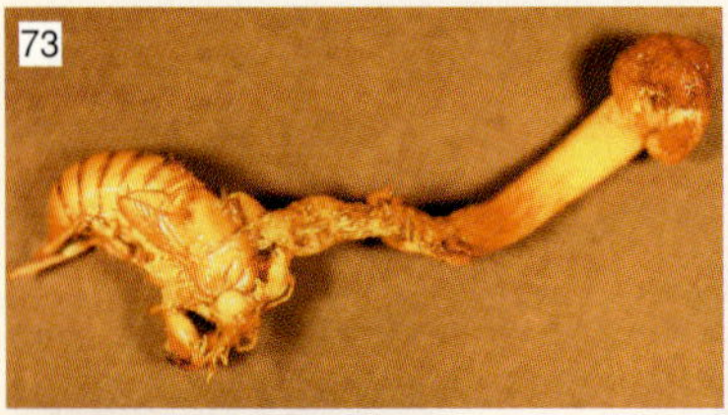

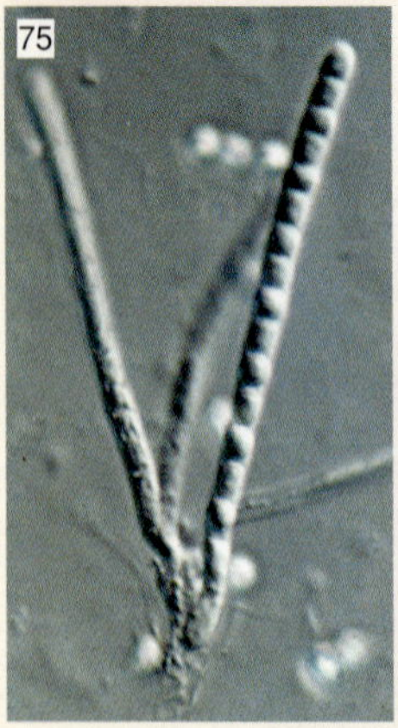

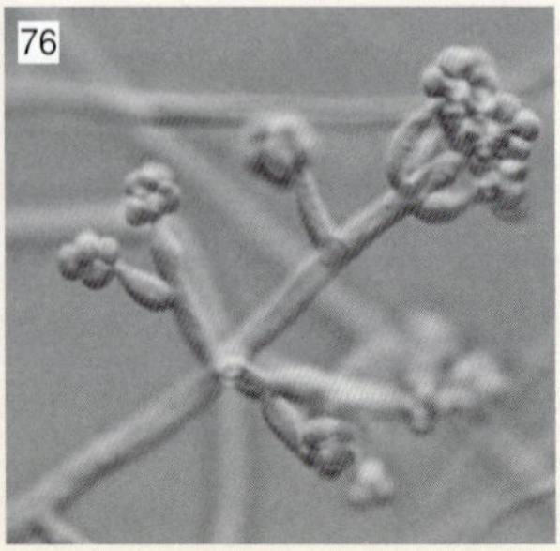

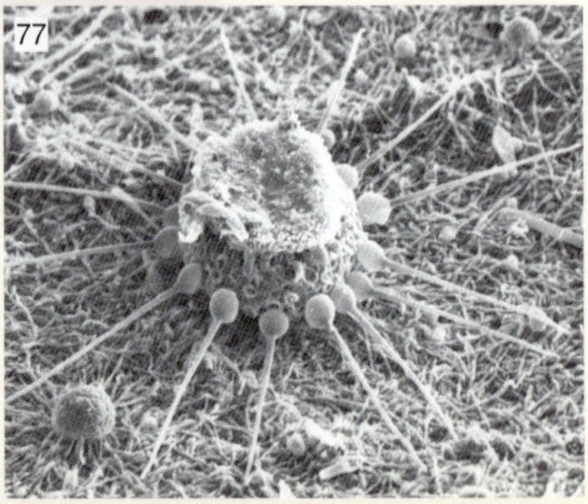

子嚢菌門（2）　盤菌類（78〜84）

78

79

80

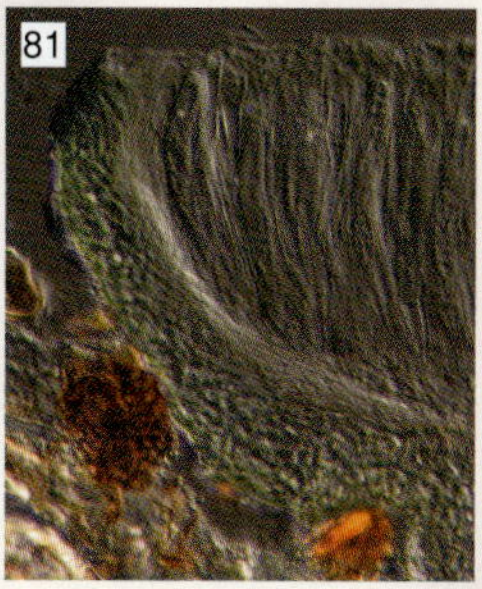
81

82

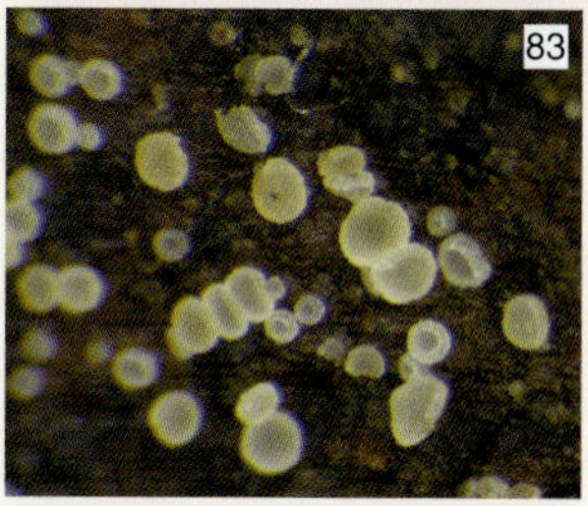
83

84

小房子嚢菌類（85〜92）

85

86

87

88

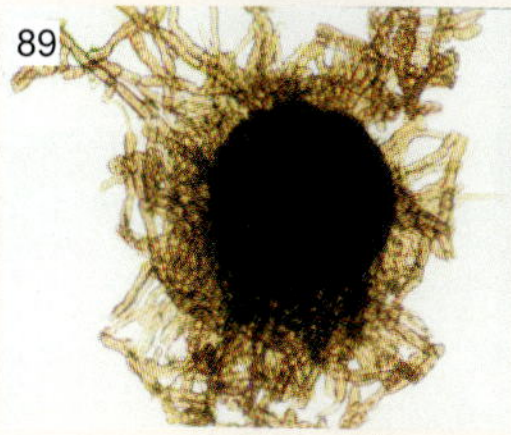
89

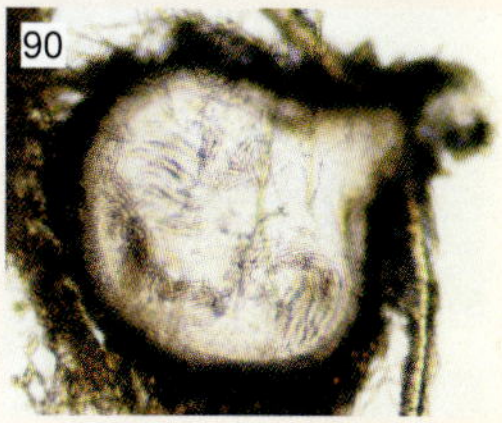
90

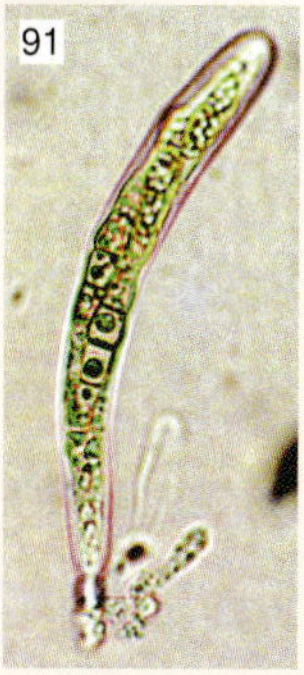
91

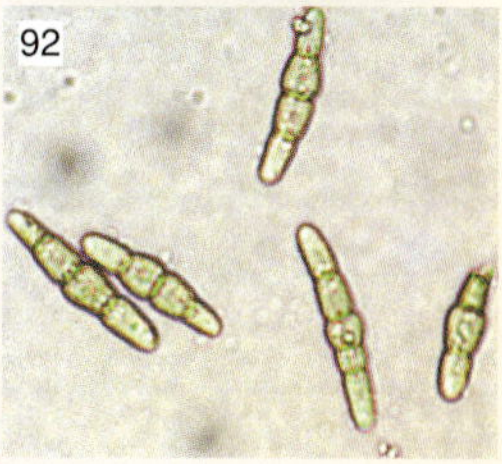
92

担子菌門(1)

担子菌酵母
(93〜95)

寄生性担子菌類(96〜106)

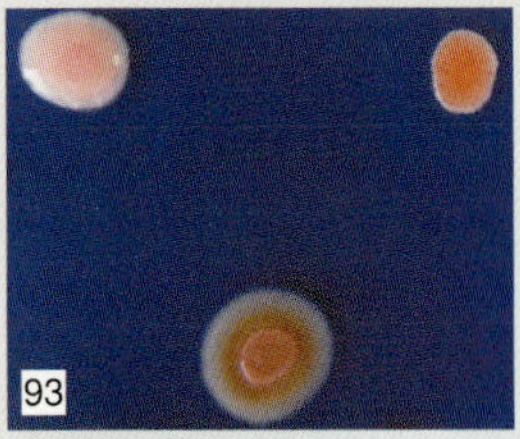
93

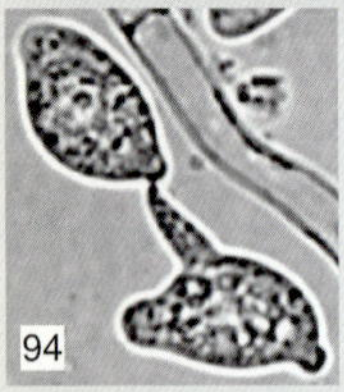
94

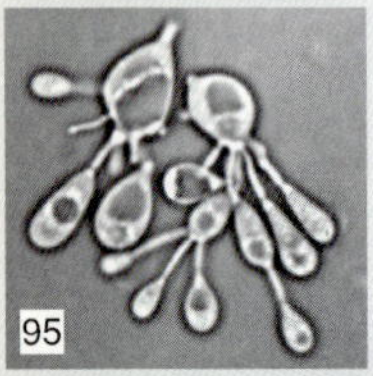
95

96

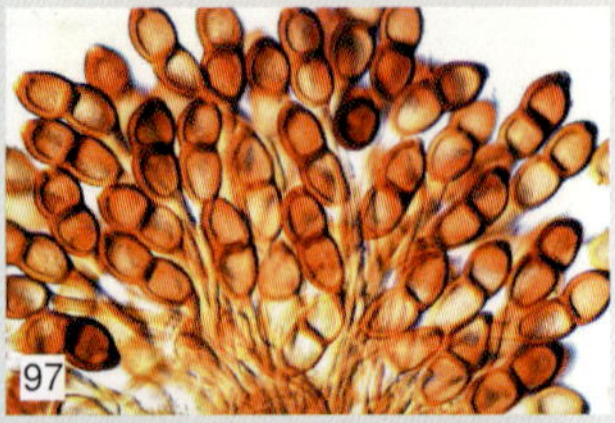
97

98

99

100

101

102

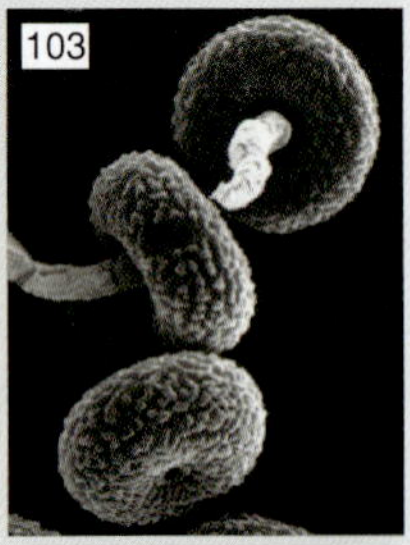
103

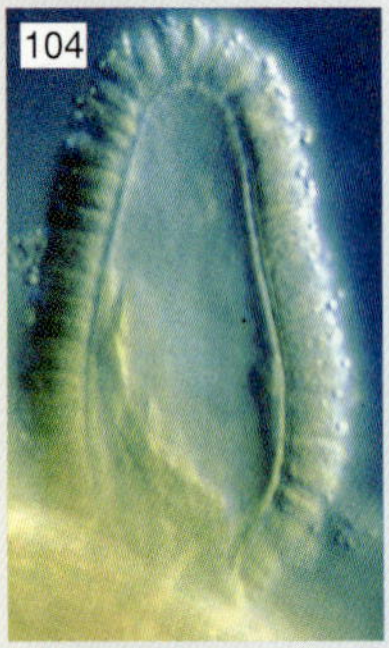
104

105

106

菌蕈類・キクラゲ類
(107〜111)

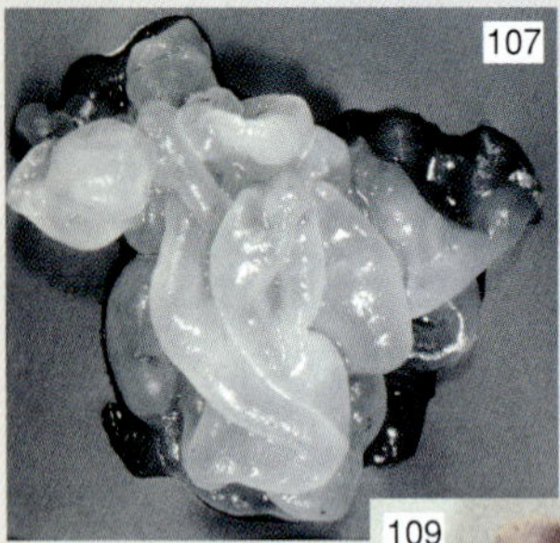
107

108

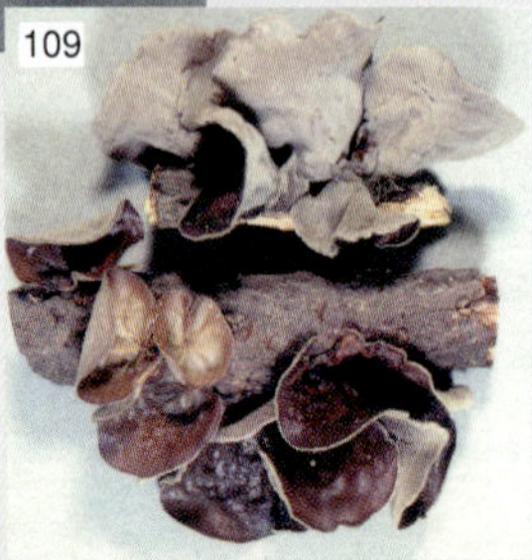
109

110

111

担子菌門(2)

菌蕈類・
真正担子菌類
(112～123)

112

113

114

115

116

117

118

119

120

121

122

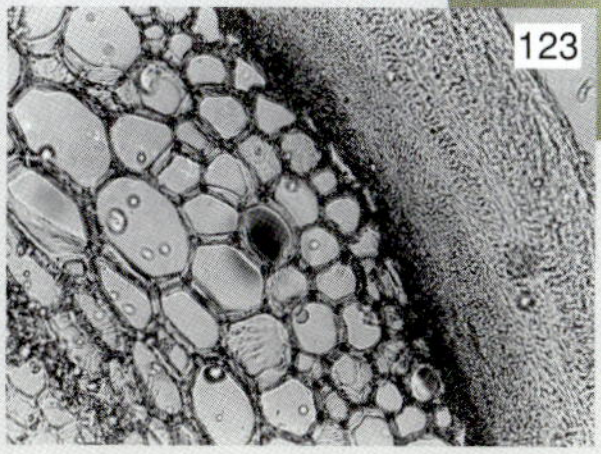
123

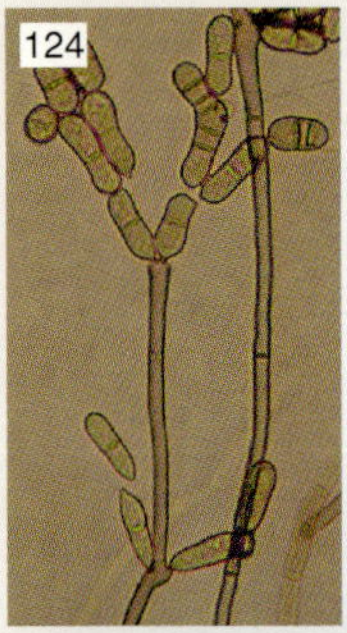
124

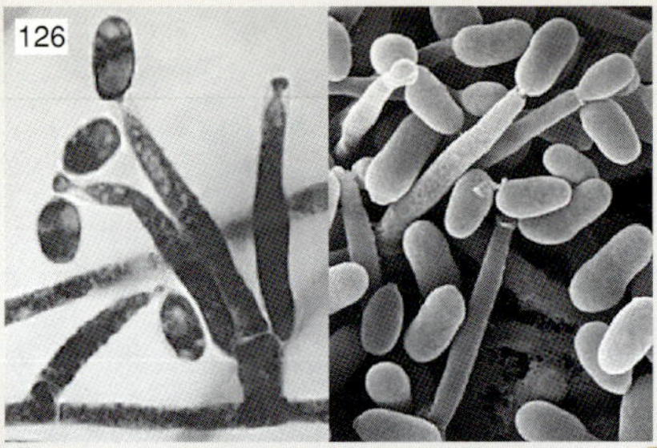
126

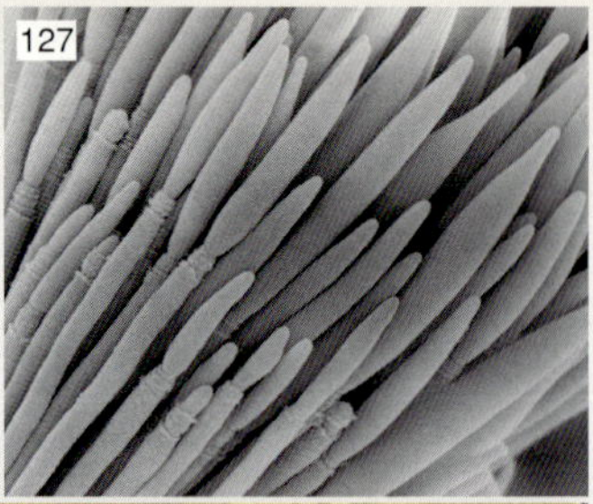
127

不完全菌類(124〜130)

125

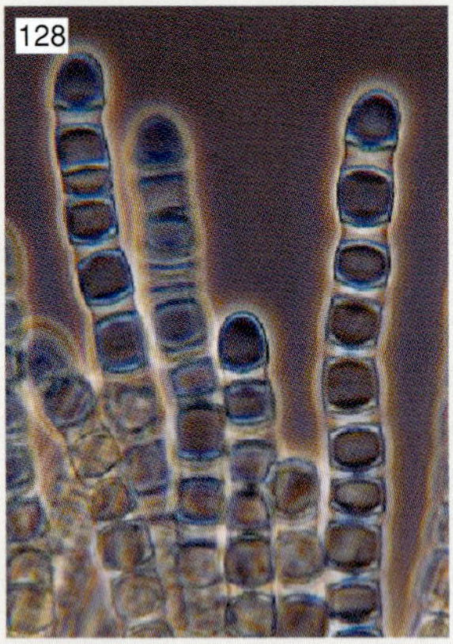
128

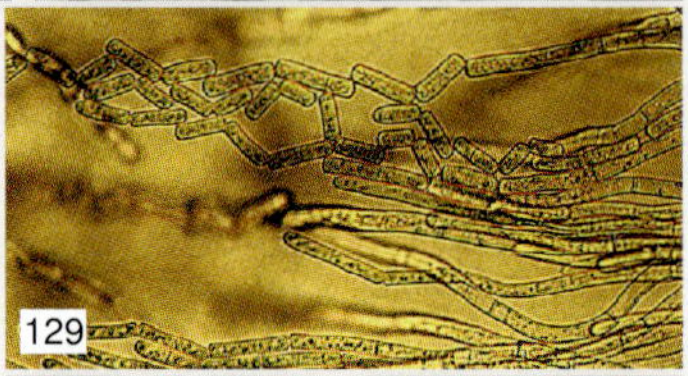
129

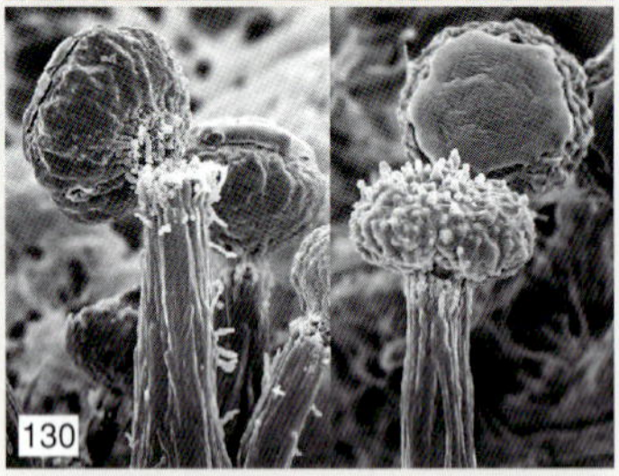
130

地衣類(131〜139)

131

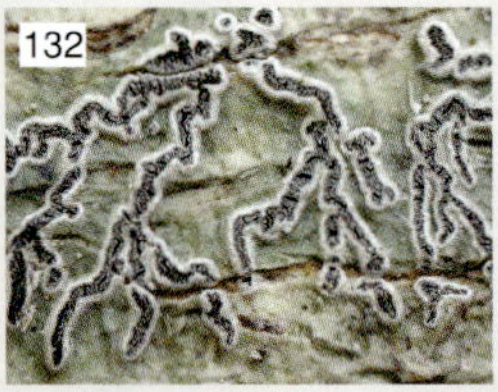
132

133

134

135

136

137

138

139

バイオディバーシティ・シリーズ　4

菌類・細菌・ウイルスの多様性と系統

東京大学名誉教授
兵庫県立人と自然の博物館長　岩槻邦男
北海道大学教授　馬渡峻輔　監修

東京大学名誉教授　杉山純多　編集

裳華房

Diversity and Evolution of Fungi, Bacteria and Viruses

edited by

JUNTA SUGIYAMA DR. SCI.

SHOKABO

TOKYO

刊行のことば

DNAをキーワードとして、20世紀後半に飛躍的な発展を遂げた生物学は、生命についての謎(なぞ)を一つ一つ解きあかしてきた。しかしながら、生物多様性(バイオディバーシティ)の研究が、しばらくの間、生物学の大きな流れのなかで後塵(こうじん)を拝することが多かったことを否むことはできない。

「生物多様性国家戦略」が国の意志として編まれさえする今、バイオディバーシティに注ぐ人々のまなざしは熱い。21世紀の人類の繁栄に向けて、遺伝子資源の確保や環境保全の基礎としての生物多様性の持続的な利用については、確かに人々の関心も深まってきた。しかし、その基礎となる生物多様性の研究が甚だしく遅れをとっている、という現実に気がついているのは、まだ一握りの人たちに過ぎない。

生物学の技法の進歩は、今、バイオディバーシティを生物学の今日的な課題に押しあげている。生物学の分野では、21世紀は多様性の生物学がその主流でなければならないと期待されてさえいるのである。

生物多様性について語られることは多くなった。しかし、生物多様性の研究の現状が包括的に提示されたことはまだない。ここに刊行の運びとなったバイオディバーシティ・シリーズは、生物多様性に関する最新の知見を集大成し、今日的な問題点を指摘し、この分野における生物学の発展に寄与することを目的とするものである。生物多様性を正しく理解し、その持続的利用を図るためには、生物多様性とはなにであり、それについて科学は今どれだけの情報をもっているのかを正しく把握することが肝要である。本シリーズは、生物多様性にかかわるすべての人に必要な理論と情報を提供するために、広範囲の研究分野から第一線の研究者の協力を得て編まれるものである。さまざまの人々の需要に応じ、基礎的な研究を推進する糧となると同時に、生物多様性の持続的な利用に資す情報源となることを期待するものである。

岩 槻 邦 男
馬 渡 峻 輔

まえがき

私たちが住む地球には動物、植物のほかに多種多様な微生物が生息している。細菌、酵母、カビの仲間は顕微鏡的な生き物のため、ややもすると無視されやすい。多くの微生物はからだは小さいが、そのはたらきは実に大きく、生物学的多様性も著しい。そのうえ経済的なポテンシャルも高い。21世紀のバイオテクノロジー、特に環境と健康問題解決の切り札として期待される所以でもある。本書の主目的は、生物多様性研究や系統分類学の現代的視点から、非細胞性のウイルスも含め、地球の様々な環境に住む微小生物の世界を平易に紹介することにある。微細藻類と原生動物は微生物の主要な仲間ではあるが、本シリーズの編集方針からそれぞれ別巻としてすでに刊行済みである。したがって本巻は「微生物」という括りで、広義の菌類、広義の細菌、そしてウイルスを扱う。

本書は、5部構成となっている。第I部は総論で、微生物としての細菌と菌類の機能的・構造的プロフィールから大きな系統関係まで、系統研究の発展を跡づけながら概説する。第II部は、菌類についての各論に相当し、多様性と系統を基軸にして「菌類の科学」の現代像を反映するような構成にした。多様性と系統・進化に注目しながら、菌類多様性を八つの章に分け、各分担執筆者に最新の知見を基に概説をお願いした。第III部では、菌類群ごとの特徴や主要な分類群について生活環と形態の図解を多用して、生物学的特徴を可能な限り最新情報を基に体系的に紹介する。すなわち、偽菌類として7門、“真の”菌類として4門プラス2菌類群である。第IV部（10章）は、限られた紙幅の中に、現代細菌系統分類学の知見を投影し、原核生物の分子系統・生態進化や生命の初期進化時代に関する最新の仮説、さらにバクテリア・アーキア両ドメインの主要分類群の特徴などを紹介する。第V部（11章）は、「ウイルスとは何か」という切り口から、ウイルス学の最近の進歩を踏まえて、ウイルスの特性・構造・分類・進化などを解説する。

本文の記述内容と関係して、ホットな話題を15のコラムとして収載した。本文と合わせて読むと、現代微生物科学のダイナミズムや研究動向の一端にふれることができる。巻末の分類表は菌類、細菌、ウイルスに分けてその大綱を示したもので、細菌とウイルスの分類表については斯界の標準的な分類体系を示し、広義の菌類分類表については形態レベルによる分類にも配慮しながら、分子系統学的知見を重視して体系化してある。菌類分類表と分担執筆者が用いている分類群とは、範囲や位置づけが異なる場合がある。そのような異同は、多くの場合当該分類群の系統分類学の現状の投影とみなして、お許しを乞いたい。

本書の性格から多数の図解を所収したが、図解の大半は植物画家・中島睦子さんの手によって原図から改変し、ポイントを絞って同じ筆致で描かれている。また、本文の解説の理解を助けるために、139 枚の写真を口絵に収載することができた。これらの写真は各章の分担執筆者のみならず内外の研究者（口絵提供者一覧参照）から快く提供されたもので、原則各提供者に簡潔な説明をお願いした。

編者が最も苦慮した点は執筆項目の選別と記述内容、用語と和名（カナ表記）統一の問題であった。可能な限り同調をはかったが、それぞれの研究分野の現状を優先したところが少なくない。調整の結果は＜本書を読むにあたって＞に詳述してあるので、本文に先立って一読し、ご理解とご寛容をお願いしたい。また、監修者の岩槻邦男先生には校正の段階で通読をお願いし、不備な箇所をご指摘いただいた。

筆末ながら、各章・各コラムの分担執筆者ならびに読者諸氏には刊行の遅れについてお詫びしなければならない。遅延はひとえに編者の責任であり、心からお詫びしたい。諸般の事情から、本書の編集作業はたびたび中断したが、裳華房編集部の加藤法子（本巻企画段階の 1998 年から本年 4 月まで担当）、小島敏照（本年 5 月以降担当）両氏の励ましと協力でここに校了、上梓に漕ぎ着けることができた。分担執筆者、コラム執筆者、口絵写真提供者、監修者、そして加藤・小島両氏らの協力と忍耐に重ねてお礼申し上げる。

2005 年 10 月

杉 山 純 多

＜本書を読むにあたって＞

1. 専門用語について　初出時（または用語の定義づけに関係する部分）には（　）内に英語を付した．(1) 原則として用語は，『文部省 学術用語集』植物学編（増訂版）丸善（1990），『日本動物学会・日本植物学会（編）生物教育用語集』東京大学出版会（1998）に従ったが，のう（嚢），べん（鞭），かん（稈），れん（斂）など，用語集によらず漢字を使用している用語もある．(2) また，菌類については『日本菌学会（編）菌学用語集』メディカルパブリッシャー（1996）も参考にした．(3) ただし，用語集によって異なるもの，慣用と著しく異なるものは原則として慣用に従った．

（例）リシン lysine（『文部省 学術用語集』植物学編（増訂版））

リジン lysine（『岩波 生物学辞典　第4版』岩波書店（1996），慣用）

本書では，リシン lycin（トウゴマの種子に含まれる毒性の糖タンパク質）と区別するために，lysine は慣用にならいリジンと表記した．(4) 用語の一部が（　）に入っている場合は，その部分を省略してもよいことを示す．（例）異核（共存）体　(5) 用語を補足する語は，用語の後の（　）に示した．（例）光合成（嫌気条件下で）

2. 分類体系について　分類体系はおおむね巻末の分類表に従った．(1) 菌類については高次分類体系が流動的であるため，たとえば子嚢菌門では，綱レベルは「類」として表記した．(2) 広義の細菌（バクテリアドメインとアーキアドメイン）については，"Bergey's Manual of Systematic Bacteriology, Second Edition, Vol. 1" Broone, D. R. & Castenholz, R. W. eds. (Garrity, G. M., Editor-in Chief), Springer-Verlag, New York（2001）に従った．(3) ウイルスについては，"Virus Taxonomy, Classification and Nomenclature of Viruses, Seventh Report of the International Committee on Taxonomy of Viruses"（van Regenmortel *et al*., eds.）Academic Press, New York（2000）に従った．

3. 分類群の学名・和名について　できる限り和名を用い，初出時には学名を付した．(1) 菌類の和名は，『文部省 学術用語集』植物学編（増訂版）丸善（1990）の付表「植物科名の標準和名」を参考にした．ただし，変形菌門について，本文中では担当執筆者の方針を尊重した（すなわち，語尾のカビを省略した．p. 180 脚注参照）．(2) 細菌・ウイルスの和名については，斯界の慣用にならった．(3) 当該生物の帰属に関係なく，属以下の分類群の学名についてはイタリック体で，科より高次の分類群の学名は立体で表記した．(4) 和名のない分類群の名称は，菌類では原則として日本植物分類学会で合意されている読み下し方に従ってカナ表記に統一した．

(例) Pucciniaceae プクキニア科　*Eurotium herbariorum* →エウロチウム・ヘルバリオルム (5) 細菌・ウイルスの中で和名のない分類群の名称は斯界の慣用に従い，多くの場合英語発音を重視した．

(例) Archaea →アーキア　　*Bacillus* →バチルス

Pseudomonas aeruginosa →シュードモナス・エールギノーサ

4.「菌」の付いた用語の取り扱いについて　真核生物の菌類と原核生物の細菌とを明確に区別するために，多くの場合「菌」どめを避け，「類」を補い細菌と区別するようにした．(例) 土壌菌類，リグニン分解菌類，VA 菌根菌類

5. 人名について　本文中で用いる外国人名はカナ表記し，初出時のみ原綴りを併記した．人名に用いるアルファベットはスモールキャピタルで記した．
(例) ホイッタカー WHITTAKERの…／ウーズ (WOESE, 1990) が提案した…

6. 遺伝子名・タンパク質名について　遺伝子名はイタリック体で記した．その産物 (タンパク質) は立体で記した．

7. 引用について　必要に応じて，本文中で引用先 (人名，発表年) を明記した．引用文献は，巻末にアルファベット順で記した．本書中からの引用についても，原則として (　) 内に示した．

【口絵説明ならびに写真提供者一覧】

〈口絵 1〉

ウイルス　1：ワクシニアウイルス Vacciniavirus（二本鎖 DNA ウイルス）．痘瘡ワクチンに用いられるウイルス．写真は細胞内にいるワクシニアウイルス．粒子の大きさ 370×270 nm．　2：アデノウイルス Adenovirus（一本鎖 DNA ウイルス）．感染は多様でウイルスのタイプによって異なり，呼吸疾患，結膜炎，小児胃腸炎などを引き起こす．粒子の直径 70〜100 nm．　3：HIV Human immunodeficiency virus（二本鎖 RNA ウイルス）．AIDS の原因ウイルス．写真は細胞から産生されつつあるウイルス．粒子の直径約 100 nm．　4：ポリオウイルス Poliovirus（一本鎖プラス鎖 RNA ウイルス）．小児麻痺の病原ウイルス．写真はポリオ 3 型ウイルス．粒子の直径約 30 nm．　5：インフルエンザウイルス Influenzavirus（一本鎖マイナス鎖 RNA ウイルス）．インフルエンザの病原ウイルス．写真は B 型インフルエンザウイルス．粒子の直径約 100 nm．

グラム陰性細菌　6：*Moritella yayanosii*（プロテオバクテリア門）．世界最深部（10898 m）から分離された絶対好圧性細菌．右はマリアナ海溝での採掘状況．7：チフス菌 *Salmonella enterica* serovar Typhi（プロテオバクテリア門）鞭毛の走査電子顕微鏡写真．菌体は約 0.5×3〜4 μm．　8：同 繊毛．　9：光合成細菌 *Rhodopseudomonas palustris*（プロテオバクテリア門）の超薄切片の電子顕微鏡写真．左は縦断面，右は横断面．写真中，ICM は細胞内膜系を示す．スケールは 0.2 μm．　10：光学顕微鏡下で観察される巨大硫黄細菌 *Thiomargarita namibiensis*（プロテオバクテリア門）の典型的な連鎖．Schulz, H. N. *et al*.（Science **284**：493-495，1999）の Fig. 1 B から許諾を得て転載．

シアノバクテリア　11：*Microcystis aeruginosa*（クロオコックス目；サブセクション I）．　12：*Hydrococcus rivularis*（プレウロカプサ目；サブセクション II）．　13：*Spirulina subsalsa*（ユレモ目；サブセクション III）．　14：*Anabaena flos-aquae*（ネンジュモ目；サブセクション IV）．　15：*Fischerella major*（スチゴネマ目；サブセクション V）．（シアノバクテリアの細胞の大きさ（幅）はどれも 1〜10 μm 程度．）

グラム陽性細菌　16：*Bacillus subtilis*（ファーミキューテス門）．好気性内胞子形成細菌．酵素の生産や組換え DNA の宿主菌としても重要．写真は透過型電子顕微鏡写真．菌体は 0.8×3 μm．　17：*Streptomyces* sp.（アクチノバクテリア門）．刺状胞子がらせん状に連鎖．放線菌は，グラム陽性細菌でありながら分岐を伴う菌糸状に生育し胞子を形成する．胞子体の大きさ 0.5〜0.8 μm 程度．　18：*Streptomyces griseus*（アクチノバクテリア門）の胞子連鎖．放線菌由来の代表的な抗生物質，ストレプトマイシン生産株． 19：*Pilimelia* sp.（アクチノバクテリア門）胞子嚢の超薄切片像．好ケラチン質の放線菌で，胞子嚢内部に多数の運動性胞子を形成する．胞子嚢の幅は 7～10 μm 程度． 20：*Dactylosporangium* sp.（アクチノバクテリア門）．基生菌糸から直接指状の胞子嚢を形成し，3～4 個の運動胞子を内包する．胞子嚢の長さは 3 μm 程度．（17～20 は Miyadoh, S., Shomura, T., Vobis, G.『放線菌図鑑』宮道慎二ら編，朝倉書店，1997 より転載）．

アーキア 21：*Pyrococcus horikoshii*（ユーリアーキオータ）．88～104 ℃で生育する超好熱性アーキア．左はその生息地（沖縄トラフ伊平屋チムニー）． 22：*Thermococcus peptonophilus*（ユーリアーキオータ）．60～100 ℃で生育する超好熱性アーキア．左は小笠原海域の水曜海山熱水噴出口．

〈口絵 2〉

アクラシス菌門 23：*Acrasis rosea*（アクラシス目）の成熟した子実体．胞子の直径は 6～8 μm. Spiegel, F. W.：“Beginner's Guide to Identifying the Common Protostelids”（http：//slimemold.uarkedu/Handbook 1.pdf）から許諾を得て転載．

タマホコリカビ門 24：キイロタマホコリカビ *Dictyostelium discoideum*（タマホコリカビ目）の未熟子実体の上部．頂部でアメーバ状細胞が柄細胞に分化している． 25：タマホコリカビ *Dictyostelium mucoroides*（タマホコリカビ目）．白くて太い柄は大形の白い胞子塊を頂生．高さ約 2 mm．汎世界的に分布（写真は日本で撮影）．

変形菌門 26：*Ceratiomyxa fruticulosa*（プロトステリウム目）．胞子は子実体表面の微小な突起上に 1 個ずつ外生的に生じる．子実体の高さは 1～10 mm．出典は 23 に同じ． 27：*Protostelium mycophaga*（プロトステリウム目）．高さ約 50 μm．出典は 23 に同じ． 28：ルリホコリ *Lamproderma columbinum*（ムラサキホコリ目）．残存性の子嚢壁は金属光沢をもつ．高さ約 2 mm．世界の亜高山帯に分布（ネパールで撮影）． 29：ホソエノヌカホコリ *Hemitrichia clavata* var. *calyculata*（ケホコリ目）．子嚢内部の黄色い細毛体はらせん紋をもつ．高さ約 2 mm．汎世界的に分布（日本で撮影）． 30：タチフンホコリ *Lindbladia cribrarioides*（コホコリ目）．密着した各子嚢の頂部は網目状に裂開．高さ約 2 mm．日本に分布． 31：マメホコリ *Lycogala epidendrum*（コホコリ目）．大形の著合子嚢体をつくる．直径約 10 mm．汎世界的に分布（ネパールで撮影）．

ネコブカビ門 32：ネコブカビ *Plasmodiophora brassicae*（ネコブカビ目）．ア

ブラナ科植物の根を肥大させる．ハクサイの肥大根は幅約 10 cm．汎世界的に分布（日本で撮影）．

ラビリンツラ菌門　33：*Schizochytrium limacinum*（ヤブレツボカビ目）のコロニー．放射状に伸長する外質ネット構造で基質に付着し，その表面から栄養分の吸収を行っていると考えられている．細胞は 5〜10 μm．熱帯･亜熱帯のマングローブ域に分布．　34：*Labyrinthula* sp.（ラビリンツラ目）．沿岸域の海藻・海草・落ち葉などに付着あるいは内部に潜り込んで生育．細胞は 10〜15 μm．

サカゲツボカビ門　35：*Hyphochytrium catenoides*（サカゲツボカビ目）．淡水･土壌中の腐生菌として汎世界的に分布．菌体の直径約 500 μm．写真はセミ翅上に形成された菌体．多数の遊走子嚢が数珠状につながっている．

卵菌門　36：*Saprolegnia terrestris*（ミズカビ目）の成熟した有性生殖器官．淡水・土壌中の腐生菌．生卵器の大きさは約 60 μm．造精器は生卵器柄から生じた造精器枝の先に形成される．　37：同無性生殖器官．こん棒形の遊走子嚢の内部で形成された 2 本の鞭毛をもった遊走子が遊走子嚢先端の孔から泳ぎだしている．　38：チシャベと病菌 *Bremia lactucae*（ツユカビ目）．レタスの病原菌．遊走子嚢柄の先端に多数の遊走子嚢が形成され，容易に脱落する．遊走子嚢柄の全長約 500 μm．写真は青い色素（コットンブルー）で染色．

ツボカビ門　39：*Allomyces* sp.（コウマクノウキン目）の無性生殖器官．菌糸先端に形成された遊走子嚢の先端の孔から遊走子が泳ぎだしている．遊走子嚢の長さは約 50 μm．　40：*Chytriomyces* sp.（ツボカビ目）の菌体と仮根．球形の遊走子嚢から多数の遊走子が逸出している．遊走子嚢の直径約 20 μm．　41：マツ花粉上の *Rhizophydium* sp.（ツボカビ目）．未熟な遊走子嚢（下）と遊走子が泳ぎだしている遊走子嚢（上）．仮根は花粉中に伸長しているため見えない．

〈口絵 3〉　接合菌門

接合菌綱　42：*Gilbertella persicaria*（ケカビ目）の接合胞子．ヘテロタリック種で，(+) 株と (−) 株を交雑することにより接合胞子を形成する．写真は接合胞子形成初期ステージで，二つの配偶子嚢が接合して接合胞子を形成した状態．二つの配偶子嚢は同形同大で直径約 40 μm．　43：同 成熟した接合胞子．直径約 62 μm．　44：*Gongronella lacrispora*（ケカビ目）の多胞子性胞子嚢．涙形の胞子嚢胞子が特徴的．胞子嚢の直径約 20 μm．　45：*Choanephora trispora*（ケカビ目）の小胞子嚢．多胞子性の胞子嚢と少数の胞子を含有した小胞子嚢をもつ．小胞子嚢は胞子嚢柄先端の頂嚢から同調的に形成される．小胞子嚢の直径 11 μm．46：*Rhizopus oryzae*（ケカビ目）の胞子嚢柄と胞子嚢．仮根近くの走出枝より生じたもの．古くからアルコール発酵や有機酸発酵において利用されてきた著名なカビ．胞子嚢柄の長さ 400〜450 μm． 47：*Rhizopus homothallicus*（ケカビ目）の有性生殖器官．土壌から分離．二つの支持柄に挟まれて形成された接合胞子嚢（黒色で，突起に覆われる．直径約 100 μm）． 48：*Syncephalis cornu*（トリモチカビ目）の分節胞子．ケカビ目菌類に寄生する．左は胞子嚢柄先端の頂嚢から指状の分節胞子嚢が同調的に形成された状態．分節胞子嚢は 9〜12×3 μm．右は分節胞子嚢内に形成された分節胞子が円筒状に分節して頂嚢の先端部に粘塊状に固まった状態．分節胞子は 4〜5.5×3 μm． 49：*Conidiobolus coronatus*（ハエカビ目）の分生子．繁殖は射出分生子によるが，飛ばされた胞子は二次分生子や小形分生子を形成する．大半は土壌中で腐生生活を営むが，アブラムシ，シロアリ，トビイロウンカなどに寄生するものもある．写真は二次分生子．直径 13 μm． 50：*Gigaspora* sp.（グロムス目）の厚壁胞子．VA 菌根菌類．厚壁胞子は膨らんだ菌糸先端に形成される．篩い法で容易に採取できる．厚壁胞子の直径 300〜400 μm． 51：ヒノキの根に形成された A 菌根（樹枝状菌根）． 52：菌根形成の有無によるツガの根の比較写真．左は菌根が形成されている，中央は菌根が少ない，右は菌根形成がない．

トリコミケス綱 53：*Smittium* sp.（ハルペラ目）のトリコスポア．分枝した菌体の先端に連続して生殖細胞（generative cell）を形成しトリコスポアを生じる．トリコスポアの長さは約 30 μm．二つの胞子には長く伸長した 1 本のアペンデージ（付属糸）がみられる． 54：菌体先端に形成された生殖細胞．生殖細胞より離脱しつつあるトリコスポアがみられる． 55：若い菌体の塊．（これらの写真はユスリカより採集したもの；乳酸アニリンブルーで染色） 56：*Orphella haysii*（ハルペラ目）．同目では例外的にアペンデージを欠く属．C 字形のトリコスポア（長さ 40 μm）を生じた菌体先端部（体外に突出）．オナシカワゲラ属の 1 種（*Nemoura* sp.）より採集． 57：*Asellaria ligiae*（アセラリア目）．アペンデージを伴うトリコスポアを欠き，菌体が直接分節して分節胞子により繁殖．基部の湾曲した細胞がホールドファスト（付着器）（直径約 50 μm）．写真右に縦に写っている菌糸中央の区画が若い分節胞子．フナムシより採集．

〈口絵 4〉 子嚢菌門（1）

古生子嚢菌類 58：モモ縮葉病菌 *Taphrina deformans*（タフリナ目）によるモモ縮葉病（台湾で撮影）．感染した若い葉はクロロフィルが減少するため白色を帯びる． 59：カシ類葉ぶくれ病菌 *Taphrina caerulescens*（タフリナ目）の子実層．子嚢内に 8 個の子嚢胞子が観察されることはまれで，しばしば出芽胞子が充満．子嚢は 47～60×17～23 μm． 60：分裂酵母 *Schizosaccharomyces pombe*（シキゾサッカロミケス目）の分裂細胞（無性生殖）と 4 個の子嚢胞子を生じた子嚢．栄養細胞の幅は普通 3～5 μm．

半子嚢菌類 61：*Metschnikowia koreensis*（サッカロミケス目）の針状子嚢胞子を生じた子嚢．子嚢の膨らんだ部分の幅は普通 6～8 μm． 62：*Saccharomyces cerevisiae*（サッカロミケス目）の 4 個の子嚢胞子を生じた子嚢．子嚢胞子は直径 2～3 μm． 63：*Nadsonia commutata*（サッカロミケス目）の 1 個の球状の子嚢胞子を生じた子嚢．子嚢胞子は直径 8 μm 前後． 64：*Pichia membranifaciens*（サッカロミケス目）の子嚢と子嚢胞子．球形の子嚢は直径 2～2.5 μm．

不整子嚢菌類 65：コウボウフデ *Pseudotulostoma japonicum*（ツチダンゴ目）．卵形の袋，木質の柄，古綿状の頭部からなり地表から群生．頭部と柄の境界は不明．写真は，秋，コナラ林に群生したもの．地上高は 5～16 cm． 66：*Aspergillus flavus*（エウロチウム目）．コウジカビ属の代表的種．カビ毒アフラトキシンを生産．分生子は直径 3～4 μm． 67：*Penicillium citrinum*（エウロチウム目）．二次代謝産物としてシトリニンが知られ，有用性・毒性の両面から研究されている．分生子は直径 2～3 μm． 68：*Neosartorya glabra*（エウロチウム目）．土壌生子嚢菌類として最も普通にみられる種．子嚢胞子は直径 4～5 μm． 69：*Eupenicillium brefeldianum*（エウロチウム目）．土壌生子嚢菌類．二次代謝産物 bredinin は免疫抑制剤として開発，上市された．本属は菌核状の非常に硬い子嚢果（100～200 μm）を形成する． 70：*Emericella variecolor*（エウロチウム目）．主に熱帯に分布．子嚢胞子表面の大きな赤道面隆起が特徴．子嚢胞子は直径 4～5 μm． 71：*Auxarthron umbrinum*（ホネタケ目）．土壌生子嚢菌類．子嚢胞子（2.5～3 μm）の表面構造は小孔状． 72：*Myxotrichum cancellatum*（所属目未定）．土壌生子嚢菌類．子嚢胞子（3～4×1.5～2 μm）表面構造にわずかな筋状の隆起がみられる．

核菌類 73：オオセミタケ *Cordyceps heteropoda*（バッカクキン目）の冬虫夏草．セミの幼虫に寄生している． 74：*Hypocrea* sp.（ボタンタケ目）．腐朽木片上に生じた子嚢殻性子座． 75：同 部分胞子（普通 16 胞子）を生じた円筒形子嚢．子嚢の幅は 6～7 μm． 76：同 アナモルフ *Trichoderma* sp.．各フィアライド（分生子形成細胞）先端に球状の分生子塊を生じる．分生子の大きさは 3～4.5×3～3.5 μm． 77：クワ裏うどんこ病菌 *Phyllactinia moricola*（ウドンコカビ目）の成熟した閉子嚢殻（直径約 200 μm）．赤道面上には基部が膨らんだ針状の付属糸が生じ，頭部にはイソギンチャクのような形の冠毛細胞がある．

〈口絵 5〉 子嚢菌門（2）

盤菌類 78：*Cyttaria pallida*（キッタリア目）．ナンキョクブナ属植物 *Nothofagus menziesii* に寄生し，ニュージーランドに分布（写真は南島のマウントクック国立公園で撮影）．子嚢果の大きさは直径約 2.5 cm． 79：*Lachnum* sp.（ズキンタケ目）．明瞭な柄をもち，子嚢盤（直径 1 mm 程度）の周辺に毛を密生． 80：*Mollisia* sp.（ズキンタケ目）．柄を欠いた皿状の子嚢盤（直径約 0.5 mm）を形成． 81：*Claussenomyces atrovirens*（ズキンタケ目）．子実体の垂直断面．子実層とそれを担う托組織が観察される．子嚢の長さ約 100 μm． 82：*Pyrenopeziza rosea*（ズキンタケ目）．宿主植物の表皮を突き破って破生．托層は褐色の細胞からなり，周辺には褐色菌糸が発達する．子嚢盤の直径約 0.2 mm． 83：*Hyaloscypha* sp.（ズキンタケ目）．ヒアロスキファ科を代表する属．子嚢盤の直径約 0.2 mm． 84：*Morchella* sp.（チャワンタケ目）．米国で食用向けに栽培されたものの乾燥品（子実体）．

小房子嚢菌類 85：赤だんご病菌 *Shiraia bambusicola*（クロイボタケ目）．マダケ枝先端の葉鞘をとりまき甘露が溢出（4 月）．甘露には小形分生子が充満し小昆虫に付着する機会を待つ． 86：子座表面の裂け目より大形分生子を黄色リボン状に噴出（6 月，ともに京都にて撮影）． 87：ススカビ（sooty moulds）に覆われたナンキョクブナ属（*Nothofagus*）植物（タスマニア，マウントフィールド国立公園にて撮影）． 88：ツツジ属植物（パプア・ニューギニア，ウィルヘルム山，標高約 3500 m）の小枝・葉上に生じたススカビの 1 種 *Antennatula shawiae*（クロイボタケ目）の子実体形成菌糸層（subiculum）．ハーバリウム標本を撮影． 89：*Phragmocapnias betle*（クロイボタケ目）．樹木の葉の表面に発生して「すす病」を起こす．葉の表面には黒褐色の菌糸が拡がり，その上に球形で黒色の偽子嚢殻（幅 80〜100 μm）が群生．柑橘類すす病菌として知られる． 90〜92：*Kalmusia coniothyrium*（クロイボタケ目）の偽子嚢殻（90），子嚢（91），子嚢胞子（92）．樹木の枝の表皮下に球形の偽子嚢殻（幅 300〜400 μm）が埋生し，乳頭状の孔口部が外表に突出．子嚢は 60〜95×5〜8 μm，子嚢胞子は 12〜15×3.5〜5 μm．柑橘類，バラ枝枯病菌として知られる．

〈口絵 6〉 担子菌門（1）

担子菌酵母 93：上はスポリジオボルス系統群酵母 *Rhodosporidium toruloides* の交配株（左は A 型の YK 201^{T}，右は a 型の YK 211）の平板培養上の二つのコロニー（菌糸形成は認められない）．下は交配後，二核菌糸体がコロニーの周辺に生じたことを示す．本文6章の表6-1参照． 94：スポリジオボルス系統群酵母 *Sporidiobolus johnsonii*（アナモルフ *Sporobolomyces holsaticus*）を特徴づける栄養細胞の小柄先端に生じた射出胞子．射出胞子は腎臓形，非対称形，大きさは2〜4×5〜10 μm． 95：シロキクラゲ目酵母 *Fellomyces fuzhouensis* を特徴づける栄養細胞から生じた有柄分生子（非射出性）．小柄の長さは4〜15 μm．

寄生性担子菌類 96：ムギ類裸くろぼ病菌 *Ustilago nuda*（クロボキン目）．オオムギの穂に形成された黒色粉状の胞子塊． 97：*Puccinia phragmitis*（サビキン目）の冬胞子（40〜60×19〜24 μm）．柄を有し2室で壁が厚い．ヨシに寄生． 98：*Gymnosporangium yamadae*（サビキン目）．カイドウの葉に形成された毛状のさび胞子堆． 99：マツ類こぶ病菌 *Cronartium orientale*（サビキン目）．菌が寄生しこぶ状に肥大したアカマツの枝．こぶの表面にはさび胞子が形成され黄色粉状となっている． 100：*Puccinia sessilis*（サビキン目）のさび胞子（18〜25×15〜20 μm）．鎖状に形成され，表面にはいろいろな大きさの疣が存在する．ナルコユリに寄生． 101：*Nyssopsora cedrelae*（サビキン目）の夏胞子（14〜24×13〜21 μm）．表面には刺が存在．チャンチンに寄生． 102：*Puccinia suzutake*（サビキン目）の冬胞子（52〜96×11〜22 μm）．2室で長い柄を有する．スズタケに寄生． 103：*Pileolaria klugkistiana*（サビキン目）の冬胞子（28〜36×21〜32 μm）．表面には特徴的な疣が存在し，長い柄が存在する．ヌルデに寄生． 104：*Mixia osmundae*（所属目未定）の胞子形成細胞（胞子嚢）と胞子． 105：*Mixia osmundae* に感染した（白く見える）ゼンマイ（シダ植物）の生葉． 106：*Graphiola cylindrica*（グラフィオラ目）の炭黒色円筒形の担子器果．ビロウ（ヤシ科植物）の生葉に生じ，茶色の担子胞子塊が担子器果基部より多量に押し出される．全長10 mm弱にも達し，肉眼で容易に確認できる．

菌蕈類・キクラゲ類 107：シロキクラゲ *Tremella fuciformis*（シロキクラゲ目）．子実体は花びら状〜鶏冠状の裂片の塊となり，純白，ゼラチン質．温帯から熱帯に分布，日本では広葉樹の枯れ木に発生．幅10 cm，高さ5 cmまでの大きさ． 108：ジュズタンシキン *Sirobasidium magnum*（シロキクラゲ目）．子実体はうねった襞状，茶〜赤茶，軟ゼラチン質．温帯から熱帯に分布，日本では広葉樹の枯れ木に発生．幅5 cm，高さ3 cmまでの大きさ． 109：アラゲキクラゲ *Auricularia polytricha*（キクラゲ目）．子実体は倒円錐状〜円盤状〜椀状〜耳状で有柄，硬いゼラチン質．表面は褐色〜黒褐色〜紫褐色で平滑，背面は灰黄〜灰褐色で剛毛に密に覆われる．温帯から熱帯に分布，日本では広葉樹の枯れ木に発生．通常は幅 6 cm，高さ 2 cm 程度，時にそれ以上の大きさ． 110：サカヅキキクラゲ *Exidia recisa*（キクラゲ目）．子実体は半球形～倒円錐状～盃状～耳状で有柄，ゼラチン質，黄褐色～褐色～暗褐色で表面は平滑，背面は細かい凹凸に覆われる．温帯から熱帯に分布，日本では枯れた落葉広葉樹に発生．幅 5 cm，高さ 1.5 cm 程度で通常より小形． 111：ヒメアカキクラゲ *Dacrymyces stillatus*（アカキクラゲ目）．子実体は球形～クッション状，粘ゼラチン質，濃黄色～橙黄色～橙黄赤色．汎世界的に分布，日本では針葉樹の材上によく発生．幅 0.2～0.4 mm 程度で群生する．

〈口絵 7〉 担子菌門（2）

菌蕈類・真正担子菌類 112：ウチワタケ *Microporus affinis*（多孔菌系統群/多孔菌目）．傘は半円形から扇形で薄く硬質，環紋状の模様があり，裏には微細な管孔がある．傘の幅 2～5 cm，厚さ 1～3 mm．本州以南，東アジアの常緑広葉樹林に分布（熊本市で撮影）． 113：イボテングタケ *Amanita ibotengutake*（真正ハラタケ系統群/ハラタケ目）．白いツボが茶色の傘の表面にある．柄の球根状の根元には環状にツボの破片が付着．樹木に菌根を作る．傘の幅 4～25 cm，柄の長さ 5～35 cm．日本の針葉樹林および広葉樹林に分布（熊本市で撮影）． 114：ケロウジ *Sarcodon scabrosus*（イボタケ系統群/イボタケ目）．傘は丸山形から浅い漏斗形で裏に針がある．全体淡褐色．胞子は球形で疣があり褐色．樹木と菌根を作る．傘の幅 5～10 cm，柄の長さ 3～4 cm．温帯のマツ林に分布（ニュージーランドで撮影）． 115：ヤマドリタケモドキ *Boletus reticulates*（イグチ系統群/イグチ目）．傘は丸山形で肉厚．柄の上部には褐色の地に白色の網目模様．傘の裏には管孔がある．ブナ科の樹木に菌根を作る．傘の幅 5.5～20 cm，柄の長さ 9～15 cm．日本，中国，ヨーロッパ，アフリカの広葉樹林に分布（熊本市で撮影）． 116：ワヒダタケ *Cyclomyces fuscus*（タバコウロコタケ系統群/タバコウロコタケ目）．傘は半円形から貝殻形で硬質．傘の裏には同心円状のヒダがある．子実層には褐色，厚壁の剛毛体．シイの枯れ木に生える．傘の幅 1～5 cm，厚さ 1 mm．本州以南，アジア，アフリカの広葉樹林に分布（熊本市で撮影）． 117：ツマミタケ *Lysus mokusin*（ラッパタケ-スッポンタケ系統群/スッポンタケ目）．角柱状の柄の先に胞子をつけ，悪臭を放つ．土壌の腐植質を分解する．高さ 5～12 cm．日本，中国，オーストラリア，北米に分布（熊本市で撮影）． 118：ニオイコベニタケ *Russula mariae* Peck（ベニタケ系統群/ベニタケ目）．傘は紅赤色，柄は白色．肉はもろい．胞子の表面にはメルツァー試薬で黒紫色に変色する網目状の模様．樹木と菌根を作る．傘の幅 2～4 cm，柄の長さ 2～4 cm．日本，東アジア，北米の針葉樹林または広葉樹林に分布（つくば市で撮影）．119：クロラッパタケ *Craterellus cornucopioides*（アンズタケ系統群/アンズタケ目）．漏斗形からラッパ形．子実層のある外面は平滑またはしわがある．全体灰褐色．樹木と菌根を作る．傘の幅 1〜6 cm，高さ 5〜10 cm．全世界に分布（富士山にて撮影）．120：*Thaxterogaster porphyreum*（ハラタケ目）．フウセンタケ類に近縁と考えられる腹菌型（secotioid）の 1 種．ニュージーランド産．幅約 4 cm．121：*Claustula fischeri*（スッポンタケ目）．カゴタケとシラタマタケの中間に位置すると考えられる腹菌類の超珍種．ニュージーランドの一箇所だけが産地として知られる．大きい子実体で幅約 5 cm．122：シラベの根にできたベニテングタケの外生菌根(ハラタケ目)．123：ベニテングタケの菌根（ハラタケ目），横断切片．

〈口絵 8〉

不完全菌類 124：子嚢菌系不完全菌類 *Cladosporium colocasiae*（分生子形成様式：ブラスト型）．サトイモの葉に寄生し，褐色斑点状の病斑を呈す．125：子嚢菌系不完全菌類 *Phaeoisaria clematidis*（分生子形成様式：シンポジオ型）．広葉樹の枯れ枝・フジ・タケなどから高頻度に見いだされ，天然基質上で分生子柄束を形成する．126：*Acremonium alcalophilum*（分生子形成様式：フィアロ型）．pH 10 程度のアルカリ環境を好み，培地組成により分生子形成に関する多形が観察される．127：*Arthrobotryum hyalospora*（分生子形成様式：アネロ型）．沖縄の広葉樹の枯れ枝より採集分離された．分生子柄束を形成する．128：子嚢菌系不完全菌類 *Coremiella cubispora*（分生子形成様式：内生分節型）．本邦においては，チャの枯れた花に分生子座ないしは分生子柄束様の分生子果を形成する．129：半子嚢菌類 *Dipodascus* sp. のゲオトリクム属 *Geotrichum* アナモルフ (分生子形成様式：分節型)．近縁な他のゲオトリクム属菌は古くなった樹液や下水などきわめて広汎に分布し，芳香臭を放つものもある．130：担子菌系不完全菌類 *Tretopileus sphaerophorus*．機械的刺激により脱落して分散体として機能する小型菌核(bulbil)を分生子柄束様の子実体の先端に 1 個形成する．子実体は貫生伸長を繰り返し，新たな小型菌核を連続して形成する．

地衣類 131：テツイロハナビラゴケ *Pannaria lurida* (子嚢菌門チャシブゴケ目)．樹皮や岩上に生える葉状地衣類．裂片は淡黄褐色で表面に皺がある．皿状の子器は幅 3〜5 mm．アジア，アフリカ，北米に産する（宮崎県で撮影）．132：*Sarcographa macrohydrina* (子嚢菌門モジゴケ目)．樹皮上に生える固着地衣類．裸子器はリレラ状，地衣体から盛り上がり盤表面に顕著な亀裂を生じる．胞子は 6 室で茶色．バヌアツ特産．133：コアカミゴケ *Cladonia macilenta*（チャシブゴケ目）．低地から高山に生じる樹枝状地衣類．高さ1〜1.5 cmの擬子柄の上に赤い子器をつける．世界中に広く分布（愛知県鳳来寺で撮影）．134：サネゴケ属の1種 *Pyrenula* sp.（子嚢菌門サネゴケ目）の被子器外形．子器（黒い部分）は約2 mm．135：ホルトノキゴケ属の1種 *Porina* sp.（サネゴケ目）の被子器断面．幅約0.7 mm．成熟した胞子は被子器先端の孔口から放出される．136：クロムカデゴケ *Phaeophyscia limbata*（チャシブゴケ目）の裸子器断面．幅約1 mm．成熟した胞子は子器表面から放出される．137：トゲトコブシゴケ *Cetrelia braunsiana*（チャシブゴケ目）の偽盃点．皮層を通して髄層と連絡している．約2倍．138：サラチン酸．GE液から再結晶したサラチン酸の結晶．約150倍．139：アレクトロン酸．GE液から再結晶したアレクトロン酸の結晶．約150倍．

写真提供者

1〜4：国立感染症研究所，5：田代眞人，6,21,22：海洋研究開発機構，7,8：江崎孝行，9,24,74〜76,84,87,88,93,105：杉山純多，10：Schulz, H. N.，11〜15：渡邉 信，16：横田 明，17〜20：宮道慎二，庄村 喬，Vobis, G.，23,26,27：Spiegel, F. W.，25,28〜32：萩原博光，33,34：本多大輔，35〜41,47：稲葉重樹，42〜46,48〜50：三川 隆，51,52,122,123：小川 眞，53〜57：出川洋介，58,59：長尾英幸，60〜64,94,95：見方洪三郎，65：浅井郁夫，66〜72：矢口貴志，73：深津武馬，77：高松 進，78：瀬戸口浩彰，79〜83：細矢 剛，85,86：津田盛也，89〜92：勝本 謙，96〜103：柿嶌 眞，104：安藤勝彦，106,124〜130：岡田 元，107〜111：青木孝之，112〜119：根田 仁，120,121：土居祥兌，131〜139：柏谷博之

目　次

刊行のことば ……… *iii*
まえがき ……… *iv*
本書を読むにあたって ……… *vi*
口絵説明ならびに写真提供者一覧 ……… *viii*

第Ⅰ部　微生物の世界 —— その特性と大きな系統

1章　微生物としての細菌と菌類［杉山純多］

1-1　はじめに ……… 2
1-2　微生物とは ……… 4
1-2-1　微生物の細胞体制 ……… 5
1-2-2　微生物の種多様性 ……… 6
1-2-3　微生物の大きさ ……… 7
1-2-4　微生物の代謝活性 ……… 7
1-2-5　微生物の多様な生態群と分布 ……… 7
1-2-6　微生物のエネルギー獲得形式の多様性と自然界における物質循環への寄与 ……… 9
1-2-7　微生物の機能的多様性とその利用 ……… 13
1-3　系統論の系譜と生物界における微生物の系統的位置 ……… 15
1-3-1　2界体系における微生物の位置づけ ……… 16
1-3-2　3界体系における位置づけ ……… 16
1-3-3　5界体系における位置づけ ……… 18
1-3-4　マーグリスの細胞内共生説と修正5界体系における位置づけ ……… 20
1-3-5　3ドメイン体系と微生物の主要な系統関係 ……… 22
1　深海の微生物［能木裕一］ ……… 28

第 II 部　菌類の多様性と系統進化

2 章　菌類の多様性と分類体系［杉山純多］

2-1　はじめに：菌類とは ……30

2-2　菌類系統分類学を中心とする菌類多様性研究の流れ ……31

2-2-1　ミケーリからサッカルドまで ……32

2-2-2　サッカルド以降、アインスワース体系まで ……34

2-2-3　菌類分子系統分類学の登場と最近の動向 ……37

2-3　菌類の起源と系統 ……42

2-3-1　菌類の起源に関する諸説 ……42

2-3-2　高等菌類の系統論 ……45

2-3-3　比較生化学から系統へのアプローチ ……46

2-3-4　キャヴァリエ-スミスの説とクロミスタ界の提唱 ……47

2-3-5　菌類分子系統学の成果 ……48

(1)偽菌類と“真の”菌類の検出／　(2)下等菌類の大きな系統群／　(3)高等菌類の大きな系統群

2　微胞子虫類（Microsporidia）は果たして“真の”菌類か？［田辺雄彦］ ……56

3 章　形態からみた多様性と系統［安藤勝彦］

3-1　はじめに ……57

3-2　葉状体の構造 ……57

3-2-1　菌糸の体制 ……57

3-2-2　菌糸隔壁の特性とその類型 ……59

3-2-3　隔壁構造は系統の指標となりうるか ……61

3-3　有性生殖器官の形態的多様性と系統 ……63

3-3-1　配偶子嚢と配偶子 ……63

3-3-2　卵胞子 ……64

3-3-3　接合胞子 ……64

(1)接合胞子の形成過程／　(2)接合様式の類型

3-3-4　子嚢果、子嚢と子嚢胞子 ……67

(1)子嚢果形態の多様性／　(2)子嚢形成の多様性／
(3)子嚢形態の多様性／　(4)子嚢胞子形態の多様性／
(5)系統解析からみた子嚢菌類の有性器官の形態
3-3-5　担子器果、担子器と担子胞子 ……………………………75
(1)担子器果形態の多様性／　(2)担子器形態の多様性／
(3)担子胞子形態の多様性／　(4)担子器形態と分子系統との矛盾
3-4　無性生殖器官の形態的多様性と系統 ……………………………81
3-4-1　遊走子嚢と遊走子 ……………………………………………82
(1)遊走子嚢形態の多様性／　(2)遊走子の微細構造とその多様性
3-4-2　胞子嚢と胞子嚢胞子 ………………………………………85
3-4-3　分生子 …………………………………………………………87
(1)分生子形態の多様性／　(2)分生子個体発生様式の多様性／　(3)分生子形成様式の多様化
3-4-4　厚壁胞子 ………………………………………………………90
3-4-5　その他の無性胞子と繁殖体 …………………………………91

4章　生活環からみた多様性と系統［安藤勝彦・杉山純多］

4-1　はじめに ……………………………………………………………92
4-2　菌類の生活環 ………………………………………………………92
4-2-1　有性生活環 ……………………………………………………93
(1)ハプロビオント(haplobiont)型生活環 A／　(2)ハプロビオント型生活環 B／　(3)ハプロビオント型生活環 C／　(4)ディプロビオント(diplobiont)型生活環
4-2-2　無性生活環 ……………………………………………………95
4-2-3　擬似有性生活環 ………………………………………………95
4-3　生活環の多様性と進化上の意義 …………………………………96
4-3-1　サビキン類の生活環の多様性 ………………………………96
4-3-2　サビキン類の生活環の進化 …………………………………98

5章　生理・生化学的形質からみた多様性と系統［北本勝ひこ］

5-1　炭水化物 ……………………………………………………………101
5-2　タンパク質 …………………………………………………………104

5-3　アミノ酸 ……107
5-4　二次代謝産物 ……109
5-5　その他 ……110

6章　化学分類学的形質からみた多様性と系統
［西田洋巳・杉山純多］
6-1　はじめに ……111
6-2　細胞壁組成を比較する ……112
6-3　菌体糖組成を比較する ……112
6-4　アイソザイムの電気泳動パターンを比較する ……113
6-5　キノン系を比較する ……115
6-6　DNA 塩基組成を比較する ……117
6-7　DNA-DNA ハイブリッド形成を比較する ……118

7章　遺伝情報からみた多様性と系統進化［西田洋巳］
7-1　はじめに ……121
7-2　遺伝子を比較する ……121
7-2-1　点突然変異の蓄積に基づく比較 ……122
7-2-2　挿入・欠失の由来に基づく比較 ……125
7-3　遺伝子群を比較する ……126
7-3-1　菌類のリジン生合成に関与する遺伝子群 ……127
7-3-2　菌類の特徴と遺伝情報 ……130
7-4　おわりに ……131
3　菌類ゲノム解析プロジェクト［北本勝ひこ］ ……134
4　菌類の隠蔽種と分子時計［春日孝夫］ ……136

8章　菌類集団の多様性と種分化［津田盛也・田中千尋］
8-1　菌類集団のとらえ方 ……137
8-1-1　菌類個体の特徴 ……137
8-1-2　菌類における集団 ……138
8-2　菌類における遺伝子多様性維持のシステム ……138

8-2-1　有性生殖 ……………………………………………139
(1)交配型分化による種内の生殖隔離／　(2)子嚢菌類における有性生殖能喪失のトレードオフと見返り
8-2-2　無性繁殖 ……………………………………………140
(1)分断菌糸と無性胞子／　(2)擬似有性的生殖システム／　(3)菌類集団におけるクローンの重要性
8-2-3　種の維持機構 ………………………………………142
(1)交配型分化の上位機構としての種間不稔／　(2)栄養菌糸不和合性と栄養菌糸和合群
8-3　菌類における種分化のシステム ……………………144
8-3-1　宿主種との対応進化 ………………………………144
(1)ゴンドワナ要素との対応／　(2)グラスエンドファイト
8-3-2　人為選択の影響と種分化－アスペルギルス・フラブスと *A.* オリザエの同根性 ……………………146
8-3-3　動物病原菌のクローン性と種分化－カンジダ・アルビカンス近縁分類群の分化 ……………………147
8-3-4　植物病原菌類の適応戦略 …………………………148
(1)宿主特異的毒素の産生による適応進化／　(2)集団の交代現象
8-3-5　病原菌類の内生菌化と内生菌類の病原性獲得 …………152
8-3-6　遺伝子の水平移動 …………………………………153
8-4　おわりに ……………………………………………154
5　ゴンドワナ大陸の分断に伴うナンキョクブナ属植物－子嚢菌類キッタリアの共進化［瀬戸口浩彰］ ……………………155
6　冬虫夏草の宿主特異性の進化［深津武馬］ ……………………157

9章　生態・分布からみた多様性［徳増征二］
9-1　菌類の進化と植物 …………………………………158
9-2　菌類の栄養獲得様式 ………………………………159
9-3　菌類と基質の関係 …………………………………162
9-4　地理的分布 …………………………………………167
9-5　なぜ菌類は高い種多様性をもつのか ……………168
7　菌根菌類の多様性とその生存戦略［小川　眞］ ……………169

第 III 部　菌類群ごとの特徴 ―図版解説―

1. アクラシス菌門［萩原博光］……172
2. タマホコリカビ門［萩原博光］……174
3. 変形菌門［萩原博光］……179
4. ネコブカビ門［萩原博光］……186
5. ラビリンツラ菌門［徳増征二］……188
6. サカゲツボカビ門［徳増征二］……190
7. 卵菌門［徳増征二］……191
8. ツボカビ門［徳増征二］……198
9. 接合菌門［三川　隆］……204
9-1　接合菌綱……205
9-2　トリコミケス綱……213
10. 子嚢菌門［杉山純多・西田洋巳・土居祥兌・安藤勝彦］……216
10-1　古生子嚢菌綱……219
10-2　半子嚢菌綱……222
10-3　真正子嚢菌綱……227
10-3•1　不整子嚢菌類……227
10-3•2　核菌類……239
10-3•3　ラブルベニア菌類……250
10-3•4　盤菌類……253
10-3•5　小房子嚢菌類……256
8　コウジカビとアフラトキシン［阿部敬悦］……259
9　ウドンコカビの巧妙な生存戦略と進化［高松　進］……260
11. 担子菌門［杉山純多・柿嶌　眞・根田　仁］……263
11-1　担子菌酵母……267
11-2　寄生性担子菌類……273
11-3　菌蕈類……282
11-3•1　キクラゲ類……282
11-3•2　真正担子菌類……284

⑩ 菌蕈類テングタケ属の形態進化と分子進化
[津田盛也・田中千尋] ……293

12. 不完全菌類(アナモルフ菌類) [安藤勝彦] ……295
13. 地衣類 [柏谷博之] ……308

第IV部 細菌の多様性と系統

10章 細菌の多様性と系統 [横田 明・平石 明]

10-1 細菌の多様性と系統分類 ……318
10-1-1 はじめに ……318
10-1-2 原核生物の種 ……319
10-1-3 原核生物の系統分類 ……320
10-1-4 バクテリア・アーキアの初期の系統論と化学分類・分子分類 ……320
10-2 原核生物の系統進化 ……323
10-2-1 生物界の2大系統を占める原核生物 ……323
10-2-2 生命は熱水環境から生まれた？ ……324
10-2-3 原核生物の生態進化 ……326
10-2-4 現存種の多様性 ……331
10-3 グラム陰性細菌の主要分類群と特徴 ……333
10-3-1 グラム陰性細菌の特徴と系統群 ……333
10-3-2 プロテオバクテリア門 ……335
10-3-3 バクテロイデス門 ……338
10-3-4 アシドバクテリア門 ……339
10-4 シアノバクテリアの多様性と系統進化 ……340
10-4-1 シアノバクテリアの分布・生態 ……340
10-4-2 シアノバクテリアの多様性と進化 ……341
10-4-3 シアノバクテリアの系統関係 ……341
10-4-4 シアノバクテリアの分類 ……344
10-5 グラム陽性細菌の主要分類群と特徴 ……346
10-5-1 グラム陽性細菌の特徴と系統群 ……346

10-5-2　アクチノバクテリア門 ……………………………346
10-5-3　ファーミキューテス門 ……………………………353
10-5-4　デイノコックス-サーマス門 ………………………356
10-6　アーキアの特徴と系統 ……………………………………357
10-6-1　古細菌の発見と一般的特徴 ………………………357
10-6-2　アーキアの系統と種類 ……………………………358
10-6-3　非極限環境におけるアーキア ……………………362
11　巨大細菌［横田　明］ ……………………………………364
12　光合成細菌［平石　明］ …………………………………365
13　化学合成細菌［平石　明］ ………………………………366
14　株の識別が要求される食中毒と院内感染の病原体［江崎孝行］ 367

第V部　ウイルスの多様性と系統

11章　ウイルスの多様性と系統［花田耕介・五條堀　孝］

11-1　ウイルスの多様性と分類 …………………………………370
11-1-1　はじめに ……………………………………………370
11-1-2　ウイルスの分類 ……………………………………374
11-1-3　DNA ウイルス ………………………………………377
11-1-4　RNA ウイルス ………………………………………379
11-1-5　逆転写酵素をもつウイルス ………………………383
11-1-6　ウイロイド …………………………………………384
11-1-7　まとめ ………………………………………………386
11-2　ウイルスの進化 ……………………………………………386
11-2-1　はじめに ……………………………………………386
11-2-2　置換距離の推定法 …………………………………388
11-2-3　ウイルス進化速度の推定 …………………………389
15　次々と起こるエマージング感染症［花田耕介・五條堀　孝］…392

第 I 部

微生物の世界

――その特性と大きな系統――

微生物は様々な起源をもつ顕微鏡的な生物の集まりである。多様な微小生物の機能的・構造的特徴から大きな系統関係まで、研究の流れを示しながらコラムも交えて概説する。

1　微生物としての細菌と菌類　杉山純多

1-1　はじめに

「ここへおいで！ 早く、早く！ 雨だれの中にちっぽけな生きものがいるんだ……泳いでいるぞ！ ぐるぐる動き回っている！ この目で見えるどんな生きものよりも千倍も小さいんだ……ほうら、見てごらん……わしが何を見つけたか、まあ見てみるがいい！」

この引用文は、ド・クライフ DE KRUIF の名著『微生物の狩人』(1926) の一節である。今から 300 年ほど前、オランダ・デルフト在住のレーウェンフック LEEUWENHOEK が自作の顕微鏡を使って雨だれの中に微生物を発見し、傍らにいた娘のマリアに向かって叫んだ言葉である。微生物の多様性研究の科学は、16 世紀中頃に発明された顕微鏡によって、レーウェンフックやフック HOOKE が細菌・菌類・原生動物などの「微小動物」(animalcules；当時の微小生物の呼び名) を初めて観察・記録したことに始まる。爾来、顕微鏡の光学的改良と相まって、様々な大形の微生物（たとえば菌類の仲間）が認識され研究が進んだ。そして近代微生物学の礎石は 19 世紀半ばに築かれた（BROCK, 1961)。すなわち、環境や医学における微生物の特性や役割の一端が明らかにされ、また同時に微生物の実験技術の基礎が確立した。この構築には 2 人の偉大な微生物学者がかかわった。1 人はフランスのパスツール PASTEUR である。彼が白鳥の首と呼ばれる特殊なフラスコを考案して、微生物の自然発生説の論争に否定的終止符を打ったことは有名である。また、ワインやビールの変敗（腐敗）の原因を探る研究から、その変敗の原因は微生物の増殖にあることをつきとめた。さらに、アルコール発酵・乳酸発酵など各種の発酵現象も、微生物の営みによることを明らかにした。もう1人はドイツの医師コッホ KOCH である。彼は高性能の複合顕微鏡を駆使して、炭疽(たんそ)病(*Bacillus anthracis*)・コレラ(*Vibrio cholerae*)・結核(*Mycobacterium tuberculosis*)の病原体(細菌)を発見し、また家畜の感染症炭疽病から病原細菌バチルス(バシルス,バシラスとも呼ばれる)・アンスラシス *B. anthracis* の純粋分離に成功して、特定の病気は特定の微生物に起因することを実験的に証明した。その後、微生物学は様々な分野に影響を及ぼし、1950年代には生命科学の中核をなす分子生物学の誕生に深くかかわり、この研究分野の劇的発展に貢献した。生物学は、塩基配列決定技術(=シークエンシング:DNA や RNA を構成する塩基の並び方の順序を決める方法)などの急速な進歩と、高速演算可能なコンピュータの開発を支えとして、1990年代後半からゲノム生物学の時代に突入した。微生物のゲノム解析も本格化し、すでに300を越える微生物種のゲノム配列が解読されている。微生物の科学も、まさにゲノム微生物学とも呼ぶべき時代を迎えた(木村,1999;p. 27参照)。

さて、本書のタイトルに用いられている菌類・細菌・ウイルスの共通のキーワードは“微生物”である。すなわち、微生物とは、一般に顕微鏡を用いなければ見えないような微小な生物の総称である。この総称は分類群(タクソン taxon ともいい、あらゆる階級の分類学的な群のこと)に与えられた学名ではない。普通、微生物と呼ばれるものの範囲には、大別して、細菌(ラン藻類・放線菌を含む真正細菌)・古細菌(アーキアあるいはアーケアともいう;詳細は**1-2**参照)・菌類(酵母・カビ・キノコを含む)・微細藻類・原生動物が含まれる。これらの微生物はいずれも細胞性である。細胞体制からみると、「細菌」と「古細菌」は原核微生物に属し、「菌類」と「原生動物」は真核微生物の仲間である。「微細藻類」の範疇(はんちゅう)には、ラン藻類(シアノバクテリア cyanobacteria または藍色細菌とも呼ばれる. 以下、主にシアノバクテリアを用いる)などの原核微細藻類と、渦鞭毛藻類(うずべんもう)やユーグレナ(いわゆるミドリムシ)類などの真核微細藻類が含まれる。また、エネルギー獲得形式から大別すると、原核・真核微細藻類は光合成生物であるが、そのほかの全ての微生物は非光合成生物である。他方、以上列挙したような微生物とは基本的に異なるのが「ウイルス」である。ウイルスは、電子顕微鏡でのみ観察可能な超微小な絶対細胞内寄生生命体である。したがって、環境中で生存するためには、ウイルスは宿主から宿主へ感染し、宿主細胞内で増殖する必要がある。それらは非細胞性であって、細胞性生物とは基本的に異なる性質をもつが、実験法上の共通性から便宜的に微生物に含める場合もある。そこで、本書では「ウイルス」を広義の微生物として扱い、第V部「ウイルスの多様性と系統」として解説することにした。また本シリーズの編集方針により、微細藻類については既刊の『藻類の多様性と系統(バイオディバーシティ・シリーズ第3巻)』(千原, 1999) に含め、また原生動物については『無脊椎動物の多様性と系統(同シリーズ第5巻)』(白山, 2000) に収載されている。よって、この二つの微生物群については本巻の主要テーマから除外した。

本論に入る前に、微生物とは何かという視点から、微生物の多様性と生物界における系統学的位置づけについて、ごく簡単に言及しておきたい。ただし前述の通り、ウイルスについてはその大部分を本巻第V部にゆずる。

1-2 微生物とは

生物は、大まかに植物・動物・微生物に3大別することができる。この区分は生物の体制の特徴を比較的よく示し、それぞれの生物群が担っている生態的役割や研究方法・実験法ともよくマッチする。すなわち、大ざっぱに植物は生産者、動物は消費者、微生物は分解者に対応する。ただし、微生物の中で、光合成微生物は生産者として重要な役割を果たしていることを忘れてはならない。微生物は種類や系統が大きく異なっても微生物学の取扱い法や実験法が適用できることでまとまっている。しかしその反面、多様な性質を示すことから、包括的に定義づけることはなかなか難しい。後述するような性質によって、微生物を範囲づけているのが現状である。

はじめに本書中で頻繁に用いられる微生物学用語について述べておく。漢字書きの「細菌」は、ウーズ（WOESE, 1990）が提案したバクテリアドメイン（Domain Bacteria）とアーキアドメイン（Domain Archaea）を包含する原核微生物に対する普通名（common name）として用い、カタカナ書きの「バクテリア」と「アーキア」はウーズ体系のドメインの位置にある原核微生物を指す。漢字書きの「古細菌」は、ウーズのアーキバクテリア（Archaebacteria）（WOESE, 1987）ならびに後生細菌（Metabacteria）（HORI & OSAWA, 1987）とほぼ同義語の普通名として使うことにする（本書第IV部を参照）。なお、ドメインとはウーズ（1987）によって提案された界（Kingdom）より上位の分類単位を指すが、国際命名規約が規定している階級上の地位はない（詳細は本書第IV部を参照）。菌類関係の用語については後述する。

1-2-1　微生物の細胞体制

生物には、細胞の性質に起因する基本的に異なる二つの細胞構造体制が存在する。すなわち、原核細胞（procaryotic cell）と真核細胞（eucaryotic cell）である。原核細胞は、核膜がなく、単一の環状のDNA分子が細胞内にあり、細胞小器官（細胞器官、オルガネラ organella ともいう；形態的・機能的に独立した細胞内構造）を欠く。一方、真核細胞は常に二重膜で囲まれた核をもち、DNAは核内の複数の染色体に組み込まれている。ミトコンドリア（酸素を消費して有機物を酸化してATPを生成するなど、細胞のエネルギー獲得に不可欠の役割を果たしている）・葉緑体（クロロフィルやカロテノイドなどの光合成色素をもち、光合成を行う色素体の一種）・小胞体（endoplasmic reticulum、略記ER；脂質、膜および分泌性のタンパク質が作られる）・ゴルジ体（多糖類の主要な合成の場であると同時に、小胞体から送られてくるタンパク質や脂質を取り込み、加工、選別、濃縮したのち分泌果粒やリソソームを作る）・リソソーム〔risosome；各種の加水分解酵素を含み、高分子化合物の消化を行う。菌類や植物では液胞（vacuole）がこの機能を司る〕などの細胞小器官をもつ。鞭毛は、細胞外部に突出した毛状の構造で、運動の機能を担う細胞小器官の一つであるが、その基本構造も両者で大きく異なる。原核生物の鞭毛はフラジェリンタンパク質のらせん状鞭毛繊維でできており、太さは約 0.02 μm である。一方、真核生物の鞭毛は 9+2 構造〔中心に中心鞘（しょう）突起（central sheath）に囲まれた 1 対のシングレットと呼ばれる微小管（microtubule）が、周囲には 9 対のダブレットと呼ばれる微小管が配位している〕で構成されていている（本シリーズ第 3 巻図 6-1 参照）。前述の原核微細藻類を含む細菌（バクテリア）と古細菌（アーキア）は原核細胞性の微生物であり、他方、菌類・真核微細藻類・原生動物は真核細胞性の微生物である。

1-2-2　微生物の種多様性

微生物は、生物の中で最も長い生命の歴史（約 38 億年に及ぶ）を有し、地球環境の歴史的変化と共に、その構造的・機能的多様化が生じ、今日多種多様な種が生息していると考えられる。表 1-1 に代表的な生物群の種多様性（種数）の推定値を示す。本表によれば、細菌 40～300 万種、菌類 100～150 万種がこの地球の多様な基質に生息していることになる。すなわち、既知種

表 1-1　主要生物群の既知種と推定される種数（GROOMBRIDGE, 1992 を一部改変）

生物群	既知種	推定される種数
ウイルス	5000	50 万
細菌	4000	40～300 万
菌類*	8 万 60	100～150 万
原生動物	4 万	10～20 万
藻類	4 万	2～100 万
植物	25 万	30～500 万
脊椎動物	4 万 5000	5 万
回虫類	1 万 5000	500～1000 万
軟体動物	7 万	20 万
甲殻類	4 万	15 万
クモ類・ダニ類	7 万 5000	75～100 万
昆虫類	95 万	800 万～1 億

* KIRK *et al.*, 2001 より

とのおよその比率は細菌が1％以下、菌類は5％以下である。この推定値は微生物の「戸籍調査（インベントリー作成）」がきわめて遅れていること、また同時に未知の構造や機能をそなえた微生物がこの地球環境に数多く生息している可能性を強く示唆している。

1-2-3　微生物の大きさ

微生物は体が小さく、単細胞または多細胞で、多細胞生物であっても植物のように根・茎・葉に分化せず単純な組織分化の段階にとどまる。ここでいう“体（からだ）”とは、葉状体（thallus）もしくは栄養体（vegetative body）のことを指す。細菌は通常単細胞で、直径 0.1 μm の球状のものから、長さ 10 μm・幅 2 μm の棒状のものまで様々である。真核生物である酵母も、細菌同様に多くのものが単細胞であり、ふつう直径 10 μm 程度の大きさである。カビ（糸状菌類）の体を構成する菌糸細胞は、長さは不定であるが、その幅は比較的一定で、通常 2〜30 μm の範囲におさまる。藻類の大きさは 1 μm〜数 m、原生動物は 2〜1000 μm である。ちなみに、ウイルスの大きさは細菌より 1 桁（けた）小さく、ふつう 0.01〜0.25 μm である。

1-2-4　微生物の代謝活性

微生物は体が小さい割に、代謝活性が非常に高い。たとえば、哺乳（ほにゅう）動物の心臓とくらべて、大腸菌 *Escherichia coli* は 20〜60 倍、酵母は 10〜20 倍、カビは 2〜10 倍、アゾトバクター属 *Azotobacter* 細菌は実に約 600 倍の呼吸活性を示す。また、微生物は増殖速度が速い。大腸菌は通常 17 分、サッカロミケス属 *Saccharomyces* 酵母は 2 時間、ラッパムシ *Stentor*（繊毛虫類）は 26.4 時間に 1 回というような倍加速度で分裂・増殖する。

1-2-5　微生物の多様な生態群と分布

微生物は、地球の様々な基質や場所に生息し、その生態的多様度が著しい。たとえば、熱帯から極圏にいたる土壌・河川・海洋をはじめ、植物体・

動物糞(ふん)・食品・人体・人工的環境にまで広く分布し、時には穀類・果実・衣類などの繊維製品のほか、皮革製品・壁画・刀剣・書籍などの文化財や木材建造物を劣化させる（杉山ら，1999)。その微生物数は種々の因子によって異なるが、ふつう土壌1g中には細菌が約10億、カビの菌糸が200〜500 m、ヒト（成人）の腸管には内容物1gあたり数千億の細菌が生息するといわれている。また、微生物は動・植物と深くかかわり、腐生（saprophytism；生物遺体や有機物を利用する）・寄生（parasitism；生きている生物組織・細胞を利用し、宿主に損害を与える）・共生（symbiosis；生きている生物組織・細胞と共に生活し、宿主に利益を与える）の三つの主要な栄養源獲得様式がある。さらに、微生物は基質と密接な関係（多くの場合、基質嗜好(しこう)性に依存する生態群を構成する。たとえば土壌細菌・土壌菌類・糞生菌類・淡水藻類）を保ちながら、地球環境の炭素・窒素・硫黄などの物質循環に重要な役割を演じている（後述)。

一般に微生物は中温性（mesophilic）で、5℃〜45℃の多様な環境で生息する。しかし、一部の微生物は、おおかたの生物が生育できないような極限環境にも積極的に生息する（STALEY，2002；表1-2を参照)。数千mの深海（コラム[1]参照)、極地や数千mの高山、さらには塩田、強酸性温泉

表1-2 微生物の生息範囲極限環境条件*（STALEY, 2002)

条 件	限 界	生息地	微生物群
温 度	凍結以下	海氷	一部のバクテリア，アーキア 一部の真核微生物
	沸点以上	温泉・熱水孔	一部のアーキア
pH	0〜1	酸性鉱床・排水	一部のバクテリア，一部のアーキア
	>12	砂漠土壌・湖	一部のバクテリア，一部のアーキア
高電離性放射線		核廃棄物	一部のバクテリア
低酸化還元	<−350 mv	沼地・腸管	一部のアーキア
高塩分	>35 ppt	塩湖	一部のバクテリア，アーキア
高浸透圧	飽和糖溶液	樹液・糖蜜	菌類
高水圧	>1000 atm	深海	一部のバクテリア

* 一部の生物は複数の極限条件でも生息することができる．たとえば，非常に低いpHの温泉で生息している

水、油田の油層水の中にまで、特殊な細菌が見いだされている。たとえば、ピロコックス・ホリコシイ *Pyrococcus horikoshii*（口絵21）は、潜水艦「しんかい2000」により北太平洋の沖縄海溝内の熱水鉱床（深度1395 m）から分離された超好熱アーキア（古細菌）の新種で、最適生育温度は98 °Cである（GONZALEZ *et al.*, 1998；なお、本種のゲノム解析の結果がすでに公開されている（<http://www.bio.nite.go.jp/dogan/Top>参照））。微生物と水分の関係についてみると、一般の微生物にとっての最適な水分活性（water activity, Aw）は0.99付近であるが、Awが0.60〜0.65（乾燥食品原料など）の条件下ではエウロチウム *Eurotium* やクセロミケス *Xeromyces* 両属のカビが生育する。75 °C以上の至適温度をもつ微生物を高度好熱菌と呼んでいるが、細菌の1種 ピロジクチウム・オックルム *Pyrodictium occulum* の生育至適温度は105 °C、その生育限界は110 °Cである。絶対嫌気条件下でCO_2を還元してメタンを生成するメタン細菌や、20 %を越える高濃度食塩存在下でしか生育できない高度好塩性細菌も存在し、いずれもアーキアドメインに属する。また、一般に細菌は中性付近（pH 6.5〜7.5）に生育の至適pH（水素イオン濃度）があり、一方菌類は弱酸性のpH 4.5〜6.0に至適pHがある。しかし、ある種のバチルス属細菌はpH 1の硫酸溶液中で増殖し、好アルカリ性バチルス属細菌はpH8〜11でよく生育する。

このように、微生物はじつに様々な環境に生息し、微生物抜きには地球生態系は成立しないし、健全な持続・維持もできない。産業や環境浄化に、微生物の機能特性を利用するアイデアの源もこの点にある（別府, 1995）。

1-2-6　微生物のエネルギー獲得形式の多様性と自然界における物質循環への寄与

微生物のエネルギーの獲得形式は、実に多様である（柳田, 1980）。これは微生物が示す顕著な機能的多様性の一つである。一般に、エネルギー源と主要炭素源の性質で微生物を四つの栄養型に分けることができる。

（1）**光合成独立栄養微生物**：光をエネルギー源、CO_2を炭素源として利

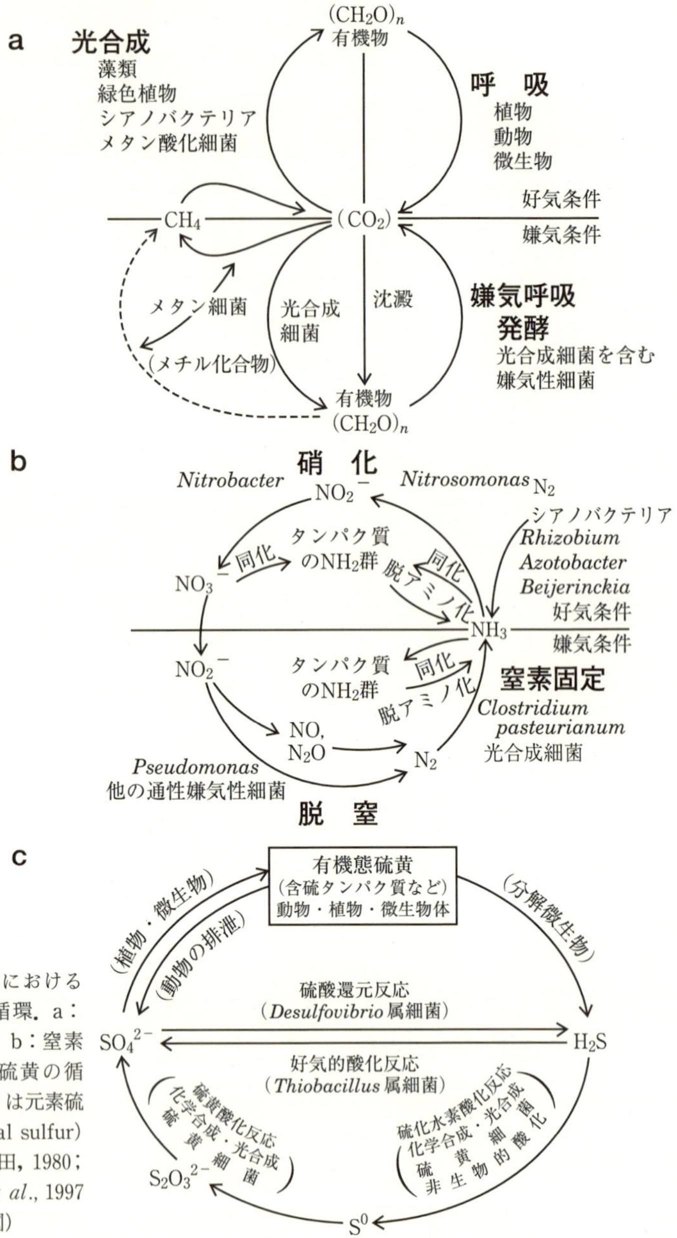

図 1-1　生物圏における主要元素の循環．a：炭素の循環，b：窒素の循環，c：硫黄の循環〔図中，S^0 は元素硫黄（elemental sulfur）を示す〕（柳田，1980；MADIGAN *et al*., 1997 を参考に作図）

用し、光合成を営む（この一連の反応を一般に炭酸同化という）。主として水圏に生息し、自然界（地球環境）における生物学的に重要な元素の一つ、炭素（C）の循環に大きな役割を果たしている（図 1-1 a）。好気性のシアノバクテリア（ラン藻類）や緑藻類、嫌気性の緑色硫黄細菌、紅色硫黄細菌が属する。シアノバクテリアの中には窒素固定（大気中の分子状窒素に水素原子を付加し、アンモニアにする過程）を行う種類があり、農業上重要である。

（2）**光合成従属栄養微生物**：嫌気的には光合成を行い、好気的条件下では光合成を行わずに有機物から呼吸によってエネルギーを獲得する（口絵 9）。紅色非硫黄細菌（後述）が属し、汚水処理や菌体肥料に利用され、中には植物の根圏に生息し窒素固定を行う細菌がいる。

（3）**化学合成独立栄養微生物**：無機物を化学エネルギー源として利用し、炭酸同化を行っている。好気性の硝化細菌（ニトロソモナス属 *Nitrosomonas*・ニトロバクター属 *Nitrobacter*）・硫黄細菌、嫌気性の硫酸還元菌などが属する。硝化細菌（硝化とは微生物がアンモニアを好気的に酸化して硝酸を生成すること）は、土壌中に生息してアンモニアを硝酸に変換し、畑作物の生育や畑・草地・森林などにおける窒素（N）の循環に重要な役割を担っている。微生物による硝化・窒素固定・脱窒（硝酸を還元して窒素ガスに変換する過程）という作用は、地球生態系（自然界）の窒素循環の中核となっている（図 1-1 b）。一方、硫黄を硫酸に変換するチオバチルス属 *Thiobacillus* などの硫黄酸化細菌は好気的な畑土壌に生息して硫化水素を硫酸に変換し、また硫酸還元菌（デスルフォビブリオ属 *Desulfovibrio*）は嫌気的な水田土壌に生息して、硫黄や硫酸を硫化水素に変換し、硫黄（S）の循環に寄与している（図 1-1 c）。しかし、両者とも作物には好ましい微生物ではない。

（4）**化学合成従属栄養微生物**：有機物を分解してエネルギーを獲得している。この型式は CO_2 を同化して有機物を合成する方法にくらべて効率が良く、大部分の微生物と動物がこの型式に属し、炭素循環の一翼を担ってい

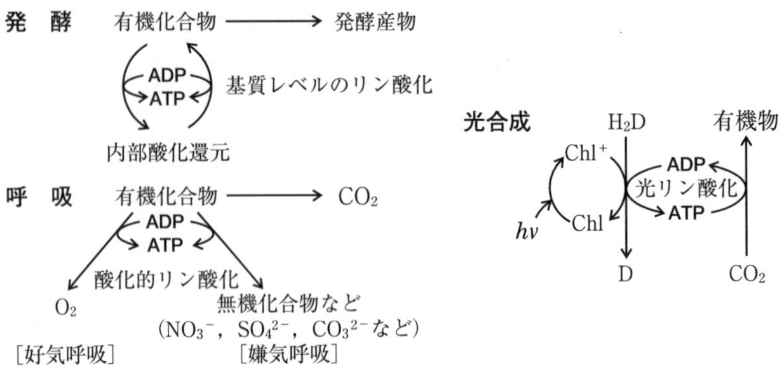

図1-2 基本エネルギー（ATP）獲得反応における基質炭素・電子の3通りの流れと，ATP生成反応の関係を示す模式図．$h\nu$：光，Chl：クロロフィル，H_2D：水を含む水素供与体（柳田，1980を参考に作図）

る。

（5）その他の分け方：視点を変えて、ATP（アデノシン三リン酸の略号、生体内のエネルギー通貨と呼ばれる）の生成反応から、微生物を3群に分けることができる（図1-2）。第1群は、発酵によってのみエネルギーを生成する絶対嫌気性微生物（一部の細菌）。第2群は、呼吸によってエネルギーを生成する絶対好気性微生物（一部の細菌、大部分のカビ、キノコ、微細藻類、原生動物）と嫌気呼吸する微生物（一部の細菌）。第3群は、ATP生成反応として光合成を利用する微生物。さらにこれは、酸素発生型光合成（藻類・シアノバクテリア）と酸素非発生型光合成（光合成細菌）に分けられる。

微生物の中には融通性に富むものがいる。すなわち、呼吸と発酵の両刀使いの微生物、通性嫌気性微生物（大部分の細菌、酵母）や光合成（嫌気条件下で）・呼吸（好気条件下で）の両方を利用する光合成従属栄養微生物（たとえば紅色非硫黄細菌）などである。

また、微生物は、前述のように有機物の獲得形式でも分けることができる。すなわち、腐生菌と呼ばれ、大部分の細菌、酵母、カビ、キノコ、原生動物がこのグループに入る。他の2群は寄生または共生する微生物で、病原菌は前者の、根粒菌・菌根菌類・地衣類は後者の代表格である。微生物の中には、生活環のステージに対応して栄養様式を使い分けているものもいる。たとえば、単相時代（酵母時代）は腐生的、二核相時代（菌糸体時代）は寄生的な生活を営む。このような現象は多くのクロボキン類（黒穂菌類ともいう）やタフリナ目菌類にみられる。

1-2-7　微生物の機能的多様性とその利用

人類は、微生物のもつ生理的機能の特性を古くから利用してきた。清酒（カビ：*Aspergillus oryzae*）・焼酎（カビ：*A. awamori*, *A. kawachii*）・泡盛（カビ：*A. awamori*, *A. saitoi*）・ビール（酵母：*Saccharomyces cerevisiae*, *S. pasterianus* ほか）・ワイン（酵母：*Saccharomyces*）・味噌（カビ：*A. oryzae*, *A. sojae*）・醤油（カビ：*A. oryzae*, *A. sojae*）・食酢（細菌：*Acetobacter pasterianus* ほか）・漬け物（細菌：*Lactobacillus* spp.）・チーズ（カビ：*Penicillium* spp. ）・納豆（細菌：*Bacillus subtilis*）・ヨーグルト（細菌：*Lactobacillus burgaricus*, *Streptococcus thermophilus* ほか）などの醸造・発酵食品や、パンの製造（酵母：*S. cerevisiae*）がよく知られている。また、酵母のアルコール発酵を利用する工業用アルコールの製造や、乳酸菌の乳酸発酵による乳酸の製造は、20 世紀前半から工業化された。フレミング FLEMING が見つけたアオカビと細菌が競い合う拮抗現象はペニシリンの発見に結実し、続いてワックスマン WAKSMAN は放線菌からストレプトマイシンを発見し、その後 抗生物質の研究開発は 1940 年代以降に抗生物質生産工業へと大きく発展した。アミノ酸の発酵生産の工業化（たとえば、L-グルタミン酸は 1956 年工業化に成功）や、新しい有用酵素（凝乳酵素・グルコースイソメラーゼなど）ならびに生理活性物質（ステロイド化合物など）の発見も、そこには微生物の探索・開発研究にまつわる数々のドラマをみることができる（別府，1982)。20 世紀後半、コリネフォルム属 *Coryneforum* 細菌を利用したグルタミン酸発酵を端緒とする微生物利用工業は飛躍的に拡大し、微生物によって作られる有用物質の多様さは驚嘆に値す

表 1-3　微生物によって作られる主要な有用物質*

物　質		使用される微生物
アルコール，溶剤	エタノール	*Saccharomyces cerevisiae*（酵母）
		Zymomonas mobilis（細菌）
	グリセロール	*S. cerevisiae*（酵母）
	ブタノール，アセトン	*Clostridium acetobutylicum*（細菌）
有機酸	乳酸	*Lactobacillus delbruckii*（細菌）
	グルコン酸，クエン酸	*Aspergillus niger*（カビ）
糖類	グルコース	*Rhizopus delemar* など（カビ）
	マルトース	*Bacillus licheniformis*（細菌）
	異性化糖	*Streptomyces albus*（放線菌）など
	シクロデキストリン	好アルカリ性 *Bacillus* spp.など（細菌）
	糖アルコール	
	アラビトール	*Candida diddensiae*（酵母）
	マンニトール	*"Torulopsis mannitofaciens"*（酵母）
アミノ酸	L-グルタミン酸，L-リジン	*Corynebacterium glutamicum* など（細菌）
	L-アスパラギン酸	*Escherichia coli*（細菌）
核酸関連物質	5'-イノシン酸	*Penicillium citrinum*（カビ）
		Bacillus subtilis（細菌）
		Brevibacterium ammoniagenes（細菌）
	ATP	*Hansenula jardinii*（酵母）
抗生物質	ペニシリン	*Penicillium chrysogenum*（カビ）
	セファロスポリン	*Acremonium chrysogenum*（異名 *Cephalosporium acremonium*）（カビ）
	ストレプトマイシン	*Streptomyces griseus*（放線菌）
ビタミン	B_2	*Ashbya gossypii*，*Eremothecium ashbyii*（カビ）
補酵素，色素	B_{12}	*Streptomyces*（放線菌），*Propionibacterium*（細菌）など
	CoQ（ユビキノン）	*Candida tropicalis*（酵母）
	β-カロテン	*Phycomyces blakesleeanus*（カビ）
その他生理活性物質	副腎皮質ホルモン	*Rhizopus nigricans*（カビ）など
	男性・女性ホルモン	*Arthrobacter simplex*，*Mycobacterium* spp.（細菌）
	ジベレリン	*Gibberella fujikuroi*（アナモルフ *Fusarium moniliforme*）（カビ）
	麦角アルカロイド	*Claviceps pasapali*（麦角菌；カビ）
	コレステロール生合成阻害剤（モナコリン）	*Monascus ruber*（カビ）
	免疫治療薬（シクロスポリン A）	*Tolypocladium inflatum*（カビ）

	高脂血症治療薬 （メバチロン）	*Streptomyces* sp.（放線菌） *Penicillium citrinum*（カビ）
酵　素	アミラーゼ	*Aspergillus* spp., *Rhizopus* spp.など（カビ） *Bacillus amyloliquefaciens*, *B. licheniformis*（細菌）
	プロテアーゼ	*Aspergillus saitoi*（カビ）, *Bacillus subtilis*（細菌）, *Streptomyces griseus*（放線菌）など
	凝乳酵素	*Rhizomucor pusillus*（異名 *Mucor pusillus*）（カビ）
	リパーゼ	*Rhizopus oryzae*, *Thermomyces lanuginosus*（カビ）, *Candida lipolytica*（酵母）など
	ペクチナーゼ	*Aspergillus niger*, *Botrytis cinerea*, *Penicillium notatum*（カビ）
	セルラーゼ	*Irpex lacteus*（キノコ）, *Trichoderma viride*（カビ）など
菌体生産	菌体タンパク質	*Candida utilis*（酵母）, *Chlorella*（微細藻類）など
	マイコプロテイン	*Fusarium graminearum*（カビ）
	リボ核酸	*Candida utilis*（酵母）

＊　本表は，別府（1982）の第1表に加筆して作成

る。それらの一端を表1-3に示す。これらの有用物質はまさに微生物の機能的多様性を利用したものにほかならない。巧妙なスクリーニング系の創出に加えて、1970年代初期に開発された組換えDNA技術（遺伝子工学技術）[*1]は微生物機能の応用分野発展に強烈なインパクトを与えた。さらに、原核生物の細菌から真核生物のヒトまで多岐にわたるいろいろなモデル生物種を対象にした最近のゲノム解析プロジェクトの成果は、ヒトの病気の解明や治療、医薬工業、農業をはじめ多方面に劇的変革をもたらしつつある。

1-3　系統論の系譜と生物界における微生物の系統的位置

生物の系統に関する学説と、それに裏打ちされた分類体系の枠組みには諸説あるが、ここでは紙幅の関係から系統に関する学説の大きな流れとその中における微生物の系統的位置について紹介するにとどめる。

＊1　プラスミド（核外遺伝子）やファージ・ウイルスなどの「ベクター」と呼ばれる遺伝子の運び屋のDNAに，異なった生物からのDNA小片を人為的に結合させて宿主細胞に導入する方法．

1-3-1 2界体系における微生物の位置づけ

アリストテレスの時代から20世紀中頃まで、生物の世界は栄養の獲得様式の違いから、植物界（Plantae）と動物界（Animalia）に二分されてきた。植物界の代表は光合成を行い、根をもつ高等植物であり、一方動物界の代表は食物を消化し、運動を行う高等動物である。このように生物を二分する説は歴史的に最も古く、今日2界体系（2-kingdom system）と呼ばれ、その概念的階層体系の基本（界・門・綱・目・科・属・種の七つの分類階級）は二名法（binomial nomenclature）の創設者であるリンネ LINNAEUS（VON LINNÉ とも呼ばれる）によって築かれた。この2界体系では、原核性かつ単細胞性の細菌と、真核性かつ菌糸細胞よりなる菌類は、総体として植物に似ていることから植物界のそれぞれ一分枝として位置づけられることが多かった。代表的なものとしては、アイヒラー EICHLER（1883）の分類体系が挙げられる。この体系は、顕花植物の分類大綱については今日のものに近いが、真菌類は分裂菌類（細菌）・地衣類と共に葉状植物門の第2綱（菌類）として位置づけられた。その後、アイヒラーの体系はアイヒラー-エングラー ENGLER の体系へと発展し、エングラーとプラントル PRANTL によって"Die Natürlichen Pflanzenfamilien"（初版全20巻，1887-1915）に結実、植物界全体を網羅した体系ということで、世界的に広く採用された。以上述べた2界体系は、原核生物と真核生物の細胞構造体制の違い（**1-2-1** 参照）を無視した説であって、現在の生物科学の水準からみれば容認しがたい。

1-3-2 3界体系における位置づけ

伝統的な2界体系とは別のものとして、進化論者ヘッケル HAECKEL（1866）が提唱した体系がある。ヘッケルは、植物（Plantae）でもなく動物（Animalia）でもない、異質の微小生物の存在を認識し、第3の界として原生生物界（プロチスタ Protista）を創設した。この体系は、今日3界体系（3-kingdom system）と呼ばれている。彼は生物を動物・植物・原生

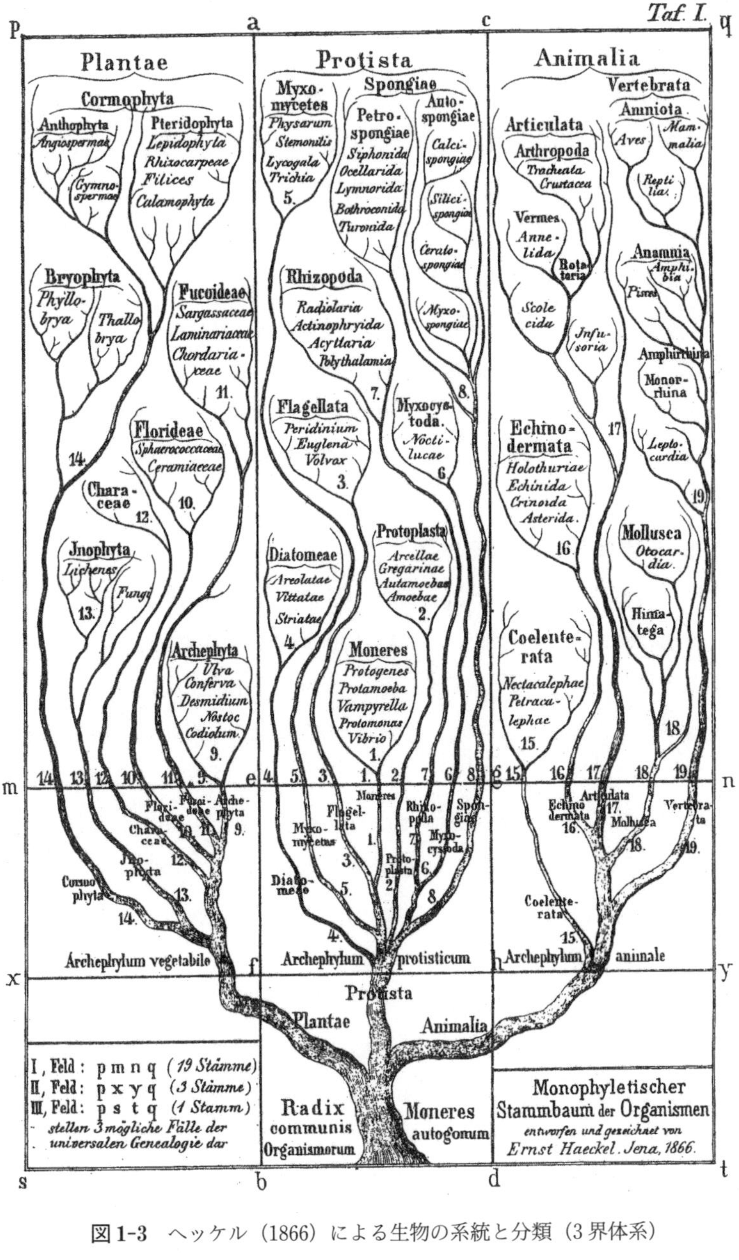

図 1-3　ヘッケル（1866）による生物の系統と分類（3 界体系）

生物の3主幹に大別、次々に低次の分類群に細分し、それらの類縁関係を系統樹（dendrogram、phylogenetic tree）に表現した（図1-3）。菌類は地衣類と共にJnophyta（イーノフィタ門）を構成し、植物の一分枝として扱われた。他方、原核性の細菌は、珪藻（けいそう）類・鞭毛虫類・変形菌類（粘菌類）などの体制が比較的簡単な生物と共に原生生物界に位置づけた。この系統樹上では、プロタモエバ属 *Protamoeba*・プロトモナス属 *Protomonas*・ビブリオ属 *Vibrio* などが、原生生物界より下位のモネラ群（Moneres）を構成する代表属として記載されている。ヘッケルのこの考え方は、下等な微小生物の異質性に気づき、進化の道筋を系統樹に具現したところに、当時としては独創的なものがあった。しかし、原生生物界には原核性・真核性の雑多な微小生物群が混在している点に、現代系統分類学の視点からみれば難点がある。

1-3-3　5界体系における位置づけ

生物界における菌類の系統上の位置づけについては諸説あるが、近年微生物の分類体系に衝撃を及ぼしたのは、1969年に国際的な科学ジャーナル『Science』に発表されたホイッタカー WHITTAKER の5界体系（5-kingdom system）である（図1-4）。ホイッタカーはヘッケルの3界体系、コープランド COPELAND（1956）の4界体系をよく吟味したうえで、生物を5界、すなわちモネラ界（Monera）・原生生物界（Protista）・植物界（Plantae）・菌類界（Fungi）・動物界（Animalia）に大別した。この体系の独創性は、体制・生殖法の点で他の生物群とは根本的に異なるものとして、細菌とラン藻類（シアノバクテリア）をモネラ界、菌類を菌類界としてそれぞれ独立した界に収容させたことであろう。特に後者を、動物界と植物界に対応する位置づけをしたことは重要である。すなわち、原核細胞と真核細胞の相違を重視して、前者にモネラ界を、後者に原生生物・植物・菌類・動物の4界を含めた。この説の特質は、比較的原始的な体制をもち、単細胞および群体性の生物全てを収容する原生生物界を転移的段階に位置づけ、大形生物の生活戦略（栄養分の摂取法）の相違に基づいて、光合成型の植物、

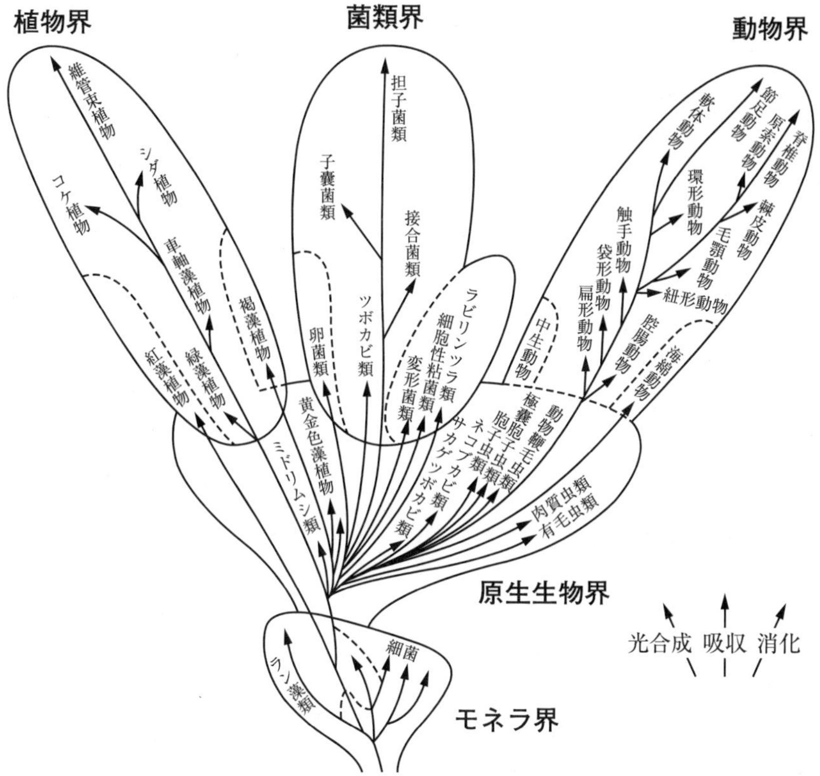

図 1-4 ホイッタカー（1969）の 5 界体系

吸収型の菌類、消化型の動物の 3 方向に進化したと考えたことである。しかしながら、この系統樹には各界の接点、すなわち相互の関係づけに無理なところがあった。それにもかかわらず、このホイッタカー説は脚光を浴び、後年、細菌・ラン藻類および菌類の分類体系に影響を与え、細菌分類学のバイブルともいわれている “Bergey's Manual of Determinative Bacteriology” 第 8 版（BUCHANAN & GIBBONS, 1974）とアインスワース AINSWORTH（1973）の新分類体系提案の基礎となった（後に詳述）。

1-3-4 マーグリスの細胞内共生説と修正5界体系における位置づけ

ホイッタカー説を引き継いだマーグリスとシュワルツ（MARGULIS & SCHWARTZ, 1982）は、マーグリスの「細胞内共生説」（MARGULIS, 1971, 1981）を根拠に5界体系の修正体系を発表した（千原, 1999を参照)。彼らは生物をモネラ・プロトクチスタ（Protoctista）・菌類・動物・

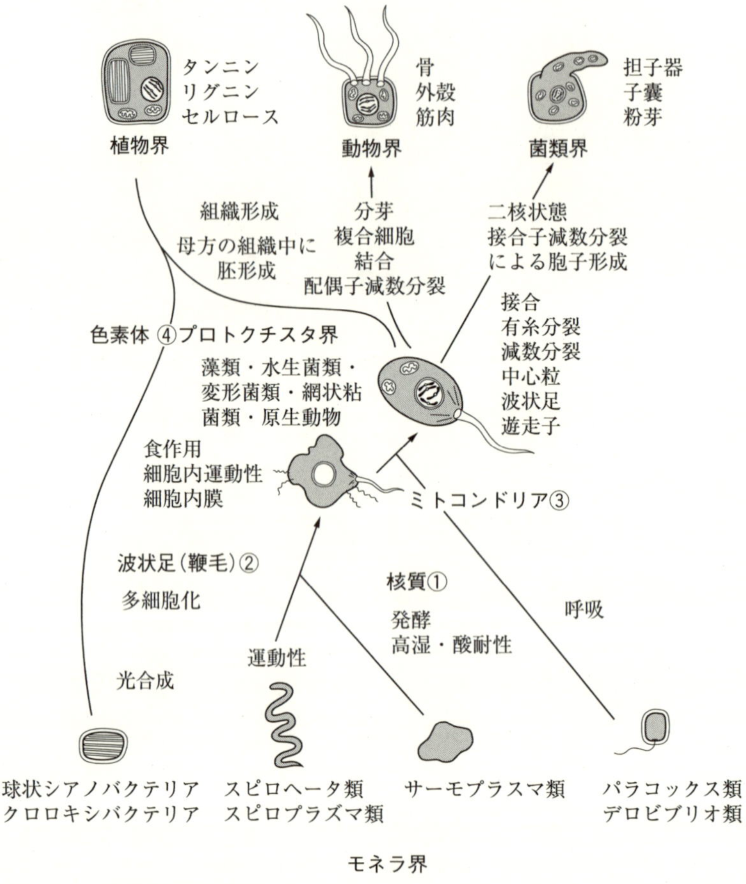

図1-5 共生と真核細胞の起源

波状足（undulipodia；鞭毛の別名）の後にミトコンドリアを獲得．数字は獲得の順序を示す（MARGULIS & SAGAN, 1997を参考に作図）

植物の5界に分けた。ホイッタカーの5界体系では、原生生物界（Protista）は基本的に真核単細胞生物でまとめられていたが、マーグリスとシュワルツ（前出）は多数の真核多細胞生物を加えて定義と名称をプロトクチスタ界に変更した。このことにより、プロトクチスタ界にはいわゆる原生動物をはじめ、変形菌類（粘菌類）・卵菌類とその類縁菌類、多細胞性の藻類まで含まれることになった。この修正体系は、ホイッタカーの5界体系を認めながら、モネラ界とプロトクチスタ界をつなぐ真核生物の起源細胞を想定し、細胞小器官の進化的由来と細胞体制を前面に立てて体系化を試みたものである。この説では、真核細胞に含まれるミトコンドリアは太古の好気性細菌のプロテオバクテリア（Proteobacteria）に由来し、葉緑体はラン藻類のような原核光合成生物が真核生物の祖先の細胞内に共生することによって成立したと考える。さらに、鞭毛はスピロヘータ *Spirochaeta*＊2 が共生し、変化したものとされる（図1-5）。彼女は、菌類界において鞭毛の特徴を重視し、菌類界を大胆に修正した。すなわち、鞭毛をもつ全ての菌類、および生活環中にアメーバ相をもつ分類群を菌類界から除外し、原生生物界に編入した。この結果、菌類界は無鞭毛で単相もしくは二核相型の相同系列にまとめられたが、最近の分子系統学的研究によりツボカビ類は“真の”菌類であることが明らかにされたので、菌類系統に関する彼女の説の中でツボカビ類の部分には無理がある。しかしながら、原核細胞と真核細胞の接点を細胞内共生に求めた彼女の説（ミトコンドリアと葉緑体の起源に関する学説）は、現在では多くの問題点があるにせよ、現生の真核生物の誕生機構や初期進化を考えるたたき台になっている（橋本，2004；黒岩，2004）。

＊2　細長いらせん状の単細胞の細菌で，薄く柔軟な細胞壁をもつ．体長が500 μm にも達する．細胞壁と細胞膜の間に内生鞭毛（軸糸ともいう）と呼ばれる糸状構造が存在し，細胞の伸縮とともに回転運動する．海水等で自由生活するものもいるが，寄生して病原性を示すものもいる．

1-3-5 3ドメイン体系と微生物の主要な系統関係

20世紀の中頃に誕生した分子生物学や分子遺伝学の潮流は、1960年代頃から生物の系統や進化の研究に影響を与えた。ツッカーカンドル ZUCKERKANDL とポーリング PAULING の“分子時計”の発見（1965)、それに続く木村資生の分子進化の中立説（KIMURA，1968，1983）などを基盤にして、分子進化学（木村，1984；今堀ら，1986；宮田，1998)・分子系統学（長谷川・岸野，1996)・分子系統分類学（HILLIS & MORITZ，1990；HILLIS *et al.*，1996）が誕生した。1980年代以降、分子生物学的技術の進歩（特に遺伝子のクローニング*3・塩基配列決定法*4・PCR法*5 の考案)、高速演算可能なコンピュータの普及と、新しい系統樹作成法の開発は、系統の分岐の順序やその年代推定を可能にした。さらに近年の系統解析には、電子顕微鏡の進歩による細胞微細構造に関する確実なデータの蓄積も軽視することができない。

このような歴史的背景のもとで、ウーズは、小サブユニットリボソームRNA（SSU rRNA）塩基配列に基づく系統解析から，“ドメイン(domain)”という“界”より上位の新しい分類階級（ただし、命名法上の地位はない。詳細は、p.5参照）を導入して、生物界の大きな系統学的枠組みを明らかにした。この解析に用いられたSSU rRNAとは、タンパク質合成の場であるリボソームを構成する核酸分子の一つであり、その塩基配列の長さは多少違っていても（原核生物は約1500塩基の16 S rRNA、他方真核生物は一部の原生動物を除き1800塩基よりなる18 S rRNA)、細菌からヒトまで起源的に一つのものとみなされている。その配列は進化的保存性が高く、大きな系統解析において現在最も頻繁に利用される代表的な分子（遺伝

---

*3 遺伝子操作によって，多数の遺伝子の中から特定の遺伝子のみを含むDNA断片を分離し，それを増幅すること．

*4 p.3を参照

*5 ポリメラーゼ連鎖反応（polymerase chain reaction）ともいい，その原理は1983年にムリス MULLIS らによって考案された．二つのプライマーで挟まれたDNA部分を試験管内で大量に増幅させる方法．

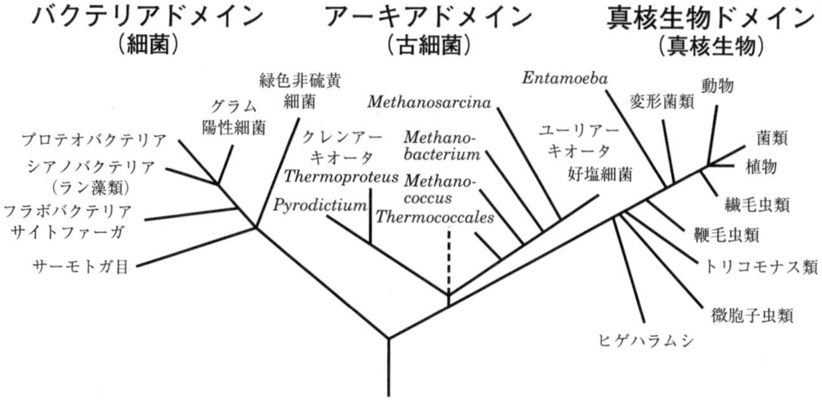

図 1-6　ウーズ（1994）による小サブユニット rRNA（16 S と 18 S）塩基配列に基づく生物の系統関係と三つのドメイン

子）となっている（7 章参照）。

ここでは、ウーズ（1994）によって描かれた生物全体の最新の分子系統樹を図 1-6 に示す。これによれば、生物界は大きく三つの主幹系統群に分かれる。ウーズ（1990）は前述のカテゴリー「ドメイン」を適用して、それぞれバクテリア（Bacteria）・アーキア〔Archaea；ウーズ（1987）は当初アーキバクテリア Archaebacteria の呼称を与えた〕・真核生物（Eucarya）と命名した。微生物と呼ばれる仲間は、これら三つのドメイン全てに属している。ドメインの間の主要な差異を表 1-4 に示す。バクテリアドメインは、グラム陰性・グラム陽性の一般細菌ならびにシアノバクテリア（ラン藻類とも呼ばれる）を含む。一方、アーキアドメインは、従来の古細菌（archaebacteria；WOESE, 1987）または後生細菌（metabacteria；HORI & OSAWA, 1987；図 1-7）と呼ばれていた微生物を含み、高温・高塩濃度あるいは強酸といった極限環境下で生息する生態的に特異な原核生物で構成される。両ドメインの微生物は、原核細胞構造をもつ点で共通するが、細胞壁組成・膜脂質・開始 tRNA（タンパク質合成の最初の段階で使用される）などの形質に差異が認められる（表 1-4 参照）。真核生物ドメインは、真核細

表 1-4 バクテリア，アーキア，真核生物の三つのドメイン間の主な相違点（MADIGAN *et al.*，1997 を一部改変）

形質	バクテリア	アーキア	真核生物
細胞構造	原核性	原核性	真核性
染色体の存在形態・染色体数	環状，1	環状，1	線状，>1
核膜	なし	なし	あり
細胞壁	ムラミン酸あり	ムラミン酸なし	ムラミン酸なし
膜脂質（極性脂質）	エステル結合	エーテル結合	エステル結合
リボソーム	70 S(30 S，50 S)	70 S(30 S，50 S)	80 S(40 S，60 S)
開始 tRNA	ホルミルメチオニン	メチオニン	メチオニン
tRNA 中のイントロン	+	+	+
遺伝子中のイントロン	−	−	+
オペロン	+	+	−
mRNA のキャッピングとテイリング	−	−	+
プラスミド*	+	+	まれ
ジフテリア毒素に対するリボソーム感受性	−	+	+
RNA ポリメラーゼ	1(サブユニット)	複数(各 8〜12 サブユニット)	3(各 12〜14 サブユニット)
クロラムフェニコール，ストレプトマイシン，カナマイシンに対する感受性	+	−	−
メタン生成	−	+	−
S^0 から H_2S への還元	+	+	−
硝化	+	−	−
脱窒	+	+	−
窒素固定	+	−	−
クロロフィルに基づく光合成	+	−	+
化学合成無機栄養（Fe，S，H_2）	+	+	−
ガス胞	+	+	−
ポリ-β-ヒドロキシ酪酸より構成される炭素系貯蔵物質の生成	+	+	−

* 染色体以外の遺伝因子．ただし，真核細胞のミトコンドリアや葉緑体に含まれる DNA は除く（p. 15 の脚注も参照）

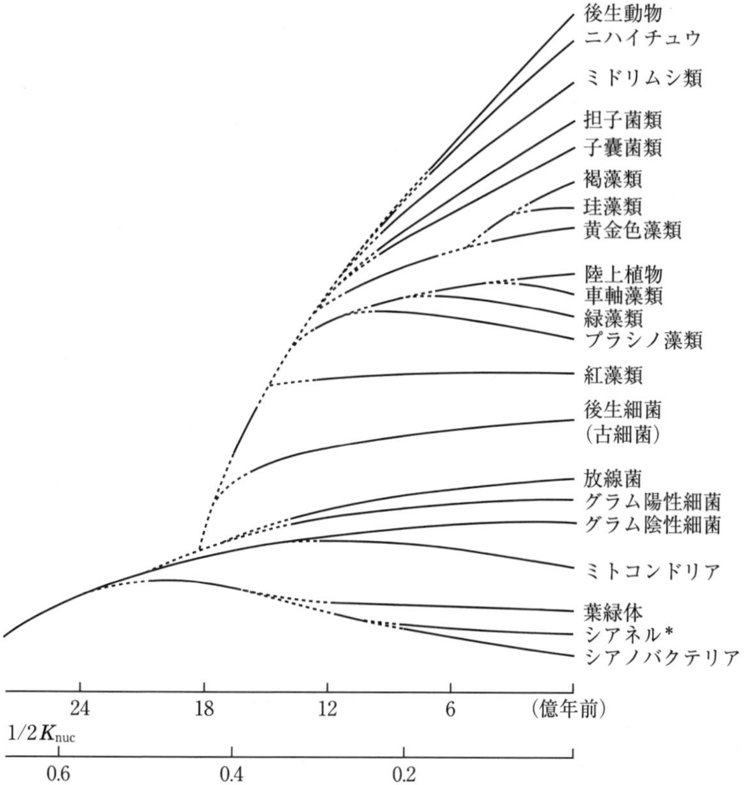

図1-7　5S rRNA 塩基配列に基づく生物（558種）の系統関係（堀，1999より作図）
各枝の詳細は省略してある．図中，破線は誤差の範囲を示す．ミトコンドリアの起源は不確実であるため，破線で示してある
*　灰色植物のシアネル（cyanelle，チアネルともいう）がよく知られている．原生生物の細胞内に共生しているラン藻類（シアノバクテリア）を指す．詳細は，本シリーズ第3巻（千原，1999）コラム4を参照されたい

胞構造をもち、バクテリアとアーキアより組織化した体制（たとえば多細胞性）をそなえており、実に多様な表現型をもつ分類群により構成されている。本ドメイン中の界レベルの体系は流動的であるので、ここでは便宜的に原生生物群（protists）・植物界（Plantae）・菌類界（Fungi）・動物界（Animalia）の3界1群に分類しておくことにする。原生生物群は多系統で

あることが判明しており、たとえばキャヴァリエ-スミス（CAVALIER-SMITH, 1987）は原生生物群を原生動物界とクロミスタ界に二分した。動物的とされる原生生物の一群を前者に、管状小毛（tubular hairs；マスチゴネマ mastigonema）の付随した鞭毛をもつクリプト藻類・黄金色藻類・珪藻類・褐藻類などの藻類と、従来 菌類界の構成メンバーとされていた卵菌類・サカゲツボカビ類・ラビリンツラ菌類を後者に収容した（後に詳述）。しかし、その後の分子系統学や細胞微細構造の研究から、キャヴァリエ-スミスのクロミスタ界は明らかに異なる系統群（それぞれ単系統を構成する）を含むことが指摘され、ストラミニピラ界（Straminipila）*6 とアルベオラータ界（Alveolata）*7 が提案されている。前者は、クロロフィル *a* と *c* をもつ黄金色藻類・珪藻類・褐藻類などの藻類に加えて、原生動物鞭毛虫類のオパリナ Opalina 類、ならびに鞭毛菌類の仲間の卵菌類・サカゲツボカビ類・ラビリンツラ類などで構成される。一方、後者には、クロロフィル *a* と *c* をもつ渦鞭毛藻類を中心に、マラリア病原虫 *Plasmodium* を含む原生動物のアピコンプレックス類（Apicomplexa；伝統的に胞子虫類に分類されてきた原生動物の仲間）やゾウリムシ属 *Paramecium* などの繊毛虫類が収容される。なお、ウーズの生物の3ドメイン説は広く受け入れられているが，最近この学説に対する異論が提出され、論争になっている（CAVALIER-SMITH, 2002；MAYR, 1998）。今後の展開に注目したい。藻類を中心とする真核光合成生物の系統については、本シリーズの第3巻（千原，1999）ならびに 最近の総説（井上，2001，2004；NOZAKI, 2005）を参照されたい。

以上、微生物の特性を駆け足で概観した。他の生物にはみられない多様な

＊6　この学名の元の綴りは“Stramenopila”（PATTERSON, 1989）であったが，ディック（DICK, 2001）により，ラテン語の造語法に誤りがあるとして“Straminipila”に訂正された．同様に英名も“stramenopile”から“straminipile”に訂正された．

＊7　繊毛虫類・渦鞭毛藻類・アピコンプレックス類などを含む一大系統群を指す（千原，1999 を参照）．

構造と機能特性は、まさしく生命体としての個々の微生物種の進化の反映といえよう。このような微生物多様性は、21世紀の生命科学の中で中核的な研究テーマとしてゲノム・プロジェクトの進行と共に分子（遺伝子）レベルで解き明かされていくであろう。

なお、微生物もしくは微生物学についてさらに知識を深めたい読者は、以下の成書を参考にされるとよい。

LENGELER, J. W. *et al.* (1999)"Biology of the Prokaryotes" Blackwell Science, Osney Mead, Oxford

MADIGAN, M. T. *et al.* (1997)"Brock Biology of Microorganisms" 8th Ed., Pretice Hall, Upper Saddle River, New Jersey

PERRY, J. J. *et al.* (2002)"Microbial Life" Sinauer Associates, Publishers, Sunderland, Massachusetts

高木正道ら 訳(2001)『微生物学キーノート』シュプリンガー・フェアラーク東京〔原書：NICKLIN, J. *et al.* (1999)"Instant Notes in Microbiology" BIOS Scientific Publishers Magdalen, Oxford〕

なお、原書は第2版（NICKLIN, J. *et al.,* 2002）が上梓されている。

DWORKIN, M. *et al.* (2006予定) "The Prokaryotes, A Handbook on the Biology of Bacteria" 3rd. Ed., 7vols., Springer, New York

木村　光 編(1999)『ゲノム微生物学』シュプリンガー・フェアラーク東京

石川辰夫ら 編(1990)『図解微生物学ハンドブック』丸善

最新の微生物実験法については、下記のマニュアルを参照されたい。

杉山純多ら 編(1999)『新版　微生物学実験法』講談社サイエンティフィク

鈴木健一朗ら 編(2001)『微生物の分類・同定実験法』シュプリンガー・フェアラーク東京

1 深海の微生物

深海の環境が浅海と大きく異なるのは次の3点である。1）高水圧：世界最深部（マリアナ海溝）でおよそ1100気圧になる。大腸菌 *Escherichia coli* の場合、加圧と共に形態が変化し480気圧では分裂阻害が起こり、100 μm ぐらいまで異常伸長した細胞が観察される。逆に深海環境に適応している好圧性細菌のシュワネラ・ビオラセア *Shewanella violacea* の場合は300気圧で最もよく増殖し、絶対好圧性細菌のモリテラ・ヤヤノシイ *Moritella yayanosii*（口絵6）では500気圧以下では増殖できず、その生育至適圧力は800気圧である。2）暗黒：太陽光は水深200 m で1％以下となり、光合成による物質生産はなく、多くの生物は浅海から落ちてくる有機物に依存している。しかし日本海溝など冷湧水が生じる所には化学合成生物群集と呼ばれる一群が存在する。シロウリガイ類（軟体動物門二枚貝綱）やチューブワーム（有鬚（ゆうしゅ）動物門ハオリムシ綱）などは消化管が退化し、鰓に共生させた細菌が冷湧水に含まれるメタンや硫化物をエネルギーとして変換することによって生育している。3）低温または超高温：深度1000 m 以上ではほとんどの場所が一年を通し2〜4 °C で、深海微生物の多くは10 °C 以下でもよく生育する。しかし、熱水噴出口など特殊な場所では、300 °C を超える地点も存在する。沖縄トラフ深度1395 m の熱水環境からは、生育至適温度が98 °C のパイロコッカス・ホリコシイ *Pyrococcus horikoshii*（口絵21）のような超好熱性のアーキアの仲間が分離されている。

深海には浅海や陸上から落ちてきたと思われる微生物も多数存在する。そのような微生物の多くは深海環境に適応できず、増殖が抑制されたり胞子など休眠状態で存在し、大気圧下・中温条件で初めて増殖する。けれどもこのような深海環境に適応し新たな進化をしたものも存在する。まだまだ、未知の微生物が非常に多く存在する。（能木裕一）

第 II 部

菌類の多様性と系統進化

広義の菌類の様々な性質や特性を、形態・分子両レベルから概説する。また、菌類の系統・進化研究の成果を、その研究の歴史的展開を紐解きながら、コラムも交えて紹介する。

2　菌類の多様性と分類体系

杉山純多

2-1　はじめに：菌類とは

菌類という言葉は、多分に分類学的な意味を含んでいる。ラテン語でも英語でも fungi（単数形 fungus、ラテン語ではキノコの意味）と綴る。頭文字を大文字にして Fungi と書けば、分類階級の界の位置にある菌類を指す。一方、酵母（yeasts）・カビ（英語 moulds、米語 molds、または糸状菌類 filamentous fungi ともいう）・キノコ（現在の英語の用法では食用になる仲間を mushrooms、毒キノコの仲間を toadstools と呼んでしばしば区別している）という言葉は分類群に付与された名前ではないが、大まかな形態分類学的概念を示す一般名称として広く通用している。また、形態的な大きさの相違から、顕著な子実体（キノコ）を作り、肉眼で識別できるような仲間を大形菌類（large fungi, macrofungi）、顕微鏡下でしか認識できない仲間を微小菌類（microscopic　fungi, microfungi）と呼んでいる。テングタケ属 *Amanita* やアミガサタケ属 *Morchella* に代表されような菌類は前者に、クモノスカビ属 *Rhizopus* やコウジカビ属 *Aspergillus* のようなカビと、サッカロミケス属に代表される酵母の仲間は後者に属する。本書では実用的見地から、菌類に加えて酵母・カビ・キノコ、そのほか微小菌類・大形菌類という言葉も用いることにする。

さて、広義の菌類の種多様性の規模に着目すると、既知種として約 8 万種が知られており、いまだ未発見の種を加えると少なく見積もっても 150 万種に達すると算定されている。因みに、毎年約 800 種が新種として「菌類戸籍簿」に加えられている。

菌類は地球環境で重要な位置を占めている。特に陸上生態系においては、生物遺体や有機物などの分解者として細菌と共に重要な物質循環の役割を担い、また維管束植物の根とは菌根を、微小藻類とは地衣体を形成するなど、他の生物と緊密なパートナーの関係（共生関係）を作る。菌類はわれわれの生活にとっても有益である。いろいろな野生キノコの新鮮な子実体は食用に供され、近年の人工栽培技術の進歩によって一大産業にまで発展をみている。酵母はパン・ビール・ワインの製造に、またカビと共に清酒・醤油・チーズなどに利用され、醸造・発酵食品工業やバイオテクノロジーに貢献している（表1-3参照）。科学研究の分野においても、優れた遺伝系を有する真核生物モデル（たとえば酵母のサッカロミケス・セレビシアエ *Saccharomyces cerevisiae* をはじめ、コウジカビの1種アスペルギルス・ニドゥランス *Aspergillus nidulans* やアカパンカビのネウロスポラ・クラッサ *Neurospora crassa*）として、分子生物学の分野などで広く利用されている。反面、植物寄生菌類はしばしば有用作物に莫大な経済的損失を与え、1840年代にはアイルランドでジャガイモの疫病菌フィトフトラ・インフェスタンス *Phytophthora infestans* の大発生により民族大移動まで引き起こした。さらにまた、一部の菌類はヒトや動物の真菌症の原因菌ともなる。

このような菌類の仲間を厳密に定義することはなかなか難しいが、おおざっぱに言えば、「光合成を行わず栄養摂取型であり、菌糸または単細胞の葉状体（thallus）〔根・茎・葉に分化している茎葉体（cormus）の対語〕を生じる真核生物」といえよう。菌類の一般的特徴を要約して表2-1に示す。個々の特徴についての詳細な説明は、本書の3〜9章をお読みいただきたい。

2-2　菌類系統分類学を中心とする菌類多様性研究の流れ

菌類を研究する科学を「菌学（mycology；ギリシャ語の myces と logos の合成語）」といい、現代生物学の中で一学問分野を形成している。ここでは主に系統分類学的視点から、紙幅の許す範囲で菌類多様性研究の歴史的背景について簡潔に述べる。なお、菌学の詳細な歴史についてはアインスワースの名著（AINSWORTH, 1976）とサットンの編著書（SUTTON, 1996）に、また、菌学の古典的文献は前著に詳述されている。

表 2-1　“真の”菌類の体制と一般的特徴

1. 葉緑体を欠く真核生物．従属栄養生活を営み，栄養摂取は吸収型
2. 葉状体（栄養体）は，単細胞（酵母状）もしくは糸状．後者は多細胞性で，多核性・単相の菌糸（ホモカリオンまたはヘテロカリオン）からなり，菌糸は先端成長
3. 通常，非鞭毛性．鞭毛がある場合には管状小毛（マスチゴネマ）を欠く
4. 細胞壁は，通常キチンと β-グルカンを含む
5. ミトコンドリアは，平坦なクリステで，ペルオキシソームが常に存在
6. ゴルジ体または個別のクリステルネが存在
7. リジン生合成は，γ-アミノアジピン酸（AAA）経路
8. 生活環は，単純なものから複雑なものまで，有性環もしくは無性環，あるいは両環で構成．一般に複相の期間は短い
9. 分布は，陸上から水圏まで，熱帯から極圏まで生息
10. 様々な基質に腐生，寄生，共生（たとえば地衣体や菌根を形成）生活
11. 分子系統学的研究から菌類の系統的多様性が明らかになり，“真の”菌類はツボカビ類・接合菌類・子嚢菌類・担子菌類の 4 大系統群（門レベル）のいずれかに属し，菌類界を構成する．従来菌類界に収容されていた細胞性粘菌類・真正粘菌類・ネコブカビ類・卵菌類・サカゲツボカビ類・ラビリンツラ類は偽菌類* としてほかの界（原生生物群，ストラミニピラ界）に帰属

* “真の”菌類と偽菌類（p.51 の脚注参照）は系統上大きくかけ離れた生物同士であることが判明したが，これまで菌学者が研究してきた生物群であるので，21 世紀以降も菌学者（mycologist）が中心となって両菌群を研究すべきである

2-2-1　ミケーリからサッカルドまで

科学としての菌類研究は、18 世紀前半イタリアの植物学者ミケーリ MICHELI から始まった。彼は、顕微鏡を使って微小菌類の形態（図 2-1）やキノコの構造を注意深く観察した最初の研究者である。その業績から、後世「菌学の父」と呼ばれることとなった。彼の代表的著作（1729）の“Nova Plantarum Genera Juxta Tournefortii Methodum Disposita”（『トゥルヌフォールの方法による新しい植物属』）には約 1900 種の植物が記載され、そのうち約 900 は菌類である。彼が記載・命名した新属には、ケカビ属 *Mucor*・コウジカビ属・ボトリチス属 *Botrytis*・サルノコシカケ属 *Polyporus*・アカカゴタケ属 *Clathrus*・ヒメツチグリ属 *Geastrum* がある。これらの属名は、いずれも現在正名（国際植物命名規約に基づいた正しい学名をい

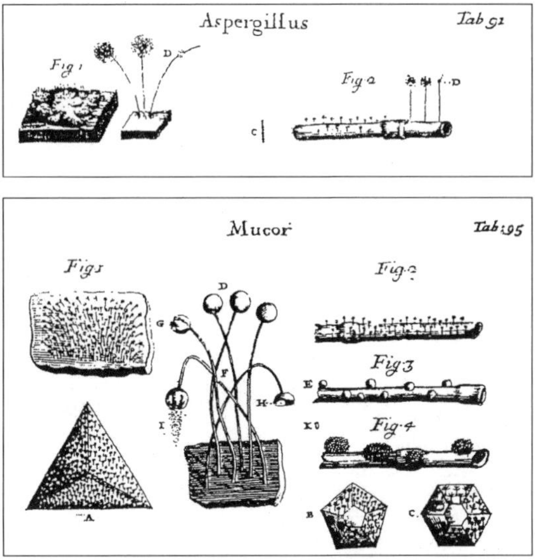

図 2-1 ミケーリ（1729 より転載）のカビの図解．上はコウジカビ属菌種の天然基質上のスケッチ．下はケカビ属菌種を果実片上（A〜C）に接種し，その生育状態を示すスケッチ

う）として通用している。さらにミケーリは、カビの培養を試みた最初の菌学者であった。カビの胞子を果実片上に接種し、その成長を精緻（せいち）に図解した(図 2-1 下)。ミケーリ以降、菌類の種多様性の研究は、主として生の材料や標本に基づいて、植物分類学で用いられている方法によって行われた。19 世紀初頭、ペルズーン PERSOON は、リンネの二名法と階層体系を用いて菌類の最初の分類体系化を行った。その後、ペルズーンよりやや遅れて登場したフリース FRIES の著作“Systema Mycologicum”（全 3 巻）とその補遺“Elenchus Fungorum” などを経て、イタリアの菌学者サッカルド SACCARDO は世界最初の網羅的な菌類誌“Sylloge Fungorum Omnium Hucusque Cognitorum”〔1〜25 巻までは 1882〜1931 年、26 巻（補遺）は 1972 年の出版〕を刊行した。この叢書は、それまでに印刷公表された属・種をラテン語記載と共に体系的（サッカルド体系と呼ぶ）に編纂（へんさん）したもので、再記載にとどまらず、多くの分類学的な判断、異名の整理、そして多数の新学名・新分

胞　子	形(図解)	群　名	胞子・菌糸体の色調	
一細胞形		一胞子群	無色または明色	暗色
二細胞形		二胞子群	明色胞子群	暗色胞子群
二つ以上の横隔壁	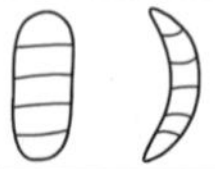	多室胞子群	明色胞子群	暗色胞子群
石垣状形 (横・縦の幅壁をもつ)	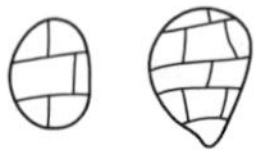	網状胞子群	明色胞子群	暗色胞子群
糸状形	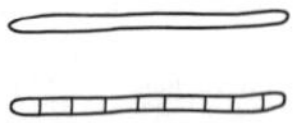	糸状胞子群	–	–
コイル形		渦巻状胞子群	–	–
星　形	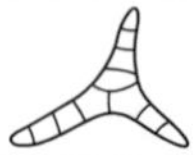	星形胞子群	–	–

図 2-2　サッカルドの胞子グループ（SMITH，1962 より作図）

類群の提案が収載されている。彼は、子嚢菌類と不完全菌類の体系を考えるにあたって、胞子をその隔壁・形・色調で類型化した「胞子グループ(spore groups)」（図 2-2）という概念を導入した。これはサッカルドの胞子グループと呼ばれ、特に不完全菌類（分生子時代を生じる菌類）では便利な体系として後々まで利用された。

2-2-2　サッカルド以降、アインスワース体系まで

ダーウィン DARWIN の進化論を視野に入れて、ド・バリ DE BARY は最初の菌学教科書 “Morphologie und Physiologie der Pilze, Flechten und Myxomyceten”（初版；1866）を著述した。その中で彼の提案した菌類の分類体系大綱（表 2-2）は、菌類相互の類縁や系統関係を重視して体系化さ

表 2-2 ド・バリ（1866）の分類体系

Ⅰ. Phycomycetes	（藻菌綱）
a. Saprolegniae	（ミズカビ類）
b. Peronosporae	（ツユカビ類）
c. Mucorini	（ケカビ類）
Ⅱ. Hypodermii	（ヒポデルミウム類；綱に相当）
a. Uredinei	（サビキン類）
b. Ustilaginei	（クロボキン類）
Ⅲ. Basidiomycetes	（担子菌綱）
a. Tremellini	（シロキクラゲ類）
b. Hymenomycetes	（菌蕈綱）
c. Gasteromycetes	（腹菌綱）
Ⅳ. Ascomycetes	（子嚢菌綱）
a. Protomycetes	（プロトミケス綱）
b. Tuberacei	（セイヨウショウロ類）
c. Onygenei	（ホネタケ類）
d. Pyrenomycetes	（核菌綱）
e. Discomycetes	（盤菌綱）
Flechten	（地衣類）
Myxomycetes	（変形菌綱）

カッコ内の和名については，語尾-cetes で終わるものは“綱”，そのほかのものは“類”で表記した

れ、ある部分は比較的今日の体系に近い。四つの綱が進化段階に応じて配列されている。藻類に起源すると考えられる藻菌類（Phycomycetes）に始まり、サビキン類・クロボキン類を経て最も進化した段階に子嚢（しのう）菌類を位置づけた。地衣類と変形菌類（粘菌類）は別に扱われた。彼は分類学者ではなかったが、菌類について深い知識と洞察力をもった第一級の菌学者であった。彼はコウジカビの生活環を研究し、それぞれ独立に生活を営む子嚢時代（有性胞子を生じる）と分生子時代（無性胞子を生じる）が同一種に帰属することを純粋培養法を用いて実証した（図 2-3）。

19 世紀後半から 20 世紀前半にかけて菌類多様性研究の分野では、分類学を基軸に、細胞学、遺伝学、生理・生化学、植物病理学、医真菌学、応用菌学などの研究が展開し、菌類の特性が次々に明らかにされた。また、油浸レンズを装着した高性能複合顕微鏡の登場（1878）と純粋培養法の確立

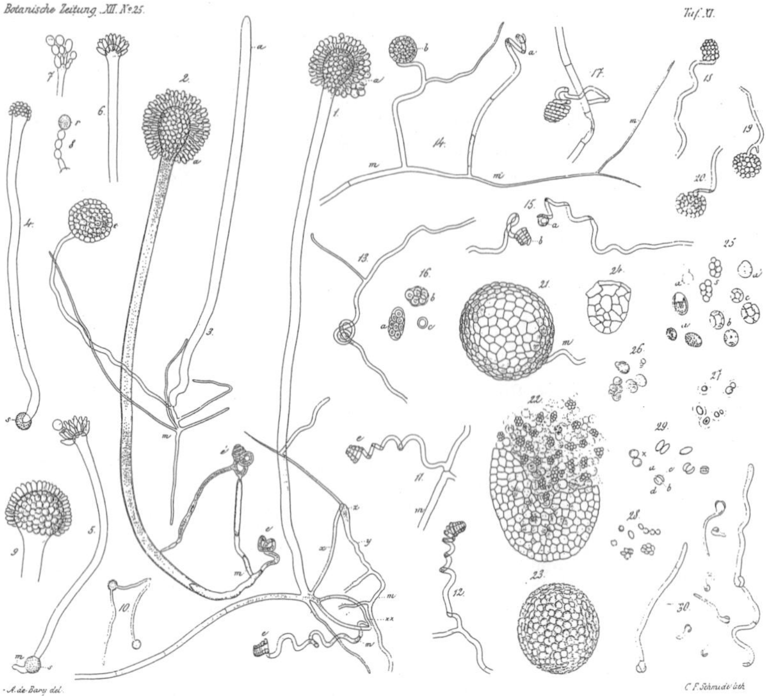

図 2-3 エウロチウム・ヘルバリオルム *Eurotium herbariorum* とアナモルフ種アスペルギルス・グラウクス *Aspergillus glaucus* との個体発生の関係（DE BARY，1854 より転載）

(1872) によって、カビや酵母の記載分類学が進歩し、有用物質を産生するコウジカビ・アオカビの両属や酵母についての最初のモノグラフ（種属誌）が出版された。20 世紀後半になって、このように多様化した菌学の集大成の出版事業が実行され、“The Fungi, An Advanced Treatise” の第 1 巻から第 4 巻に結実した（AINSWORTH *et al*., 1965-1973)。これらの刊行は、ミケーリに始まる菌学研究の一里塚となった。ここで採用された分類体系は、前述（1 章）のホイッタカー（1969）の生物分類体系（5 界体系説）を基盤にしたもので、アインスワース体系（AINSWORTH, 1973）と呼ばれた。このアインスワースとその修正体系（表 2-3）が 1990 年代の中頃まで広く採用されてきた。アインスワース体系も含め、1950 年代以降提案された代表的な菌類分類体系の大綱を表2-3に示した。アインスワースの体系は、菌類を植物界・動物界と対等の「界」に位置づけ、変形菌門（粘菌門ともいう）と真菌門の2門で構成し、前者に4綱、後者に5亜門17綱を含めた。鞭毛菌亜門などについてはその系統的多様性が指摘されていながらも、この体系は約四半世紀にわたって命脈を保ってきた。しかし後述するように、菌類分子系統分類学の登場によりアインスワース体系は大幅に改定を迫られることになった。

2-2-3　菌類分子系統分類学の登場と最近の動向

1950年代に誕生した分子生物学は、菌学研究にも影響を及ぼした。菌類の分子系統の研究は今から約20年前に遡る（さかのぼ）る。ウォーカー WALKER とドーリットル DOOLITTLE（1982 a，b）は、担子菌類と鞭毛菌類について5S rRNA塩基配列と形態形質との比較解析を行い、情報高分子の有用性を初めて示した。当初5S rRNA塩基配列を使った系統解析は、菌類の系統に関するわれわれの理解を劇的に変えた（たとえば、BLANZ & UNSELD, 1987；HORI & OSAWA, 1987；図1-7を参照）。しかし、5S rRNA遺伝子は約120塩基の分子情報しかなく、その系統解析に対する有効性は限定されたものであった。菌類の分子系統研究は1980年代後半から、rRNA遺伝子の小サブユニット（18S）や大サブユニット（23S・28S）へと大きくシフトした。このようにして、1990年初頭より菌類の系統進化の研究は新しい時代に突入し、「菌類分子系統分類学（Fungal Molecular Systematics）」と呼ぶべき新研究分野が誕生した（BRUNS *et al*., 1991）。菌類多様性研究の基礎である分類（学）は、伝統的に形態学的形質に基づき行われてきており、現在でもその重要性は変わらない。この新しい研究分野の登場が与えた重要なインパクトは、形態学的形質・遺伝学的形質・生物学的形質・化学分類学的形質などの諸分類指標を さまざまな分子生物学技法によって比較し、それによって菌類の類縁や系統を客観的に評価できるようになったことである（表2-4参照；指標の一部は該当の章に解説されている）。さらに菌類分

表 2-3 菌類における高次分類群の分類体系の比較*1~3 (1)

Bessey (1950)	Gäumann (1964)	Ainsworth (1973)	Hawksworth ら (1983)
		菌類界	菌類界
動菌亜綱		変形菌門	変形菌門
		アクラシス菌綱	プロトステリウム菌綱
藻菌綱	古生菌類	[ラビリンツラ目]	ツノホコリカビ綱
	藻菌類	変形菌綱	タマホコリカビ綱
カプロキン門		ネコブカビ綱	アクラシス菌綱
(高等菌類)			変形菌綱
子嚢菌綱	子嚢菌綱	真菌門	ネコブカビ綱
	原生壁子嚢菌亜綱	鞭毛菌亜門	ラビリンツラ菌綱
“核菌類”	真正壁子嚢菌亜綱	ツボカビ綱	真菌門
	一重壁子嚢菌類	サカゲツボカビ綱	鞭毛菌亜門
	二重壁子嚢菌類	卵菌綱	ツボカビ綱
		接合菌亜門	サカゲツボカビ綱
		接合菌綱	卵菌綱
		トリコミケス綱	接合菌亜門
		子嚢菌亜門	接合菌綱
		半子嚢菌綱	トリコミケス綱
		不整子嚢菌綱	子嚢菌亜門
		盤菌綱	(綱レベルの分類
		核菌綱	未確定)
		小房子嚢菌綱	
		ラブルベニア菌綱	
担子菌綱	担子菌綱	担子菌亜門	
冬胞子菌亜綱	多室担子菌亜綱	冬胞子菌綱	担子菌亜門
異担子菌亜綱	単室担子菌亜綱	菌蕈綱	菌蕈綱
菌蕈亜綱		腹菌綱	腹菌綱
“腹菌類”			サビキン綱
			クロボキン綱
不完全菌類	(付)不完全菌類	不完全菌亜門	不完全菌亜門
モニリア目		分芽菌綱	分生子果不完全菌綱
スファエロプシス目		糸状不完全菌綱	糸状不完全菌綱
メランコニウム目		分生子果不完全菌綱	

＊1 文献はホークスワースら (Hawksworth *et al.*, 1995) を参照．マクラフリンら (McLaughlin *et al.*, 2001) の分類体系は割愛したので，原著を参照のこと

＊2 正式の分類群として用いられていない場合は“類”をつけた

＊3 表の横は必ずしも概念的に一致していない

表 2-3　菌類における高次分類群の分類体系の比較[*1~3] (2)

HAWKSWORTH ら(1995)	ALEXOPOULOS ら(1996)	本　書(杉山)
原生動物界	原生生物群	原生生物群[*4]
アクラシス菌門	ネコブカビ門	アクラシス菌門
タマホコリカビ門	タマホコリカビ門	タマホコリカビ門
変形菌門	アクラシス菌門	変形菌門(粘菌門)
変形菌綱	変形菌門	変形菌綱
プロトステリウム菌綱	ストラメノピラ界[*5]	プロトステリウム菌綱
ネコブカビ門	卵菌門	ネコブカビ門
クロミスタ界	サカゲツボカビ門	ストラミニピラ界[*5]
サカゲツボカビ門	ラビリンツラ菌門	サカゲツボカビ門
ラビリンツラ菌門	菌類界	ラビリンツラ菌門
卵菌門	ツボカビ門	卵菌門
菌類界	接合菌門	菌類界[*4]
ツボカビ門	接合菌綱	ツボカビ門
接合菌門	トリコミケス綱	接合菌門
トリコミケス綱	子嚢菌門	接合菌綱
子嚢菌門	(綱レベルの分類	トリコミケス綱
(綱レベルの分類	未確定)	子嚢菌門
未確定)	担子菌門	古生子嚢菌綱
担子菌門	(綱レベルの分類	半子嚢菌綱
ウストミケス綱	未確定)	真正子嚢菌綱
冬胞子菌綱		担子菌門
担子菌綱		サビキン綱
		クロボキン綱
		菌蕈綱
		不完全菌類(アナモルフ菌類)

＊4　原生生物界の仲間の系統は多系統であり，界レベルの分類体系上の位置づけについては流動的であるので，本書ではアレクソポウロスら（ALEXOPOULOS *et al.*, 1996）と同様，単に原生生物群（protists）として一括して扱う

＊5　“ストラメノピラ Stramenopila”と“ストラミニピラ Straminipila”の綴りについては，p. 26 の脚注を参照

表 2-4 現代菌類系統分類学で用いられている指標（KOHN, 1992 を一部改変）

形　質（指標）	適用可能な分類レベル
形態学	
1）組織化学	種，属，科
2）超微細形態	全ての分類階級
3）アナモルフ関係	属，科
4）アナモルフの形態	種，属
5）分生子形成様式	属
遺伝学	
1）交配能力・稔性のあるＦ1形成	種
2）栄養体の不和合性	種内分類群
3）菌糸体間不稔性	種
生物学	
1）宿主または基質嗜好性	種内分類群，種，属
2）地理的分布	全ての分類階級
化学分類学	
1）細胞壁組成	綱－界
2）菌体糖組成	種
3）ユビキノン系	種，属
4）アイソザイム	集団，種内分類群，種
5）核 DNA 塩基組成	種内分類群，種
6）核 DNA-DNA ハイブリッド形成	種内分類群，種
分子生物学（分子情報）	
1）タンパク質	
a）免疫	全ての分類階級
b）シークエンス法	全ての分類階級
2）DNA	
a）制限解析(restriction analysis)	
RFLP*1	種内分類群，種
制限地図	全ての分類階級
b）PCR*2	
長（length）多型	全ての分類階級
制限解析	全ての分類階級
直接シークエンス法	全ての分類階級
RAPD*3	種内分類群（遺伝的）

＊1　Restriction fragment length polymorphism（制限断片長多型）：DNA を切断する制限酵素によって，異なったサンプルから特定の塩基配列（制限部位）で，DNA が異なった長さの断片に切断され，多型的パターンとして示される

＊2　ポリメラーゼ連鎖反応(PCR，Polymerase chain reaction)：DNA がプライマーを利用しないと DNA 合成ができない性質を利用して，DNA の離れた 2 点間に結合するプライマーを用いて，その間の DNA だけを増幅させる反応方法

＊3　Random amplified polymorphism DNA の略記：任意の塩基配列をもつプライマーで PCR を行う方法．サンプル間でプライマーの付着できる部位が異なる場合，あるいはプライマーに挟まれた鋳型 DNA に長さの差がある場合に，両者で長さが異なる DNA 断片が増幅される．このような多型性を電気泳動パターンの差として観察することができる

子系統分類学の進歩は、分類形質の評価にとどまらず、“真の”菌類の範囲、大きな系統関係とおおよその分岐年代など、系統進化の問題に光を照らした(詳細は後述)。また、このような形態や分子データの系統解析には、ヘニッヒ HENNING (1950) に始まる分岐学 (cladistics) や分岐分析 (cladistic analysis) 法の寄与も大きい (三中, 1997)。

最後に、最近の研究動向に言及しておきたい。系統推定をするうえで化石の証拠は重要である。しかしながら、これまで菌類の化石資料は貧弱であった。ところが、最近新たな菌類化石の発見が相次いでいる。米東部ニュージャージー州で発見された白亜紀中期 (約 9000 万年前) の琥珀(こはく)中に埋もれていた担子菌類 (HIBBETT *et al.*, 1995, 1997) と、英国スコットランドのライニーチャート (4 億年前) の中に発見された子嚢殻形成菌類 (TAYLOR, T. N. *et al.*, 1999) の化石は、菌類の系統を解明するうえで注目を集めている。また 2002 年には、米国ペンシルベニア州立大学のヘッジスらの研究グループ (HECKMAN *et al.*, 2001) による 119 のタンパク質のアミノ酸配列に基づく系統解析の論文が『Science』誌に発表された。彼らの解析によれば、主な菌類の出現は、すでに報告されている 6 億 6000 万年〜3 億 7000 万年前ではなく、15 億年〜9 億 6000 万年前と推定された。この推定値は、上述の菌類化石からのデータ以上に衝撃的であり、今後議論を呼ぶことは必至である。

1990 年代後半から、菌類の種概念、すなわち菌類の種とは何かということに関連して種から集団レベルの構造解析が始まった (TAYLOR *et al.*, 1999 a, b)。主として病原真菌を対象に、分子集団遺伝学の方法を用いて、種の内部構造や集団の検出が試みられた。その結果、予想を越える遺伝的多様性の存在、たとえば表現型レベルでは識別できないが遺伝子レベルでは隔離が成立している隠蔽種 (cryptic species；潜在種ともいう) の存在が明らかにされた (TAYLOR *et al.*, 1999 a, b；9 章およびコラム 6 参照)。また、1996 年には国際的な菌類ゲノムプロジェクトも始まっている (コラム 3 参照)。菌類多様性研究の将来は、その成果をいかに利用し、発展させるかにかかっている。

前述の“The Fungi, An Advanced Treatise”から今日まで約30年間の菌類研究の成果は“The Mycota, A Comprehensive Treatise on Fungi as Experimental Systems for Basic and Applied Research”（ESSER & LEMKE, 1994–2001）の中に読みとることができる。分子系統学・分子進化学の発展を背景に、この10年ほどの間に劇的進展をみた菌類分子系統分類学の研究成果も、この叢書の第7巻 Part A & B（MCLAUGHLIN *et al.*, 2001）の中で論じられている。

以上に述べたように、単一遺伝子から複数の遺伝子（タンパク質や酵素をコードする遺伝子も含む）の塩基配列やアミノ酸配列に基づく系統解析に重心が移っている（たとえば、HECKMAN *et al.*, 前出；TAYLOR & FISHER, 2003；TAYLOR *et al.*, 1999 a, b）。特定の菌類に限定されているが、「種」の内部構造や種分化の要因や機構の研究も展開している（本書第II部8章参照）。現在、全米科学財団（NFS）の研究補助金による「深い菌糸（Deep Hypha）」〈http://www.ocid.nacse.org/research/deephyphae/〉ならびに「菌類における生命の樹アセンブル」（Assembling the Fungal Tree of Life；略称 AFTOL）〈http://ocid.nacse.org/research/aftol/〉と呼ばれる国際共同研究プロジェクトが進行している。これは分子データセット（核rDNA、ミトコンドリアrDNAなど複数の遺伝子の塩基配列）と表現形質（例えば、微細形態学的データ）を用いて菌類の網羅的な系統解析を行い、菌類の「生命の樹」の構築を目指している。AFTOLプロジェクトチームによる最初の研究成果が昨年、公表された（LUTZONI *et al.*, 2004）。そして、2006年には、「深い菌糸」プロジェクトの研究成果の全貌が公表されることになっている。

2-3　菌類の起源と系統

2-3-1　菌類の起源に関する諸説

菌類は、菌糸隔壁と核相状態によって大きく二つの菌群、すなわち下等菌類と高等菌類に分けることができる。下等菌類には鞭毛菌類・接合菌類および類縁菌類が、高等菌類には子嚢菌類・担子菌類およびそれらのアナモルフ（不完全菌類；用語は4章参照）が含まれる。前者は無隔壁の多核菌糸を形成し、後者は有隔壁の二核相菌糸を形成することで特徴づけられる。

菌類の化石資料は乏しいため、これまで発表された菌類の系統進化に関する学説は、主として現生菌類の比較形態学や比較発生学のデータの考察から構築されたものである。19世紀から20世紀中頃にかけて、菌類は体制上藻類に類似することから藻類と共に葉状植物（Thallophyta）に分類されることが多かった。このため、この時代に菌類の起源に関して主流となっていた説は、藻菌類（Phycomycetes；現在の鞭毛菌類の大部分と接合菌類を合わせた菌群を指すが、この分類群は現在では認められていない）の藻類起源説である。藻菌類と高等菌類の起源としていろいろな藻類が候補にのぼった。中でもベッセイ Bessey（1942；1950）の単細胞藻類に起源を求めた説が代表格である。不等長の2鞭毛をもった単細胞藻類がクロロフィルと前端鞭毛を失うことによってツボカビ類が、後端鞭毛を失うことによってサカゲツボカビ類が生じた。一方、2鞭毛を堅持することによって卵菌類が多系的に生

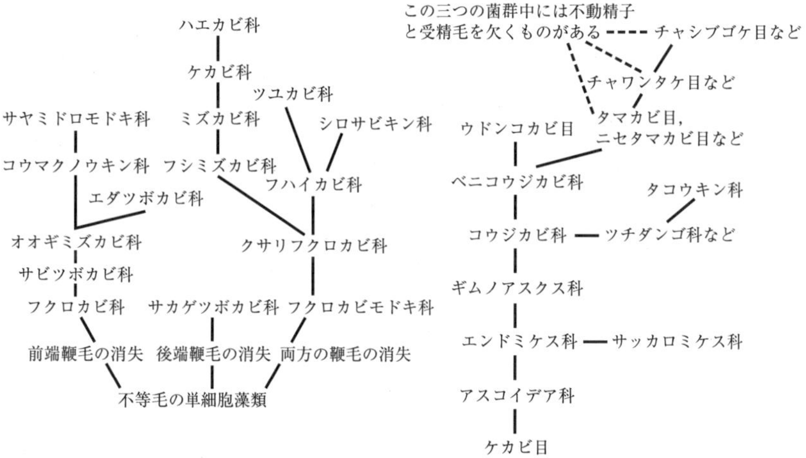

図 2-4　不等毛の単細胞藻類を起源とする菌類の系統関係（Bessey, 1964 より作図）

じ、卵菌類の一部から2鞭毛を消失したものがケカビ類（接合菌類）へ進化し、さらに子嚢菌類を経て担子菌類の段階までいたった、という説である（図2-4）。別の藻類に起源を求めたゴイマンGÄUMANN（1952）は、ツボカビ類と古生菌類（Archimycetes；ネコブカビ綱とツボカビ綱を合わせた菌群であるが、この分類群も現在では容認されていない）は鞭毛藻類（Flagellata）から、卵菌類は緑藻類のクダモ目（Siphonales）から進化したと考えた（図2-5）。また、サックスSACHS（1874）による高等菌類の紅藻起源説は、子嚢菌類と紅藻類の有性生殖器官の相同性を根拠に、クロロフィルを消失した紅藻類から子嚢菌類が派生し、さらに担子菌類へと進化したというものであり、1970年代まで支持する研究者もいた（DEMOULIN, 1974）。藻類起源説と並行して、原生動物起源説も発表されたが、支持する

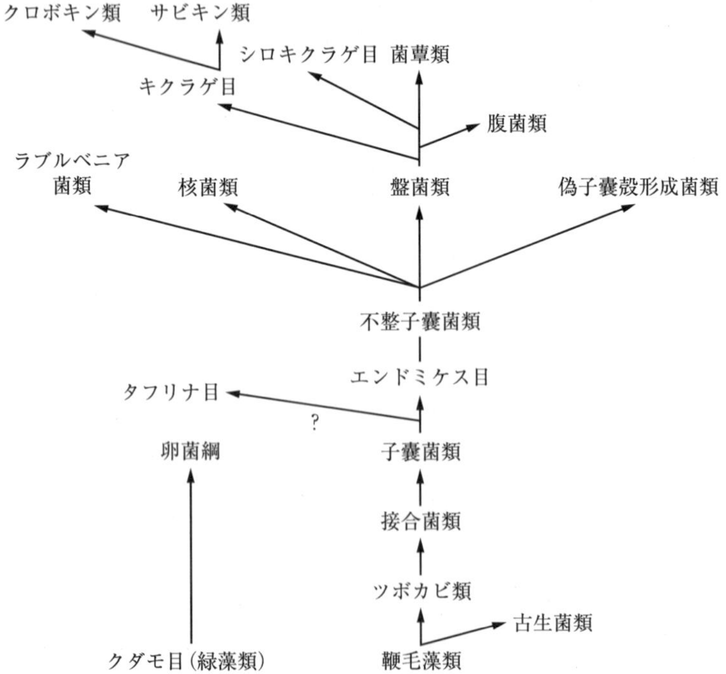

図2-5 ゴイマン（1952）による菌類の主要分類群の系統関係．分類群の一部を省略してある

研究者は少数であった。しかし、変形菌類の起源を肉質虫類（Sarcodina）に、単細胞性藻菌類（現在のツボカビ類）の起源を鞭毛藻類（Flagellata）に求める考え方（BESSEY，1942；1950）は、現代の系統論に引き継がれている（たとえば、CAVALIER-SMITH，1987；詳細は後述）。前者の変形菌類は、動菌類（Mycetozoa）として動物界の原生動物に含める根拠でもあった。以上の諸説は1980年代以降、分子系統学的アプローチによって検証が展開されており、現在論争中の問題と言ってよい。検証の成果の一端を以下に述べる。

2-3-2　高等菌類の系統論

さて、上述の高等菌類の紅藻類起源説に異論を唱えたサボー SAVILE の説（1955，1968）は、最も納得できるものとして40年以上にわたり注目されてきた。彼は、藻菌綱を起源とする原始子嚢をもつ原生タフリナ（Proto-

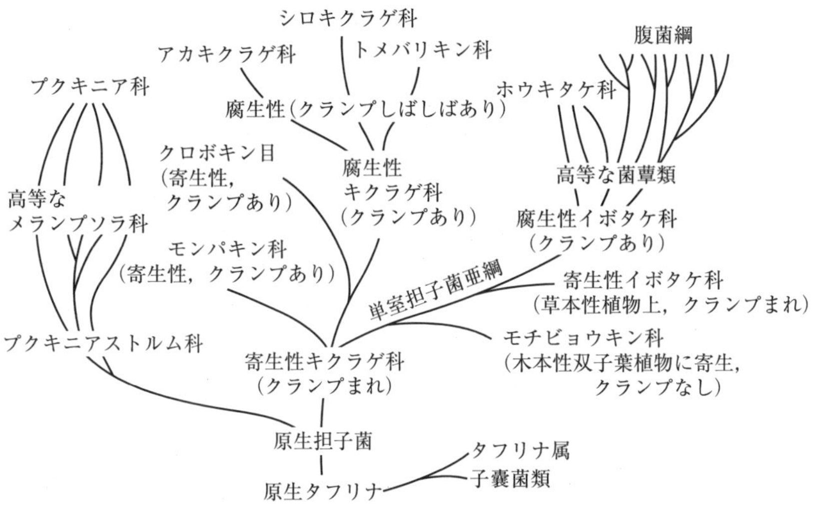

図2-6　サボー（1968）による担子菌類の系統関係
寄生から腐生へ，単純な菌糸体からクランプ（かすがい連結）をもつ菌糸体への進化の方向性が認められる．しかし後者の形質は高度に進化した菌蕈類中の特定の系統に限られる

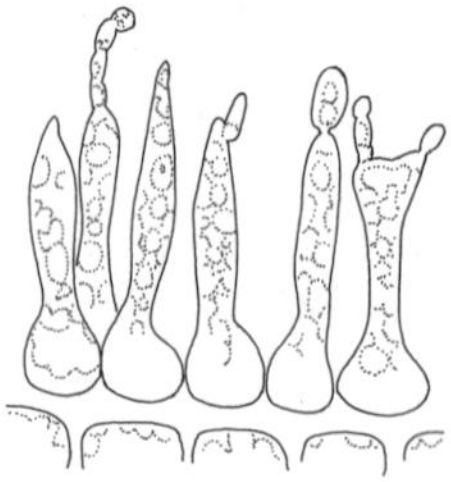

図 2-7 サドベック SADEBECK（1884）が担子胞子に類似すると示唆した有柄出芽胞子を生じたタフリナ・カルピニ *Taphrina carpini* の胞子

taphrina；仮想上の属）を高等菌類の共通祖先と想定し、一方の系統群はタフリナ属 *Taphrina* とその類縁菌類を含む子嚢菌類へ、もう一方の系統群は原生担子菌類（Protobasidiomycete：元の綴り字のまま、これも仮想上の一群）を経て、現生担子菌類へと多様化したと考えた（図 2-6）。原生タフリナの論拠には、タフリナ属とサビキン類に共通した宿主-寄生関係（BESSEY，1942，1950）や、タフリナ属のある種には担子胞子に類似した有柄出芽細胞が観察されていた（SADEBECK, 1884；図 2-7）ことなどが伏線としてあった。これまでタフリナ属の系統的位置づけは諸説で異なるものの、いずれの系統論においても本属は鍵（かぎ）となる菌類として注目されてきた。他方、ケイン CAIN（1972）の高等菌類の独立起源説は、現生の子嚢菌類と担子菌類のそれぞれの祖先型として独立栄養生活を営む水生の子嚢植物（ascophytes）と担子器植物（basidiophytes）を想定し、担子器は子嚢から生じたと考える。これまで蓄積された分子系統の知見は、子嚢菌類と担子菌類は姉妹関係にあり、両者の共通祖先はたとえば接合菌類のグロムス目（Glomales；VA 菌根菌類の仲間）を示唆している（NAGAHAMA *et al.*, 1995；SUGIYAMA, 1998 など）。したがって、子嚢菌類から担子菌類が進化したとするベッセイ、ゴイマン、サボーなどの説や、ケインの独立起源説は論拠をほぼ喪失したと思われる。

2-3-3 比較生化学から系統へのアプローチ

1960 年代頃からは、比較生化学（6 章参照）のアプローチにより広義の菌類の系統が探究された。リジン（タンパク質を構成する塩基性アミノ酸の一つ）（VOGEL, 1965；LÉ JOHN, 1974）や細胞壁組成（BARTNICKI-GARCIA, 1970, 1987）などがターゲットとなった。たとえば「卵菌類とツボカビ類は果たして菌類か？」という問いかけは、100年以上前から形態学的データに基づいて菌類と藻類や原生動物との関係が議論されてきたが、このような問題についても比較生化学のデータは答えをだした。リジン生合成の2型（AAA経路対DAP経路)、細胞壁組成の類別（キチン対セルロース）において、卵菌類は他の“真の”菌類とは系統を異にして別個に進化したこと、一方ツボカビ類は“真の”菌類の仲間であることが示された（7章図7-1参照)。これらの研究は、菌類系統論のみならず、鞭毛をもつ菌類の界レベルの位置づけと分類体系の再編にも大きなインパクトを与えた。

2-3-4　キャヴァリエ-スミスの説とクロミスタ界の提唱

1987年に発表されたキャヴァリエ-スミスの原生動物起源説（CAVALIER-SMITH, 1987）は興味深い。彼は、菌類の細胞構造の体制、細胞壁組成、リジン生合成経路、5S rRNA塩基配列などの主要な表現型・遺伝子型の両形質データを総合して、菌類の起源を原生動物の襟（えり）鞭毛虫類（Choanociliata）に求め、さらに高等菌類の主要な3大系統群（エンドミケス門・子嚢菌門・担子菌門）は接合菌類のハエカビ類から分岐したと考えた（図2-8)。彼の考えでは、広義の菌類は1本のいわゆるむち形鞭毛をもち、キチン含有細胞壁とAAA型リジン合成経路によって特徴づけられる“真の”菌類と、管状小毛を付随する鞭毛をもち、セルロース含有細胞壁とDAP型リジン合成経路によって特徴づけられる前者に似た偽菌類（Pseudofungi）とに二分されている。前者は単系統とみなし、ツボカビ類・接合菌類・高等菌類のみを包含する。一方、偽菌類には卵菌類・サカゲツボカビ類・ラビリンツラ類・ヤブレツボカビ類（Thraustochytrids）の4菌群を含めた。前述のタフリナ菌類は新綱タフリナ菌綱（Taphrinomycetes）（タフリナ目シキゾサッカロミケス属 *Schizosaccharomyces*・プロトミケス目を含む）として提案され、新綱サッカロミケス綱のキチンを消失した仲間としてエンドミケス門に位置づけられた。しかし、彼は初校の段階で5S rRNA塩基配列の解析データ（ERDMANN & WOLTERS, 1986）から、タフリナ菌綱を接合菌亜門に、サッカロミケス綱を子嚢菌門の第3の亜門にそれぞれ帰属を変更したいとコメントした。一方、バー BARR（1992）は、このように三つの異なった界に属する菌類を“菌類連合群（The union Fungi）”に収容することを提案している。なお、図2-8は2001年、キャヴァリエ-スミス自身により修正が加えられている（CAVALIER -SMITH, 2001）。彼の修正体系では、ミトコンドリアをもたない原生生物型の微胞子虫門（Microsporidia；微胞子虫門 Microspora；白山，2000参照）が“真の”菌類の仲間に位置づけられた。この特異な微生物をめぐる系統上の最新の議論についてはコラム[2]を参照されたい。

2-3-5 菌類分子系統学の成果

ここでは、分子系統学の最近の進歩を基礎にして、菌類の大きな系統関係を中心に概括する。

（1）偽菌類と“真の”菌類の検出

系統関係を調べるのに用いられる種々の遺伝子の中でも、18S rRNA遺伝子塩基配列に基づく比較系統解析は、菌類界の範囲や主要構成メンバーの

図2-8 古生動物亜界（Archezoa）は，ミトコンドリアもしくは葉緑体を欠く原生動物の4門を含む．α-アミノアジピン酸（AAA）リジン合成経路は菌類とミドリムシ類に存在し，クロミスタ界と植物界では葉緑体に進化したシアノバクテリア共生体に起因するジアミノピメリン酸（DAP）経路に置き換わった．偽菌類のDAP経路，前端鞭毛の小毛（mastigonema）および管状クリステは光合成型不等毛類にその起源がある．菌類，襟鞭毛虫類（Choanoflagellida）および動物界は，共に後端鞭毛類（Opisthokonta）段階を形成する．その共通の祖先（図中＊印）は1本の後端鞭毛をもっていたが（第2非鞭毛中心粒の存在が示すように），前端鞭毛を消失することによって2鞭毛の不等毛類から進化した．a：モノブレファレラ属 *Monoblepharella* および二，三のツボカビ類の遊走子に観察される特異な管状細胞器官で，細胞壁近くに位置する．b：ERは小胞体＝endoplasmic reticulum の略．c：標準遺伝暗号ではUGAは終止コドンであるが，動物ミトコンドリア（mtDNA）ではトリプトファンになっている（CAVALIER-SMITH，1987を基に作図）

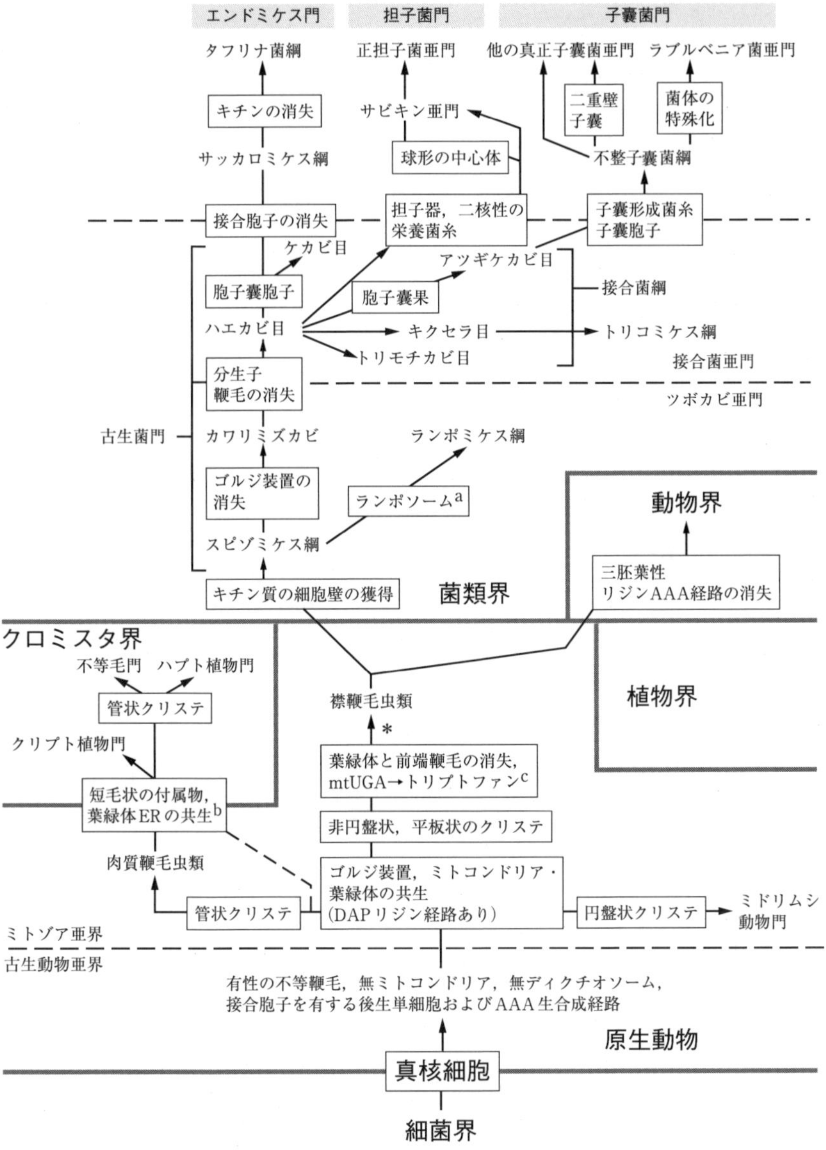
エンドミケス門
担子菌門
子嚢菌門
タフリナ菌綱
正担子菌亜門
他の真正子嚢菌亜門
ラブルベニア菌亜門
キチンの消失
サビキン亜門
二重壁
子嚢
菌体の
特殊化
サッカロミケス綱
球形の中心体
不整子嚢菌綱
接合胞子の消失
担子器，二核性の
栄養菌糸
子嚢形成菌糸
子嚢胞子
ケカビ目
アツギケカビ目
胞子嚢胞子
胞子嚢果
接合菌綱
ハエカビ目
キクセラ目
トリコミケス綱
トリモチカビ目
接合菌亜門
分生子
鞭毛の消失
ツボカビ亜門
古生菌門
カワリミズカビ
ランポミケス綱
ゴルジ装置の
消失
ランポソーム[a]
動物界
スピゾミケス綱
三胚葉性
リジンAAA経路の消失
キチン質の細胞壁の獲得
菌類界
クロミスタ界
不等毛門
ハプト植物門
管状クリステ
襟鞭毛虫類
植物界
クリプト植物門
*
葉緑体と前端鞭毛の消失，
mtUGA→トリプトファン[c]
短毛状の付属物，
葉緑体ERの共生[b]
非円盤状，平板状のクリステ
肉質鞭毛虫類
ゴルジ装置，ミトコンドリア・
葉緑体の共生
(DAPリジン経路あり)
管状クリステ
円盤状クリステ
ミドリムシ
動物門
ミトゾア亜界
古生動物亜界
有性の不等鞭毛，無ミトコンドリア，無ディクチオソーム，
接合胞子を有する後生単細胞およびAAA生合成経路
原生動物
真核細胞
細菌界

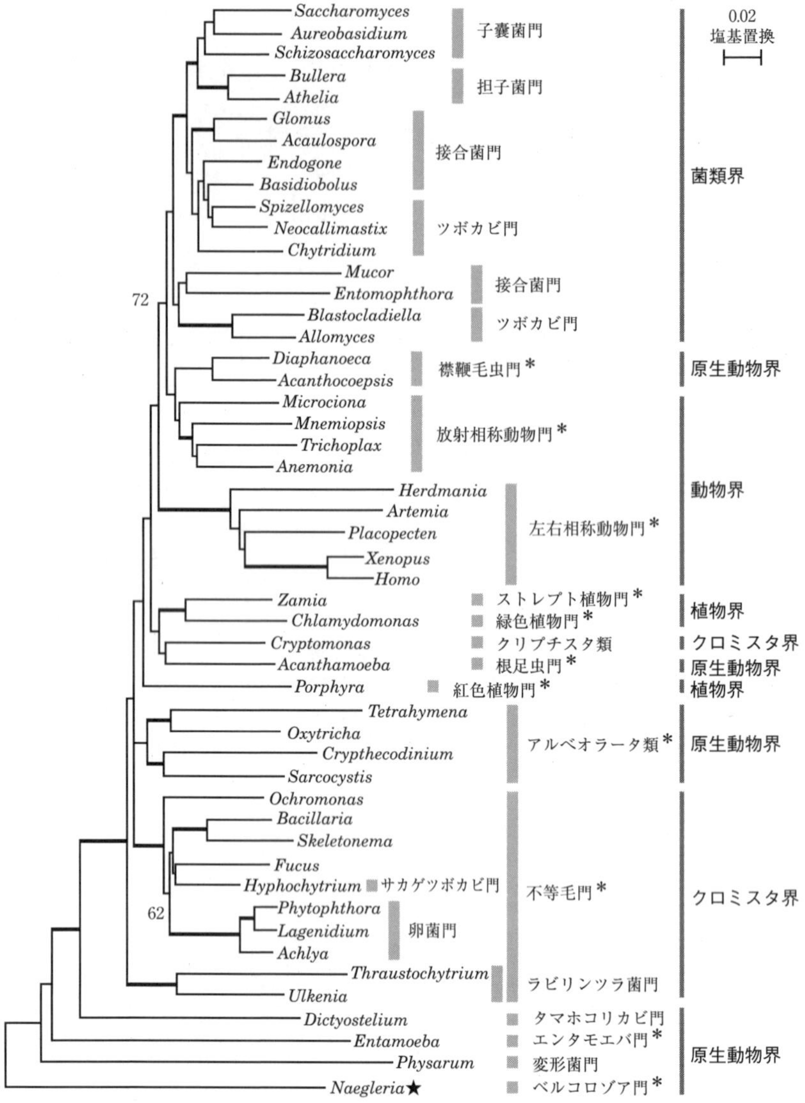

図 2-9 真核生物の 50 分類群の近隣結合系統樹

18 S rRNA 遺伝子の 1460 塩基を用いて木村の進化距離から構築した．ブーツストラップ確率 95 % 以上の枝を太線で示すほか，問題となる枝（2 カ所）についてはその数値（%）を示した．＊はキャバリエ-スミス（1987）によって提案された分類群，★は比較に用いた外群を示す（杉山，1996 a を改変）

系統進化的関係などを明らかにしてきた。その結果、前述のアインスワース体系とその修正体系は根本的改訂を余儀なくされた。最近、相次いで新しい菌類分類体系の大綱が発表されている（たとえば、BARR, 1992；HAWKSWORTH *et al.*, 1995；ALEXOPOULOS *et al.*, 1996；杉山，1996 b)。それらのうち、杉山（1996 a, b）の菌類を中心とする 18 S rRNA 遺伝子系統樹を図 2-9 に、それに基づく菌類分類体系の大きな枠組みを表 2-3 の最右欄に示した。本書の分類体系の骨格はこれに従っている。

分子系統上、偽菌類*1 は別の界または生物群に移され、“真の” 菌類（すなわち、本書の分類体系の菌類界に相当する）はツボカビ類・接合菌類・子嚢菌類・担子菌類の 4 大系統群（それぞれ門とする）のみで構成される。不完全菌類は、系統的に子嚢菌類または担子菌類に帰属し、独立の高次分類群を構成しないので便宜的に “付” として扱う。地衣類（地衣化した菌類）は、高等菌類の中で少なくとも五つの独立した起源をもつ系統群の中に組み込まれる（後述)。分子系統が示す範囲は、“真の” 菌類が示す特徴、すなわち細胞壁組成（キチンの獲得)・リジン生合成経路（α-アミノアジピン酸経路)・鞭毛型（運動細胞をもつ菌類に限る形質）ともよく一致する。アインスワース体系において変形菌門（粘菌門）に含まれるアクラシス菌綱・変形菌綱（粘菌綱)・ネコブカビ綱（表 2-3 を参照）は、原生動物界またはプロチスタ類に帰属し、一方、鞭毛菌亜門の卵菌綱とサカゲツボカビ綱、ならびに変形菌門のラビリンツラ目は、クロミスタ界またはストラミニピラ界に収容される（千原，1999；井上，1996，2001)。これら広義の菌類は、“真の” 菌類とは大きく系統を異にする。“偽” 菌類と呼ばれる所以（ゆえん）である。

（2）下等菌類の大きな系統群

古くから鞭毛菌類（flagellated fungi）の系統関係は、広く系統学者の注

＊1　本書では，偽菌類（pseudofungi）はキャヴァリエ-スミス（1987）の偽菌類（Pseudofungi）の定義を拡張し，卵菌類・サカゲツボカビ類・ラビリンツラ類・ヤブレツボカビ類にアクラシス菌類や変形菌類（粘菌類）を加えた “真の” 菌類に類似する生物を指す総称として用いる（MCLAUGHLIN *et al.*, 2001）.

目を引いてきた。これまで多くの菌学者が、“真の”菌類の中ではツボカビ類が最も原始的な菌類であって、接合菌類を含む陸上菌類は水生のツボカビ類から進化したと考えてきた。しかし、すでに述べたように、最近の分子系統学的研究は鞭毛菌類のうち後端に１本のむち形鞭毛をもつツボカビ類のみが“真の”菌類であって、運動細胞を欠き、接合胞子を生じる接合菌類と共に明らかに菌類界に帰属することを明確に示した。特に、長浜ら（NAGAHAMA *et al.*, 1995）の分子系統樹（図 2-10）は、ツボカビ類と接合菌類の系統進化的関係の一端を明らかにした。それによれば、ツボカビ類と接合菌類はそれぞれ単系統を形成せず、鞭毛の消失が複数の系統で起こり、水生のツボカビ類が大きく多様化した中で、鞭毛を消失して陸上に適応した系統が

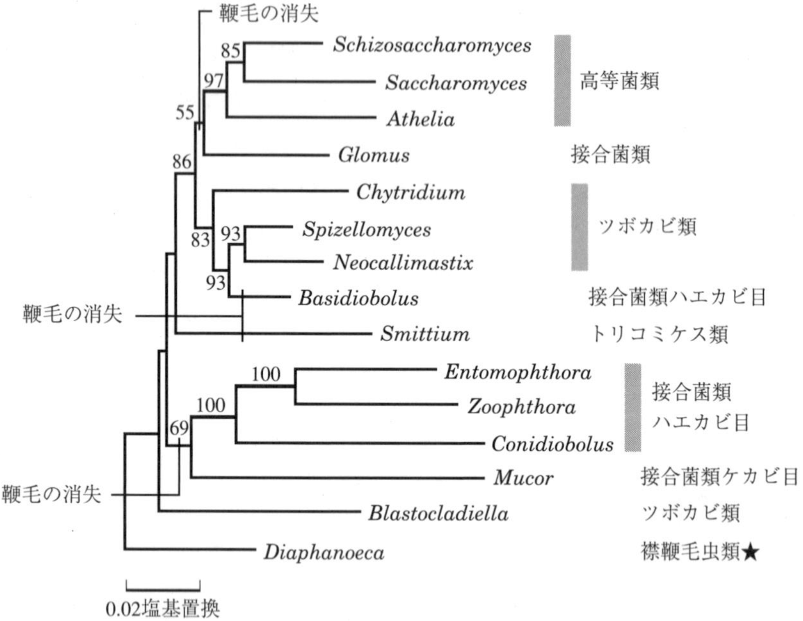

図 2-10　下等菌類の分子系統樹

18 S rRNA 遺伝子の 1480 塩基を用いて木村の進化距離から近隣結合法によって構築した．枝の数字はブートストラップ確率（%）．95 % 以上の枝を太く示した．バーは 100 塩基中 2 塩基の違いを表す（NAGAHAMA *et al.*, 1995 を改変）

接合菌類へと進化したことを示唆している。接合菌類は陸上に生態的地位（ニッチ niche ともいう）を獲得し、それらの宿主動物に関係して少なくとも3回、さらにグロムス目が宿主植物に関係して1回鞭毛を消失した（BERBEE & TAYLOR, 2001）。したがって、単純にツボカビ類から接合菌類へと進化したのではないことは確からしい。バービー BERBEE とテイラー TAYLOR（1993）は分子時計（18 S rRNA 遺伝子塩基配列）と化石資料から菌類の大きな系統とその分岐年代を示したが、本章ではバービーとテイラー（BERBEE & TAYLOR, 2001）の最新の分岐年代算定値（図 2-11）を用いる。バービーとテイラー（2001）によれば、動物と菌類の分岐は植物が上陸する前の約9億年前（カンブリア紀前期）に、そして接合菌類を含む陸上菌類の最初の分岐（アツギケカビ目とグロムス目）は約6億年前（カンブリア紀中期）に起こったと推定される。

（3）高等菌類の大きな系統群

最近の 18 S rRNA 遺伝子塩基配列に基づく系統樹は、高等菌類（子嚢菌類・担子菌類およびそれらのアナモルフ）の単系統性（BERBEE & TAYLOR, 1993；BRUNS *et al.*, 1991；GARGAS *et al.*, 1995；NISHIDA & SUGIYAMA, 1993, 1994）、ならびに子嚢菌類と担子菌類の分岐が約5億年前（オルドビス紀前期）であったこと（BERBEE & TAYLOR, 2001；図 2-11）を推定している。すなわちこれらの分子系統樹では、両者が姉妹関係にあって、子嚢菌類から担子菌類が進化したのではないことを示している。またこのことは、減数胞子嚢としての子嚢と担子器が進化を反映した形態的形質であると考えてよいことを示唆している。従来不完全菌類（アナモルフ菌類）と呼ばれ、亜門（アインスワース体系；表 2-3）として位置づけられてきたこの菌群は、分子系統上子嚢菌類もしくは担子菌類に組み込まれ、独立の高次分類群を構成しない。このことが、不完全菌類を高次分類群として認知せず、階層体系化しない根拠になっている（REYNOLDS & TAYLOR, 1993；TAYLOR, 1995）。

高等菌類の起源は依然謎に包まれているが、長浜ら（1995）、ならびにバ

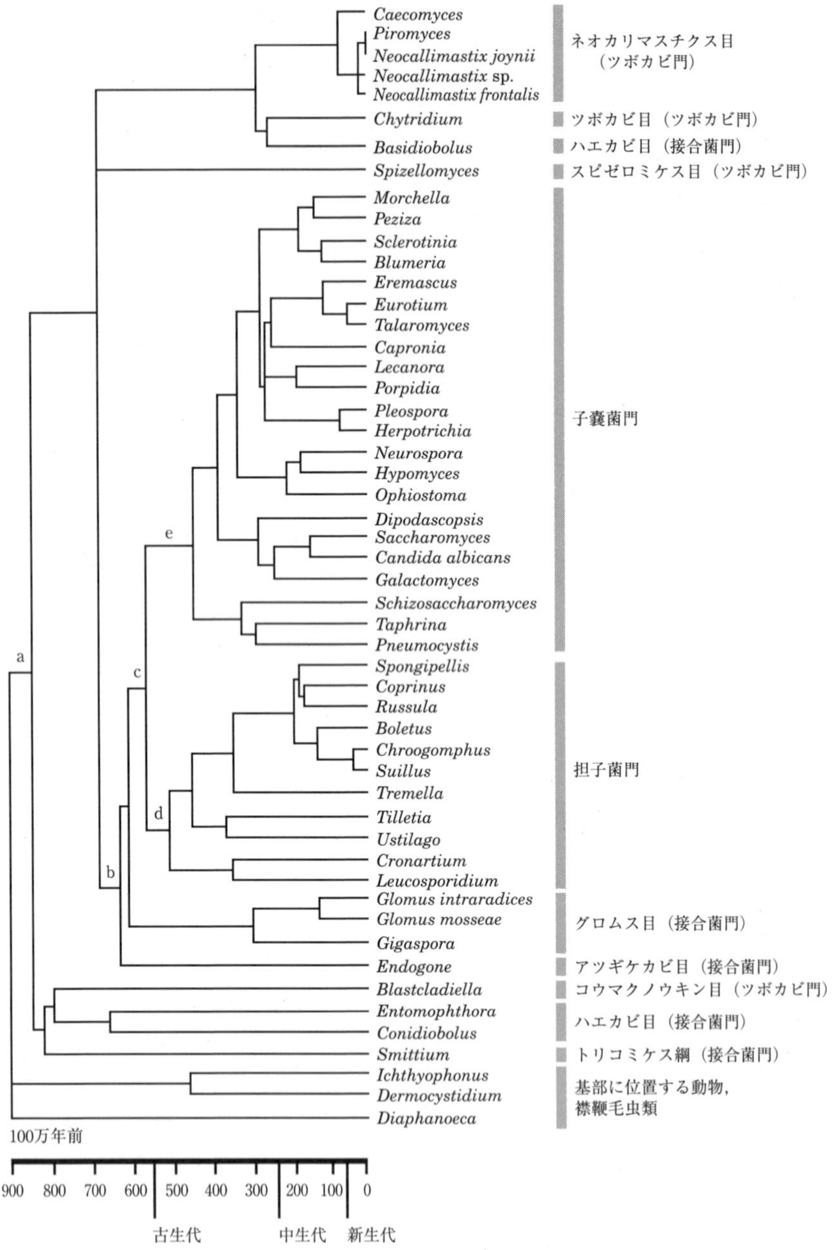
Caecomyces
Piromyces
Neocallimastix joynii
Neocallimastix sp.
Neocallimastix frontalis
ネオカリマスチクス目
（ツボカビ門）
Chytridium
ツボカビ目（ツボカビ門）
Basidiobolus
ハエカビ目（接合菌門）
Spizellomyces
スピゼロミケス目（ツボカビ門）
Morchella
Peziza
Sclerotinia
Blumeria
Eremascus
Eurotium
Talaromyces
Capronia
Lecanora
Porpidia
Pleospora
Herpotrichia
Neurospora
Hypomyces
Ophiostoma
Dipodascopsis
Saccharomyces
Candida albicans
Galactomyces
Schizosaccharomyces
Taphrina
Pneumocystis
子嚢菌門
Spongipellis
Coprinus
Russula
Boletus
Chroogomphus
Suillus
Tremella
Tilletia
Ustilago
Cronartium
Leucosporidium
担子菌門
Glomus intraradices
Glomus mosseae
Gigaspora
グロムス目（接合菌門）
Endogone
アツギケカビ目（接合菌門）
Blastcladiella
コウマクノウキン目（ツボカビ門）
Entomophthora
Conidiobolus
ハエカビ目（接合菌門）
Smittium
トリコミケス綱（接合菌門）
Ichthyophonus
Dermocystidium
Diaphanoeca
基部に位置する動物，
襟鞭毛虫類
a
b
c
d
e
100万年前
900
800
700
600
500
400
300
200
100
0
古生代
中生代
新生代

ービーとテイラー（2001）の分子系統学的研究は、VA 菌根を形成するグロムス目菌類が接合菌類から高等菌類への進化的イベントに深く関与したことを示唆している。しかしながら現時点では、高等菌類の起源については今後の研究を待たねばねばならない。

本章の最後に、地衣類の系統について簡単に言及する。地衣類の生活様式は、菌類と緑藻類（トレボウクシア属 *Trebouxia*・プセウドトレボウクシア属 *Pseudotrebouxia*・スミレモ属 *Trentepohlia*）やシアノバクテリア（ネンジュモ属 *Nostoc*）のような光合成生物との共生関係に基盤がある。分子系統学の手法を用いて地衣類の系統関係についても研究がなされている。ガルガスら（GARGAS *et al.*, 1995）の 18 S rRNA 遺伝子塩基配列に基づく系統解析は、地衣類が高等菌類のいくつかの主要系統群の中に散在し、少なくとも五つの独立した起源をもつことを明らかにした。すなわち地衣類という概念は、生態的に意味があっても、系統的には意味がないものと結論づけた。地衣類の仲間については第 III 部 **13.** 地衣類に概説されている。

図 2-11　菌類の系統的多様化と分岐年代

45 合意最節約系統樹の一つ．a：“真の”菌類を動物から分けるノード，b：水生の“真の”菌類から進化した陸上菌類，c：グロムス目から進化した担子菌類・子嚢菌類の祖先，d：かすがい連結・担子器の獲得，e：無性胞子・複雑な胞子形成構造体・子嚢の獲得（BERBEE & TAYLOR，2001 を一部改変）．

2 微胞子虫類（Microsporidia）は果たして“真の”菌類か？

微胞子虫類は、魚類・昆虫類などの細胞内に寄生する1～20 μmの大きさの単細胞真核微生物である。微胞子虫類はミトコンドリアをもたないことなどから、以前はミトコンドリアの細胞内共生以前の段階にある起源の古い真核生物と考えられており、18 S rDNAによる系統解析もこの説を支持した（VOSSBRINCK *et al.*, 1987）。ところが近年、ミトコンドリア由来と考えられる遺伝子が微胞子虫類のゲノムより見つかり、過去に微胞子虫類がミトコンドリアをもっていたことが示唆された。さらに驚くべきことに、複数のタンパク質のアミノ酸配列比較による系統解析は、いずれも微胞子虫類が起源の古い生物ではなく菌類と近縁であるという結果を示し、中には“真の”菌類であるとする研究すらある（KEELING *et al.*, 2000）。

これらの結果は果たして正しいのであろうか？　筆者らはこれについてはまだまだ議論の余地が多いと考えている。微胞子虫類は胞子内部に極管（polar tube）という細胞小器官をもっており、この極管をいわば注射器の要領で宿主細胞に突き刺し、胞子の内容物を注入することによって新たな感染が起こる。菌類にも多くの細胞内寄生性の種が存在するが、微胞子虫類の極管に類似の器官をもつ種は知られていない。さらに、菌類近縁説を支持した解析のほとんどにおいて、接合菌類・ツボカビ類が含められていない。タクソンサンプルに偏りがある分子系統解析は誤った結果を導く場合があることが知られている。

最近、筆者らは接合菌類・ツボカビ類のタンパク質（RPB 1, EF-1 α）のアミノ酸配列を含めて改めて系統解析を行ってみた。しかし、微胞子虫類の菌類近縁説を強く支持する結果は得られなかった（TANABE *et al.*, 2002, 2005）。今後より多くの遺伝子データを集積し、微胞子虫類の菌類近縁説を検証していくことが望まれる。　（田辺雄彦）

3　形態からみた多様性と系統　　安藤勝彦

3-1　はじめに

菌類の生活史には、有性胞子を形成する生活環「テレオモルフ（teleomorph）」と無性胞子を形成する生活環「アナモルフ（anamorph）」がみられ、菌類は通常、この両生活環を共有しながら生活している（4 章の図 4-2 を参照）。そして、その生活史の中で形態あるいは性質の異なる何種類かの胞子を形成する。菌類の生活史にみられる形態学的形質は、１）養分を吸収する菌糸体（葉状体）、２）テレオモルフにおける有性生殖器官・細胞、そして３）アナモルフにおける無性生殖器官・細胞である。本章では、それら形態学的形質の多様性を概観すると共に、それら形態分化と系統との関係について論じることにする。

3-2　葉状体の構造

3-2-1　菌糸の体制

菌類の葉状体（栄養体）は、一般に糸状の菌糸（hypha）で構成されている。菌糸は、細胞壁、さらに細胞膜で覆われた細胞質内に、核・ミトコンドリア・リボソーム・ゴルジ体・小胞体など真核細胞としての各種細胞小器官をそなえている（図 3-1）。菌糸は外界（基質）から養分を吸収し頂端成長（先端成長、apical growth）して分枝し、ところどころで融合（anastomosis）して菌糸体（mycelium）と呼ばれるネットワークを形成する。菌糸細胞の長さは不定であるが、その幅は比較的一定で、2〜30 μm の範囲に収まる。

菌糸・菌糸体は外界からの栄養分を吸収する役割を果たすほか、それらの一部は形態的・機能的に分化して生殖細胞・器官や組織・集合体を作る。生殖にかかわるものについては後述するが、特殊化した菌糸には仮根

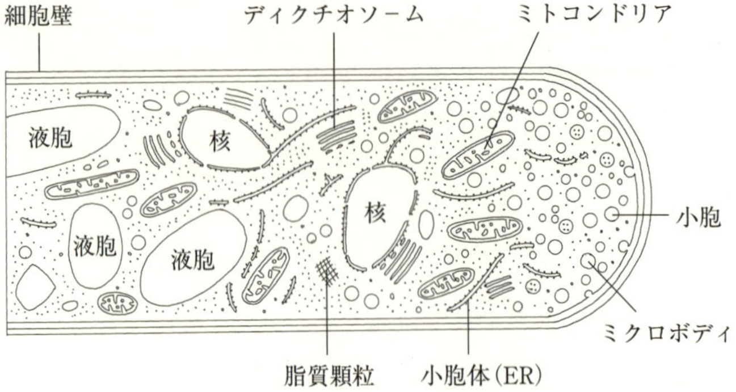

図 3-1 菌糸先端の模式図（GROVE & BRACKER, 1970 を参考に作図）

(rhizoid)・線虫捕捉器官・菌足（hyphodium)・吸器（haustorium)・付着器（appresorium）などがある。代表的な組織・集合体には各種子実体（後述）のほか、次のものがある。1）菌核（sclerotium)：菌糸状に集合した構造体で、耐久体としての役割を果たす。2）子座 (stroma)：栄養菌糸の塊や細胞間質で、しばしば宿主・基質の断片を含み、菌核様に組織化して生殖器官を保護する。3）根状菌糸束（rhizomorph)：高度に分化した菌糸束の一種で、樹木寄生菌類ナラタケ *Armillaria mellea* はその好例。4）菌根（mycorrhiza)：生きた植物の根と菌類の共生関係を指し、このような菌類を菌根菌類という。菌類は植物根から炭水化物の供給を受け、反対に菌糸・菌糸体が土壌中のリンを吸収して根に供給する。5）地衣体 (lichen thallus)：菌類と藻類が共生して作る特殊な組織体である（第 III 部 **13.** 地衣類を参照)。

一方、酵母のように通常は糸状形態をとらず単細胞の場合や、ある種の動物病原菌類では糸状形態と単細胞形態の両形をとるものもある。酵母細胞（図 3-2）の体制は菌糸細胞と大きく異なるところはない。酵母の栄養体（葉状体）の形は 10 μm 程度の楕円体・球形・卵形などで、細胞壁（主にマンナン-グルカン複合体で構成）・細胞膜・核・液胞・ミトコンドリア・小胞体(ER)・ゴルジ体（ディクチオソーム）・脂肪粒・細胞質をそなえている。細胞質には、多量のリボソームのほか、ポリリン酸・グリコーゲン・トレハロー

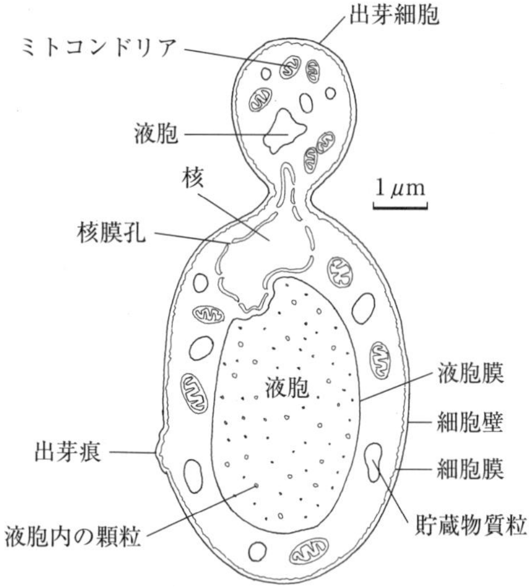

図 3-2 出芽中の酵母細胞（栄養体）の断面模式図（WEBSTER, 1980 を参考に作図）

ス・各種の解糖系酵素などが含まれる。数種のカンジダ属 *Candida* 酵母にはミクロボディ（microbody）*1 が認められる。菌類の細胞壁を特徴づけるキチンは量的には菌糸にくらべて少なく、特に出芽痕の部分に存在する。

3-2-2　菌糸隔壁の特性とその類型

菌糸の隔壁（septum）の有無は、菌類の分類における重要な表現形質とみなされてきた。菌糸隔壁には、核分裂を伴わず細胞内容物の変化に関連して遮断を目的とする不定隔壁と、核分裂に連動して形成される一次隔壁とがある。前者は、接合菌類の多核菌糸や厚壁胞子形成の際にみられる。後者は、高次分類群に対応して種々の隔壁孔構造（後述）が認められる。すなわち、ツボカビ門・接合菌門の菌糸は、ふつう規則正しく形成される隔壁を欠き、無隔壁である。一方、子嚢菌門・担子菌門の菌糸は明瞭な隔壁を形成する。もっとも、ツボカビ門の中でも全実性（holocarpic）、すなわち葉状体がその

*1　カタラーゼおよび一群の酸化酵素を含有する細胞質内の小顆粒.

まま生殖機能を有する器官に変わるものは、菌糸をもたない（詳細は第III部**8.** ツボカビ門を参照）。無隔壁の菌糸には多数の核（通常、単相）が存在するが、隔壁を形成する菌糸の場合は、隔壁で区切られた一つの菌糸細胞に通常1個の単相核をもつ。また、一つの菌糸細胞内に多数の核を有する場合もある。担子菌類のある段階の菌糸は、菌糸細胞内に2個の単相核をもち、このような状態を二核性（dikaryotic）と呼ぶ。この時、一つの細胞内の核が遺伝的に同質の場合をホモカリオン（homokaryon）、異質の場合をヘテロカリオン（heterokaryon）という。単核の1胞子に由来するコロニーにおいても、その中の菌糸細胞に2個以上の核が観察される場合があるが、これは多くの場合 隣接する菌糸同士による菌糸融合に起因する。また、ある種の担子菌類で形成される二核性菌糸体の隔壁部分の側面には、かすがい連結〔clamp connection；単にクランプ（clamp）ともいう〕と呼ぶ特徴的な膨らみが形成される。かすがい連結は子嚢菌類の造嚢糸先端にできるかぎ形構造（crozier）と相同であるとみなし、担子菌類は子嚢菌類の祖先から進化したと考える研究者もいる（RAPER & FLEXER, 1971；TEIXEIRA, 1962）。

前述のように、子嚢菌類や担子菌類の菌糸は、隔壁によって規則正しく仕切られている。隔壁の中央には一つの孔（隔壁孔）があり、菌糸細胞間の細胞質の連続がみられる。また、隔壁孔を通じて各種細胞器官も移動する。隔壁には、中央の隔壁孔に向かって厚くならない型と、隔壁孔近くで厚くなる型がある。前者を単純孔隔壁（simple pore septum）、後者をたる形孔隔壁（dolipore septum）と呼ぶ。

子嚢菌類の隔壁は、単純孔隔壁である。隔壁孔近くにウォロニン小体（Woronin body）、各種結晶体などが観察されている（KIMBROUGH, 1994）。

担子菌類の隔壁微細構造は、子嚢菌類にくらべさらに多様化がみられる（KHAN & KIMBROUGH, 1982）。クロボキン目・サビキン目では子嚢菌類にみられるような単純孔隔壁であるが、他の多くの担子菌類においてはたる形孔隔壁である。たる形孔隔壁は、隔壁孔キャップ（septal pore cap）あるいはパレントソーム（parenthosome）と呼ばれるドーム形の膜構造物によって覆われることが知られている。隔壁孔キャップは小胞体（endoplasmic reticulum；ER と略記）の変形したものと考えられ、隔壁器官に必須の機能的役割部分であるとされる。また、隔壁孔キャップには菌糸細胞から細胞への内容物の移動を制御する役割があると考えられている。隔壁ならびに隔壁孔キャップの特徴から、担子菌類は、１）サビキン型（図 3-3 A）、２）クロボキン型（図 3-3 B）、３）ナマグサクロボキン型（図 3-3 C）、４）シロキクラゲ型（図 3-3 D）、５）ツノタンシキン型（図 3-3 E）、６）ハラタケ型（図 3-3 F）の 6 型に大別することができる。

3-2-3　隔壁構造は系統の指標となりうるか

長いあいだ認められてきた担子菌類の分類体系では、担子器の形態を高次分類形質として取り扱ってきた。たとえば、モチビョウキン目のモチビョウキン属 *Exobasidium* は単室担子器を形成することから菌蕈綱に所属していた。ところが隔壁微細構造の観点からみると、菌蕈綱菌類ではたる形隔壁構造を有するのに対し、モチビョウキン属の隔壁構造は単純孔隔壁であり、隔壁の微細構造を重視して本属をサビキン綱に所属させる研究者もいた（KHAN *et al.*, 1981）。高次分類形質として、担子器形態を重視するのか、隔壁微細構造を重視するのかは研究者によって異なり、明確な答えが出ないままになっていたが、近年の菌類分子系統学の研究（図 3-3）は、それに対して一つの答えを与えた。意外にもその結果は、モチビョウキン属はクロボキン系統群のクラスターに位置した。そして、担子器の形態よりも隔壁微細構造のほうが分子系統解析とよりよく整合性がとれていることを示した。さらに、隔壁の微細構造を基本にした担子菌類の系統群と、多くの分子データが非常によく合致した（MCLAUGHLIN *et al.*, 1995；SUH & SUGIYAMA, 1994；SWANN & TAYLOR, 1995）。つまり、隔壁微細構造の進化の流れは単純孔隔壁から たる形孔隔壁への分化を示している。もっとも、クロボキン綱のナマグサクロボキン属 *Tilletia* と菌蕈綱のフィロバシジエラ属 *Filobasidiella*・フィロバシジウム属 *Filobasidium* は、ナマグサクロボキン型隔壁微

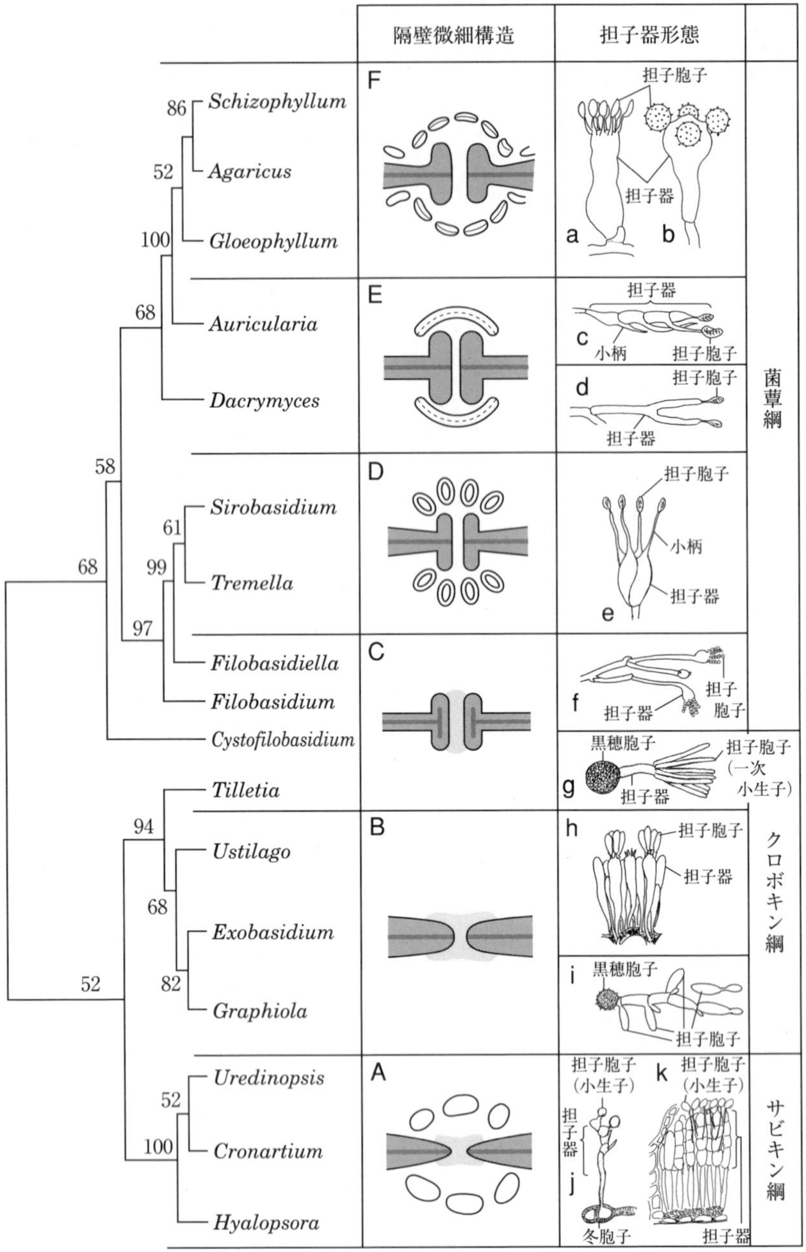
隔壁微細構造
担子器形態
86
52
100
68
58
68
61
99
97
94
68
82
52
52
100
Schizophyllum
Agaricus
Gloeophyllum
Auricularia
Dacrymyces
Sirobasidium
Tremella
Filobasidiella
Filobasidium
Cystofilobasidium
Tilletia
Ustilago
Exobasidium
Graphiola
Uredinopsis
Cronartium
Hyalopsora
F
E
D
C
B
A
担子胞子
担子器
a
b
担子器
c
小柄
担子胞子
d
担子胞子
担子器
担子胞子
小柄
担子器
e
f
担子器
担子胞子
黒穂胞子
担子胞子（一次小生子）
g
担子器
h
担子胞子
担子器
i
黒穂胞子
担子胞子
担子胞子（小生子）
k
担子胞子（小生子）
担子器
j
冬胞子
担子器
菌蕈綱
クロボキン綱
サビキン綱

細構造を示しており、この隔壁構造は二つの綱をまたぐかたちになっている。しかし、基本的には、隔壁の微細構造は担子菌類の系統分類において重要な形質とみなすべきであろう。

3-3　有性生殖器官の形態的多様性と系統

菌類では、有性生殖の結果作られた有性胞子には、配偶子・卵胞子・接合胞子・子嚢胞子・担子胞子の5種類がある。ここでは、それぞれの有性生殖器官とそれら胞子に関して概説する。

3-3-1　配偶子嚢と配偶子

配偶子（gamete）は運動性のある動配偶子（planogamete）で、通常後端に1本のむち形鞭毛をもち、配偶子嚢（gametangium）あるいは休眠胞子嚢（resting sporangium）の中に形成される。従来、その生活史の中で動配偶子を形成する菌類は、鞭毛菌亜門のツボカビ綱、サカゲツボカビ綱あるいは卵菌綱に所属していたが、近年の分子系統解析研究により、サカゲツボカビ綱と卵菌綱に属する菌類はクロミスタ界（またはストラミニピラ界）に移動した。したがって、現在、菌類界に属し、動配偶子を形成する菌類は、ツボカビ門に属する分類群だけとなった（詳しくは第II部2章を参照）。

動配偶子の接合には3型がある。第1の型は同型動配偶子接合（isogamy）と呼ばれるもので、同一形態の動配偶子相互の接合による。第2の型は異型

図3-3　担子菌類の隔壁構造・担子器形態と，近隣結合法による18S rDNA（1712塩基配列）の分子系統樹．枝の上の数字（%表示）は1000回のブーツストラップ処理による統計的信頼性を示す．A～F：隔壁微細構造．A：サビキン型，B：クロボキン型，C：ナマグサクロボキン型，D：シロキクラゲ型，E：ツノタンシキン型，F：ハラタケ型．a～k：担子器形態．a：シストトレマ属 *Sistotrema*，b：ツチグリ属 *Astraeus*，c：キクラゲ属，d：アカキクラゲ属 *Dacrymyces*，e：エクシジア属 *Exidia*，f：フィロバシジエラ属，g：ナマグサクロボキン属，h：モチビョウキン属，i：クロボキン属，j：プクキニア属 *Puccinia*，k：クリセラ属 *Chrysella*（a, bはGAMS *et al*., 1980を，c, f, kはALEXOPOULOS *et al*., 1996を，d, e, g, i, jはWEBSTER, 1980を，hは宇田川ら，1978を参考に作図）

動配偶子接合（anisogamy）で、形態的に異なる動配偶子相互の接合による。第3の型は卵子生殖（oogamy）と呼ばれるもので、次に示す卵胞子の形成様式で行われる。

3-3-2 卵胞子

ツボカビ門ツボカビ綱サヤミドロモドキ目では、有性生殖によって卵胞子（oospore）を形成する。図3-4に示すように、造精器と造卵器が同一の菌体上に形成され、造精器から放出された精子は、造卵器先端の乳頭状突起に近接すると共に粘液に捉えられ、卵球（oosphere）との合体が生じる。続いて、細胞質融合が起こり、卵胞子周囲に黄金褐色の壁が形成され、後に核合体が起こる。モノブレファリス・スファエリカ *Monoblepharis sphaerica* では卵胞子は造卵器内に形成されるが、モノブレファリス・ポリモルファ *M. polymorpha* では受精後卵胞子が造卵器の口部へ移動し、外生的に形成される。卵胞子は、休眠の後に1本の菌糸を延ばして発芽する。

3-3-3 接合胞子

接合胞子（zygospore）は、通常は交配型の異なる（ヘテロタリック）配偶

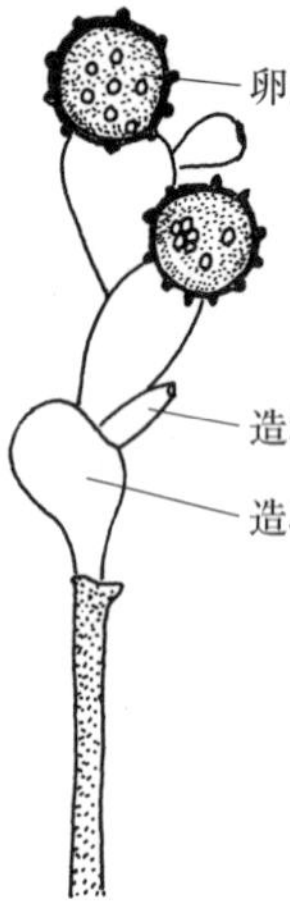

図3-4 ツボカビ門ツボカビ綱サヤミドロモドキ目モノブレファリス・ポリモルファの卵胞子と有性生殖器官（SPARROW, 1960；WEBSTER, 1980を参考に作図）

子嚢間の細胞質融合の結果として有性的に作られる胞子であり、休眠胞子である。このような接合胞子を形成する菌類は接合菌門に所属するが、一部のツボカビ門にも同様の様式がみられる。

（1）接合胞子の形成過程

接合胞子は、多核の二つの配偶子嚢の融合によって生じる。配偶子嚢は、体細胞菌糸あるいは接合枝（zygophore）と呼ばれる分化した菌糸から生じる。接合枝が接触した部分は膨潤し前配偶子嚢となり、その接触部分に融合隔壁が形成される。この時、前配偶子嚢の先端部分に配偶子嚢隔壁が形成され、隔壁を境に配偶子嚢と支持柄とに分化する。続いて、融合隔壁は溶解し、細胞質融合ならびに核合体が生じ、接合胞子嚢へと発達する。接合胞子嚢の成長過程においては、細胞の肥大化と共に細胞壁は多層になり厚壁化し、その中に１個の接合胞子が形成される（O'DONNELL *et al.*, 1978)。ただし、すべての接合菌類がこのような接合胞子形成様式をとるわけではなく、接合枝・配偶子嚢・前配偶子嚢の分化が明瞭でないものもある。接合胞子は休眠期間の後に発芽して胞子嚢を形成する。また、発芽した接合胞子から栄養菌糸が発達する場合もある。

（2）接合様式の類型

支持柄の形態は、接合菌類の分類形質として重要と考えられている。通常、対置する支持柄をもつ接合胞子（図 3-5 a〜d）は基質の上で形成されるのに対し、並置する支持柄をもつ接合胞子（図 3-5 e〜i）は基質の内部に形成される。また、交配型の異なる二つの配偶子嚢と支持柄が同じ大きさの場合と異なる大きさの場合があり、前者を同型配偶子嚢性（homogametangic）（図 3-5 a, e；口絵 42，43)、後者を異型配偶子嚢性（heterogametangic）（図 3-5 i）と呼ぶ。

接合菌綱の接合様式には、１）配偶子嚢の各々の内容物が均等に合体して接合胞子を形成する様式（図 3-5 a〜e, h, i)、２）配偶子嚢の片方の内容物が他方に移動し、移動した側に接合胞子を形成する様式（図 3-5 f, j)、３）接合胞子嚢が体細胞接合のように形成する様式（図 3-5 l)、４）合体した配偶子

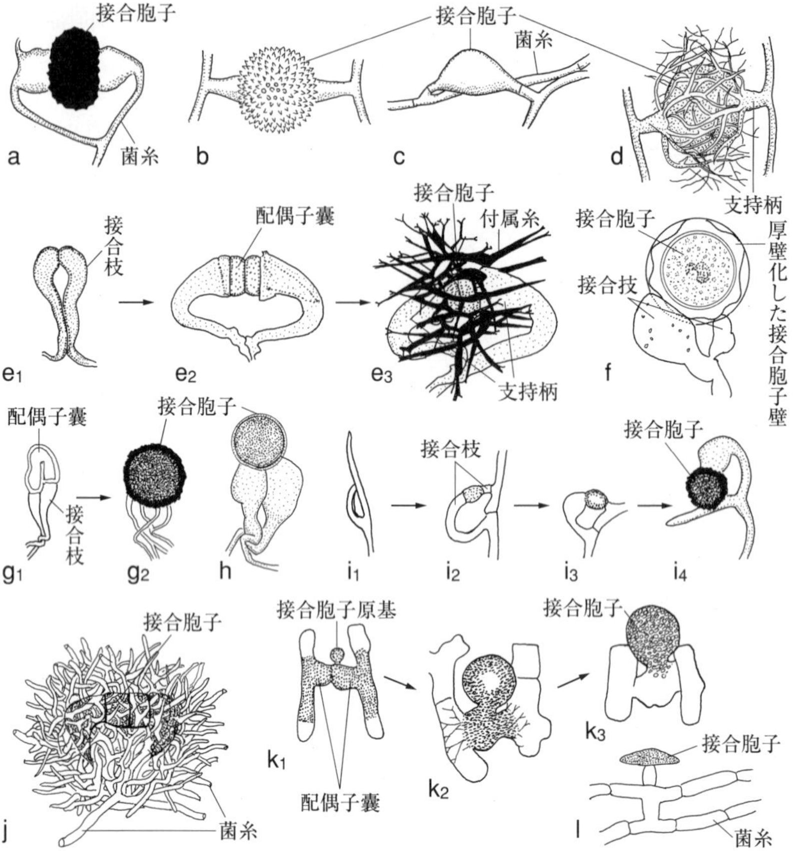

図 3-5　接合菌類の接合子形態の多様性

a：*Rhizopus sexualis*（クモノスカビ属），b：*Syncephalastrum rocemosum*（ハリサシカビモドキ属），c：*Coemansia mojavensis*（ブラシカビ属），d：*Radiomyces spectabilis*（ラジオミケス属），e：*Phycomyces blakesleeanus*（ヒゲカビ属）（1〜3：接合胞子の形成過程．1：同型配偶子の遭遇，2：配偶子嚢の接合，3：接合胞子の形成），f：*Mortierella epigama*（クサレケカビ属），g：*Piptocephalis virginiana*（エダカビ属）（1：接合，2：成熟した接合胞子），h：*Pilobolus kleinii*（ミズタマカビ属），i：*Zygorhynchus moelleri*（ツガイケカビ属）（1〜4：接合胞子の形成過程．1：異形配偶子の遭遇，2：配偶子嚢の接合，3：若い接合胞子の形成，4：接合胞子の成熟），j：*Mortierella zonata*（クサレケカビ属），k：*Entomophthora sepuchralis*（ハエカビ属）（1〜3：接合胞子の形成過程．1：2 個の分節菌体の融合，2：融合細胞からの出芽，3：接合胞子），l：*Harpella melusinae*（ハルペラ属）

(a, e, g_2, j, k は WEBSTER, 1980 を，b, c, d, f, g_1, h は ALEXOPOULOS *et al*., 1996 を，i は BRACKER & BUTLER, 1963 を，l は LICHTWARDT, 1973 を参考に作図)

嚢から出芽して接合胞子を形成する様式（図3-5 g, k）などがある。トリコミケス菌綱では、ハルペラ目に属するハルペラ属 *Harpella*・スチペラ属 *Stypella* の両属で接合胞子形成が知られている。この場合、栄養菌糸が体細胞接合的に接合し、紡錘形の接合胞子を形成する（図3-5 l）。

また、ラジオミケス属 *Radiomyces* やヒゲカビ属 *Phycomyces* のように支持柄から付属枝が生じて接合胞子嚢を取り囲む様式（図3-5 d, e）や、クサレケカビ属 *Mortierella* のように接合胞子嚢が菌糸に包まれて形成される様式（図3-5 j）が知られている。

3-3-4　子嚢果、子嚢と子嚢胞子

有性生活環の中で子嚢を形成する菌類は、子嚢菌類に所属する。子嚢（ascus）は、子嚢果（ascoma）の中に形成される場合と（図3-6 A～E）、そのような組織を形成せずに裸生する場合とがある（図3-6 F, G）。子嚢果を形成する子嚢菌類は、不整子嚢菌類・核菌類・盤菌類・小房子嚢菌類に所属し、子嚢果を形成しない子嚢菌類は、半子嚢菌類・古生子嚢菌類に所属する。ここでは子嚢果・子嚢・子嚢胞子の各形態の多様性について述べ、最後にそれら形態をもとに構築されてきた子嚢菌類の分類体系と最近の系統解析結果との異同について論じる。

（1）子嚢果形態の多様性

子嚢果とは子嚢含有構造体である。その形態的特徴から、閉子嚢殻、子嚢殻、子嚢盤、子嚢子座に分けられる。これは、子嚢菌門の分類学上の高次分類形質となっており、それぞれは、不整子嚢菌類、核菌類・ラブルベニア菌類、盤菌類、小房子嚢菌類の特徴的な子嚢果である。

閉子嚢殻（図3-6 A）は、外部に開いた特別な孔口部のない密閉された亜球形の子実体で、不整子嚢菌類に特徴的な子嚢果である。閉子嚢殻の形態は、その子嚢殻壁の有無から2大別される。第1の型は、ギムノアスクス属 *Gymnoascus* に代表されるもので、子嚢果は子嚢塊を取り囲むゆるい網状の厚壁菌糸（殻壁菌糸）でできていて、裸子嚢殻（gymnothecium）と呼ばれて

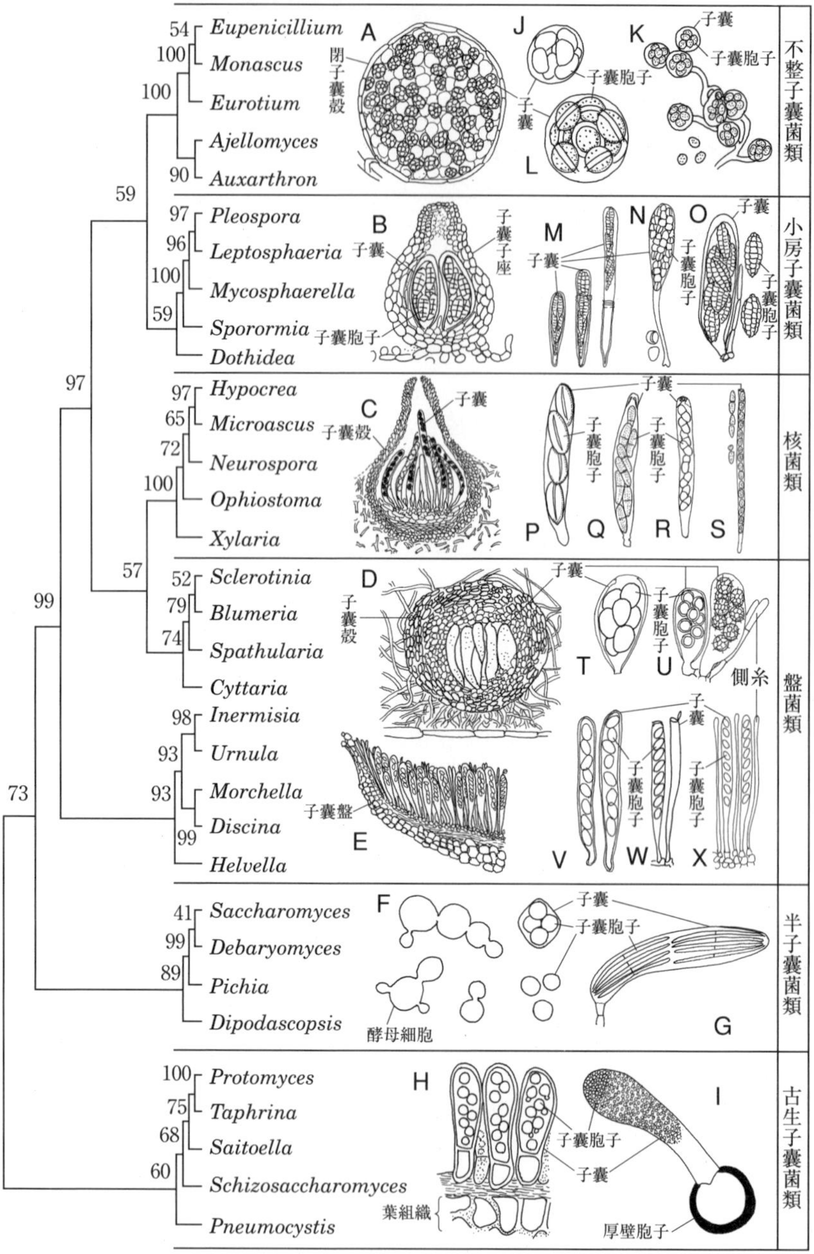
Eupenicillium
Monascus
Eurotium
Ajellomyces
Auxarthron
Pleospora
Leptosphaeria
Mycosphaerella
Sporormia
Dothidea
Hypocrea
Microascus
Neurospora
Ophiostoma
Xylaria
Sclerotinia
Blumeria
Spathularia
Cyttaria
Inermisia
Urnula
Morchella
Discina
Helvella
Saccharomyces
Debaryomyces
Pichia
Dipodascopsis
Protomyces
Taphrina
Saitoella
Schizosaccharomyces
Pneumocystis
不整子囊菌類
小房子囊菌類
核菌類
盤菌類
半子囊菌類
古生子囊菌類
閉子囊殻
子囊
子囊胞子
子囊子座
子囊殻
側糸
子囊盤
酵母細胞
葉組織
厚壁胞子

いる。第2の型は、エウロチウム属 *Eurotium* に代表されるもので、子嚢果の外壁は子嚢塊を取り囲む数層の黄色の殻壁からできている。殻壁構造は多様であり、エウロチウム属では1層であるが、アファノアスクス属 *Aphanoascus*・エメリケロプシス属 *Emericellopsis* では数層からなり、エウペニキリウム属 *Eupenicillium* では一般に菌核様のきわめて強固な殻壁構造をもつ子嚢果、すなわち菌核状子嚢果（sclerotioid ascoma）となる。

子嚢殻（図 3-6 C, D）は亜球形またはフラスコ形の子嚢果で、成熟するにつれ孔口またはスリットによって開口する。核菌類に特徴的な子嚢果である。子嚢殻の形成様式からオフィオストマ属 *Ophiostoma* 型・ジアポルテ属 *Diaporthe* 型・クロサイワイタケ属 *Xylaria* 型・アカツブタケ属 *Nectria* 型に大別される（LUTTRELL, 1951）。詳しくは第 III 部 **10–3•2** の核菌類を参照されたい。

子嚢盤（図 3-6 E）は盤菌類の特徴的な子実体で、子嚢は開いた皿状の子嚢果に生じ、成熟すると子実層は露出する。子嚢盤は、円盤状やカップ状のものから、子実層がそり返って棍棒状またはスプーン状の子実体となったものなど様々な形態をとる。また地下生盤菌類（セイヨウショウロ目）は、深い

図 3-6 子嚢菌類の子嚢果・子嚢・子嚢胞子の各種形態と 18 S rDNA（1707 塩基）の近隣結合法による分子系統樹．枝上の数字（% 表示）は 1000 回のブーツストラップ処理による統計的信頼性を示す．A～E：子嚢果．A：閉子嚢殻（エウロチウム属），B：子嚢子座（レプトスファエルリナ属 *Leptosphaerulina*），C：子嚢殻（フンタマカビ属 *Sordaria*），D：子嚢殻（ウドンコカビ属 *Erysiphe*），E：子嚢盤（スイライカビ属 *Ascobolus*）．F～X：子嚢および子嚢胞子．F：サッカロミケス属 *Saccharomyces*，G：エレモテキウム属 *Eremothecium*，H：タフリナ属 *Taphrina*，I：プロトミケス属 *Protomyces*，J：ビッソクラミス属 *Byssochlamys*，K：タラロミケス属 *Talaromyces*，L：エウペニキリウム属，M：レプトスファエリア属 *Leptosphaeria*，N：アスコイデア属 *Ascoidea*，O：プレオスポラ属 *Pleospora*，P：コニオカエチジウム属 *Coniochaetidium*，Q：シドウィエラ属 *Sydowiella*，R：アカツブタケ属 *Nectria*，S：ボタンタケ属 *Hypocrea*，T：ウドンコカビ属，U：アスコデスミス属 *Ascodesmis*，V：スイライカビ属，W：チャワンタケ属 *Peziza*，X：ボトリオチニア属 *Botryotinia*
（A, D, J, K は WEBSTER, 1980 を，B, F, M, O, W は GAMS *et al*, 1980 を，C は INGOLD, 1965 を，E, H, I, L, N, P～V, X は宇田川ら，1978 を，G は ALEXOPOULOS *et al*., 1996 を参考に作図）

カップ状の子嚢盤が内曲し、子実層が包みこまれた閉鎖状の子実体を形成する。子嚢盤の子実層には、通常、子嚢と側糸が並列し、子実上層を作る。子実層の直下の組織は子実下層、子嚢盤周囲の壁組織と托は外皮層という。外皮層は、さらに外皮層外側とその内側の外皮層髄部とに分かれ、その組織構造は7型に分類されており（KORF, 1958）（第III部**10-3•4**盤菌類の図qを参照）、この外皮層の組織構造は重要な分類形質となっている。

子嚢子座（図3-6 B）は小房子嚢菌類の特徴的な子実体で、栄養菌糸の集合体である子座の中に子嚢の形成部位である小房（locule）を1〜複数個形成させる子実体である。小房は栄養菌糸によって形成された偽柔組織の一部が崩壊、あるいは偽側糸の伸長などによって形成され、その部分に子嚢が発達するという点において、他の子嚢の形成様式とは異なる。

（2）子嚢形成の多様性

子嚢は子嚢胞子を内生する袋で、子嚢菌類の有性生殖過程で形成される。子嚢果のところで述べたように、子嚢は裸生のこともあるが、多くは子嚢果内に形成される。

半子嚢菌類に属する子嚢菌酵母の栄養体は、楕円形で単細胞の形態をとり、出芽増殖をする（図3-6 F, G）。一般に酵母細胞と呼んでいるが、適当な胞子形成培地で培養すると、酵母細胞同士が接合して子嚢に発達し、通常4個あるいは8個の子嚢胞子を内生する。

モモ縮葉病（口絵58）の原因菌種タフリナ・デフォルマンス *Taphrina deformans* は古生子嚢菌類の代表種である（第III部**10-1**の図10-1b参照）。本菌種の菌糸はモモの葉のクチクラ層の下を伸長し、そこにやや厚壁化した胞子を形成する（図3-6 H）。この胞子は二核性で、その中で2核が合体し、複相核は体細胞分裂をする。厚壁胞子はやや伸長し2細胞となり、2娘核は各々の細胞に分配される。上の細胞の核は減数分裂とそれに続く体細胞分裂を行い8核となり、各々の核をもつ8個の子嚢胞子となる。この一連の核分裂のあいだに、胞子上部細胞はさらに伸長して子嚢となる。形成された子嚢胞子は、子嚢の中で出芽増殖することがあり、その結果、成熟した子嚢は多

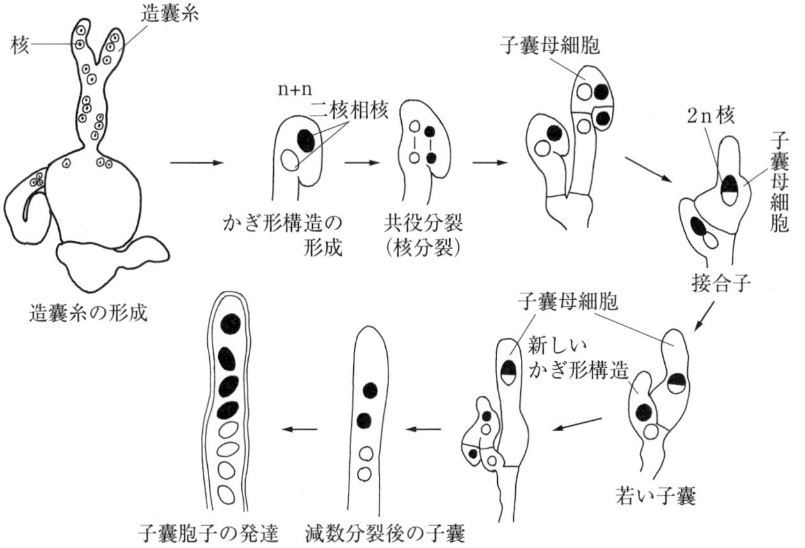

図 3-7 ピロネマ・オムファロイデスの子嚢形成過程

数の子嚢胞子を含むこともある。

このように、酵母やタフリナ属などでは子嚢は単一の細胞から直接生じるが、他のほとんどの子嚢菌類では造嚢器から生じた造嚢糸 (ascogenous hypha) から発達する。よく研究されているのは盤菌類ピロネマ・オムファロイデス *Pyronema omphaloides* の子嚢のでき方である (図 3-7)。本種の造嚢糸は多核であり、その先端は反転してかぎ形構造を形成する。かぎ形構造の先端に二つの隔壁が形成され、先端の細胞は先端から 3 番目の細胞、すなわち造嚢糸細胞と融合し、先端細胞内の核を造嚢糸細胞へと移動させる。したがって、造嚢糸には再び 2 核が共存することになり、この細胞が子嚢母細胞となる。子嚢母細胞は伸長しながら核合体、減数分裂、体細胞分裂を行い、通常 8 個の核となり、各々1 核を有する 8 個の子嚢胞子が形成される。また、さらに体細胞分裂を繰り返して 16 個の子嚢胞子を形成するもの、8 個ではあるが二核性の子嚢胞子を形成するものなどもある。次の子嚢も最初の子嚢が発達した基部の造嚢糸から同様の過程を経て形成され、この繰り返しにより子嚢集団が形成されていく。

（3）子嚢形態の多様性

子嚢は、普通、円筒形〜棍棒形で柄をもつものと、球形〜洋梨形で無柄のものがある。子嚢の形態は一見単純にもみえるが、その形態および機能性を細かくみると実に多様性に富んでいる。一般に、原生壁子嚢（proto-tunicate ascus）・一重壁子嚢（unitunicate ascus）・二重壁子嚢（bitunicate acsus）に3大別される。

原生壁子嚢は、通常、球形〜洋梨形を呈している（図3-6 F〜L）。子嚢菌酵母や閉子嚢殻を形成する不整子嚢菌類の多くに代表される子嚢であり、基本的には一重壁子嚢である。しかし、子嚢が成熟する時、あるいはそれ以前に子嚢の壁は溶解するという特徴をもち、また、子嚢先端構造の分化はみられない。したがって、子嚢から子嚢胞子を射出することはない。このような子嚢は、子実層（hymenium）の中に形成されたり、子嚢果内部に散在する（図3-6 A）。

一重壁子嚢（図3-6 P〜X）は円筒形〜棍棒形で、均一の厚さの1層の薄い壁からなるが、先端が肥厚するものも多い。このような子嚢は、子嚢殻の内部や子嚢盤の子実下層上に形成される。子嚢殻内部に形成される子嚢では、多くが特徴的な先端構造をもっており、分類学上重要な場合もある（CHADEFAUD, 1973）。子嚢盤上に形成される子嚢は、その先端に蓋をもつものともたないものとに大別される。蓋をもつものを有弁子嚢（operculate ascus）と呼び、チャワンタケ目に特徴的である（図3-6 W）。子嚢が成熟するとこの蓋が開いて子嚢胞子が飛び出す。蓋をもたないものは無弁子嚢（inoperculate ascus）と呼び、ズキンタケ目に特徴的である（図3-6 X）。この場合は、子嚢先端の頂孔を通って、あるいは子嚢先端が縦に裂けて子嚢胞子を外に出す。無弁子嚢の先端構造も特殊化している。また、一重壁子嚢には、その先端がメルツァー試薬（Melzer's reagent；子嚢先端構造の染色に用いる）で染色されるものとされないものがある。染色されるものをアミロイド性、されないものを非アミロイド性と呼び、他の試薬による染色性と合わせて分類形質として用いられている。

二重壁子嚢は、容易に分離する子嚢外壁（exotunica）と子嚢内壁（endotunica）の2層から構成されている。一般に小房子嚢菌類に特徴的な子嚢の形態である。図3-6 Mに示すように、子嚢胞子の放出時に外部子嚢外壁の側方あるいは先端が破れて弾力性のある内部子嚢が飛び出す。そして、子嚢胞子は内部子嚢の内壁膜上部の頂孔を通じて放出される。このような子嚢は、びっくり箱式子嚢（Jack-in-the-box ascus）あるいは裂開壁子嚢（fissitunicate ascus）と呼ばれている（HANSSEN & JAHNS, 1974；INGOLD, 1933）。

（4）子嚢胞子形態の多様性

子嚢内部に形成される子嚢胞子（ascospore）の形態は、大きさ・形・色調の点で実に多様である。大きさは、盤菌類コザラタケ属 *Dasyscyphus* のように長さ4〜5 μmで幅1 μmという小さいものから、地衣類トリハダゴケ属 *Pertusaria* のペルツサリア・ペルツサ *P. pertusa* のように長さ130 μm、幅45 μmにわたる大きいものまである。形は亜球形〜卵形（図3-6 J, K, T）・楕円形（図3-6 P〜S, V〜X）・レモン形・ソーセージ形・円筒形・針状形（図3-6 G）など様々である。また、単細胞のものから隔壁を形成して多細胞であるもの（図3-6 Q, R）、横隔壁だけでなく縦横隔壁を有するものもある（図3-6 M〜O）。子嚢胞子は無色〜有色、その表面は平滑〜粗面（図3-6 U）、あるいは網状構造や円盤状の突起（図3-6 L）をもつものなどがある。付属糸を有するものもあるが、運動性はない。子嚢胞子の発芽は、発芽孔（germ pore）や発芽溝（germ slit）から発芽管が伸長する場合と、そのような発芽機構がなく膨潤して破裂的に発芽する場合とがある。子嚢胞子の形態は、種や属の特徴とされ分類基準の一つとして広く用いられているが、一般的には種レベルの分類形質として採用されている。

（5）系統解析からみた子嚢菌類の有性器官の形態

すでに述べたように、従来、子嚢菌類の分類体系は第1に子嚢果の形態を最重要な分類学的形質としてみなしてきた。残念ながら、そのような形態的異同、あるいはそれによる子嚢菌類の進化の道筋を検証する手だてがこれまでなく、常に憶測の中での論議に終始してきた。ところが、近年の分子系統解析の技術は、従来の比較形態学的研究による子嚢菌類の分類体系を分子(遺伝子)という異なった観点から検証することを可能にし、興味深い結果が得られている(図3-6)。

興味深い結果の第1は、真正子嚢菌類(糸状子嚢菌類)の中で、閉子嚢殻形成菌類と子嚢殻形成菌類は高いブーツストラップ確率で各々単系統群を形成したことである(BERBEE & TAYLOR, 1992参照)。このことは、閉子嚢殻と子嚢殻の形態は系統を反映する形質であることを示している。しかし、このほかの伝統的な綱レベルの分類群(小房子嚢菌類・盤菌類)は単系統性を示していない。すなわち、偽子嚢殻によって特徴づけられる小房子嚢菌類は単系統を構成しないが、その中にあってプレオスポラ目とクロイボタケ目が、前者はかなり高い統計学的支持で、後者は前者ほどの支持を欠くがそれぞれ単系統群を形成する(BERBEE, 1996;SPATAFORA *et al.*, 1995)。このことは、特にプレオスポラ目の特徴である偽側糸は系統分類学的形質として評価できることを示している(BERBEE, 1996)。加えて、小房子嚢菌類のもう一つの形態的特徴である二重壁子嚢は目レベルの分類形質として意義があるが、この形質は真正子嚢菌類の進化上少なくとも二度派生し、一度消失したことを示唆し、小房子嚢菌類の単系統性を裏打ちする形質ではない(BERBEE, 1996)。盤菌類を特徴づける子嚢盤にも似たような進化上の出来事があった可能性がある。

第2に興味深い点は、従来、半子嚢菌類に位置づけられていたタフリナ属・プロトミケス属 *Protomyces*・分裂酵母シキゾサッカロミケス属 *Schizosaccharomyces* が分子系統解析により半子嚢菌類から分かれ、新たに創設された裸生子嚢によって特徴づけられる古生子嚢菌類の基幹分類群とされた点である(NISHIDA & SUGIYAMA, 1993, 1995;第III部**10-1**参照)。現在、古生子嚢菌類には子嚢盤を形成するネオレクタ属 *Neolecta* も包含され、きわめて形態的多様性に富む一大系統群になっている(KURTZMAN &

SUGIYAMA, 2001)。

以上に述べたように、子嚢菌類の分子系統解析結果は、基本的には従来の子嚢果形態に基づく子嚢菌類の分類体系をある程度支持するものであった。子嚢菌類は単系統であり、共通の祖先からその形態的多様化を生じたと考えられる（第 III 部 **10.** 子嚢菌門参照）。また、子嚢菌類内の大きな系統関係に注目すると、分子系統樹上でその基部に古生子嚢菌類群が位置し、次に半子嚢菌類と真正子嚢菌類（この菌群内では盤菌類群と核菌類群、そして不整子嚢菌群と小房子嚢菌群が位置している）が 2 分岐し姉妹関係にあることが明示されている（図 3-6；第 III 部 **10.** 子嚢菌門参照）。このことより大筋の流れとして、1）子嚢を裸生で形成する菌群から子嚢果を形成する菌群が出現し、2）子嚢果の祖先形態は開いた（孔口のある）子嚢果で、そこから閉じた（閉子嚢殻型の）子嚢果が出現した、と考えられる。

3-3-5　担子器果、担子器と担子胞子

有性生活環の中で担子器（basidium）、担子胞子（basidiospore）を形成する菌類は、担子菌門に所属する。担子器は、基本的には三つの部分から構成される。第 1 は前担子器（probasidium）で、この細胞内で二つの核の合体が起こる。第 2 は後担子器（metabasidium）で、ここでは減数分裂が行われる。第 3 は小柄（sterigma）で、これは後担子器と担子胞子のあいだに形成される部分を指す。しかしながら、必ずしも各部分でその定義に則った核の行動がみられるわけではなく、現状では、担子器の各部分は分類群によって異なった名称で呼ばれている。また、担子菌類の多くは担子器果（basidioma）と呼ばれる子実体を形成する。ここでは、担子器果・担子器・担子胞子の形態の多様性について概説し、最後にそれら形態をもとに構築されてきた担子菌類の分類体系と最近の系統解析結果との異同について論じる。

（1）担子器果形態の多様性

担子器は、担子器果の中に形成される場合と、そのような組織を形成せずに裸で形成される場合とがある。担子器果を形成する担子菌類は菌蕈綱（菌

蕈類・腹菌類などで構成される）に所属し、担子器果を形成しないほとんどの担子菌類は、サビキン綱かクロボキン綱のいずれかに所属する。

担子器果は、子嚢菌類や接合菌類などでみられるような雌性・雄性生殖器官を形成することなく発達する。担子器果が肉眼で容易に識別でき、特定の形態をもつものを一般にキノコと呼ぶが、これはその子実体に対する俗称であり、分類学用語ではない。われわれがよく目にするキノコの子実体本体は栄養菌糸から形成されており、その組織には傘・ひだ・つば・柄・つぼなどの分化がみられる。キノコの形態は非常に変化に富んでいる。一般にキノコと呼ぶ傘の形をしたものから、球形・棍棒形・耳たぶ形・皿形・珊瑚形など様々である。担子器果は、担子器を形成する子実層の発達経過から裸実性（gymnocarpic, gymnocarpous）と被実性（angiocarpic, angiocarpous）に大別されており、レインダース（REIJNDERS, 1975）は裸実の発達様式は被実の様式よりも原始的であると主張している。裸実性の子実体とは、子実層が担子胞子成熟の全期間中露出したままの子実体で、菌蕈類にみられる。被実性の子実体は腹菌類にみられる。子実体は、初めは球状で、その中に担子器を生じる。子実体の外壁は、基本的には 1 層あるいは外皮と内皮の 2 層からなり、外壁は一般に担子胞子が成熟するまで開かない。あるいはその成熟後も閉じたままである。

（2）担子器形態の多様性

担子器は担子胞子を外生的に、小柄という突起に生じる。これは、担子菌類の有性生殖過程で形成される器官であり、担子胞子は担子器内で生じる核合体、減数分裂の過程を経て形成される。この担子器の形態は、担子菌類の高次分類における重要な形質となっており、原生担子器・直列多室担子器・並列多室担子器・単室担子器に 4 大別される。

原生担子器（図 3-3 g）は、クロボキン綱クロボキン目ナマグサクロボキン科の菌類に代表される担子器であり、厚壁で耐久型のこれら黒穂胞子（smut spore）から後担子器が発達する。若い黒穂胞子は二核性で、担子器を形成する直前にその 2 核が合体し複相核となり、減数分裂の後 1〜2 回の体細胞分裂を行い、8〜16個の核を形成する。それらの核は黒穂胞子から伸長した後担子器に移動し、その先端から後担子器内の核数に相当する数の単核性一次小生子（sporidium）が形成される。

直列多室担子器（図3-3 c, i, j, k）は、後担子器が胞子から発達するか、そうでないかにより2大別される。一般に、前担子器である厚壁性の耐久型胞子（冬胞子・黒穂胞子）から後担子器を形成するのは、多くのサビキン類（図3-3 j）とクロボキン科菌類（図3-3 i）であり、冬胞子や黒穂胞子を形成せずに後担子器を発達させるのは、一部のサビキン類（例：クリセラ属 *Chrysella*）（図3-3 k）と菌蕈綱キクラゲ科（図3-3 c）の菌類である。直列多室担子器は、減数分裂時の核分裂に伴って後担子器が横の隔壁で仕切られて4室になる。

並列多室担子器（図3-3 e）は、菌蕈綱のシロキクラゲ科・ヒメキクラゲ科に代表される担子器である。二核性菌糸の先端が球状に膨らんで担子器原基が形成され、核合体とそれに続く減数分裂に伴い担子器原基に通常二つの縦隔壁が形成され4室となる。続いて、各室の上部から上位担子器が伸長し、核はそこを通ってその先端に形成された担子胞子原基に移動し、上位担子器先端の小柄上に担子胞子が形成される。

単室担子器（図3-3 a, b, d, f, h）は単細胞性の担子器で、一般に円柱形か棍棒形を呈し、先端に4個の小柄を生じる。菌蕈綱に属するほとんどの菌類（キノコ）は単室担子器を形成する（図3-3 a, b）。キノコ子実体の傘の裏側には多数の襞（ひだ）や管孔がみられるが、そこには多数の棍棒形の担子器が密に並列している。モチビョウキン属の担子器も単室担子器であり、菌蕈綱のそれと形態的には非常に類似している（図3-3 h）。アカキクラゲ目の担子器も基本的には単室担子器であるが、その形態は若干異なる（図3-3 d）。

（3）担子胞子形態の多様性

子嚢胞子にくらべると、担子胞子の形態的多様性はそれほど著しくない。担子胞子は一般的に単細胞であり、形は亜球形・腎臓形・ソーセージ形・楕円形・紡錘形などである。胞子表面は平滑のものが多いが、中には刺状・疣状・畝状を呈するものもある。キノコの傘を白紙の上に置き、胞子を積もらせると胞子紋が得られる。この胞子紋の色、すなわち担子胞子塊の色調は、特にハラタケ類の分類学的形質となっている。通常、白色・淡紅色・褐色・紫褐色・黒色を呈するが、黄色系・緑色系・オリーブ系の色調を呈する場合もある。

担子胞子は担子器の小柄に形成されるが、小柄から射出される担子胞子を射出胞子（ballistospore）と呼ぶ場合もある。ほとんどの担子胞子は射出胞子であるが、腹菌類の担子胞子は射出せず、この性質は腹菌類の特徴となっている。

（4）担子器形態と分子系統との矛盾

担子器には、原生担子器・直列多室担子器・並列多室担子器・単室担子器に代表される形態的多様性があり、担子菌類の高次分類形質として重要視されてきた。ここでは、担子器の形態により分類されてきたそれら分類群に系統上のまとまりがあるのか、それら形態分化における進化の方向性はどのようなものかを、近年の分子系統学的研究結果をもとに考えてみたい。

担子器の形態による担子菌類の系統については、単室担子器を原始的とする考え方（GÄUMANN, 1964；SMITH, 1955）と、直列多室担子器を原始的とする考え方（LINDER, 1940）に大別される。前者の説では、子嚢がその先端に小柄を生じて小胞子嚢を生じ、各々一つの子嚢胞子をもつという原始子嚢菌類が想定され、その原始子嚢菌類の小胞子嚢の壁と子嚢胞子の壁が融合して担子胞子となり、子嚢が単室担子器となったと説明されている。この説では、ビョウタケ目（現在のズキンタケ目）のシノウコウヤクタケ属 *Ascocorticium* からコウヤクタケ属 *Corticium* が生じて担子菌類に進化し、直列多室担子器をもつ担子菌類へとさらに進化していったと考える。後者の説では、子嚢から直接、直列多室担子器が進化したと考える。起源となった子嚢は二重壁子嚢で、まず減数分裂前に厚壁を生じて休眠胞子となり、後に内部子嚢を突出させ、そこで減数分裂と隔壁形成が行われ直列四室の後担子器となったと説明している。最も原始的なのはサビキン類で、この仲間が退化してクロボキン類が生じ、また、サビキン類が寄生性を次第に失い、生活環の単純化に伴ってモンパキン属 *Septobasidium* のような形態へと進み、前担子器を欠失させるとともに腐生生活をするキクラゲ類になりシロキクラゲ類を生じ、さらにサルノコシカケ類へ進化したと考えた。

近年の分子系統解析結果は、担子菌類は単系統で進化してきたことを示すと共に、クロボキン系統群・サビキン系統群・菌蕈類系統群の三つの大きな系統群に分かれることを示した (SWANN & TAYLOR, 1993)。担子菌類の系統樹において（図 3-3)、クロボキン・サビキン両系統群は常に菌蕈類系統群の分岐より基部に位置するので、少なくとも、クロボキン系統群ならびにサビキン系統群から菌蕈類系統群が出現したと考えられる。

菌類分類学者は担子器の形態の多様化に注目し、この形質を担子菌類分類の高次分類形質として扱ってきたが、担子器の外見的形態に基づく分類は、分子系統解析結果とは、必ずしも一致しなかった (図 3-3)。その主な不一致の点は、以下の 3 点である。

①クロボキン系統群には、原生担子器を形成するナマグサクロボキン属、直列多室担子器を形成するクロボキン属 *Ustilago*、単室担子器を形成するモチビョウキン属が位置している。すなわち、原生担子器・直列多室担子器・単室担子器が一つの系統的まとまりの中に混在しており、担子器を基本にした系統関係を反映していない。

②単室担子器を形成する単室担子菌綱の大きなまとまりの中に、直列多室担子器を形成するキクラゲ属 *Auricularia* が入り込んでおり、担子器形態の分化の流れが不連続になっている。

③並列多室担子器を形成するシロキクラゲ属 *Tremella* の系統群の中に原生担子器を形成するキストフィロバシジウム属 *Cystofilobasidium* と単室担子器を形成するフィロバシジウム属・フィロバシジエラ属が入り込み、担子器を基本にした分子系統解析と矛盾を生じている。

以上の 3 点の矛盾は、分子系統解析結果を信じるならば、担子器の形態という見ための特徴に惑わされた結果に起因する。しかし、担子器の形態形成

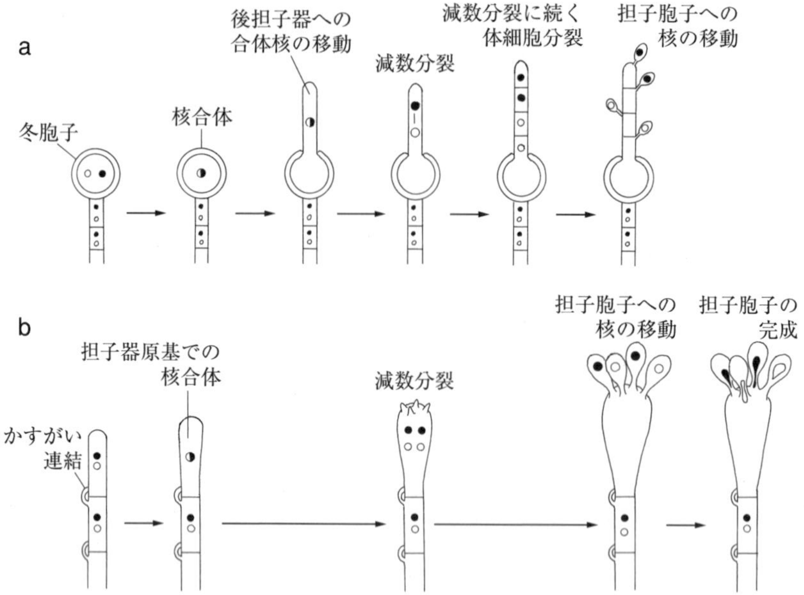

図 3-8 サビキン系統群（a）と菌蕈類系統群（b）の担子胞子形成様式（ALEXOPOULOS *et al*., 1996 を参考に作図）

における核の行動に着目すると、この分子系統解析結果とある程度一致する。担子器形態の多様性のところで述べたように、担子器は、基本的には前担子器・後担子器・小柄の三つの部分から構成されている。前担子器では二つの核の合体が起こり、後担子器で減数分裂が行われる。小柄は後担子器と担子胞子のあいだに形成される部分である。サビキン系統群では、冬胞子が前担子器に相当するが、冬胞子細胞内で二つの核の合体が起こり、合体核は冬胞子から伸長した後担子器に移動しここで減数分裂し四つの単相核を形成する（図 3-8 a）。クロボキン系統群のクロボキン属の原生担子器やナマグサクロボキン属の並列多室担子器においても、黒穂胞子（前担子器に相当する）細胞内で核合体が起こり、合体核は黒穂胞子から伸長した後担子器に移動し、ここで減数分裂を行う。ここで問題となるのは、黒穂胞子を形成せず単室担子器を形成するモチビョウキン属の場合である。しかし、ミムズら

(MIMS *et al.*, 1987) は、モチビョウキン属において、核合体は単室担子器の下の菌糸細胞で生じ、その合体核は単室担子器に移動し、ここで減数分裂が起こることを観察している。すなわち、モチビョウキン属においても、前担子器（単室担子器下の菌糸細胞）と後担子器の分化があるのである。したがって、モチビョウキン属の単室担子器は、菌蕈類系統群にみられる単室担子器とは質的に異なる。さて、菌蕈類系統群においては、前担子器と後担子器の分化はみられず、担子器の中で核合体が起こり、担子器の中でそれに伴う減数分裂が生じる（図 3-8 b)。この核の行動は、単室担子器においてだけでなく、キクラゲ属の並列多室担子器でも、またシロキクラゲ属の並列多室担子器やフィロバシジウム属・フィロバシジエラ属の単室担子器でも同様の核の行動を示す。

以上のように、クロボキン綱・サビキン綱においては前担子器と後担子器の分化があり、前担子器で核合体が生じ、後担子器でその減数分裂が起こるのに対し、菌蕈綱ではその分化がなく、担子器内で核合体とそれに伴う減数分裂が生じる。最後に問題となるのはキストフィロバシジウム属に関してである。現在、キストフィロバシジウム属は菌蕈綱シロキクラゲ科に分類されているが、その担子器は原生担子器であり、核は厚壁胞子内で合体し、そこから伸長した後担子器に合体核が移動し減数分裂を行う。したがって、本属の系統分類学上の位置は菌蕈綱よりもクロボキン綱がより適切であると考えるが、今後の研究が待たれる。

3-4　無性生殖器官の形態的多様性と系統

菌類では、無性生殖の結果作られた胞子、すなわち、減数分裂を伴わない体細胞分裂の結果として作られた胞子には、遊走子（zoospore）・胞子嚢胞子・分生子（conidium）・厚壁胞子（chlamydospore）などがある。ここでは、それぞれの無性胞子の形態的多様化に関して概説する。

3-4-1　遊走子嚢と遊走子

遊走子を形成する器官が遊走子嚢（zoosporangium）である。遊走子は、運動性のある胞子で、通常後端に1本のむち形鞭毛（whiplash flagellum）をもつ。

（1）遊走子嚢形態の多様性

遊走子嚢の形成は、全実性（holocarpic）と分実性（eucarpic）に2大別できる。全実性とは菌体が仮根を形成することなく、また、各部に分化することなく全体として生殖器官に変わるもので、ツボカビ類のコウマクノウキン目に属しボウフラの絶対寄生菌類であるボウフラキン属 *Coelomomyces* に代表される（図3-9 a）。分実性とは、菌体が栄養生活を営む部分と生殖を営む部分とに分化するものであり、ボウフラキン属以外のコウマクノウキン目菌類は分実性である（図3-9 b, c）。また、分実性においては、一つの遊走子から形成された栄養体が、ただ一つの生殖器官を形成する場合と、仮根が広がって多くの生殖器官を形成する場合があり、前者を単心性（monocentric；図3-9 b）、後者を多心性（polycentric；図3-9 c）と呼ぶ。

多くのツボカビ目やスピゼロミケス目と一部のコウマクノウキン目では、遊走子嚢は、通常1～数本の放出管や放出突起をそなえた球形～洋梨形の袋である。遊走子は、遊走子嚢の放出管あるいは放出突起から放出されるが、この放出様式には2型が知られている。第1の型は、ツボカビ属 *Chytridium* ・クモノスツボカビ属 *Nowakowskiella* にみられるもので、放出管の先端に

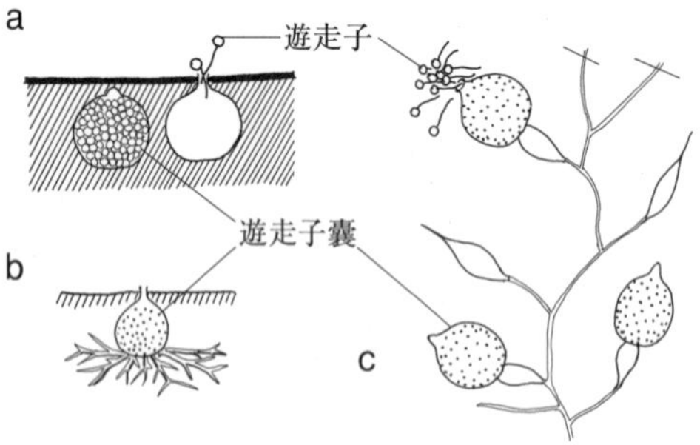

図3-9　ツボカビ類ツボカビ目の菌体の多様性．a：全実性，b：分実性-単心性，c：分実性-多心性（WEBSTER, 1980 を参考に作図）

形成された蓋がはずれたり、放出管の片側に蓋がついたまま開口し、遊走子を放出する。この型は、有弁（operculate）型と呼ばれる。第2の型は、フクロカビ属 *Olpidium*・ジプロフリクチス属 *Diplophlyctis*・エダツボカビ属 *Cladochytrium* などの仲間にみられるもので、放出管の先端がゼラチン質となり溶出する。この型は、無弁型と呼ばれる。

（2）遊走子の微細構造とその多様性

遊走子の内部構造は、電子顕微鏡による微細構造解析より詳細に研究されており、基本的には、鞭毛およびその基部のキネトソーム・脂質粒・核・ミトコンドリア・ミクロボディ・リボソーム・微小管などから構成されることがわかっている。また、それら構造物の比較より、遊走子は5型に識別されている（BARR, 1990, 2001）。第1の型は、フシフクロカビ属 *Catenaria* を代表とするコウマクノウキン目にみられるもので、遊走子内部に核帽（nuclear cap）を形成するタイプである。核帽はリボソームの集合体で、核の頂部あるいは包み込むように位置する（図3-10 a）。第2の型では、中央の核を中心にその前方部に脂質粒が集まり、後方部にミトコンドリアが集まる。核の周囲にはリボソームが緩やかに取り囲んでいる。モノブレファレラ属を代表とするサヤミドロモドキ目にみられる（図3-10 b）。第3の型は第2の型に類似するが、リボソームは細胞全体に散在し、核がキネトソームと密に関係する点で異なる。スピゼロミケス属 *Spizellomyces* を代表とするスピゼロミケス目にみられる（図3-10 c）。第4の型は、フタナシツボカビ属 *Rhizophydium* を代表とするツボカビ目にみられるもので、ミクロボディ－脂質小球粒複合体（microbody-lipid globule complex：MLC）と1〜数個のミトコンドリア、ならびにリボソームが遊走子細胞中央部にまとまって位置し、核はその部分とは一線を画するように位置する（図3-10 d）。第5の型は、嫌気性のツボカビ類であるネオカリマスチクス目にみられるもので、遊走子細胞はMLC・ミトコンドリア・ランポソーム（rumposome）*2 をもたない（LI *et al.*,

＊2　ある種のツボカビ類の遊走子の細胞壁近くに認められるハチの巣状の細胞小器官．しかし，その機能は未知．

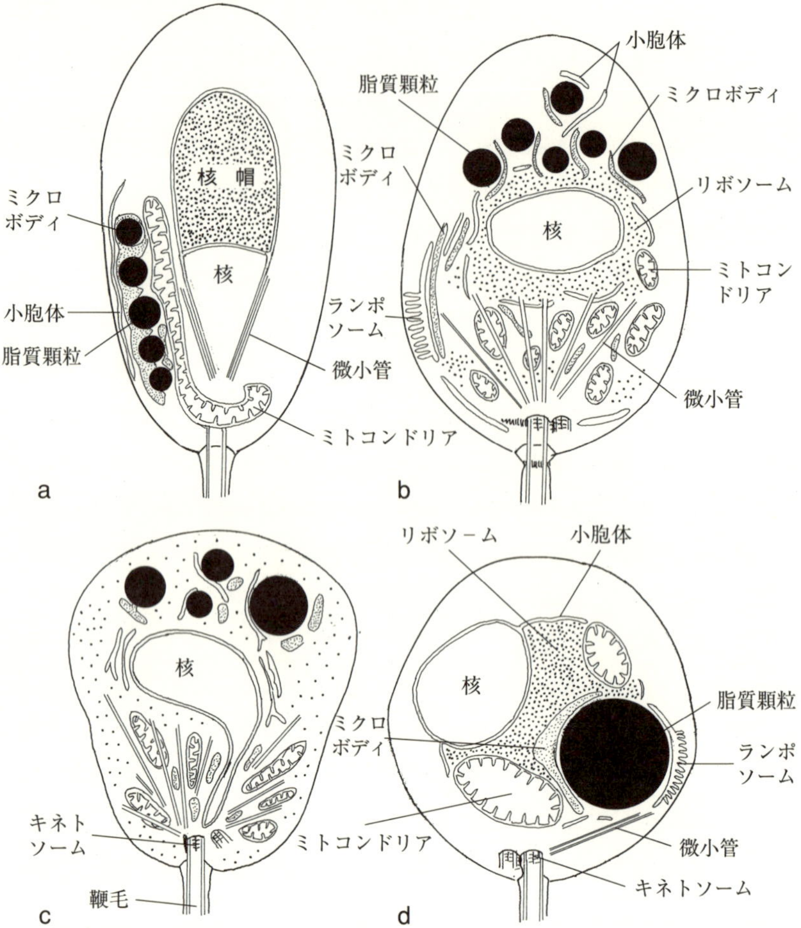

図 3-10　遊走子の微細構造による五つの型

a：第 1 型（コウマクノウキン目），b：第 2 型（サヤミドロモドキ目），c：第 3 型（スピゼロミケス目），d：第 4 型（ツボカビ目）．MLC・ミトコンドリア・ランポソームをもたないネオカリマスチクス目は第 5 型とされる（BARR, 2001 を参考に作図）

1991；MUNN *et al.*, 1988)。また、嫌気性のツボカビ類の仲間には、例外的に、10本以上の多鞭毛遊走子を形成するものがある。

3-4-2　胞子嚢と胞子嚢胞子

胞子嚢胞子は、胞子嚢内に無性的に形成される非運動性の胞子である。胞子嚢は、その形態的特徴により胞子嚢（sporangium）・小胞子嚢（sporangiolum）・分節胞子嚢（merosporangium）に大別できる。胞子嚢形成は、接合菌綱、主にケカビ目菌類（図3-11 a～c）に代表されるが、トリコミケス菌綱エクリナ目（図3-11 d）やアモエビジウム目の菌類でも形成される。胞子嚢は、基本的には、胞子嚢柄（sporangiophore）の先端に形成され、多くは亜球形を呈し、内部に多数の胞子嚢胞子を形成する（口絵44）。図3-11 a～cに示すように、胞子嚢柄先端部には柱軸（columella）が形成され、その形態はケカビ目菌類の特徴となっている。小胞子嚢（口絵45）は、ケカビ目・トリモチカビ目において形成される。小胞子嚢は胞子嚢にくらべごく少数の胞子嚢胞子を形成するので、その大きさも胞子嚢にくらべ小さい。通常、胞子嚢と小胞子嚢を同一の胞子嚢柄に形成するが、図3-11 eに示すようにその形成部位は異なる。また、ケカビ目のクスダマカビ属 *Cunninghamella* やイトエダカビ属 *Chaetocladium*、ならびにトリモチカビ目のロパロミケス属 *Rhopalomyces* では、胞子嚢内に1個の胞子嚢胞子を形成する（図3-11 f)。これは単胞子性胞子嚢とも呼ばれるが、胞子嚢壁と胞子壁の二重壁構造が不明瞭な場合は、真正の分生子と区別することが困難な場合があり、しばしば分生子の名で呼ばれることもある。分節胞子嚢は、接合菌綱のケカビ目（図3-11 g)・トリモチカビ目（図3-11 h)・ジマルガリス目（第III部**9.** 接合菌門 図 d_5)・キクセラ目（同 図 d_3）でみられる。分節胞子嚢は、その内部に縦1列に並んだ胞子嚢胞子を形成するのが特徴で、通常数個の胞子嚢胞子を形成するが、ジマルガリス目では形成される胞子嚢胞子は2個である。また、キクセラ目では、舟形をしたスポロクラジア（sporocladium）に形成される分節胞子嚢は1個の胞子嚢胞子を形成すると考えられているが、胞子嚢胞子形

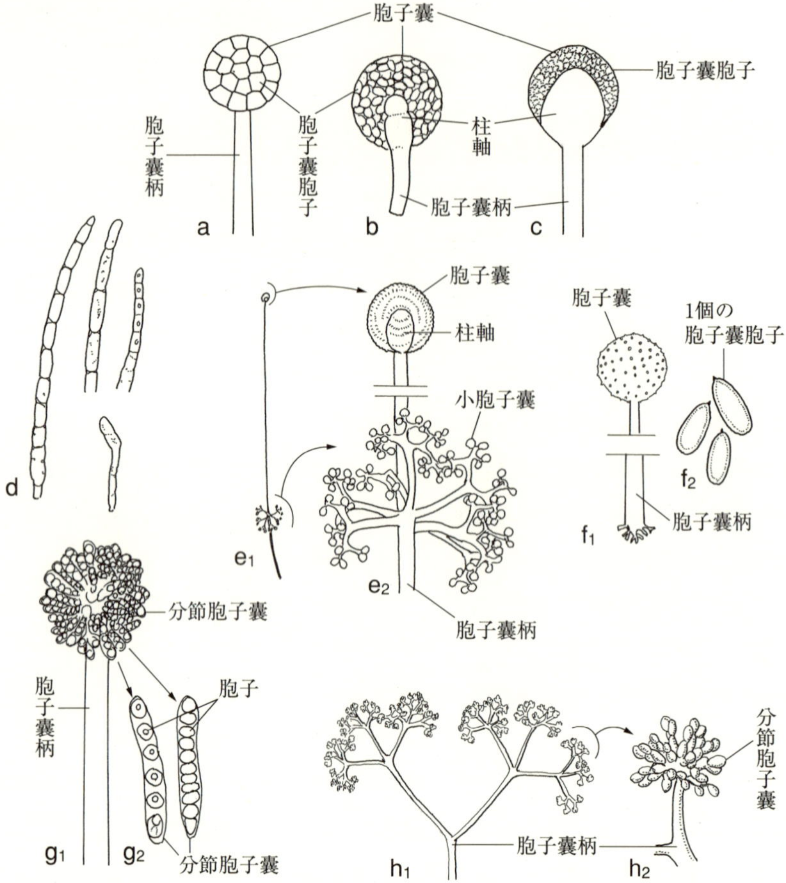

図 3-11 接合菌類のアナモルフの多様性

a：*Dissophora decumbens*（ケカビ目ディソフォラ属），b：*Choanephora* sp.（ケカビ目コウガイケカビ属），c：*Rhizopus stolonifer*（ケカビ目クモノスカビ属），d：*Enterobryus* sp.（エクリナ目エンテロブリウス属），e：*Thamnidium elegans*（ケカビ目エダケカビ属）（1：胞子嚢と小胞子嚢をつけた胞子嚢柄先端部，2：胞子嚢と小胞子嚢の拡大図），f：*Rhopalomyces elegans*（トリモチカビ目ロパロミケス属）（1：胞子嚢柄，2：3 個の単胞子性胞子嚢および胞子嚢胞子），g：*Syncephalastrum rocemosum*（ケカビ目ハリサシカビモドキ属）（1：多数の分節胞子嚢を形成している胞子嚢柄先端，2：分節胞子嚢および分節胞子嚢胞子），h：*Piptocephalis lepidula*（トリモチカビ目エダカビ属）（1：分節胞子嚢をつけた胞子嚢柄先端部，2：胞子嚢形成細胞末端に形成された分節胞子嚢）（a, b, c, f, h は ALEXOPOULOS *et al*., 1996 を，d は LICHTWARDT, 1973 を，e, g は WEBSTER, 1980 を参考に作図）

成器官は分節胞子嚢ではなく単細胞性の小胞子嚢と考える研究者もいる(HESSELTINE & ELLIS, 1973)。

3-4-3 分生子

分生子は無性的に形成される非運動性の胞子であり、子嚢菌類･担子菌類･不完全菌類で形成される胞子である。ただし、接合菌綱トリモチカビ目、ならびにハエカビ目のバシジオボルス属 *Basidiobolus*, コニジオボルス属 *Conidiobolus*（口絵 49）などにおいて形成される胞子も、分生子と呼ばれる。分生子は分生子形成細胞から形成されるが、分生子形成細胞は裸生する場合と分生子果の中に形成される場合とがあり、従来、前者を糸状不完全菌類、後者を分生子果不完全菌類と称して区別してきた（第 III 部 **12.** 不完全菌類の図 a, b 参照）。

（1）分生子形態の多様性

分生子の形態は、大きさ・形・色調の点できわめて多様である。一般に単細胞性・二細胞性・多細胞性に分けられるが、多細胞性の分生子には横隔壁のみをもつものと、横隔壁と縦隔壁をもつものとがある。形は球形･楕円形･円筒形・三日月形・針状形・S 字形・渦巻き形・星状形等と様々である。大きさは、トルロミケス属 *Torulomyces* のように直径 1.5〜2.5 μm と小さいものから、ベベルイケラ属 *Beveruijkella* のように 80〜110×70〜130 μm、厚さ 35〜50 μm と大きいものまである。分生子は無色〜有色、その表面は平滑のものから刺状・疣状、あるいは網状構造をもつものなどがある。付属糸を有するものもあるが、運動性はない（第 III 部 **12.** 図 a, b を参照されたい）。

（2）分生子個体発生様式の多様性

分生子個体発生様式（conidium ontogeny）は、基本的には分節型と分芽型に 2 大別される（HENNEBERT & SUTTON, 1994）。

分節型は、栄養菌糸の各細胞が隔壁部分で分断され、そのまま分生子となる様式である。外生分節型（図 3-12 a）と内生分節型（図 3-12 b）がある。外生分節型はゲオトリクム属 *Geotrichum* に代表される様式で、栄養菌糸細

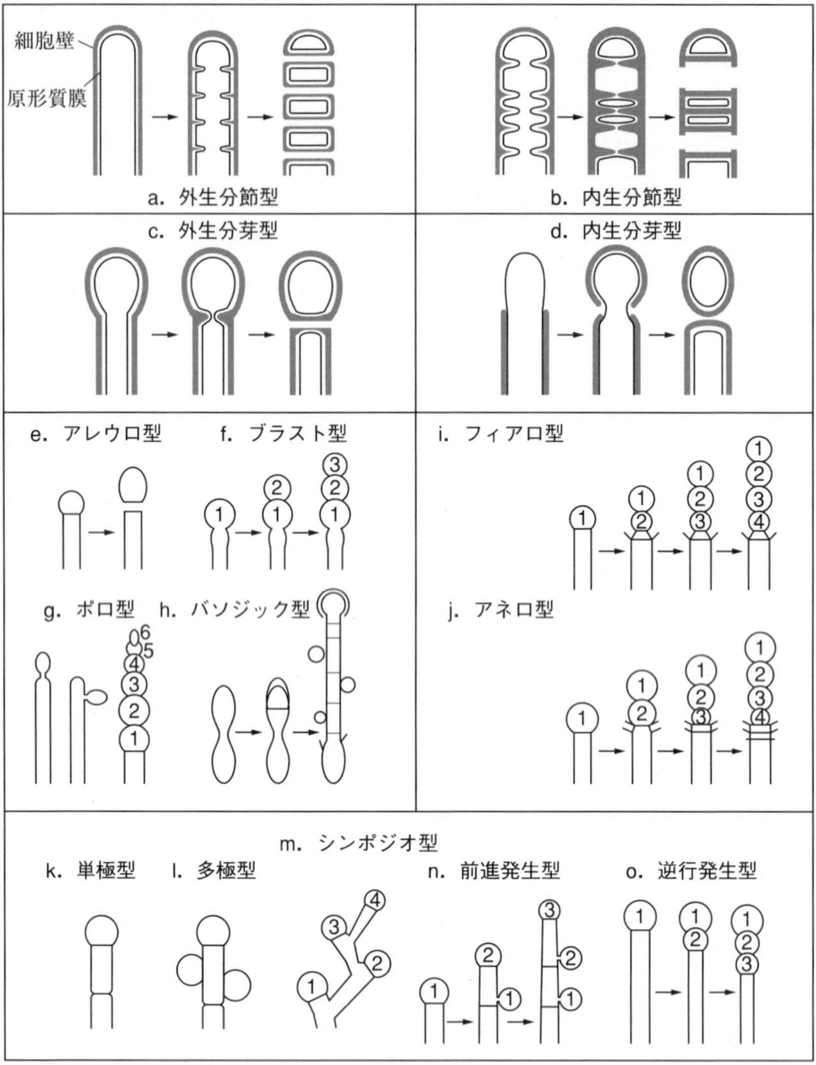

図 3-12 不完全菌類分生子の個体発生様式と形成様式

a：外生分節型，b：内生分節型，c：外生分芽型，d：内生分芽型（本図では，分生子形成細胞から最初に形成される分生子は省略してある），e：アレウロ型，f：ブラスト（分芽）型，g：ポロ型，h：バソジック型，i：フィアロ型，j：アネロ型，k：単極型，l：多極型，m：シンポジオ型，n：前進発生型，o：逆行発生型胞が単純に隔壁部で分断される。分断直後の分生子はやや角張っているが、やがて角がとれ亜球形～楕円形になる。内生分節型はスポレンドネマ属 *Sporendonema* に代表される様式で、基本的には栄養菌糸細胞が隔壁部で分断されて分生子となるが、胞子囊胞子のように分生子の外壁は菌糸細胞の外壁に由来せず、菌糸細胞内で分生子は分化する。

分芽型（ブラスト型）は、分節型と異なり栄養菌糸から分生子形成細胞が分化して、その分生子形成細胞から分生子が形成される様式である。ただし、栄養菌糸細胞が形態的変化をあまり伴わずに分生子形成細胞に分化する場合もある。さらに、外生分芽型（図 3-12 c）と内生分芽型（図 3-12 d）に大別される。外生分芽型は、分生子形成細胞の内壁と外壁が形成される分生子と連続している様式である。一方、内生分芽型では、分生子形成細胞の外壁と分生子の外壁に連続性はなく、分生子は分生子形成細胞の内部より形成され、その後に外壁を沈着する。

（3）分生子形成様式の多様化

分芽型分生子形成様式には、さらに分生子の形成様式に多様化がみられる（口絵 124～129 参照）。外生分芽型においては、形態的類型化の結果、アレウロ型・ブラスト型・ポロ型・バソジック型に区別される。アレウロ型形成様式（図 3-12 e）では、菌糸や分生子形成細胞または分生子柄の先端部が直接膨潤し、単独または房状に分生子が形成される。通常分生子は脱落しにくく、脱落後は分生子基部にリング状の分離痕が残る場合もある。ブラスト型（図 3-12 f）では、菌糸・分生子形成細胞・分生子柄、あるいはすでに形成された分生子より、頂生的あるいは側生的に分生子が形成される。分生子は単生または求頂的（acropetal）に連鎖し、一般的に脱落しやすい。ポロ型（図 3-12 g）では、分生子柄・分生子形成細胞または既に形成された分生子の壁に小さな穴が開孔し、その小孔から分生子が形成される。一般に、ポロ型分生子は暗褐色で隔壁を有し、単生または遠心的に連鎖する。バソジック型（図 3-12 h）は、増殖能力のある分生子柄母細胞から分生子柄が伸長しながら、その先端および側面に求基的に分生子を形成する様式である。

内生分芽型においては、フィアロ型とアネロ型に区別される。フィアロ型（図 3-12 i）では、求基的（basipetal）に分生子形成細胞（通常、フィアライド phialide と呼ぶ）より連鎖状または塊状に分生子が形成される。分生子形成に伴うフィアライド先端部の伸長は通常はみられない。アネロ型（図 3-12 j）では、分生子形成細胞の先端から求基的に分生子が形成され、連鎖状となる場合もある。分生子形成に伴い分生子形成細胞の先端は環紋を形成しながら貫生伸長（percurrent proliferation）する。分生子の基部は切れたように平らであることが多い。

さらに分生子形成に伴う分生子形成細胞に着目した場合、単極型・多極型・シンポジオ型・前進発生型・逆行発生型に類型化できる。単極型（図 3-12 k）は、分生子形成細胞の 1 カ所から分生子が形成される様式であり、多極型（図 3-12 l）は分生子形成細胞の数カ所から分生子が形成される様式である。シンポジオ型（図 3-12 m）では、分生子形成細胞の 1 カ所から分生子を形成した後、分生子形成細胞が伸長してから次の分生子を形成し、これを何回か繰り返す。そのため、分生子形成後はジグザグ状あるいは鶏のトサカ状の分生子形成細胞となる。また、分生子形成細胞がジグザグ状に伸長しないで、まっすぐ頂端成長（先端成長ともいう）をする場合は、前進発生型（図 3-12 n）と呼び区別している。逆行発生型（図 3-12 o）は、分生子形成細胞の先端部が膨潤し分生子を形成した後、次の分生子をその下部から形成し続ける様式で、分生子の形成に伴い分生子形成細胞は短くなる。

3-4-4　厚壁胞子

菌糸の先端やその途中に、亜球形で厚壁の細胞が形成されることがある。多くの場合、その壁はメラニン性の暗色色素で着色しているが、無色の場合もある。このような構造物を厚壁胞子と呼ぶ。厚壁胞子には離脱機構や分散機構はなく、菌糸の衰退により独立した分散体となるが、小動物による移動がない限り通常はその場に留まる。厚壁胞子中には貯蔵物質がつまっており壁が厚く、耐久型の無性胞子と考えられている。したがって、生存のためにはきわめて重要な役目を果たす。

厚壁胞子は、接合菌類・子嚢菌類・担子菌類・不完全菌類のあらゆる分類群でみられるが、種間あるいは株間でもその形成は安定しておらず、また分類学的まとまりもみられない。したがって、厚壁胞子は生態的には非常に重要ではあるが、分類学的形質としての重みはほとんどないと考えられる。

3-4-5　その他の無性胞子と繁殖体

トリコミケス綱ハルペラ目のハルペラ属・スミッチウム属 *Smittium* では、その生活史においてトリコスポア（trichospore）の形成がみられる。トリコスポアは栄養体細胞より外生的に形成される胞子で、その基部に 1～数本の長い付属糸（appendage）を有する。トリコスポアは非運動性であるので、この付属糸は鞭毛ではない。また、トリコミケス綱アモエビジウム目のアモエビジウム属 *Amoebidium* ではアメーバ状の胞子が、アセラリア目のアセラリア属 *Asellaria* では分節胞子（arthrospore）がそれぞれ形成される。

以上述べた無性胞子のほかに、無性の繁殖体（propagule）としては多細胞性で組織化した菌核や小型菌核（bulbil；口絵 130）が知られている（STALPERS, 1987）。

4 生活環からみた多様性と系統

安藤勝彦・杉山純多

4-1 はじめに

生活環（life cycle）は個体の生活過程を、生活史（life history）は種に普遍的な生活過程を指す（『生物教育用語集』による）。菌類の生活環には、複雑なものから単純なものまで様々なパターンがある。本章では、菌類の生活環の多様性を概説し、その進化上の意義を考えてみたい。

4-2 菌類の生活環

動物や植物の生活体、すなわちヒトの体とか桜の木などの細胞は複相核からなっている。ところが多くの菌類の生活体、すなわち菌糸の細胞は単相核からなっている。このことは、他の生物とは異なる菌類の最も大きな特徴である。レイパー RAPER（1966）は菌類の生活環を7型に大別したが（図4-1）、これらは有性生活環（sexual life cycle）・無性生活環（asexual life cycle）・擬似有性生活環（parasexual life cycle）の三つの基本パターンに還元することができる。

また、形態学上の特性から、有性生殖環は有性の器官・細胞・胞子によって、無性生活環と擬似有性生活環は無性の器官・細胞・胞子によって特徴づけられ、それぞれテレオモルフ（teleomorph）、アナモルフ（anamorph）と呼ばれている。両モルフ全体を、ホロモルフ（holomorph）という。これら3基本型のうち、擬似有性生活環は形態的にはアナモルフの特徴を示すが、核や染色体の行動からみると結果的には有性生活環に類似し、有性生活環の代替といわれている（詳細は後述）。

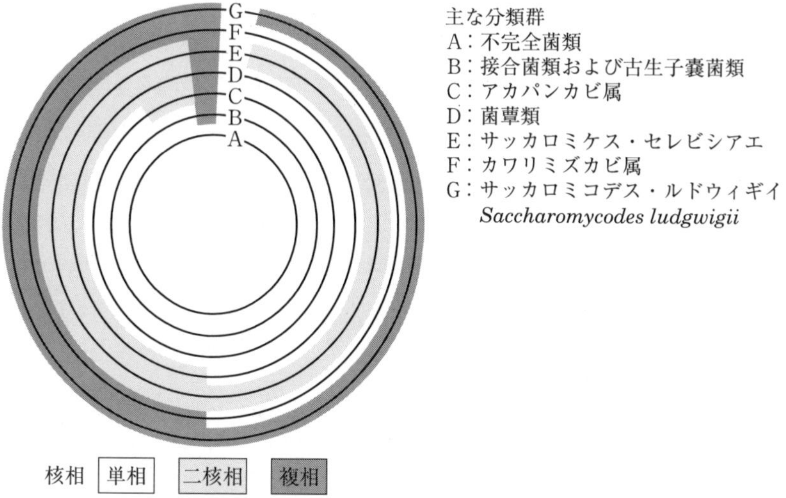

図 4-1　菌類における生活環の 7 型
A：無性生活環，B：単相環，C：準単相環，D：単相－二核相環，E：二核相環，F：単相－複相環，G：複相環（RAPER，1966 を改変）

4-2-1　有性生活環

菌類の生活環において、有性生殖を行うということは、単相核で過ごしていた生活体が核合体を行い、それに伴う減数分裂を行うという一連の出来事を指す。そして、核合体と減数分裂の相対的位置によって、有性生活環は以下の 3 型に区別できる（WEBSTER，1980）。

（1）ハプロビオント（haplobiont）型生活環 A

この生活環（図 4-2 a）では、核は［核合体→減数分裂→体細胞分裂］の順序を踏む。核合体の後すぐに減数分裂するため、栄養体細胞は単相である。担子菌類を除くほとんどの菌類にみられる型である。

（2）ハプロビオント型生活環 B

この生活環（図 4-2 b）では、核は［核合体→体細胞分裂→減数分裂］の順序を踏む。核合体の後、体細胞分裂が起こるため、栄養体細胞は複相である。

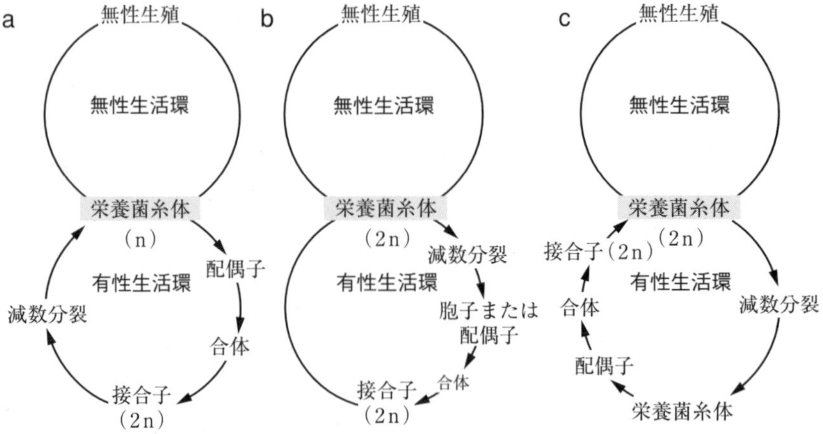

図 4-2 有性生殖を営む菌類の生活環の 3 型（WEBSTER, 1980 を改変）

子嚢菌酵母サッカロミケス・セレビシアエにみられる型である。

(3) ハプロビオント型生活環 C

ハプロビオント型生活環 B の変形である。多くの担子菌類にみられる型で、減数分裂は担子器の中で起こる。担子胞子は、通常単相の一核性であるが、発芽して伸長した一核性菌糸体は、多くの場合、子実体（キノコ）を形成しない。子実体形成のためには、交配型の異なる二つの一核性菌糸体間での融合が必要である。融合部分で両者の菌糸壁が壊れて細胞質がつながると、核の移動が起こる。この菌糸体を二次菌糸体というが、その一つの菌糸細胞はヘテロカリオンの状態で二核性である。そして、この二核性菌糸体から生じた子実体に担子器が形成される。二核性菌糸体は、単相核を一つの細胞の中に 2 個含む状態であり、この状態を二核相（dicaryon）と呼ぶ。二核相の状態は複相とは異なるため、基本的な生活環はハプロビオント型生活環 B と同じであるが、その変形とみなされる。

(4) ディプロビオント（diplobiont）型生活環

この生活環（図 4-2 c）では、核は［核合体→体細胞分裂→減数分裂→体細胞分裂］の順序を踏む。すなわち、生活環に二つの環があり、無性生活環（単相代）と有性生活環（複相代）がある。菌類では稀な生活環である。なお、ツボカビ類のカワリミズカビ属 *Allomyces* では典型的な世代交代（alternation of generations；有性世代と無性世代が交互に現れる現象）を行う。

4-2-2 無性生活環

菌類の中には、その生活環において有性生殖を行わない、あるいは観察されていないものがある。このような菌類は、一般に無性生殖で増殖する。無性生殖とは、核合体に伴う減数分裂を行うことなく、体細胞分裂のみで増殖する方法である。したがって、無性生殖によって形成される胞子は、基本的には同一の遺伝子構成からなる。無性生活環しか知られていない菌類は不完全菌類の仲間ということになる。ただし、実際は無性であるという証明は容易でない場合が多い。

4-2-3 擬似有性生活環

無性生活環のみで過ごす菌類は、同一の遺伝子構成からなる胞子を分散させてその生息場所を拡大していく。しかし、均一な遺伝子構成集団は、時として長期的あるいは短期的な環境の変化に適応できない危険性をはらんでいる。それにもかかわらず、このような菌類は地球上のいたるところに分布し、生態的地位を獲得している。このことは、たとえ有性生殖を行わないとしても、なんらかの遺伝的組換えの機構が存在しており、そのために生き残ることができたのではないかと考えられる（コラム 4 を参照）。実際、不完全菌類やサビキン類において、遺伝的に異なる核をもつ菌糸同士の融合によってヘテロカリオンが形成され、それら異質核が合体して複相核となり、体細胞交叉を行い単相化する過程が観察されている（PONTECORVO, 1956；RAPER, 1966）。この過程では真の減数分裂は起こらないが、遺伝的組換え機構は生じており、この組換えの過程を擬似有性的組換え（parasexual recombination）と呼ぶ。農業上重要な病原性不完全菌類のベルチキリウム（バーティシリウム）属菌 *Verticillium* やフサリウム（フザリウム）属菌

Fusarium では、新しい病原性のレースの出現機構の一つとして、この準有性生活環が考えられている。

4-3　生活環の多様性と進化上の意義

担子菌門サビキン綱サビキン目に属する菌類は、一般にその生活環において精子器（spermogonium）・さび胞子堆（aecium；口絵 98）・夏胞子堆（uredinium）・冬胞子堆（telium）の 4 種類の胞子堆が出現し、精子（spermatium）・さび胞子（aeciospore）・夏胞子（urediniospore）・冬胞子（teliospore）・担子胞子（basidiospore）の 5 種類の胞子を形成する（図 4-3；口絵 97, 99～103 参照）。この複雑な生活環をもつサビキン類を例にして、菌類の生活環の多様性とその進化について考えてみたい。

4-3-1　サビキン類の生活環の多様性

コムギ黒さび病菌 *Puccinia graminis* f. sp. *tritici* の生活環を図 4-3 に示した。一般に、サビキン類の各ステージ（stage；“世代” とも訳されているが、本章では “ステージ” に統一した）を表すのに便宜上次のような記号が使われている。0＝精子ステージ、I＝さび胞子ステージ、II＝夏胞子ステージ、III＝冬胞子ステージ。また、担子胞子ステージを表す必要のある場合は IV で示すこともある。先に示したコムギ黒さび病菌の生活環では 0、I、II、III、（IV）の全ての胞子ステージをもつが、サビキン類の種類によっては必ずしもその全生活環において全ての胞子ステージをもたないものがあり、その生活環で形成する胞子ステージの違いによって次のように大別される。

① 完生型（eu-form）：0, I, II, III（-, I, II, III）

② 類生型（opsis-form）：0, I, -, III（-, I, -, III）

③ 短生型（brachy-form）：0, -, II, III（-, -, II, III）

④ 小生型（micro-form）：（0）, -, -, III

⑤ 内生型（endo-form）：0, I, -, -, （IV）（内生型ではさび胞子が後担子器を形成して担子胞子を形成）

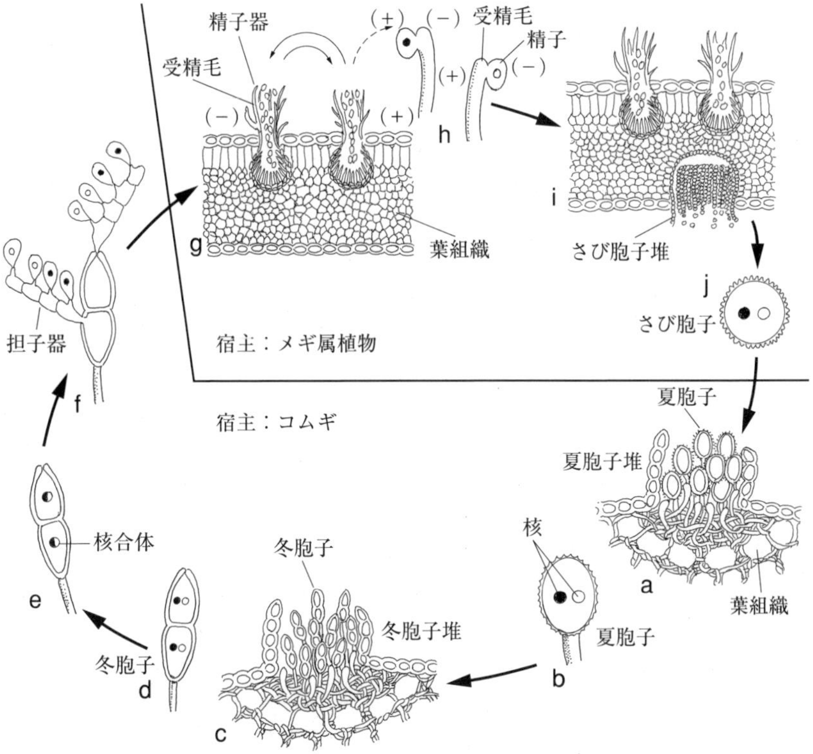

図 4-3　コムギ黒さび病菌の生活環

本菌がコムギの葉に感染すると，単相二核性の夏胞子を形成する夏胞子堆が出現（a）．夏胞子（b）はコムギを宿主として無性生殖環を形成する．コムギの栽培後期になると冬胞子を作る冬胞子堆が形成される（c）．冬胞子（d）は二細胞性の胞子で各細胞に単相の 2 核を有する．冬胞子は越冬性の耐久型胞子であり，翌春に発芽する．冬胞子の核細胞内の 2 核は合体して複相核となり（e），複相核はその各細胞から伸長した後担子器へ移動する．後担子器の核が減数分裂を行うと同時に，後担子器は四細胞性となり，各々の細胞に 1 核が収まる．各細胞は 1 個の担子胞子を小柄上に形成し，核は担子胞子へと移動する（f）．担子胞子はコムギに感染する能力はなく，メギ属植物の若い葉に感染し，フラスコ型の精子器を形成する（g）．精子器の口部には周糸と共に受精毛が形成され，精子器内に形成された精子（+）は（−）の精子器の受精毛に付着し（h），精子内の核を受精毛に移動させ，受精毛は単相 2 核の状態となる．この二核性菌糸は植物組織内を伸長し，やがてさび胞子堆を形成する（i）．さび胞子堆は単相 2 核をもつさび胞子を連鎖上に形成する．さび胞子（j）はメギ属植物に感染する能力はなく，もう一方の宿主であるコムギに感染し，夏胞子堆を形成させる（ALEXOPOULOS *et al*., 1996 を改変）

コムギ黒さび病菌は、その全生活環をコムギ *Triticum aestivum* とメギ属 *Berberis* という異なる植物体上で送っているが、このような生活様式を異種寄生性（heteroecious）と呼ぶ。一方、ヒマワリの さび病菌プクキニア・ヘリアンチ *Puccinia helianthi* のように、その全生活環を同一植物体上で経過するサビキン類もあり、このような生活様式は同種寄生性（autoecious）と呼ぶ。したがって、胞子ステージと宿主植物との関係から、コムギ黒さび病菌の生活環を詳細に表すなら、異種完生型（hetero-eu-form）生活環ということになる。

4-3-2　サビキン類の生活環の進化

5種類の胞子形をもつサビキン類は、その生活環をどのように進化させてきたのであろうか。以下に示す4種類のプクキニア属 *Puccinia* の仲間はその冬胞子の形態が非常に類似しており、また、宿主植物も同じアカバナ属 *Epilobium* 植物であることより、近縁な関係にあると考えられている。

①*P.* ベラトリ *P. veratri*（0，I：アカバナ属植物，II，III：シュロソウ植物）異種完生型

②*P.* プルベルレンタ *P. pulverulenta*（0，I，II，III：アカバナ属植物）同種完生型

③*P.* エピロビイ-フレイスケリ *P. epilobii-fleischeri*（0，I，III：アカバナ属植物）同種類生型

④*P.* エピロビイ *P. epilobii*（(0)，III：アカバナ属植物）小生型

ところが、その生活環はそれぞれ異種完生型、同種完生型、同種類生型、小生型のように異なる。このことから、おそらく完生型生活環から順次胞子世代を失いながら類生型を経て小生型の生活環へと、その生活環を変化させてきたというサビキン類の進化の道筋が考えられる（平塚，1955）。

サビキン類はシダ植物以上の維管束植物を宿主とするが、宿主とサビキン類の形態との比較検討より、原始的な宿主をもつサビキン類ほどその形態が原始的であると推察されている。したがって、シダ植物を宿主とするミレシ

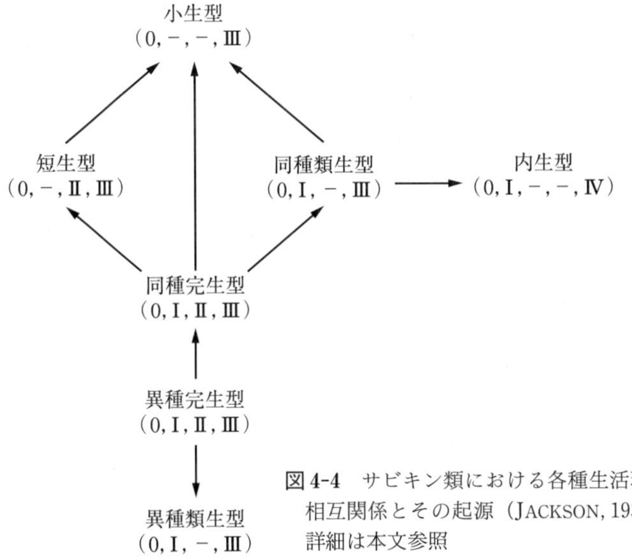

図 4-4　サビキン類における各種生活環の相互関係とその起源（Jackson, 1931）．詳細は本文参照

ナ属 *Milesina*・ウレジノプシス属 *Uredinopsis*・ヒアロプソラ属 *Hyalopsora* が現存のサビキン類の中では原始的なものであり、中でもミレシナ属が最も原始的であると考えられている（Ando, 1984）。シダ植物に寄生するこれらサビキン類は、夏胞子ステージ・冬胞子ステージをシダ植物体上で、精子ステージ・さび胞子ステージをモミ属 *Abies* 植物で経過する異種完生型の生活環である。したがって、サビキン類の生活環のうち、系統的にみて最も原始的なものは異種完生型であると考えられている。そして、この異種完生型からさび胞子宿主あるいは冬胞子宿主上の同種完生型が出現し、さらにそのさび胞子宿主上の同種完生型から短生型を経て小生型に、または類生型を経て小生型あるいは直ちに小生型に、さらにまたさび胞子宿主上に直接同種類生型が現れ、次いで小生型にそれぞれ進化したものと考えられる。また、直接冬胞子宿主上に同種類生型が、さび胞子宿主上に内生型が現れ、さらに異種完生型から異種類生型に進化する場合も考えられる（図 4-4）。

小生型はサビキン類の生活環の最も進化した形であるが、小生型サビキン類の分布は気候帯と深くかかわっている。アーサー（ARTHUR *et al.*, 1929）は、北アメリカにおけるサビキン類の分布を調べ、カナダ・ニューファンドランド・アラスカの北帯地方では小生型種は種類総数の 23 % であるのに対し、温帯地方で 19 %、メキシコ・西インド諸島などの熱帯地方では 15 % であり、熱帯から温帯－寒帯－極地へと向かうに従い小生型の割合が増加することを示した。また、平塚（1955）は、大雪山および八ヶ岳において、高山帯とその麓の地域では明らかに高山帯での小生型の分布の割合が増加することを報告している。このように、小生型の分布は水平分布および垂直分布のいずれにおいても寒冷の気候帯に優勢しており、この現象はこのような地域では宿主植物の生育期間が短いためにサビキン類がそれに順応させて生活環を短くしていったものと考えられる。したがって、菌類の生活環は周囲の環境に順応させて変化していったと考えられる。

5　生理・生化学的形質からみた多様性と系統

北本勝ひこ

本章では、生理・生化学の視点から、菌類の多様性と系統について概括してみよう。関係する他章の解説を参照しながら読んでいただけると理解しやすいと思う。

5-1　炭 水 化 物

菌類の細胞を外敵から守り、かつその細胞に剛性を与えて形を維持するはたらきをもつ重要な器官として、細胞壁がある。この細胞壁の成分として重要なものは、グルカン・マンナン・キチン・キトサン・セルロースなどの炭水化物である。菌類は、これらの炭水化物のいくつかを材料として組み合わせて、細胞壁を形成している。また、これら細胞壁の組成は種により、また同一種であっても生育条件により、その組成比は大きく変化することが知ら

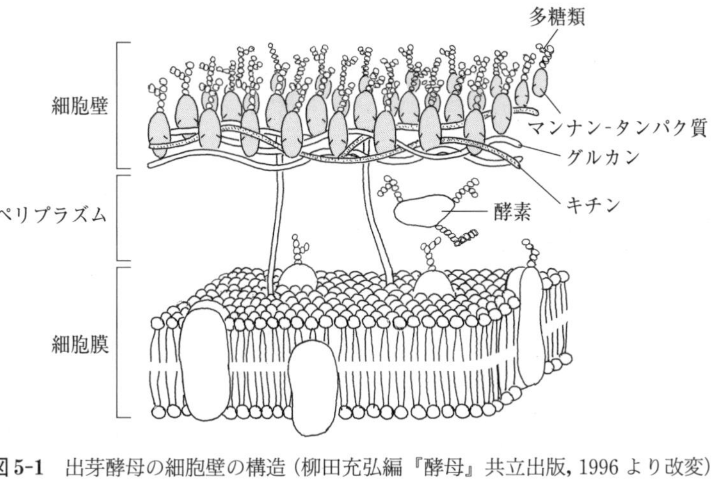

図 5-1　出芽酵母の細胞壁の構造（柳田充弘編『酵母』共立出版, 1996 より改変）

れている。

細胞壁の構造は、出芽酵母サッカロミケス・セレビシアエで最もよく研究されている（図 5-1）。その一番外側にはマンナン-タンパク質（マンノースがタンパク質に結合した高分子物質として存在）が、その内側にはグルコースの重合体であるグルカンが繊維状に網目をめぐらしている。β-1,3 結合とβ-1,6 結合があり、β-1,3 結合グルカンのほうが長鎖のグルカンとして存在し、実質的な強度の維持に関与している。キチンは、サッカロミケス・セレビシアエでは出芽痕に局在するのみで、全体としては含量は非常に少ない。

サッカロミケス・セレビシアエ以外でもハンセヌラ・アノマラ *Hansenula anomala*、ナドソニア・エロンガタ *Nadsonia elongata*、デバリオミケス・ハンセニイ *Debaryomyces hansenii* などの子嚢菌酵母をβ-グルカナーゼで処理すると溶菌するので、これらの酵母の剛性と形態はβ-グルカンによっている。一方、分裂酵母シキゾサッカロミケス・ポンベ *Schizosaccharomyces pombe* やクリプトコックス・テルレウス *Cryptococcus terreus* などはα-1,3 グルカンを含む。キチンはロドトルラ・グルチニス *Rhodotorula glutinis* やスポロボロミケス・ロセウス *Sporobolomyces roseus* などの担子菌酵母で多く含まれる。二形性を示すアナモルフ（不完全）酵母のカンジダ・アルビカンス *Candida albicans* では、菌糸型のほうが酵母型よりもキチン含量が多い。

細胞壁構成成分は、菌類の大きな系統を反映していることが知られている（BARTNICKI-GARCIA, 1987；図 5-2）。“真の”菌類の子嚢菌類・担子菌類・不完全菌類・ツボカビ類などではキチンとグルカンを、接合菌類ではキチンとキトサンを構成成分としている。キチンは *N*-アセチル-β-D-グルコサミン基が 1,4-グリコシド結合したホモ直鎖多糖、キトサンはキチンの *N*-脱アセチル化物で、*N*-アセチル基の置換度と分布から化学構造の多様性が生じる。これらの多糖は、カビやキノコなど菌類の細胞壁以外では、カニやエビなど甲殻類の殻などに広く分布している。ウリジン二リン酸-*N*-アセチルグルコサミン（UDP-GlcNAc）からのキチン生合成には、1）GlcNAc 受容体

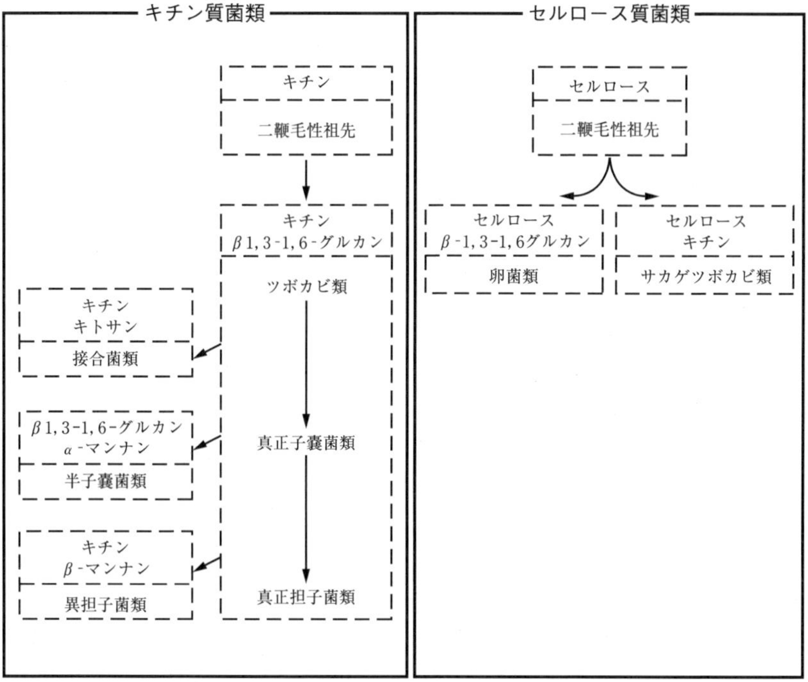

図 5-2 構造的な細胞壁多糖類の組成と菌類系統の相関（BALTNICKI-GARCIA, 1987 を改変）

の GlcNAc 基の C 4 位に、キチンシンターゼの反応により UDP-GlcNAc の GlcNAc 基が繰り返し転移してキチンが合成される経路、２）UDP-GlcNAc とドリコールリン酸から生成する *N*-アセチルグルコサミニルジホスホドリコール *N*-アセチルグルコサミニルトランスフェラーゼの反応により UDP-GlcNAc の GlcNAc 基が繰り返し転移してキチンが合成される経路、の二つの経路がある。多くの菌類は１）の経路をとり、細胞内で合成されたキチンシンターゼはキトゾーム顆粒として細胞質膜に移動し、細胞質膜結合型酵素として細胞質膜上において UDP-GlcNAc からキチン微小繊維を生合成して細胞壁を形成する。

かつて菌類界に分類されていたサカゲツボカビ類・卵菌類・アクラシス菌

類などは、細胞壁組成としてセルロースを含むことが大きな特徴である。植物の細胞壁以外でセルロースを含むものは、非常にめずらしい。これらは現在、偽菌類と呼ばれ、原生動物界もしくはクロミスタ界の菌類に位置づけられている（第II部2章**2-3-4**参照）。高等植物とこれら偽菌類以外でセルロースを作る生物としては、動物のホヤ類（urochordates）*1 およびアセトバクテル（アセトバクター）属 *Acetobacter*・アグロバクテリウム属 *Agrobacterium*・リゾビウム属 *Rhizobium* の細菌のみが知られている。なお、細菌の作るものをバクテリアルセルロースと呼び、フィリピンなどで作られている発酵食品のナタデココの主成分でもある。このバクテリアルセルロースは、最近、その繊維の細さや微細構造の特性から高級スピーカーの音響板として使用されている。

5-2 タンパク質

微生物を用いた代謝経路の進化の解析は、1）厳密に制御された選択的な条件下で大量培養が可能である、2）世代時間が短いため何世代にも及ぶ連続培養が可能である、3）比較的小さなゲノムサイズをもつ、等の理由からよく進んでいる。また、タンパク質構造や酵素反応機構の解析技術の進展により構造と機能の関連分析が可能となっている。さらに、ゲノム解析プロジェクトにより、代謝経路に関する酵素の進化が明らかになりつつある（コラム[3]参照）。ここでは、多数の生物で生化学的性質が詳細に解析されている α-アミラーゼと解糖系酵素のホスホフルクトキナーゼについて紹介する。

α-アミラーゼを代表とするグリコシル加水分解酵素は、そのアミノ酸配列の相同性から45のファミリーに分類される。生化学分野で用いられている“ファミリー”とは、遺伝子族やタンパク質族を指す。異なる基質特異性をもつ酵素が、時に同一ファミリーに見いだされることがあるが、これは新

*1　ホヤ類の被嚢（tunic，test）は主成分としてセルロースを含有する（詳しくは本シリーズ第5巻『無脊椎動物の多様性と系統』（白山，2000）p. 257 を参照

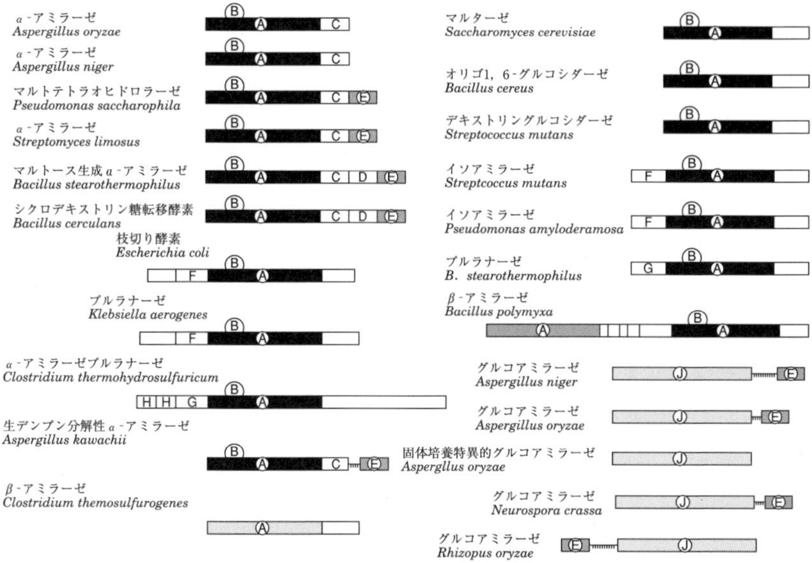

図 5-3　デンプン分解酵素とその関連酵素のドメインレベル構造
A：α-アミラーゼ活性ドメイン，J：グルコアミラーゼ活性ドメイン，E：生デンプン吸着部位．B〜D，F については JESPERSEN ら（1991）を参照（JESPERSEN *et al*., 1991 を基に作製）

規な基質特異性の獲得により進化的に多様化したことを示す。α-アミラーゼファミリーには、デンプン加水分解酵素とその関連酵素であるシクロデキストリングリコシル転移酵素、プルラナーゼ、アミロースやアミロペクチンの α-1,4 や α-1,6 結合を切断する酵素が含まれる。現在、少なくとも 10 種の結晶構造が解析されており、これら三次元の立体構造解析から、このファミリーに含まれる酵素が一つの祖先から由来していることを示唆する結果が得られている。図 5-3 に示すように、これらの酵素は多数の似通ったドメイン構造（領域ともいい、特にタンパク質において分子の構造上・機能上の一つのまとまりをもつ領域のこと）をもつ。約 400 アミノ酸からなる A ドメインは、触媒部位をなす樽のような形の構造をとっている。E ドメインは生デンプンに結合する機能をもつ。最近、麴菌アスペルギルス・オリザエ

Aspergillus oryzae でEドメインをもつものともたないものの、それぞれ2種のグルコアミラーゼをもち、その遺伝子発現は生育条件により調節されていることが明らかになった。α-アミラーゼにおいても同様の酵素が見いだされている。これらは、ドメインシャフリング（domain shuffling）*2 により、異なる機能を保持する酵素をもつようになったと考えられる。このファミリーに含まれる酵素の活性部位はAsp 297、Asp 206、Glu 230（*A. oryzae* α-アミラーゼ）であり、すべて共通の活性部位をもつと考えられるが、18の異なる特異性をもつ酵素がこの中に含まれている。

解糖系は、基本的にすべての生物に見いだされる中心的な代謝経路である。そのため、多数の異なる生物の解糖系酵素のアミノ酸配列や立体構造が知られており、代謝経路で最もよく研究されている代表的なものである。系統的に距離のある生物で比較をしても、解糖系の酵素は非常に似通っている。これは、共通の祖先から進化したことを示す。解糖系での鍵酵素の一つであるホスホフルクトキナーゼ（PFK）は、ATPをリン酸基の供与体として使用する。植物のジャガイモ *Solanum* や原生動物のエンタモエバ・ヒストリチカ *Entamoeba histolytica*、ギアルジア・ラムブリア *Giardia lamblia* などでピロリン酸（PPi）を供与体とするPFKが見いだされている。ATP-PFKと異なり、PPi-PFKはフルクトース-5-リン酸を可逆的にリン酸化することができる。好気的に生育する放線菌であるアミコラトプシス・メタノリカ *Amycolatopsis methanolica* のPPi-PFKは、両者の中間的な性質を示す（図5-4）。近隣結合系統樹から明らかなように、多くの生物のPFKは一つの祖先から派生していると考えられる。興味深いことに、これらのうち最も簡単な構造のPFKをもつプロピオニバクテリウム・フレウデンレイキイ *Propionibacterium freudenreichii* とエンタモエバ・ヒストリチカは絶対嫌気的代謝系をもつ生物である。

その他の系統学的解析としては、解糖系酵素やTCAサイクル等の酵素

＊2　ドメイン混成ともいい，進化の過程で，異なるドメインを組み合わせ，一つの大きな遺伝子に統合することをいう．

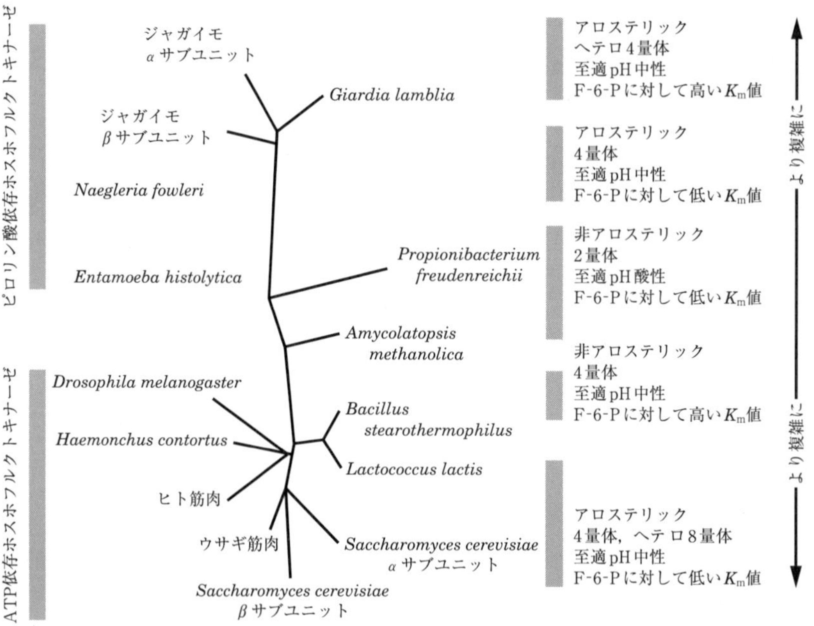

図 5-4 ホスホフルクトキナーゼの系統関係（ALVES *et al.*, 1996 より改変）

(RAGAN & CHAPMAN, 1978) や、ミトコンドリア ATP 合成酵素および液胞型 ATP 合成酵素 (BOWMAN & BOWMAN, 1996) などについて多くの研究がなされている。

5-3 アミノ酸

リジンの生合成には、ジアミノピメリン酸経路 (DAP 経路) と 2-アミノアジピン酸経路 (AAA 経路) の 2 種類がある (図 2-8、**7-3-1** 参照)。前者には七つの、後者には八つのステップが含まれている。リジンがいずれの経路で合成されるかは生物によって異なり、一方の経路を利用するものは他方の経路に関与する酵素群をもたない。

ツボカビ類・接合菌類・子嚢菌類・担子菌類・不完全菌類などの“真の”菌類は、全て AAA 経路をもつ。この経路の最初の反応はアセチル CoA と

2-オキソグルタル酸の縮合反応であり、TCA サイクルの反応と類似した反応で 2-オキソアジピン酸まで合成される。しかし、L-2-アミノアジピン酸からこの変換に関与する各酵素は、TCA サイクルの 2-オキソグルタル酸までの変換に関与する酵素とは別の酵素である。また、ホモクエン酸は、クエン酸シンターゼによって合成されるクエン酸とは立体構造を異にする。ホモクエン酸合成反応に関与する酵素は L-リジンによってその合成が抑制され、また、フィードバック阻害も受ける。

一方、サカゲツボカビ類などの偽菌類は、細菌や植物と同様に DAP 経路をもつ。この経路はトレオニン・メチオニン・イソロイシンの生合成と同様にアスパラギン酸 4-セミアルデヒドを出発物質とする。この生合成に関与するアスパラギン酸キナーゼは、L-リジンでフィードバック阻害を受けるが、L-トレオニンも阻害効果を示す。いくつかの細菌には複数のアスパラギン酸キナーゼの存在（アイソザイム）が知られている。ジヒドロジピコリン酸シンターゼは低濃度の L-リジンによって特異的に阻害される。したがって、この経路によるリジンの生合成は 2 カ所においてフィードバック阻害を受けることになる。

トリプトファン・フェニルアラニン・チロシンなどの芳香族アミノ酸は、シキミ酸経路で生合成される。この経路は葉酸やビタミン K などのキノン類の生合成にも関与しており、微生物・植物に存在する。多くの細菌および菌類は、フェニルアラニンをプレフェン酸からフェニルピルビン酸経由で生合成するが、コリネ型細菌（コリネバクテリウム・グルタミクム *Corynebacterium glutamicum*、ブレビバクテリウム・フラブム *Brevibacterium flavum* など）・放線菌・シアノバクテリアは、チロシンをアロゲン酸経由で合成する。アキネトバクテル（アキネトバクター）・カルコアケチクス *Acinetobacter calcoaceticus* はチロシンを両経路で合成できる。植物は、フェニルアラニン・チロシンをアロゲン酸経路で合成する。プセウドモナス（シュードモナス）・アエルギノサ *Pseudomonas aeruginosa*、クサントモナス（キサントモナス）・カンペストリス *Xanthomonas campestris* などの細菌には両経路が存在する。

カビ・酵母ではAROM（aromatic amino acid；芳香族アミノ酸）複合体と呼ばれる多機能酵素が細胞質に存在し、3-デオキシ-D-アラビノ-ヘプツロソン酸7-リン酸から5-エノールピルビルシキミ酸3-リン酸までの5段階の反応を触媒する。植物では3-デヒドロキナ酸からシキミ酸までの2段階の反応を触媒する酵素が存在する。

5-4 二次代謝産物

1929年にフレミングによりアオカビ属の1種、ペニキリウム（ペニシリウム）・ノタツム *Penicillium notatum* からペニシリンが発見されたのが、抗生物質の歴史の始まりである。1943年にワクスマン WAKSMAN によりストレプトマイシンが発見されてから、引き続き多数の抗生物質が続々と発見された。その後、微生物の生産する物質は、抗ウイルス・制がん・酵素阻害などの生物活性を示すものまで、そのカテゴリーは広まっている。これらの多くは、放線菌や菌類などから単離されている。セファロスポリン生合成経路については、ほぼ全遺伝子群が解析されており、放線菌での生合成遺伝子群が、コウジカビ属のアスペルギルス・ニドゥランス *A. nidulans* の染色体上にも非常に類似した配列で存在していることが知られている。これは、原核生物から真核生物へ抗生物質生合成経路の遺伝子が水平移動したことを物語っている。放線菌は原核生物でありながら、その形態がカビに似ていることと併せて興味深い。菌類は100〜150万種とも推定されているように、現在、同定されている種の約10〜20倍の種が地球上に存在していると推定され、それらの中に未発見の新規生理活性をもった将来の医薬として貢献する二次代謝産物を生産するものが多数含まれていると考えられる。日本で発見され、現在、世界で広く使用されている免疫抑制剤（FK 506；*Streptomyces tsukubaensis*）は放線菌の、高脂血症治療薬（メバロチン；*Penicillium citrinum*）はカビの生産する二次代謝産物である（第I部1章表1-3参照）。

カビは、人間生活に役立つ抗生物質などを生産する一方、マイコトキシン

(mycotoxin) と呼ばれるカビ毒を生産する。中でも、アスペルギルス・フラブス *A. flavus* (口絵66) やアスペルギルス・パラシチクス *A. parasiticus* の生産するアフラトキシンが、その毒性の強さと発がん性の強さから代表的なものである (コラム 8 参照)。これらのカビと近縁のアスペルギルス・ニドゥランスやアスペルギルス・オリザエはアフラトキシンを生産しないことが確認されている。最近、アフラトキシン生合成経路の各遺伝子が単離され、解析が進んでいる (矢部, 1998)。非生産株であるアスペルギルス・ニドゥランスにも、これら生合成遺伝子の多くが (すべてではない) 存在する。また、この生合成経路は多くの抗生物質の生合成に関与しているポリケタイド合成系と共通であり、微生物の進化の観点からも興味深い。

5-5 その他

ステロール・脂肪酸・キノン・ポリアミンなどの生化学的および生理学的系統関係の解析がなされている。それらの紹介は紙幅の関係から割愛するので関係の文献を参照されたい。たとえば、以下のものが挙げられる。

ステロール (WEETE & GANDHI, 1996；PATERSON, 1998)、脂肪酸 (KOCH & BOTHA, 1998)、キノン (KURAISHI *et al.*, 1991；PATERSON, 1998)、ポリアミン (DAVIS, 1996)、揮発性成分 (LARSEN, 1998)、二次代謝産物 (FRISVAD *et al.*, 1998)

6　化学分類学的形質からみた多様性と系統

西田洋巳・杉山純多

6-1　はじめに

生物を正確に同定することは、系統分類学のみならず多様性研究において重要である。化学分類学が登場する以前の微生物（菌類の中では酵母）の同定には、いくつもの生理・生化学的試験が必要であった。そこでは一つの試験に対し、陽性または陰性を調べ、それらの総合で識別してきた。化学分類学の登場により、陽性・陰性どちらかという二者択一ではなく、ある幅の内に形質が分布するようになり、生物同定作業における正確さが高まり、それに要する手間が少なくなった。

生物（主として微生物）を構成している成分を化学物質レベルで分析し、その組成の比較解析に基づいて生物を分類することを、一般に化学分類学（chemotaxonomy）あるいは化学系統分類学（chemosystematics）と呼んでいる（駒形，1982；GOODFELLOW & O'DONNELL, 1993）。たとえばDNAはヌクレオチドのポリマーであり、そのヌクレオチドはリン酸・糖・塩基に分けられる。その塩基配列を比較することは分子進化学・分子系統学の領域であるが、ゲノムにおける塩基の組成（グアニンとシトシンのモル比）を比較することは化学分類学の領域に入る。すなわち、次章で述べる遺伝情報から生物の多様性をみる場合には生物進化を解明するという目的があるのに対し、この章で述べる化学分類学的形質から生物の多様性をみる場合には正確な生物（微生物）の同定という目的がある。ゆえに、化学分類学的形質から生物を的確に分類するためには一つの形質比較からの分析だけでは無理があり、培養条件や環境にできる限り影響を受けないような多くのデータの比較が必要である。

ここでは、化学分類学的形質（第II部2章表2-4参照）としてよく用いられている、1）細胞壁の糖組成比較、2）アイソザイムの電気泳動多型比較、3）キノンを構成するイソプレノイド側鎖比較、4）核酸塩基組成比較、5）DNA-DNA ハイブリッド形成比較を取り上げる。今後は、それら形質が分子（遺伝子）レベルでどのように制御されているかを明らかにしていくことが肝要であると考える。なぜなら、それにより生物進化学的な解析が可能となり、単に生物分類および同定の指標だけではなく、その指標に生物進化学的意義が付加されるからである。

6-2　細胞壁組成を比較する

細胞壁は、細胞レベルでの生物の比較において、その違いが顕著にみられる部分である。よって、化学分類学の対象として優れている。化学分類学では、できるだけ簡便に広い範囲の生物の分類が可能な方法を用いることが重要であり、詳細な細胞壁構造の比較よりも むしろ細胞壁を構成している糖などの組成を比較することが多い。植物の細胞壁成分としてよく知られるセルロースは卵菌類にも含まれている。このことは、卵菌類を菌類界より除外し原生生物界に収容する一つの理由となった。菌類界で特徴的な細胞壁成分は、*N*-アセチルグルコサミンがポリマーになっているキチンである。キチンは糸状菌類の細胞壁の主成分であるのに対し、酵母ではマイナーな成分であり、グルカンとマンナンが主成分となっている場合が多い。これには進化的な背景があるようである（BARTNICKI -GARCIA, 1987；第II部5章図5-2参照）。このように、細胞壁を構成している成分の有無は、生物分類において重要な情報を提供できる。細胞壁を構成している成分は、糖類以外にもアミノ酸や脂質などが挙げられる。

6-3　菌体糖組成を比較する

菌体（細胞壁）糖は、種レベルの指標として有用である。特に中性糖の分析例が数多く報告されている（ROEIJMANS *et al.*, 1998）。しかしながら、分

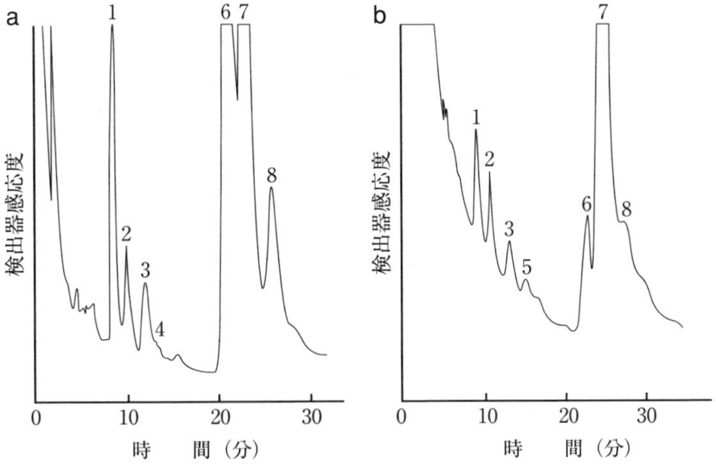

図 6-1　全菌体中性糖（アルディトール-トリフロロ酢酸誘導体）のガスクロマトグラム（SUGIYAMA *et al*., 1985 より）. a：担子菌酵母のサカグチア・ダクリオイデア *Sakaguchia dacryoidea*（*Rhodosporidium dacryoideum*）の基準株, b：キストフィロバシジウム・ビスポリジイ *Cystfilobasidium bisporidii* の基準株. 1：ラムノース, 2：フコース, 3：リボース, 4：アラビノース, 5：キシロース, 6：マンノース, 7：グルコース, 8：ガラクトース

析法によるデータの食い違いが認められる場合もあるので、比較する際には注意を要する（SUZUKI & NAKASE, 1988）。

ここでは、担子菌酵母 2 種の分析例を示す（図 6-1）。特に菌体細胞中のキシロースの有無が明確に現れている。すなわち、ロドスポリジウム・ダクリオイデウム *Rhodosporidium dacryoideum* はスポリジウム科（キシロース＋）に、キストフィロバシジウム・ビスポリジイ *Cystofilobasidium bisporidii* はフィロバシジウム科（キシロース－）に位置する（第 III 部 **11.** 担子菌門参照）。

6-4　アイソザイムの電気泳動パターンを比較する

同一個体中に存在し、同じ触媒作用を示す酵素群をアイソザイムという。ポリアクリルアミドゲルによって電気泳動したタンパク質に、ある特定の活

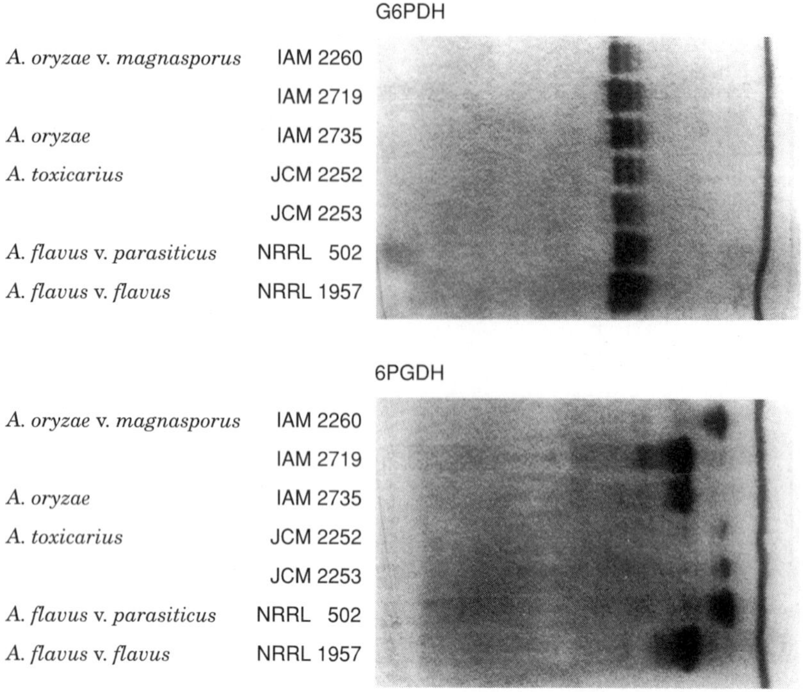

図 6-2 G6PDH（グルコース-6-リン酸デヒドロゲナーゼ，NADP 依存，EC 1.1.1.49）と 6PGDH（6-ホスホグルコン酸デヒドロゲナーゼ，NADP 依存，EC 2.7.5.1）のポリアクリルアミドゲル電気泳動パターン（YAMATOYA *et al*., 1990 より）

性をもつものだけを検出できる活性染色を行うと、その触媒反応が生じた部分だけがバンド状に染まる (図 6-2)。大きさの異なる複数の酵素が存在すれば、複数のバンドとして検出でき、そのパターンによって生物を分類することができる。しかし、単に一つの酵素をマーカー（指標）として生物を分類することには問題がある。なぜなら、この方法では酵素の電気泳動度による差異しか検出できないからである。電気泳動の結果、同じ構造の酵素であれば同じ位置にバンドがでることは確かであるが、同じバンドの位置であるものが必ずしも同じ構造をしているわけではない。すなわち、本方法では構造の類似度を正確に測ることはできない。

上記の問題点はあるものの、化学分類学では簡便に広範な生物群に適用できることが求められ、多くの酵素についてアイソザイムの電気泳動パターンを検出し、それらを総合することで、生物分類を行っている。より正確な分類を行うためには、比較的近縁の生物の多様性解析に対して用いられることが望ましい。パターンの分析には、数値分類の方法を使うとその異同がわかる（YAMAZAKI *et al.*, 1998）。

6-5　キノン系を比較する

細胞における電子伝達系で働いているキノン類は、ユビキノン類とメナキノン類に大別される。ほとんどの場合、菌類のキノンはユビキノン（図6-3）、細菌のキノンはユビキノンとメナキノンである。それらの構造を比較することは化学分類学ではよく行われる。その際、よく比較される対象は、そのイソプレノイド側鎖におけるイソプレノイド単位の数と、そこでの還元型の数である（山田, 1990）。菌類に関しては、これまでに酵母　（YAMADA, 1998）とカビ（KURAISHI *et al.*, 1985, 1991）について、データの蓄積がある。このイソプレノイド単位の数の生物学的意味については高い関心が集まっている。たとえば、酵母サッカロミケス・セレビシアエにおいて、自然界ではそのイソプレノイド単位の数が6であるのに対し、遺伝子操作によりそれを5～10の数に置き換えたところ、すべての変異株が生育可能であったという報告がある（OKADA *et al.*, 1998）。したがって、キノンにおけるイソプレノイド側鎖の構成単位の数は、生命活動には直接重要ではないと考えられる。

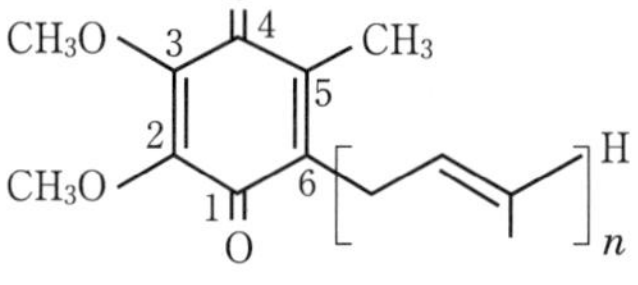

図6-3　ユビキノンの化学構造．nはイソプレノイド側鎖の数で，自然界では6（Q-6と表記）である

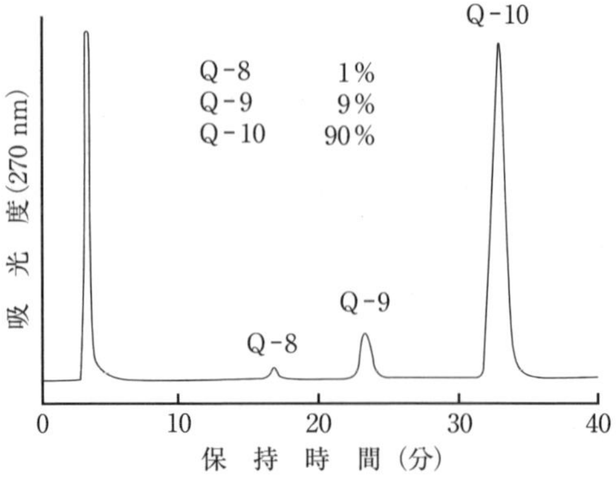

図 6-4　担子菌酵母 ロドトルラ・グルチニス *Rhodotorula glutinis* YK 119 株のユビキノン分子種の高速液体クロマトグラム（Sugiyama *et al*., 1985 より）

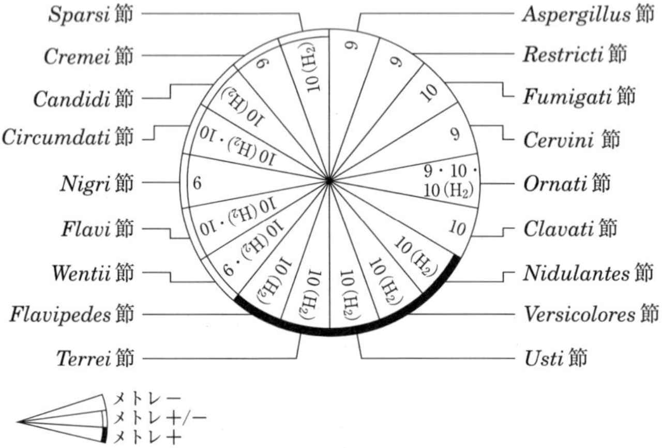

図 6-5　コウジカビ属 18 節の主要ユビキノン系（Kuraishi *et al*., 1990 を一部修正）

図 6-4 に分析チャートを、図 6-5 にコウジカビ属 18 節とユビキノンのイソプレノイド単位の数との関係を示す。大部分の節が一つの主要ユビキノン系でまとまっている。2、3 の節は複数のユビキノン系をもち、節内がヘテロであることを示している。ここでは示していないが、各節に対応するテレオモルフ属からみると、おおかたのテレオモルフ属は一つの主要ユビキノン系

で特徴づけられる。しかし、その数からだけでは生物分類の指標としては不十分であり、他のデータと組み合わせて初めてその威力を発揮する。

6-6 DNA 塩基組成を比較する

核酸におけるグアニンとシトシンのモル百分率（＝100－アデニンとチミンのモル百分率）は、化学分類学においてよく用いられる指標の一つである。もちろん進化的に近縁な生物はその比率も近く、同一生物ならば同一である。よって、生物を同定するうえできわめて有効な化学分類学的形質である。しかし、逆にその割合が同一だからその生物は同一であるとか、近い値を示すからそれらの生物は近縁であるとか言うことはできない。かつては2本鎖のDNAを熱で1本鎖に融解し、その融解する温度によりグアニン・シトシンの割合を求めていたが、現在ではDNAを分解し、それを高速液体クロマトグラフィーを用いて直接 グアニン・シトシン・アデニン・チミンの定量をして求めている。

表6-1 に高速液体クロマトグラフィー（HPLCと略記）[*1] を用いた解析データを示す。テレオモルフ担子菌酵母ロドスポリジウム・トルロイデス *Rhodosporidium toruloides* は、2株（YK 218、219）を除き、60％付近にまとまっている。この自家胞子形成（self-sporulating）2株は、DNA-DNAハイブリッド形成の値も交配型株のあいだで18％（HAMAMOTO *et al.*, 1987）と低いことなどから、後に新種ロドスポリジウム・クラトチビロバエ *Rhodosporidium kratochvilovae* として記載された（HAMAMOTO *et al.*, 1988）。一方、アナモルフ種であるロドトルラ・グルチニス *R. glutinis* は、その組成から4群に分かれるほどヘテロであり、明確に複数の種に分割されることがわかる。ちなみに、YK 112 と YK 113 は、1989年後藤らにより、新種サイトエラ・コンプリカタ *Saitoella complicata* として記載された。一般に種は、HPLC法では2、3の例外を除き1％以内に、T_m 法[*2]（脚注次頁）で

*1 high-performance liquid chromatography：4種類の塩基それぞれのカラム内を通過する速度が異なることを利用.

表 6-1 *Rhodosporidium toruloides* およびアナモルフ種 *Rhodotorula glutinis* 菌株の HPLC，T_m 両法による DNA 塩基組成の比較（HAMAMOTO *et al*., 1986）

種	菌株	菌株（交配型）	Mol % G+C	
			HPLC 法	T_m 法*
*Rhodosporidium toruloides***	YK 201[T]	IFO 0559（A 型）	59.9±0.1	60.7
	YK 202	IFO 0413（A 型）	59.9±0.2	61.2
	YK 207	GSB G-5（A 型）	60.2±0.4	
	YK 208	GSB G-8（A 型）	60.5±0.1	
	YK 211	IAM 12256（a 型）	60.1±0.1	
	YK 216	IFO 1638（a 型）	60.1±0.1	
	YK 250	MMHW 8（a 型）	59.3±0.3	
	YK 218	CCY 62-3-1（自家胞子形成***）	64.7±0.3	65.9
	YK 219	CCY 62-3-2（自家胞子形成）	64.9±0.1	
Rhodotorula glutinis	YK 1017[T]	IFO 1125	67.1±0.2	
	YK 111	EC 6-1	66.1±0.1	
	YK 102	IFO 0414	64.8±0.1	
	YK 109	IFO 1503	62.8±0.2	
	YK 106	IFO 0697	61.2±0.5	61.2
	YK 114	KC 4-4	61.0±0.1	
	YK 115	KC 9	60.4±0.2	62.2
	YK 116	IAM 12228	60.4±0.2	61.2
	YK 107	IFO 1099	60.1±0.1	
	YK 112	H 3-9-1	51.5±0.1	52.9
	YK 113	H 3-9-2	50.9±0.4	

＊ T_m は文献値，[T]：基準株　＊＊ 口絵 93 参照
＊＊＊ self-sporulating

は 2 % 以内におさまる（HAMAMOTO *et al*., 1986）。

6-7 DNA-DNA ハイブリッド形成を比較する

核 DNA-DNA ハイブリッド形成は、DNA 塩基組成の決定と共に、現代細菌分類学と現代酵母分類学では種の識別に必須のテストとなっており（駒形，1982；GOODFELLOW & O'DONNELL, 1993）、種レベルの遺伝的距離を

＊2 midpoint temperature：DNA の二重らせん構造の強度が GC 含量により異なることを利用．

表 6-2　*Aspergillus flavus* とその類縁種の鑑別形質（Klich & Pitt, 1988）

形　質	*A. flavus*	*A. oryzae*	*A. parasiticus*	*A. sojae*	*A. tamarii*
褐色のコロニー（成熟時）	−	＋(−)	−	＋	＋
羊毛状のコロニー	−	＋	−	＋	−
AFPA* の裏面（明橙色）	＋	−(＋)	＋	−(＋)	−(＋)
粗面分生子の有無	−	−	＋	＋	＋
最大分生子 ＞7.0 μm	−	＋(−)	−	＋(−)	＋
最長分生子柄 ＞600 μm	＋(−)	＋	−(＋)	＋/−	＋(−)
アフラトキシンの産生	＋/−	−	＋	−	−
Cyclopiazonic acid の産生	＋/−	−(＋)	−	−	＋/−

＊　*Aspergillus flavus* と *A. parasiticus* 用寒天培地．＋：陽性形質，−：陰性形質，＋/−：陽性もしくは陰性形質，＋(−)：ほとんどの株で陽性を示す形質，−(＋)：ほとんどの株で陰性を示す形質

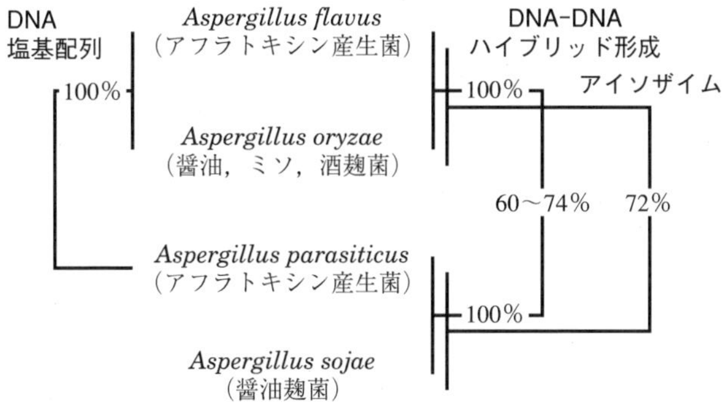

図 6-6　アフラトキシン産生菌と麹菌 *Aspergillus* spp.のあいだの系統関係（O'Donnell, 1999 より）．データはタンパク質をコードする遺伝子の DNA 塩基配列（Geiser *et al.*, 1998），DNA-DNA ハイブリッド形成（Kurtzman *et al.*, 1986），およびアイソザイムパターン（Yamatoya *et al.*, 1990）による

測る遺伝形質である。特に、上述のDNA塩基組成と組み合わせて用いると力を発揮する。酵母においては、その類似度（または相同性ともいう）の値が70％ないしは80％であることが、種のガイドラインになっている（KURTZMAN, 1998）。このガイドラインはあくまでも相対的な値であって、中間の領域（40〜70％）に相同値がきた時には、ほかの形質（特に遺伝形質）とよく比較したうえで分類学的な結論を出すことが望まれる。ここでは、アスペルギルス・フラブスと主要な表現形質（表6-2）を共有する3種（有用種・アフラトキシン非産生種 *A. oryzae* と *A. sojae*, アフラトキシン産生種 *A. parasiticus*）のあいだの異同（遺伝的距離）を示した（コラム 8 参照）。比較に用いたこれら三つの遺伝形質（すなわち、DNA塩基配列、DNA-DNAハイブリッド形成、アイソザイム）はよく相関していることが一目でわかる（図6-6）。

化学分類学の登場以前の微生物の同定には、複数の生理・生化学的形質について陽性か陰性かの情報を必要とした。化学分類学的形質は、ある幅をもったデータを微生物に与えることができ、より正確にかつ簡便に微生物を同定することを可能にした。しかし、繰り返し述べてきたように、化学分類学的形質に基づいた生物分類であっても、一つの形質からだけでは生物を正確には同定できない。正確な生物同定のためには、できるだけ多くの化学分類学的形質を比較し、慎重に生物同定をしなければならない。

また、生物同定は遺伝子の塩基配列からより簡便にできる時代となりつつある。今後は、化学分類学で用いられてきた形質がどのようなしくみで表現されたものかを遺伝子レベルで解析し、遺伝子の塩基配列からの情報とリンクした研究分野への発展が望まれる。生物多様性の解析は、その研究方法も複合しなければならない。

なお、菌類化学分類学の成書 “Chemical Fungal Taxonomy”（FRISVAD *et al.*, 1998）は、重要な情報源になると思われる。

7　遺伝情報からみた多様性と系統進化　西田洋巳

7-1　はじめに

化石や現存する生物の形態情報を比較し、生物の系統関係を研究することは、進化学の本流である。しかし、この研究手法を比較できる形態情報に乏しく、化石資料の発見・判別が困難である微生物のようなものに適用することは難しい。

近年、微生物を中心に多くの生物の全ゲノム塩基配列が決められている。今後もますますその数は増加することが見込まれているが、現状では多くの遺伝子産物の機能が未知であり、それらの機能解析が重要な課題とされる。本章においては、いわゆるポストゲノム研究を考慮し、菌類を中心にして、生物の多様性と系統進化を遺伝情報からみることを考える。

7-2　遺伝子を比較する

全ゲノム塩基配列が決定され公開されている菌類は、現在（2004 年 12 月）のところ、出芽増殖する子嚢菌酵母サッカロミケス・セレビシアエと分裂増殖する子嚢菌酵母シキゾサッカロミケス・ポンベなど 4 種である（DIETRICH *et al.*, 2004；GOFFEAU *et al.*, 1996；JONES *et al.*, 2004；WOOD *et al.*, 2002)。また、日本の一企業が 2004 年にマツタケの全ゲノム塩基配列を決定したと発表した。さらに多くの菌類ゲノム塩基配列決定のプロジェクトが進行中である（コラム[3]参照)。たとえばサッカロミケス・セレビシアエの塩基配列は約 1200 万塩基対よりなり、6000 余りのタンパク質コード領域が示されている。スタンフォード大学内に設置されたウェブサイト SGD (*Saccharomyces* Genome Database) において 6000 余りの遺伝子の最新情報を見ることができ、様々な検索が可能である。この酵母は、古くより遺伝学のモデル生物として研究されてきたが、推定された遺伝子産物の多くについては生体内での機能がまだわかっていない。サッカロミケス・セレビシアエでは、今後ポストゲノム研究においてもモデル生物になるべく、全ての遺伝子産物についての機能解析が精力的に進められている。原核生物間においては多くの遺伝子が水平移動していたことが、ゲノムを比較することから示されている。真核生物である菌類のゲノム比較により何がみえるか注目される。

7-2-1　点突然変異の蓄積に基づく比較

点突然変異はDNAの複製の時などに生じるエラーであると考えられ、それが垂直に遺伝し、ある頻度で集団に固定される。この点突然変異がランダムに生じるとすれば、時間と共に（複製ごとに）その蓄積量は増大する。すなわち、共通祖先から分岐した系統において、分岐時期が過去に遡れば遡るほど、それらの系統間における点突然変異によって生じた変異箇所は増加する。

生物は突然変異に対する修復機能をもっているにもかかわらず、遺伝情報に変異は蓄積する。また、有性生殖の最大の意義は混交した遺伝情報を後世に伝えることにあるとの説もある。変異を蓄積しながら、子孫に遺伝情報を伝える宿命を生物はもっているといえる。

しかし、進化速度（塩基置換頻度）は比較する遺伝子を有する生物間においてばらつきがあり、さらに遺伝子内部においても置換頻度の高い領域と低い領域がある。これらの違いは、生物のおかれた環境や生活様式の違い、遺伝子から発現しタンパク質の構造をとった時の役割の違いにより生じていると考えられる。たとえば、多くの菌類はテレオモルフ（有性時代）とアナモルフ（無性時代）をもち、それぞれの時代において子孫を残している。進化速度はそれぞれの時代において異なるはずである。多様性や系統進化の研究において、対象をどれほど平均的に扱えるかには慎重になるべきである。

少なくとも、点突然変異の蓄積に基づいて遺伝情報を比較するには、比較対象領域において塩基置換がほぼランダムに生じており、対応する塩基位置

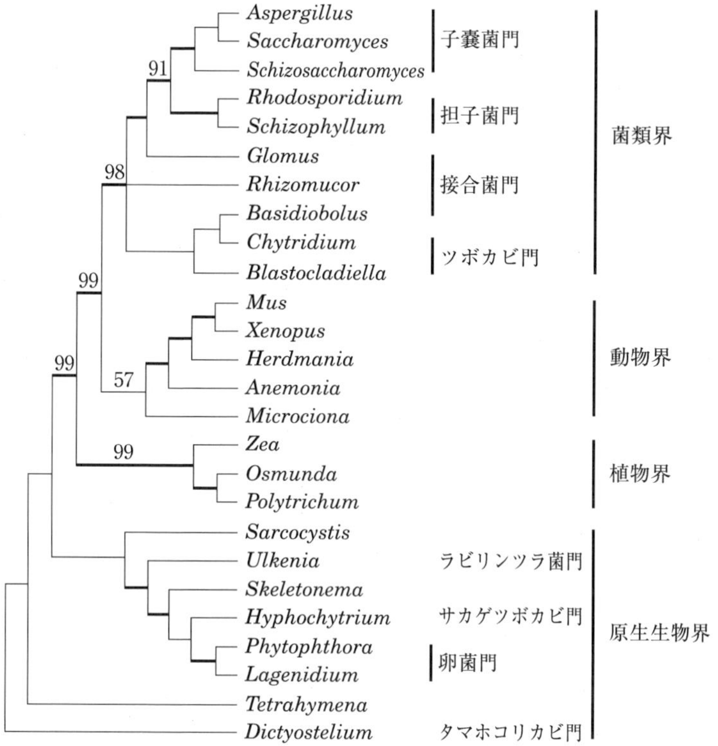

図 7-1 主な真核細胞生物 26 属の核 SSU rDNA 塩基配列に基づく系統樹
並列配列において挿入・欠失が存在する位置を除去した領域 1340 塩基位置を選び，MEGA（ペンシルベニア州立大学の根井教授らが開発，無料で提供されている分子進化解析プログラム）により系統樹を作成し，その分岐パターンを示した．1000 回のブーツストラップを行い，90 % 以上の系統枝は濃くした．さらに，主な系統枝の信頼確率を数値で示した

において複数回の置換（変異）が生じていないような領域を比較することが望ましい。一般に、塩基置換頻度のより高い領域は、生物系統関係がより近い範囲の生物由来の分子種を比較するのに適している（第 II 部 2 章参照）。

図 7-1 は、主な真核生物の核にある小サブユニットリボソーム RNA（SSU rRNA）をコードしている領域（rDNA）の塩基配列比較に基づき描いた系統樹である。この領域を比較した菌類系統解析は多く発表されている。

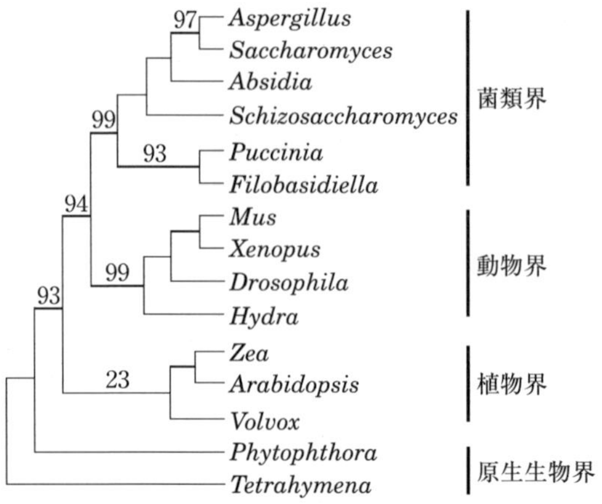

図 7-2 主な真核細胞生物 15 属のアクチンのアミノ酸配列に基づく系統樹
並列配列において挿入・欠失が存在する位置を除去した領域 367 アミノ酸位置を選び，MEGA により系統樹を作成し，その分岐パターンを示した．1000 回のブーツストラップを行い，90 % 以上の系統枝は濃くした

中でも、サカゲツボカビ類・ラビリンツラ菌類・卵菌類・タマホコリカビ類が菌類ではないこと、鞭毛をもつツボカビ類と鞭毛をもたない接合菌類はそれぞれ複数の系統より成り立つこと、子嚢菌類が三つの主要系統群に分けられることなどが分子系統樹により示された（第 II 部 2 章ならびに第 III 部 **10.** 子嚢菌門参照）。また、rRNA をコードしている領域は、菌類においては数百の繰り返し配列となっている。このため、少数の細胞由来の DNA より PCR 増幅でき、DNA が物理的ダメージを受けている乾燥標本のような試料からの遺伝子増幅にも成功している（BRUNS *et al.*, 1990）。

図 7-2 は、アクチンのアミノ酸配列の比較に基づき得られた系統樹である。rRNA とアクチンは機能的には直接関係していないにもかかわらず、図 7-1 と図 7-2 の樹形が似ているのは、双方とも比較した生物において点突然変異を蓄積しながらそれぞれの遺伝情報が受け継がれてきたためであると考えられる。

しかし、上述したように、各生物に一定速度で塩基置換が生じたと考えることはできないために、生物間の系統解析をする際には注意を要する。さらに、遺伝子上の変異が集団に固定されるまでの時間を考慮しなければならない。たとえば、核 SSU rRNA は菌類内の系統関係を示すには適当とされるが（2 章参照）、その系統樹に年代を入れると矛盾を生じる。1999 年、子嚢殻を見事に残した子嚢菌類の化石が報告され、地質学的には約 4 億年前のものとされた（TAYLOR *et al.*, 1999）。これは、1993 年に報告された rRNA を分子時計として算出された、子嚢殻が出現したとされる年代より 1 億年以上過去であり、修正して発表された（図 2-11 を参照）。

7-2-2　挿入・欠失の由来に基づく比較

全ゲノム塩基配列が決定された微生物のゲノムを比べると、それらの長さがかなり異なっていることがわかる。また、塩基配列の長さだけではなく、遺伝子の数においても異なっている。これは真核生物と原核生物とのあいだにみられる相違だけではなく、原核生物内、真核生物内の生物間を比較してもいえる。菌類に関しても、相当な長さや遺伝子数の違いがみられることが予測される。

長さの違いを点突然変異だけで説明することはできない。仮に類似遺伝子の並列配列が取れたとして、そこに挿入や欠失領域が存在しないことはまれである。多くの分子系統学解析においては、挿入・欠失部分は比較対象から除外し、その結果として塩基置換を生じた部分に基づく解析となる。なぜなら、塩基配列を比較した結果、複数の塩基からなる配列の挿入があった場合、それが 1 回のイベントで生じた結果であるのか、それとも何回かのイベントを経た結果であるのか、わからないからである。そのような領域を系統進化の解析にうまく取り入れることは、現在のところ、一部を除きできていないといえる。

また、遺伝子の重複や遺伝子の欠失のために遺伝子の数に相違が生じたり、トランスポゾンやレトロポゾンのような転移性の遺伝因子がゲノムに入り込み、ある遺伝子の発現・制御を乱したり、遺伝子破壊を引き起こしたりする場合もある。さらに、ある領域に組換えが生じてゲノムの長さが変化する場合もある。おそらくは、このような変化（変異）が生物に与えた影響は、点突然変異よりもはるかに大きかったと考えられる。

一見、これらゲノムに生じる挿入や欠失などの構造的変化は、生物の系統進化とは無関係に生じたかのようにみえる。実際、原核生物間における遺伝子水平移動の痕跡がゲノム中に多数存在しているが、その内容にはかなりの相違がみられる。しかし、生物は明らかに系統進化的に類縁な群を形成している。これは、ゲノム上に生じる構造的な変化に対する対応も、それぞれの系統群においてよく似ている（似ていた）ことにより生じたのではないだろうか。前述したように、遺伝情報に変化（変異）をつけて後世に伝えることは生物の宿命であり、その仕方が同じような生物は、そのような情報を祖先より受け継いでいる（継いだ）ということではないだろうか。その機構を明らかにできるのはまだまだ先のことであろうが、多くの生物のゲノム比較により、どのような遺伝子や領域が、どの生物（群）で、どのように変化したかを示し、その変遷を紐解くことはできるはずである。

菌類の多くは植物や動物に寄生あるいは共生しており、真核生物間でも遺伝子の水平移動が生じているかもしれない。そのような観点からも、ゲノムプロジェクトは多種多様な真核生物に対して行われるべきである。

7-3　遺伝子群を比較する

細胞を細胞として成り立たせている主役は、遺伝子から発現したタンパク質である。それらのタンパク質は、適当な時期に発現し、適当な場所で働いている。細胞の維持のためにタンパク質間の連携は欠かせない。複数のタンパク質が複合体を形成して機能するものだけではなく、特定の基質を特定の生成物にする反応に関与している酵素もその例外ではない。

ある酵素のはたらきによって作りだされた生成物は、それを基質として認識する別の酵素によって次のものへと変化する。そうして、複数の酵素によってある経路が形成される。これら酵素の基質特異性が、生命の誕生の時点ですでに成立していたとは考えにくい。それは生物進化と共に成立したと考えられる。すなわち、酵素の基質認識は最初あいまいであって、やがて特定の基質を認識するようになったのであろう。このことは、現在複数の酵素によって成り立っている経路が、過去においては異なっていた可能性が高いことを意味し、別々の経路が共通の起源をもっていた可能性もある。あるいは、たった一つの酵素の基質認識が変化したために、別の経路ができたこともあったであろう。経路の成り立ちを紐解くことにより、遺伝情報ならびに生物の進化を考えることができるのではないだろうか。

ここでは、連鎖的に関与している複数の酵素群、それらをコードしている遺伝子群を進化的に解析することを考える。このような解析は、特定生物群がどのようにしてその特徴的な性質を有したかという問題を、遺伝情報の比較より明らかにするためには欠かせないものであろう。

7-3-1　菌類のリジン生合成に関与する遺伝子群

生体内アミノ酸の一つであるリジン（リシンともいう）の生合成は、アスパラギン酸からジアミノピメリン酸を経由し合成する経路と、オキソグルタル酸とアセチル CoA からアミノアジピン酸を経由し合成する経路の二つが知られており、後者は菌類の特徴とされてきた（第 II 部 2 章図 2-8 参照）。

しかし、アミノアジピン酸経由でリジンを生合成する細菌が発見され、それに関与する遺伝子クラスターや、10 ステップからなる生合成経路が明らかとなった（NISHIDA *et al.*, 1999）。この遺伝子群を構成している各遺伝子の産物に対する分子進化学的解析により、前半の 5 ステップにかかわる酵素はロイシン合成関連の酵素と、後半の 5 ステップにかかわる酵素はアルギニン合成関連の酵素と、進化的な共通起源を有することがわかった。アミノ酸の生合成は複数の酵素のはたらきによって成立しているが、その成立に至る過程は一つではないことがわかる。図 7-3 には、アミノアジピン酸経路で 2 番目と 3 番目のステップにかかわっているホモアコニターゼ、TCA 回路ではたらくアコニターゼ、ロイシン生合成に関与する 3-イソプロピルリンゴ酸脱

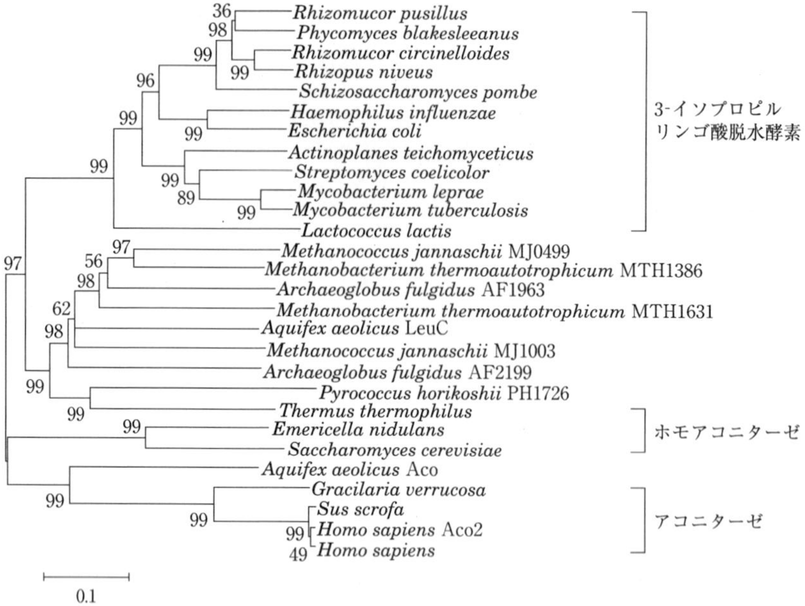

図 7-3 ホモアコニターゼ・アコニターゼ・3-イソプロピルリンゴ酸脱水酵素のアミノ酸配列に基づく系統樹．並列配列において挿入・欠失が存在する位置を除去した領域 279 アミノ酸位置を選び，MEGA により系統樹を作成した．各枝の数値は 1000 回のブーツストラップにおける百分率を示す

水酵素のアミノ酸配列に基づく系統関係を示した。これらのタンパク質が共通祖先を有することがわかる。

現在、多くの生物化学や微生物学の教科書には、菌類の特徴の一つとして、オキソグルタル酸とアセチル CoA からアミノアジピン酸を経由しリジンを合成するという経路が掲載されている。しかし、菌類のみならず、細菌やアーキアにもこの経路でリジンを合成する経路は存在し、そこで個々にはたらいている酵素を比較した時、全ての反応過程が同一というわけではない。オキソグルタル酸よりアミノアジピン酸を合成する 5 ステップは菌類と原核生物で共通であるが、アミノアジピン酸よりリジンを合成する経路は異なっていることがわかった (図 7-4)。すなわち、菌類に特徴的な反応は後半の経路

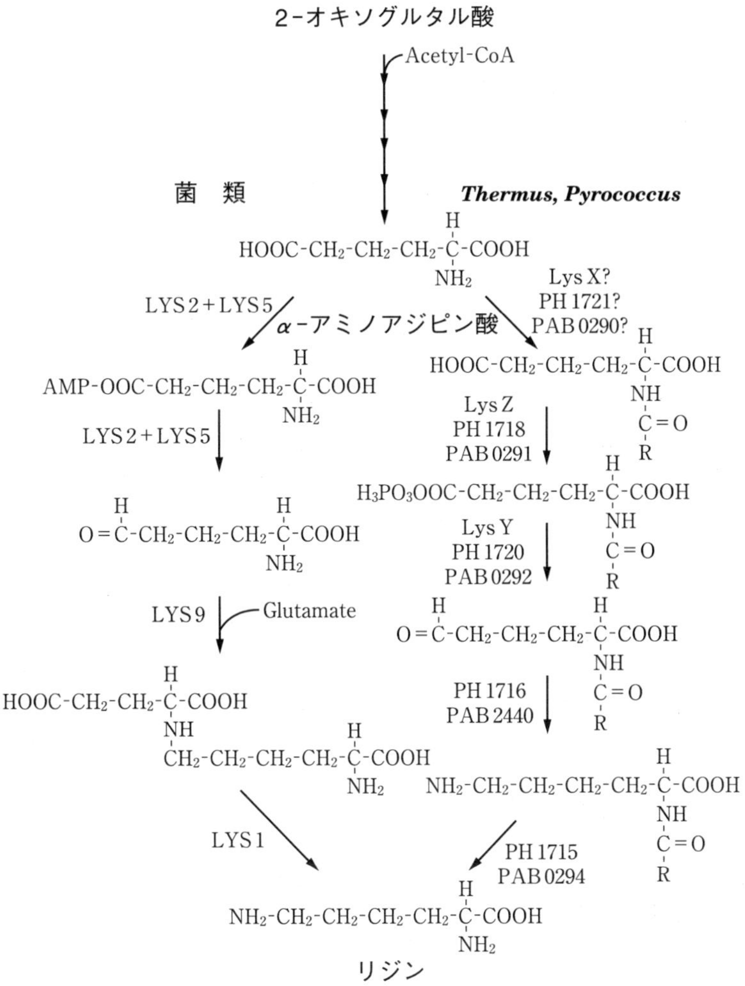

図 7-4 菌類および原核生物のアミノアジピン酸経由リジン合成経路の比較

に存在していることがわかり、そこに関与する酵素を解析したところ、アミノアジピン酸還元酵素であり、さらにゲノムに単一の遺伝子として存在していることを分子進化学的に示した（NISHIDA & NISHIYAMA, 2000；AN *et al*., 2002)。このように、個々に遺伝子や遺伝子産物を比較するだけではなく、一連のはたらきに関与する遺伝子群を解析することが、多様性研究において強力な道具となりうることがわかる。

多くの微生物の全ゲノム塩基配列が決定されている昨今、このような発見は増加するであろう。相同性検索により、類似の構造をもたない遺伝子産物だけではなく、類似構造を有するタンパク質であっても基質認識が変化するような変異により生体内で新たな触媒反応が生じることを十分考慮しなければならない。そのような場合、個々の遺伝子構造を比較することだけでは、その生物群を特徴づける性質の解明に達することはできない。

7-3-2 菌類の特徴と遺伝情報

菌類の形態における特徴の一つに、キチンを細胞骨格として用いていることが挙げられる (5、6 章参照)。キチンは、細胞の成長と共に合成されたり、分解されたりしている。それにかかわる酵素が、キチン合成酵素とキチン分解酵素（キチナーゼ）である。これらは互いに協調しながら発現し、機能している。さらに、これらの酵素には複数のタイプが存在し、それぞれの発現する時や場をもっている (堀内・高木, 1998)。図 7-5 に、植物寄生菌類の一

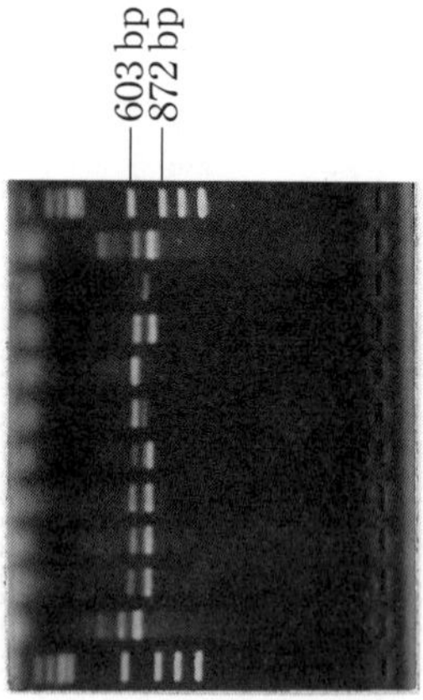

T. confusa CBS 375.39	on *Prunus*	(バラ科)
T. betulina CBS 417.54	on *Betula*	(カバノキ科)
T. communis CBS 352.35	on *Prunus*	(バラ科)
T. carnea CBS 332.55	on *Betula*	(カバノキ科)
T. robinsoniana CBS 382.39	on *Alnus*	(カバノキ科)
T. pruni CBS 358.35	on *Prunus*	(バラ科)
T. flavorubra CBS 377.39	on *Prunus*	(バラ科)
T. mirabilis CBS 357.35	on *Prunus*	(バラ科)
T. ulmi CBS 420.54	on *Ulmus*	(イラクサ科)
T. virginica CBS 340.55	on *Ostrya*	(カバノキ科)

図 7-5 キチン合成酵素コード領域断片 PCR 増幅産物のアガロースゲル電気泳動での大きさの違い．植物寄生菌類の一つタフリナ属菌種間による多型を示す

つであるタフリナ属菌種 *Taphrina* spp. にみられたキチン合成酵素をコードしている領域（断片）の PCR 産物を示した。同属の菌類においても大きさの異なる本酵素が存在し、その多様性が確認できる。

すなわち、菌類の成長にとって不可欠なキチンの合成と分解という現象は、単純にキチン合成酵素とキチナーゼの１組で調節されているのではなく、時と場によって異なる酵素が発現している。このような場合、キチンを合成、あるいは分解する活性をもつタンパク質を、それぞれ一まとめにして比較するだけでは不十分であり、細胞内での発現時・場所を考慮したうえで比較して初めて系統進化的な意味がみえてくる。遺伝子群として研究しなければならない例といえる。

キチンの合成や分解を含めた菌類の形態形成に関与する遺伝子群の進化学的解析は重要である。今なお、菌類の系統分類では形態的特徴が重んじられているが、その特徴を決めている遺伝情報の解析が遅れているためである。菌類は動物や植物にくらべると単純な形態をしているが、原核生物にくらべては複雑であり、多様性を有する。特にアナモルフにおける分生子形成や、テレオモルフにおける有性胞子形成には、進化的な意味があると考えられている。

今後、比較ゲノム学や生物情報学の発展により、莫大な遺伝情報が整理され、各生物や各生物群に特異的な遺伝情報が見つかるであろう。それらの遺伝情報から生物学的意義を引きだすためには、遺伝情報を単なる配列情報にとどめるのではなく、タンパク質の構造情報とその機能情報まで展開することが必要である。

7-4 おわりに

遺伝情報は、DNA の塩基配列の羅列でも、遺伝子が乗っている船のようなものでもない。現存している生物の遺伝情報には、自らが自らを管理運営する機構がそなわっており、これは 38 億年余りの歴史の産物である。現在、微生物を中心に多くの生物の全ゲノム塩基配列が決定・公開されている。今後、このような情報はますます増加し、これらの情報により生物の進化に関する多くの知見が得られることは間違いない。さらに、生物間の全ゲノム比較に基づく系統解析も行われ始めている。菌類をはじめ各生物群の特徴を引きだし、多くの微生物のような無性的に増殖する生物における「種」を、遺伝情報から定義することが可能になるかもしれない。しかし、これには以下の4点を考慮しなければならないと思われる。

（1）モデル生物とされ、現在までに多くの遺伝子産物のはたらきが解明されている生物においてさえ、まだまだ多くの予想される遺伝子産物のはたらきがわからないという事実を直視しなければならない。あるもののはたらきを知らずして、構造比較のみをすることはあまり意味がないように思える。生物学の範疇に入る限り、実験によってそのもののはたらきを解き明かすことが最重要であることを再認識しなければならない。

（2）相同性検索で高い相同性が得られたからといって、それらは必ずしも同じはたらきをするとは限らないということを考慮しなければならない。その遺伝情報はそれを有する生物にとってどのような役割を生体内で任されているのか、すなわち、どのような組合せの中に存在して、どのような情報伝達を生みだしているのかを解析することが重要である。

（3）生物の進化を考える際には、それを取り巻く環境の変化を考慮しなければならない。遺伝情報を比較する際にも、それらの変化を引き起こす原因となったような環境の変化はなかったかを考える必要があるだろう。たとえば、生きるために酸素を必要とする生物と、酸素存在下では死んでしまう生物からの遺伝情報を比較する際に、環境中の酸素を考慮せずに比較することは愚かなことであろう。

（4）単なる情報と、生物として成立する遺伝情報の境界を明らかにすることが、進化学の究極の目標ではないだろうか。最初の生物の遺伝情報はどのようなものであり、自己制御する機構がいかに成立したのか？　遺伝情報を比較し、生物の進化を解明するのであれば、この大問題に答えをだしたいものである。もちろん、地球上に最初に現れた生物を試験管の中に作りだすことはきわめて困難であるか、もしくはできないであろう。しかし、コンピュータの中で作りだす試みは行われており（冨田，1999)、その中で再現され、それが進化していく様子をみられる時が訪れるかもしれない。

3 菌類ゲノム解析プロジェクト

生物の進化と多様性についての究極の回答は、すべての生物の染色体に書かれている遺伝情報を解読することであるともいえる。1995年にインフルエンザ菌 *Haemophilus influenzae* (1.8 Mb) で全ゲノムのDNA配列が決定されて以来、これまでに枯草菌 *Bacillus subtilis* (4.2 Mb)、大腸菌 *Escherichia coli* (4.7 Mb) からヒトまで、多数の生物のゲノムプロジェクトが終了している。菌類としては、1996年に初めて子嚢菌酵母のサッカロミケス・セレビシアエ（学名は文献参照；以下同様）の全ゲノム配列が決定された。ヨーロッパ、米国、日本、カナダの研究者の共同作業により7年の歳月をかけてなされた。*S.* セレビシアエは、酒類の発酵やパンの製造に数千年以上も昔から利用されており、われわれの生活と密接な関連をもち、かつ遺伝学的にも詳細に解析されている菌類である。*S.* セレビシアエゲノムは、全長12,052,000塩基 (12.052 Mb) から構成されており、その塩基配列から6200の遺伝子が見いだされた。ネイチャー誌（Nature）の特集号を見ると、16本の染色体上に色分けされた遺伝子が、ほとんど隙間なく並んでいる。

しかし、全ゲノム配列情報の解読によりこの酵母のすべてが明らかになったかというと、そうではない。機能のわかっている遺伝子と、他の生物との類似性から機能が推定できるものとを併せてもおおよそ70％である。残り30％、約2000の遺伝子については、その機能はわかっていない。現在、全遺伝子の機能解析を目指した研究が進んでいる。6200の個々の遺伝子がどのような生育環境下で発現するか、またその遺伝子がコードしているタンパク質のもつ機能は何かということを知ることが、この生物を知るために重要である。そのため、シリコンチップではなく、DNAチップと呼ばれるハイブリダイゼーション用のプローブをきわめて高密度に組み込んだデバイスなども作製され、全遺伝子の発現量の同時モニターも可能となっている。また、最近ではプロテオーム

(protein＋genomeから作られた造語) 解析と呼ばれる、個々のタンパク質の発現に関する機能解析も進みつつある。

とにかく、わずか6200の遺伝子で、核、小胞体、ゴルジ体、液胞などの細胞小器官をもつ複雑な細胞を作り、美味しいお酒やパンをつくることができるわけである。人間の病気の原因遺伝子とよく似たものも多数見いだされ、ますますモデル生物としての価値を高めている。

1997年から米国、ヨーロッパ、日本などを中心として、コウジカビ属の仲間である*A.* ニドゥランス、*A.* オリザエ、および*A.* フミガツスのゲノムプロジェクトが開始され、2005年に完了した。酵母の約2.5～3倍の大きなゲノムサイズ（約30～37 Mb）をもち、糸状の多細胞からなり複雑な形態分化をする糸状菌類（カビ）での全ゲノム配列の決定により、菌類の多様性の理解が大きく深まることが期待される。特に、日本酒、味噌、醤油などの醸造食品に利用されている麹菌*A.* オリザエに関しては、食品生産に利用されてきたことから安全性が保証されており、酵素生産をはじめとする様々な有用物質生産のための宿主として注目を集めている。

現在、菌類ゲノム解析プロジェクトとして、上記の他、分裂酵母（シキゾサッカロミケス・ポンベ)、アカパンカビ（ネウロスポラ・クラッサ)、リゾプス・オリザエ、いもち病菌（マグナポルテ・グリセア）などが完了し、植物病原菌類のフサリウム・グラミネアルム、ウスチラゴ・マイジスなど、担子菌類のファネロカエテ・クリソスポルム、コプリヌス・キネレウスなど、病原性酵母カンジダ・アルビカンス、クリプトコックス・ネオフォルマンスなどが進行中である。これら菌類ゲノム解析プロジェクトは、感染症の克服や食糧・環境問題への対処という21世紀の重要課題の解決のために大きな価値をもつことになるだろう。

（北本勝ひこ）

4 菌類の隠蔽種と分子時計

1つの種が、交配を妨げる地理的もしくは生態学的な障壁により分断され、2つのグループに分かれたとする。分断された結果、グループ間で（1）異なる遺伝子変異が蓄積し、(2) 交配反応に障害が生じ、(3) 形態的な違いもいずれは観察されるであろう。種分化の過程では（1)、(2)、(3) は同時には起こらず、またどのような順番でもかまわない。一般に菌類は、形態学的形質（3）に基づき種の分類が行われてきた。しかし近年、DNAを使った系統分析（1）や交配実験（2）により、形態種の多くは複数の交配群、すなわち「隠蔽種（いんぺいしゅ）(cryptic species)」からなっていることがわかってきた。DNAを使った系統分析は、交配実験に比較して個体群間での自然交配の有無、つまり個体群同士が同一の交配群に属しているかの情報がより容易にそして確実に得られる（TAYLOR *et al.*, 2000；DETTMAN *et al.*, 2003)。

さて、これらの隠蔽種間の分岐年代であるが、特定の遺伝子座でのDNAまたはアミノ酸配列の置換速度が一定であるという「分子時計仮説」により推定できる。タンパク質のコード領域のDNA塩基配列は、真核生物、原核生物のいずれも1000万年間で数%ほど変化する。そこで、菌類の隠蔽種間の分岐年代も、この塩基置換数に基づいて概算できる。たとえば子嚢菌類のヒストプラスマ・カプスラツムには隠蔽種が7種（KASUGA *et al.*, 2003）あり、それらの分岐点代は300万年から1300万年と推定されている。推定値に大きな幅があるのは、分子時計の速度は種の一世代の期間、個体群のサイズ、遺伝子の機能などに大きく左右されるためである（AYALA, 1999)。また年代決定の標準に使う菌類の化石の信憑性が重要となる（TAYLOR & BERBEE, 2006)。隠蔽種は形態では区別がつかないゆえ「隠蔽」種なのであるが、その分岐年代は哺乳（ほにゅう）動物の同科内の属同士にも相当する。（春日孝夫）

8 菌類集団の多様性と種分化

津田盛也・田中千尋

8-1 菌類集団のとらえ方

菌類は、いわゆる高等動植物との共通性と共に、これらとは異なる特異性も数多くそなえている。そこで、まず種の「多様性」や「分化」を考察する際に欠かせない菌類の個体と集団の特性をみることにする。

8-1-1 菌類個体の特徴

菌類の生活の主体は栄養体であり、その上に繁殖体を形成する。前者はふつう、細胞壁で囲まれ、隔壁で仕切られた糸状の菌糸(体)である。核相は、単相(n)（多くの子嚢菌類)や二核相(n+n；重相ともいう)（キノコなど担子菌類)であることが多い。繁殖に際しては、有性生殖のほかに、菌糸体の一部が分断する無性繁殖を行う場合がある。分散器官としての機能を付与されたものが無性胞子である。図 8-1 には小房子嚢菌類の生活環を模式的に示し

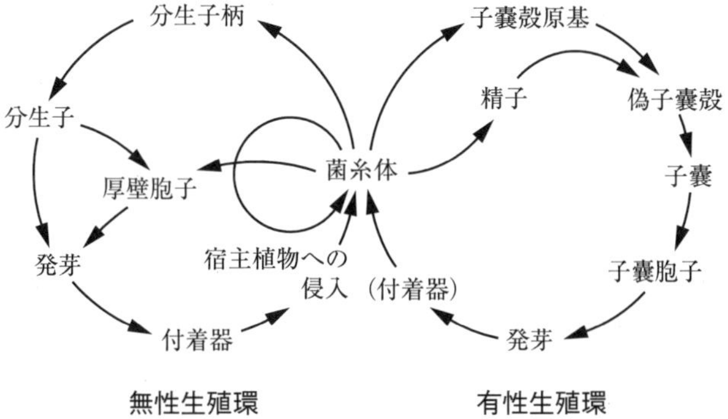

図 8-1　小房子嚢菌類の生活環の模式

たが、生活史上に現れる各種の器官は順序正しく形成されるとは限らず、省略や繰り返しも多い。なお、菌類の繁殖器官は分類群ごとに特徴的な形態をもち、種々の名称で呼ばれている（3 章参照)。

8-1-2　菌類における集団

菌類における集団の規定はきわめて厄介である。いわゆる彷徨変異が認識されていない菌群もある。さらに、サイズが微小なうえ、観察可能な表現型はきわめて少ないため、個体性の判断や連続性の把握が困難な場合もしばしばである。

たとえば、菌類の個体と考えてしまいやすい次のような器官であっても、（1）無性胞子は無数に形成・分散されるため測定しやすいが、植物のラミート(ramet；一つのクローンの独立した個体のこと）に相当し、菌類集団を構成する個体と考えられない場合が多い。（2）キノコはサイズが大きく数えやすいが、集団的考察を行う際の個体に相当しない。キノコは、地下に網目状に広がる菌糸体から発生してくるものであり、その先端は毎年伸長してリング状に拡大する。たとえばナラタケ属 *Armillaria* では、数百年を経過して、リングの直径が 400 m と推定されるものもある(SMITH *et al.*, 1992)。

したがって、取り扱う集団が一つのジェネット［genet；クローンなど増殖し成長するような遺伝的に区別できない個体群をさす用語］やその一部にしかすぎない蓋然性もきわめて高く、菌類集団におけるサンプリングはよく吟味しなければならない。

8-2　菌類における遺伝子多様性維持のシステム

菌類においては、遺伝子の組換えや、分散・維持に不可欠な生殖様式や繁殖法が多岐にわたるほか、特異的な生殖隔離機構（たとえば交配型の分化）も発達している。

8-2-1 有性生殖

いわゆる高等動植物には、形態的に認知可能な雌雄の配偶器官の分化がみられる。子嚢菌類やサビキン類なども同様である。しかし、形態的な性分化がなく遺伝子組換えを行う減数分裂システム(本文では慣例に従って有性生殖と記す)を発達させている菌群も数多い。接合菌類の接合胞子や担子菌類の子実体（キノコ）がその代表的な器官といえる。

（1）交配型分化による種内の生殖隔離

有性生殖に際しては、減数分裂に先立ち2核が出会わなければならないが、自家不和合性遺伝子のはたらきによって種集団を分ける生殖隔離機構があり、これを交配型の分化という。菌類特有の現象であるが、いわゆる高等動植物の雌雄の分化と混同されることが多いため注意を要する。大きく2型が認められる。

①ホモタリック型(homothallic type)：自家不和合性がはたらかず、同一個体内または他個体との間で有性生殖が可能な型。この型のメリットは、適切な他個体と出会わなくとも減数胞子（meiospore）生産が可能なことである。さらに、他個体と出会う条件では、外交配に基づく有性組換えにより、その環境に有利な遺伝子を速やかに集団中に拡散できることが挙げられている。

②ヘテロタリック型(heterothallic type)：自家不和合性がはたらき、同一の自家不和合因子(同一交配型)をもつ個体間での有性生殖が不可能な型。不和合性は、菌糸融合または核合体を阻害する。これには多数の複雑な変形が進化してきている。

子嚢菌類の場合、1遺伝子座の二つの対立遺伝子に支配される、二極性の交配システムをもつ事例が大半である。この遺伝子座の対立遺伝子は、それぞれ塩基配列がまったく異なることからイディオモルフ(idiomorph)と呼び、交配型をMat-1/Mat-2と表記する事例が増えてきている。このシステムは、種集団を二つの亜集団に分ける。一方、担子菌類では、1遺伝子座が関与する二極性の菌群と、A・Bと記す2遺伝子座で決定される四極性の菌群とがある。共に多数の対立遺伝子(イディオモルフ)をもっている。近年、二極性とみられていた不和合性遺伝子の塩基配列が解析された結果、近接したA・B両遺伝子の支配下にあることが判明するなど、基本的に2遺伝子座が関与すると考えられるようになってきた(BAKKEREN & KRONSTAD, 1994)。なお、二核相体が稔性であるためには、各遺伝子座にあるイディオモルフが異なっていなければならない。このようなシステムが、遺伝子の多様性維持や種分化に影響を及ぼしているものと思われる(FINCHAM *et al.*, 1979；KENDRICK, 2000)。

(2) 子嚢菌類における有性生殖能喪失のトレードオフと見返り

子嚢菌類の性分化は、同一個体上に雌雄の両配偶器官が分化する雌雄同株(monoecious)あるいは雌雄同体(hermaphrodite)を基本とし、雌性器官は有性生殖のためにのみ機能分化した器官である。なお、菌糸体の断片や無性胞子などは雄性配偶子として機能する。また、母性機能は失われやすい(TSUDA & UEYAMA, 1987)。このため、自然界で有性生殖を行う子嚢菌集団は、雌雄同体型と母性機能喪失(以下、FSと略記)変異体の混在した多型集団として成り立っている。

一般に、有性生殖は集団の遺伝子多様度が維持できるため、環境の変化に対応しやすい利点がある。一方、無性繁殖集団は安定した環境下においては、その環境に適応した遺伝子構成を保てる利点がある。FS変異体は、有性生殖時に不利があるものの、無性繁殖に際しては一定の頻度を保てる。このため、アナモルフ性ホロモルフ(=いわゆる不完全菌類)は、減数胞子の適応度が無性胞子より著しく劣る時に進化し、純粋にFS株ばかりとなった子嚢菌類とみなせる。また、不良環境下での生き残りに際し、耐久性の有性器官が必要な菌種もあるが、耐久性の無性器官を形成してしのぐものもある。このような菌でもFS変異系統が増加する。

8-2-2 無性繁殖

有性生殖により繁殖することが判明している菌類の多くは、同時に無性的にも繁殖する。まれにしか有性胞子を形成せず、事実上無性繁殖のみを行い、ほとんど有性生殖機能を喪失しているものも多い。事実、いくつかの作物病原菌では無性繁殖がより重要となっている。これは、遺伝的に均質な宿主が手近にあるため、もっぱら無性繁殖能力と散布力によって、宿主集団に速やかに定着する戦略を発展させたものである。つまり、遺伝的に多様な野生植物集団上で必要な適応能力を高めるための遺伝子プールの再配分を放棄する方向に進化したものと解釈できる。これらの菌類の遺伝子組換えは以下の機構による。

（1）分断菌糸と無性胞子

カビの菌糸断片は、1細胞からでも再生可能な全能性をもつ。したがって、どの細胞に生じた突然変異も次世代に伝わる可能性がある。有性生殖に関与する遺伝子群が損傷を受ければ、新たなアナモルフ種へと進化することは想像に難くない。

（2）擬似有性的生殖システム

遺伝的組換えで賦与される柔軟性が、アナモルフにも必要となる場合がある。これは、菌糸が融合（癒合）して(遺伝子組成の異なる)複数の核をもつ異核（共存）体（ヘテロカリオン heterokaryon；n＋n）になることで達成される。

さらに、減数分裂なしに遺伝的組換えを行う、擬似有性 (parasexuality) と呼ばれる特別な生殖機構を進化させてきている。それは次の4過程からなる(FINCHAM *et al.*, 1979；KENDRICK, 2000)。

① 融合(菌糸癒合)：隣接する体細胞菌糸間で起こる核の交換または導入による異核共存体の成立。

② 核合体：菌糸細胞内での異核合体と体細胞複相(2 n)の形成。

③ 体細胞組換え(乗換え)：体細胞分裂過程における相同染色体分離時の染色体組換え。

④ 単相への還元：染色体が過剰となった改変異数核(aneuploid；2 n−1)からの過剰染色体の喪失。安定した単相(n)に至る連続した体細胞分裂を経

る。

この一連の事象は、めったに起こらないものの、産生する無性胞子数が膨大なため、遺伝的変異を作りだす実際的な方法と考えられている。しかし、実験室外での実証例は、フィリピン産イネいもち病菌 *Pyricularia oryzae* 集団(ZEIGLER *et al.*, 1997)など、きわめてわずかしか知られていない。

（3）菌類集団におけるクローンの重要性

減数胞子であれ、無性胞子であれ、基質への最初の定着あるいは再定着後は、コロニーを形成して拡大していく。突然変異のない条件下では、カーボンコピーのように遺伝子構成を等しくするこうした小集団をクローンと称する。

①クローン系統の意義：無性繁殖能が高ければ、クローン系統が集団中に速やかに拡散し、集団の性質を変えることもある。新しい宿主を利用できる能力をもつものであれば、宿主範囲の拡大も可能となる。実際、動植物病原菌では、野生宿主から人畜や栽培植物への移動も起こっている。また、産業上重要な菌種では、人為的なクローン化が行われている。菌類集団に関する遺伝子 DNA レベルでの研究が進むにつれ、クローンの重要性が明らかにされてきた（BRYGOO *et al.*, 1998)。

②クローンの検出：チベイレンクら（TIBAYRENC *et al.*, 1991）によると、a ）特定遺伝子の高頻度な存在、b ）各遺伝子座における分離の欠除、c ）遺伝子座間の組換えの不在、から推定できる。これらは分子マーカーを用いれば、遺伝子頻度のハーディー‐ワインベルグ期待値からのずれや連鎖不平衡として、比較的容易に検出できる。

8-2-3　種の維持機構

種の概念については古くから種々の説が唱えられているが、いずれも、生殖隔離が重要な意義をもつとされている（AVISE & WOLLENBERG, 1997)。このシステムについてみていく。

（1）交配型分化の上位機構としての種間不稔

菌類における生殖隔離は、種間不稔システムと呼べる遺伝的システムのはたらきで保証されている。事実、不和合性遺伝子に基づく交配型が合致していても、有性繁殖過程が確実に進行するわけではない。

接合前の障壁は担子菌類のナラタケ属、モリノカレバタケ属 *Collybia*、ヒトヨタケ属 *Coprinus*、キツネタケ属 *Laccaria*、マツノネクチタケ属 *Heterobasidion*、ヒラタケ属 *Pleurotus* などの近縁集団間にみられる。普通は不稔が完璧で、特に同所的集団間では完全であるため、不稔群が生物学的種に相当する。これらの不稔集団間では、ゲノムも分化していることが示されてきている（ANDERSON & STASOVSKI, 1992；MUELLER & GARDES, 1991）。接合後の障壁は遺伝子組換え時に現れ、種間内交雑では生存可能な胞子ができるが、種間交雑では胞子はできるもののほとんど発芽しない。

いずれにしても、一つの種集団内に生殖隔離が発達すれば、種分化に向かうことは間違いない。現在、このシステムの基礎について解明が進められつつある。

（2）栄養菌糸不和合性と栄養菌糸和合群

子嚢菌類などでは、交配型遺伝子とは全く異なる遺伝子に支配される不和合性によって、菌糸融合が阻害されている。この不和合性を栄養菌糸不和合性と呼ぶ。これに基づいて一つの種を複数のグループに分割でき、これを栄養菌糸和合群（vegetative compatibility groups；VCGs と略記）と呼ぶ。これは遺伝的近縁性を反映するものであり、不和合であれば遺伝的に隔離されている。アカパンカビ *Neurospora crassa*、クリ胴枯病菌 *Cryphonectria parasitica*、ギッベレラ・フジクロイ *Gibberella fujikuroi* のような子嚢菌群、フサリウム・オキシスポルム *Fusarium oxysporum*、ベルチキリウム（バーティシリウム）・ダーリアエ *Verticillium dahliae* などのアナモルフ性ホロモルフ群で、多数の VCGs が報告されている（KUHLMAN & BHATTACHARYYA, 1984；SIDUH, 1986；PULHALLA, 1985）。なお、栄養菌糸不和合性は、有性生殖の障壁にはならないようである。

8-3 菌類における種分化のシステム

菌類が宿主上で定着するためには、食物源とする宿主から養分を獲得するニッチと、適応的な遺伝子型を増殖する機会を必要とする。宿主植物がなければ生存できないウドンコカビ・サビキン類・グラスエンドファイト（grass endophytes；後述）・内生菌根菌類などは、宿主の分布に伴い分布する。同種集団から隔離され変異が蓄積すれば、種分化に至るものと考えられる。しかし、証明された事例は少ない。これは、各種動物の病原菌類、大形キノコ寄生菌類、シロアリタケ類 *Termitomyces* spp. やアンブロシア菌類（ambrosia fungi）などの昆虫飼育菌類、各種生物の内生菌類等でも同様である。

8-3-1 宿主種との対応進化

宿主種との共進化によって菌類の種分化が生じてきたとする仮説はきわめて魅力的である。共進化は“coevolution”の訳とされているが、“coevolution”の概念は、生物間の相互作用が互いの進化に影響しあうとするものである（FUTUYMA, 1986）。その背景には、菌類と宿主種の遺伝子相互作用を想定しなければならない。残念ながら、寄生者もしくは共生者の遺伝子が宿主側の遺伝子にはたらきかけ、すなわち選択圧としてはたらき、宿主側のある特定の遺伝子（群）が選択されたという事例は、菌類では知られていない。現在、共進化とみなされている事例は、宿主遺伝子の選択圧によって、寄生者もしくは共生者の遺伝子（群）が残され、時には種分化に至ったと考えるべきものであろう。したがって、適応による進化あるいは対応進化（corresponding evolution）と名づけたほうが、実態に合っていると考えられる。菌類では、フロー（FLOR, 1947）の遺伝子対遺伝子（gene for gene）仮説によって、植物病原菌集団の特定の病原性レースと、宿主の特定品種の遺伝子構成の対応が説明されている。

バッカクキン類・タケ類赤だんご病菌 *Shiraia bambusicola*（口絵 85，86 参照）などは甘露を溢出し、スッポンタケやキヌガサダケの仲間はある種の臭気を放出する。また、サビキン類は、黄色～橙黄色の器官を形成して昆虫類を誘引する。一方、ススカビ（sooty moulds）は、アブラムシやカイガラムシの分泌する甘露を好む。しかし、菌類の種分化との関係はわかっていない。以下には、適応による種分化が示唆される2、3の事例を紹介する。

（1）ゴンドワナ要素との対応

ナンキョクブナ属植物 *Nothofagus* spp. に大きなこぶ（瘤腫）を生じるキッタリア属 *Cyttaria*（口絵78参照）は、南米とオセアニアにのみ分布する。このナンキョクブナはゴンドワナ要素と考えられているため、本属菌の分化との関連が古くから論じられてきている。

最近、瀬戸口ら（SETOGUCHI *et al.*, 1997）によって、ナンキョクブナの系統関係が調べられた（詳しくはコラム5を参照）。ニューカレドニアやニューギニア分布種は、祖先種がゴンドワナ大陸分裂以前に分化していたと推定される単系統群であり、本属菌の寄生が認められない。また、キッタリア属菌の寄生する南米分布種とオセアニア分布種は多系統群であった。さらに同一分岐群内に両地域の分布種が混在していた。これらのことから、キッタリア菌種またはその祖先種は、ゴンドワナ大陸分裂前に現存のナンキョクブナ祖先種への寄生性を分化し、その後、各々独自の進化を遂げたと考えられる。キッタリア菌種側の解析が行われれば、本属菌の種分化とナンキョクブナ植物との相互関係が明らかにされる可能性もあり、きわめて興味深い。

（2）グラスエンドファイト

近年、イネ科植物内生ネオチフォジウム–エピクロエ *Neotyphodium*–*Epichloë* 菌群（グラスエンドファイト）の利用が考えられ、その生態学的性状についても関心が寄せられてきている。エピクロエ属分類群とイネ科植物の連（tribe）とのあいだには対応関係が認められることから、エピクロエ属菌種 *Epichloë* spp. の繁殖戦略が宿主の種子生産へ影響を与える共進化が示唆されている（SCHARDL *et al.*, 1997）。残念ながら、共進化を考える際に必要な宿主遺伝子（群）との相互作用は、不明のままである。彼らが指摘しているように、菌食性交雑媒介昆虫の菌体選好性、あるいはエピクロエ属菌種の宿主特異性で説明が可能であり、本菌群での遺伝子対遺伝子仮説に基づく研究の進展が必要であろう。イネ科植物病原菌の例では、いわゆるイネ科植物寄生性ヘルミントスポリウム属 *Helminthosporium* と宿主植物とのあいだに、暖地型・寒地型草種の違いに基づく寄生性の分化が属レベルで認められる(西原，1971)。

8-3-2 人為選択の影響と種分化－アスペルギルス・フラブスと *A.* オリザエの同根性

汎世界的に分布するアスペルギルス・フラブス（以下、*A.* フラブスと略記）は、テレオモルフが知られていないが、きわめて多型的である。さらに、本種が発がん性代謝産物アフラトキシンを産生すること、わが国の代表的な発酵食品である味噌・醤油・清酒（日本酒ともいう）などに利用されているアスペルギルス•オリザエ（以下、*A.* オリザエと略記）と同種，あるいは近縁種と考えられてきたため、その分化に関心が寄せられてきた(コラム[8]参照)。ガイザーら（GEISER *et al.*, 1998）は、*A.* フラブスのオーストラリア産31株とアメリカの微生物株保存機関にある *A.* オリザエ5株を供試し、タンパク質をコードする11種類の遺伝子座の制限酵素サイト多型と塩基配列を用いて、クローン性と種の異同を検討した。この結果、*A.* フラブスはおのおの異なる生物学的種と考えるべきグループIとIIに分けられることを明らかにし、また多型の固定程度から長期間にわたり隔離されてきたと示唆している。このように、表現型形質では識別が難しいが、遺伝子レベルでは隔離が成立している種を隠蔽種（cryptic species；潜在種ともいう）という(コラム[4]参照)。コクキジオイデス・イムミチス *Coccidioides immitis*、ヒストプラスマ•カプスラツム *Histoplasma capsulatum* などの病原真菌でも検出されている(TAYLOR *et al.*, 1999)。なお、論争の的となってきた *A.* オリザエとの関連については以下のように結論づけている。*A.* オリザエは *A.* フラブスのグループIに含まれる（図8-2中の遺伝子型CおよびQ）ことから、系統学的には独立種と認められない、人為的に馴化されたグループであ

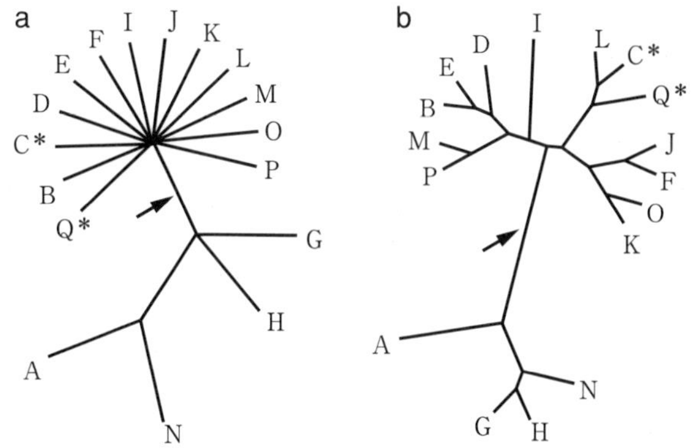

図 8-2　*A. flavus* と *A. oryzae* の同根性および *A. flavus* の隠蔽種を示す系統樹（GEISER *et al*., 1998 より）．a：制限酵素サイト多型（11 遺伝子座の 17 遺伝子型）データから得られた 72 の最大節約系統樹の合意系統樹．b：同データの平均距離法（UPGMA）分析を加味した系統樹．A～Q は各遺伝子型を示す．遺伝子型 C：*A. flavus* 3 株と *A. oryzae* 4 株．遺伝子型 Q：*A. oryzae* 1 株．矢印：グループ I とグループ II（遺伝子型 A, G, N, H）の分岐点

る。しかし、食品のアフラトキシン汚染防止の観点からは、容認しなければならない種である。

8-3-3　動物病原菌のクローン性と種分化－カンジダ・アルビカンス近縁分類群の分化

カンジダ・アルビカンス（以下、*C.* アルビカンスと略記）は、有性繁殖器官が未知である人体常在菌である。核相は複相（2 n）で、免疫不全があると病原性を発揮するので問題となってきている。一般には、クローン性が示されるものの、染色体間での組換えが認められる場合もあり、有性繁殖または他の遺伝子交換機構があると考えられる（GRASER *et al*., 1996）。

また、ITS 2 の塩基配列を基に、*C*. アルビカンスの 3 グループ（group I、II、III）と近縁種の進化過程が考察されている（LOTT *et al*., 1999）。すなわち、共通祖先種から *C*. パラプシロシス *C. parapsilosis* を含めた 3 種が分岐し、28 S rDNA にある挿入エレメント（IS *1*；全長 379 bp）の獲得により *C*.

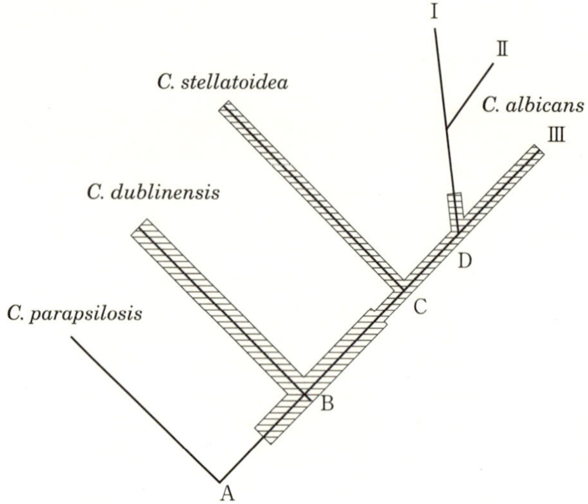

図 8-3 ITS 2 塩基配列を基にした *C*. アルビカンスの種内分化と近縁種の進化方向（LOTT *et al*., 1999）．単線：挿入エレメント IS *1* を含まず．太い斜線：挿入エレメント IS *1* の獲得．細い斜線：挿入エレメント IS *1* の変形．分岐点 B，C，D，分岐長は任意

ドゥブリネンシス *C. dublinensis* が、さらに IS *1* の変形に対応して *C*. ステラトイデア *C. stellatoidea* が分化した。*C*. アルビカンスのうち、グループ I と II は、IS *1* を喪失後さらに分岐した道筋が想定されている（図 8-3）。

なお、*C*. ドゥブリネンシスは、*C*. アルビカンスと協調進化した、表現型からは *C*. アルビカンスと区別できない隠蔽種ともみなされる（TAYLOR *et al*., 1999；コラム 4 参照）。

8-3-4 植物病原菌類の適応戦略

宿主を枯死させる殺生菌類には、腐生生活が可能なものが多い。ところが、野生植物の分布は一般にパッチ状であり、また変異に富んでいる。栽培植物は大規模で比較的均一な季節的に交代する集団を提供し、殺生菌類にとっては野生植物より都合の良い基質となる。病原性獲得は、寄生性の一般的な成果であり、腐生菌類や野生植物の寄生菌類が栽培植物に直面した場合、コストを投じて病原性を進化させている。ここでは、適応的病原遺伝子型の発達による病原菌類の進化について考察する。

（1）宿主特異的毒素の産生による適応進化

アルテルナリア・アルテルナタ *Alternaria alternata*（以下、*A.* アルテルナタと略記）は、環境からしばしば検出される腐生菌類である。しかし、中には殺生能力を獲得し、植物病害を引き起こす集団が存在する。これらは従来別種と考えられてきた。西村（NISHIMURA, 1980）は、*A.* アルテルナタ集団の中から、突然変異によって植物毒素（宿主特異的毒素と呼ぶ）を産生する系統が現れ、特定の宿主（種または品種）に病原性を獲得したものと考えた。ナシ黒斑病菌（*A.* アルテルナタ・ニホンナシ病原系統）やリンゴ斑点落葉病菌（*A.* アルテルナタ・リンゴ病原系統）などの毒素産生系統は、ごく

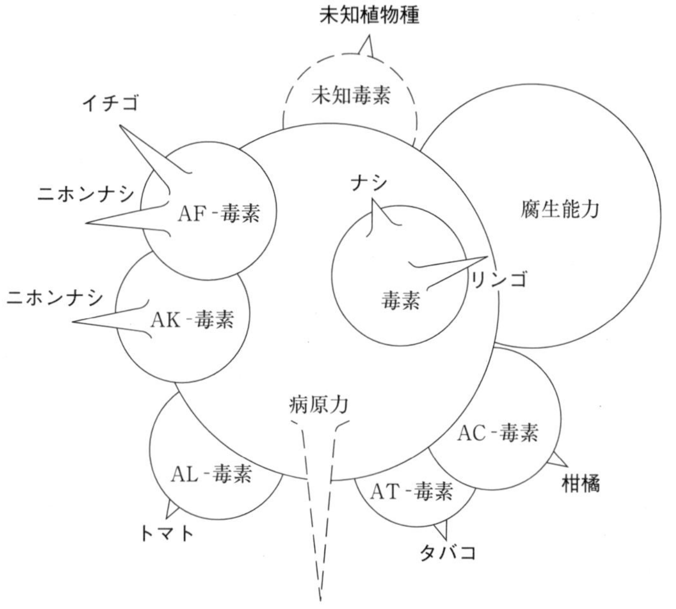

図 8-4　*A.* アルテルナタの宿主特異性毒素産生による病原性分化の模式図（NISHIMURA, 1980 より）

限られた毒素合成遺伝子群を獲得・分化したものであり（HATTA *et al*., 2002)、新たな植物毒素を産生して新たな植物を侵害する変異集団が現れる可能性も指摘されている（図 8-4)。

コクリオボルス・ビクトリアエ *Cochliobolus victoriae*（アナモルフ：*Bipolaris victoriae*）とコクリオボルス・カルボヌム *C. carbonum*（アナモルフ＝*B. zeicola*）は、それぞれ植物毒素を産生して、宿主を別にする。両菌種のあいだでは交雑が可能であり、子孫の毒素産生が個々に遺伝することなどから、種内変異の可能性が示唆されている（SCHEFFER *et al*., 1967)。清水ら（SHIMIZU *et al*., 1998）は、メラニン合成系遺伝子の一つ *Brn1* を用いて両種の同一性を再確認している。

このように、本来は腐生生活をする菌群が、植物細胞を殺す物質［たとえば、ベルカリン類（ミロテキウム属菌 *Myrothecium* が産生）がある］を産生して、ニッチを拡大する場合がある。

（2）集団の交代現象

同一またはよく似た病徴を示す病害を引き起こす植物病原菌集団の性質が、時間の経過と共に変わっていく事例が知られている。これには、同一種の中にある小集団が、栽培植物の遺伝的性質の変化に対応して選択され、頻度を増して区別されるようになるレースの交代現象と、近似種（姉妹種・同胞種とされている事例が多い）へ置換する現象とがある。以下、後者について紹介する。

バナナの葉枯病（Shigatoka disease）を引き起こすミコスファエレラ・ムシコラ *Mycosphaerella musicola* は、近年、黒葉枯病菌ミコスファエレラ・フィジエンシス *M. fijiensis* と急速に置き換わってしまった。カーリアら（CARLIER *et al*., 1996）は世界各地から集めた *M*. フィジイエンシス 5 集団の対立遺伝子頻度を調べ、本菌が東南アジア地域全体で進化し、世界中のバナナ栽培地帯に拡大していったと推定している。

20 世紀に 2 回の世界的流行があったニレ萎凋病（Dutch elm disease）は、オフィオストマ・ウルミ *Ophiostoma ulmi* の侵害で始まったが、現在の流行は 1940 年代に顕在化したオフィオストマ・ノボ-ウルミ *O. novo-ulmi* の EAN、NAN 両レースが関与する。なお、EAN レースはモルドバ-ウクライナ（Moldova-Ukraina）地域で、NAN レースは北米で EAN レースから進化したと考えられている。ヒマラヤで発見されたオフィオストマ•ヒマル-ウルミ *O. himal-ulmi* を含めた 4 種の関係が種々調べられてきた。その結果、*O.* ノボ-ウルミ *O. novo-ulmi* の EAN と NAN ならびに *O.* ウルミとのあいだには強い生殖隔離があり、培養性質・病原性などにも差異が認められ、4 菌は集合種（aggregate species）と考えられたこともある（Brasier & Kirk, 1993）。また、生育温度の特性から、*O.* ノボ-ウルミと *O.* ヒマル-ウル

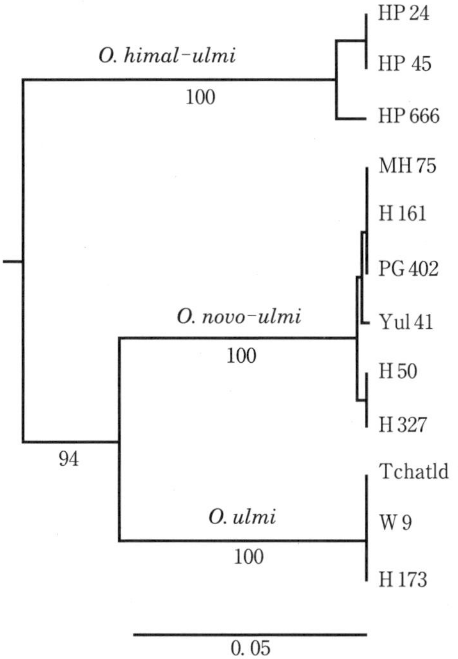

図 8-5 *cu* 遺伝子塩基配列に基づく *O.* ウルミ，*O.* ノボ-ウルミ EAN レース，*O.* ノボ-ウルミ NAN レース，*O.* ヒマル-ウルミの系統樹（Pipe *et al*., 1997）．MH 75, H 161, PG 402：*O.* ノボ-ウルミ NAN レース．Yu 141, H 50, H 327：*O.* ノボ-ウルミ EAN レース

ミはヒマラヤの高地、*O.* ウルミは東部ヒマラヤから雲南が原産地候補に挙げられ、次の進化仮説（BRASIER & METHROTRA, 1995）も提出されている。

① *O.* ヒマル-ウルミがヨーロッパで直接 *O.* ノボ-ウルミに進化した。

② *O.* ヒマル-ウルミが東ヨーロッパで *O.* ウルミと交雑した子孫から *O.* ノボ-ウルミが進化した。

③ *O.* ヒマル-ウルミは *O.* ウルミと *O.* ノボ-ウルミの祖先種の古い類縁分類群である。

パイプら（PIPE *et al.*, 1997）は、本菌群に特異的な毒素産生遺伝子の塩基配列を用いて上記の可能性を検証し、以下の結論に達している。①、②は明らかに否定され、③の蓋然性は高く、*O.* ヒマル-ウルミ→ *O.* ウルミ→ *O.* ノボ-ウルミという過程や、*O.* ヒマル-ウルミから独立に *O.* ウルミと *O.* ノボ-ウルミが派生する過程は考えられない。共通の祖先種から 3 種が同時に派生したか、*O.* ヒマル-ウルミが中間種に進化し、これから *O.* ウルミと *O.* ノボ-ウルミが別個に派生したと考えるべきである（図 8-5）。また、ヒマラヤ地域には、*O.* ヒマル-ウルミよりさらに *O.* ウルミと *O.* ノボ-ウルミに近い種が分布している可能性もある。

これらの研究では、菌種の起源地や進化の中心地域などが調べられており、種分化の過程を考察するうえで、興味深い種々の問題を提供している。

8-3-5　病原菌類の内生菌化と内生菌類の病原性獲得

ウイルス等の場合には、強病原性系統の弱毒化による内生化や、宿主ゲノムへの取込まれが示唆されている。植物と菌類との関係においても、このような関係があってもよいと思われる。病原菌類の内生菌化の例としては、先に挙げたネオチフォジウム属型のグラスエンドファイトがある。しかし、宿主ゲノムへ取込まれた例は知られていない。

反対に、野生植物上での内生的共生、あるいは弱い寄生性菌類から栽培植物上での殺生病原菌類への進化も示唆されている。コレトトリクム・マグナ

Colletotrichum magna は、生物依存栄養性と殺生寄生性要素を合わせもつ菌種である。その非病原性突然変異株には、ウリ科植物組織内で内生菌類として生育し、野生型タイプの胞子形成能・宿主範囲・感染特質を維持しているものがある（FREEMAN & RODRIGUEZ, 1993）。このような事実より、野生宿主から栽培植物への転移や、内生菌類の病原菌化には、単純な遺伝子変化が有効にはたらくことが推定されている。

8-3-6　遺伝子の水平移動

菌類において遺伝的変異を引き起こす要因には、染色体上の突然変異や遺伝子の組換え以外にトランスポゾン*1 やプラスミド*2 の関与が挙げられる。

オーストラリア北部のマメ科牧草を侵すコレトトリクム・グロエオスポリオイデス *Colletotrichum gloeosporioides* では、遺伝的に隔離されたクローン系統からの転位因子（transposable elements）による遺伝子浸透が分子レベルで示唆されている（MASEL *et al.*, 1996）。

フサリウム・オキシスポルムには、活性のある転位因子の多様性がある。これはゲノムの5％にも達し、遺伝子構造や機能ばかりでなく、あらゆる染色体構成に影響を与えている可能性が指摘されている（KISTLER, 1997）。また、転位因子による種分化の可能性が考えられる事例として、フランスボルドー地方のブドウ園に同所的に分布し、生態学的挙動を異にするボトリチス・キネレア *Botrytis cinerea* の2姉妹種トランスポサ *transposa* とバクマ *vacuma* が挙げられる。両集団の違いは、前者が染色体上に2種類の転位因子、*Boty* と *Flipper* をもち、後者には認められないことであった（GIRAUD *et al.*, 1999）。

---

*1　転移性遺伝因子または可動性遺伝因子ともいい，DNAのある部位から他の部位へ転位（すなわち，一つのゲノムのある位置から同じゲノムの別の位置への移動，または別のゲノムへの移動）するDNA単位（遺伝因子）.

*2　染色体以外の遺伝因子．ただし，真核細胞のミトコンドリアや葉緑体に含まれるDNAは除く.

このような事例はほかにもあり、植物や動物からの転位因子の侵入や、それに伴う染色体遺伝子の水平伝達も視野に入れなければならないようになってきている。

8-4 おわりに

“The history of the earth is recorded in the layers of its crest：The history of all organisms is inscribed in the chromosomes.”（地球の歴史は地殻に残され、生き物の歴史はゲノムに刻まれている）。これは、ゲノムの概念を確立された木原 均先生（1893-1986）の言葉である。近年、飛躍的な発展を続けている「生命の歴史」研究は、この名言に沿って行われていると言っても過言ではなかろう。今まで紹介してきたように、微小な菌類の多様性研究もようやくエンジンがかかってきたように思われる。ゲノムを構成するDNAに刻まれている遺伝子情報を、直接取り扱うことで明らかにされてきたことは多い。

植物と菌類の寄生や共生関係を考慮すると、菌類の種数は、陸上植物よりも多いはずである。遺伝子の多様性、種の多様性、生態の多様性は、計り知れない奥行きをもつものと思われる。まだ、研究は緒についたばかりであり、豊富な材料が待っている。

5 ゴンドワナ大陸の分断に伴うナンキョクブナ属植物ー子嚢菌類キッタリアの共進化

「南極ブナ」として知られるナンキョクブナ属 *Nothofagus* 植物は、中生代におけるゴンドワナ大陸の分裂に伴って分布が分断され、現在は約 37 種が南米、オーストラリア、ニュージーランド、ニューカレドニア、ニューギニアに隔離分布する。このうちの 11 種に対して子嚢菌門キッタリア科のキッタリア属 *Cyttaria*（口絵 78）が種特異的に寄生する。この関係は、宿主と寄生者がゴンドワナ大陸の分裂に伴って維持されたのではないかと考えられる。本研究では、キッタリアの核 DNA 上の 18 S rDNA 領域と ITS 領域の塩基配列を解析して寄生者側の系統関係を求めるとともに、宿主の系統樹と対比させることで共進化系の形成過程を系統学的に比較することを試みた。キッタリアの最節約系統樹は宿主ナンキョクブナとの対応をだいたいにおいて反映する結果になった。このことは、宿主の進化を追いかけるようにしてキッタリアの進化が起きたことを示している。キッタリアの系統では、まずタスマニアやニュージーランド、オーストラリア、南米の中高緯度に分布する種が分岐した。これらは相互に側系統群であり、全てナンキョクブナ属のロフォゾニア亜属 *Lophozonia* に寄生する種であった。キッタリアはその後に南米のナンキョクブナ亜属 *Nothofagus* 4 種に寄生する種が次々に分岐した。*C.* ハリオチ *C. harioti* は属中で最も多い複数の宿主に寄生するが、この場合においてのみ亜属を越えた宿主にまたがって寄生関係を築いている。この寄生関係は系統的な制約に関係なく、同所的に生育する宿主に広く感染できたことを示唆している。ナンキョクブナの進化の過程では、2 回寄生関係が消失したかあるいは 2 回並行的に寄生関係が確立した。キッタリアは宿主を追いかけて、ゴンドワナ大陸をまたいだ共進化系を形成した。宿主は熱帯側へ移住してニューギニアとニュー

カレドニアへたどり着いたとき、寄生関係からようやく解き放たれたと思われる。 (瀬戸口浩彰)

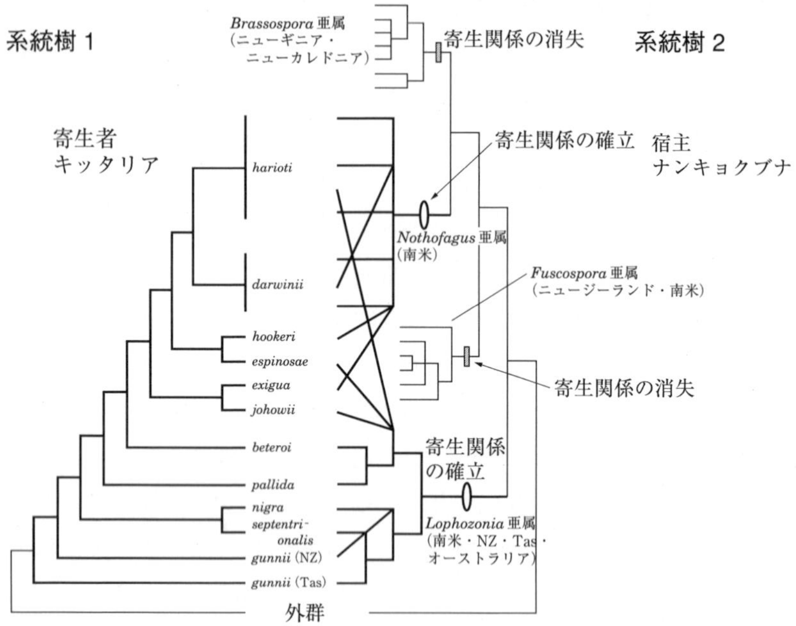

ナンキョクブナとキッタリアの共進化の過程を表す系統樹
系統樹 1：核 DNA 上の 18 S rDNA コード領域と ITS 領域の塩基配列に基づく寄生者キッタリア属構成種の最節約系統樹
系統樹 2：葉緑体 DNA 上の *atpB–rbcL* 遺伝子間の非コード領域の塩基配列に基づく宿主ナンキョクブナ属構成種の最節約系統樹．寄生するキッタリアの系統に合わせて樹形を変形させている
NZ：ニュージーランド，Tas：タスマニア

6 冬虫夏草の宿主特異性の進化

冬虫夏草（口絵73）とはコルディケプス属 *Cordyceps* の菌類の総称で、生きた昆虫やクモなどに寄生して、奇妙な形のキノコを生やす風変わりな菌類として知られる。薬効あらたかな漢方薬として高価に取り引きされるシネンシストウチュウカソウ *C. sinensis* は特に有名である。

ほとんどの場合、特定の種の冬虫夏草は特定の種やグループの宿主生物にしか寄生できない。たとえばサナギタケ *C. militaris* は鱗翅（りんし）目の蛹（さなぎ）や幼虫にしか生えないし、セミタケ *C. sobolifera* はほとんどニイニイゼミ専門である。このような「宿主特異性」は、宿主をうまく利用しようという寄生者と、生体防御などによって寄生者を防ごうという宿主生物のあいだの共進化によって生じると考えられている。

冬虫夏草類はこれまでに400種程度が知られているが、ほとんどは昆虫やクモなどのさまざまな節足動物の寄生者である。おそらく冬虫夏草類の進化の過程では、異なるグループの節足動物への「宿主転換」が時折起こることにより、多様な宿主を利用できるようになったのだと考えられる。

しかし特筆すべきことに、ほんの20種ほどが、例外的に昆虫とは縁もゆかりもない地下性のキノコであるツチダンゴ類（*Elaphomyces* spp.）に寄生する。分子系統解析によって詳しく調べたところ、ツチダンゴに寄生する種類はなんと、セミに寄生するグループの冬虫夏草から進化してきたことが明らかになった。ツチダンゴもセミの幼虫も樹木の根から栄養を摂り、生活環のほとんどを地下で過ごす。このような生態的な共通性が、昆虫から菌類へという跳躍的な宿主転換の進化を促進した可能性が高い。

（深津武馬）

9　生態・分布からみた多様性　　徳増征二

9-1　菌類の進化と植物

現在までに記載された菌類は約7万種であるが、現存種の数は最低その10倍ぐらい、多い場合には20倍強の150万と推定されている。そして、その大半は陸上に生息している。

菌類は、先カンブリア代（6億年以前）に出現したと推測されている。その後、海水域から汽水域、さらに淡水域へと広がり、古生代のカンブリア紀後半からデボン紀（5～3.6億年前）には陸上に進出することのできる状態にあったと考えられる。化石記録がきわめて断片的であるため上陸の時期を特定するのは難しいが、シルル紀からデボン紀（4.4～3.6億年前）には植物の上陸に伴って陸域に進出していたであろう。

推定できる当時の陸域の環境から、上陸した菌類は乾燥や紫外線から身を保護する必要があり、地衣類のような藻類との共生体あるいは初期陸上植物の組織内に生息していたと考えられている。現生の地衣類や、菌根や葉や茎の中にすむ内生菌型共生の起源は、この時期にあるといえる。やがて陸上で植被が広い面積を占めるようになると、陸域の物理化学的環境が和らぎ、植物から枯死物が安定的に供給されるようになった段階で、菌類の一部が宿主から離れて枯死物を分解して生活するようになったと考えられる。その後、気候の変化に対応して植物の多様性が増し、様々な植物群落が陸地を広く覆うようになると、菌類も植物のパートナーとして、あるいは植物の生産するセルロースやリグニンなどの高分子化合物の主要な分解者としての生態的地位を占め、急速に多様化が進行したと思われる。

このように、菌類の多様化の歴史は植物の多様化の歴史と並行に起こっており、植物側も菌類との新しいパートナー関係の樹立、たとえば3回の主な菌根化——初期陸上植物のVA菌根化、樹木の外生菌根化、ツツジ科植物の内生菌根化*1——を契機に新たな分化を起こしたと推定できることから、両者の多様化の道筋は不可分の関係にあるといえる(COOKE & WHIPPS, 1993)。

この章では、1）菌類の栄養獲得様式、2）菌類と基質（substratum；栄養源であり同時に生活の場所である資源単位、微小生息場所とほぼ同義である）の種類との関係、3）地理的分布を概観し、それらが菌類の高い多様性とどのようにかかわっているかを考察する。

9-2　菌類の栄養獲得様式

菌類は従属栄養生物であり、栄養体を形成・成長し、維持・繁殖をするために他の生物（菌類も含まれる）から直接•間接に有機栄養を得て生活する。一般に、菌類は細胞膜を通して栄養物を吸収するが、可溶性の単糖類、アミノ酸あるいは短いペプチド鎖の形でしか吸収できない。そのまま吸収可能な栄養物は天然には少量しか存在せず、存在するものもすぐに菌類や細菌によって吸収・利用され枯渇する。そのため大半の菌類は、細胞外に分泌する分解酵素によって高分子を分解して栄養物を得ている。

---

*1　植物の根と根に寄生する菌類の間には，相利共生，片利共生，共存など，広い意味での共生関係が認められ，菌根（mycorrhiza）と呼ばれる（口絵51，52，122，123参照）．草本・木本を問わず植物の80％以上と共生関係をもつといわれる接合菌門のグロムス目菌類（最近，新しい門Glomeromycotaとして独立）が形成するVA菌根（vesicular-arbuscular）では，菌類が植物の根の細胞内に侵入し，内生菌根と呼ばれる．一方，担子菌類が温帯や寒帯の森林樹木の根に寄生して形成する外生菌根（ectomycorrhiza，ECM）では，菌類が細胞内に侵入することはない．ツツジ科の植物の根には，主に子嚢菌類が内生菌根（ericoid）を形成する．相利共生的な菌根では，菌類が宿主植物から炭水化物の供給を受け，植物は菌類から水分とミネラルの供給を受ける．宿主植物に対して，VA菌根菌類はリン（P）を，ECM菌根菌類はリンと窒素（N）を，エリコイド菌根菌類は窒素を主に供給する．この能力は，現在のパートナー植物の主要分布域（VAは熱帯および草原，ECMは温帯と寒帯の森林，エリコイドはツンドラ）の土壌環境とよく合致している．進化的には，それぞれの菌根共生関係が発生した時代の地表環境を反映したものといわれる．上述のほか，ラン科植物や腐生殖物で異なる型の共生関係の菌根が知られている．

菌類が炭素およびエネルギー源として利用している有機化合物は、実に多様である。利用される炭化水素の中で最も構造の簡単なものはメタンであり、少数の酵母が利用することが知られている。長鎖の炭化水素、アルコール、グリセロールや脂肪酸、あるいはアミノ酸、糖アルコールや糖酸、あるいはアミノ糖、二糖類と、単糖類に近づくにつれて利用できる種類数も増えてくる。二糖類は多くの種によって単糖類に分解されて利用されるが、ショ糖（スクロース）を利用できない種もある。グルコースあるいは単糖類は、大部分の菌類が利用できる。高分子化合物では、デンプンを利用できる種の数は非常に多い。しかし、デンプンより複雑な構造の高分子化合物を利用できる菌の数は、セルロース、ヘミセルロース、脂質、タンパク質、キチン、ケラチンと構造が複雑になるにつれて少なくなる。陸上生態系で最も大量に存在するセルロースも、主に菌類が分解する。主として担子菌類によって樹木のセルロースが分解される現象は、褐色腐朽（brown rot；褐色腐れともいう）と呼ばれている。菌類が利用する最も複雑で大きな高分子化合物はリグニンであり、白色腐朽（white rot；白腐れともいう）を起こす担子菌類がその主な分解者である。

菌類が利用する炭素源を、構造が最も簡単なメタンと最も複雑なリグニンを両端にしてそのあいだに化合物を化学的あるいは構造的に単純なものから複雑なものへと並べ、ある炭素源を利用できる菌類の割合を縦軸にとってグラフを描けば、単糖類を頂点にした鐘状の線が描ける（DEACON, 1997）。これは、高分子を利用できる種も、最終的には水溶性の単糖類・アミノ酸・短いペプチドしか吸収できないこと、そして、炭化水素・アルコール・脂肪酸などを利用できる腐生能力のある種の数も、化合物の親水性あるいは窒素含量など様々な理由により限られているからである。そうした菌類は、「グルコースはあるが高分子やアルコールがない」という状況にあっても、生育になんら支障をきたさない。よく誤解されるが、セルロース分解菌類とはセルロースを分解できる菌類の意味で、セルロースしか利用できない菌類の意味ではない。

有機栄養をどのようにして獲得するかをみると、次の三つに大別できる。

（1）腐生栄養(saprotrophy)

菌類自体が殺生したのではない生命をもたない資源（例：枯死植物・動物死体・糞など）から、可溶性の有機栄養を吸収する栄養様式である。セルロースなど不可溶性の高分子は菌体外酵素によって分解し、可溶性にしてから吸収する。この栄養獲得様式をとる菌類を腐生菌類と呼ぶ。

（2）活物栄養(biotrophy)

宿主あるいはパートナーの生きている細胞からのみ、有機栄養を得る栄養獲得様式である。この栄養獲得様式をとる菌類には、絶対的寄生菌類（例：サビキン）と絶対的共生菌類（例：VA 菌根菌類）が挙げられる。前者は、宿主植物あるいは動物から有機栄養を奪取する形で獲得し、宿主は多くの場合なんの利益も得ていないように思われる。後者は、パートナーから有機栄養を受け取り、逆に無機栄養や水を供給する。どちらの型の菌も、栄養的に宿主あるいはパートナーに依存する割合が高く、それらが死ぬと生存できなくなるものが多い。このため、人工的に培養することがきわめて困難なものが多い。また、複雑な組成の培地を工夫して培養に成功しても、成長はきわめて緩慢で、生活環を全うさせられないことが多い。

（3）殺生栄養(necrotrophy)

宿主あるいはその組織の一部を殺してから、腐生的に栄養摂取する様式である。虫生菌類、ならびにアメーバや線虫（ネマトーダ）の寄生あるいは捕食菌類が代表例である。この菌群は、獲物に散布体が付着したり飲み込まれたり、あるいは罠にかかったりすると、最終的に獲物を殺して栄養を獲得する。それで死体栄養とも呼ばれる。また、植物の立ち枯れや萎凋を起こす土壌伝播性の植物病原菌類も、この栄養獲得様式を示す。

この三つの様式をさらに細かく分類すると、表 9-1 のようになる。

ところで、多くの菌類は、この三つの栄養獲得様式のいずれか一つを用いて主に生活しているが、生活環の様々な状況に応じて様式を変えることができる。もちろん、変化できる方向や変化しうる限界はある。たとえば、腐生

表 9-1 栄養獲得形式による菌類の分類*

区　分	特　徴
絶対的活物栄養菌類	栄養菌腐生栄養，殺生栄養の能力を欠く活物栄養菌類
半活物栄養菌類	初期は活物栄養であるが，やがて殺生栄養に変わる．腐生能力は絶対的殺生栄養菌同様限定的である
条件的腐生栄養半活物栄養菌類	初期は活物栄養，次いで殺生栄養となり，最後に腐生栄養相をもつ
絶対的殺生栄養菌類	通常は殺生栄養で，腐生能力はきわめて弱いか，殺した組織内に生育が限定される
条件的腐生栄養殺生栄養菌類	通常は殺生栄養であるが，腐生栄養になる能力を若干もつ
条件的殺生栄養腐生菌類	通常は腐生栄養であるが，殺生栄養になる能力を若干もつ
絶対的腐生栄養菌類	殺生栄養や活物栄養能力を欠く腐生栄養菌類
条件的活物栄養腐生栄養菌類	通常は腐生栄養であるが，活物栄養になる能力を若干もつ
条件的腐生栄養活物栄養菌類	通常は活物栄養であるが，腐生栄養になる能力を若干もつ

* COOKE & WHIPPS, 1993 より作成

栄養から殺生栄養へ、あるいはその逆の方向への転換現象は頻繁に観察されており、菌類の多くが腐生栄養と殺生栄養の両方の能力をほぼ均等にもっていることを示唆している。しかし、腐生栄養から活物栄養に転換する例は、ごく少数しか知られていない(COOKE & WHIPPS, 1993)。

9-3　菌類と基質の関係

菌類の栄養獲得法は、上述のように大きく腐生・活物・殺生の 3 型に分類できる。菌類を、実際に菌糸を張りめぐらせ栄養を得て生活する基質の種類で分類すると、種によってきわめて広範な種類の基質上に発生するものからごく限られた種類の基質にしか発生しないものまで様々である。そして、こうした傾向はいずれの栄養獲得法をとる菌類にもみられる。

特定の活物栄養の菌種が特定の植物種や動物種にのみ寄生する場合（絶対的寄生菌類 obligate parasites）や、菌根を形成する種が特定の植物種のみをパートナーとしている場合、“宿主特異性(host specificity)がある”と表現されるが、厳密に 1 対 1 の関係が存在することを証明するのはきわめて難しい。このため、ある菌種がある種類の基質に相対的によく発生することを、“選択性(selectivity)あるいは拘束性(restriction)がある”と表現することが

多い。また、腐生菌類では、しばしば基質に対して“嗜好性(preference)がある”と表現する。しかし、意思のない菌類に嗜好という言葉は不適当であるとし、host-recurrenceという術語が提案されている（ZHOU & HYDE, 2001)。以下に、菌類が示すそうした代表的な選択性を紹介する。

（1）分類群に対する選択性(taxon selectivity)

菌類が、宿主やパートナーとして特定あるいは関連した生物群を選択する場合、あるいは特定の種や限られた種群から供給される枯死物や遺骸などから特に多く発生する場合、“分類群に対する選択性がある”という。従来、活物栄養や殺生栄養の対象となる生物を「宿主(host)」と呼んできたが、基質の供給源となる生物種も英語では一括して「host」と呼ぶようになりつつある。

基質となる、あるいは基質を供給する分類群の階級はいろいろで、植物病原菌類を例にとれば、いわゆる宿主範囲がある作物種の特定の品種だけに限られるものから、種そのもの、同属内、近縁属、科全体から、いわゆる多犯性と呼ばれる非常に宿主範囲の広いものまである。また、グリム童話などの挿し絵に登場し広く知られているベニテングタケ *Amanita muscaria* は、外生菌根性のキノコで、カバノキ属 *Betula* 植物をパートナーとすることが普通であるが、クマシデ属 *Carpinus* など他の落葉広葉樹をパートナーとすることもできるし、時には針葉樹林にも発生する（口絵 122，123)。

腐生菌類は、本質的に死んだ有機物であれば何でも基質として利用する能力をもつが、天然では特定の生物群の枯死物や遺体上に偏って発生するものがたくさんあり、この特性は菌類の収集の目安や同定の手がかりとして利用されている(ELLIS & ELLIS, 1997)。たとえば、盤菌類の１種デスマジエレラ・アキコラ *Desmazierella acicola* は、マツ属 *Pinus* 植物の落葉内部に選択的に生息し、子嚢果が形成されなくてもアナモルフであるベルチキクラジウム・トリフィズム *Verticicladium trifidum* の発生によって容易にその存在を知ることができるが、同じマツ科のモミ属 *Abies* やトウヒ属 *Picea* の落葉に侵入・定着することはまれである。また、マツ科以外の植物から発生することもほとんどなく、マツ属植物に対して強い選択性をもつことがわかる(VAN MAANEN & GOURBIERE, 1997)。微小菌類の示すこうした基質に対する嗜好性も、分類群に対する選択性の一つと考えられる。

(2)資源単位に対する拘束性(resource-unit restriction)

ある菌種が、特定の植物器官あるいはその部分にしか発生しないという現象も広く認められる(ELLIS & ELLIS, 1997)。たとえば病原菌類には、発生する器官が葉だけ、茎だけなど特定の器官に限定されるものが多数ある。また、葉・小枝・球果・花など単位性のある資源からは、特有の担子菌類や盤菌類が発生することはよく知られている。さらに少し注意深く観察すれば、落葉でも葉身と葉柄部分では発生する菌類の種類が異なることがある。たとえば、マツ林のO層(有機物層)では、針葉・球果・枝・皮・花・種子など単位性のある複数の基質が渾然一体となって存在する。この層から発生する腐生性の担子菌類には、O層の構成物全てを利用しながら自由に生活し、しばしば明瞭な菌輪を形成する種と、一部の単位性のある基質の中でだけ生活し、そこから子実体を発生させる比較的小形の種とがある。微小菌類と呼ばれる、目でみることのできない小形の子嚢菌類や不完全菌類の多くも、マツ林O層で基質の種類が異なると、生息する種類相が異なるのが普通である。この選択性は“資源単位拘束性”と呼ばれ、特定の資源単位の中で十分に菌体を発達させ子実体形成まで到達できる菌類において、この傾向が著しい。また、この選択性は分類群に対する選択性と関連することが多く、寄生菌類ばかりか腐生性の種類においても、特定の植物の枯死した特定器官から選択的に発生するという種が少なくない。たとえば、分類群に対する選択性で例に挙げた盤菌類の1種デスマジエレラ・アキコラは、マツ林のO層中でマツ落葉以外の基質から発生することはほとんどない。

(3)生息場所に対する選択性(habitat selectivity)

菌類にとって生息場所という概念はやや曖昧であるが、担子菌類であれば、子実体の発生する場所により立ち枯れた木の幹や生きている木の皮などの樹上、あるいは空中性・O層性・土壌性・地下性といった区別ができ、発生場所をそれぞれの生息場所と解釈することができる。そして生息場所が異なれば、発生する担子菌類の種類相もはっきりと異なるのが普通である。こうした選択性を“生息場所に対する選択性”という。この選択性には、“分類群に対する選択性”と“資源単位拘束性”の両方が包含されていることが多い。たとえばアカマツ *Pinus densiflora* とコナラ *Quercus serrata* 混交林で、O 層に広く生息する種があるかと思えば、構成物であるコナラの殻斗にだけ生息する種もある。前者は O 層という生息場所に選択性を示すが、O 層構成物の起源（マツかコナラか）や器官（葉か皮か）に対して選択性はない。これに対して後者は、O 層に対する生息場所選択性と同時に、コナラに対する分類群選択性と殻斗という資源単位に対する拘束性をもつことになる。同様に、先述のデスマジエレラ・アキコラは同じ林の O 層でもっぱらマツ落葉に生息するが、同じマツの枯れ葉でも樹上の枯れ葉に侵入することはないので、O 層に対する選択性があるといえる。

（4）分解程度に対する選択性(decay stage selectivity)

以上三つの選択性に加えて、基質が生きているか、死んでいるか、どの程度分解されているかによって、生息する菌類相が大きく異なることが知られている。これは、基質が分解されるのにつれて基質そのものが変質し、その結果菌種の交代が起こることによる。この菌種の交代現象を“基質上の菌類遷移(substratum succession)”と呼ぶ。基質上の菌類遷移は、生物遺体が分解される時にその上で起こる遷移の一部であり、遷移の終点はエネルギーゼロの状態になるから、ある場所の生物群集が時間の経過と共に遷移し極相に至るという過程でみられる菌類群集の遷移(seral succession)とは異なる(SWIFT, 1982)。

この型の遷移は、針葉樹、特にマツ属植物の落葉（リーフリター）で最も詳しく研究されている(MILLAR, 1974)。マツの葉が老衰するまでは、マツの葉の防御機構を突破できる寄生菌類と葉の表面で生活する酵母や酵母様菌類が生活するが、葉が成熟すると、条件的腐生栄養半活物栄養菌類あるいは半活物栄養的な菌類が葉の内生菌として生息するようになる。葉が老衰すると、生葉の小さな傷の部分などに潜んでいた条件的腐生栄養殺生栄養菌類や条件的殺生栄養腐生菌類が活動を始め、また、空中伝播する分生子を形成するごく少数の腐生菌類が侵入・定着し始める。葉が樹上にあるあいだに侵入する菌群の中で、内生菌・条件的腐生栄養殺生栄養菌類・条件的殺生栄養腐生菌類は分類群に対する選択性をもつものが多いが、腐生菌類にはそうした傾向がほとんどなく、老衰あるいは枯死直後の植物器官であれば、植物種・器官の種類に関係なく侵入・定着する。この菌群の生態的特徴は耕地雑草などと似ており、枯死直後の植物体上で発芽・定着すると、基質中に存在する単糖類やアミノ酸など容易に利用できる栄養をすばやく利用し尽くし、胞子形成を行い、新しい基質へと移動する。

この樹上で侵入・定着できる菌群は、葉が枯死し落葉するまでは優占するが、落葉してO層に入るとリーフリター生息菌類がすぐに侵入し、やがて交代する。交代は葉の内部と表面で別々に起こり、内部では内生菌類が特定の腐生菌類と、表面では樹上で定着した様々な腐生性種が数種の褐色菌糸をもつ不完全菌類と交代する。落葉後すぐに基質に侵入する種は、分類群に対する選択性が高いものが多い。この段階で本格的な葉の分解が開始されるが、その役割は主に葉の内部に定着した菌類によって行われる。葉の分解が進行し、葉の含水率が高まるにつれて、土壌菌類と呼ばれる菌群が葉の内外部に現れる頻度が高くなる。

一方、分解が進むにつれて、葉成分中の難分解性物質の割合も増加する。こうした状況になると、セルロースやリグニンの分解能力に優れたO層に生息場所選択性を示す担子菌類が、落葉直後に侵入・生息してきた菌類と交代する。やがて葉はぼろぼろになり、粉のような腐植になる。腐植は、葉の分解過程で分解されなかった難分解性物質や、菌類やその他の分解に関与した生物の死体や分泌物などから構成され、主に土壌菌類と細菌によってゆっくり分解される。

植物遺体が地表で分解される時に起こる菌類遷移パターンは、マツ属植物の落葉分解に伴う菌類遷移と基本的に同じであり、分解段階に対応して異なる菌類相が生息している。また、土壌中で根が分解される時も、分解段階によって優占する種が交代する同様な遷移が観察される。

この分類群・資源単位・生息場所・分解段階に対する選択性の存在により、一地域における菌類の種数はそこに生育する植物の種数をはるかに上回ることになる。

9-4 地理的分布

菌類の栄養体は、サイズ的に肉眼でみることのできない菌糸体あるいは酵母様であり、種の同定形質としての価値は全くない。子実体が肉眼的大きさである担子菌類や子嚢菌類の地理的分布の研究は、種子植物と同様に採集品に基づき（LANGE, 1974）、また、植物病原菌などは病気の発生を指標にして分布範囲の推定が行われてきた。こうした調査方法で描かれる分布域は、菌糸体が存在しても子実体形成に至らなかったり、病徴を表さない場合もあるので、種そのものの分布域と必ずしも一致しないという欠点はあるが、個々の種が明瞭な分布域をもつことを示している。

腐生性の微小菌類に関しては、子実体採集よりも むしろ土壌や様々な基質を平板法などで培養した際に出現する菌を同定することにより、分布範囲の推定が行われてきた。培養法による調査は、その場所で生活している菌の中で、遷移の初期に出現する分類群に対する選択性のない普遍種や、成長の速い菌栄養培地上での競争に強い菌を主に記録することになるため、地域間にあまり違いが存在しないようにみえる欠点がある。しかし、リター生息微小菌類中での基質に対する拘束性の強い種の分布は、担子菌類などと同様、種ごとに明瞭な分布範囲をもつことが明らかになりつつある。すなわち、異なる気候の地域間に生態的同位種が存在する可能性や（VAN MAANEN & GOURBIERE, 1997）、大陸間で系統的に近縁の種群が存在する可能性が、分子系統学的手法によって示唆されるようになってきている（O'DONNELL *et al.*, 1998）。

9-5 なぜ菌類は高い種多様性をもつのか

菌類は、動植物が造りだしてきた様々な成分やその混合物を利用するように進化した結果、炭素源としてきわめて多様な有機化合物を利用できるようになった。周囲にある化合物の種類によっては細胞外酵素の分泌を制御し、状況によっては栄養獲得様式さえも変化させることができる。こうした柔軟さや多芸さを身につけたことが、高い多様性を獲得した一つの理由であろう。

さらに、動植物の多様性が増すたびに新たな分類群に対する選択性をもつ種が生まれた。そして、基質に対する拘束性、生息場所に対する選択性、分解段階に対する選択性により、一つの資源を多数の種で利用するようになったことが、種の多様性を高めることに寄与したと考えられる。また最近の研究で、気候の違いに対応した菌類相の地域性が明らかになり、近年 比較的研究例の少なかった熱帯地域における探索も盛んになりつつある。

今後、新種が次々と発見され、菌類の多様性の実態が現れてくると思われる。

7 菌根菌類の多様性とその生存戦略

真菌類の菌糸が植物の根に共生している状態を「菌根」という（口絵51，52，122，123参照）。菌根の中で、最も起源が古いと思われるのは菌糸が細胞内まで侵入するVA菌根である。この菌根の痕跡（こんせき）はデボン紀（3億7千万年前）の化石に残っているので、陸上植物がその分布範囲を広げていくのにつれて、相手を乗り換えながら繁殖したようにみえる。このグループはわずか8属で、種数も少なく、単純な形をした多核体の厚壁胞子を作り、温湿度の変化にも耐えて生き残った。一方、相手となる植物種の幅はきわめて広く、シダから被子植物に及んでおり、地球全体に広がっている。おそらく多核体の利点を活かして、同時に多くの植物に共生し、他の菌類にくらべて大きな菌糸体を作らず、植物に依存する度合いを低くして、より長く共生状態を保つように進化したのであろう。

次に多いのが、根の外側を菌糸が包む外生菌根である。菌はほぼ担子菌類に限られており、中でも帽菌類に多く、属単位で菌根菌類（菌根菌とも呼ばれる）となるものが多い。ただし、中には腐生性や寄生性をもったものがあるなど、まだ進化途上のものも残っているようにみえる。相手の植物は、白亜紀中期に現れたマツ科・ブナ科・カバノキ科・ヤナギ科・フタバガキ科・フトモモ科などの樹木に限られており、北半球に多いという特徴がある。これらの植物の根は、草本植物にくらべて少なく、菌糸の助けによって水や養分を吸収し、極限環境に耐えて繁殖できるように適応している。樹木は多種類の菌を根に同時に共生させ、菌のほうは複数の宿主について共倒れになるのを避けている。

共生とは、相手が死ねば自分も滅びるというリスクの高い生き方だが、どうやらヒトも含めて、あらゆる生物がその方向へと進化、もしくは退化しているようにみえるのは思い過ごしだろうか。（小川　眞）

第 III 部

菌類群ごとの特徴

図版解説

現代菌類系統分類学の視点から、偽菌類 7 門、“真の”菌類 4 門プラス 2 菌類群について、各門／群の形態的特徴を図解し、分類や系統をコラムも交えて概説する。

1. アクラシス菌門 Phylum ACRASIOMYCOTA

本門の研究は、1873年、キエンコウスキー CIENKOWSKY が腐木上で発見したグッツリナ・ロゼア *Guttulina rosea* を発表したことに始まる。アクラシス型細胞性粘菌とも呼ばれる。近縁と考えられていたタマホコリカビ類とは、多数のアメーバ状細胞が集合して一つの子実体を形成する点で似るが、微細構造的にも分子系統的にもまったく異なる生物群である。

◆生活環 アメーバ状細胞は、単核で、葉状仮足をもつ。酵母、カビの分生子、細菌などを食作用によって取り込み栄養とし、二分裂によって増殖する。餌がなくなると、多数の細胞が三々五々に集合し、子実体を形成する。子実体を構成する胞子や柄などの細胞は全て、適当な条件を与えると再びアメーバ状細胞になる（図 a）。有性生殖は知られていない。

◆分布・生態 しおれた花や樹皮のような 死んでいるがまだ植物体に付着している部分を採取し、シャーレの中で湿度を保ちながら培養すると得られる。馬や牛などの糞に発生する種や、土壌や腐りかけたキノコなどから分離された種もある。しかし、まだ分布も生態もほとんど知られていない。

◆分類・系統 1綱1目3科からなり、5属約15種が知られる。**アクラシス科**の子実体は、柄細胞と胞子からなる（図 b_1，b_2）。ある種ではアメーバ状細胞が鞭毛を形成する。ミトコンドリアは板状のクリステをもつ。**グッツリノプシス科**の子実体は、非細胞性の柄とソロシスト（sorocyst）からなる（図 c）。鞭毛形成は知られていない。ミトコンドリアは板状のクリステをもつ。**コプロミクサ科**の子実体は、樹木状で、全てソロシストからなる（図 d_1，d_2）。鞭毛形成は知られていない。ミトコンドリアが管状のクリステをもつ点で、前2科とは異なる。

以上の特徴を比較すると明らかなように、本門が多系統である可能性はきわめて高い。1979年に発見されたフォンチクラ・アルバ *Fonticula alba* は、アメーバ状細胞が糸状仮足をもつが、子実体がアクラシス類と似ているため（図 e）、便宜的に設けられた四つ目の科**フォンチクラ科**（1属1種）に収められることがある。

（萩原博光）

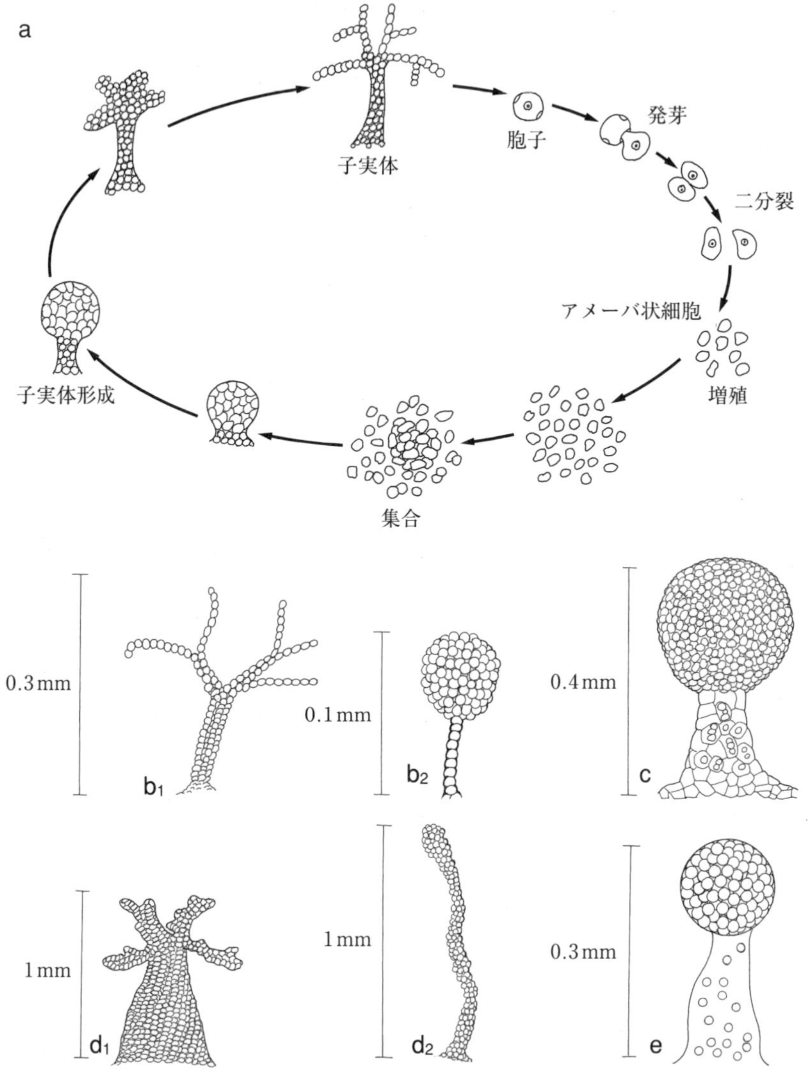

1 アクラシス菌門 a：アクラシス・ロセア *Acrasis rosea* の生活環．b～e：様々な子実体．$b_{1,2}$：アクラシス科．b_1：アクラシス属（口絵 23 参照），b_2：グッツリナ属．c：グッツリノプシス科グッツリノプシス属 *Guttulinopsis*．$d_{1,2}$：コプロミクサ科．d_1：コプロミクサ属 *Copromyxa*，d_2：コプロミクセラ属 *Copromyxella*．e：フォンチクラ科フォンチクラ属

2. タマホコリカビ門 Phylum DICTYOSTELIOMYCOTA

本門の研究は、1869年、ブレフェルト BREFELD がウサギの糞からタマホコリカビ *Dictyostelium mucoroides*（口絵25）を発見し、発表したことに始まる。

最初、変形菌の仲間と考えられていたが、変形体 (plasmodium) とみなされていたものが多核体ではなく、単核のアメーバ状細胞の集合体であることがわかり、変形菌とは異なる生物群であることが判明した。タマホコリカビ類は、一般に細胞性粘菌と呼ばれている。かつて同じ仲間と考えられていたアクラシス類と区別するため、ジクチオステリウム型細胞性粘菌とも呼ばれる。自由生活する多数のアメーバ状細胞から作られる子実体を超個体とみなし、社会性昆虫のハチやアリになぞらえて「社会性アメーバ」と呼んだ研究者もいる。

◆生活環　胞子壁の裂開により這い出す単核のアメーバ状細胞は、糸状仮足をもつ。食作用によって細菌を取り込み、二分裂で増える。周囲の餌を食べ尽くすと、増殖した多数のアメーバ状細胞は自らが分泌する集合物質（アクラシン acrasin）に反応して集まり始め、細胞と細胞が接着して中心に向かう放射状の流れを形成する。この集合体は偽変形体とも呼ばれる。全てのアメーバ状細胞が中心に集まると、集合体の一部が柄細胞に分化しながら柄を作り、残りの集合体が柄に沿って上昇を始める（口絵24）。最終的には、柄の先端に胞子塊をつけた子実体に変身する（図a）。

有性生殖は一部の種で知られる。交配型の異なるアメーバ状細胞が融合してできた巨大細胞は、集合してきた細胞を取り込んで大形の包膜細胞（マクロシスト）となる。休眠後、裂開して多数のアメーバ状細胞が生まれる。核合体や減数分裂の過程は確認されていないが、シナプトネマ構造*1が観察されている。

◆生態・分布　研究初期には糞生菌と考えられていたが、現在では森林土壌

＊1　synaptonemal complex：減数第1分裂の前期に相同染色体が対合して形成する構造.

を主な生息場所とし、腐葉・腐植層を中心に分布することが判明している。温帯の森林の一摑みの土壌から2〜4種、多い場合には6、7種が分離される(図c)。その地理的分布は、熱帯から寒帯にかけて生息種数が減少することから、気候要因の中でも特に温度の影響を強く受けていると考えられる。また、植生にも左右され、同一地域であれば草原よりも林に、林であれば樹種の少ない林よりも豊富な林に多くの種が生息している。世界に広く分布し、砂漠やツンドラからも見つかっている。約20種は広範囲に分布し、その半数は普通種である。

胞子には粘着性があり、乾くと多数の胞子がくっついて塊になるため、風によって遠くへ散布されることは考えにくい。土壌にすむ昆虫などの体に付着して運ばれたり、水に溶けて流されたりすることが知られており、地上の大形動物も運搬に関与していると考えられている。地上で餌をついばむ鳥によって運ばれ、それが渡り鳥の場合には遠距離散布となる可能性が証明されている。

◆分類・系統　1綱1目2科からなり、4属約70種が知られている。**タマホコリカビ科**は、疑問属のコエノニア属 *Coenonia* を含む3属からなる。ムラサキカビモドキ属 *Polysphondylium* は、輪生枝をもつ点でタマホコリカビ属 *Dictyostelium* と分けられる。タマホコリカビ属は、約50種を含む最大の属であり、細胞集合のパターン(図b)、分枝の仕方、子実体の形態が多様化している。**アキトステリウム科**は、非細胞性の柄をもつ。すなわち、集合体の細胞の全てが胞子に分化し、管状の細い柄は集合体の分泌物から作られている。

集合物質は8種類以上あると考えられているが、まだ2種類しか確定していない。一つは環状AMP (cAMP) である。これに反応して集合する種は、全てタマホコリカビ属に含まれ、約20種が知られる。もう一つは、グロリン(glorin) と名づけられた新発見の化学物質で、ムラサキカビモドキ属の種から分離された。

北アメリカで発見され、研究や学校教育によく使われているキイロタマホコリカビ *D. discoideum* は、有性生殖の研究によって遺伝的多様性が認めら

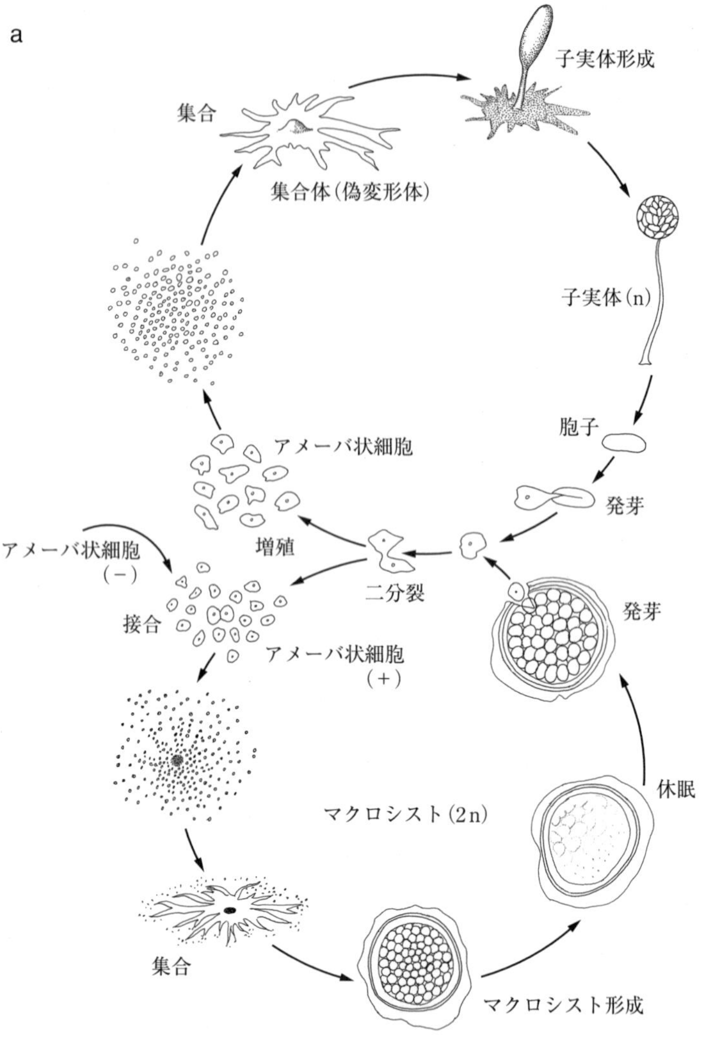

2　タマホコリカビ門　a：タマホコリカビ目の生活環

れ、便宜的にヘテロタリックとホモタリックの各グループと有性生殖の知られていないグループの3グループに分けられた。酵素やDNAを用いた系統解析により、ヘテロタリックのグループは1種と判断され、残りの2グループは2種以上からなる可能性が示唆されている。

本門は、18 S rRNAによる系統解析では、真核生物の発生初期に変形菌とは別々に分岐したことが示唆されている（**III-3.** を参照）。

（萩原博光）

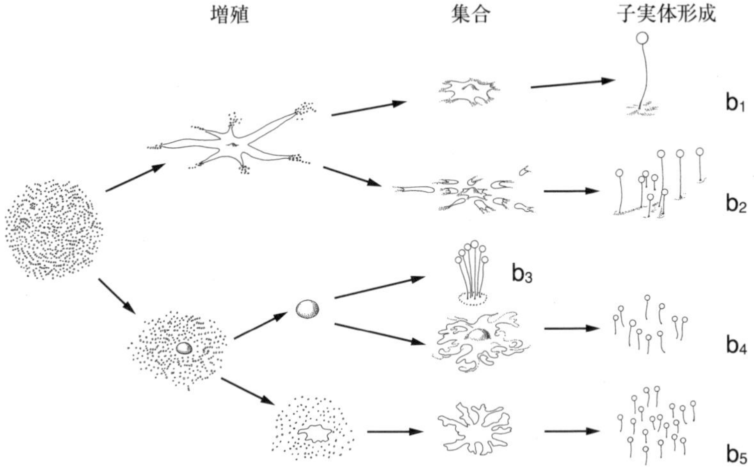

2　タマホコリカビ門　b：タマホコリカビ属にみられる様々なアメーバ状細胞の集合パターン．b_1：明瞭な放射状の流れを作って集合し，その中心より子実体が生じる．b_2：放射状の流れの途中に二次的な中心ができ，それぞれの中心より子実体が生じる．b_3：三々五々に集合し，その中心より複数の子実体が生じる．b_4：三々五々に集合した後，その中心より周囲へ流れ出して二次的に集合し，それぞれの中心より子実体が生じる．b_5：三々五々に集合するが，二次的な集合の中心が次々と遠心的にでき，それぞれの中心から子実体が生じる．

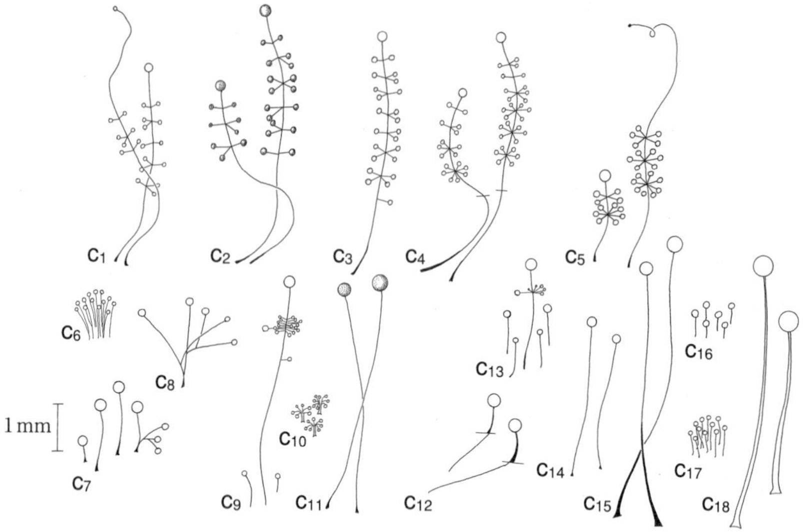

2 タマホコリカビ門 c：日本で普通にみられるタマホコリカビ類の子実体. $c_{1\sim5}$：ムラサキカビモドキ属. c_1：ポリスフォンジリウム・プセウド-カンジズム *P. pseudo-candidum*, c_2：ムラサキカビモドキ *P. violaceum*, c_3：シロカビモドキ *P. pallidum*, c_4：*P*.アルブム *P. album*, c_5：*P*.カンジズム *P. candidum*. c_6：アキトステリウム属アキトステリウム・スブグロボスム *Acytostelium subglobosum*. $c_{7\sim18}$：タマホコリカビ属. c_7：ジクチオステリウム・マクロケファルム *D. macrocephalum*, c_8：*D*.モノカシオイデス *D. monochasioides*, c_9：*D*.アウレオスチペス *D. aureo-stipes*, c_{10}：*D*.ポリケファルム *D. polycephalum*, c_{11}：ムラサキタマホコリカビ *D. purpureum*, c_{12}：タマホコリカビ *D. mucoroides*（口絵25）, c_{13}：*D*.デリカツム *D. delicatum*, c_{14}：*D*.ブレフェルジアヌム *D. brefeldianum*, c_{15}：*D*.フィルミバシス *D. firmibasis*, c_{16}：*D*.ミヌツム *D. minutum*, c_{17}：*D*.ミクロスポルム *D. microsporum*, c_{18}：*D*.セプテントリオナリス *D. septentrionalis*

3. 変形菌門 Phylum MYXOMYCOTA

発見は古く、すでにリンネ以前にキノコの仲間として研究されていた。形態的に類似する腹菌類のキノコと区別されたのは、1829年フリースによる。1859年には、変形菌類の生活史を詳しく研究したド・バリにより、初めて菌類とは異なる生物群であることが指摘された。

◆子実体・変形体 子実体の基本構造は、無数の胞子を内生する袋状の子嚢(胞子嚢ともいう)である。菌類と根本的に異なる特徴は、成長しているときの体が細胞壁をもたず、アメーバ運動をしながら食作用によって微生物を取り込んで消化し、エネルギーを得ることである。このアメーバ体を変形体と呼ぶ。多糖類の粘質物を体外に分泌し、乾燥から体を保護している。そのため、変形菌類は粘菌類とも呼ばれている。本門の大きな特徴は、1)変形体が単細胞ながら多数の核をもち、時にその数が数億以上にもなること、2)成熟した変形体の全体が子実体に変身すること、3)アメーバ状細胞が水分条件によって鞭毛を出したり引っ込めたりすることである。

◆生活環 胞子壁の裂開により這い出した単核のアメーバ状細胞は、糸状仮足をもつ。細菌などを食作用によって取り込んで栄養とし、二分裂により増殖する。水分が多い環境では2本の不等長のむち形鞭毛を前端に生じる。アメーバ状細胞も鞭毛細胞も配偶子の機能をもち、異性の配偶子と接合して核相が2nとなる。接合体は、アメーバ運動をしながら微生物を捕食して成長するが、体は分裂せずに核のみが分裂を繰り返して多核のアメーバ体、すなわち変形体となる。変形体は、低温や乾燥のような生活に不適当な環境では耐久性の菌核となって休眠する。成熟した変形体はいくつもの塊に分かれ、各々の小塊は種特有の子実体に変身する。胞子形成の過程で減数分裂が起こり、核相がnにもどる(図a)。プロトステリウム類の生活環はまだ不明な点が多く、有性生殖も菌核形成も知られていない(図b)。

◆生態・分布 腐木・落葉・枯草などの植物遺体を生息場所とする。一般に、腐木に生息する種と落葉や枯草に生息する種は異なる。コホコリ目のアミホコリ属 *Cribraria* には針葉樹の腐木に発生する種が多い。モジホコリ目は腐木に発生する種ばかりではなく、落葉や枯草に発生する種も多く含む。モジホコリ目以外では落葉や枯草に発生する種はほとんどない。コホコリ科やハリホコリ科の多くの種は、例外的に生木の樹皮にしばしば見つかる。多くの変形菌は梅雨の後半から梅雨明けの頃に発生する。秋によく発生する種や、秋から冬にかけて発生する種も少なくない。根雪のある地方では雪解けの頃に発生する種が知られている。変形菌は、胞子が風によって遠くへ散布されるために広範囲に分布し、既知種の2割ほどが世界的に広く分布する普通種である。昆虫などによる散布は、局所的な分散に重要であることが知られている。

プロトステリウム類は、主に植物体に付着しているしぼんだ花や種皮のような死物から分離される。あるいは生木の樹皮、草食動物の糞、腐木や土壌などを採取し、シャーレの中で湿度を保ちながら培養すると、時に子実体形成がみられる。分散方法についてはほとんど不明であるが、早落性の胞子や射出性の胞子を形成する種が知られており、ダニなどの微小動物によって胞子が運ばれることが推測されている。

◆分類 変形菌綱とプロトステリウム菌綱の2綱からなる。**変形菌綱**は5目からなり、約12科60属900種が知られる（図c）。石灰や細毛体の有無、胞子の色の明暗は、目を分けるうえで重要な形質である（表III-3-1）。子実体に石灰をもつことは**モジホコリ目**[*1] の特徴で、モジホコリ科は子嚢壁にも細毛

＊1 本門分類群の和名は，分担執筆者の意向により語尾の「カビ」がすべて省略されている（たとえば，モジホコリカビ目→モジホコリ目）（萩原ら，1995参照）．なお，巻末の分類表の和名は，『文部省学術用語集 植物学編（増訂版）』中の植物科名の標準和名に準拠した．［編者注］

表 III-3-1 変形菌綱の目と分類形質

	石灰の含有	細毛体の有無	胞子の色の明暗
コホコリ目	−	−	明
ハリホコリ目	−	+	明
ケホコリ目	−	+	明
モジホコリ目	+	+	暗
ムラサキホコリ目	−	+	暗

体にも石灰がみられ、カタホコリ科は細毛体には石灰が含まれない。細毛体は、コホコリ目以外の全ての目にみられる。**ケホコリ目**の細毛体の表面には、他の目にはみられない模様がある（図 e)。**コホコリ目**の中には、一見細毛体に似たものがみられる。たとえば、多数の子嚢の塊であるマメホコリ属 *Lycogala* の子実体の内部には子嚢壁由来の糸状物があり、アミホコリ属の糸状の網目は子嚢壁の一部がかご状に残ったものである。胞子の色は赤・ピンク・オレンジ・黄・茶・青緑・赤紫・紫褐・黒など様々であるが、明色か暗色かによって大きく分類され、紫褐色〜黒色の胞子はモジホコリ目と**ムラサキホコリ目**に限られている。

プロトステリウム菌綱は1目からなり、3科14属約30種が知られる（図 d)。子実体は、1属を除き、高さが 0.2 mm 以下のため肉眼では見ることができないほど小さい。**ツノホコリ科**は1属からなり、例外的に著しく大きい子実体を作る。そのため、一般には変形菌綱の1目として扱われる。しかし袋状の子嚢を作ることはなく、子実体表面に多数の繊細な柄を作り、各々の柄に1個の胞子を頂生する。**プロトステリウム科**は鞭毛細胞を形成せず、**カボステリウム科**は鞭毛細胞を形成する。科や属の定義は人為的な面が強く、再編が試みられている（SPIEGEL, 1990)。

◆系統　20 世紀中頃に発見されたプロトステリウム類は、アメーバ状細胞が非細胞性の柄と 1〜4 個の胞子からなる子実体に変身する。研究が進むにつれて多核アメーバ体になる種や鞭毛を生じる種も見つかり、この生物群からタマホコリカビ類や変形菌が進化したという説が提唱された（OLIVE, 1975)。プロトステリウム類が変形菌に近縁な生物群であることは、18S rRNA を用いた系統解析によって支持されている（図 f_2)。本書では、原生粘菌とも呼ばれているこのプロトステリウム類を変形菌門の1綱として扱うこととした。

18S rRNA による系統解析の結果は、約 10 億年前に爆発的に多様化したクラウン生物群*2（脚注 p. 183）にくらべてはるか初期に、まず変形菌が、後にタマホコリカビ類が分岐したことを示唆している（図 f_1)。一方、保存性

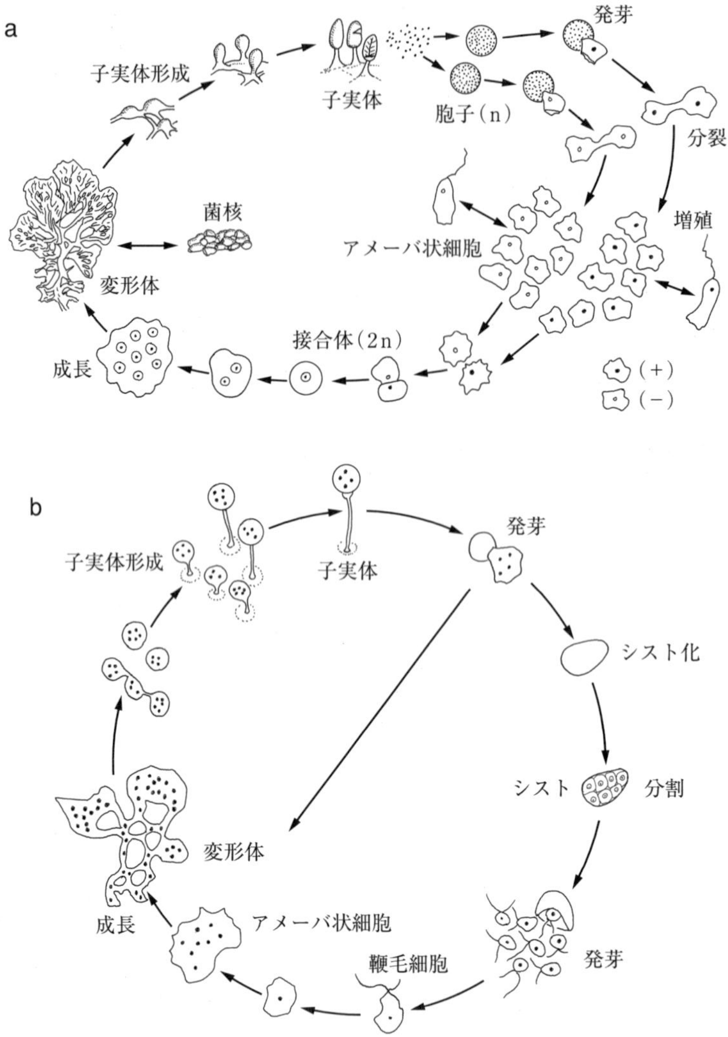

3　変形菌門　a：変形菌綱モジホコリ目の生活環，b：プロトステリウム菌綱ケラチオミクセラ・タヒチエンシス *Ceratiomyxella tahitiensis* の生活環

の高いタンパク質であるペプチド鎖伸長因子のEF-1αを用いた系統解析では、変形菌はプロトステリウム類・タマホコリカビ類の2群と共に単系統群を構成し、クラウン生物群に含まれることが示唆された（BALDAUF & DOOLITTLE, 1997）（図f$_3$）。18S rRNAの解析が正しいのか、またはEF-

＊2　crown group：約10億年前に爆発的に多様化した真核生物のグループ．現生の動物・植物・菌類などの生物群は，その子孫である．

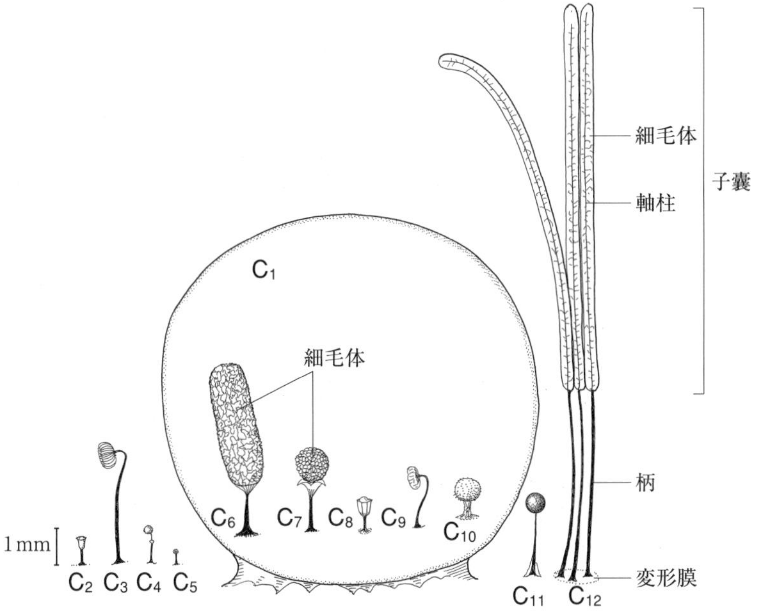

3　変形菌門　c：変形菌綱の子実体の多様性（口絵28〜31参照）．$c_{1\sim3}$：コホコリ目，$c_{4,5}$：ハリホコリ目，$c_{6,7}$：ケホコリ目，$c_{8\sim10}$：モジホコリ目，$c_{11,12}$：ムラサキホコリ目．c_1：マメホコリ *Lycogala epidendrum*，c_2：ミズサシホコリ *Licea operculata*，c_3：クモノスホコリ *Cribraria cancellata*，c_4：クビナガホコリ *Clastoderma debaryanum*，c_5：ハリホコリ *Echinostelium minutum*，c_6：ウツボホコリ *Arcyria denudate*，c_7：ホソエノヌカホコリ *Hemitrichia clavata* var. *calyculata*，c_8：シロサカズキホコリ *Craterium leucocephalum*，c_9：アオモジホコリ *Physarum viride*，c_{10}：シロエノカタホコリ *Didymium squamulosum*，c_{11}：ツヤエリホコリ *Collaria arcyrionema*，c_{12}：ムラサキホコリ *Stemonitis fusca*

1 α の解析が正しいのかは、今後の検討を待たねばならない。

（萩原博光）

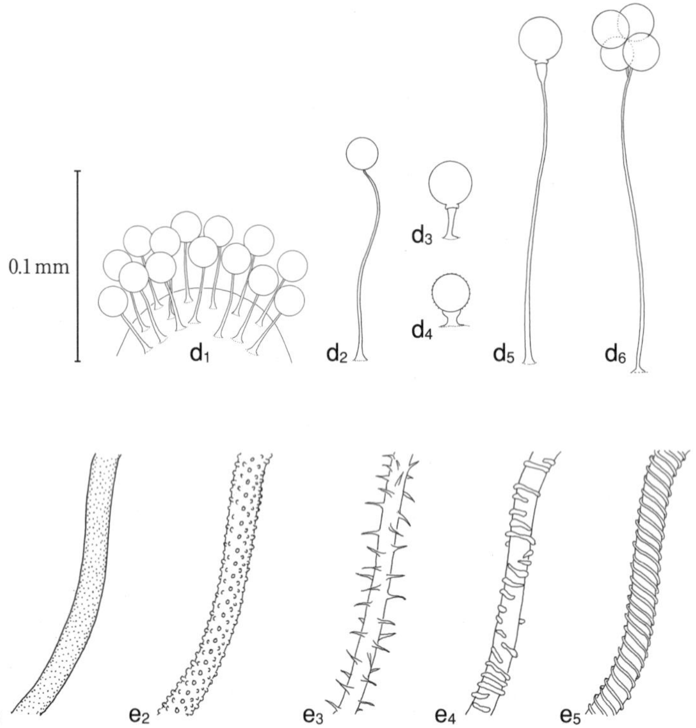

3 変形菌門 d：プロトステリウム菌綱の子実体の多様性．d_1：ツノホコリ科，$d_{2,3}$：プロトステリウム科，$d_{4\sim6}$：カボステリウム科．d_1：ツノホコリ属 *Ceratiomyxa*（口絵 28），d_2：プロトステリウム属 *Protostelium*（口絵 27），d_3：シキゾプラスモディウム属 *Schizoplasmodium*，d_4：カボステリウム属 *Cavostelium*，d_5：ケラチオミクセラ属 *Ceratiomyxella*，d_6：プロトスポランギウム属 *Protosporangium*．e：変形菌綱ケホコリ目にみられる細毛体の多様な模様．e_1：小疣状，e_2：疣状，e_3：棘状，e_4：半環状〜歯状，e_5：らせん状

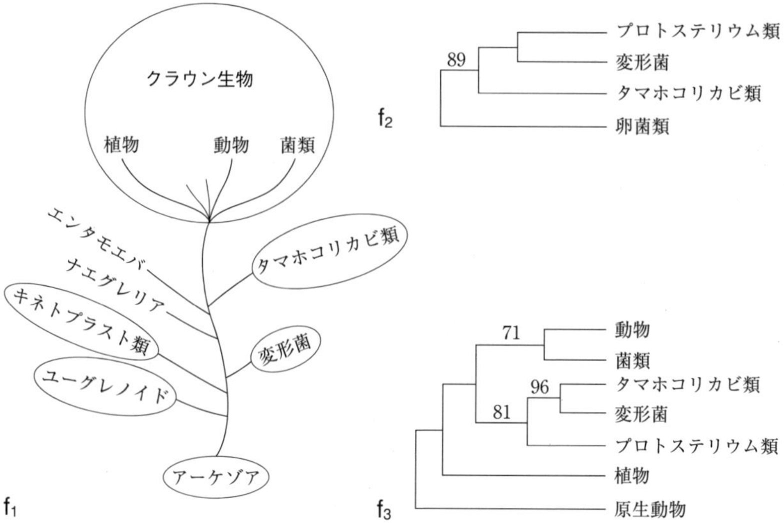

3　変形菌門　f：変形菌およびその近縁生物群の系統的位置．f_1：18 S rRNA に基づく系統樹（LEIPE *et al*., 1993 より改変），f_2：18S rRNA に基づく系統樹（SPIEGEL *et al*., 1995 より改変），f_3：EF-1 α に基づく系統樹(BALDAUF & DOOLITTLE, 1997 より改変)

4. ネコブカビ門 Phylum PLASMODIOPHOROMYCOTA

本門の研究は、1877年、ボロニン WORONIN によってキャベツの根こぶ病菌であるネコブカビ *Plasmodiophora brassicae* が発表されたことに始まる(口絵32)。植物・藻類・卵菌類の細胞に侵入し、細胞壁のない多核の原形質体すなわち変形体となって成長し、宿主に肥大化などの奇形をもたらす寄生菌である。

◆遊走子・核分裂・変形体　不等長な2本のむち形鞭毛を前端方向にもつ遊走子を形成する。核分裂の際、長く伸びた核小体（仁）をリング状に並んだ染色体が取り囲む独特の様式（十字形核分裂）をとることが知られている。変形体は、アメーバ運動や食作用がみられず、明らかに変形菌の変形体とは異なる。

◆生活環　培養不可能な寄生菌であるため、その生活環は断片的な観察に基づいて推測されている(図a)。土壌中の休眠胞子は、発芽して一次遊走子となり泳いで宿主にたどり着き、包膜化したのちに中の原形質体が侵入する。浸透圧の作用で宿主より栄養を吸収して成長し、一次変形体となる。成熟して遊走子嚢を形成し、宿主体外へ二次遊走子を放出する。遊走子は直ちに宿主にとりついて体内に侵入し、成長して二次変形体となる。成熟すると、休眠胞子堆を形成する。宿主の組織が死んで壊れ、土壌中に休眠胞子が放出される。減数分裂が胞子形成時に行われることはシナプトネマ構造(174頁の脚注参照）の形成により証明されているが、核合体の時期は不明である。

◆分布・生態　寄生菌であるため、その分布は宿主の分布と深く関係している。アブラナ科植物に寄生するネコブカビと、ジャガイモに寄生する粉状そうか病菌 *Spongospora subterranea* var. *subterranea* は、世界的に広く分布する重大な作物病原菌である。卵菌類や藻類に寄生する種は、土壌や淡水を採取して宿主を培養するといっしょに発生することがある。ウイルスを媒介して農作物に被害をもたらす種も知られている。

◆分類・系統　1綱1目1科よりなり、10属約30種が知られる。主に休眠胞子堆の形態（図b）で属が分けられる。核分裂様式、細胞壁の化学組成、遊走子の微細構造などが共通していることなどから、単系統群と考えられ、18 S rRNA による分子系統解析から原生動物の鞭毛虫の仲間とする説が最も強く支持されている。（萩原博光）

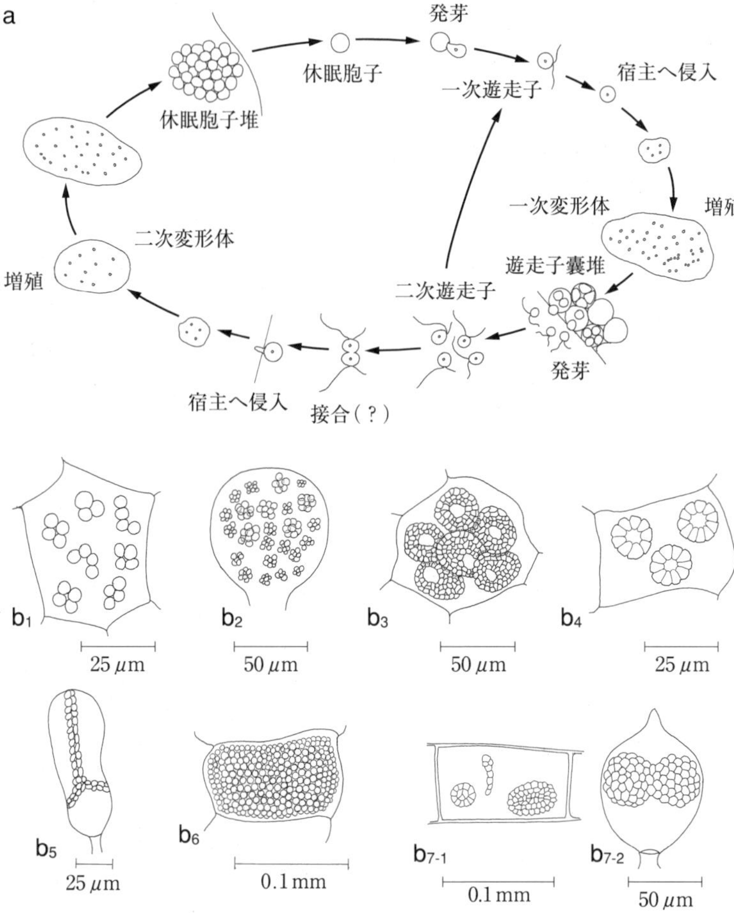

4　ネコブカビ門　a：ネコブカビの生活環．b：休眠胞子堆の多様性．b_1：4 個の休眠胞子が塊状となるテトラミクサ属 *Tetramyxa*，b_2：8 個が塊状となるオクトミクサ属 *Octomyxa*，b_3：スポンジ状のスポンゴスポラ属 *Spongospora*，b_4：球状のソロスファエラ属 *Sorosphaera*，b_5：円盤状のソロジスクス属 *Sorodiscus*，b_6：塊状とならないネコブカビ属 *Plasmodiophora*，b_7：一定の形をとらないポリミクサ属 *Polymyxa*（1）とボロニナ属 *Woronina*（2）

5. ラビリンツラ菌門 Phylum LABYRINTHULOMYCOTA

サカゲツボカビ門・卵菌門と共にストラミニピラ生物群に属し、遊走子は前方に長い羽形鞭毛を、後方に短いむち形鞭毛をもち（**7.** 卵菌門の図 a 参照）、栄養摂取は吸収によって行う。既知種数は 40 数種にすぎない。

◆生態　沿海域や海岸あるいは河口汽水域にあるアマモ属 *Zostera* などの海産維管束植物（海草）・海藻類あるいは有機物断片などから分離されるので、多くは腐生、あるいは藻類などに寄生していると考えられる。貝殻をもたない軟体動物に寄生するものも知られている。

◆菌体・有性生殖　この群には、他の生物群との類縁関係が不明であったため、所属が動・植物や菌類など転々とした二つの生物群が含まれる。

ラビリンツラ目では、紡錘形をした栄養細胞が、細胞質の外質を細胞外に展開して網状構造（ectoplasmic network）を形成する（図 b）。栄養細胞はこの構造の中に納まり、滑走移動をしたり、分裂増殖したりする。また、有色の胞子形成細胞塊を形成し、有性生殖を行って遊走子を形成する。このグループには細胞壁がなく眼点をもつ遊走子を形成するものがある。この遊走子は正の光走性を示し、最終的には鞭毛・眼点・中心粒を失って紡錘形をした栄養細胞になる。この型の遊走子は有性生殖と関連があるとされるが、詳しいことはわかっていない。このグループは網状構造（**7.** 卵菌門の図 b_3）が粘菌類の変形体に似ていることから一時 水生変形菌類（Hydromyxomycetes）と呼ばれた。

一方、ヤブレツボカビ目の外見は、単心性で仮根をもつツボカビ類と似ているが、遊走子の特徴から卵菌類として扱われていた（**7.** 卵菌門の図 b_1）。しかし、仮根に見えるものは、ラビリンツラ目の外質が細胞外に展開してできる網状構造と相同であることが明らかになった。ただし、菌体の片側からだけ外に展開するので菌体全体が覆われることはない。有性生殖は不明。

上記の通りかなり特徴の異なる二つの生物群ではあるが、鞭毛型に加えて網状構造を形成すること、細胞壁がゴルジ体由来の薄い鱗片で覆われていることが共通するので、一つの門にまとめられている。

◆分類・系統　ラビリンツラ菌綱の下に2目がある。**ラビリンツラ目**：栄養細胞が網状構造内に存在し、滑走運動をする。ラビリンツラ科1科。代表属はラビリンツラ属 *Labyrinthula*（口絵34）。**ヤブレツボカビ目**：典型的には、ツボカビ型の菌体を形成する。非運動性。ヤブレツボカビ科1科。代表属はヤブレツボカビ属 *Traustochytrium*，シキゾキトリウム属 *Schizochytrium*（口絵33）。

両目の系統的位置関係ははっきりしておらず、分子系統解析では本門は単系統ではない可能性も指摘されている（LEANDER & PORTER, 2001）。

（徳増征二）

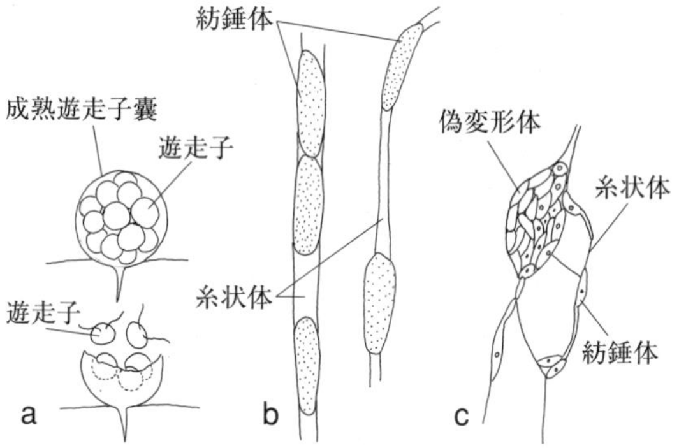

5　ラビリンツラ菌門　a：ヤブレツボカビ目の遊走子嚢，b：ラビリンツラ目の菌体，c：偽変形体状構造

6. サカゲツボカビ門 Phylum HYPHOCHYTRIOMYCOTA

ストラミニピラ生物群に属し、遊走子は前端に羽形鞭毛を1本だけもつ(**7.** 卵菌門の図a参照)。これまでに約25種しか知られていない。

◆生態 土壌や淡水・海水中で藻類・菌類・動物に寄生するか、植物や昆虫の残渣上で腐生生活を営む。

◆遊走子・有性生殖 遊走子嚢から泳ぎでた遊走子は、適当な基質上で鞭毛を失って被膜嚢（シスト）となり、発芽する。菌体が全て遊走子嚢となる全実性の種類では、基質や宿主の中に菌体が生じ、仮根を伸ばすことはない。分実性の種類には、基質内に仮根を伸ばし(外生 epibiotic)表面に将来 遊走子嚢になる菌体を1個生じるもの（単心性）と、遊走子嚢になる場所が菌体上に複数生じる多心性のものがある。しかし、ミズカビ類などにみられるような基質から水中に伸びだす菌糸体をもつ種類は知られていない。

確実な有性生殖はまだ発見されていない。

◆分類・系統 リジン合成経路がDAP経路であるなど、同じストラミニピラ生物群に属する卵菌門と共通する形質をもつ。他方、細胞壁成分としてセルロースとキチンをもつと報告されている。両者の系統的位置関係はまだ十分に解明されてはいない。

サカゲツボカビ目1目がおかれ、菌体の発達程度に基づいて3科5属に分けられる。**サカゲフクロカビ科**は全実性で単心性、基質内生。代表属はサカゲフクロカビ属 *Anisolpidium*。**サカゲカビ科**は分実性で単心性、基質に外生し、仮根系をもつ。代表属はサカゲカビ属 *Rhizidiomyces*。**サカゲツボカビ科**は分実性で多心性。代表属はサカゲツボカビ属 *Hyphochytrium*（口絵35)。

(徳増征二)

7. 卵菌門 Phylum OOMYCOTA

前述したラビリンツラ菌門・サカゲツボカビ門と同様に、遊走子が前方に羽形の鞭毛をもつ。これら3門と、同じく羽形の鞭毛をもつ不等毛植物や原生動物の一部を合わせた生物群は、ストラミニピラと呼ばれる（図 a）（本書第I部ならびに本シリーズ第3巻『藻類の多様性と系統』**III-6** を参照）。すなわち、本門の典型的な形の遊走子はインゲンマメ形をしており、側方の前方に羽形、後方にむち形の2種類の鞭毛を1本ずつもち、一般に羽形の鞭毛がむち形のものより長い。また、多くは隔壁のない細胞壁に囲まれた多核菌糸を形成し、吸収により栄養摂取を行う。

このように、外部形態や生活様式が狭義の真菌類ときわめてよく似ているので、古くから菌学者や植物病理学者は下等な菌類の一群として藻菌類（Phycomycetes）あるいは鞭毛菌類（zoosporic fungi）に含めて扱ってきた。しかし、卵菌類はいろいろな点で真菌類とは異なることが明らかにされ（表 III-7-1）、最終的に菌類界から除外された。

◆生態　湖沼や川の水や少量の土壌を加えた水に煮沸したアサの実などを加えることにより分離できる腐生性の生活を営むグループと、維管束植物の

表 III-7-1　卵菌類の特徴*

形　質	卵 菌 類
栄養体の主な成長様式	菌糸頂端成長，多核体
細胞壁成分	セルロース（キチン）
栄養体の核相	複相
中心小体	典型的中心小体
ヒストンの種類	植物と同じ
微小管	コルヒチン感受性
リジン合成系路	DAP 経路
ゴルジ槽	板状
ミトコンドリアのクリステ	管状
転流炭水化物	グルコース
貯蔵物質	マイコラミナリン
ミトコンドリアのコドン（UGA）	終止
ステロール	植物ステロール

* Cooke & Whipps, 1993；Deacon, 1997 を参考に作成

根・茎・葉あるいは藻類や他の鞭毛菌類、魚類あるいは甲殻類等の無脊椎動物など広い範囲の生物を宿主として寄生生活を営むグループがある。後者の中で宿主を殺して（枯らして）しまう殺生栄養（殺死体栄養）のものは、深刻な農作物の減収をもたらすため、農業や養殖漁業にとって脅威となっている。18世紀中葉、アイルランドにジャガイモの大凶作を引き起こし、清教徒のアメリカ大量移民のきっかけとなったジャガイモエキビョウキン *Phytophthora infestans* は特に有名である。また、多犯性のエキビョウキン属の1種（*P. cinnamomi*）は現在オーストラリア大陸の植生に深刻な被害を与えている。絶対的寄生菌であるツユカビ科の種類には、植物にベト病と呼ばれる病気を引き起こし、経済的に重要な病害を引き起こすものが多数知られている。

不思議なことに、卵菌類が他の生物と共生している例は今までのところ知られていない。

◆栄養体　分枝した菌糸からなる菌糸体、付着部、基底細胞、そこから生じる菌糸からなる菌体、寄生菌類が宿主内に形成する（内生・内在性 endobiotic）単細胞の菌体、あるいはそれらが鎖状に連なった偽菌糸体（pseudomycelial body）が知られる。生活環は配偶子嚢で減数分裂を行う単世代型であり、栄養体の核は複相である。この点は、栄養体の核が単相である真菌類とは全く異なる。また、菌体に通常 隔壁はなく、多核状態である。

◆生殖　［**無性生殖**］水生あるいは土壌性で菌糸体を形成する種類は、着生したものから伸びだした菌糸上に遊走子嚢を形成し（分実性；図 c，e，f；口絵 37, 38 参照）、そこからインゲンマメ形で鞭毛が側方に付着した単核の遊走子が泳ぎ出す。泳ぎ出し方には幾つかの型が知られていて、属を分ける時 重要視される。植物の葉などに寄生し細胞間隙に菌糸を広げる種類では、胞子嚢柄を空中に立ちあげるものが多い（図 g，h）。藻類など小形生物に寄生する内在性の種では、菌体全体が遊走子嚢になる（全実性）。属によっては、遊走子嚢から泳ぎだした直後の遊走子が洋梨形で2鞭毛を先端に付着しているものがある。しかし、この型の遊走子はすぐに鞭毛を引っ込めて被膜し、やがて発芽するとインゲンマメ形で鞭毛が側方に付着した通常の遊走子が泳ぎだす(二型性あるいは二回遊泳性)。

一方、遊走子嚢ではなく胞子嚢を形成するグループでは、離脱した胞子嚢は風や水流などで散布される。このグループでも水生あるいは土壌性の種類は胞子嚢からインゲンマメ形の遊走子を生じるが、維管束植物の病原菌類などでは発芽管を伸ばしてそのまま成長する種類も多数知られている。この直接発芽する胞子嚢を分生子と呼ぶことがある。

ほかに、無性的に形成される菌芽（genma）と呼ばれる休眠構造を形成する種類もある。

[**有性生殖**] 多くの種は、配偶子嚢接着（gamentangial contact）という方法で有性生殖を行う(図 b，d)。すなわち、栄養菌糸上に形成された雌性配偶子嚢（生卵器；口絵 36 参照）と雄性配偶子嚢（造精器）内で減数分裂が起こり、単相の核が形成される。生卵器内では、1 ないし複数の卵球(雌性配偶子)が形成される。造精器が生卵器の壁にしっかり密着すると、造精器から受精管が生卵器内に伸び、それを通して単相の核が 1 個、卵球に送り込まれる（受精)。この核が卵球の核と合体して複相核が形成され、やがて卵球は熟して卵胞子となる。卵胞子は厚壁で、休眠する。卵胞子の発芽様式は、発芽管を伸ばしたり、遊走子嚢や包嚢を形成したり様々である。

藻類や他の卵菌類などに寄生する分化していないクサリフクロカビ目の仲間では、単細胞の菌体が配偶子嚢に分化し、雄性配偶子嚢の全内容物が雌性配偶子嚢に移動し、そこで卵胞子を形成する配偶子嚢接合(gametangial conjugation）による有性生殖が行われることが知られている。

なお、卵菌類の既知種の多くはホモタリックで、ヘテロタリックな種は少数しか確認されていない。一方、培養下では無性生殖しか確認できない分離株もかなりの数存在する。

◆分類・系統　かつては単系統とされ、無性・有性生殖法や生殖器官の構造などから、最も原始的なグループはミズカビ目であり、フシミズカビ目、ツユカビ目の順で進化してきたと考えられていた。これら 3 目に、類縁がはっきりせず、寄生性でほとんどが全実性の菌類からなるクサリフクロカビ目を加えた4目に分類されてきた。

この生物群を精力的に研究してきたディックは、淡水産の祖先型からミズカビ目とツユカビ目が別々に生じ、後者からフシミズカビ目などが派生してきたと考え、ミズカビ亜綱とツユカビ亜綱を提唱した(DICK, 1990)。また、クサリフクロカビ目については、淡水祖先起源のフクロカビモドキ目と、海産祖先起源と考えられるエクトゲラ科・シロルピジウム科に分けることを提案した。1995年、ディックはツユカビ綱を提唱、その下に上述の2亜綱に加えオオギミズカビ亜綱を加えた。『Dictionary of Fungi 第9版』(KIRK, *et al.*, 2001) では、本門をクロミスタ界の1門として1綱12目27科92属808種としている。最近、ディックはツユカビ綱の分類体系を若干変更した(DICK, 2001)。主な変更点は、ツユカビ亜綱をツユカビ目とフハイカビ目に限定し、以前この亜綱に所属させていたササラビョウキン目とフシミズカビ目をミズカビ亜綱に移したこと、そして海産のクサリフクロカビ目菌を新目(サリラゲニジウム目 Salilagenidiales) に収容し、ミズカビ亜綱に所属させたことである。しかし、本門内の分類および周辺生物群との関係は研究途上であり、分類体系は流動的である。ここでは主な7目についてのみ取り上げることとする。

ミズカビ目：大半が淡水・土壌中で腐生生活。一部は維管束植物や魚類に寄生。菌糸体はよく発達し、無性生殖で遊走子嚢を形成。有性生殖は配偶子嚢接着により、卵球は生卵器中央にある液胞から外側に向けて放射状に溝が伸び、細胞質を単核の塊に分割して形成(遠心的；図b)。生卵器に複数の卵胞子を形成する多卵性種が多い。

ミズカビ科1科。代表属はミズカビ属 *Saprolegnia*・ワタカビ属 *Achlya* など。この科は遊走子嚢の形態と遊走子の逸出形式によって属が分類される(図c)。この科を含め本門の有性生殖形質は光学顕微鏡レベルで確認できる変異が少なく、主に種の識別形質として使われている。

フシミズカビ目：淡水性の腐生菌類で、顕著なくびれがあり、そこにセルリン粒（キチン-グルカン複合体）の栓がみられる菌糸体を形成。無性生殖は遊走子嚢を形成。有性生殖は配偶子嚢接着、生卵器は一卵性が大半。卵球形成法は遠心的であるとされるが、確認はされていない。

アポダクリエラ科・レプトレグニエラ科・フシミズカビ科があり、代表属はフシミズカビ属 *Leptomitus*。

オオギミズカビ目：条件的嫌気性で有機酸発酵による代謝を行う。基部に仮根をもつ太い基底細胞から菌糸を伸ばす。無性生殖は遊走子嚢を形成。有性生殖は配偶子嚢接着、生卵器は一卵性が大半。卵球は、若い生卵器の細胞質が内側の多核の塊卵細胞質（ooplast）とその外側周辺の少数核の周辺細胞質（periplasm）に分かれ、前者から卵球が分化（求心的）する。周辺細胞質は永続的で、卵球の外壁となる。

オオギミズカビ科。代表属はオオギミズカビ属 *Rhipidium*。

フハイカビ目：腐生性あるいは維管束植物・菌類・動物を宿主とする寄生菌類。フハイカビ属 *Pythium* の多犯性種はしばしば農業上問題になる。また、エキビョウキン属もきわめて有害な病原菌類を含む。菌糸体を形成し、遊走子嚢あるいは遊走子嚢から突き出した薄膜の包嚢という構造の中で遊走子を形成する（図 f）。有性生殖は配偶子嚢接着、生卵器は一卵性、卵球は求心的に形成されるが周辺細胞質はわずかで非永続性（図 d）。

フハイカビ科とピチオゲトン科の 2 科。代表属はフハイカビ属・エキビョウキン属。

ツユカビ目：双子葉植物の絶対的寄生菌類。大半の種が特定の植物の科や属の宿主に限って寄生する宿主特異性がある。宿主の細胞間隙に菌糸体を展開し、そこから細胞内に伸ばした吸器により栄養吸収を行う。風散布性の胞子嚢を形成し、発芽時に遊走子を形成するか、発芽管による直接発芽を行う（図 g，h）。有性生殖は配偶子嚢接着、生卵器は一卵性、卵球形成は求心的。周辺細胞質は永続的、卵球の周囲を取り囲む。

ツユカビ科とシロサビ科の 2 科。代表属はツユカビ属 *Peronospora*・シロサビキン属 *Albugo*。

ササラビョウキン目：単子葉植物イネ科の絶対的寄生菌類。菌体は細い菌糸からなる。無性生殖は遊走子嚢形成。有性生殖は配偶子嚢接着、生卵器は厚壁の一卵性、卵球の形成様式は不明。

ササラビョウキン科とベルカルブス科の2科。代表属はササラビョウキン属 *Sclerospora*。

クサリフクロカビ目：淡水あるいは海水中の藻類・菌類・維管束植物・無脊椎動物に寄生して生活。大半の種類の栄養菌体は内在性、単細胞・全実性で、宿主の外側に遊走子を放出。成熟すると、多室の短い偽菌糸体になるものもある。有性生殖は配偶子嚢接着か配偶子嚢接合。卵球形成様式は不明、周辺細胞質をもつものと もたないものがある。この目は、寄生により菌体が退化した種類を集めたものと考えられる。ディック（DICK, 2001）は海産のクサリフクロカビ類をサリラゲニジウム目に収容し、ミズカビ亜綱に所属させている。この目には甲殻類や軟体動物に寄生する種類が含まれる。

（徳増征二）

a

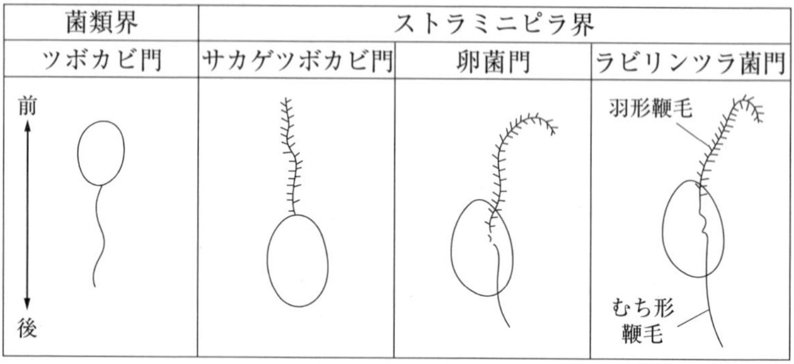

7　卵菌門　a：卵菌門およびツボカビ門，サカゲツボカビ門，ラビリンツラ菌門の鞭毛模式図

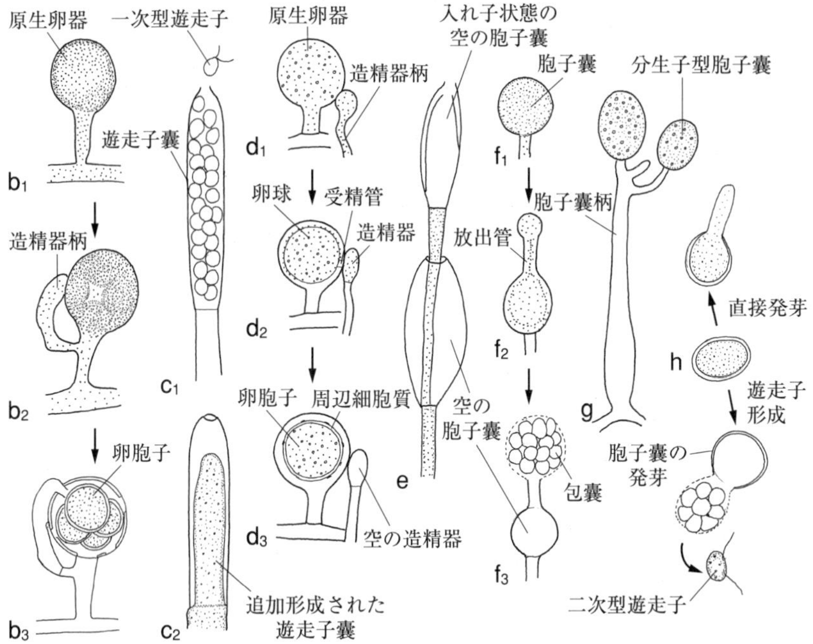

7　卵菌門　$b_{1\sim3}$：生卵器の発達過程と受精（遠心的卵球形成）．c_1，$_2$：ミズカビ属の遊走子嚢．空の遊走子嚢内に入れ子で新遊走子嚢が生じる(2)．$d_{1\sim3}$：生卵器の発達過程と受精（求心的卵球形成）．e：エキビョウキンの遊走子嚢（入れ子構造が顕著）．$f_{1\sim3}$：フハイビョウキンの遊走子嚢と包嚢．g：ツユカビ目の気生胞子嚢柄と胞子嚢．h：胞子嚢の直接発芽と遊走子形成発芽

8. ツボカビ門 Phylum CHYTRIDIOMYCOTA

菌類界の中で唯一、生活史の中に遊泳細胞（遊走子あるいは動配偶子）を形成する時期をもつグループである。

◆遊走子・菌体・生活環　少数の種は多鞭毛であるが、多くの種の動細胞は後端にむち形の鞭毛を１本もつ(**7.** 卵菌門の図 a を参照)。その他の一般的特徴は、菌類界の接合菌門・子嚢菌門・担子菌門と共通である。すなわち菌体は多核で、単細胞で全実性の単純なものから、よく発達した菌糸体まで多様である。菌糸の発達した大形のツボカビ類を除くと、この菌群に属する種の多くは全般に小形である。たとえば、成熟した遊走子嚢の直径が 10〜数十 μm という全実性の種も少なくない。こうした種では遊走子のサイズも小さく、外部形態も単純で非常に似たものが多い。また、生活環が数時間から数日のあいだに完結してしまう。こうした特徴が小形のツボカビ類の分類・分布・生態の研究の障害となっている。

有性生殖で接合子が形成された場合、そのまま複相の菌体に発育する１目を除いて、休眠胞子や休眠胞子嚢となる。また、細胞壁はキチンを含有するが、１種でセルロース含有の報告がある（FULLER & CLAY, 1992)。

◆栄養体　宿主細胞の中でだけ生活する内生種の熟した菌体は、被膜して球形など単純な形をしている。寄生性の種類では、生育初期に細胞壁を欠くのが普通である。また、小動物などの体内に寄生するグループにも、宿主内では細胞壁を欠き裸の状態で存在するものもある。基質の表面に着生（表生）する種類は、表面の菌体から基質内に仮根や菌糸を伸ばして栄養を摂取する（図 a_1)。仮根を形成する種類には、球状の単体のものと、仮根が菌糸のように広がって仮根状菌糸体(rhizomycelium)を形成し、そこから複数の球状の菌体を生じるものがある（図 a_2)。菌糸の発達する種の数は少ない。

◆生態　大半の種は、陸上の河川・湖沼などの水中、あるいは土壌中に生息しており、海生の種はごく少数である。多くは腐生生活を営んでいると考えられる。セルロース・ヘミセルロース・キチン・ケラチンなどの難分解性高分子を分解する能力をもつものも知られており、自然界では分解者として重要な役割を果たしていると思われる。

多様な生物に寄生し、植物では維管束植物・コケ植物・各種藻類が、動物では線虫・緩歩動物（クマムシなど）・ワムシ・蚊やユスリカ等の幼虫から甲虫の一部までが宿主として記録されている。菌類では、ツボカビ類・接合菌類・子嚢菌類・担子菌類が宿主として記録されている。維管束植物の絶対寄生性のサビツボカビ属 *Synchytrium* は種数が多く、攻撃する植物種も多様であるが、ジャガイモの癌腫病以外に農作物に大きな被害を及ぼすものは知られていない。

◆生殖　[**無性生殖**] 一般に、遊走子嚢を形成して無性繁殖を行う。内生あるいは宿主体内生の寄生菌や、全実性あるいは仮根を形成する分実性の種類には、栄養菌体の型により単心性と多心性のものがある（図 a)。遊走子の核相は単相であるが、コウマクノウウキン目では複相の胞子体にも遊走子嚢が形成され（図 b_1)、複相の遊走子を形成する種が含まれる。サビツボカビ属などでは栄養菌体が多数の胞子嚢に分割され、胞子嚢が水に触れると遊走子が泳ぎだす。

[**有性生殖**] 有性生殖が確認された種類は少ないが、次の型が知られている。1）同形動配偶子接合、2）異形動配偶子接合、3）卵子生殖、4）配偶子嚢接合、5）体細胞接合（ツボカビ類では仮根が融合して休眠胞子形成に進む例が知られている)。有性生殖の結果形成された接合子は、すぐに発芽するものもあるが、厚壁の休眠胞子あるいは休眠胞子嚢になり、後熟後発芽する。減数分裂は発芽の前に起こるが、未確認の種類も多い。

◆分類　123 属 914 種（KIRK *et al.*, 2001）が知られる。かつての分類では、ツボカビ綱 1 綱を設け、栄養菌体と生殖器官の形態的特徴に基づいて 3 ないし 4 目に分類されていた。しかし、純粋培養に基づく観察が行われるようになると、ツボカビ類が形態的に高い可塑性をもつことが明らかになった。そこで、新しい形質の探索が行われ、いろいろな形質を取り上げ類型化が試みられた。バーは遊走子の微細構造の多様性に着目し、4 目に分けることを提唱した（BARR, 1990）（本書第 II 部 3 章参照)。遊走子の微細構造を重要な分

表 III-8-1　遊走子の微細構造形質に基づくツボカビ門の分類

目　名	形　質*						
	1	2	3	4	5	6	7
スピゼロミケス	いる	分散	分離	複数先端	無	90° 以内	多数
ツボカビ	いない	囲む	接触	1 個	無	平行	1〜数個
サヤミドロモドキ	いない	囲む	分離	複数先端	有	平行	多数
コウマクノウキン	いる	囲む	接触	複数側方	有	ほぼ直角	1 個
ネオカリマスチクス	いる	塊	無	―	無	―	無

＊　形質 1：核がキネトソーム（鞭毛基）と結ばれているか否か．形質 2：リボソームが細胞質中に分散しているか，集中して ER に囲まれているか．形質 3：ミクロボディー-脂質粒複合体（MLC）の組織化の程度．形質 4：脂質顆粒の数と位置．形質 5：ランポソームの有無．形質 6：キネトソームと機能していない中心体のなす角度．形質 7：ミトコンドリアの数と位置

類形質として取り上げることに異論はでていないが、微細構造が調べられた菌種の範囲がまだ十分とはいえない。ここでは、前述のバーの 4 目と、それ以後に設立された 1 目の 5 目について説明する（表 III-8-1)。

ツボカビ目：大部分の種が淡水域で腐生あるいは寄生生活、少数種が土壌あるいは海水中で生活。水生の寄生性種は藻類・菌類（狭義）・卵菌類などを主な宿主とし、土壌性種の多くは維管束植物を宿主とする。小動物の卵や原生動物に寄生する種もあり、最近、カエルの外皮に寄生するものも発見された。菌体は単心性か多心性のみ。大半の種類の遊走子は大きな脂質粒を 1 個もつ。**ツボカビ科**の菌体は単心性で、仮根をもち分実性。基質に泳ぎ着いた遊走子の核はシストの中に留まり（endogenous)、シストは発達して遊走子嚢になる。遊走子嚢は有蓋あるいは無蓋。代表属はツボカビ属、キトリオミケス属 *Chytriomyces*（口絵 40)、フタナシツボカビ属 *Rhizophydium*（口絵 41)。**エダツボカビ科**は仮根菌糸体を発達させ、多心性。基質に泳ぎ着いた遊走子の核は、発芽管を通して仮根に移動する (exogenous)。遊走子嚢は有蓋あるいは無蓋。**エンドキトリウム科**の菌体は単心性で、分実性か全実性。シスト核は exogenous。遊走子嚢は有蓋あるいは無蓋。**サビツボカビ科**の菌体は全実性。シストの核は exogenous。菌体は成熟すると、前胞子嚢群・胞子嚢群・休眠胞子のいずれかになる。代表属はサビツボカビ属。

スピゼロミケス目：遊走子の微細構造により、ツボカビ目から分離・独立された(BARR, 1990)（表III-8-1)。多くは単心性で、腐生性種は主に土壌で様々な種類の基質上に生息する。寄生性種は、ツボカビ目と同様に、宿主範囲が広い。多くの種の遊走子が脂質粒を数個もつ点、種によって遊走子が遊泳中あるいはシスト化の初期にアメーバ運動をする点、仮根の先端が丸くなっている点が、ツボカビ目との光学顕微鏡レベルでの区別点となる。**フクロカビ科**の菌体は宿主内在性、単心性で、全実性または分実性。シスト核はexogenous。代表属はフクロカビ属。**スピゼロミケス科**の菌体は単心性、分実性。シスト核はendogenous。代表属はスピゼロミケス属・カルリンギア属 *Karlingia* など。このほか、**カウロキトリウム科**と**ウロフィリクチス科**がある。

コウマクノウキン目：水中あるいは土壌中に生息する。腐生性種は菌糸体がよく発達するが、小動物・維管束植物寄生性の種の菌体は単純である。厚い暗褐色の壁に孔紋のある複相の休眠胞子嚢を形成（図 b_1)。遊走子と動配偶子は光学顕微鏡で確認できる核帽という顕著な構造を有する。有性生殖は同型動配偶子あるいは異型動配偶子の接合（図 b_2)。**コウマクノウキン科**は、比較的単純で単心性の菌体から、よく発達した菌糸体を形成するものまでが含まれる。生活環は、単相の配偶体と複相の胞子体が同形世代交代するタイプから、配偶体が1個の被膜胞子になるもの、複相の遊走子が直接発芽するものなど多様である。代表属はカワリミズカビ属 *Allomyces*(口絵 39)。**フシフクロカビ科**は腐生、あるいは小動物やその卵に寄生する。仮根をもち、無分枝あるいは分枝した菌糸に、ほぼ同じ間隔で膨らみを生じ、遊走子嚢や休眠胞子に分化する。**ボウフラキン科**は蚊の幼虫（ボウフラ）や小形甲殻類（ミジンコ）の絶対寄生菌類で、胞子体はボウフラの体内で、配偶体はミジンコの体内で生活する異種寄生性という特殊な寄生行動を示す。ボウフラキン属1属。**フィソデルマ科**は維管束植物の寄生菌類で、宿主内在性の多心性の菌体から休眠胞子を形成するか、単心性で植物体表面に遊走子嚢を形成する。フィソデルマ属 *Physoderma* 1属。

サヤミドロモドキ目：淡水中に沈んだ枝や果実上で腐生生活を営む、20種からなる小さな目。菌糸性で、有性生殖は同一菌糸の先端に隣接して形成される生卵器と造精器によって行われる。生卵器中の卵球に遊泳性の雄性配偶子（精子）が受精する卵生殖を行う（図c）。無性生殖は遊走子嚢による。**ゴナポジア科**では、受精時に雄性配偶子の鞭毛が卵球の外に残り、接合子はその鞭毛によって生卵器から外に泳ぎだす。ゴナポジア属 *Gonapodia* とモノブレファレラ属 *Monoblepharella* の2属。**サヤミドロモドキ科**では、受精時に雄性配偶子は卵球内に完全に入り、鞭毛は卵球に吸収されて外に残らない。接合子は生卵器の入り口上にまで移動して厚く被膜する。サヤミドロモドキ属 *Monoblepharis* 1属。このほか、**オエドゴニオミケス科**がある。

ネオカリマスチクス目：反芻動物の反芻胃や盲腸などの消化管内に生活し、絶対嫌気性。本門としては例外的に、鞭毛数が10本以上あるという種を含む。単心性のものと多心性のものがある。動物の排泄物中に休眠胞子が検出されるので、これを介して分布を維持しているものと思われる。**ネオカリマスチクス科**の1科5属が知られる。代表属はネオカリマスチクス属 *Neocallimastix*。

◆系統　本門は遊泳細胞をもつ菌類として位置づけられ、一般には接合菌類と姉妹群の関係にあるとされる。しかし、最近のrDNAの解析などから、本門の単系統性に対しては異議が唱えられている（LUTZONI *et al.*, 2004）。詳しくは本書第I部1章の総論を参照願いたい。

（徳増征二）

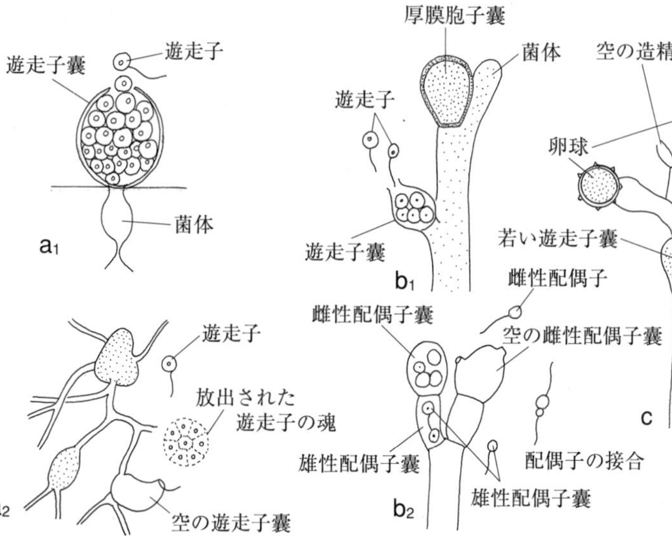

8　**ツボカビ門**　a_1：単心性の菌体，a_2：多心性の菌体．b：カワリミズカビの胞子体(1)と配偶体(2)．b_1：遊走子嚢と厚膜嚢をもつ胞子体．b_2：雌雄配偶子嚢をもつ配偶体．雌雄配偶子嚢の位置関係は種によって異なる．c：サヤミドロモドキの有性生殖

9. 接合菌門 Phylum ZYGOMYCOTA

本門には、生活環を通して非運動性の不動胞子で無性生殖をする菌類がまとめられており、接合菌綱とトリコミケス綱に2大別される。菌糸体は一般に多核管状体。接合菌綱では、無性生殖は胞子嚢内に形成される胞子嚢胞子あるいは“真正の”分生子による。一方、トリコミケス綱では、胞子嚢胞子のほかに多様な無性生殖器官を形成する。両者の有性生殖は、一般に配偶子嚢の接合により接合胞子を形成する。

◆系統 接合菌綱には、腐生生活を営むもの、動物・植物・藻類あるいは他の菌類に寄生または共生して生活するものがあり、生活様式は多様であるが、従来から単系統のまとまった系統群と考えられていた。この菌群の起源やトリコミケス綱との関係については、比較形態学的視点からいくつかの仮説が提唱されているものの、決定的なものはなかった。近年、ハエカビ目に着目した18 S rDNA塩基配列が解析され、この群は大きく二つの系統に分かれることが提案された（NAGAHAMA *et al*., 1995；JENSEN *et al*., 1998）。長浜らは、バシジオボルス科は菌糸が未分化であるツボカビ類の1群に近縁であり、他のクサリカビ科やハエカビ科は、菌糸の発達したツボカビ類の1群であるコウマクノウキン目と近縁であることを示した。すなわち、接合菌綱は単系統を形成せず、水生のツボカビ類が多様化する中で鞭毛の消失と獲得が複数の系統で起こり、陸生に適応した系統が接合菌綱へと進化していったという進化仮説を提唱するに至った(本書第II部2章図2-10参照)。この18 S rDNAによる系統推定は、接合菌綱の単系統説を否定するものであり、系統分類学に与えたインパクトは大きい。最近になって、管状菌糸体内にラン藻類（シアノバクテリアともいう）が共生したゲオシフォン目（図d_7）や植物の根に共生するグロムス目(図d_8)に関して18 S rDNAの分子系統データが精力的に蓄積され、これらの菌群は接合菌綱から独立した単系統群を構成することがわかってきた（SCHÜßLER *et al*., 2001；SCHÜßLER, 2002）。シュスラーら（SCHÜßLER *et al*., 2001）は、これらの共生菌類を統合してグロムス菌門 (Glomeromycota) を設立することを提唱している。分子系統を重視した考えであるが、収容された分類群相互の系統関係には依然不明な点が多く、また有性・無性生殖が不明であるなどの問題があり、系統と分類体系の整合性という観点から議論のあるところである。

トリコミケス綱は、節足動物の腸管内壁に付着して、腸管内の栄養分を菌体表面から摂取する場所寄生的生活をする菌類である。子嚢や担子器を形成することもなく、有性生殖の明らかなものでは接合菌綱を想起させるような接合様式を示すことから、独立した綱として接合菌綱の近くに置かれてきた。接合菌綱との系統関係については、隔壁構造の相同性（隔壁孔にレンズ状の栓をもつ）や血清学的類似性から相互の近縁性が支持されてきたが、そのつながりについては十分な知見がなかった。最近になって、トリコミケス綱のハルペラ目やアモエビジウム目の一部について 18 S rDNA の塩基配列が解析され、ハルペラ目は接合菌綱キクセラ目と姉妹群を形成すること、アモエビジウム目はイクチオフォヌス症（魚病の一種）の原因菌であるイクチオフォヌス・ホフェリ *Ichthyophonus hoferi* と単系統をなし、トリコミケス綱の菌類ではなく原生動物であることが判明した（O' DONNELL *et al*., 1998；BENNY & O' DONNELL, 2000；USTINOVA *et al*., 2000）。

9-1　接合菌綱 Class Zygomycetes

◆生殖　無性生殖器官の形成様式によって、胞子嚢形成群と分節胞子嚢形成群に２大別される。胞子嚢形成群には、多数の胞子を含んだ胞子嚢（口絵 44）や脱落性の小胞子嚢（口絵 45）あるいは一胞子性の胞子嚢をもつグループがある。分節胞子嚢形成群では、円筒状の胞子嚢が形成され、この中に１個あるいは多数の胞子が縦方向に１列に並んで形成される。ハエカビ目では胞子柄先端に１個の射出性分生子が形成される。

有性生殖は配偶子嚢接合によるが、接合胞子の形成様式は多様性に富む。１）平行に並んだ接合枝（zygophore）から直角方向に配偶子嚢が発達し、先端で接合して H 字型の接合胞子を作るもの、２）らせん状に絡み合った接合枝が先端部で配偶子嚢を形成し、二つの配偶子嚢の対等な接合によりクギヌキ型の接合胞子を形成するもの、3）接合に続いて片方の配偶子嚢の内容物が他方に流入して、接合胞子は後者側に形成されるもの、4）接合枝や配偶子嚢の分化が明瞭ではなく、体細胞様の接合をするものがある。

◆生活環　無性環と有性環に分けられる。ケカビ目クモノスカビ属の無性環（図 a）では、栄養菌糸上に胞子嚢柄が分化し、その先端に胞子嚢が形成される（口絵 46）。成熟すると、胞子嚢膜が溶解して胞子嚢胞子を飛散する。胞子は再び発芽して菌糸となる。ヘテロタリックな種の有性環では、＋株と－株を培養すると、培地上で遭遇した両接合型の菌糸の先端部が膨らみ、1 対の前配偶子嚢を形成する。両前配偶子嚢の接着している先端部付近に隔壁ができ、配偶子嚢が形成される（口絵 42 比較参照）。これとほぼ同時に、両配偶子嚢の接着部の細胞壁が溶解し、両配偶子嚢の内容物が混合する。配偶子嚢は厚壁化・黒色化して成熟した接合胞子になり、休眠期に入る（口絵 43，47 比較参照）。図 b にケカビ属の核行動を示した。配偶子嚢の内部には多数の単相核が混在し、核の対合と合体が行われる。成熟した接合胞子内では核の退化が起こり、1 対の複相核のみが存在する。接合胞子の発芽過程において減数分裂が行われ、単相の胞子を含んだ発芽胞子嚢を生じる。胞子は＋あるいは－のいずれか一方の接合型に限られているか、両接合型の核を含んだ性的ヘテロカリオン型のものもある。接合胞子形成の細胞学については多数の解説があるが、核の行動の遺伝的解析や接合胞子発芽の正確な条件はよくわかっておらず、将来にもち越された研究課題である。

ハエカビ目の無性環（図 c）では栄養菌糸上に分生子柄が分化し、その先端に 1 個の分生子が形成される。成熟すると、分生子は能動的にはじき飛ばされる。射出した分生子は再び発芽して菌糸となるか、二次分生子を発達させ、あるいは小形分生子を形成する場合もある。有性生殖は配偶子嚢接合によるが、ケカビ目ほどは前配偶子嚢と配偶子嚢の分化が明瞭ではない。配偶子嚢が接合後、片方の細胞内容物が他方に移入して、接合胞子は後者の細胞に形成される。接合胞子は休眠期に入り、休眠後発芽して栄養菌糸あるいは分生

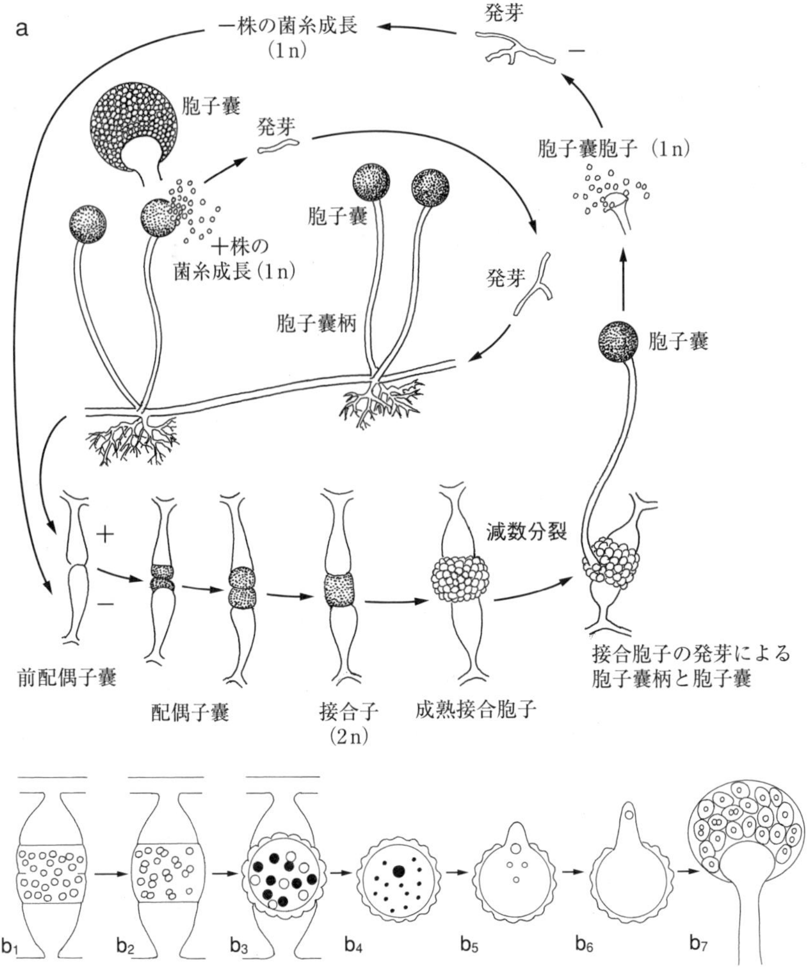

9　接合菌門　a：**接合菌綱**ケカビ目クモノスカビ属の生活環（GARRAWAY & EVANS, 1984 を参考に作図）. b：ケカビ目ケカビ属の核行動の模式図（INGOLD, 1978 を改変）. b_1：接合胞子内に散在する単相核（白丸）. b_2：いくつかの核が対合した状態. b_3：対合した核が融合して複相核（黒丸）になった状態. 対合できなかった単相核も混在している. b_4：成熟した接合胞子にはただ1個の複相核がみられ，他は退化する. b_5：成熟した接合胞子内で減数分裂が起こって，四つの単相核を生じた状態. b_6：このうち三つは退化し，一つの単相核のみが生き残った状態. b_7：発芽によって生じた胞子嚢内に同じ遺伝子型の胞子が形成された状態

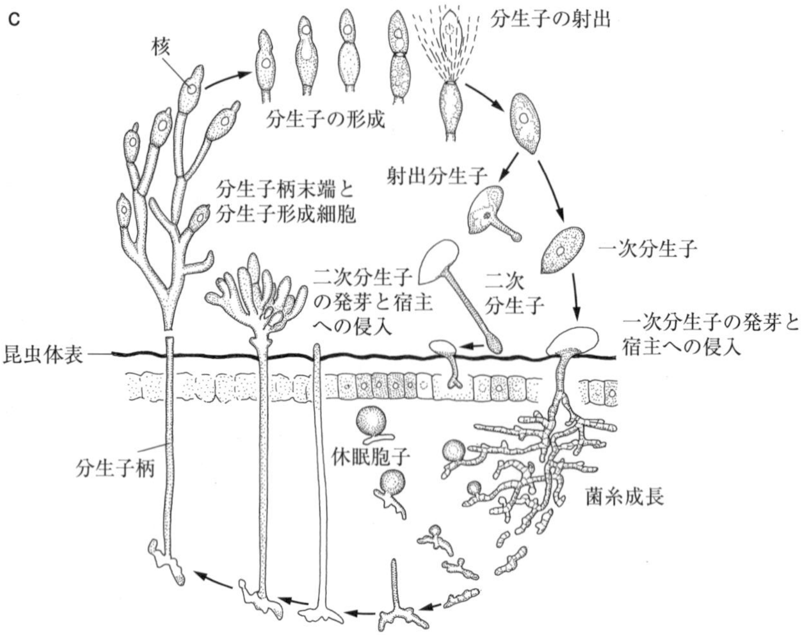

9 **接合菌門** c：**接合菌綱**ハエカビ目の生活環（STEINHAUS，1949 を参考に作図）

子柄を発達させる。

◆分布・生態 ケカビ目やクサレケカビ目の多くは糖依存性の糖依存菌類（sugar fungi）として知られ、土壌・糞・果実・花・穀物上で腐生的に生活する。一部には、他のケカビ目やキノコに寄生したり、小動物に寄生するものもある。また、時々ヒトから分離され、日和見感染症の原因菌（類）としても知られている。

ケカビ目の中には、微生物工業上重要なカビが多数含まれる。特にユミケカビ属 *Absidia*・ケカビ属・リゾムコル属 *Rhizomucor*・クモノスカビ属は、アミラーゼ・プロテアーゼ・凝乳酵素（レンネット）・リパーゼなどの酵素産生能に富み、古くからアルコール発酵や有機酸発酵の分野において利用されてきた著名なカビである。

キクセラ目の多くは、土壌中に生息する土壌菌類であり、一部のものは糞上によく出現し、糞生菌類として知られる。トリモチケカビ目やジマルガリス目には、土壌アメーバや線虫に内生的あるいは外生的に寄生するもの、他のケカビ目菌の細胞内に吸器を伸ばして栄養を摂取する菌寄生菌がある。これらの菌群は、円筒状の分節胞子嚢という分化した生殖器官をもち、最近の分子生物学的解析から、ケカビ目とは異なった進化の道筋をたどった系統群であることが明らかにされつつある。

アツギケカビ目は地下あるいは地上で腐生的に生活する。植物の根に外生菌根を形成するものもあるが、培養が困難なため菌根形成の実態はよくわかっていない。ゲオシフォン目は、ラン藻類のノストック属 *Nostoc* が管状菌体内に共生した状態（図 d_7）で土壌中に生息するが、その実態はよくわかっていない。グロムス目の多くはVA菌根菌（類）と呼ばれ、菌糸が植物の根の細胞内に入り、樹枝状体（arbuscule）と嚢状体（vesicule）を形成する。植物から炭水化物等の有機物を受け取る一方で、植物側にリン・窒素・ミネラル等の無機栄養源を供給し、宿主とコミュニケーションをとりながら生活している共生菌(類)である。地球上の植物の80％以上が菌根を形成しているといわれ、生育促進や耐病性の向上に効果があることがわかっている。この菌を使った植物生育促進剤や病害防除剤といった新しいバイオ農薬の開発に期待がかけられている。

バシジオボルス目は、両生類・爬虫類の腸内あるいは土壌中に腐生的に分布するが、病原性の視点から、皮下接合菌症の起因菌（類）として重要である。ハエカビ目の多くは昆虫（アブラムシ・バッタ・ヨトウムシ等）やダニの寄生菌類であるが、一部の菌類は土壌中で腐生的に生活している。若干のものはアメーバや線虫に寄生する。藻類あるいはシダ植物の前葉体に被害を及ぼすものもある。増殖は射出性の分生子によるが、飛ばされた胞子は二次分生子（口絵49）や小形分生子を形成し、昆虫から昆虫へと効率良く胞子を伝播する仕組みをもっている。昆虫への定着性を利用して、病害虫防除のための天敵農薬として開発が進められている。

◆分類　無性生殖器官の特徴や接合胞子の形成様式は、本綱の目や科といっ

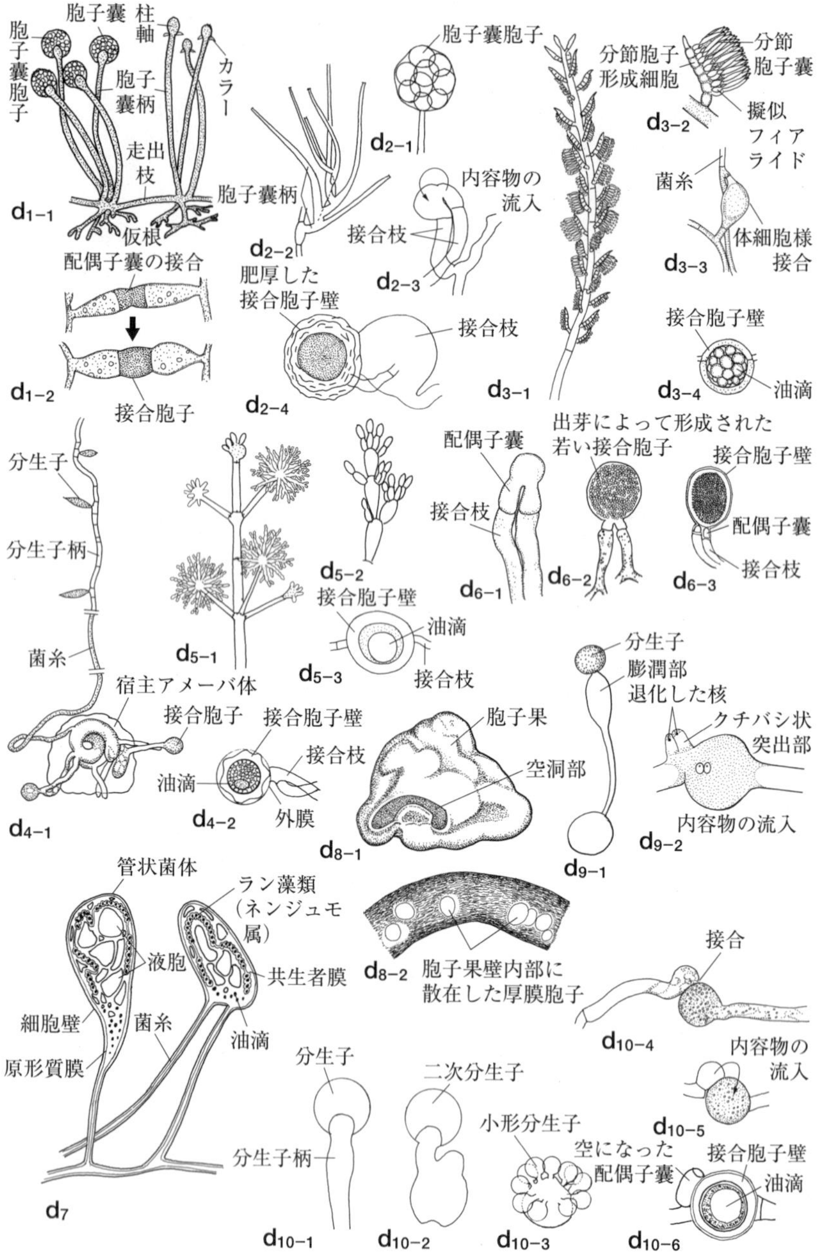
胞子嚢
柱軸
胞子嚢胞子
カラー
胞子嚢柄
走出枝
d1-1
仮根
配偶子嚢の接合
d1-2
接合胞子
胞子嚢胞子
d2-1
胞子嚢柄
d2-2
内容物の流入
接合枝
d2-3
肥厚した接合胞子壁
接合枝
d2-4
d3-1
分節胞子形成細胞
分節胞子嚢
d3-2
擬似フィアライド
菌糸
体細胞様接合
d3-3
接合胞子壁
油滴
d3-4
分生子
分生子柄
菌糸
宿主アメーバ体
接合胞子
d4-1
接合胞子壁
接合枝
油滴
外膜
d4-2
d5-1
d5-2
接合胞子壁
油滴
接合枝
d5-3
配偶子嚢
接合枝
d6-1
出芽によって形成された若い接合胞子
d6-2
接合胞子壁
配偶子嚢
接合枝
d6-3
胞子果
空洞部
d8-1
分生子
膨潤部
退化した核
d9-1
クチバシ状突出部
内容物の流入
d9-2
管状菌体
ラン藻類（ネンジュモ属）
液胞
共生者膜
細胞壁
菌糸
油滴
原形質膜
d7
d8-2
胞子果壁内部に散在した厚膜胞子
接合
d10-4
内容物の流入
d10-5
分生子
分生子柄
d10-1
二次分生子
d10-2
小形分生子
空になった配偶子嚢
d10-3
接合胞子壁
油滴
d10-6

た高次分類群の分類形質として使われている。本綱は、**ケカビ目**（図 d_1）**・クサレケカビ目**（図 d_2）**・キクセラ目**（図 d_3）**・トリモチカビ目**（図 d_4）**・ジマルガリス目**（図 d_5）**・アツギケカビ目**（図 d_6）**・ゲオシフォン目**（図 d_7）**・グロムス目**（図 d_8）**・バシジオボルス目**（図 d_9）**・ハエカビ目**（図 d_{10}）の 10 目からなり、おおよそ 181 属 1090 種が知られている（BENNY *et al.*, 2001）。各目の特徴については表 III-9-1 にまとめた。

9　接合菌門　接合菌綱の多様性．d_1：ケカビ目クモノスカビ属（1：柱軸をもった胞子嚢と胞子嚢膜が開裂して柱軸が露出した状態，2：二つの配偶子嚢の対等な接合によって接合胞子が形成される過程）．d_2：クサレケカビ目クサレケカビ属 *Mortierella*（1：柱軸を欠いた胞子嚢，2：胞子嚢溶解後の胞子嚢柄，3：接合後，片方の配偶子嚢の内容物が他方に流入して形成される接合胞子の初期過程，4：成熟した接合胞子）．d_3：キクセラ目コエマンシア属 *Coemansia*（1：歯ブラシ状の分節胞子嚢をつけた胞子嚢柄先端部，2：分節胞子嚢形成細胞と一胞子性分節胞子嚢，3：体細胞様の接合，4：成熟した接合胞子）．d_4：トリモチカビ目エンドコクルス属 *Endocochlus*（1：アメーバ体内に感染した菌体から生じた接合胞子と分生子，2：出芽状に形成された接合胞子）．d_5：ジマルガリス目ジマルガリス属（1：分節胞子嚢をつけた胞子嚢柄先端部，2：胞子嚢形成細胞末端に形成された分節胞子嚢，3：体細胞様接合の結果形成された接合胞子）．d_6：アツギケカビ目エンドゴネ属 *Endogone*（1：配偶子嚢接合，2：接合部位から出芽によって接合胞子が形成される過程，3：配偶子嚢を付着したままの成熟接合胞子）．d_7：ゲオシフォン目ゲオシフォン属 *Geosiphon*（管状菌体内にラン藻類の一種が共生した状態）．d_8：グロムス目グラジエラ属 *Glaziella*（1：胞子果，2：胞子果壁の内部に散在した厚膜胞子）．d_9：バシジオボルス目バシジオボルス属（1：分生子柄先端部の膨潤部と分生子，2：隣接した菌糸が接触すると側面にクチバシ状の突出部が形成され，その後 突出部に核が移入して核分裂が起こるが，接合に関与しない核は退化した状態で突出部に残存する）．d_{10}：ハエカビ目コニジオボルス属 *Conidiobolus*（1：分生子柄先端に形成された分生子，2：二次分生子，3：分生子上に生じた小形分生子，4：隣接した菌糸間の接合，5：接合後，片方の内容物が他方に移入して後者側に接合胞子を形成した状態，6：成熟した接合胞子）（d_1：SEMPLE & KENDRICK, 1992；d_2：MIKAWA, 1993；d_3：ALEXOPOULOS, 1962；d_4：BESSEY, 1950；d_5：MIKAWA, 1976；$d_{6,8}$：THAXTER, 1922；d_7：SCHÜßLER & KLUGE, 2001；d_9：CHADEFAUD, 1960；$d_{10-1\sim3}$：MIKAWA, 1989；$d_{10-4\sim6}$：BESSEY, 1950 を参考に作図）

表 III-9-1　接合菌綱の目の主要な特徴

分類群	無性生殖	有性生殖	生　態	その他の特徴・情報
ケカビ目	多胞子性胞子嚢，小胞子嚢，一胞子性胞子嚢，分節胞子嚢	二つの配偶子嚢の対等な接合	大半は腐生菌，一部のものは他のケカビ目やキノコに条件的に寄生	
クサレケカビ目	多胞子性胞子嚢，小胞子嚢，一胞子性胞子嚢	二つの配偶子嚢の接合後，一方の内容物が他方に流入して接合胞子を後者側に形成	大半は腐生菌類	分子系統データから，ケカビ目とは異なった起源をもった系統群
キクセラ目	一胞子性分節胞子嚢	体細胞様の接合	土壌，糞上に腐生生活	トリコミケス綱のハルペラ目と姉妹群を形成
トリモチカビ目	分節胞子嚢，分生子	二つの配偶子嚢の対等な接合や，接合部位からの出芽により形成される	アメーバ・線虫・ワムシあるいは他の菌類に外生的あるいは内生的に寄生する絶対寄生菌類	多系統な分類群と考えられている
ジマルガリス目	二胞子性分節胞子嚢	体細胞様の接合	他のケカビ目菌類に寄生する絶対寄生菌類	
アツギケカビ目	胞子嚢は未知	配偶子嚢が接合し，接合部位からの出芽により形成される接合胞子は胞子果に覆われる	地下あるいは地上で腐生的に生活．植物の根に外生菌根を形成するものもある	分子系統データから，クサレケカビ目と近縁
ゲオシフォン目	管状菌糸体の袋内にラン藻類が共生．胞子嚢は未知	接合胞子は未知	土壌腐生菌類	グロムス菌門に統合する説がある
グロムス目	厚壁胞子*．厚壁胞子は胞子嚢果に覆われるか，裸出する	接合胞子は未知	大半は VA 菌根菌類	グロムス菌門に格上げする提案がある
バシジオボルス目	射出性の分生子	菌糸の隣接細胞が接合し，片方の内容物が他方に移入して接合胞子を後者側に形成	土壌腐生菌，両生類・爬虫類の腸内生息菌類	体制が単純なツボカビ類と近縁
ハエカビ目	射出性の分生子	菌糸の隣接細胞が接合し，片方の内容物が他方に移入して接合胞子を後者側に形成	大半は昆虫・ダニあるいは藻類・シダ植物の前葉体に寄生	ツボカビ類のコウマクノウキン目に近縁

* 口絵 50 参照

9-2　トリコミケス綱 Class Trichomycetes

◆生殖　無性生殖は、トリコスポア・胞子嚢胞子・分節胞子・アメーバ状細胞による。有性生殖はハルペラ目の一部の種で知られており、紡錘状の接合胞子を形成する。

◆生活環　無性環と有性環をもつが、純粋培養下で無性・有性生殖器官の形成過程が確認されておらず、接合胞子の発達過程や核行動については不明な点が多い。図 e_1 にハルペラ目の生活環を示した。無性生殖では糸状体の先端部分が胞子形成細胞（生殖細胞）に分化し、胞子の基部に付属体をもったトリコスポアが内生する（口絵 53～55 参照）。胞子は離脱後に一方の極から発芽し、再び糸状体を形成する。有性生殖は糸状体の接合によって起こる。接合部位とは別の場所に接合胞子柄が発達して、先端に紡錘状の接合胞子を形成する。胞子は休眠の後に発芽して糸状体に分化する。図 e_2 にアセラリア目の生活環を示した。付着器（付着部、holdfast）より糸状体が発達して先端で分枝する。分枝した細胞は隔壁によって分節され、分節胞子となる。胞子は発芽して、再び糸状体を形成する。有性生殖は未知。図 e_3 にエクリナ目の生活環を示した。無性生殖は一胞子性胞子嚢あるいは多胞子性胞子嚢による。胞子嚢胞子が胞子嚢内で直接発芽するものもある。有性生殖は未知。図 e_4 にアモエビジウム目の生活環を示した。無性生殖はアメーバ状細胞と胞子嚢胞子による。菌体の細胞質が分割してアメーバ状細胞が形成され、これが被覆してシストが形成される。このシストの一部が胞子嚢に発達して、内部に胞子嚢胞子が作られる。菌体全体が胞子嚢の機能を果たす。有性生殖は未知。

◆生態・分布　陸生・水生・海生の節足動物の腸管の内壁（少数のものでは体表面）に着生して場所寄生的な生活をする、という特異な生態を有する菌類の一群である。ハルペラ目は淡水産昆虫の幼虫に寄生。宿主の中腸または後腸に付着する。アセラリア目は淡水産・海産または陸生の等脚類あるいは昆虫（トビムシ類）に出現し、宿主の後腸に付着する。エクリナ目は淡水・海水または陸にすむヤスデ類・甲殻類・昆虫に寄生して、宿主の後腸または

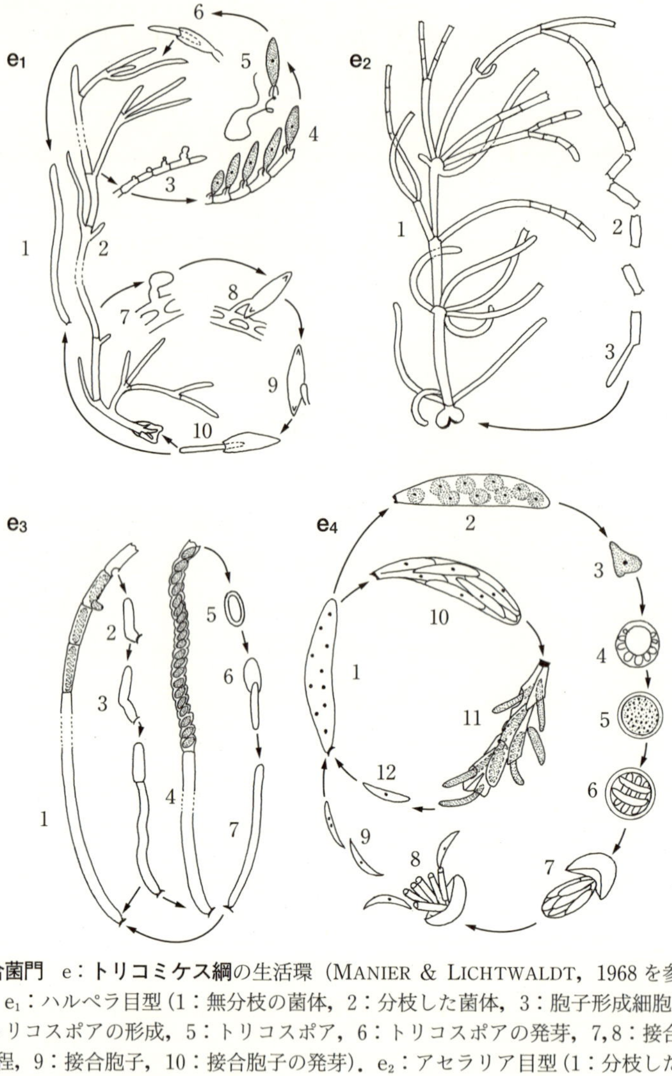

9　接合菌門　e：**トリコミケス綱**の生活環（MANIER & LICHTWALDT，1968 を参考に作図）．e_1：ハルペラ目型（1：無分枝の菌体，2：分枝した菌体，3：胞子形成細胞の発達，4：トリコスポアの形成，5：トリコスポア，6：トリコスポアの発芽，7,8：接合胞子形成過程，9：接合胞子，10：接合胞子の発芽）．e_2：アセラリア目型（1：分枝した菌体，2：分節胞子，3：分節胞子の発芽）．e_3：エクリナ目型（1：多核胞子を含有した胞子嚢，2：多核・薄壁の胞子嚢胞子，3：胞子発芽，4：単核胞子を含有した胞子嚢，5：単核・厚壁の胞子嚢胞子，6：胞子の発芽，7：若い菌体）．e_4：アモエビジウム目型（1：栄養菌体，2：アメーバ状細胞の胞子嚢，3：アメーバ状細胞，4,5：シスト形成，6：シスト胞子の発達，7,8：シスト胞子の放出，9：シスト胞子，10：胞子嚢，11：胞子嚢胞子の放出，12：胞子嚢胞子）

前腸に付着する。アモエビジウム目は淡水産昆虫の幼虫（アカムシ）あるいは甲殻類に感染して、宿主の後腸上あるいは体表に付着する。

本綱菌類の採集には、まずその宿主動物（ヤスデ・カニ・フナムシ・ワラジムシ・ボウフラ・アカムシなど）を捕獲し、なるべく生きているものからそれらの腸管を取りだし、腸内から洗い落とした内容物を顕微鏡で観察しながら選びだす必要がある。また、この菌は節足動物の腸内に場所寄生して生活しているので、必要とする栄養源は宿主が腸内で消化分解した物質であるため、単純な有機物やミネラルを調合した通常の培養基上では培養できない。数属を除いて、培養基上での純粋培養には未だ成功していない。

◆分類・系統　無性生殖器官の形成様式によって4目に分けられ、おおよそ55属226種が知られている（MISRA & LICHTWARDT, 2000；BENNY, 2001）。1）トリコスポアをもつ**ハルペラ目**（図 e_1；口絵56参照）、2）分節胞子をもつ**アセラリア目**（図 e_2；口絵57参照）、3）胞子嚢胞子をもつ**エクリナ目**（図 e_3）、4）アメーバ状細胞と胞子嚢胞子をもつ**アモエビジウム目**（図 e_4）からなるが、他の菌類との類縁関係やそれぞれの目の間の系統関係は不明な点が多い。特に、アモエビジウム目は、菌体の細胞壁にグルコサミンとガラクトースを含有し、キチンやセルロースは検出されないこと、アメーバ状細胞があることから、本綱に入れることには疑問があった。最近、18 S rDNA塩基配列が解析され、アモエビジウム目は菌類ではなく原生動物であることがわかってきた。また、細胞壁にキチンを含有し、隔壁孔にレンズ状の栓をもつハルペラ目は、接合菌綱のキクセラ目と姉妹群の関係にあることがわかってきた。一方、アセラリア目は隔壁構造がハルペラ目に類似することから、後者との関連性が示唆されているが、分子レベルでの証拠はない。エクリナ目は細胞壁にセルロースを含有しているといわれており、他の菌類との関連性については未解決の部分が多い。

（三川　隆）

10. 子嚢菌門 Phylum ASCOMYCOTA

3409 属 3 万 2739 種を擁する菌類界最大の門（KIRK *et al.*, 2001）。土壌・動物糞・海水・淡水などの各種基質に見いだされ、動植物遺体に腐生もしくは寄生して生活する。本門共通の形態的特徴は、通常数個の核を含む菌糸体と、核合体と減数分裂の結果生じた通常 8 個の非射出性の有性胞子を内生する子嚢を形成する点にある。本門の分類群は、子嚢時代またはテレオモルフにおいて、一つあるいはそれ以上の無性の時代もしくはアナモルフを付随する。本菌群にはこのように多型的生活環（pleomorphic life cycle）をとるものが多い。代表的な子嚢菌類の生活環は、4 章の図 4-1、8 章の図 8-1、および図 10-1 b、図 10-2 c、図 10-3 j に図示されている。子嚢胞子形成の過程は細胞質融合に始まり、核合体することなしに二核性の子嚢形成菌糸が発達する場合と、細胞質融合したものが直ちに子嚢に転換する場合とがある。前者はカビに、後者は酵母にみられる。裸出型子嚢を形成する半子嚢菌綱（子嚢菌酵母）を除き、その他の子嚢菌類ではその子嚢は子嚢果と呼ばれる子実体の中に作られる。子嚢果・子嚢形成菌糸の構造とその発達様式（特に子嚢果中心体）、ならびに子嚢果壁・子嚢・子嚢胞子の特徴が、子嚢菌類の伝統的な系統分類の基礎になっている。

◆形態的形質に基づく分類　伝統的（アインスワースとその修正体系：第 II 部 2 章表 2-3 参照）には、子嚢菌門（もしくは亜門）は子嚢果の形態的特徴に基づいて、六つの綱に分類された。それらは、半子嚢菌綱・不整子嚢菌綱・盤菌綱・核菌綱・小房子嚢菌綱・ラブルベニア菌綱である（綱レベルの特徴

10　子嚢菌門　a：18 S rRNA 遺伝子塩基配列（1109 塩基）に基づく近隣結合系統樹．1000 回のブーツストラップ確率（%）を主要な枝に示し，90 % 以上の枝は太線で表した．スケールは 100 塩基あたり 1 塩基置換．外群（担子菌門）は，上からサビキン綱のウレジノプシス属 *Uredinopsis*・ロドスポリジウム属 *Rhodosporidium*・ミキシア属 *Mixia*，菌蕈綱のシロキクラゲ属・フィロバシジウム属，クロボキン綱のクロボキン属・ナマグサクロボキン属・チレチアリア属 *Tilletiaria*．I：古生子嚢菌綱，II：半子嚢菌綱，III：不整子嚢菌類，IV：核菌類，V：小房子嚢菌類，VI：盤菌類．ラブルベニア菌類は分類群サンプルに含まれていない（タクソンサンプルの詳細は SUGIYAMA, 1998 を参照）

は後述)。

◆分子系統　分子系統 (特に 18S rRNA 遺伝子塩基配列に基づく系統樹) 上、

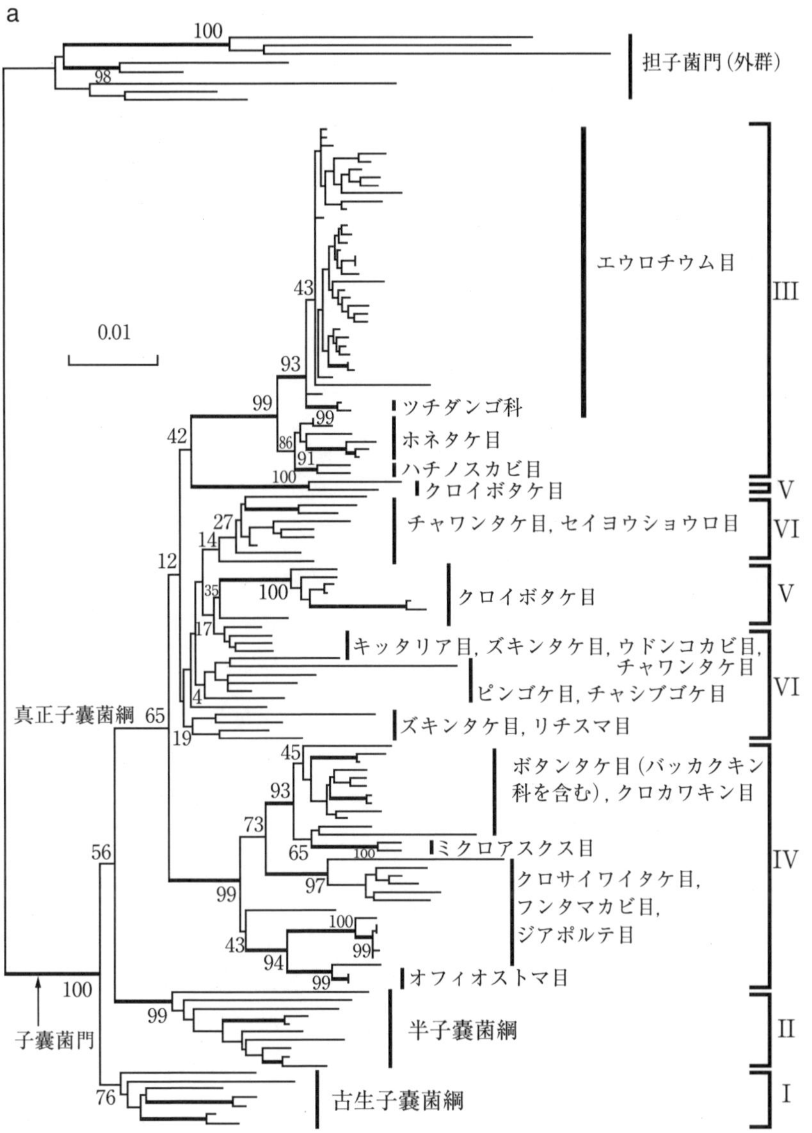

古生代の約5億年前（BERBEE & TAYLOR, 2001 a；分岐年代については第II部図2-11を参照）担子菌類と系統を異にした子嚢菌類は大きく3大系統群、すなわち古生子嚢菌類・半子嚢菌類（子嚢菌酵母）・真正子嚢菌類（糸状子嚢菌類）に分けられる（図a)。子嚢菌門の中でそれらの共通祖先から最初に分岐し、形態的にまた生態的にも多様化した菌群が西田・杉山（NISHIDA & SUGIYAMA, 1994）が提唱した古生子嚢菌綱である。古生子嚢菌綱はバービーとテイラーの基部子嚢菌類（basal ascomycetes；BERBEE & TAYLOR, 1993）または初生子嚢菌類（early ascomycetes；TAYLOR *et al*., 1994）に相当する。この大系統群は単系統であるという保証はないが、現時点では植物寄生菌類タフリナ属・プロトミケス属・腐生性アナモルフ酵母サイトエラ属 *Saitoella*・分裂酵母シキゾサッカロミケス属・カリニ肺炎菌プネウモキスチス属 *Pneumocystis* が含まれる。その後、子嚢盤を形成するネオレクタ属 *Neolecta* がこの系統に位置することが判明し（LANDVIK, 1996；SJAMSURIDZAL *et al*., 1997)、形態的・生態的多様度が増した。そして残りの二つの大系統群、すなわち半子嚢菌綱（子嚢菌酵母）と真正子嚢菌綱（糸状子嚢菌類）が分岐した。それぞれ単系統を構成し、姉妹関係にある。ただし、前者の単系統性はよく保証されているが、後者のブーツストラップ確率は系統樹間で変動するのでそれほど単系統性が保証されているわけではない。また、真正子嚢菌綱内の亜綱レベルの分岐順序は不確実である。

半子嚢菌類は、サッカロミケス属酵母に代表されるように、造嚢糸を欠き、子嚢果が発達しない。一方、真正子嚢菌類は造嚢糸を生じ、さまざまな形態的特徴を示す子嚢果（たとえば、閉子嚢殻・子嚢殻・子嚢盤・偽子嚢殻）を形成する。この菌群の中で不整子嚢菌類（閉子嚢殻形成菌類）と核菌類（子嚢殻形成菌類）はそれぞれ高い信頼度で単系統にまとまり、子嚢果の特徴が系統を反映している。しかし残りの3菌群、すなわち盤菌類（子嚢盤形成菌類）・小房子嚢菌類（偽子嚢殻形成菌類）・ラブルベニア菌類（特殊化した子嚢殻を作り、昆虫類に絶対寄生する）は多系統を示し、それらの分岐順序や系統進化的な関係は今後の研究を待たねばならない。そこで本書では、子嚢菌門を3綱（古生子嚢菌綱・半子嚢菌綱・真正子嚢菌綱）に分類し、さらに真正子嚢菌綱を亜綱レベルに相当する5菌群（不整子嚢菌類・核菌類・ラブルベニア菌類・盤菌類・小房子嚢菌類）に分け、それぞれ“類”と呼ぶことにする。

（杉山純多）

10–1　古生子嚢菌綱 Class Archiascomycetes

◆形態　本綱の菌類の多くは、その生活環において、酵母形態をとる時代をもつものが多い。ただし、シキゾサッカロミケス属は分裂増殖し（口絵60）、その他の酵母は出芽増殖する。また、サクラやモモに寄生し てんぐ巣病を引き起こすタフリナ属は、宿主植物細胞上に子嚢果を伴わない裸の子嚢を形成し、その内部に子嚢胞子を作る。その子嚢細胞に脚胞細胞が連結している種と、脚胞細胞をもたない種がある。さらに、子嚢胞子が子嚢内で発芽する種が多い。現在知られている本綱菌類の中では、ネオレクタ属は唯一子嚢果（子嚢盤）を形成する（LANDVIK, 1996）。本綱における遺伝情報の多様化機構の研究から、その形態的多様性を説明できるかどうかが注目される。

◆生活環　モモ縮葉病菌 *Taphrina deformans* の生活環を図bに示す。一般に担子菌類の特徴とされている、長く安定な二核相の時代（寄生生活を営む）をもつことが特異である。また、長いあいだ原生生物と考えられてきたカリニ肺炎菌 *Pneumocystis carinii* は、分子系統学的には子嚢菌類に含まれ（EDMAN, 1988）、古生子嚢菌綱の一員とされる。このカリニ肺炎菌の生活環（YOSHIDA, 1989）は、分裂酵母シキゾサッカロミケス属の生活環に類似しており、分子系統学的解析からの結果と一致した。したがって、生活環に関与している遺伝情報についても共通性が見いだされると考えられる。

◆分布・生態　タフリナ属やプロトミケス属はすべてが植物寄生菌類である。本書口絵58にモモ縮葉病の病徴を示す。これはモモ縮葉病菌がモモに寄生することによって引き起こされる。シキゾサッカロミケス属酵母はアルコール発酵能に優れ、酒造りに用いる地域もある。サイトエラ・コンプリカタ *Saitoella complicata* は、ヒマラヤの土壌から分離されたアナモルフ酵母（不完全酵母ともいう）であり、現在までに類似酵母の報告はない。その培養・生育速度などは担子菌系統のロドトルラ属酵母とくらべて特に変わるところはないため、生態学的にもきわめて興味深い菌類である。カリニ肺炎菌は、ヒトなど哺乳類の肺に感染し肺炎を引き起こす。特にエイズを発症した患者など、免疫力が低下した場合などに多く発症する。このように、本綱菌種の分布や生態もきわめて多様性に富むといえる。

◆系統　本綱は、半子嚢菌綱（大半の出芽酵母により構成されるグループ）と真正子嚢菌綱（大半の糸状子嚢菌類により構成されるグループ）が出現する以前に、子嚢菌類の共通祖先より分岐してきたとされる（BERBEE *et al.*, 2000；LIU *et al.*, 1999；NISHIDA & SUGIYAMA, 1993, 1994）。その内部における系統関係についてはまだ不明な点が残されているが、タフリナ属菌種とプロトミケス属菌種が最も近縁な属であることは間違いないと考えられる（SJAMSURIDZAL *et al.*, 1997）。また、2002 年、シキゾサッカロミケス・ポンベの全ゲノム塩基配列が決定した（WOOD *et al.*, 2002）。これにより、本綱の系統進化学が進展するものと期待している。

（西田洋巳）

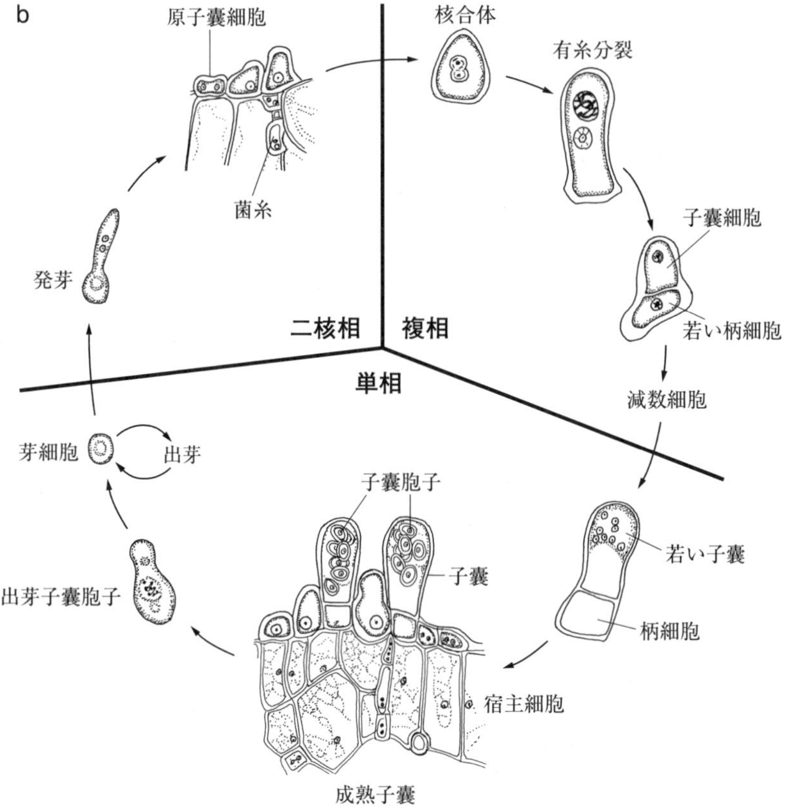

10-1　古生子嚢菌綱　b：モモ縮葉病菌 *Taphrina deformans* の生活環（ALEXOPOULOS, 1962 を改変）

10–2 半子嚢菌綱 Class Hemiascomycetes

本菌綱に属する分類群は、一口で言えば、子嚢菌酵母（ascomycetous yeasts）の一群のことである。酵母という呼び名は、カビやキノコと同様に特定の分類群につけられた学名ではない。元来は、発酵によって泡のような気泡を生じる微小な菌類を指したのが起こり。酵母とは、通常、栄養体が単細胞（酵母状）で、一般に出芽で無性的に繁殖するような菌類の総称である。酵母の仲間は日常生活と密着し、単に酵母と言えば、この菌群によるパン造りやワイン醸造へのかかわりを容易に思い浮かべることができる。

酵母の代表格は、分子生物学研究の上で真核生物のモデルともなっている子嚢菌酵母サッカロミケス・セレビシアエである。酵母の範囲は、古くは出芽や分裂酵母に限られていたが、分類学上の範囲も時代とともに拡大し、現在では栄養体が単細胞にはほとんどならないような酵母様菌類（yeast-like fungi）も酵母の範疇に含めるようになった（DE HOOG *et al.*, 1987；KURTZMAN & FELL, 1998）。たとえば、植物寄生菌類のタフリナ属・プロトミケス属や顕著な子実体（キノコ）を形成するシロキクラゲ属のアナモルフを酵母に含めるが、一方、同じようにアナモルフが酵母状態であるグラフィオラ属 *Graphiola* は酵母には含めていない。現在では酵母の範囲には、形態的にも、また系統的にも多様な分類群が含まれることになった。

◆形態　酵母細胞は体制上、菌糸細胞と大きく異なるところはない（詳細は第 II 部 3 章 **3-2** を参照）。半子嚢菌類（子嚢菌酵母）は子嚢果および子嚢形成菌糸を欠き、子嚢を保護する組織をもたない。栄養体（葉状体）は酵母型もしくは（真正の）菌糸型、核相は単相、複相または二核相、子嚢は一重壁で、真正子嚢菌類にみられるような先端構造の分化は認められない。サッカロミケス属酵母（一倍体）の細胞あたりの全 DNA 量は約 1.2〜1.4×10^{10} ダルトンで、このうち約 80〜90 % は核に存在する。一方、ミトコンドリアの DNA（mtDNA）のほかにキラー形質を支配する二重鎖 RNA プラスミド、2 μm DNA など核外遺伝物質が含まれる。これらは、有糸分裂、減数分裂を通して一定のコピー数を維持しながら、世代間に伝達されていく。多くの酵母が嫌気的に生育することができるが、このような条件下ではミトコンドリアの数も減少し、典型的なクリステを欠くことがある。このような酵母は正常な電子伝達系に関与する酵素を欠き、野生株よりコロニーの小さい、呼吸欠損変異株〔プチ（petite）：小さいの意〕として出現する。

普通、酵母型栄養細胞の壁構造は内外2層からなる。一般に、半子嚢菌類の子嚢は原始的な型とみなされている。有性生殖は、2細胞の接合、または単為生殖的に単細胞から生じた接合子が直接子嚢に転換する（図c）。酵母細胞は、出芽（分芽型）もしくは分裂（葉状体型）で無性的に繁殖する。有性生

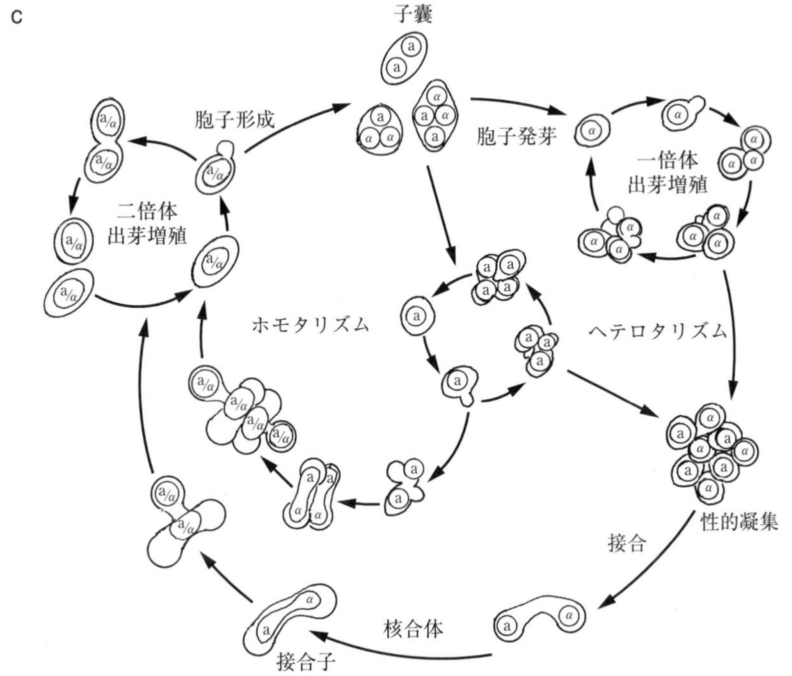

10-2　半子嚢菌綱　c：子嚢菌酵母の代表種サッカロミケス・セレビシアエの生活環（大嶋, 1981を改変）. 本酵母の接合の制御にはペプチドフェロモンがはたらいている（SAKURAI *et al.*, 1977）.

殖に関与する造嚢糸の形成は認められない。大多数の酵母は前者の様式をとり、後者の様式はジポダスクス属 *Dipodascus* とガラクトミケス属 *Galactomyces*（両者のアナモルフ属は分節型分生子を形成するゲオトリクム属）と系統上かけ離れた分裂酵母の代表シキゾサッカロミケス属に認められる。

◆分布・利用　酵母は土壌・樹液・果実表面・淡水・海洋など、いろいろな基質に生息し、通常腐生生活を営む。しかし、中には病原酵母として動物（クリプトコックス症を引き起こすクリプトコックス・ネオフォルマンス *Cryptococcus neoformans*、カンジダ症のカンジダ・アルビカンス、でん風のマラッセジア・フルフル *Malassezia furfur* ほか）、植物（熱帯・亜熱帯の綿、マメ類などを侵害するスペルモフトラ科のアシュビア・ゴシピイ *Ashbya gossypii*、ネマトスポラ・コリリ *Nematospora coryli* など）に寄生するものがある。また、酵母の分布域は熱帯から極地までと広い。応用面でみると、サッカロミケス・セレビシアエの育種株を用いたワイン・ビール・清酒をはじめとする発酵醸造、工業用アルコール、製パン、微生物タンパク質、各種酵素工業に広く利用されている（第I部1章表1-3参照）。また、一部の酵母はヒトや動物の重要な病原菌である。冒頭指摘したように、サッカロミケス・セレビシアエとシキゾサッカロミケス・ポンベは真核生物のモデルとして遺伝学・生化学・分子生物学の研究材料として古くから利用されている。ちなみに、前者の全ゲノムは1996年に解読されている。

以上述べたように、酵母はその重要性のため様々な視点から研究が展開され、基礎から応用まで含めた“酵母学”（PHAFF *et al*., 1978）ともいうべき一研究分野を形成している。

◆分類形質　“The Yeasts, A Taxonomic Study” 初版（LODDER & KREGER-VAN RIJ, 1952）と2版（LODDER, 1970）までは、酵母の分類基準には形態と生理・生化学的性状が用いられてきた。属や科などの高次分類群の識別には無性（栄養）生殖の様式と無性胞子の形態、有性生殖の様式と有性胞子の形態（口絵61〜64）が、種の区別には糖類の発酵性や炭素資化性などの生理・生化学的性状が採用された。同書3版（KREGER-VAN RIJ, 1984）ではDNA塩基組成・DNA交雑試験・ユビキノン系・菌体糖組成（細胞壁組成）などの化学分類学的指標が、同書4版（KURTZMAN & FELL, 1998）ではさらに核の18 S（小サブユニット）rRNA遺伝子・25〜28 S（大サブユニット）rRNA遺伝子塩基配列などの分子系統学的指標が、分類体系の構築に積極的に導入された（表III-10-1参照）。

◆分類・系統　酵母は系統上、子嚢菌系統と担子菌系統（第III部**11-1**参照）に大きく分けられる。これらの違いは特に18 S rRNA遺伝子塩基配列に基づく分子系統（たとえば、SJAMSURIDZAL *et al*., 1997；SUGIYAMA, 1998）や系統的指標としての細胞壁・分生子形成の微細構造ともよく一致する。

表III-10-1　酵母の3大系統群の鑑別形質

形　質	古生子嚢菌系統*	半子嚢菌系統	担子菌系統
微細構造的			
分子形成様式	内分芽型	全分芽型	内分芽-つき抜き型
隔壁孔	不詳	小孔/ウォロニン小体付き単純孔	孔栓付き単純孔/たる形孔
細胞壁	二層構造	二層構造	多層構造
生理・生化学的			
発酵能	−	＋	−
ウレアーゼ・テスト	＋	−	＋
DNase・テスト	−	−	＋
DBB呈色反応	−	−	＋
化学分類学的			
主要ユビキノン	10	6，7，8，9	8，9，10，10 (H_2)
細胞壁中キチン（%）	＋（詳細不明）	<3	>3
細胞壁中マンナン（%）	>5	>5	<5
細胞壁中キシロース（%）	−	−	−/＋
分子生物学的			
核DNA塩基組成 (mol% G+C)	約50	<50	>50
5 S/18 S rDNA塩基配列	古生子嚢菌系統	半子嚢菌系統	担子菌系統

＊：SUGIYAMA, 1998を改変

“The Yeasts, A Taxomic Study”の最新版（KURTZMAN & FELL, 1998；KURTZMAN & SUGIYAMA, 2001 参照）によれば、子嚢菌門の酵母は古生子嚢菌綱・真正子嚢菌綱・半子嚢菌綱の3綱に属する。これらのうち真正子嚢菌綱を除く2系統と担子菌系統の酵母の区別点を表III-10-1に示した。古生子嚢菌綱に含まれる酵母属には、シキゾサッカロミケス属・プロトミケス属・タフリナ属（アナモルフ属 *Lalaria*）・サイトエラ属（アナモルフのみ）の4属があり、真正子嚢菌綱に属する酵母はエンドミケス属 *Endomyces* の一部（*E. scopularum*）とオオスポリジウム属 *Oosporidium*（アナモルフ）の2属が知られている。残りの54属の子嚢菌酵母はすべて単系統の半子嚢菌綱に属する（図aでは、この枝のブーツストラップ確率は99％）。半子嚢菌綱はサッカロミケス目のみで構成され、10科、1アナモルフ科（カンジダ科）に分類されている（KURTZMAN & FELL, 1998；図d）。

酵母と二形性菌類のあいだの区別は不確かであり、また酵母の起源も謎に包まれたままである。しかし、rDNA塩基配列に基づく系統樹上、ジポダスコプシス・ユニヌクレアツス *Dipodascopsis uninucleatus* やガラクトミケス・ゲオトリクム *Galactomyces geotrichum* などの菌糸型酵母はたいてい樹の基

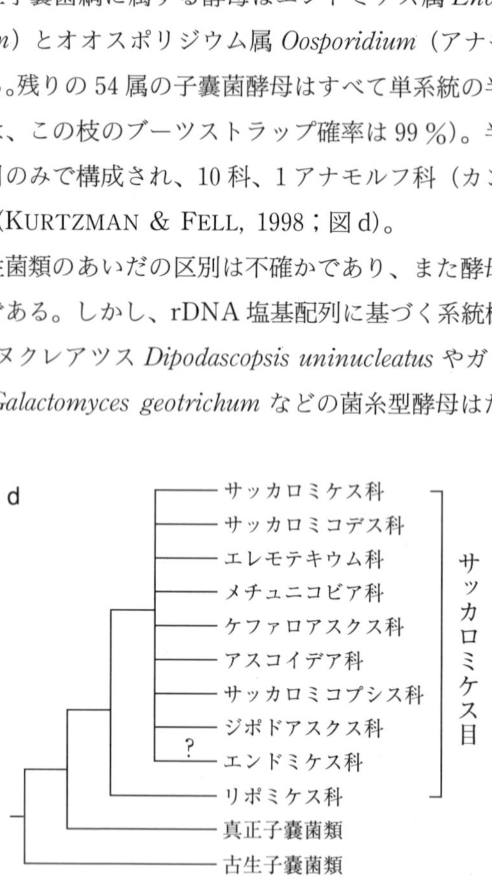

10-2 半子嚢菌綱 d：子嚢菌酵母の科と系統関係．科のあいだの系統関係は未解決（表III-10-1参照）（KURTZMAN & ROBNETT, 1994を改変）

部に位置する（KURTZMAN & ROBNETT, 1994；前頁の図 d、SUGIYAMA, 1998；p. 217 の図 a）。このことは、出芽型酵母は菌糸型祖先から進化したとする説を支持する。

前述のように、半子嚢菌系統の酵母は全体として単系統でよくまとまっているが、しかし各科の単系統性（すなわち各属の科への帰属）や分岐順序の決定は現状では困難であり、この方面の今後の研究を待たねばならない。

なお、各科と代表属の特徴と図解は紙幅の関係で割愛するので、カーツマンとフェル（KURTZMAN & FELL, 1998）、バーネットら（BARNETT *et al*., 2000）、カーツマンと杉山（KURTZMAN & SUGIYAMA, 2001）を参照されたい。

（杉山純多）

10-3　真正子嚢菌綱 Class Euascomycetes

10-3･1　不整子嚢菌類（Plectomycetes）

子嚢菌門の中で閉子嚢殻を形成する一群の菌類の総称。前述のように、これまでの分子系統学研究から本菌群の系統関係の一端がみえてきた。最新の形態・分子両データの統合的解析に基づいて、本菌群の主要な分類群のプロフィルを紹介する。

◆形態　本菌類の仲間は次のような特徴を共有している（ALEXOPOULOS *et al*., 1996）。1）子嚢は、比較的薄い壁でできており、球形ないしは洋梨形で、消失性である。2）子嚢は、子嚢果の中でいろいろなレベルで散在し、子実層を形成せず、子嚢果中心体から不規則に分枝した造嚢糸から生じる。3）子嚢胞子は、単細胞性である。4）子嚢果は閉子嚢殻型である。5）子嚢殻壁は、菌糸の性質を残したものから分化した偽柔組織（中には子座にまで発達）で構成されるものまで、実に様々である。6）形態的に特徴のあるアナモルフを付随し、しばしば高次分類群を特徴づける。子嚢果は、顕微鏡的大きさのものから、肉眼レベル（マユハキタケ *Trichocoma paradoxa* では長さ 4

cm に達する）ものまで様々である。不整子囊菌類は一般にアナモルフがよく発達し、特にこの菌群最大のマユハキタケ科にはコウジカビ属・アオカビ属・パエキロミケス属 *Paecilomyces* などの経済的に重要なアナモルフ属が含まれる。

◆生態・利用　大半は土壌に生息し、主に腐生生活を営んでいる。この菌群は、低分子の糖類からセルロース・ケラチン質まで難分解性の高分子基質を好んで分解し、自然生態系の中で分解者として重要な役割を果たしている。一般に酵素系がよく発達し、この多様な機能をもつコウジカビ属・アオカビ属・ベニコウジカビ属 *Monascus* などに属する種が発酵・醸造工業をはじめ、酵素生産・医薬工業などで広く利用されている（第I部1章表1-3参照）。一部の菌種はヒトや動物に寄生したりする。中でも、アスペルギルス・フミガツス *A. fumigatus*（アスペルギルス症 aspergillosis）やペニキリウム・マルネッフェイ *P. marneffei*［マルネッフェイ型ペニシリウム症（penicilliosis）］などが真菌症の原因菌としてよく知られている。また、マイコトキシン（カビ毒ともいう。たとえばアスペルギルス・フラブス（口絵66）、アスペルギルス・パラシチクスが産生するアフラトキシン；詳細はコラム 6 を参照）を産生し、長年医真菌学上注目されている（HOWARD & MILLER, 1996；宮治, 1995）。一方、アスペルギルス・ニドゥランス（テレオモルフはエメリケラ・ニドゥランス *Emericella nidulans*）は、モデル真核生物として遺伝学から分子生物学分野まで多角的に研究されている。

◆系統　最近の分子系統学的研究（主に 18 S rRNA 遺伝子塩基配列：BERBEE *et al*., 1995；OGAWA *et al*., 1997；OGAWA & SUGIYAMA, 2000：SUGIYAMA *et al*., 1999；TAMURA *et al*., 2000；図 e）によると、閉子嚢殻を形成するハチノスカビ目（ハチノスカビ科・エレマスクス科を含む；図 f)、ホネタケ目（ギムノアスクス科・ホネタケ科など5科)、エウロチウム目（ツチダンゴ科・マユハキタケ科・ベニコウジカビ科を含む）は単系統を構成し、不整子嚢菌類としてまとまっている。不整子嚢菌類は、単系統の核菌類とは系統を明らかに異にし、子嚢菌門の中で比較的進化した段階に位置して

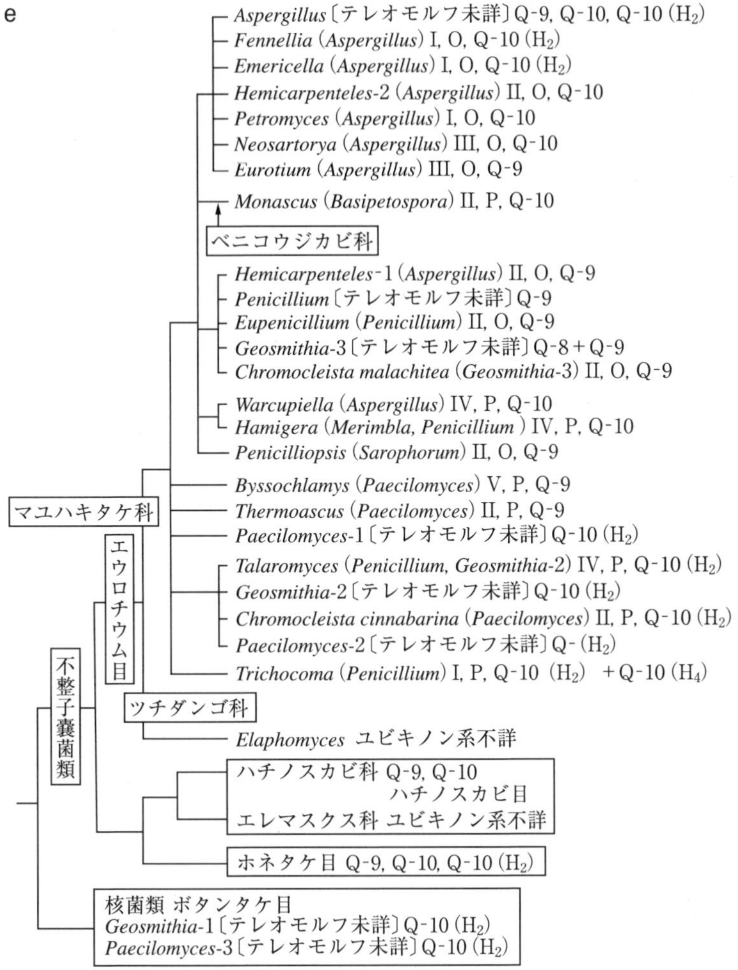

10-3　不整子嚢菌類　e：最近の分子系統学的解析データ（18 S rRNA 遺伝子塩基配列）に基づくマユハキタケ科分類群を中心とする不整子嚢菌類の系統関係．ユビキノン系のデータは主に KURAISHI *et al*., 1990，1991，2000 による）．ローマ数字は子嚢果の発達段階を示す．I：子座型（閉子嚢殻あり），II：子座型（閉子嚢殻なし），III：偽柔組織型（子座なし），IV：菌糸型（子座なし），V：無殻型（子座および閉子殻なし）．O：偏円・二弁形子嚢胞子，P：偏長形子嚢胞子，Q-：主要ユビキノン系．括弧内はアナモルフ属を示す（OGAWA & SUGIYAMA, 2000；TAMURA *et al*., 2000 を改変）

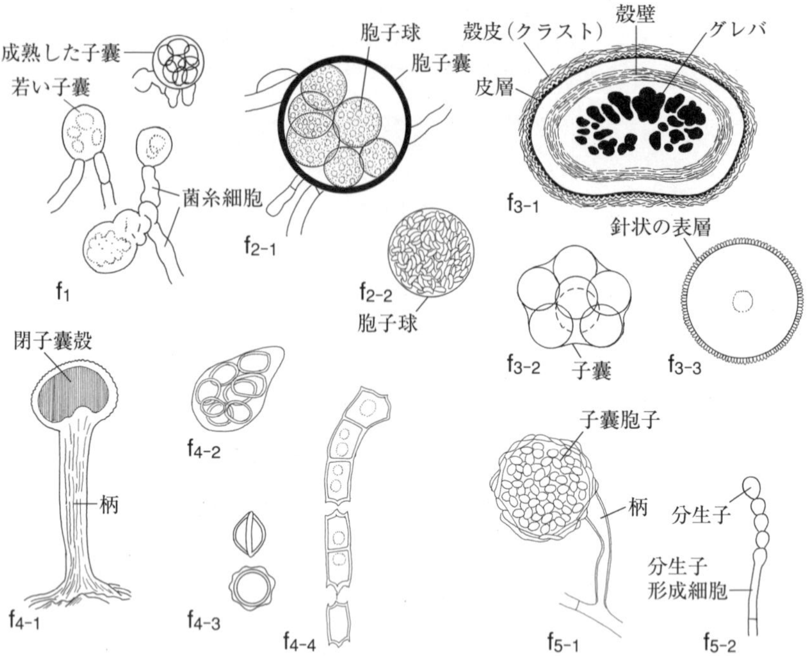

10-3　不整子嚢菌類　f_1：ハチノスカビ目エレマスクス・フェルチリス *Eremascus fertilis* の子嚢形成過程．f_2：ハチノスカビ目アスコスファエラ・アピス *Aschosphaera apis* の形態（1：胞子嚢，2：胞子球）．f_3：尾瀬産のエウロチウム目エラフォミケス・ヤポニクス *Elaphomyces japonicus*（1：子嚢果，2：子嚢，3：子嚢胞子）．f_4：ホネタケ目ホネタケ *Onygena equina*〔1：子実体の断面，2：子嚢，3：子嚢胞子，4：分節型分生子（培養株）〕．f_5：エウロチウム目モナスクス・ルベル *Monascus ruber* の形態（1：閉子嚢殻，2：アナモルフ *Basipetospora ruber* の分生子形成構造体と連鎖する分生子）（f_1：小林，1959；f_2：宇田川，1978；f_3：KOBAYASI，1960；f_4：小林ら，1959；f_5：TAKADA，1969 を参考に作図）

いるとみてよい。

不整子嚢菌類内部の系統関係についてみると、ハチノスカビ科とエレマスクス科は単系統を示し、ホネタケ目との関係が推定される。一方、マユハキタケ科にツチダンゴタケ科を加えた枝は高いブーツストラップ確率で単系統性が保証されている（LANDVIK *et al*., 1996；LOBUGLIO *et al*., 1996）。ここで注目すべきは、ツチダンゴ科がマユハキタケ科菌類の基部に位置することである。これは両科の共通の起源（おそらく地下生の種）からアナモルフを欠き、菌根性のツチダンゴ属菌種（図 f）が分岐し、独自の進化をとげたと推定される（おそらく古い形質をそのまま温存していると思われる）。他方、マユハキタケ科菌類は、子嚢果ならびにアナモルフの多様化とともに生態的にも、土壌生（エウロチウム属・エメリケラ属・タラロミケス属 *Talaromyces*・エウペニキリウム属（口絵 69）など）のものから腐朽木上（マユハキタケ属 *Trichocoma*）やカキの種子（カキノミタケ属 *Penicilliopsis*）上に子嚢果を形成するものまで適応放散を遂げた（MALLOCH & CAIN, 1972；宇田川, 1973）。

マユハキタケ科内部についてみると、扁円形子嚢胞子を形成するビッソクラミス属 *Byssochlamys*・マユハキタケ属・タラロミケス属などが最初に分岐し、その後に二弁形子嚢胞子を形成する諸属（口絵 68, 70）が多様化した。子嚢胞子の 2 型は系統をよく反映している。すなわち、二、三の例外を除き、パエキロミケス属ないしはアオカビ属をアナモルフにもつビッソクラミス-タラロミケス系統群は原始的であり、一方コウジカビ属ないしはアオカビ属をアナモルフにもつエウペニキリウム-エウロチウム系統群はより進化した菌群とみてよい。アナモルフ諸属の系統関係という視点から分子系統樹を分析すると、パエキロミケス属・アオカビ属・ゲオスミチア属 *Geosmithia*・コウジカビ属はマユハキタケ科内でいずれも多系統であることが読み取れる（図 e 中、*Geosmithia*-1, 2, 3 のように属の後に数字で示してある）。また、アナモルフ諸属に帰属し、テレオモルフを欠くアナモルフ種（たとえば、コウジカビ属・アオカビ属）はテレオモルフ種から進化したことが最近いろいろな遺伝子の分子系統樹で強く示唆されている（GEISER *et al*., 1996, 1998；LOBUGLIO *et al*., 1993；OGAWA & SUGIYAMA, 2000；PETERSON, 2000 a, b；TAMURA *et al*., 2000）。ベニコウジカビ属に代表されるベニコウジカビ科は、おおよそエウロチウム-コウジカビとエウペニキリウム-アオカビのあいだに位置し、完全にマユハキタケ科に取り込まれている。また、ベニコウジカビ属のアナモルフのバシペトスポラ属 *Basipetospora* の分生子型はきわめて特異であるが、フィアロ型分生子の退行したものであることがすでに指摘されている（BERBEE *et al*., 1995）。以上の述べたようなマユハキタケ科の多様化は約 1 億年前に始まったとの算定がある（BERBEE & TAYLOR, 2001 b；第 II 部 2 章図 2-11 参照）。

◆分類　下記の 3 目 10 科を含める。

ハチノスカビ目　二つの単系統の科、ハチノスカビ科とエレマスクス科が含まれる。高次分類群への帰属については諸説がある（詳細は、GEISER & LOBUGLIO, 2001 を参照）。ハチノスカビ科（図 f）の子嚢果は非細胞で、茶色の無孔口のシスト様(胞嚢状)の器官でできている。子嚢間組織(interascal tissue)は分化せず、薄い壁をもった子嚢は早い段階で消失する。無色、一細胞性の子嚢胞子は球塊の中にかたまる。アナモルフは分節型分生子を生じる。ミツバチに寄生し、生態的に特異な菌類である。一方、エレマスクス科は基準属のみで構成される単型科で、真正菌糸を豊富に形成し、食品などからまれに単離されている（図 f）。子嚢は短い造嚢糸（菌糸）上の隣り合う同形の細胞のふん合によって形成される。

ホネタケ目　子座を形成せず、子嚢果はコイル状の原基から生じ、閉子嚢殻状になる。ホネタケ属 *Onygena* では粉塊状子実体（mazaedium）となる。子嚢殻壁はゆるく編まれた菌糸からなり、しばしば特徴ある付属物をつける。典型的な子嚢は球形、消失性、8 個の子嚢胞子を形成する。子嚢胞子は一般に偏円形、淡色、その表面構造は様々であるが、隆起が見られる。アナモルフは分節型分生子を作るものが多い。ケラチン・セルロースなどの基質を好んで分解する。生活環境に常在するものが多く、皮膚糸状菌類や各種真菌症を起こす種が含まれる（HOWARD & MILLER, 1996；宮治, 1995）。科の区別点は表 III-10-2 および図 g に掲げた。

エウロチウム目　本目は、暫定的に ツチダンゴ科・マユハキタケ科・ベニコウジカビ科の 3 科で構成する（SUGIYAMA & OGAWA, 2003）。しかし、分子系統解析（BERBEE *et al*., 1995；SUGIYAMA *et al*., 1999）によると、ツチダンゴ科は残り 2 科の基部に位置し、一方、ベニコウジカビ科はマユハ

表 III-10-2 ホネタケ目・エウロチウム目の科の主な区別点（CURRAH, 1985；宇田川, 1997 より）

形　質	アルソロデルマ科	ギムノアスクス科	ミクソトリクム科*1	アマウロアスクス科*2	ホネタケ科	マユハキタケ科
子嚢胞子	扁円形～円盤形 滑面	扁円形～楕円形 滑面または粗面 しばしば赤道面や表面に隆起が生じる（しかし小孔状にならない）	紡錘形 縦に筋状の隆起*3 滑面または粗面	球形～扁円形 小孔状，赤道面に隆起のみられる場合もある	円盤状～楕円形，ソーセージ形，または球形 小孔状*4，時に滑面	扁長形ないしは扁円・二弁形 子座を欠くものから形成するものまで（形成する場合は偽柔組織型またはヒューレ細胞型） 胞子表面は模様状
基質嗜好性	好ケラチン性	好セルロース系	好セルロース系	好セルロース系	好ケラチン性	好デンプン・糖類性～好セルロース性
主要ユビキノン系	Q-9	Q-10（H_2）	Q-10（H_2）	Q-10（H_2）	Q-9 あるいは Q-10	Q-9，Q-10，Q-10（H_2），Q-10（H_4）
分生子形成様式	アレウロ型・分節型 崩壊型分離*5	通常分節型 分生子を生じない	アレウロ型・分節型 崩壊型分離	アレウロ型・分節型 崩壊型分離	アレウロ型・分節型 崩壊型分離	フィアロ型 離生型分離*2
代表的な属	クリソスポリウム属 ミクロスポルム属 ミケリオプトラ属 *Myceliophthora* トリコフィトン属		ゲオミケス属 マルブランケア属 オイジオデンドロン属	クリソスポリウム属 マルブランケア属 ヒストプラスマ属 *Histoplasma* オニココラ属 *Onychocola*	ブラストミケス属 クリソスポリウム属 エムモンシア属 *Emmonsia*	コウジカビ属 ゲオスミチア属 メリムブラ属 *Merimbla* パエキロミケス属 アオカビ属 ポリパエキルム属

＊1　最近の分子系統学的データによると，ミクソトリクム科は盤菌類と系統関係をもつ（KIRK *et al.*, 2001；SUGIYAMA & OGAWA, 2003 参照）
＊2　VON ARX（1987）によって提案，宇田川（1997）によって修正（*Amauroascus*，*Amauroascopsis*，*Auxarthron*，*Spiromastix* を収容）
＊3　口絵 72 参照　　＊4　口絵 71 参照
＊5　分生子形成細胞から分生子が離れる時の様式．崩壊型分離は rhexolytic secession，離生型分離は schizolytic secession の訳語

g

科	子嚢胞子	殻壁・付属糸	アナモルフ	基質・生育地
ホネタケ科	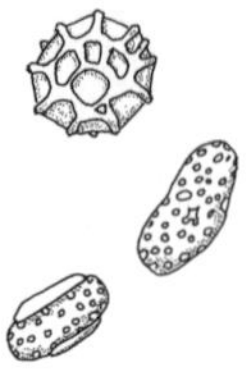	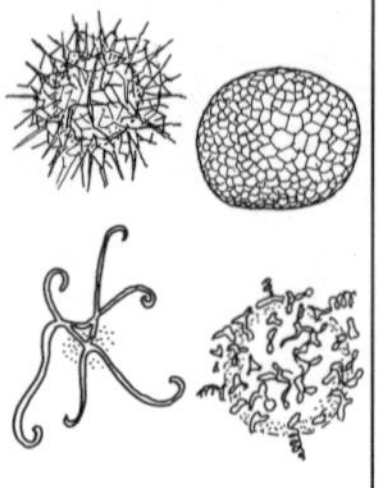	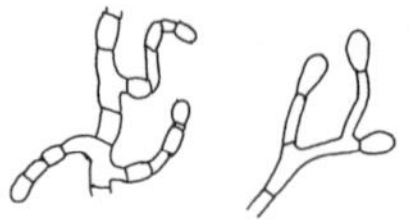 クリソスポリウム属 マルブランケア属	食肉類の糞 ケラチンまたは糞を含む土壌 ケラチン
アルソロデルマ科	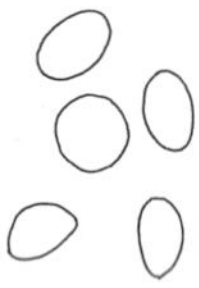		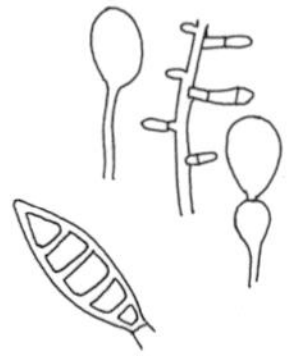 クリソスポリウム属 ミクロスポルム属 トリコフィトン属	腐朽しつつあるひづめ・角・毛・皮膚 ある種類は動物に寄生
ミクソトリクム科*			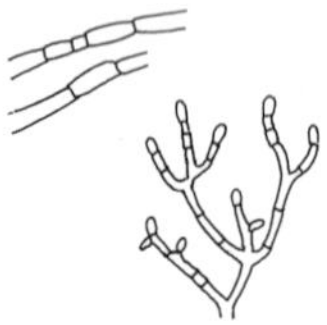 ゲオミケス属 マルブランケア属 オイジオデンドロン属	腐朽しつつある植物基質 セルロース 植物根の周囲の紙・麦わら・土壌
ギムノアスクス科		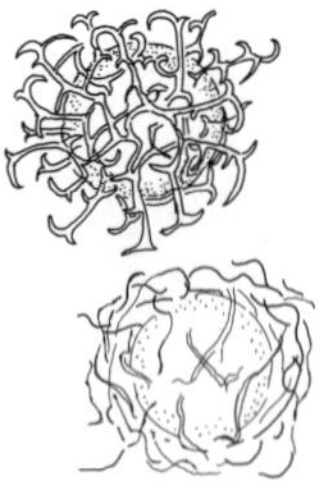	 アナモルフを欠く，または分節型分生子	腐朽しつつある植物 有機物に富む土壌各種 各種の糞

10-3 不整子嚢菌類 g：ホネタケ目の 4 科の特徴（CURRAH, 1985 を参考に作図）
＊ 本科の帰属については，表 III-10-2 の脚注を参照

キタケ科内に組み込まれることを明示している。したがって、両科の統合が必要である。また、最近の話題として、担子菌門ケシボウズタケ目 Tulostomatales のコウボウフデ *Battarrea japonicum* が形態・分子系統の両形質データから本科に帰属する新属プセウドツロストマ *Pseudotulostoma*（MILLER *et al*., 2001）に移された（ASAI *et al*., 2004；MASUYA & ASAI, 2004；口絵 65 参照）。

ツチダンゴ科：ツチダンゴ科のみを収容する単型の特異な分類群（図 f）。代表的な地下生子嚢菌類のツチダンゴ属 *Elaphomyces* のみが記載されている。大型の子嚢果（直径数 mm〜4 cm）を地中に産する。子嚢果は閉子嚢殻型、黒色、その殻壁は厚く、特徴的な微細突起で覆われる。子嚢間組織は不規則な菌糸よりなる。子嚢は小房内に散在して生じ、薄壁、消失性。散在する子嚢の部分は子嚢果中央に一塊をなして生じ、この部分をグレバ(gleba)と呼んでいる。子嚢胞子は球形〜亜球形、一細胞性、表面に明瞭な模様と着色がある。アナモルフは知られていない。普通、林地で菌根を作る。エウロチウム目（マユハキタケ科）菌類の系統進化の鍵を握る菌類の一つで、高次分類群への帰属は大きく揺れ動いた（詳細は GEISER & LOBUGLIO, 2001 を参照）。最近の 18 S rRNA 遺伝子塩基配列に基づく系統解析によると、ツチダンゴ属がエウロチウム目菌類と近縁であることが示唆されている（LANDVIK *et al*., 1996；LOBUGLIO *et al*., 1996；SUGIYAMA & OGAWA, 2003；図 e 参照）。

マユハキタケ科：本科とホネタケ目 5 科との区別点を、図 e に示した。マユハキタケ科は 282 属 617 種を収容する不整子嚢菌類最大の科（後者はまったくテレオモルフが未知の分類群数を示す）。子嚢果壁は裸の子嚢塊から柔らかい菌糸集合体、偽柔組織状、菌核状のものまである。さらに子座を作るものもあり、実に多様である（MALLOCH & CAIN, 1972；図 h）。子嚢果はその発達段階によって 5 型に分けられる(MALLOCH, 1981, 1985；図 h 参照)。本科の代表的なテレオモルフとアナモルフ関係、主要ユビキノン系のスキームを示す（図 e)。アナモルフ属はいずれもフィアロ型分生子を形成する。本

h

10-3　不整子嚢菌類　h：マユハキタケ科テレオモルフ諸属の子嚢果の形態と関係するアナモルフの分生子形成構造体* の形態的特徴および属レベルの相互関係．上半分は子嚢果，下半分は分生子形成構造体* を示す．＊：アナモルフ，1：パエキロミケス属，2：アオカビ属，3：ポリパエキルム属，4：コウジカビ属（フィアライドのみ），5：コウジカビ属（フィアライドとメトレの両方を形成）（MALLOCH & CAIN, 1972 を改変）

科の多くの分類群は顕著な特徴的なアナモルフを形成する。そこで、テレオモルフとアナモルフの形態と両者の関係が重要な属概念になっている（MALLOCH & CAIN, 1972）。アナモルフの基本型は、パエキロミケス型（パエキロミケス属）・ペニシルス型（アオカビ属・ゲオスミチア属など）・アスペルギラム型（コウジカビ属）・ポリパエキルム型（ポリパエキルム属 *Polypaecilum*）である。本目の代表的なアナモルフ3属について述べる。

コウジカビ属：現在182種が容認されている（PITT *et al.*, 2000）。関連するテレオモルフとしては8属72種が知られている。現在、コウジカビ属は6亜属18節に分類されている（GAMS *et al.*, 1985）。共通の特徴は分生子形成構造体（conidiogenous structure）としてアスペルギラム（口絵66）を形成することである。主な形態学上の分類形質はコロニー表面の菌糸体の状態・色調、アスペルギラムを構成する分生子頭の色調・形、分生子形成細胞（フィアライド）の2型（すなわちメトレとフィアライドの2列から構成される二列型か、フィアライドのみの単列型か）、さらに分生子柄の表面•着色、ヒューレ細胞（Hülle cell）の有無•形、分生子の形•表面構造、菌核形成の有無、その他生理的特性（生育温度や好乾性）などである。本属でその有効性が知られている化学分類学的指標としては、DNA 塩基組成•DNA-DNA ハイブリッド形成、ユビキノン系、アイソザイムなどがある。ユビキノン系についていえば、本属には主要ユビキノン系としてQ-9、Q-10、Q-10（H_2）の分子種が分布し、多くの節が一つの主要ユビキノン系で特徴づけられる（第II部6章図6-5参照）。現在、18 S rDNAや28 S rDNAの部分塩基配列の比較解析から種－属レベルの再編が進行中である。第II部6章で指摘したように、本属ならびに関連テレオモルフ属の種レベルの遺伝的距離をはかる遺伝形質はDNA塩基配列・DNA-DNA交雑・28 S rRNA遺伝子（部分塩基配列）・ITS領域などが有効であるが、一方 切れ味の良い属レベルの遺伝的距離をはかる決定的指標を見いだせないでいるのが現状である。

アオカビ属：225種が容認されている（PITT *et al.*, 2000）。関連するテレオモルフとしては2属67種が知られている。これらの分類群の共通形質はペニシルス（口絵67）である。この構造や、コウジカビ属同様、コロニー表面の菌糸体の状態・色調、ペニシルスの分枝の構造、フィアライドの形・大きさ、分生子の諸性質などで節に細分されている（PITT, 1979）。

パエキロミケス属：41種が容認されている（PITT & SAMSON, 1993）。関連するテレオモルフは3属10種が知られている。諸形態はアオカビ属に類似するが、コロニーは緑色を示さず、短い円筒形で先端が細長いネックをもつフィアライドを形成することを特徴とする。世界中に広く分布し、土壌をはじめ、瓶詰め・果汁などの食品からしばしば分離され、食品を変質させる原因菌（ビッソクラミス・フルバ *Byssochlamys fulva*、ビッソクラミス・ニベア *B. nivea*、パエキロミケス・バリオチイ *Paecilomyces variotii*、パエキロミケス・ビリジス *P. viridis*）として著名である。また、中には昆虫類に寄生する種類もある。関係するテレオモルフとしてはビッソクラミス属・タラロミケス属・テルモアスクス属 *Thermoascus* が知られている。筆者ら（SUGIYAMA *et al.*, 1999）の分子系統学的研究によれば、昆虫類に寄生する本属の数種は明らかに核菌類のボタンタケ目に位置することが判明した。このことにより、本属は多系統の種によって構成されているので、系統分類学的再編が必要である。

ベニコウジカビ科菌種の子嚢果壁は薄く、1〜2層のなめらかな細胞より構成される（図f）。アナモルフは特異な組織分裂性分節型分生子を生じるバシペトスポラ属。モナスクス・プルプレッセンス *Monascus purpurescens*（＝モナスクス・ルベル *M. ruber*）は、紅酒・紅乳腐などの発酵酒や発酵食品の製造、生産する紅麹色素は天然色素として広く利用されている。

◆最近の研究動向　コウジカビ属とアオカビ属については、その重要性から International Commission on *Penicillium* and *Aspergillus* Systematics（略称ICPA）という国際委員会（国際微生物学連合 International Union of Microbiological Societies に帰属）が組織され、ピット PITT とサムソン SAMSON の両博士を中心に活発に活動している。過去3回（1985年、1989年、1997年）の国際ワークショップが開催され、その議事録が単行本（SAM-

SON & PITT, 1985, 1990, 2000）として出版されている。系統分類学関係の研究の展開や動向をこれらの単行本や最新の総説（SUGIYAMA & OGAWA, 2003）から知ることができる。また、わが国には麹菌（koji molds）の基礎から応用に関する、坂口謹一郎 博士を中心とする長い研究の歴史があり、"麹学" とも呼ぶべき学問体系（村上, 1986）を形成している。このことも、コウジカビ属の研究では見落としてはならないことである。

（杉山純多）

10-3•2　核菌類（Pyrenomycetes）

本菌類は子嚢殻(perithecium)をもち、子嚢殻形成菌類(perithecial fungi)と呼ばれることもある。子嚢(図i)は子嚢殻内の子実層に形成される(ascohymenial)。子嚢壁は一重壁（unitunicate）無弁型（inoperculate）で、子嚢の先端にアミロイド性または非アミロイド性の頂環（apical ring、apical annulus）をもつ分類群が含まれる。子嚢殻内には、子嚢果内菌糸組織（子嚢果内菌糸系）（hamathecium）として、側糸（paraphysis）・頂生側糸（apical paraphysis)などをもつ分類群が知られる。子嚢殻は、単独で子嚢果を形成する場合や、子座（stroma）の内外に多数形成されて子嚢果（子実体）を形成する場合があり、その子嚢果は着生基物の表面や内部に形成される。子嚢殻には孔口（ostiole）があって開口するが、時に開口部をもたない閉子嚢殻型(cleistothecial）の子嚢果をもつ例がある。

本類の多くの種は、発達した分生子時代（アナモルフ）をもつ（図j)。

◆分類　本菌類にどのような目を含めるかは、時代により、また研究者によりまちまちで、定説はない。特に、閉子嚢核型の子嚢果をもつ例や、典型的でない子嚢殻をもつ例があることから、不整子嚢菌類や小房子嚢菌類との関係が微妙である。さらに、近年の分子系統学的研究により、従来の形態学的特徴に基づいて提唱された分類体系での科や目のレベルでの系統関係が再検討され始めているが、現段階では系統関係の不明確な目が残されている。ここでは、そのような流動的な段階の核菌類の分類の状況を紹介することにな

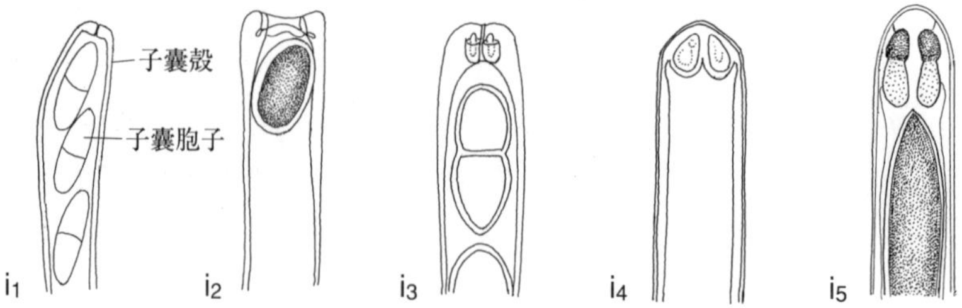

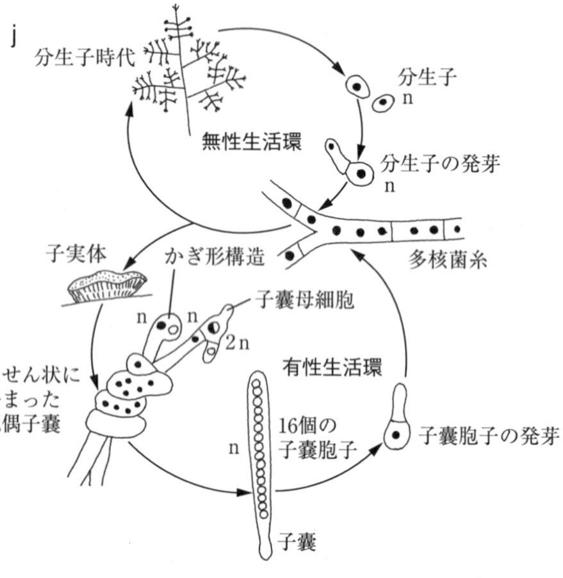

10-3　核菌類　i：子嚢とその頂環構造．i_1：ネクトリア属（ボタンタケ目），i_2：フンタマカビ属（フンタマカビ目），i_3：メランコニス属（ジアポルテ目），i_4：バッカクキン属（バッカクキン目），i_5：ロセリニア属（クロサイワイタケ目）．j：クロボタンタケの生活環（i：KENDRICK, 1992；j：石川ら, 1990 を基に作図）

る。このことはまた、核菌類の属数・種数の面でその集計を困難にしている。本類の目として取り上げた10目に限り、ホークスワースら（HAWKSWORTH *et al.*, 1995）を参考にして集計すると、約540属6000種である。この数は、日本産核菌類の種が2分の1どころか3分の1以下しか明らかになっていないと推定されることを考慮すると、世界に産する種数としてはあまりにも少ない。

以下に、スパタフォラとブラックウェル（SPATAFORA & BLACKWELL, 1993）およびアレクソポウロスら（ALEXOPOULOS *et al*., 1996）の提唱した核菌類の諸目を基調として10目を解説し、核菌類の目として扱われたことのある分類群についても、その主なものについては解説を加えることとした。なお、目の和名は、菌類科名の標準和名（杉山・土居, 1988）によった。

バッカクキン目　子嚢殻は直接宿主上に生じるか、あるいは子実体形成菌糸層（subiculum）上または子座組織の内外に生じる。子嚢殻・子座ともに肉質で、しばしば鮮やかな色彩をもつ。子嚢果内菌糸組織はないか、または分散した糸状菌糸のみ。子嚢は円筒状で、細い孔の通った厚壁の帽子状の頂部をもつ。子嚢胞子は長い糸状または紡錘状、しばしば多くの隔壁をもち、隔壁部分から二次胞子に分かれる種が多い。主に昆虫・菌類およびイネ科植物上に生じる。

ボタンタケ目に含まれる1科、バッカクキン科として扱われることも多い。最近の分子系統樹の一例では、バッカクキン科がボタンタケ科とネクトリア科の中間に位置する例がある（SPATAFORA & BLACKWELL, 1993）ので、本目を科のランクで扱い、ボタンタケ目に組み入れるのも一理がある。

バッカクキン科のほかにアクロスペルムム科を加える説があったが、現在はアクロスペルムム科をサネゴケ目あるいはクロサイワイタケ目に分類している。ここでは、ヒポミケス科と共に本目から除外しておく。

バッカクキン科の主な属は、バッカクキン属 *Claviceps*・ノムシタケ属 *Cordyceps*（口絵73）・ヒポクレラ属 *Hypocrella* など。アナモルフ（分生子時代）は、イサリア属 *Isaria*・パエキロミケス属 *Paecilomyces*・アスケルソニア属 *Aschersonia* など。いわゆる冬虫夏草のほとんどは本科の菌類である。

ボタンタケ目　子嚢殻は一般に孔口をもつが、時にもたない（この場合は閉子嚢殻をもつ）分類群がある。子嚢殻・子座ともに肉質で、しばしば鮮やかな色彩をもつ。子嚢果内菌糸組織はないか、または周糸状体（periphysoid；

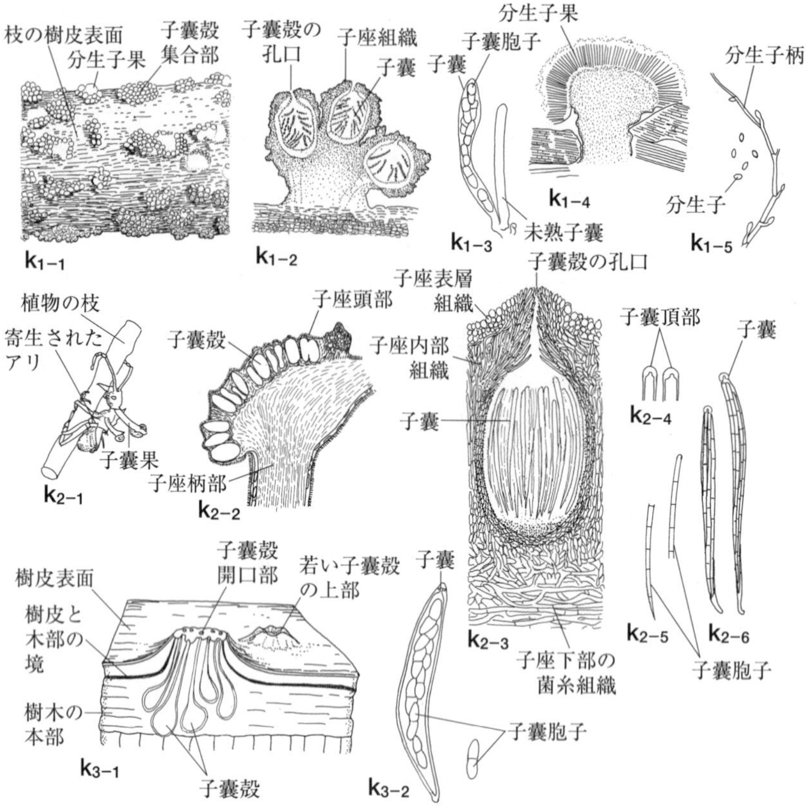

10-3 核菌類 k：子嚢果と生育場所（1）．k_1：ネクトリア・キンナバリナ *Nectria cinnabarina*（ボタンタケ目）（1：枝上の子嚢果と分生子果，2：子嚢果の縦断面，3：子嚢，4：Tuberculalia 型の分生子果，5：分生子柄と分生子）．k_2：コルジケプス・ウニラテラリス・クラバタ *Cordyceps unilateralis* var. *clavata*（バッカクキン目）（1：アリから生えた子嚢果，2：子嚢果縦断面，3：子嚢殻縦断面，4：子嚢の頂部構造，5：子嚢胞子，6：子嚢）．k_3：ジアポルテ・イムプルサ *Diaporthe impulsa*（ジアポルテ目）（1：樹木の内部から孔口部を樹皮の外に突出する子嚢殻，2：子嚢と子嚢胞子）（$k_{1,3}$：KENDRICK, 1992；k_2：KOBAYASI, 1941 を参考に作図）

子嚢形成部より上部から生じる短い菌糸で子嚢果の底部には達しない）をもつ。子嚢は類球形または円筒状で、アミロイドの頂環をもつ（ネクトリア科）か、または子嚢頂部はやや厚みをもつが特に分化はしていない（ボタンタケ科・ヒポミケス科）。

従来本目に位置づけられてきたピクシジオフォラ科は、分子系統学的研究に基づき、ラブルベニア目に移された（BLACKWELL, 1994）。なお、ヒポミケス科はバッカクキン目に分類されることがある。

主な属は、ボタンタケ属 *Hypocrea*（口絵 74～76 参照）・アカツブタケ属・ヒポミケス属 *Hypomyces*（図 k）。

メラノスポラ目　子嚢殻は子座をもたない。子嚢殻の孔口の頸部は短いか、あるいは長い。子嚢果内菌糸組織として、偽柔組織と周糸（periphysis）をもち、側糸を欠く。子嚢は卵形で消失性。子嚢胞子は１室で、両端に発芽孔があり、暗色。メラノスポラ科１科を含む。

分子系統学からの情報によると、メラノスポラ属の少なくとも２種はボタンタケ目に含まれるか、ボタンタケ目にごく近縁で、本目は単系統の分類群ではない可能性が指摘されている（SPATAFORA & BLACKWELL, 1994 a；REHNER & SAMUELS, 1995）（図 l_2）。

ミクロアスクス目　分類については、いくつかの異なった説がある。たとえば、ケダマカビ属 *Chaetomium* やミクロアスクス属 *Microascus* を含むミクロアスクス科（またはケダマカビ科）とする説や、ケラトキスチス属 *Ceratocystis* やオフィオストマ属を含むとする説が一般的であった。また、オフィオストマ属などをオフィオストマ科（別名クワイカビ科）に分類する説があり、さらにこれらの菌類をタマカビ目の中のメラノスポラ科とオフィオストマ科として扱う説があった。アレクソポウロスら（ALEXOPOULOS *et al*., 1996）は、オフィオストマ科をオフィオストマ目として、ミクロアスクス目から分離して扱っている。ミクロアスクス目の子嚢果は、ごく小形、閉鎖型（閉子嚢殻）または開口型（子嚢殻）で、開口部は針状の長い頸部〔ロストルム（rostrum）〕になっている種類（ケラトキスチス属）がある。ケダマカビ属では、子嚢殻はらせん状や波状の毛で覆われる。本目にはミクロアスクス科やケラトキスチス科が含まれる（図 l_1）。

クロカワキン目　分類学的な扱いは流動的で、かつてはボタンタケ目に入

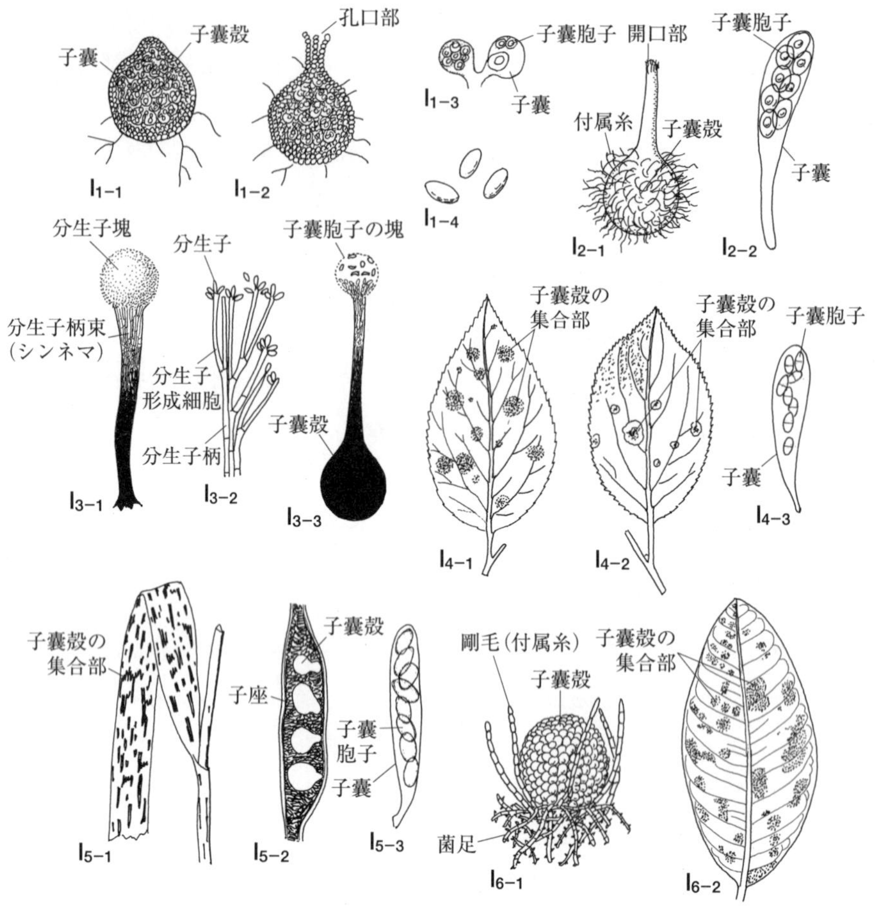

10-3　核菌類　l：子嚢果と生育場所（2）．l_1：ミクロアスクス・ソルジズス *Microascus sordidus*（ミクロアスクス目）（1，2：子嚢殻，3：子嚢，4：子嚢胞子）．l_2：メラノスポラ・キオネア *Melanospora chionea*（メラノスポラ目）（1：子嚢殻，2：子嚢）．l_3：オフィオストマ・ウルミ *Ophiostoma ulmi*（オフィオストマ目）（1，2：分生子果，3：子嚢殻）．l_4：ポリスチグマ・ルブルム *Polystigma rubrum*（クロカワキン目）（1，2：生葉上の子嚢果，3：子嚢と子嚢胞子）．l_5：フィラコラ・グラミニス *Phyllachora graminis*（クロカワキン目）（1：生葉上の子嚢果，2：子座，3：子嚢と子嚢胞子）．l_6：メリオラ属 *Meliola*（Meliolales）（1：メリオラ・コラリナ *M. corallina* の子嚢殻，2：メリオラ・アンフィトリカ *M. amphitricha* の子嚢果）（$l_{1,2,4\sim5}$：COUPIN，出版年不明；l_3：KENDRICK, 1992 を参考に作図）

れられたことがあり、ポリスチグマ目として扱う例や、タマカビ目クロカワキン科として扱う例もある。

子嚢殻は基物（植物の葉や茎）に埋没し薄壁。大半は植物寄生菌。1科クロカワキン科のみを含む（図 l_5）。

主な属は、クロカワカビ属 *Phyllachora*・ポリスチグマ属 *Polystigma*。

オフィオストマ目　閉子嚢殻をもつエウロフィウム属 *Europhium* 以外の属は子嚢殻をもつ。子嚢殻はミクロアスクス目のものに似る。子嚢は球状〜卵形で消失性、子嚢果内菌糸組織はない。多くの種は樹皮にすむ甲虫と共生し、木材を青変する。オフィオストマ科1科を含む。単系統ではない可能性が指摘されている（SPATAFORA & BLACKWELL, 1994 b）。

主な属は、オフィオストマ属・エウロフィウム属（図 l_3）。

ジアポルテ目　子嚢殻は球状〜フラスコ状、植物に寄生または腐生し、分生子殻〔粉胞子器（pycnidium）〕が付随していることが多い。樹皮下に子座をもち、分生子を糸状に固めて押し出す例や、開口部の長い管状部を樹皮から突出している例などはよくみられる。子嚢は棍棒状または円筒状で、頂環構造をもつ。子嚢の柄が粘液化して、子嚢が粘塊となって子嚢殻の開口部から押し出される（グノモニア型胞子放出）。子嚢胞子は無色か暗色で、単室〜多室、楕円状・洋ナシ状・紡錘形・ソーセージ状・糸状など。

バルサ目とも呼ばれ、ホークスワース（HAWKSWORTH *et al.*, 1983）によれば、グノモニア科・メランコニス科・メログランマ科・プセウドバルサ科・ジアポルテ科（＝バルサ科）などの科を含むとされるが、マグナポルテ科を加えるべきであるとする考え方もある（図 k_3）。

クロサイワイタケ目　マメザヤタケ目とも呼ばれる。タマカビ目の1科として扱われた時期がある。子嚢殻はスビクルム（子実体形成菌糸層）上または子座組織内に埋没するが、まれに単独で生じ、このような菌糸組織をもたないことがある。子嚢はごく一部の球状の例を除いて円筒状、ヨードで青変する単一または重層状の頂環〔特に頂栓（apical plug）と呼ぶことがある〕をもつことが多い。子嚢胞子は単室、大半は平滑、ほとんど無色〜暗褐色。

類球形〜楕円形で発芽溝をもつ（クロサイワイタケ科）か、またはソーセージ形(シトネタケ科)。多くは樹皮や木部に腐生。わずかながら樹木寄生菌が知られる。

クロサイワイタケ科とシトネタケ科を置くが、アンフィスファエリア科やクリペオスファエリ科などを含める考え方もある。クロサイワイタケ科にはクロサイワイタケ（マメザヤタケ）属 *Xylaria*・アカコブタケ属 *Hypoxylon*・チャコブタケ属 *Daldinia*、シトネタケ科にはエウチパ属 *Eutypa*・シトネタケ属 *Diatrype* などの属が含まれる（図 m）。

フンタマカビ目　大きな目で、6 科 121 属に及ぶとされる。一般に子嚢殻は個々に形成されるが、子座上に形成される例もいくつか知られる。基物の表面に生じるか、または埋没する。子嚢果内菌糸組織を通常は欠く。子嚢は棍棒状または円筒状、しばしばその先端部に光を屈折する頂環がある。子嚢胞子は、一般に単純な形で発芽孔をもち、多くは暗色、しばしば粘質物に覆われるか、付属物をもつ。アレクソポウロスら（ALEXOPOULOS *et al*., 1996）は、次の 6 科を認めている。フンタマカビ科（主な属：フンタマカビ属 *Sordaria*）・トリプテロスポラ科（主な属：ゲラシノスポラ属 *Gelasinospora*）・ケダマカビ科（主な属：ケダマカビ属）・コニオカエタ科・ラシオスファエリア科（主な属：ポドスポラ属 *Podospora*）・ニチュキア科。

アレクソポウロスら（ALEXOPOULOS *et al*., 1996）は、従来本目に分類されたことのあるメラノスポラ科（クワイカビ科とも呼ばれる）をメラノストマ目として扱い、彼らの系統樹ではこの目をボタンタケ目の隣りに位置づけている。

メリオラ目　ススビョウキン目とも呼ばれるが、小房子嚢菌類のカプノジウム科やタテガタキン目にもススビョウの名称が使われることがある。『学術用語集 植物学編』（文部省・日本植物学会，1990）の付表では、メリオラ目が採用されている。

菌糸は暗色で、植物の生葉に寄生し、葉上菌糸には菌足（hyphopodium）と呼ばれる独特の細胞をもつ。子実体はウドンコカビ類に似た剛毛をもつ閉

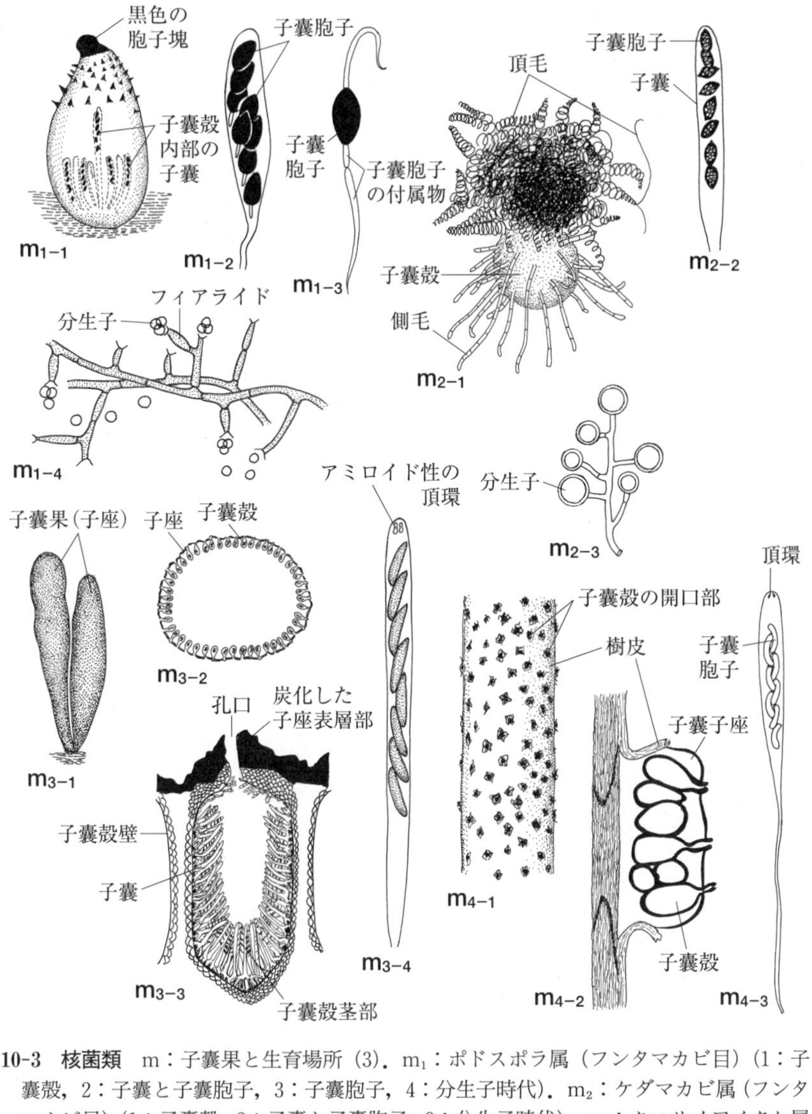

10-3　核菌類　m：子嚢果と生育場所（3）．m_1：ポドスポラ属（フンタマカビ目）（1：子嚢殻，2：子嚢と子嚢胞子，3：子嚢胞子，4：分生子時代）．m_2：ケダマカビ属（フンタマカビ目）（1：子嚢殻，2：子嚢と子嚢胞子，3：分生子時代）．m_3：クロサイワイタケ属（クロサイワイタケ目）〔1：子嚢果（子座），2：子嚢果（子座）の横断面，3：子嚢殻の縦断面，4：子嚢と子嚢胞子〕．m_4：ジアトリペ属（クロサイワイタケ目）〔1：木の枝表面に形成された子嚢果（子座），2：子嚢殻を含む子嚢果（子座）の縦断面，3：子嚢と子嚢胞子〕（KENDRICK, 1992 を参考に作図）

子嚢殻の場合と、開口部をもつ球状の子嚢殻（被子器）または扁平で上壁の細胞が放射状に配列する場合がある。メリオラ科1科を含む。主な属はススカビ類のメリオラ属・アマゾニア属 *Amazonia*（図1_6）。

以下の目は、核菌類の目として扱われたことがある分類群のうちの主なものである。

ウドンコカビ目　従来 不整子嚢菌類に入れられたり、核菌類に入れられたりした紛らわしい分類群であった。子実体は閉子嚢殻である。閉子嚢殻の周りに特徴のある付属糸をもつことが多い（コラム**9**、口絵77を参照）。ウドンコカビ科1科を含む。なお、ペリスポリウム科はその一部がウドンコカビ科に、他は小房子嚢菌類に編入され、最近はウドンコカビ目から除外されている。近年の分子系統学からの情報により、現在 ウドンコカビ目は、盤菌綱ズキンタケ目の姉妹群として位置づけられるようになった（LANDVIK *et al*., 1996）。

コロノフォラ目　子実体は、一応 閉子嚢殻と呼んでよい構造をもつ。アレクソポウロスら（ALEXOPOULOS *et al*., 1996）は、本目をフンタマカビ目のニチュキア科としている。本目を認め、ベルチア科とコロノフォラ科を本目に含める考え方もある。閉子嚢殻の外壁の頂部内側に大きな寒天質細胞の塊があり、これが膨張して外壁が裂開する。子嚢は長い柄のある棍棒状で、閉子嚢殻内壁面から多数生じる。

タマカビ目　かつては核菌類の大半がタマカビ目として扱われた時代があった。現在は、クロサイワイタケ目と同義とする考え方のほかに、アンフィスファエリア科・ハロスファエリア科・トリコスファエリア科などを本目の科として残す考え方もある。また、アンフィスファエリア科をクロサイワイタケ目に位置づける考え方もある。特徴は以下の通り。

子実体は子嚢殻（または子嚢殻状）で炭質、単独または子座に埋まる。子嚢は子嚢殻内の子実層状部から生じる。子嚢果内菌糸組織は一般に側糸か、または欠く。子嚢は楕円状ないし円筒状で一重壁、多くはその先端に環状構造（頂環）をもつ。多くの種は樹木上に腐生し、樹木寄生菌類・地衣構成菌類を含む。

ビンタマカビ目　タマカビ目ビンタマカビ科として扱われることが多かった1科7属の小群の菌類であるが、特異な子囊殻をもつので目として扱われることが多くなった。主として、熱帯のナギの仲間（イヌマキ科 Podocarpaceae）または他の針葉樹の葉に寄生する。子囊果は先端の丸くなった棒状で、小房子囊菌類の子囊子座に相当するとの意見があり、また、若い子囊は二重壁であることが報告された（JOHNSTON & MINTER, 1989）。したがって、本目は小房子囊菌類に分類されることになる。子囊は棍棒状、通常 柄をもち、早失性。日本にはナギの葉に寄生するコリネリア・ウベラタ *Corynelia uberata* を産する。

◆系統　現在は異なった遺伝子領域に基づく異なった分子系統樹が提唱され、核菌類の多くの分類群については分子系統解析の結果が定説にはなっていない。子囊殻内の菌糸組織（子囊果中心体 ascocarp centrum）は、かつてはルットレル（LUTTRELL, 1951）によって重視され、ジアポルテ型・アカツブタケ（ネクトリア）型・マメザヤタケ型などに類型化されたが、この分類法は分子系統解析結果と合致しない分類群が少なくないという点に特に注意すべきである（SPATAFORA & BLACKWELL, 1994 a）。

（土居祥兌）

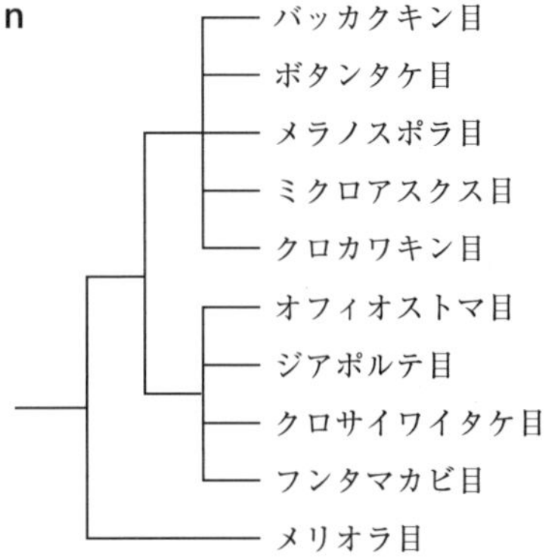

10-3　核菌類　n：核菌類の系統樹の一例（ALEXOPOULOS *et al.*, 1996 を改変）

10-3･3　ラブルベニア菌類（Laboulbeniomycetes）

本菌群に所属する菌類は、節足動物の外骨格に外部寄生する絶対寄生菌類である。節足動物の中でも大部分は六脚上綱の昆虫類を宿主とするが、ダニ類・ヤスデ類に寄生するものもある。一般に、ラブルベニア菌類とその宿主とのあいだには、かなり厳密な宿主特異性や部位特異性が知られている（BENJAMIN, 1971）。しかし、最近ではラブルベニア属 *Laboulbenia*･ジメロミケス属 *Dimeromyces*・リッキア属 *Rickia* などの菌において広い宿主範囲をもつものも知られてきている（BENJAMIN, 1973）。

◆形態形成　子嚢胞子が宿主の体表に付着すると、基脚部（foot）を形成して宿主の外骨格内に侵入し、養分吸収器官である吸器（haustorium）を宿主表皮細胞内に形成する。また、吸器のような分化した器官を形成せずに、仮根状菌糸を宿主組織内深くに侵入させる場合もある。栄養関係が樹立すると、托（receptacle）を形成し、そこから子実体が発達する。基本的には、三つの型に区別される。第1は、托が単純に3細胞（下部基脚細胞・中間細胞・上部細胞）からなるものである。通常、この中間細胞からは子嚢殻が発達し、上部細胞からは造嚢器あるいは付属枝（appendage）を発達させる（図 o_1）。第2は、中間細胞が1細胞ではなく、縦に連なった多細胞からなるものである（図 o_2）。第3は、元の子嚢胞子がほとんど形を変えず残っており、そのまま托の機能となるものである。これを一次托（primary receptacle）と呼び、これから二次托が発達する。

本菌類には、雌雄同株（monoecious）のもの（図 o_1）と雌雄異株（dioecious）のもの（図 o_2，o_3）とがあるが、いずれにしても子嚢の形成においては、造嚢器と造精器から形成された不動精子（spermatium）との受精が必要である。不動精子の形成様式には、外生不動精子型（exogenous spermatium）・単純造精器型（simple antheridium）･複合造精器型（compound antheridium）の3型がある。外生不動精子型では、不動精子が付属枝の細胞から外生的に形成される。単純造精器型では、不動精子がフィアライド状あるいはフラスコ形の造精器から内生的に形成される。複合造精器型では、共通の腔所内に内生的に不動精子を形成する細胞が集まり、不動精子は1個の共通の開口部から放出される。造嚢器の発達においては、一般に受精毛、受精毛支持細胞、造嚢器細胞の三つの細胞が上から1列に並び、全体が発達中の子嚢殻壁に包まれている。受精毛は、全体または一部が露出し、不動精子を捕える。受精に伴い受精毛と受精毛支持細胞は消失し、造嚢器細胞は造嚢細胞を形成し、これから子嚢が次々と形成される。

子嚢は長い棍棒形で、通常4個の子嚢胞子を内在し、一重壁で溶けて子嚢胞子を放出する。多くの子嚢胞子は無色で、紡錘形、二細胞性であり、通常、粘液質の鞘に包まれている(図 o_{3-3})。この鞘は、子嚢殻からの放出時に胞子を守ると同時に、宿主体表への付着にも有効である。

◆分類・系統 本菌類は、他の子嚢菌類とくらべてあまりにも特殊な形態であるために、分類学上の取扱いに関しては多くの見解の相違がある。たとえばスミス (SMITH, 1955) は核菌類に、ゴイマン (GÄUMANN, 1964) は原生壁子嚢菌亜綱(Prototunicatae)に、ランゲロン LANGERON とバンブロイセゲム VANBREUSEGHEM (KOHLMEYER, 1973 による) は盤菌類に位置づけている。

現在、ラブルベニア菌類は、1目 (ラブルベニア目) 4科114属1697種から構成されているが、近年の分子系統データ (BLACKWELL, 1994) より、ラブルベニア目にピクシジオフォラ科 (Pyxidiophoraceae) を入れる研究者もいる(巻末の分類表はこの見解を採用している)。しかし、形態学的には非常に異なっていることより、本章では含めていない。以下に、各科の特徴と、その代表的な属を示す。

ラブルベニア科 116属1713種を含む。子座を形成し、子嚢果を一次葉状体の側生付属枝の連なった細胞から直接形成する。側生付属枝は子嚢果の基部から伸長しない。子嚢果の外壁細胞は通常多く、不等形である。子嚢は四胞子性で、子嚢胞子は二細胞性、中央部近くに隔壁をもつ。通常は雌雄同株。

ケラトミケス科 12属84種を含む。子座を形成し、子嚢果は一次葉状体の連続した介在細胞から直接形成する。子嚢果の外壁層は多くの、短い、通常同形の細胞からなる。子嚢は四胞子性で、子嚢胞子は二細胞性、中央部近くに隔壁をもつ。通常は雌雄同株。

エウケラトミケス科　5属7種を含む。子座を形成し、子嚢果は一次葉状体の側生付属枝の連続した細胞から形成する。付属枝は子嚢果の基部より伸長する。子嚢果の外壁細胞は小さく、通常同形。子嚢は四胞子性で、子嚢胞子は二細胞性、中央部近くに隔壁をもつ。通常は雌雄同株。

ヘルポミケス科　1属25種を含む。子座を形成し、通常4細胞からなる一次葉状体をもつ。子嚢果は二次葉状体から形成する。子嚢は八細胞性で、子嚢胞子は中央に隔壁をもつ。雌雄異株性で、ゴキブリに寄生。

（安藤勝彦）

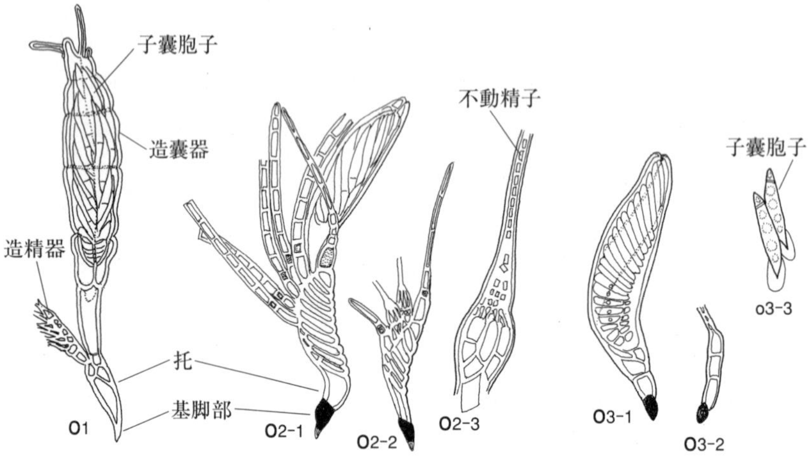

10-3　ラブルベニア菌類　o：有性生殖器官．o_1：ヘスペロミケス・ビレスセンス *Hesperomyces virescens*（雌雄同株），o_2：ジメロミケス・アフリカヌス *Dimeromyces africanus*（雌雄異株；1：雌株，2：雄株，3：雄株の造精器の拡大図），o_3：アモルフォミケス・ファラグリアエ *Amorphomyces falagriae*（1：雌株，2：雄株，3：子嚢胞子）（BENJAMIN, 1973を参考に作図）

10-3･4　盤菌類（Discomycetes）

約 450 属 3000 種以上からなる菌群で、子実層が裸出する子実体である子囊盤（apothecium）を形成する点に特徴をもち、子囊盤形成菌類（apothecial fungi）とも呼ばれている。大部分は腐生性であるが、植物寄生性のものや地衣化した種類もある。

◆子囊盤の組織形成　子囊盤は、子囊ならびに側糸が柵状に並列した子実層と、これを直接担う托から構成される（図 p）。

托組織はその外側の層である托外皮層（ectal excipulum）と内側の層である托髄層（medulary excepulum）からなり、各層の菌糸組織のタイプが分類上重視されている。また、托外皮層は 2〜3 層からなることもある。托外皮層の先端部の子実層と接する部分を縁（margin）と呼ぶ。縁は子実層とほぼ同じ高さになる場合と、子実層より高くなる場合とがある。また、托外皮層の最外層の細胞からは毛が生じることもある。これは特にヒアロスキファ科に特徴的で、その毛の形態も様々である。托の下には柄（stalk）を形成するものとしないものがある。前者を有柄（stipitate）子囊盤（口絵 79）、後者を無柄（sessile）子囊盤（口絵 80）と呼んで区別するが、両者の中間形のものもあり、このような子囊盤は substipitate あるいは subsessile と呼称している。

托組織（口絵 81，82）の菌糸組織型は、盤菌類の主要分類形質の一つであり、この分類形質を提唱したコルフ（KORF, 1958）は、托の菌糸組織（hyphal tissue；texture）を 7 種類に類型化した（図 q）。近年では、この菌糸組織の識別は盤菌類だけではなく、子囊菌類一般ならびに分生子果不完全菌類の分類形質としても採用されてきている。

本菌類の子囊は、通常、円筒形〜棍棒形で、一重壁子囊である。有弁子囊（operculate ascus）と無弁子囊（inoperculate ascus）の別があり、これは盤菌類の分類学上の重要な形質である。有弁子囊は子囊上部に蓋（ふた）（operculum）をもつ子囊で、子囊胞子放出の際は、その蓋が開いて子囊胞子を噴射する（図 r_1）。無弁子囊は子囊の上部が三角錐状となり、この部分の壁は厚く、その中央部に頂孔がある。子囊胞子の放出に際しては、胞子は一つずつ順次この頂孔に押し込まれ、膨圧で外に勢いよく弾き飛ばされる（図 r_2）。子嚢の壁は、メルツァー試薬で染色されるものとされないものがあり、分類学上重要な形質となっている。染色される場合も、子嚢壁全体が青く染色される場合と部分特異的に染色される場合とがある。

子嚢胞子は、球形・卵形・楕円形などから棍棒形・円筒形・糸状のものなど、また、長径が1 μmの小さいものから100 μmを越えるようなものまで様々である。単細胞性のもの、多細胞性のもの、無色もしくは有色、表面は

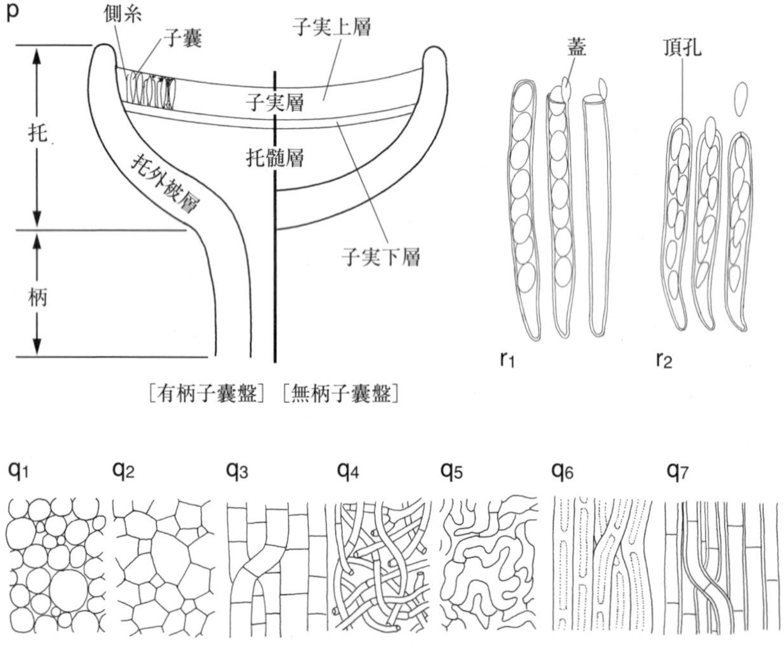

10-3 盤菌類 p：子嚢盤の構造の模式図．q：菌糸組織のタイプ．q_1：円形菌糸組織．細胞はほとんど等形で丸く，細胞間隙がみられる．q_2：多角菌糸組織．細胞は多角形で，細胞間隙はみられない．q_3：矩形菌糸組織．細胞断面が長方形．q_4：絡み合い菌糸組織．菌糸は様々な方向に走り，菌糸間には間隙がある．q_5：表皮状菌糸組織．菌糸は様々な方向に走るが，菌糸間隙はない．通常，膜状組織を形成する．q_6：厚壁菌糸組織．菌糸は平行に走り，互いに癒着する．菌糸細胞は壁が厚く，内腔は狭い．q_7：伸長菌糸組織．菌糸は平行に走るが，菌糸細胞の壁は薄く，内腔は狭くない．r：子嚢の種類．r_1：有弁子嚢，r_2：無弁子嚢（p：Korf, 1973；q：Korf, 1958；r：大谷，1990 を参考に作図）

平滑なものから刺状・疣状・網目状を呈するものなどあり、一般に、種の類別に利用されている。

側糸は、子嚢のあいだに形成される不稔菌糸の一種で、通常、糸状で隔壁を有し、分岐するものとしないものがある。先端が膨潤するもの、先端が尖る槍形のもの、また、上部がかぎ形に湾曲するものなどがあり、分類上の特徴として使われる（第II部3章図3-6を参照）。

◆分類　本綱は15の目から構成されているが、そのうち8目は地衣構成盤菌類であり、ここではそれを除いた7目についてその特徴を述べる（HAWKSWORTH *et al*., 1995）。地衣類については**III-13.**を参照されたい。

メデオラリア目　1科1属1種からなる。ユリ科植物（*Medeola*）の茎に寄生し、膨潤させ、表皮内部に側枝の毛状層を形成し、その内部に子嚢を散在させる。きわめて特殊なもので、日本では発見されていない。

キッタリア目　1科1属10種からなる。ナンキョクブナ属植物（*Nothofagus* spp.）の幹内に内生し、瘤（gall）を形成して、その全面に球形子嚢果ができる。南半球にのみ産する（コラム5；口絵78参照）。

ツチダンゴ目　1科1属20種からなる。子嚢果は地下生で、外生菌根を形成する。子実層は包み込まれ裸出しない。子嚢は膜が薄く、消失性。子嚢胞子は球形、単細胞、有色で表面構造を有する。本目は現在、不整子嚢菌類エウロチウム目に収容されている（p. 228参照）。

オストロパ目　6科76属1854種からなる。子嚢は無弁子嚢、きわめて長い円筒形で、その頂端の膜は厚い。子嚢胞子は子嚢とほぼ同長の糸状を呈する。

リチスマ目　3科71属411種からなる。子嚢果は子座あるいは子座様の菌糸組織に埋没、あるいは覆われて生じ、成熟時には縦線状あるいは放射状の裂溝によって開口し、子実層を露出する。子嚢は無弁子嚢、一般に薄膜で、成熟時に子嚢先端に生じる小孔あるいは裂け目を通じて子嚢を射出する。

チャワンタケ目　17科177属1029種からなる。一般に、大形の子実体を形成するものが多い。よく分化した子実層に子嚢と側糸を並列する。子嚢は有弁子嚢、円筒形〜棍棒形で、成熟時にはその先端部または先端部の近傍にある蓋をはね上げて、勢いよく子嚢胞子を射出する。食用として珍重されるアミガサタケ属は本目に属する（口絵 84）。

ズキンタケ目 13 科 392 属 2036 種からなる。子嚢盤は小形で明色、時に剛毛を有する。子嚢は無弁子嚢、小形、棍棒形で、その頂端は厚くなく、頂環をもつ。子嚢胞子は小形、無色、平滑（口絵 79〜83 参照）。

なお、カークら（KIRK *et al.*, 2001）は、ズキンタケ目に含まれる諸科とキッタリア目をビョウタケ目に統合・収容させた。その他の目の異動についても、カークら（前出）を参照されたい。

（安藤勝彦）

10-3･5 小房子嚢菌類（Loculoascomycetes）

約 700 属 6000 種以上からなる菌群で、子嚢子座あるいは偽子嚢殻(pseudothecium) に子嚢を形成する点、二つの子嚢壁層からなる二重壁子嚢(bitunicate ascus) から子嚢胞子を積極的に放出する点に特徴をもち、偽子嚢殻形成菌類（pseudothecial fungi）とも呼ばれている（口絵 89〜92 参照)。子嚢壁の内側の層は厚膜で、強固な外側の壁層を伸長させ、これによって子嚢胞子は子嚢の外に飛ばされる。また、一般に子嚢菌類の子嚢果壁は受精によって形成されるが、本菌類では通常 受精以前にそのような組織が形成され、子嚢が発達し始める時にその組織内に腔（小房 locule）が形成される(NANNFELDT, 1932)。さらに、多くの子嚢菌類の子嚢胞子は無色の単細胞であるが、本菌綱の子嚢胞子は有色で、縦横の隔壁をもつものが多い。

本菌群の菌類には、コクリオボルス・ヘテロストロフス *Cochliobolus heterostrophus* やピレノフォラ・グラミネア *Pyrenophora graminea* などの経済的に重要な多くの植物病原菌が含まれる。また、それらのアナモルフであるフォマ属菌 *Phoma* やアルテルナリア属菌も植物病原菌類であり、動物病原菌類である黒色酵母（black yeast)、すす病を起こすススカビ（クロイボタケ目に属する；口絵 87〜90）もこの仲間であると考えられている。多くは熱帯に生息するが、温帯地域にも広く分布している。腐生菌類・植物寄生菌類・菌寄生菌類・地衣形成菌類・糞生菌類・水生菌類・海生菌類等。

◆分類 1955年ルットレルは、小房子嚢菌亜綱（Loculoascomycetes）を設立し、他の糸状子嚢菌類をEuascomycetesに所属させた（LUTTRELL, 1955）。その後、1973年にルットレルらは小房子嚢菌綱を五つの目に整理している（LUTTRELL, 1973）。菌学の正書の一つである"Dictionary of the Fungi"第7版（1983）では、子嚢菌類の高次分類区分を決定する分類形質が未だ定まっていないことより、完全な階層分類体系を提案するのは困難であると結論し、子嚢菌類については目の階級での分類学的整理にとどめている。したがって、基本的には小房子嚢菌綱という分類区分を指定していない（HAWKSWORTH *et al.*, 1983；HAWKSWORTH *et al.*, 1995）。しかし、バー（BARR, 1987）のように、小房子嚢菌綱を認め、10目58科に整理している研究者もいる。本菌類の分類体系は未だ混沌としており、現在その外枠が整理されつつある段階である（HAWKSWORTH *et al.*, 1995；KIRK *et al.*, 2001）。

したがって、本章では、小房子嚢菌類の中で最大の分類群であるクロイボタケ目について概説するに留める（口絵85〜92参照）。ルットレル（LUTTRELL, 1955）はクロイボタケ目を、小房の中に子嚢果内菌糸組織（hamathecium）を形成しない点で特徴づけていたが、近年ではクロイボタケ目の概念が広くなり、通常、分岐または菌糸融合した側糸状体、あるいは偽側糸からなる子嚢果内菌糸組織を有するものも含まれるようになった。現在、58科711属4774種からなる大分類群になっているが、子嚢果内菌糸組織の発達様式から基本的には4大別される。①周糸状体（periphysoid）型（図s_1）：カエトチリウム科に代表されるもので、子嚢果内菌糸はフラスコ型子嚢果の天井から下に向かって成長し始めるが、その伸長は短く、その底に到達することはない。②偽側糸（pseudoparaphysis）型（図s_2）：プレオスポラ科に代表されるもので、子嚢果の上部から偽側糸が下方に向かって成長し、子嚢果の基部で融合する。この偽側糸は隔壁を有し、幅がいくらか広く、側糸状体（trabeculate pseudoparaphyses、paraphysoid）とは区別される。③側糸状体（paraphysoid）型（図 s_3）：メラノンマ科に代表されるもので、ほとんどが無隔壁で、壁の薄い側糸状体が子嚢果の上部からカーテンのように下方に向かって成長し、子嚢果下部で融合すると同時に上部でも融合し、偽子実上層を形成する。④ 非形成型（図 s_4）：クロイボタケ科•タコウキン科に代表されるもので、子嚢果内菌糸組織を形成しない。子嚢果の形態は非常に変化に富み、子嚢盤様・子嚢殻様・閉子嚢殻様、あるいは限定されない生育をする子嚢子座を形成し、小房は子座中に散在もしくは整列する。また、盾状子嚢殻（thyriothecium）・子宮形子嚢殻（hysterothecium）などの特殊な形態をとるものもある。子嚢は球形・卵形・円筒形・広棍棒形で、特殊な子嚢先端構造をもつものはほとんどない。子嚢胞子は無色〜暗色（淡褐色・褐色・赤褐色）で、単細胞性・二細胞性・多細胞性、石垣状のもの、あるいは表面構造を有するものもある。アナモルフは糸状不完全菌類および分生子果不完全菌類である（第 II 部 3 章図 3-6 を参照）。

（安藤勝彦）

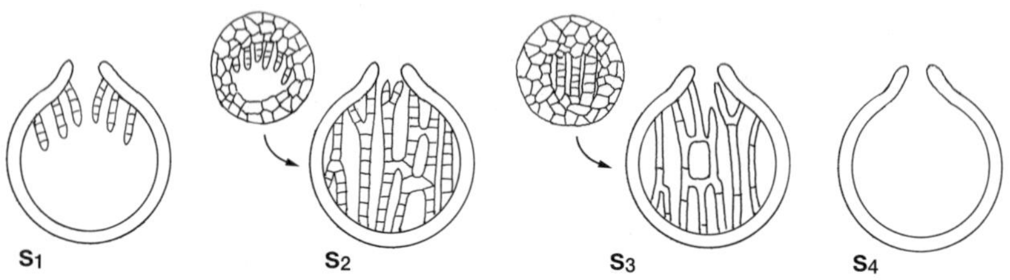

10-3　小房子嚢菌類　s：子嚢果内菌糸組織の主要な型．s_1：周糸状体型，s_2：偽側糸型，s_3：側糸状体型，s_4：非形成型（HAWKSWORTH *et al*., 1995 を参考に作図）

8 コウジカビとアフラトキシン

コウジカビはアスペルギルス属 *Aspergillus* カビの総称で、そのうち酒・味噌・醤油等の醸造に用いられる *A.* オリザエ *A. oryzae* と *A.* ソヤエ *A. sojae* を特に麹菌と呼んで、他の野生のアスペルギルス属カビと区別している。麹菌は共にフラビ節 *Flavi* に分類される。フラビ節にはほかに、発がん性のマイコトキシンであるアフラトキシン（AF）を生産する *A.* フラブス *A. flavus*（口絵66）と *A.* パラシチクス *A. parasiticus* が含まれる。*A.* オリザエが *A.* フラブスと、*A.* ソヤエが *A.* パラシチクスと、DNA レベルで高い相同性を示すことから、分類上麹菌と AF 生産菌は近縁であるといえる（Kurtzman *et al.*, 1987）。しかし麹菌は、いかなる条件においても AF を生産しないことが認められている（Wei & Jong, 1986）。*A.* フラブスと *A.* パラシチクスの AF の生合成には 20 以上の遺伝子が関与しており、これらは染色体上でクラスターをなしている（Yu *et al.*, 1995）。麹菌に属する一部の菌株においても AF 生合成系遺伝子クラスターの存在が確認されているが（Klich *et al.*, 1995；Kusumoto *et al.*, 2000）、クラスター全体の転写制御因子をコードする *aflR* 遺伝子も含めて転写されてはいない。さらには、そのクラスター内の遺伝子や *aflR* 転写上流カスケードにも種々の変異・欠失が存在し、機能不全となっているため AF の生合成が起こらないとされている（Kusumoto *et al.*, 1998；Watson *et al.*, 1999）。たとえば、*A.* ソヤエでは、AflR の C 末端側が *A.* パラシチクスの AflR より短くなっており、*A.* ソヤエ AflR は転写活性化能を失っている（Matsushima *et al.*, 2001）。このように、麹菌では複数のステップでの変異・欠失により AF の生合成能を失っている。

（阿部敬悦）

9 ウドンコカビの巧妙な生存戦略と進化

ウドンコカビは、被子植物の葉・茎・果実・花などに小麦粉をまぶしたような白い粉を生じる植物寄生菌類である。秋になると白い病斑の中に閉子嚢殻と呼ばれる黒粒を多数形成する。この閉子嚢殻を顕微鏡で観察すると、単純な菌糸状、渦巻き状、二叉分岐状、こん棒状、針状など、菌の種類ごとに特徴的な形の付属糸が観察される。草本植物に寄生する菌の付属糸は一様に単純な菌糸状であるのに対し、木本、特に落葉樹に寄生する菌は様々な複雑な形態を示す。

最近の分子系統解析から、ウドンコカビはもともと高木に寄生していた菌で、その後、低木、さらに草本植物へと宿主を広げたことが明らかになっている。木本から草本への宿主拡大は多数回にわたって起こり、草本植物に寄生するようになるとウドンコカビの付属糸はそのつど一様に単純化して菌糸状になった。その１例を図に示した。ウンキヌラ属 *Uncinula* は先端部が渦巻き状の付属糸をもち、主に落葉高木に寄生する祖先的菌群である。ミクロスファエラ属 *Microsphaera* は先端部が数回二叉分岐する付属糸をもち、落葉低木や高木、まれに草本に寄生する菌群で、ウンキヌラ属から派生的に出現した。これら両属は系統樹上で明瞭に区別できる。一方、菌糸状の付属糸をもち主に草本植物に寄生するエリシフェ属 *Erysiphe* は、１つのグループを形成せず小グループを作って系統樹上に散在する。ウンキヌラ属グループ内にもエリシフェ属菌が存在するが、これらはいずれもエリシフェ属としては例外的に常緑樹に寄生する菌であることに注目したい。すなわち、エリシフェ属は菌

rDNA ITS 領域に基づくウンキヌラ（U），ミクロスファエラ（M）およびエリシフェ（E）属菌の分子系統（近隣結合法）．枝上の数字はブーツストラップ確率
各枝の右にウドンコカビの属名（頭文字），宿主植物名，植物の種類（落葉・常緑・高木・低木・草本）を示した．▼印は推察される草本植物への宿主拡大を示す．この系統樹によれば，草本植物への宿主拡大は本系統群で少なくとも 4 回起こったことになる

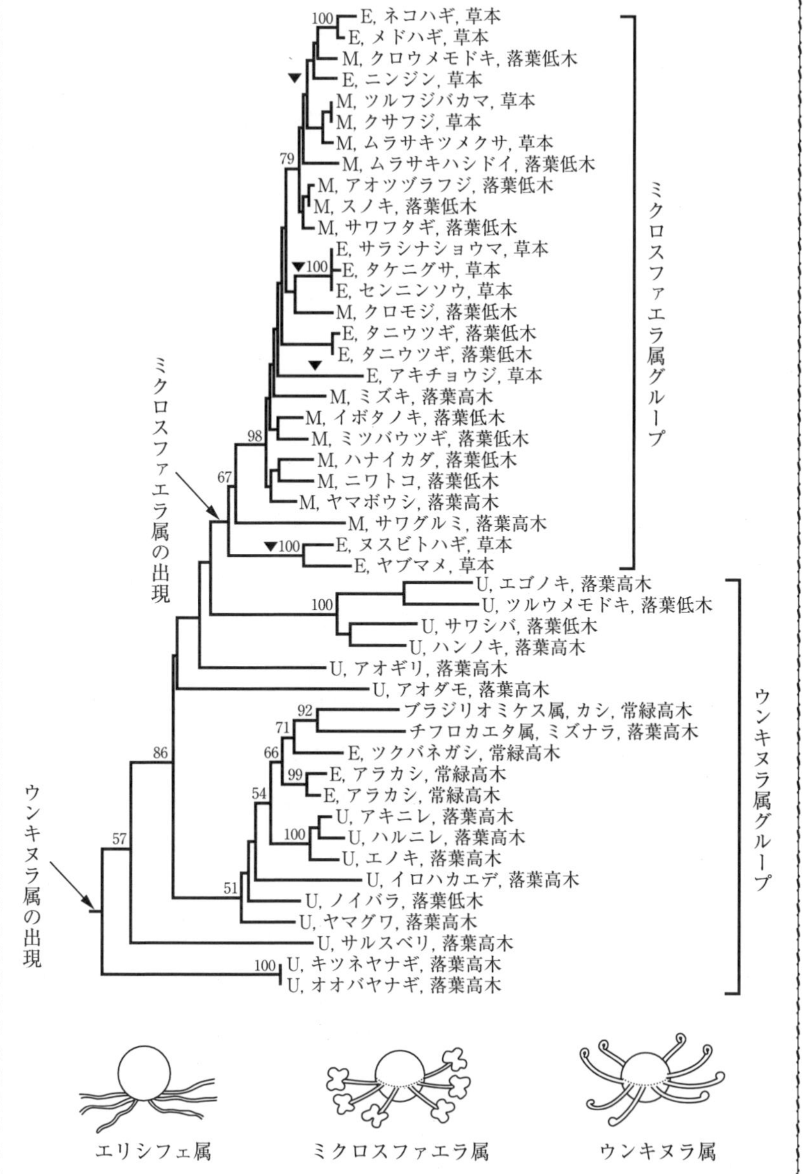

E, ネコハギ, 草本
E, メドハギ, 草本
M, クロウメモドキ, 落葉低木
E, ニンジン, 草本
M, ツルフジバカマ, 草本
M, クサフジ, 草本
M, ムラサキツメクサ, 草本
M, ムラサキハシドイ, 落葉低木
M, アオツヅラフジ, 落葉低木
M, スノキ, 落葉低木
M, サワフタギ, 落葉低木
E, サラシナショウマ, 草本
E, タケニグサ, 草本
E, センニンソウ, 草本
M, クロモジ, 落葉低木
E, タニウツギ, 落葉低木
E, タニウツギ, 落葉低木
E, アキチョウジ, 草本
M, ミズキ, 落葉高木
M, イボタノキ, 落葉低木
M, ミツバウツギ, 落葉低木
M, ハナイカダ, 落葉低木
M, ニワトコ, 落葉低木
M, ヤマボウシ, 落葉高木
M, サワグルミ, 落葉高木
E, ヌスビトハギ, 草本
E, ヤブマメ, 草本
U, エゴノキ, 落葉高木
U, ツルウメモドキ, 落葉低木
U, サワシバ, 落葉低木
U, ハンノキ, 落葉高木
U, アオギリ, 落葉高木
U, アオダモ, 落葉高木
ブラジリオミケス属, カシ, 常緑高木
チフロカエタ属, ミズナラ, 落葉高木
E, ツクバネガシ, 常緑高木
E, アラカシ, 常緑高木
E, アラカシ, 常緑高木
U, アキニレ, 落葉高木
U, ハルニレ, 落葉高木
U, エノキ, 落葉高木
U, イロハカエデ, 落葉高木
U, ノイバラ, 落葉低木
U, ヤマグワ, 落葉高木
U, サルスベリ, 落葉高木
U, キツネヤナギ, 落葉高木
U, オオバヤナギ, 落葉高木
100
100
79
100
98
67
100
100
92
71
66
99
54
100
51
86
57
100
ミクロスファエラ属グループ
ウンキヌラ属グループ
ミクロスファエラ属の出現
ウンキヌラ属の出現
エリシフェ属
ミクロスファエラ属
ウンキヌラ属

糸状の付属糸によって一つの属とされてきたが、実際にはそれらは多様な起源をもつ菌の集合体なのである。

落葉樹に寄生するウドンコカビの付属糸は、なぜ種々の複雑な形をもち、草本植物に寄生するとなぜ一様に単純化するのか。その謎を解く鍵は、木本寄生菌類と草本寄生菌類の越冬行動の違いに見いだされる。閉子嚢殻は一般にウドンコカビの越冬器官であると考えられている。たとえば、ヤマグワ *Morus australis* などに寄生するフィラクチニア属 *Phyllactinia* の閉子嚢殻は、基部が膨らんだ針状の付属糸とイソギンチャクのような形をした冠毛細胞の2種類の付属構造をもつ（口絵77参照)。閉子嚢殻が成熟すると、付属糸基部の仕掛けによって付属糸が下側へ折れ曲がり、閉子嚢殻は葉面から立ち上がる。この閉子嚢殻は風雨によって葉面から容易に離脱し、冠毛細胞から分泌される糊状物質によって宿主の枝や幹に付着して越冬する。翌春、新葉展開期になると閉子嚢殻が裂開し、子嚢胞子が放出されて新葉に感染する。落葉と共に地上に落下することに比べ、これははるかに確実な越冬方法であり、ウドンコカビのような絶対寄生菌類にとって種族を維持するための必要不可欠な生存戦略であろう。落葉樹寄生性のウドンコカビの越冬は一般にこのような方法で行われており、付属糸の形態はこの閉子嚢殻の行動に深くかかわっている。一方、草本寄生菌類の閉子嚢殻は、菌糸状の付属糸によって成熟後も宿主に固着したままである。このほうが越冬戦略としてより効率的なのか、単に複雑な付属糸形態を維持する必要性が無くなったためかは明らかでないが、草本植物に寄生するウドンコカビの付属糸は一様に単純化する。常緑樹寄生菌類が一般に菌糸状の付属糸をもつのも同様な理由であろう。ウドンコカビはそれぞれの宿主に合わせて付属糸の形を巧妙に作りかえながら、おそらく数千万年にわたって絶対寄生菌類として生き続けてきたのである。

（高松　進）

11. 担子菌門 Phylum BASIDIOMYCOTA

担子菌類とは、減数胞子嚢として機能する担子器（basidium）から突出した小柄（sterigma）上に担子胞子（有性胞子）を外生する菌類を指す。分子系統学研究の成果から、担子菌類は門に位置づけることにほぼ定着したとみてよい（ALEXOPOULOS *et al*., 1996；BLACKWELL & SPATAFORA, 2004；KIRK *et al*., 2001；杉山，1996 b)。本門には1353属2万9914種が含まれる(KIRK *et al*., 2001)。

◆形態　子実体（いわゆるキノコ）はふつう肉眼的大きさであって、実に多種多様な形態をとるが、おおむね科ないしは目レベルの分類群ごとに特徴のある外部形態を示す。しかし、本門にはクロボキン類・サビキン類、それに担子菌系統の酵母も帰属するので、顕著な子実体を形成しない仲間も含まれている。形態学的データに基づく系統分類では担子器が最も重要視されている(第II部**3-3-5**参照)。また、菌類界の中で、担子菌門の仲間は体制的に最も進化した段階にあるとみなされている。

◆生活環　最初に典型的な担子菌類（菌蕈類）生活環の図解を示す（図a)。小柄から離れた担子胞子は、発芽して隔壁のある一次菌糸体(単相)となる。交配型に基づいて一次菌糸体同士がふん合(anastomosis)して2核が共存する二次菌糸体となる。しばしば、二次菌糸体は共役的核分裂と隔壁形成に関連して、かすがい連結（clamp connection）を形成する。担子器・かすがい連結の形成は、本門の主要な形態学的特徴になっている（しかし、かすがい連結はかならず形成されるわけではない)。この二次菌糸体は発達し、組織化して三次菌糸体、すなわち担子器果を構成する。菌糸組織の分化により、組織化した子実層(hymenium)を形成し、菌糸末端は担子器もしくは不稔の嚢状体（cystidium）となる。また、一次および二次菌糸体には、分生子・分裂子(oidium)・厚壁胞子などの無性胞子を生じるアナモルフを付随することがある。

生活様式（ライフスタイル）は腐生・寄生・共生（たとえば、菌根や地衣体を形成）など様々である。

◆分布・利用　分布も極圏から熱帯まで広く分布しているが、特に熱帯地域の「戸籍簿（インベントリー）」作成にはほとんど手がついていない。近年になって、生物多様性の視点から熱帯の菌類への関心が高まっている（ISAAC *et al*., 1993）。利用面でいえば、担子菌門の典型的なキノコは食用として広く利用され、キノコ産業と呼ばれる一大産業にまで発展している。一方、中にはテングタケ属の仲間のように猛毒の成分をもつキノコや、シビレタケ属 *Psilocybe*・モエギタケ属 *Stropharia*・パネオルス属 *Paneolus* のような幻覚を起こすキノコ（hallucinogenic fungi）も存在する。毎年きのこ狩りの季節

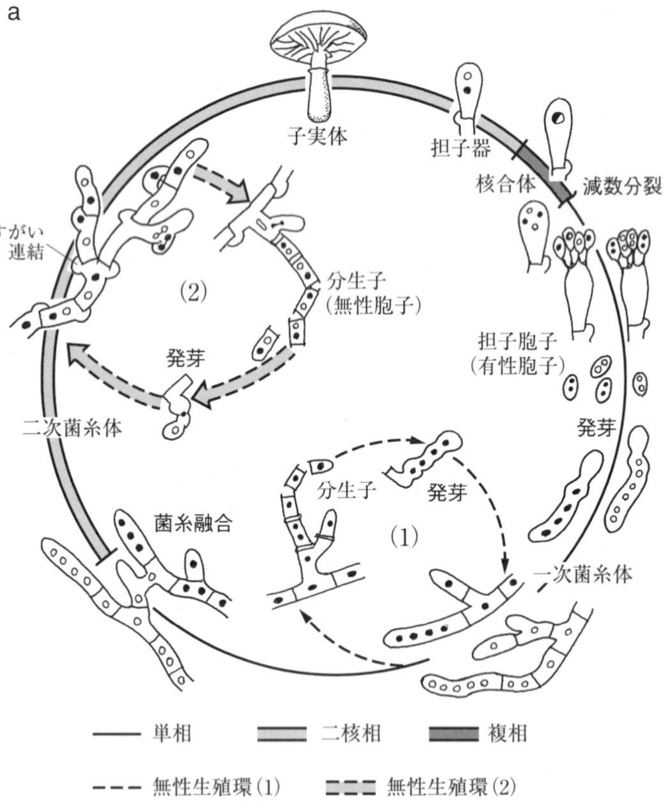

11　担子菌門　a：担子菌類（菌蕈類ヌメリスギタケ *Pholiota adiposa*）の生活環（有田，1990 を改変）

になると、誤同定により、毒キノコを食べて中毒を起こし死亡する症例があとをたたない。

◆門内の系統関係　第II部2章で述べたように、担子菌類の系統論についてはサボー（SAVILE, 1955，1968）の説（図2-6）が筋道だった理論展開から発表以来注目を集めてきた。これまでの分子系統学研究（主に18S rRNA遺伝子塩基配列に基づく系統解析）によれば、単系統の担子菌類は、大きくク

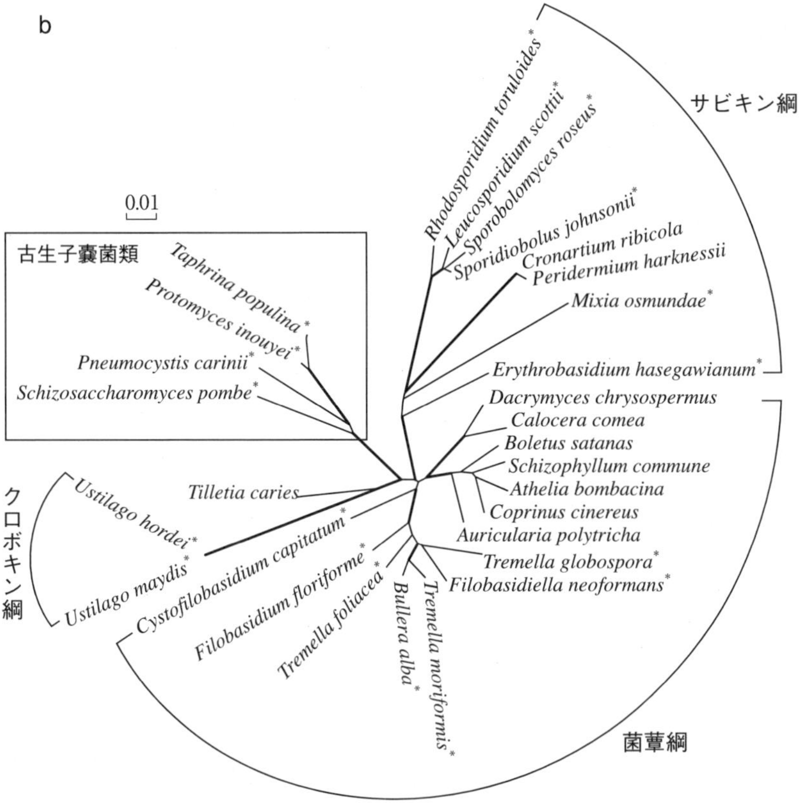

11　担子菌門　b：担子菌類の分子無根系統樹．18S rRNA遺伝子の塩基配列に基づいて木村の進化距離から近隣結合法を用いて構築した．太い枝はブーツストラップ確率95 %以上の信頼度がある．バーは100塩基中1塩基の違いを表す．＊は酵母（酵母様を含む）時代をもつ分類群を示す（NISHIDA *et al*., 1995を改変）

ロボキン・サビキン・菌蕈の三つの主要系統群に分けられる（NISHIDA *et al.*, 1995；SJAMSURIDZAL *et al.*, 1997；SUH & SUGIYAMA, 1993, 1994；図 b)。この遺伝子に基づく3大別は菌糸隔壁孔の微細構造の類別（MOORE, 1997）ともよく一致する（第II部3章、図3-3を参照)。

第1系統群（クロボキン綱：クロボキン類）は、クロボキン属・ナマグサクロボキン属 *Tilletia* に代表されるクロボキン類の仲間である。この中には、ヤシの葉に寄生するグラフィオラ属 *Graphiola* や、アナモルフ酵母のシンポジオミコプシス属 *Sympodiomycopsis* などが含まれる。

第2系統群（サビキン綱：サビキン類）は、マツ科植物に寄生するサビキン目のマツノコブビョウキン属 *Cronartium* やペリデルミウム属 *Peridermium* に加えて、テリオスポア形成酵母群（teliospore-forming yeasts）のロドスポリジウム属・レウコスポリジウム属 *Leucosporidium*・スポリジオボルス属 *Sporidiobolus*、およびそれらのアナモルフ諸属、特異な担子菌酵母エリスロバシジウム属 *Erythrobasidium* とサカグチア属 *Sakaguchia* などで構成される（SJAMSURIDZAL *et al.*, 1999 参照)。

第3系統群（菌蕈綱：菌蕈類）は、シロキクラゲ属とキクラゲ属に代表されるキクラゲ類を含む異担子菌類(heterobasidiomycetes)、アテリア属 *Athelia*・チチタケ属 *Boletus*・ヒトヨタケ属に代表される真正担子菌類（homobasidiomycetes)で構成される。フィロバシジウム属 *Filobasidium* やブレロミケス属 *Bulleromyces*（アナモルフは射出胞子を生じるブレラ・アルバ *Bullera alba*）などの担子菌酵母がこの系統群に包含される。ホコリタケ類に代表される腹菌類はこの主要系統群の中に分散して位置する (HIBBETT *et al.*, 1997)。

これら三つの大系統群の分岐順序は不確定であるが、個々の大系統群は単系統であることが確実であるので、スワンとテイラー(SWANN & TAYLOR, 1995 b）はそれぞれ綱に位置づけ、クロボキン綱・サビキン綱・菌蕈綱に再分類した。本稿では、彼らの再定義に従って3大系統群をそれぞれを“綱”として扱う。

18S rRNA 遺伝子を用いた分子時計（BERBEE & TAYLOR, 2001）によれば、担子菌類の最初の分岐を、シルル紀前期約 4 億 4000 万年前と推定している（第 II 部 2 章、図 2-11 を参照）。サビキン類の分岐年代は約 3 億 5000 万年前と推定されるが、これはサビキン類が初期に初生の維管束植物に寄生する生活様式で出現したとするサボー（SAVILE, 1955）の系統推定とも一致することは興味深い。典型的なキノコを形成する真正担子菌類は、裸子植物が植物相の主要な役割を終えた後の約 2 億年前（三畳紀後期）に適応放散したと推定される（HIBBETT & THORN, 2001）。

本書では、生活様式（ライフスタイル）の視点から、便宜的に担子菌酵母・寄生性担子菌類・菌蕈類の 3 グループに分けて以下に解説する。

（杉山純多）

11-1　担子菌酵母 Basidiomycetous yeasts

担子菌酵母（basidiomycetous yeasts）とは、担子菌門内に位置し、体制が酵母ないしは生活環中に酵母時代が出現するような一群の菌類を指す。当初はテリオスポア形成酵母群とそのアナモルフのみで構成される酵母の一群であったが、前述（第 III 部 **10-2** 参照）のように酵母の世界が拡大し、アナモルフとして酵母時代のみを形成するような分類群まで含めるようになった（巻末の分類表を参照）。現在、担子菌酵母としては 34 属約 220 種が知られている（FELL *et al.*, 2001）。

◆生活環　典型的な担子菌酵母、ロドスポリジウム・トルロイデス *Rhodosporidium toruloides* の生活環（BANNO, 1967）を図 c に示す（口絵 93 参照）。そのアナモルフはロドトルラ・グルチニス *Rhodotorula glutinis* である。ロドスポリジウム・トルロイデスは担子菌酵母の種多様性研究の先駆けとなった酵母で、テリオスポア形成酵母群の特徴をよく示している。テリオスポア（teliospore）とはサビキン類やクロボキン類の厚壁休眠胞子（冬胞子）であって、その中で核合体が生じ、担子器装置の一部と見なされている。

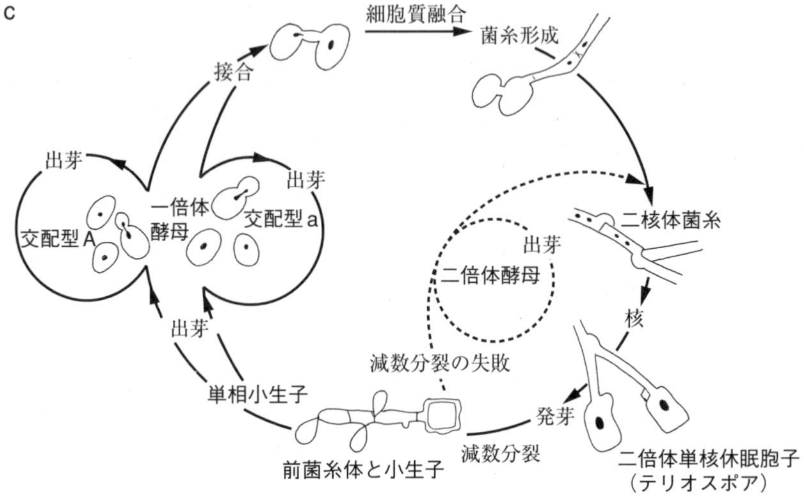

11-1　担子菌酵母　c：担子菌酵母の代表種ロドスポリジウム・トルロイデスの生活環（BANNO, 1967）．この酵母の交配には性フェロモンの関与が知られている（KAMIYA *et al*., 1978）．

◆分類・系統　前述（第 III 部 **10-2**）のように、担子菌酵母は古生子嚢菌類・半子嚢菌類に属する酵母とは系統を異にする。最近の 18S rRNA 遺伝子塩基配列に基づく系統解析から、担子菌酵母は上述の 3 大系統群に分布し、その系統的多様性が明らかになった（NAKASE, 2000；SUGIYAMA, 1998；SUH & SUGIYAMA, 1993, 1994；SWANN & TAYLOR, 1995 a；高島, 2000）。分子系統樹の一例を図 d に示す。供試分類群・系統樹作成法が異なっても、図 b と図 d の分子系統樹は基本的に一致している。担子菌酵母の分類体系としては、ブックホウトら（BOEKHOUT *et al*., 1998）に準拠したものを巻末の分類表に含める。図 d に対応する代表的な担子菌酵母分類群の鑑別形質の一覧を図 e に示した。ブックホウトら（前出）の体系では担子器の形態が重要視されているが、分子系統のデータはかならずしも担子器型に基づく分類体系を支持しないので、ここでは、上述の 3 大系統群（綱に相当する）（SWANN & TAYLOR, 1995 a, b；SUGIYAMA, 1998）に沿って話を進める。

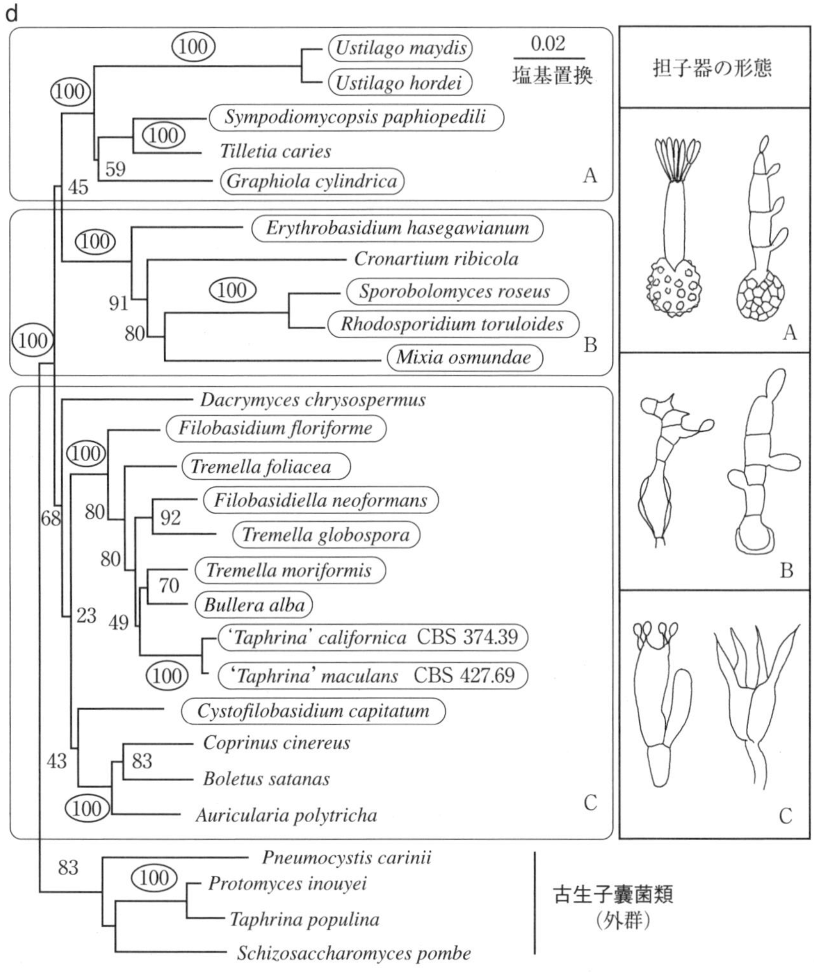

11-1　担子菌酵母　d：18S rRNA 遺伝子塩基配列（1613 塩基）から近隣結合法で構築した担子菌酵母の系統樹と代表的な担子器の形態（SUGIYAMA, 1998 を改変）．A：クロボキン綱，B：サビキン綱，C：菌蕈綱．A・B では，厚壁・耐久性のテリオスポア（冬胞子）が発芽して前菌糸体（担子器に相当する）を生じ，さらに小生子（担子胞子に相当する）を外生する．なお，図中，サークルで囲った種は酵母時代をもつ．枝の数値（%）は 1000 回のブーツストラップ確率を示す

e

綱	属	G+C mol %	ユビキノン系	細胞壁中のキシロース	発酵	イノシトールの資化	スターチ生成	テリオスポア	担子器の形態	隔壁孔	アナモルフ
クロボキン綱	グラフィオラ属	?	10	−	?	?	?	−	単室*	単純孔[b]	ロドトルラ属様/ヒアロデンドロン属様
	チレチアリア属	62.9			−	−	−	+	多室	原始的たる形孔	
	シンポジオミコプシス属	56.3		微量	−	+	−	−	−	単純孔[b]	?
サビキン綱	ロドスポリジウム属	50.5-67.3	10	−	−	−	−	+	多室	単純孔[b]	ロドトルラ属
	スポリジオボルス属	50.0-65.0									スポロボロミケス属
	レウコスポリジウム属	50.5-61.1	9/10								カンジタ属/ロドトルラ属
	コンドア属	50.5	9								?
	サカグチア属	57.8-58.9	10								ロドトルラ属
	エリスロバシジウム属	50.0-55.7	10 (H_2)					−	単室[a]		
	ミキシア属	51	10	−	?	?	?	?	?	?	ロドトルラ属様
菌蕈綱	フィロバシジウム属	49.8-51.5	9/10	+	−/v	+/v	+/v	−	単室	原始的たる形孔	カンジダ属/クリプトコックス属
	シロキクラゲ属	?	10						多室		クリプトコックス属
	ブレロミケス属	54.4-54.5							?	たる形孔	ブレラ属
	“タフリナ属”	47-49				−	−			?	?
	フィロバシジエラ属	53.2-59.2				+	+/v		単室	原始的たる形孔	クリプトコックス属
	ムラキア属	52.9-56.1	8		+	−/w		+			カンジダ属
	キストフィロバシジウム属	56.6-67.5			−	+/v					ロドトルラ属/クリプトコックス属
	ステリグマトスポリジウム属	51.9	10					−		?	フェロミケス属

クロボキン綱に含まれる酵母　クロボキン属とナマグサクロボキン属のアナモルフや、アナモルフ酵母のマラッセジア属 *Malassezia*（ヒトや家畜・ペットの病原菌）・プセウドジマ属 *Pseudozyma*・シンポジオミコプシス属（SUGIYAMA, 1998；図 e）・チレチオプシス属 *Tilletiopsis* などが含まれる。また、ヤシ科植物に寄生してきわめて特異な担子器を形成し、ロドトルラ属酵母によく似た酵母時代を生じるグラフィオラ属（図 m）もこの仲間である（SUGIYAMA *et al*., 1997）。

サビキン綱に含まれる酵母　代表的なテリオスポア形成酵母群（たとえば、ロドスポリジウム属・レウコスポリジウム属・スポリジオボルス属）や、射出胞子形成酵母群（ballistospore-forming yeasts；たとえば、アナモルフ酵母のスポロボロミケス属 *Sporobolomyces*・ベンシントニア属 *Bensingtonia*）などが含まれる。この一群の酵母は、テリオスポアが発芽して担子器に相当する前菌糸体（promycelium）を生じ、担子胞子に相当する小生子（sporidium）を形成する（図 c の生活環を参照）。前菌糸体（多室担子器型）の形態はクロボキン類の担子器に類似するが、分子系統樹が示すように系統的にはむしろサビキン類と関係している（図 d の中には、"真の" サビキン類の代表としてクロナルチウム・リビコラ *Cronartium ribicola* が含まれている）。このほかに、テリオスポアを形成するサカグチア属・コンドア属、テリオスポアを形成せず単室担子器を生じるエリスロバシジウム属（SUGIYAMA & HAMAMOTO, 1998；図 f_3）、キクラゲ型担子器を生じるオックルチフル属 *Occultifur* などがこの仲間に入る。また、かつてタフリナ属から分割創設されたミキシア属 *Mixia*（プロトミケス目ミキシア科）もサビキン系統群の中に含まれるが、近縁の分類群は未だ発見されていない（NISHIDA *et al*., 1995）。スポリジオボルス属、アナモルフ酵母のスポロボロミケス属（図 f_2；口絵 94）に代表される射出胞子形成酵母群は、多系的起源をもつことが示唆されてい

11-1　担子菌酵母　e：担子菌酵母の代表属の特徴（SUGIYAMA, 1998 を改変）．＋：陽性または有，－：陰性または無，v：変わりやすい，？：データなし，a：特異な単室担子器，b：ウォロニン小体（Woronin body）を欠く

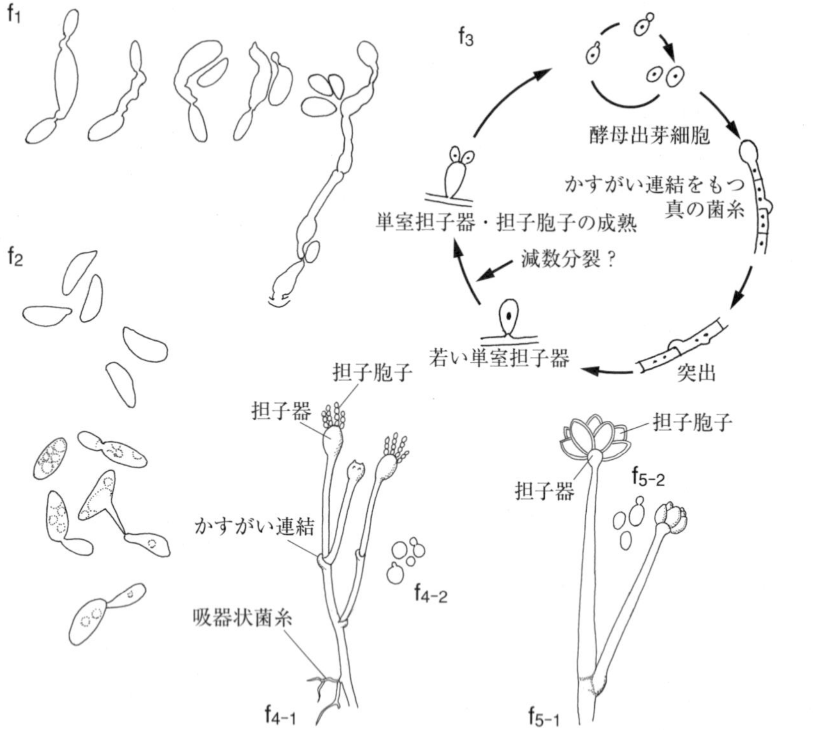

11-1　担子菌酵母　f：代表的な担子菌酵母の担子器構造・分生子形成細胞の形態．f_1：アナモルフ酵母シンポジオミコプシス・パフィオペジリ *Sympodiomycopsis paphiopedili* の分生子形成細胞．f_2：射出胞子形成酵母スポロボロミケス・ロセウスの射出胞子形成細胞と射出胞子．f_3：エリスロバシジウム・ハセガウィアヌム *Erythrobasidium hasegawianum* の生活環．f_4：フィロバシジエラ・ネオフォルマンスの担子器（1）と麦芽寒天上の単相酵母細胞（2；アナモルフはクリプトコックス・ネオフォルマンス）．f_5：フィロバシジウム・フロリフォルメ *Filobasidium floriforme* の担子器構造（1）と単相酵母細胞（2）（f_1：SUGIYAMA *et al*., 1991；f_2：FELL & TALLMAN, 1984；f_3：HAMAMOTO *et al*., 1988；$f_{4,5}$：KWON-CHUNG, 1998 を参考に作図）

る（NAKASE, 2000；高島, 2000)。

菌蕈綱に含まれる酵母　菌蕈系統群には、シロキクラゲ目のシロキクラゲ属・フィロバシジエラ属 *Filobasidiella*（図 f_4）・ブレロミケス属（アナモルフは射出胞子形成酵母のブレラ属 *Bullera*）・フェロミケス属 *Fellomyces*（アナモルフ；口絵 95)、フィロバシジウム目のフィロバシジウム属（図 f_5)、キストフィロバシジウム目のキストフィロバシジウム属・ムラキア属 *Mrakia*・ファッフィア属 *Phaffia*、アナモルフ酵母クリプトコックス属 *Cryptococcus*・トリコスポロン属 *Trichosporon* などが含まれる。フィロバシジウム科とテリオスポア形成酵母群は、主要ユビキノン系、細胞壁中のキシロースの有無、テリオスポア形成の有無、菌糸隔壁孔の微細構造によって区別される（図 e を参照)。この系統群の中に収容される代表的な担子菌酵母分類群はフィロバシジエラ・ネオフォルマンス *Filobasidiella neoformans* であり、そのアナモルフ種はクリプトコックス・ネオフォルマンス *Cryptococcus neoformans* である（図 f_{4-2})。この担子菌酵母はクリプトコックス症（cryptococcosis）の原因菌として医真菌学分野でよく研究されている（HOWARD & MILLER, 1996；宮治，1995)。

担子菌酵母の最新の分類・系統についてさらに知りたいという読者には、NAKASE（2000）と高島（2000）の総説、フェルら（FELL *et al*., 2001）の解説が参考となろう。　　　　（杉山純多）

11-2　寄生性担子菌類 Parasitic basidiomycetes

植物に寄生し胞子を形成するクロボキン目・サビキン目・グラフィオラ目と、胞子を形成せず菌糸層より担子器を直接形成するモチビョウキン目・クリプトバシジウム目・プラチグロエア目が知られている（HAWKSWORTH *et al*., 1995)（図 g)。しかしながら、最近の分子系統解析では、クロボキン目とグラフィオラ目・モチビョウキン目・クリプトバシジウム目が、サビキン目とプラチグロエア目がそれぞれ近縁であることが報告され、胞子形成の有無は、収斂の結果であり、系統を反映していないことが明らかになるとともに、これらのグループはきわめて多系統であることも解明され、これらに基づいた新しい分類システムも提唱されている（SWANN ＆ TAYLOR, 1995 b；BEGEROW *et al*., 1997；BAUER *et al*., 2001；KIRK *et al*., 2001；VÁNKY, 2002）（図 h）。ここでは、主要な 6 目についてのみ解説する。

クロボキン目（図 i，j） 被子植物に寄生し、根・茎・葉・花器などに胞子堆（sorus）を発達させ、その内部に黒穂胞子（smut spore, ustospore, ustilospore）を形成する（口絵 96 参照）。しかし、最近シダ植物に寄生する種も報告された。

菌糸体（mycelium）は、一般に 1 室に単相の 2 核（二核相）を有し、宿主植物の細胞間隙に存在し、吸器（haustorium）を形成するものもある。胞子堆は、宿主植物の一部に菌糸体が集合して発達し、そこで菌糸体は、厚膜化して 2 核を有する黒穂胞子を形成する。黒穂胞子内で核は合一して複相の 1 核となる。黒穂胞子は、発芽して担子器を生じ、ここで核の減数分裂が起こる。担子器〔前菌糸〕は 1～4 室となるが、その形態は変異に富んでいる。担子胞子〔小生子〕は、担子器から出芽により形成され、側生するもの（図 g_{1-1}）と頂生するもの（図 g_{1-2}）とがある。この特徴により、それぞれクロボキン科とナマグサクロボキン科の 2 科に区分されることもある。担子胞子を形成せず、担子器より直接菌糸が伸長するものもある。担子胞子は一般に単相 1 核であり、人工培地上などで出芽増殖するものが多いが、一次菌糸を形成したり、二次的な胞子を形成するものもある。なお、普通この担子胞子や一次菌糸などは、植物への感染力はもたない。宿主植物への感染は、一般に担子胞子、または担子胞子が発芽した菌糸などが接合して単相の 2 核（二核相）を有する菌糸（二次菌糸）となることにより起こる。まれに 1 核のままで感染能力を有するもの（solopathogen）もある。宿主植物への感染様式には、感染部位により花器感染（flower infection）、子苗感染（seeding infection）および局部感染（local infection）があることが知られている。胞子堆や胞子の形態などにより分類され、世界で約 50 属 950 種が分布する（柿嶌，1983；

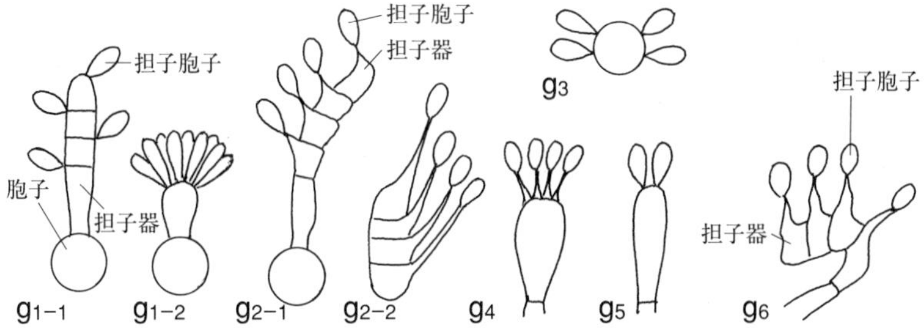

h

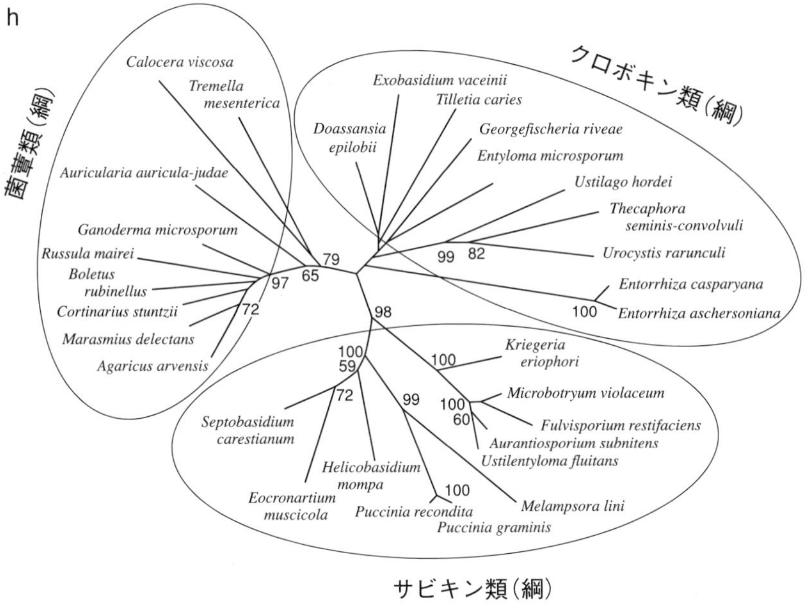

11-2　寄生性担子菌類　g：植物寄生性担子菌類の担子器．g_1：クロボキン目，g_2：サビキン目，g_3：グラフィオラ目，g_4：モチビョウキン目，g_5：クリプトバシジウム目，g_6：プロチグロエア目．h：LSU rRNA の塩基配列解析による担子菌類の系統関係（BEGEROW *et al*., 1997 を改変）

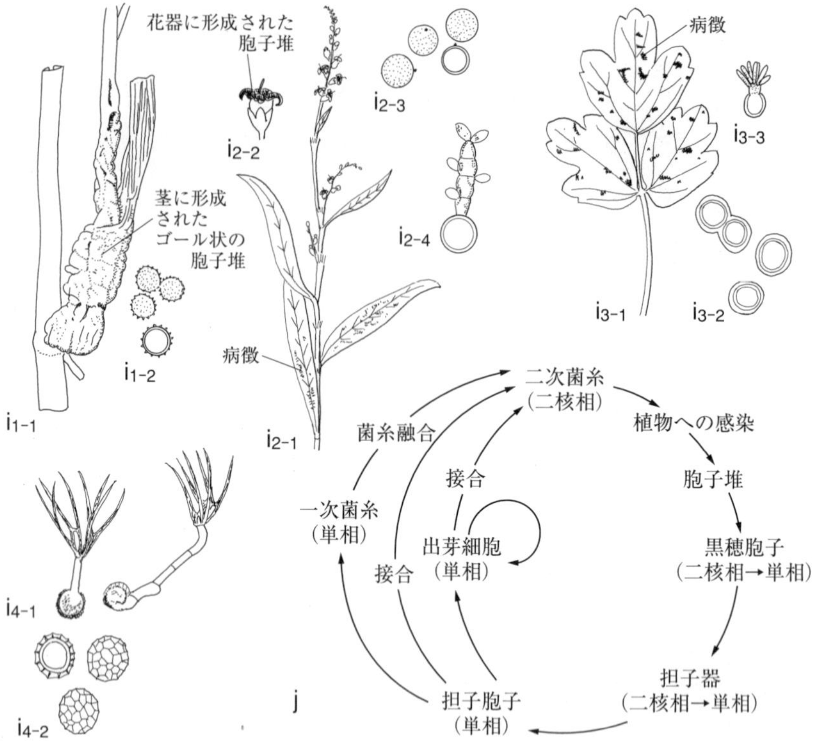

11-2　寄生性担子菌類　i：クロボキン目の病徴，ならびに黒穂胞子とその発芽．i_1：ウスチラゴ・クルスガリ *Ustilago crus-galli*（1：病徴，2：黒穂胞子）．イヌビエ *Echinochloa crus-galli* に寄生．i_2：スファケロテカ・ヒドロピペリス *Sphacelotheca hydropiperis*（1：病徴，2：花器の胞子堆，3：黒穂胞子，4：黒穂胞子の発芽）．ハナタデ *Polygonum posumbu* var. *laxiflorum* に寄生．i_3：エンチロマ・タリクトリ *Entyloma thalictri*（1：病徴，2：黒穂胞子，3：黒穂胞子の発芽）．エゾアキカラマツ *Thalictrum thunbergii* に寄生．i_4：コムギ綱なまぐさ黒穂病菌 *Tilletia caries*（1：黒穂胞子の発芽，2：黒穂胞子）．コムギ *Triticum aestivum* に寄生（伊藤，1936を参考に作図）．j：クロボキン目の生活環

VÁNKY, 1987）が、最近の研究では、これらは、形態（微細構造）的にも分子系統的にもきわめて多様であることが示され、新たな分類システムも提唱されている（BAUER *et al*., 1997，2001；BEGEROW *et al*., 1997；VÁNKY, 2002）。

サビキン目（図 k，l）　世界で約160属7000種が知られている大きな分類群である。シダ植物や種子植物に寄生する絶対寄生菌類で、宿主特異性を有し、植物と共に共進化してきたとされている。このため、この菌類の生活環はたいへん複雑で、その生活環において形態的・機能的に異なる5種類の胞子を形成する（本書第II部**4-3**を参照）。これらは精子（spermatium）、さび胞子（aeciospore）、夏胞子（urediniospore）、冬胞子（teliospore）、担子胞子（basidiospore）であるが、それぞれ精子器（spermogonium）、さび胞子堆（aecium）、夏胞子堆（uredinium）、冬胞子堆（telium）、担子器（basidium）に形成される（口絵97〜103参照）。また、それぞれの世代を精子世代（spermogonial stage）、さび胞子世代（aecial stage）、夏胞子世代（uredinial stage）、冬胞子世代（telial stage）、担子胞子世代（basidial stage）と呼んでいる。しかしながら、これらの世代（stage、時代、相ともいう）を全て形成するとは限らず、種によっていくつかの世代をもたないものもある。5種類全ての胞子を形成する生活環を完生型（eu-form）あるいは長世代型（macrocyclic）、さび胞子世代をもたないものを短生型（brachy-form）、夏胞子世代をもたないものを類生型あるいは類（生）世代型（demicyclic）と呼び、

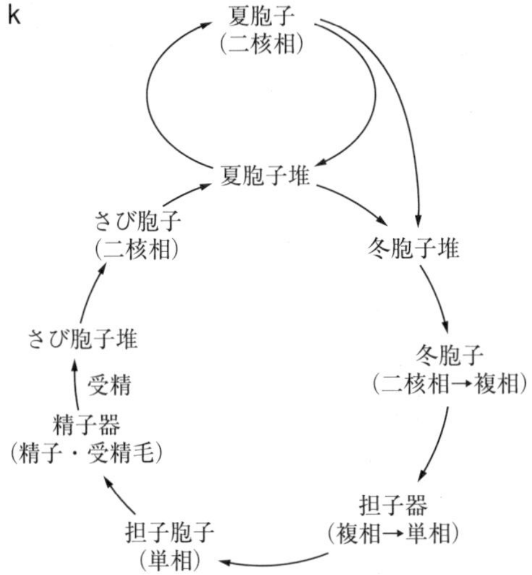

11-2　寄生性担子菌類　k：サビキン目の生活環

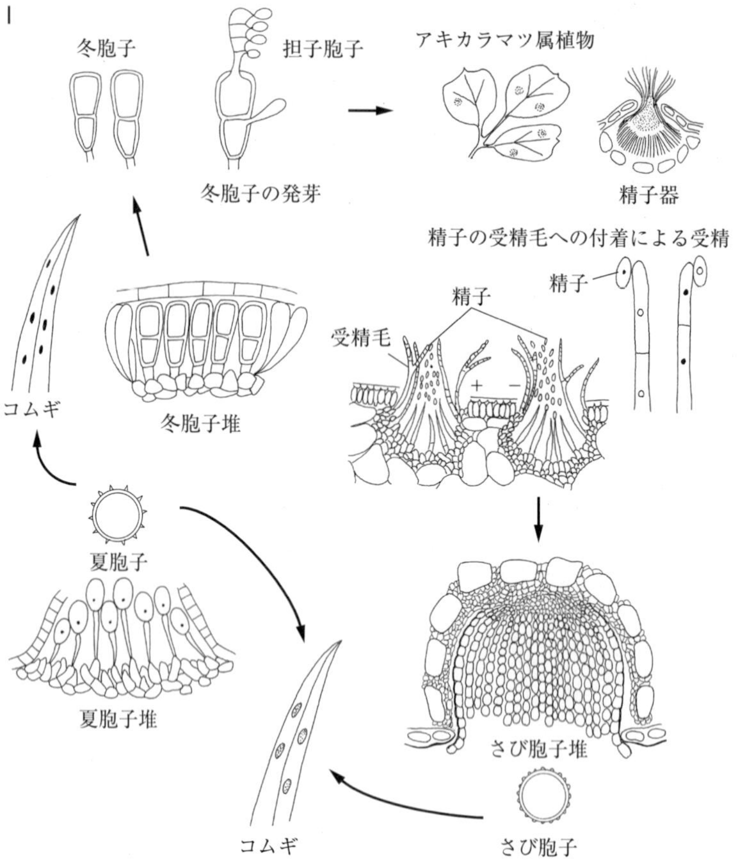

11-2　寄生性担子菌類　1：コムギ赤さび病菌 *Puccinia recondita* f. sp. *tritici* の生活環

さび胞子および夏胞子の両世代をもたないものは休眠の有無あるいは形態などにより後生型・小生型・内生型などと分けられるが、これらはまとめて短世代型（microcyclic）という。さらに、これらの菌類には同一植物に寄生して生活環を全うする同種寄生性（autoecism）のものと、生活環を全うするには２種の異なる植物に交互に寄生し宿主交代を行わなければならない異種寄生性（heteroecism）のものとがあり、生活環をより複雑にしている。

ふつう冬胞子が発芽することにより４室の担子器を生じるが（図 g_{2-1}）、冬胞子内に4室の担子器を形成するものもある(図 g_{2-2})。発芽直前に冬胞子内で二核相の核は合体して複相となる。この複相核は担子器内に移行し、減数分裂して通常4個の単相核が形成されるが、この核相とその数については様々な変異があることが報告されている。担子胞子内の核もふつう単相の1核が存在するが、2核が認められることもある。担子胞子が植物に感染すると精子器が形成されるが、この精子器は受精して二核化（二核相）するための器官となる。すなわち、精子器内に形成された精子は、交配型の異なる精子器から生じている受精毛（receptive hypha, trichogyne）に付着して接合し、二核化（dikaryotization）が起こるとされているが、この二核化の機構についてはまだ不明な点が多い。なお、精子は蜜滴と共に精子器より分泌されているため、この受精には昆虫などが大きな役割を果たしているといわれている。また、サビキン類の交配型は従来二極性といわれていたが、最近四極性との報告も出されている。受精後は次の胞子世代であるさび胞子堆が形成され、2核をもつさび胞子が形成されるが、これは1回限りの胞子であり、この胞子の感染により再び同じ胞子が形成されることはない。さび胞子は植物への感染により次の夏胞子世代に移行するが、夏胞子堆に形成される2核を有する夏胞子は条件が良ければ何回でも繰り返し形成される。そして普通、生育条件が悪化してくると冬胞子が形成される。冬胞子は、成熟後すぐ発芽するものと、発芽には休眠を必要とするものとが知られている(HIRATSUKA & CUMMINS, 1983, 2003；HIRATSUKA *et al.*, 1992)。

テレオモルフである冬胞子世代の形態を主に用いて分類されているが、精子世代の形態を重視した14科の分類システムも提唱されている（HIRATSUKA & CUMMINS, 1983, 2003)。このグループは、植物の系統進化の影響を受けながら進化したため、きわめて系統的多様性があると考えられているが、その系統解析は未だ不十分である。

グラフィオラ目（図m）　胞子堆はヤシ科植物の葉などに形成され、黒色の厚い皮層に囲まれ、壷状となる。胞子堆内には黄白色の菌糸束と胞子形成菌糸が存在し、これらが発達すると胞子堆の外部に露出し毛状となる。胞子は胞子形成菌糸が分裂して連鎖状に形成される。先端部の胞子では担子胞子が輪生する(図 g_3, m_2)。担子胞子は成熟後直ちに分裂して厚壁の二次担子胞子を形成する。培養すると酵母状となる(p. 270-271 参照)。主として熱帯・亜熱帯地域のヤシ科植物に寄生し、1 科 2 属 6 種が報告されている(小林, 1952；口絵 106 参照)。

モチビョウキン目(図 n)　ツツジ科・ツバキ科・クスノキ科などの植物に寄生し、組織の肥大や変形を引き起こすものが多い。また、てんぐ巣を形成するものもある。これらの肥大変形した組織や葉などの表面に白色粉状の子実層を形成し、担子器を生ずる。担子器は 1 室で棍棒状〜円筒状で、先端に 2〜7 個の小柄を生じ、担子胞子を形成する(図 g_4)。担子胞子は発芽時に横の隔壁を生じ、分生子を出芽するものが多い。培養すると、多くは酵母状のコロニーとなる。3 科で約 10 属 65 種が知られている。

クリプトバシジウム目　主に熱帯や亜熱帯に分布し、モチビョウキン目と同様に、組織の肥大や変形を引き起こし、1 室の担子器を生ずる子実層を形成するが、担子器には小柄がなく、壁の厚い担子胞子が形成される(図 g_5)。しかし、最近の分子系統学的解析では、モチビョウキン目と非常に近縁であることが報告されている(BAUER *et al.*, 2001)。1 科 4 属 8 種のみが知られている。

プラチグロエア目　コケやシダなどの寄生菌類や、土壌生息性の植物寄生菌などが含まれる。キクラゲ類と類似したフェルト状、ワックス状またはゼラチン状の子実層を形成して、担子器を生ずる。担子器は横隔壁の 4 室で、小柄を形成し、その先端に担子胞子を生ずる(図 g_6)。エオクロナルチウム属 *Eocronartium*・ヘリコバシジウム属 *Helicobasidium* などは、系統的にサビキン目に近縁であることが、分子系統解析により報告されている。1 科 21 属 78 種が知られている(BEGEROW *et al.*, 1997)。

(柿嶌　眞)

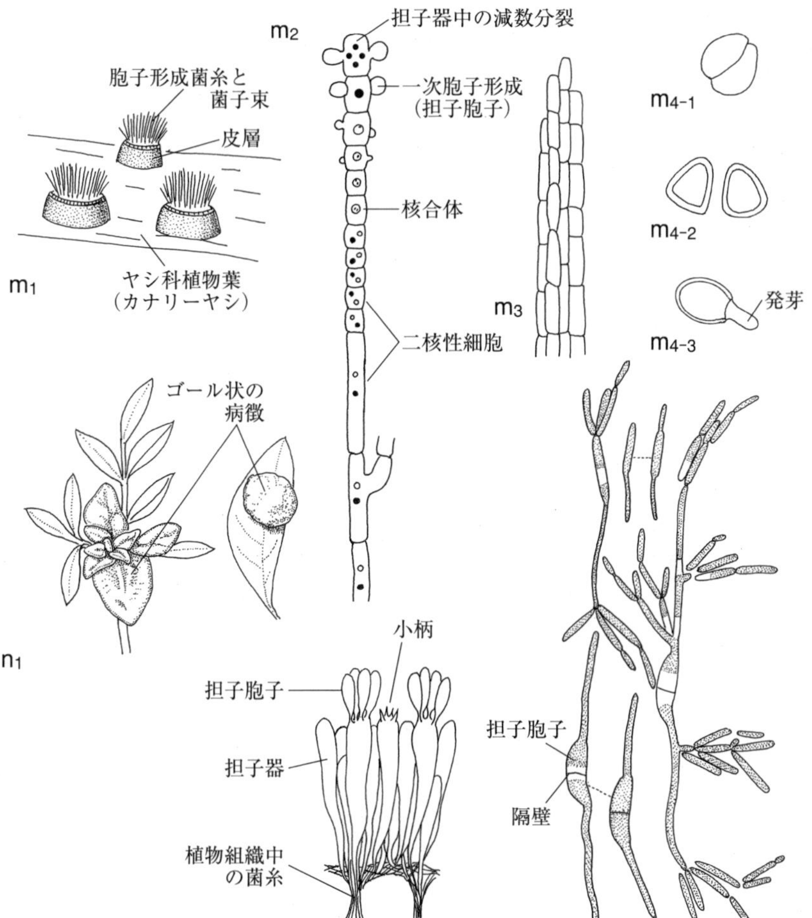

11-2　寄生性担子菌類　m：グラフィオラ目グラフィオラ・フォエニキス・フォエニキス *Graphiola phoenicis* var. *phoenicis*．m_1：カナリーヤシ *Phoenix canariensis* 上の胞子堆，m_2：稔性の菌糸と核の行動，m_3：菌糸束，m_4：担子胞子の分裂(1)と二次胞子(2)およびその発芽(3)．n：ツツジ類もち病菌 *Exobasidium japonicum*．n_1：病徴，n_2：担子器と担子胞子，n_3：担子胞子の発芽．担子胞子に隔壁が形成され，両端から発芽し，菌糸または出芽により生育する（m_1：小林ら，1992；m_2：OBERWINKLER *et al*., 1982；n：江塚，1990 を改変）

11–3　菌蕈類 Hymenomycetes

11-3･1　キクラゲ類（Auriculariioids）

落葉や倒木上などで腐性的に生育し、不定形でゼラチン状の子実体（キノコ）を形成するものが多い。これらの子実体は、乾燥すると薄くなり膠質のように硬くなる。そのほか、ワックス状またはフェルト状の微小な子実体あるいは子実層を形成するものもある (図 o)。外見上これらの子実体は互いに類似しているが、子実体（子実層）に形成される担子器の形態はきわめて多様であり、主にこれらの形態により、以下のグループに分類されている (HAWKSWORTH *et al*., 1995)（図 p)。また、最近の分子系統解析でも、これらのグループは系統的にも互いに異なることが報告されている。しかし、担子菌類全体からみると、モンパキン目を除いて、分子系統解析や隔壁構造などより、菌蕈類により近縁であることが示唆された（BEGEROW *et al*., 1997)。ここでは、主要な 6 目についてのみ解説する。

キクラゲ目　ゼラチン状の子実体 (口絵 109，110 参照) で、その表面に担子器を形成する子実層がある。担子器は円筒状で細長く、横の隔壁により 1～4 室となり、これらより長い小柄を生じ、その先端に担子胞子を形成する (図 p_1)。1 科で約 5 属 20 種が知られる。培養すると菌糸状となり生育するものが多い。

シロキクラゲ目　子実体 (図 o_1；口絵 107，108 参照) はキクラゲ目にきわめて類似するが、担子器の形態は、それとはまったく異なり、球形～棍棒形で、縦の隔壁により多室となる (図 p_2)。これらの各室の先端部より長い小柄を生じ、担子胞子を形成する。また、培養すると酵母状となり生育するものが多い。約 10 科 60 属 260 種が知られている。

アカキクラゲ目　子実体 (口絵111参照) は上記の 2 目にきわめて類似するが、担子器の形態はそれらとまったく異なる。この担子器は、隔壁はなく 1 室で音叉状（Y 字形）となり、その先端部に担子胞子を形成する (図 p_3)。培養すると菌糸状となり生育するものが多い。2 科約 11 属 75 種が知られている。

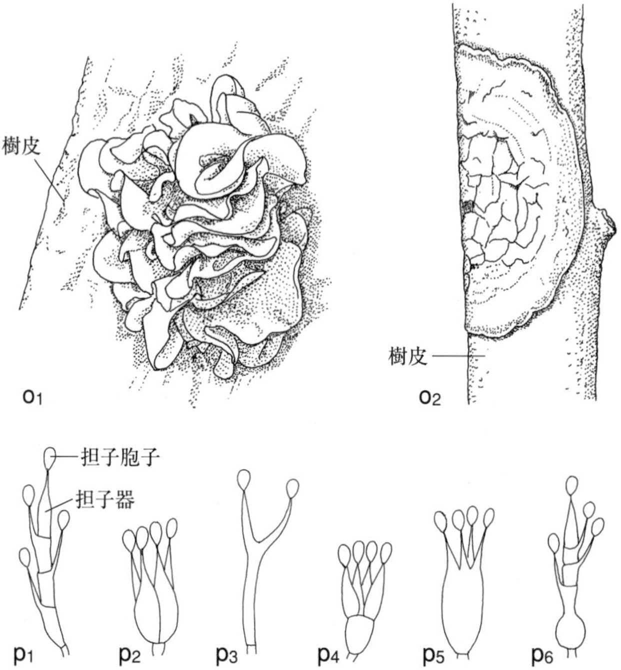

11-3・1　菌蕈類 キクラゲ類　o：キクラゲ類の子実体. o_1：シロキクラゲ目，o_2：モンパキン目. p：キクラゲ類の担子器および担子胞子. p_1：キクラゲ目，p_2：シロキクラゲ目，p_3：アカキクラゲ目，p_4：ツラスネラ目，p_5：ツノタンシキン目，p_6：モンパキン目

ツラスネラ目　子実体は小さなゼラチン状となる。担子器は1室であるが、その先端に形成される小柄（上嚢）はきわめて発達し大型となり、担子胞子を生じる（図 p_4）。また、小柄の基部には隔壁が形成される。1科で約3属30種が知られ、これらのアナモルフはエフロリザ属 *Ephulorhiza* であることが報告されている。

ツノタンシキン目　子実体はフェルト状のものが多い。担子器はツラスネラ目と類似し、1室で小柄が発達するが、前者ほど大形とはならない（図 p_5）。1科で約12属40種が知られている。これらの中で、リゾクトニア属 *Rhizoctonia* のアナモルフを有するケラトバシジウム属 *Ceratobasidium* やタナテフォルス属 *Thanatephorus* は、植物の紋枯病などの土壌伝染性の病害を引き起こすことが知られている。

モンパキン目　植物体上のカイガラムシに寄生し、宿主やその分泌物などの上に広がり、薄いビロード状またはフェルト状の子実層が形成される（図 o_2）。この子実層より担子器が形成されるが、その基部の細胞は厚膜の胞子状となる。担子器は横の隔壁により 4 室となり、それぞれの室から小柄が生じ、その先端に担子胞子が形成される（図 p_6）。担子器の下部に胞子状のものが形成されることから、サビキン目との系統的な関係が示唆されていたが、最近の分子系統解析や隔壁の微細構造においても、このことが裏づけられてきた。1 科で約 3 属 175 種が知られている。この中で、モンパキン属は、樹木の枝や幹などの上に子実層を広く形成するため、こうやく病菌とも呼ばれている。

（柿嶌　眞）

11-3･2　真正担子菌類（Homobasidiomycetes）

この菌群の共通する特徴は、担子器が 1 室で隔壁をもたないことである。子実体は肉眼で確認できるものが大半である。その形態は傘と柄からなるもの、棍棒状、塊形など様々であり、数十 cm に達する大きいものから 1 mm 未満のものまである。子実層が形成される子実層托（hymenophora）は、ひだ状・管孔状・針状・疣状・平滑など多様な形態をしており、傘の裏などの子実体表面または子実体内部にできる。子実層（図 q）には、先端に担子胞子が形成される担子器、担子器に似るが小柄と担子胞子を欠く小担子器（basidiole, basidiolum）、それらとは異なった形態の嚢状体（シスチジア）などが並ぶ。腐生、もしくは菌根性、または他の生物に寄生あるいは病原性を有するものもある。

◆子実体の特徴　子実体の表皮および内部を構成する細胞（菌糸）の特徴、胞子の色と表面の模様などが同定するうえで重要視される。菌糸の組成から、薄壁の形成菌糸（generative hypha）だけからなる一菌糸型（monomitic）、それに厚壁で枝分かれや隔壁の少ない骨格菌糸（skeletal hypha）を加えた二菌糸型（dimitic）、さらに厚壁で枝分かれの多い膠着菌糸（binding hypha）

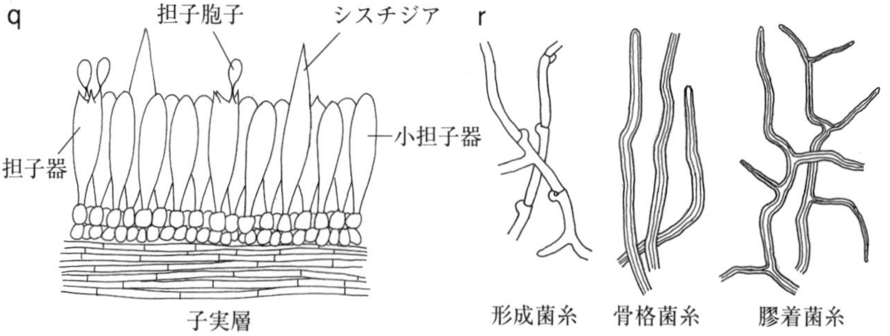

11-3・2　菌蕈類 真正担子菌類　q：子実層の断面図，r：子実体を構成する菌糸

も加わった三菌糸型（trimitic）などに分けられる（図 r）。またメルツァー試薬（ヨウ素＋ヨウ化カリウム＋抱水クロラール）による菌糸および胞子の呈色反応により、アミロイド（黒紫色に変色）、デキストリノイド（赤褐色に変色）、非アミロイド（変色なし）に分けられ、分類上重要な特徴とされる。

◆生態的特徴　腐生菌類は、落葉枝分解菌類・腐植分解菌類・木材腐朽菌類に分けられるが、リグニンを分解する白色腐朽菌類とリグニンを分解しない褐色腐朽菌類がある（p. 160 参照）。また樹木やランなどと菌根を形成し、植物から栄養分をもらう菌類も多い。菌根菌類は高分子の多糖類を分解できないものもある。子実体に形成される担子胞子で増えるが、土壌中・木材中に菌糸を多年にわたり蔓延させることも多い。しばしば輪状のコロニー（菌輪、fairy ring）を形成する。芋状、球根状の菌糸の塊（菌核）を作るものもあり、菌核から子実体を形成することが多い。また菌糸が束になり、表面に厚壁の細胞が発達した根状菌糸束（rhizomorph）を形成するものもある。胞子は風で運ばれるが、昆虫・ナメクジなどの動物も媒介し、成熟すると匂いで動物を呼び寄せる菌蕈類も多い。

◆腹菌類と菌蕈類の関係　子実体が殻皮で覆われ、その内部に基本体（グレバ gleba）があり、ここで胞子を形成するグループを腹菌類（Gasteromycetes）とし、殻皮に覆われずに子実層が露出する菌蕈類（Hymenomycetes）と区別してきた。腹菌類の子実体の多くは球状で、成熟すると殻皮が破れて、

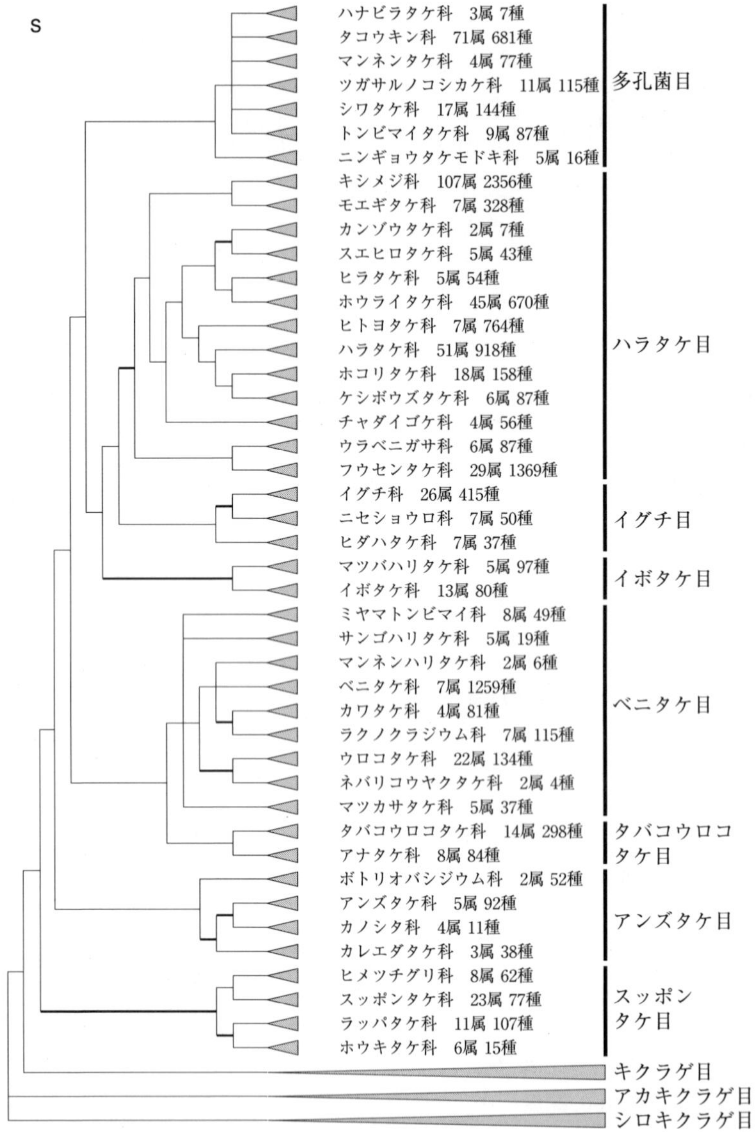

11-3・2 菌蕈類 真正担子菌類 s：mt-SSU rRNA 遺伝子を用いた最大節約法による系統樹．太い線はブーツストラップ法で 95 % 以上支持された枝（HIBBETT & THORN, 2001 より改変）

胞子が飛散する。子実体の全期間または初期に地下で過ごす種も多い。腐生・菌根性など、生態は様々である。腹菌類は14目56科164属約1170種が知られていたが、近年のDNA解析の結果により、腹菌類と菌蕈類はどちらも多系統とされ、子実体の形態によらない分類体系に整理された。

◆分類　現在8目94科918属約1万5500種が知られている（図s）（BINDER & HIBBETT, 2002；HIBBETT & THORN, 2001；KIRK *et al.,* 2001）。これはリボソームRNA遺伝子およびスペーサー領域などの塩基配列の相同性を基に類縁関係を決定した結果により、それ以前の分類体系（HAWKSWORTH *et al.*, 1983；HAWKSWORTH *et al.*, 1995；JÜLICH, 1981；WALKER, 1996）とは大きく異なっている。胞子・子実体組織の構造、試薬に対する呈色反応から、目の特徴をつかみやすいものもあるが、共通の特徴のないと思われた科を束ねた目もある。目のあいだの関係は、ハラタケ目とイグチ目が近いとされるほかは、どのような類縁関係にあるのか解明されていない。ここでは、真正担子菌類を暫定的に八つの系統群（目）に分けて解説する（巻末の「菌類の分類表」参照）。

多孔菌目　子実体は背着生または傘を形成する。二菌糸型または三菌糸型。子実層托は管孔状・しわ状または平滑。多くは木材腐朽菌類で、子実層托が管孔状のタコウキン科（図t_1；口絵112）・ニンギョウタケモドキ科・マンネンタケ科、子実層托が平滑なコウヤクタケ科・ハナビラタケ科などは、硬質・革質または強靱な肉質の発達した子実体を作る。フウリンタケ科は小形で、管状または杯状の子実体の内側に子実層を形成する。漏斗状または扇状の子実体のタチウロコタケ科、背着生で子実層托はしわ状～管孔状のシワタケ科、材上に半円形で裏は歯牙状の傘を作るニクハリタケ科など、23科約2300種が知られている。

ハラタケ目　地上または材・コケ・他の菌体・腐植上に発生する。菌根を形成したり、植物や他の菌類に病気を起こすものもある。多くは一菌糸型で発達した傘、柄、ひだからなる軟質の子実体を作る。ハラタケ科・オキナタケ科・ヒトヨタケ科・フウセンタケ科（口絵120）・イッポンシメジ科・ホウ

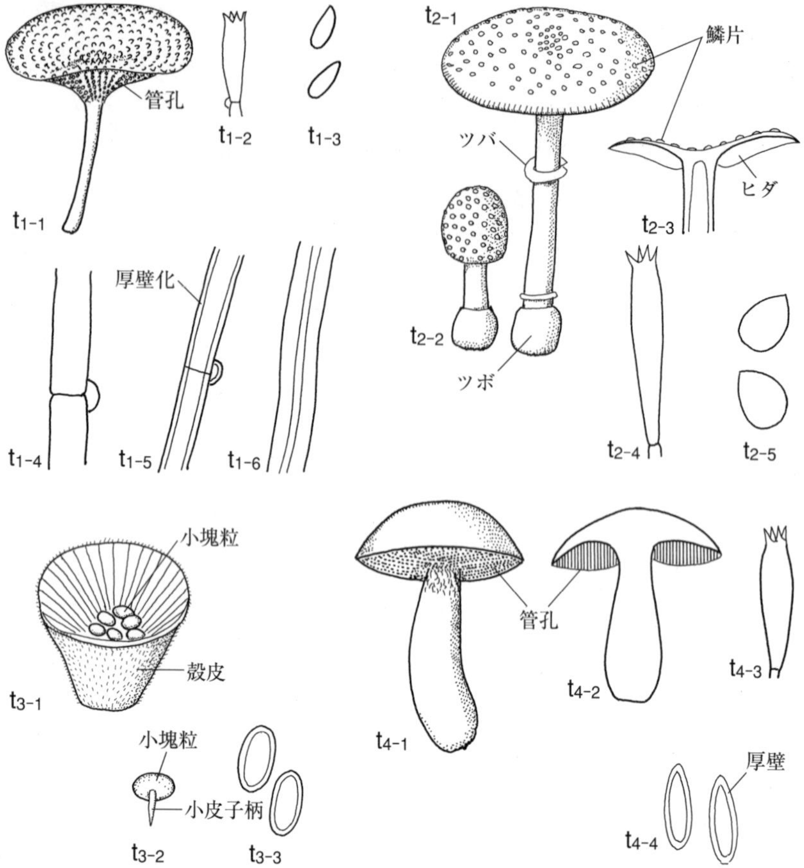

11-3・2　菌蕈類 真正担子菌類　t_1：多孔菌目タコウキン科アミスギタケ *Polyporus arcularius*（1：子実体，2：担子器，3：担子胞子，4：生殖菌糸，5：厚壁化した生殖菌糸，6：骨格菌糸）．t_2：ハラタケ目ウラベニガサ科テングタケ *Amanita pantherina*（1,2：子実体，3：傘の断面，4：担子器，5：担子胞子）．t_3：ハラタケ目チャダイゴケ科スジチャダイゴケ *Cyathus striatus*（1：子実体，2：小塊粒，3：担子胞子）．t_4：イグチ目ヌメリイグチ科ヤマドリタケモドキ *Boletus reticulates*（1：子実体，2：子実体の断面，3：担子器，4：担子胞子）

ライタケ科・ヒラタケ科・ウラベニガサ科（図 t_2；口絵 113）・モエギタケ科・キシメジ科が主要な科である。スエヒロタケ科は、強靱な肉質で、傘の裏のひだは縦に裂けている。ホコリタケ科の子実体は成熟すると地上生となる。類球形で、有柄または無柄。成熟すると内部は粉状になり、胞子と弾糸という管状または繊維状の菌糸からなる。ケシボウズタケ科は球形または卵形の頭部が地表に現れ、地中に長い柄をもつ。担子器は横に小柄を出して 4 個の

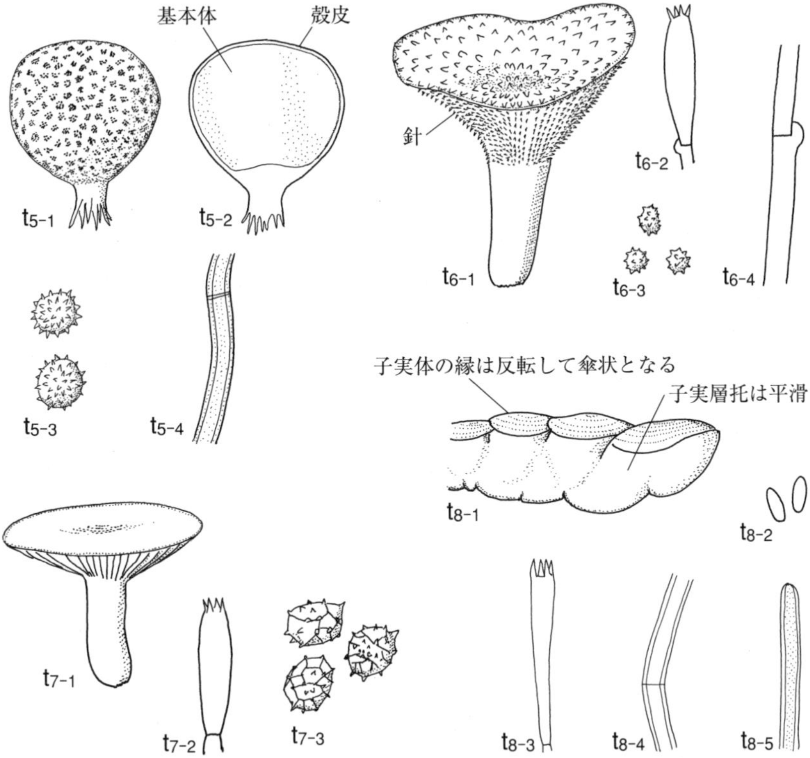

11-3・2　菌蕈類 真正担子菌類　t_5：イグチ目ニセショウロ科ヒメカタショウロ *Scleroderma areolatum*（1：子実体，2：子実体断面，3：担子胞子，4：基本体の菌糸）．t_6：イボタケ目マツバハリタケ科コウタケ *Sarcodon imbricatus*（1：子実体，2：担子器，3：担子胞子，4：生殖菌糸）．t_7：ベニタケ目ベニタケ科ハツタケ *Lactarius lividatus*（1：子実体，2：担子器，3：担子胞子）．t_8：ベニタケ目ウロコタケ科キウロコタケ *Stereum hirsutum*（1：子実体，2：担子胞子，3：担子器，4：骨格菌糸，5：汁管菌糸）

胞子をつける。胞子は球形〜楕円形で、平滑または模様がある。チャダイゴケ科の子実体は基質上に発生し、球形またはコップ形、1 cm 以下。殻皮内に多数の小塊粒を形成して、その中に担子器を形成する(図 t_3)。担子胞子は無色〜淡黄色、楕円形、平滑、厚壁。そのほか、棒状のシロソウメンタケ科、扇形〜へら形の傘の下面に管状の子実層托が並ぶカンゾウタケ科、類球形の子実体が地下にできるヒドナンギウム科など、26 科約 9400 種が知られている。

イグチ目　地上または木材上に発生。腐生（木材腐朽の場合は褐色腐朽）または菌根性。イグチ科、ヌメリイグチ科の子実体は、傘、柄、管孔からなり、多肉質で腐りやすく、しばしばヌメリがある。一菌糸型。胞子紋は褐色〜黒色。胞子は楕円形〜紡錘形 (図 t_4；口絵 115)。ヒダハタケ科、クギタケ科は傘、柄、ひだからなる。イドタケ科は、木材腐朽菌で子実体は背着生。ニセショウロ科の子実体は球形〜楕円形。殻皮は厚く、成熟すると不規則または星形に裂ける。子実層は未発達。胞子は褐色で球形〜楕円形、表面は平滑または刺状、編目状など(図 t_5)。そのほか、球形または塊形の子実体を地下に形成するヒメノガステル科(肉質、胞子は平滑〜疣状)、ジャガイモタケ科(胞子は著しく粗面)、ショウロ科(胞子は平滑でヌメリイグチ科に似る)、メラノガステル科(寒天質、胞子は平滑)など、18 科約 1000 種が知られている。

イボタケ目　胞子は暗色で表面に疣がある。子実体は繊維質の肉質または革質。傘と柄からなり、子実層托は多くは針状。一菌糸型で、通常褐色の菌糸からなる。多くは地上生で、菌根性。子実層托は平滑または瘤状の疣を持つイボタケ科と、針状のマツバハリタケ科 (図 t_6；口絵 114) の 2 科約 180 種が知られている。

ベニタケ目　菌根性または腐生。子実体の形態は様々だが、胞子はアミロイドで、平滑または表面に模様がある。ベニタケ科の子実体は傘と柄、ひだからなり、菌根性である。肉質はもろく、組織は球状細胞をまじえる。このため縦に裂けない。一菌糸型。かすがい連結を欠く (図 t_7；口絵 118)。ミヤマトンビマイ科は木材腐朽菌類で、一年生で傘と柄、管孔があり、二菌糸型、

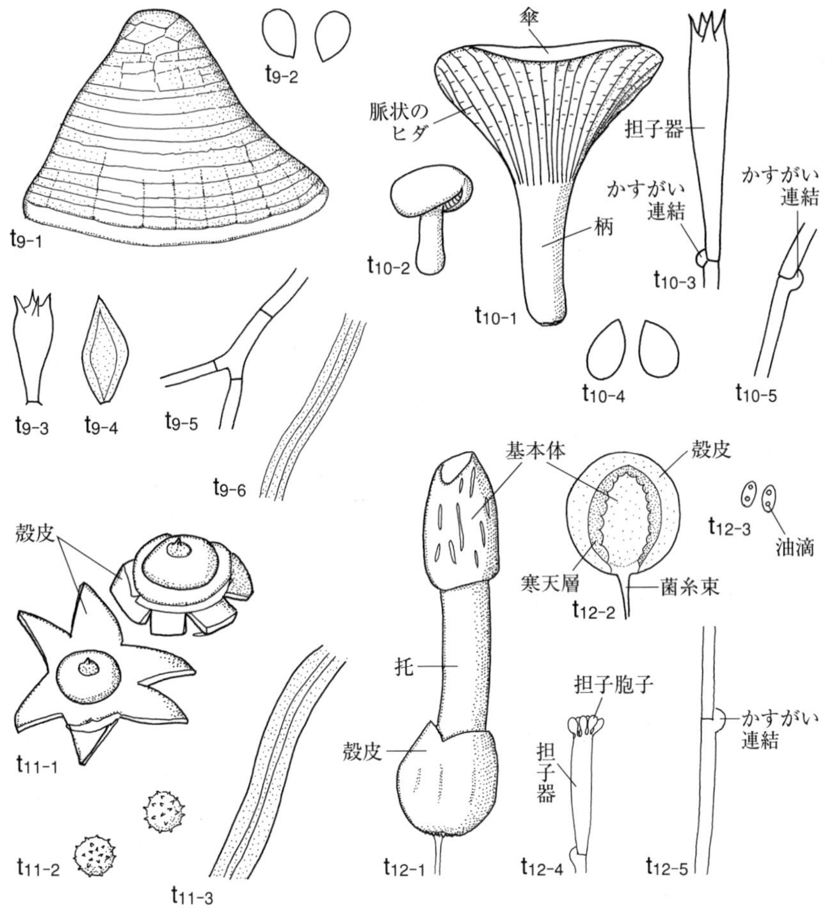

11-3・2　菌蕈類 真正担子菌類　t_9：タバコウロコタケ目タバコウロコタケ科キコブタケ *Phellinus igniaris*（1：子実体，2：担子胞子，3：担子器，4：剛毛体，5：形成菌糸，6：骨格菌糸）．t_{10}：アンズタケ目アンズタケ科アンズタケ *Cantharellus cibarius*（1,2：子実体，3：担子器，4：担子胞子，5：生殖菌糸）．t_{11}：スッポンタケ目ヒメツチグリ科エリマキツチグリ *Geastrum triplex*（1：子実体，2：担子胞子，3：弾糸）．t_{12}：スッポンタケ目スッポンタケ科スッポンタケ *Phallus impudicus*（1：子実体，2：子実体の幼菌，3：担子胞子，4：担子器，5：形成菌糸）

胞子は無色、やや厚壁で刺がある。マンネンハリタケ科は、木質かつ多年生で子実層托は針状になる。サンゴハリタケ科は木材腐朽菌で、子実体は棍棒状、背着生または傘を作る。一菌糸型あるいは二菌糸型。多くは油脂状の内容物のグレオシスチジアをもつ。マツカサタケ科には、硬質で針状の子実層托のマツカサタケ属、箒状の子実体のフサヒメホウキタケ属、扇形の傘に縁が鋸歯状のヒダがあるミミナミハタケ属がある。木材上に背着生の子実体を作るウロコタケ科（革質～木質、図 t_8）、カワタケ科（膜質、強靱）など、11科約1700種が知られている。

タバコウロコタケ目　生殖菌糸はかすがい連結を欠く。組織は水酸化カリウムで黒ずみ、多くは厚壁の剛毛体を形成する。リグニン分解菌類で白色腐朽を起こす。タバコウロコタケ科（図 t_9；口絵 116）は木材腐朽菌類で背着生または傘を作り、子実層托は平滑または管孔状・ヒダ状。2科約380種が知られている。

アンズタケ目　子実体は扇形・管状または傘と柄からなる。一菌糸型で、子実層托は平滑・しわ状または厚いひだ状、針状など。胞子は平滑、無色、非アミロイド。地上生で腐植から発生する。子実体は、傘と柄からなるアンズタケ科（子実層托は脈状のひだ、図 t_{10}；口絵 119）とカノシタ科（子実層托は針状）、棒状または箒形の子実体で、担子器は二胞子型で小柄は内側に曲がるカレエダタケ科など、7科約250種が知られている。

スッポンタケ目　漏斗形の子実体のラッパタケ科と箒形のホウキタケ科は、一菌糸型で、胞子紋は褐色～黄土色、胞子の表面にはしわ・疣・刺などがあり、子実層托は硫酸第一鉄水溶液で青く変色する。ヒメツチグリ科の子実体は類球形で外皮は星形に裂開する（図 t_{11}）。スッポンタケ科は落葉や腐植層に菌糸を伸長させ、菌糸束の先端に子実体の原基を形成する。原基は球形または楕円形で、殻皮と寒天質層と基本体（および托）からなる。成熟すると基本体と托が殻皮を破って成長する（図 t_{12}；口絵 117，121 比較参照）。ヒステランギウム科は殻皮が裂開しないまま地中で成長する。スッポンタケ目共通の形態的特徴は乏しい。5科約330種が知られている。　（根田　仁）

10 菌蕈類テングタケ属の形態進化と分子進化

キノコ類の代表ともいえるテングタケ属 *Amanita* は、全世界に約200 種、日本には約50種分布している。猛毒種を含むため種同定はきわめて重要である。われわれは、rDNA 塩基配列の比較に基づく分子系統と、古くから蓄積されてきた形態情報とを比較して、新たな分類体系を構築しようとしてきた（たとえば、ODA *et al*., 1999)。この間に得られた事実と問題点を紹介しよう。

本属の分類体系では、担子胞子のアミロイド性の有無による亜属概念が採用され、属内はシロオニタケ亜属 *Lepidella* とテングタケ亜属 *Amanita* とに分けられてきた。これに節概念も適用して細分が行われている。この亜属分割は分子系統においても支持されたが、節分割については、従来の節概念には一致しない五つのクレイド（単系統群）に分かれることがわかった。

次に、種同定の鍵形質として重視されてきた柄のつばの有無は、分子系統とは対応しないことがわかった。つまり、内被膜の残存状態は種分類の基準となりえても進化過程を反映していない形質であり、この形質の評価については今後の問題となることが示唆された。そのほか、ドクツルタケ *A. virosa* とシロタマゴテングタケ *A. verna* は離れて分布していたことから毒素産生が平行進化してきたらしいこと、イボテングタケ *A. ibotengutake*（口絵 113）はテングタケ *A. pantherina* と長らく混同されていたが、遺伝的にはベニテングタケ *A. muscaria* に より近縁であること（ODA *et al*., 2002）などがわかってきた。さらに、世界的に分布するテングタケやベニテングタケには多くの地理集団が存在することが明らかになりつつある（ODA *et al*., 2004）。一方、タマゴタケ *A. hemibapha* の色調の異なる3亜種は遺伝的に分化していることもわかった。このような結果は、色調や分布域を基準に種分化を論じる際には遺伝子レベルでの検討が必要なことを示唆している。

(津田盛也・田中千尋)

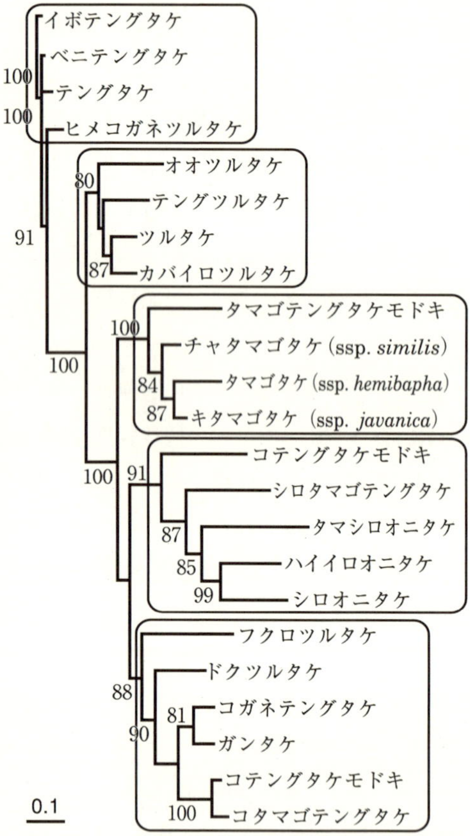

種	形態形質: 胞子アミロイド性	形態形質: つば	形態形質: 柄基部	節: バス (1969)	節: シンガー (1986)	亜属
イボテングタケ	−	+	塊茎状	*Ama*	*Ama*	テングタケ亜属
ベニテングタケ	−	+	塊茎状	*Ama*	*Ama*	テングタケ亜属
テングタケ	−	+	塊茎状	*Ama*	*Ama*	テングタケ亜属
ヒメコガネツルタケ	−	−	塊茎状	*Ama*	*Ovi*	テングタケ亜属
オオツルタケ	−	−	袋状	*Vag*	*Vag*	テングタケ亜属
テングツルタケ	−	−	袋状	*Vag*	*Vag*	テングタケ亜属
ツルタケ	−	−	袋状	*Vag*	*Vag*	テングタケ亜属
カバイロツルタケ	−	−	袋状	*Vag*	*Vag*	テングタケ亜属
タマゴテングタケモドキ	−	+	袋状	*Vag*	*Cae*	テングタケ亜属
チャタマゴタケ (ssp. *similis*)	−	+	袋状	*Vag*	*Cae*	テングタケ亜属
タマゴタケ (ssp. *hemibapha*)	−	+	袋状	*Vag*	*Cae*	テングタケ亜属
キタマゴタケ (ssp. *javanica*)	−	+	袋状	*Vag*	*Cae*	テングタケ亜属
コテングタケモドキ	+	+	袋状	*Pha*	*Pha*	シロオニタケ亜属
シロタマゴテングタケ	+	+	袋状	*Pha*	*Pha*	シロオニタケ亜属
タマシロオニタケ	+	+	袋状	*Lep*	*Roa*	シロオニタケ亜属
ハイイロオニタケ	+	+	塊茎状	*Lep*	*Roa*	シロオニタケ亜属
シロオニタケ	+	+	塊茎状	*Lep*	*Roa*	シロオニタケ亜属
フクロツルタケ	+	−	塊茎状	*Ami*	*Ami*	シロオニタケ亜属
ドクツルタケ	+	+	塊茎状	*Pha*	*Pha*	シロオニタケ亜属
コガネテングタケ	+	+	塊茎状	*Pha*	*Map*	シロオニタケ亜属
ガンタケ	+	+	塊茎状	*Pha*	*Map*	シロオニタケ亜属
コテングタケモドキ	+	+	塊茎状	*Val*	*Val*	シロオニタケ亜属
コタマゴテングタケ	+	+	塊茎状	*Val*	*Val*	シロオニタケ亜属

核 rDNA ITS 領域に基づく分子系統（近隣結合法）よりみたテングタケ属の種分化
Ama：*Amanita*，*Vag*：*Vaginatae*，*Pha*：*Phalloideae*，*Lep*：*Lepidella*，*Ami*：*Amidella*，*Val*：*Validae*，*Ovi*：*Ovigerae*，*Cae*：*Caesareae*，*Roa*：*Roanokenses*，*Map*：*Mappae*

12．不完全菌類（アナモルフ菌類）DEUTEROMYCETES(ANAMORPHIC FUNGI)

菌類は一般に、その有性生殖器官によって特徴づけられるテレオモルフと、無性生殖器官によって特徴づけられるアナモルフの二つのモルフからなる(第II部4章図4-2を参照)。ところが菌類の中には、その有性生殖器官が発見されていないものも多く、そのような菌類を不完全菌類という菌群に一括してまとめている。ただし、接合菌類やツボカビ類のアナモルフは不完全菌類には含めないので、不完全菌類のテレオモルフが判明した場合には子嚢菌門か担子菌門に所属する菌類として別の学名が与えられ、命名規約上はテレオモルフ名が優先する。つまり、不完全菌類の“不完全”とは、あくまでも有性生殖器官がわかっていない不完全さを示し、生物学的に不完全であるという意味ではない。

有性生殖器官が発見されない理由には次の諸点が考えられる。

1）性の分化があり、雌雄異株の場合。交配型が地理的に離れてしまい、両者が遭遇する機会がなく、互いに無性的にのみ繁殖している場合。

2）あるいは、交配型は同所的に分布しているにもかかわらず、有性生殖を行うに充分な環境条件を満たしていない場合。

3）性の分化があり、雌雄同株の場合。有性生殖を行う環境条件が整わない場合。

4）有性生殖を行う能力を進化の過程でまったく失ってしまっている場合。

5）本来、有性生殖器官の形成能を欠き、無性生殖器官によって増殖し、進化してきた場合。

テレオモルフの見いだされていない原因が上記の1）〜4）に起因するのであれば、近年発達してきた分子系統解析により、不完全菌類の種と子嚢菌類および担子菌類の種との関係が明らかになるはずであり、その系統樹はアナモルフ種とそのテレオモルフ種を同一のクラスターへと導くであろう。また、5）のような場合は、不完全菌類は独立したクラスターを形成することになり、そのような菌群こそが真の不完全菌門という分類群を与えるべき菌群であろう。この点に関しては、「不完全菌類に系統はあるか」の項 (p. 299) で考えてみたい。

◆アナモルフの形態　図 a_2 に示すように、不完全菌類のアナモルフの形態諸器官には、分生子を形成する分生子形成細胞、分生子形成細胞を支える分生子柄、そして分生子などがあり、それぞれの器官が形態学的多様性を有している。また、分生子形成細胞を保護する分生子果の形態にも多様性がみられる。以下に、分生子果・分生子形成細胞・分生子柄・分生子の多様性を概説する。なお、形態の用語については第 II 部 3 章を参照されたい。

[分生子果および関連器官]　分生子果は、自然界においては植物体の表面あるいは組織内に形成される。その形態は、一般に、分生子層（acervulus）*1 と分生子殻 (pycnidium) *2 に大別される。分生子層は平らな皿形あるいは杯形の偽柔組織構造の分生子果で、自然界においては植物体の角皮下あるいは表皮下に形成される（図 $b_{3-1,3}$）。分生子層の上部を覆う部分は、後に烈開あるいは開口して分生子層が露出する。分生子殻は一般に球形あるいはフラスコ形の偽柔組織構造の分生子果で、形態的には子嚢殻と類似する（図 b_{3-2}）。また、子嚢子座のように子座内部に分生子殻を形成するもの（図 $b_{3-4,5}$）や、分生子殻が気孔下に形成される皮下子座（hypostroma）から立ち上がって、気孔上に単生するものもある。

[分生子柄]　分生子柄 (conidiophore) は、分生子形成細胞を生じるあるいは支える、単純あるいは分岐した不稔菌糸であり、形態的特徴により栄養菌糸とは容易に区別できる。また、その形態はアオカビ属（図 a_{2-2}）のように単純なものからバーチシリウム属（図 a_{2-3}）のように複雑に分岐したもの、あるいはブリオシア属 *Briosia* (図 a_{3-2}) のように分生子柄が束状に集合した束状分生子柄を形成するものまで様々である。また、アウレオバシジウム属 *Aureobasidium*（図 a_{1-7}）やフィアロフォラ属 *Phialophora*（図 a_{2-1}）のよう

＊1　分生子盤あるいは分生子堆と呼ばれることもある.
＊2　柄子殻と呼ばれることもある.

に分生子柄を形成しないものもある。

［分生子形成細胞］ 分生子形成細胞（conidiogenous cell）は、その名のとおり分生子を形成する細胞である。通常は、フィアロフォラ属（図 a_{2-1}）のトックリ形分生子形成細胞のように分化した形態をとるが、アウレオバシジウム属（図 a_{1-7}）のように菌糸が形態を変えることなく分生子形成細胞に分化する場合もある。また、リノクラジエラ属 *Rhinocladiella*（図 a_{1-6}）やクロリジウム属 *Chloridium*（図 a_{2-4}）のように分生子の形成にともない分生子形成細胞が伸長するものや、逆にトリコテキウム属 *Trichothecium*（図 a_{1-3}）のように、分生子を形成するごとに分生子形成細胞が短くなる場合もある。なお、分生子形成細胞からの分生子の個体発生様式ならびに分生子の形成様式については、第II部3章の **3-4-3.** 分生子を参照されたい。

［分生子］ 不完全菌類は非運動性の無性胞子を形成するが、この胞子を分生子と呼ぶ。分生子の形態は単純なものから複雑なものまであり、実に多様である。分生子の細胞数から、単細胞分生子（図 $a_{1-6,7}$，$a_{2-1\sim4}$）、二細胞分生子（図 a_{1-3}，a_{3-2}）、多細胞分生子（図 $a_{1-1,2,4,5}$，$b_{1,2}$）に3大別される。さらに、分生子の全体的な形から、以下のように5大別される。

① 単純形分生子（図 $a_{1-3,5,6}$，$a_{2-1\sim4}$，$a_{3,4}$）：分生子は単純形で、その長さと幅の比は15：1を越えない。通常は、球形・亜球形・楕円形・長楕円形・円筒形などの形態をとる。

② 針状分生子（図 b_{1-2}）：分生子は針状で、その長さと幅の比は15：1を越える。

③ 石垣状分生子（図 a_{1-1}）：分生子は横隔壁のほかに一つ以上の縦隔壁を有する。

④ 渦巻状分生子（図 a_{1-4}）：分生子主軸は180°以上湾曲する。

⑤ 星形分生子（図 a_{1-2}，b_{1-1}）：分生子は分生子母体（主軸）から分岐した1本以上の分枝を有し、それは分生子母体（主軸）の1/4以上の長さとなる。

したがって、分生子の形態は、分生子の形とその細胞数を組み合わせて、たとえば単細胞性単純分生子・二細胞性針状分生子・多細胞性渦巻状分生子・

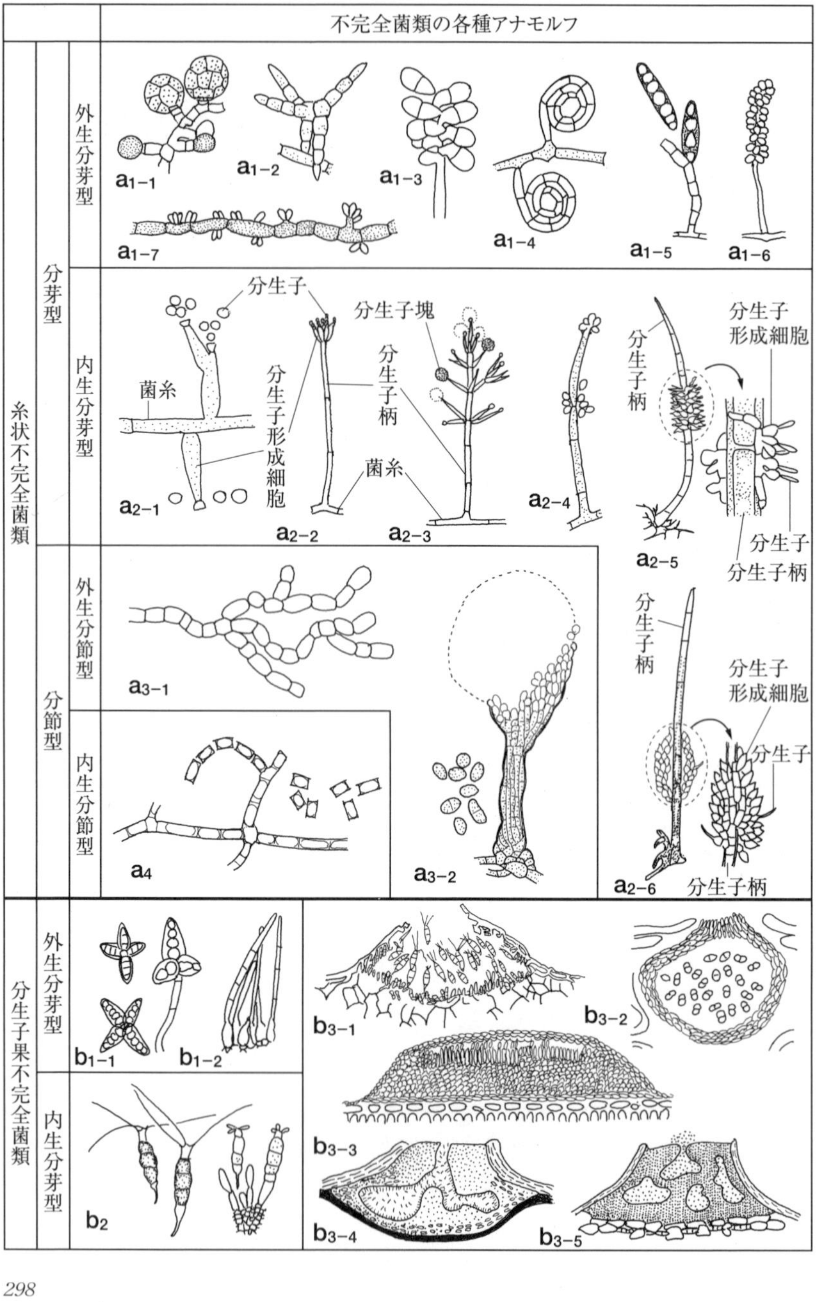

不完全菌類の各種アナモルフ
糸状不完全菌類
分芽型
外生分芽型
a1–1
a1–2
a1–3
a1–4
a1–5
a1–6
a1–7
内生分芽型
分生子
分生子塊
菌糸
分生子形成細胞
分生子柄
菌糸
a2–1
a2–2
a2–3
a2–4
分生子柄
分生子形成細胞
分生子
分生子柄
a2–5
分節型
外生分節型
a3–1
a3–2
内生分節型
a4
分生子柄
分生子形成細胞
分生子
分生子柄
a2–6
分生子果不完全菌類
外生分芽型
b1–1
b1–2
内生分芽型
b2
b3–1
b3–2
b3–3
b3–4
b3–5

多細胞性星形分生子などのように呼び、それら分生子の形態を表す。

分生子には、ペスタロチオプシス属 *Pestalotiopsis*（図 b_2）のように付属糸（appendage）をもつもの、ドレクスレラ属 *Drechslera*（図 a_{1-5}）のように分生子の隔壁が明瞭ではない偽隔壁（pseudoseptum）をもつもの等がある。

分生子の表面には様々な模様（表面構造）がみられる。その構造は、光学顕微鏡でも認識され、古くから疣状の表面構造や、刺状の表面構造をもつ分生子が記載されてきている。しかし、分生子の表面構造がより詳しく論議されるようになったのは、言うまでもなく走査型電子顕微鏡（SEM）の出現に負うところが大きく、今や SEM は菌類の特徴づけに欠くことのできないものとなっている。一般的には、平滑・刺状・疣状・畦状などに大別される。

◆不完全菌類に系統はあるか

1）アナモルフとテレオモルフの関係

不完全菌類の分類はその無性生殖器官の形態を基にした人為分類である。したがって、不完全菌類という生物群には何らの系統学的考察は反映されていないと考えられている。極言すれば、一つの属に組み込まれたいくつかの種のあいだには、単に形態学的類似性があるだけで、系統的関係があるかどうかはわからないということになる。しかしながら、不完全菌類の培養世代において有性生殖器官が形成されたり、担子胞子や子嚢胞子からの培養世代

---

12 不完全菌類 糸状不完全菌類（$a_{1\sim4}$）および分生子果不完全菌類（$b_{1\sim3}$）の分生子発生様式と形態（第II部3章**3-4-3**の解説，図3-12，口絵124〜130を参照）．a_1，b_1：外生分芽型，a_2，b_2：内生分芽型，a_3：外生分節型，a_4：内生分節型．a_{1-1}：エピコックム属 *Epicoccum*，a_{1-2}：トリポスペルムム属 *Tripospermum*，a_{1-3}：トリコテキウム属，a_{1-4}：ヘリコミケス属 *Helicomyces*，a_{1-5}：ドレクスレラ属，a_{1-6}：リノクラジエラ属，a_{1-7}：アウレオバシジウム属，a_{2-1}：フィアロフォラ属，a_{2-2}：アオカビ属，a_{2-3}：バーチシリウム属，a_{2-4}：クロリジウム属，a_{2-5}：キオノカエタ属，a_{2-6}：カエトプシナ属，a_{3-1}：ゲオトリクム属，a_{3-2}：ブリオシア属，a_4：マルブランケア属，b_{1-1}：アステロスポリウム属 *Asterosporium*，b_{1-2}：セプトリア属 *Septoria*，b_2，b_{3-1}：ペスタロチオプシス属（分生子層），b_{3-2}：アスコキタ属 *Ascochyta*（分生子殻），b_{3-3}：メラスミア属 *Melasmia*（分生子層），b_{3-4}：レウコキトスポラ属 *Leucocytospora*，b_{3-5}：エンドチエラ属 *Endothiella*（$a_{2-5,6}$ は CARMICHAEL *et al*., 1980 を，b_1 は SUTTON, 1980 を，b_{3-1} は MORDUE & HOLLIDAY, 1971 を，$b_{3-2\sim5}$ は小林・勝本，1992 を参考に作図）

においてアナモルフが判明した結果、有性生殖器官（テレオモルフ）の形態とそのアナモルフの関係から不完全菌類の系統を考察しようという試みがなされてきた。古くは不完全菌類の分生子形成様式に注目し、アナモルフとテレオモルフの関係を整理し、アルテルナリア属のようなポロ型の分生子形成様式はプレオスポラ目に、スコプラリオプシス属 *Scopulariopsis* のようなアネロ型はミクロアスクス目に集中していること、また、担子菌類のアナモルフは分節型とアレウロ型に限定されていることが明らかにされた（TUBAKI, 1981)。このことは、ある種の分生子形成様式は単系統で進化してきたことを示している。

アナモルフとテレオモルフの関係は、バシペトスポラ属-ベニコウジカビ属、コリネ属 *Coryne*-アスココリネ属 *Ascocoryne*、コールカロマ属 *Koorchaloma*-カナナスクス属 *Kananascus*、モノキリウム属 *Monocillium*-ニエスリア属 *Niesslia* のように１対１の対応を示す。しかし、表 III-12-1 に示すように、現在の分類体系では一つのアナモルフ属が複数のテレオモルフ属と関係していたり、逆に一つのテレオモルフ属が複数のアナモルフ属と関係している場合もある。このことは、未だ形態を主眼にした分類形質による分類学的整理がついていないことを示唆している。また、テレオモルフとアナモルフの各々において形態上の収斂進化が生じた結果、われわれの認識を間違った方向に導いているのかもしれない。後者の場合には、たとえ表面的な形態が類似していて現在の分類体系においては同一属に収められていても、その系統はかけ離れているはずである。

２）分子系統解析がもたらしたもの

不完全菌類は単系統で進化してきた分類群なのか。もちろん答えは否である。図 c に 12 種の不完全菌類と 8 種の子嚢菌類の 18 S rDNA 塩基配列に基づく系統樹を示したが、もしも、不完全菌類が単系統で進化してきたのであるならば、12 種の不完全菌類は一つのクラスターに収まるはずである。しかし、それら不完全菌類は異なるクラスターに分散する結果となっている。すなわち、先の「不完全菌類とは」で提示した“ ５）有性生殖器官の形成能は

表 III-12-1 アナモルフとテレオモルフの関係（TUBAKI, 1981；SEIFERT, 1993 を改変）

アナモルフ属名	テレオモルフ属名
Acremonium	*Calonectria, Coniochaeta, Cordyceps, Emericellopsis, Epichloe, Hapsidospora, Hypocrea, Levispora, Mycoarachis, Mycocitrus, Nectria, Neocosmospora, Nigrosabulum, Peckiella, Peloronectriella, Protocrea, Pseudeurotium, Segenoma, Thielavia, Trichosphaerella*
Aspergillus	*Chaetosartorya, Dichlaena, Emericella, Eurotium, Fennellia, Hemicarpenteles, Neosartorya, Petromyces, Sclerocleista, Warcupiella*
Chrysosporium	*Actinodendron, Ajellomyces, Amauroascus, Anixiopsis, Apinisia, Arachiniotus, Arthroderma, Ctenomyces, Gymnoascus, Nannizzia, Pseudogymnoascus, Rollandina*
Fusarium	*Gibberella, Nectria*
Paecilomyces	*Byssochlamys, Cephalotheca, Cordyceps, Thermoascus*
Penicillium	*Eupenicillium, Hamigera, Talaromyces, Trichocoma*
Phoma	*Cucurbitaria, Didymella, Eutryblidiella, Fenestella, Leptosphaeria, Mycosphaerella, Pleospora, Preussia, Westerdykella*
Verticillium	*Calonectria, Cordyceps, Ephemeroascus, Hypocrea, Nectria, Nectriopsis, Torrubiella*
テレオモルフ属名	アナモルフ属名
Cordyceps（核菌類）	*Akanthomyces, Hirsutella, Hymenostilbe, Nomuraea, Paecilomyces, Paraisaria, Pseudogibbellula, Sporothrix, Verticillium*
Mycosphaerella（小房子嚢菌類）	*Asperisporium, Cercoseptoria, Cercospora, Cercosporella, Cladosporium, Gloeocercospora, Fusicladiella, Heterosporium, Lecanosticta, Mastigosporium, Microdochium, Miuraea, Mycocentrospora, Mycovellosiella, Ovularia, Passalora, Phaeoisariopsis, Phaeoramularia, Polythrincium, Pseudocercospora, Ramularia, Ramulispora, Septoria*
Nectria（核菌類）	*Acremonium, Actinostilbe, Calostilbella, Chaetopsina, Chlonostachys, Cylindrocarpon, Cylindrocladiella, Dacryoma, Fusarium, Kutilakesopsis, Mariannaea, Myrothecium, Penicillifer, Rhizostilbella, Sesquicillium, Stilbella, Tubercularia, Verticillium, Virgatospora, Volutella*

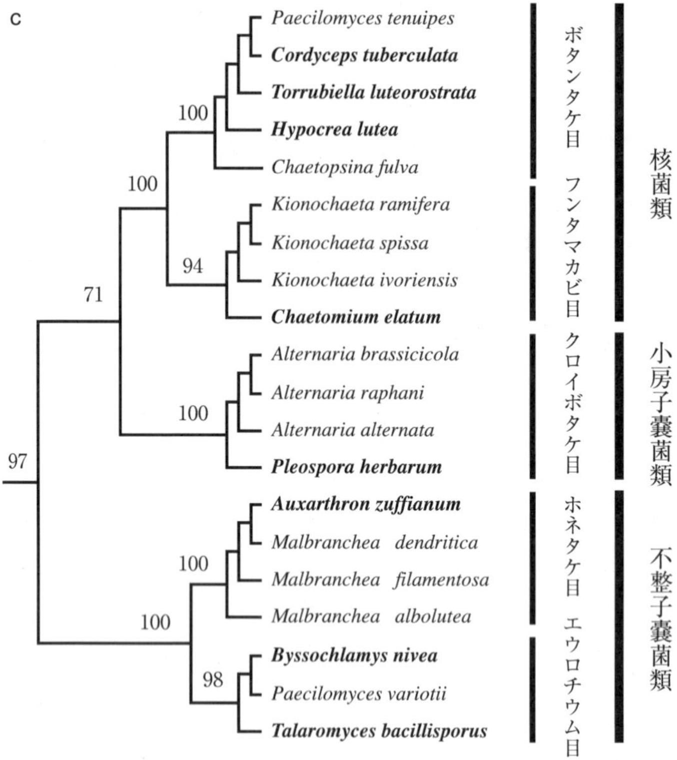

12 不完全菌類 c：子嚢菌類（太字）と不完全菌類（細字）の 18 S rDNA 塩基配列（1321 塩基）に基づく系統樹．枝の数字は 1000 回のブーツストラップ処理による確率（%）を示す

なく、無性生殖器官によって増殖し、進化してきた”不完全菌類は今のところ確認できないということになる。このことから、不完全菌類はあくまでもテレオモルフによって特徴づけられる子嚢菌類あるいは担子菌類のアナモルフであり、不完全菌亜門という独立した単系統の高次分類群ではなく、人為分類群であるという結論になる。

（1）アナモルフ-テレオモルフの関係と分子系統解析

塩基配列からの系統解析結果は、従来その有性生殖器官がわからなかったため分類学的位置が不明であった不完全菌類の分類学的位置を明らかにすることが可能となった(図c)。たとえば、マルブランケア属 *Malbranchea* は不整子囊菌類ホネタケ目に、アルテルナリア属は小房子囊菌類クロイボタケ目に、キオノカエタ属 *Kionochaeta* は核菌類フンタマカビ目にそれぞれ位置づけられる (JASALAVICH *et al.*, 1995；BERBEE, 1996；OKADA *et al.*, 1997)。マルブランケア・アルボルテア *M. albolutea* においては、その培養世代においてテレオモルフがアウクサルスロン属 *Auxarthron* であることがわかっていたので (SIGLER & CARMICHAEL, 1976)、アウクサルスロン属-マルブランケア属の関係が確認されたということになる。それでは、図cの系統樹からアルテルナリア属のテレオモルフがその同一クラスター内の子囊菌類であるプレオスポラ属であると断言できるかというと、この点に関しては未だ解析データが不足している状態で、可能性はあるが断言するには至っていない。実際、アルテルナリア属のテレオモルフとしてレウイア属 *Lewia* が知られている(SIMMONS, 1986)。もっとも、プレオスポラ属とレウイア属は非常に類似した形態を示し、レウイア属を認めず、プレオスポラ属に含める研究者もいる(SIVANESAN, 1984；HANLIN, 1990)。また、分子系統解析手法による同様のテレオモルフとアナモルフの関係の系統分類学的検討はフサリウム属においてもなされている (GUADET *et al.*, 1989)。

ところで、分子系統解析結果は、実際に不完全菌類の系統分類学的再編を導いている。アクレモニウム属 *Acremonium* には表III-12-1に示すように20のテレオモルフ属が知られている。これは、アクレモニウム属のアナモルフが単純な形態であるため指標とする分類学的形質が少なく、その結果このような混乱を招いたのではないかと考える。グレンら (GLENN *et al.*, 1996) は、リケノイデア節 (*Lichenoidea*) 以外のアクレモニウム属10種の18S rDNA塩基配列からの系統解析を行い、核菌類のミクロアスクス目・フンタマカビ目・バッカクキン目・ボタンタケ目に分散したと報告している。この結果は、アクレモニウム属が多系統の菌群より構成されていることを示している。そして、バッカクキン目に位置したアルボラノサ節 (*Albolanosa*) に属するアクレモニウム属8種を新属ネオチフォジウム属 *Neotyphodium* に移した。ネオチフォジウム属は草本の内生菌類（grass endophyte）であり、そのうちのネオチフォジウム・チフィヌム *N. typhinum* のテレオモルフはエピクロエ属 *Epichloë* である。

テレオモルフとアナモルフの関係は、今後の研究により分子系統解析のデータが完備されれば明確になっていくと考えられるが、最終的には有性胞子から培養して無性生殖器官を誘導させる、あるいは無性胞子から培養して有性生殖器官を誘導させるなどして確認することが重要である。

（2）収斂進化を見破る

アナモルフの収斂進化（収束進化ともいう）は、たとえばカエトプシナ属 *Chaetopsina* とキオノカエタ属の系統解析で明らかにされた（OKADA *et al*., 1997）。両属の仲間は、剛毛の途中に分生子形成細胞を形成する不完全菌類で、非常に類似したアナモルフを示す。両属の主たる違いは、カエトプシナ属（図 a_{2-6}）の分生子形成細胞が無色なのに対し、キオノカエタ属（図 a_{2-5}）では褐色を呈する点である。このように形質の違いがわずかであることより、キオノカエタ属をカエトプシナ属に含める研究者もいる。しかし、分子系統解析は、キオノカエタ属が核菌類フンタマカビ目に、カエトプシナ属が核菌類ボタンタケ目に位置する結果を示し、両属は明らかに異なる属として認識すべきであるという結論に達した（図 c）。また、その形態的類似性は、収斂進化の結果として認識される。

同様な例は、パエキロミケス属においてもみられる。図 c にパエキロミケス・バリオチイ *Paecilomyces variotii* とパエキロミケス・テヌイペス *P. tenuipes* の 2 種の系統関係を示したが、*P*. バリオチイが不整子嚢菌類ユウロチウム目に位置するのに対し、*P*. テヌイペスは核菌類ボタンタケ目に位置している（SUGIYAMA *et al*., 1999）。なお、不整子嚢菌類の項も参照されたい。

（3）分子系統解析による地理的分布解析

分子系統解析は、不完全菌類の分類学的改編の強力なツールを提供したのみならず、その地理的分布解析にも興味深い結果をもたらしている。その典型的な例は、イネバカナエ病菌 *Gibberella fujikuroi* をテレオモルフとするフサリウム属菌の地理的分布解析である。フサリウム属は非常にヘテロの集団からなっており、分類学的整理の難しい菌群の一つである。腐生菌類であると同時に寄生菌類でもあり、ウォレンウェバーとライキング（WOLLENWEBER & REINKING, 1935）は本属菌を65種55変種に、ブース（BOOTH, 1971）は44種7変種に、ゲルラッチとニーレンベルグ（GERLACH & NIRENBERG, 1982）は70種以上55以上の変種に整理している。

イネバカナエ病菌集合体には36種が知られているが、それらのβ-チューブリン遺伝子、ミトコンドリアのSSU rDNAと28 S rDNA、ITSを用いた分子系統解析結果は、アメリカクレード・アフリカクレード・アジアクレードの三つの地理的分布に対応したクラスターの形成を示し、単系統のアメリカクレードからアフリカ-アジアクレードが分化したことを示した。また、その解析結果は、イネバカナエ病菌を分離した宿主植物および従来の形態学的種との相関を示すものではなかった（O'DONNELL *et al.*, 1998, 2000）。そして、18 S rDNAの分子時計換算（BERBEE & TAYLOR, 1993）から、イネバカナエ病菌の起源は約1億年前のゴンドワナ大陸の南アメリカ地域に出現し、その南アメリカ地域がゴンドワナ大陸から分かれた約7000万年前にアメリカクレードからアフリカ-アジアクレードが分化し、そしてインドがアフリカから分かれた約5500万年前にアフリカクレードからアジアクレードが分化したと推定されている（図d）（O'DONNELL, 1999）。

（4）分子系統解析の利点と限界

分子系統解析手法はアナモルフとテレオモルフの関係を推測させ、テレオモルフが不明であった不完全菌類の分類学的位置を少なくとも目あるいは科の段階へ導くことに成功した。また、従来の形態的類似性を主眼にした不完全菌類の分類に対して新しい道を拓いた。このことは、不完全菌類の分類学的再編において新しい強力な道具が与えられたということであり、主観的な形態分類を客観的な道具を用いて再考する道を与えた。しかし、18 S rDNA塩基配列からの系統解析の限界も徐々に明らかになりつつある。図cに示したアルテルナリア・ブラッシキコラ *Alternaria brassicicola* とアルテルナリ

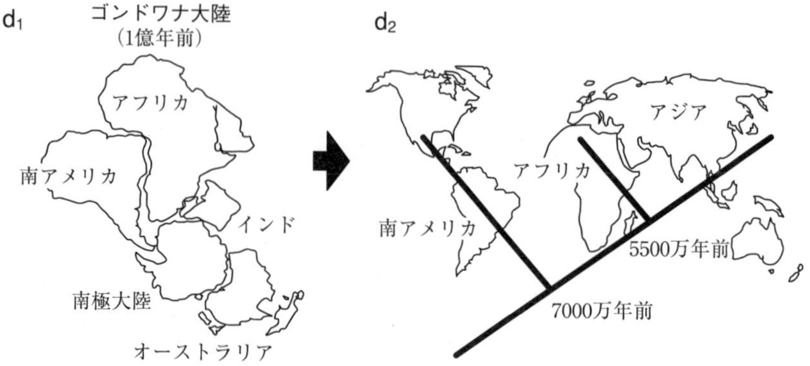

12 不完全菌類 d：フサリウム属のイネバカナエ病菌複合体のゴンドワナ起源からの地理的分布．d_1：1億年前の古代ゴンドワナ超大陸の地図，d_2：南アメリカ・アフリカ・アジアの上に重ねた地域デンドログラム（O'DONNELL, 1999 を一部改変）

ア・ラファニ *A. raphani* の 18 S rDNA 塩基配列は 1780 bp 中わずか 1 塩基だけの違いであり、この結果からいえば両種は同種とみなしてもおかしくない。ところが、5.8 S rDNA＋ITS 領域の塩基配列で比較した場合は、両者は明らかに独立した種としての差異を示した（JASALAVICH *et al.*, 1995）。近年、SSU rDNA や LSU rDNA のほかにも ITS、mtSSU rDNA、β-チューブリン、タンパク質合成の伸長因子 (elongation factor) EF-1 α などの遺伝子の分子系統解析における有用性が報告されている。したがって、解析対象とする分類階級によって系統解析に用いるこれら遺伝子をうまく選択することが望まれる。

◆不完全菌門から不完全菌類へ 近年の分子系統解析の進展に伴い、「もしも、核酸からのデータによる比較が可能になるならば、全ての菌類は一つの系統樹に配置することができる。そうであるなら、不完全菌門（Deuteromycota）という分類群を維持する必要があるだろうか？」という提言がなされるに至った（BRUNS *et al.*, 1991）。1992 年 8 月、米国オレゴン州ニューポートで開催されたホロモルフ会議（Holomorph Conference）において、不完全菌門を独立した高次分類階級とみなさずに、一つの分類体系の中に統合すべきであるという合意が得られ（REYNOLDS & TAYLOR, 1993；杉山, 1994）、不完全菌門という分類学的地位は消滅した。すなわち、不完全菌門から不完全菌類*3 へと変容したのである（HAWKSWORTH *et al.*, 1995）。しかし、たとえ分類学的地位を失ったとしても、約2万種からなる不完全菌類は変わりなく生活して子孫を残している。また、実用上の観点からも不完全菌類の属と種の学名は残すべきであるとの意見が大勢を占めている。菌類の二元的分類体系（dual system）を一つの自然分類体系（natural system）に統合するうえで、アナモルフとテレオモルフ関係の解明は引き続き菌類系統分類学の重要な研究課題の一つである。

（安藤勝彦）

＊3　従来，不完全菌類は“Fungi Imperfecti”，“asexual fungi”，“conidial fungi”などの名称で呼ばれていたが，現在では栄養胞子形成菌類（mitosporic fungi）またはアナモルフ菌類（anamorphic fungi）の用語が使われるようになりつつある．

13. 地衣類 LICHENS

地衣類は菌類が藻類またはシアノバクテリア (p. 340 参照) と共生した複合生物で、地衣体と呼ばれる特有の器官を形成して生活する。地衣体は原則として1種の菌類と1種の藻類からできているが、中には1種の菌類が2種の藻類と同時に共生関係を樹立する場合もある。地衣類を作る菌類は多様であるが、ひとまとめにして共生菌類 (mycobionts) あるいは地衣化した菌類とも呼ばれる。また、緑藻類やシアノバクテリアで構成される共生藻類は photobionts と呼ばれる。

地衣類の共生菌類は、共生藻類の合成した光合成産物を利用して生活する。一方、共生藻類は無機物や水を共生菌類から受け取ると同時に、安定した生活域を確保している。地衣類を独立の植物群として扱うか、あるいは菌類の分類体系の中に組み込むべきかについては様々な見解が示されてきた。現在では、"地衣類は特殊な栄養獲得形式を確立した菌類である" とする考え方が支持され、国際植物命名規約上も、地衣類の学名は地衣体を構成する菌類に対して与えられている。これまでに報告されている地衣類は、世界で 86 科 689 属、約1万 3500 種、日本からは 77 科 286 属約 1200 種が知られている。

◆共生菌類　地衣類を作る菌類は子嚢菌類、担子菌類、不完全菌類のいずれかで、それぞれの菌類が共生藻類と共生して地衣化したものを子嚢地衣類、担子地衣類、不完全地衣類と呼ぶ。地衣類全体の約 98 % は子嚢地衣類で、担子地衣類は 0.4 %、不完全地衣類は 1.6 % にすぎない。特に全子嚢菌類では、37 目 2 万 8650 種のうち約 46 % に当たる 14 目 1 万 3500 種が地衣化している (表 III-13-1)。このうち＊印をつけたものは、地衣類として生育するだ

表 III-13-1　子嚢菌門の中で地衣化する菌類 (HAWKSWORTH & HILL, 1984 を一部改変)

アナイボゴケ目 (Verrucariales)*	クロサイワイタケ目 (Xylariales)*
ズキンタケ目 (Leotiales)*	オストロパ目 (Ostropales)*
チャシブゴケ目 (Lecanorales)*	ピンゴケ目 (Caliciales)*
ツメゴケ目 (Peltigerales)	ホシゴケ目 (Arthoniales)*
クロイボタケ目 (Dothideales)*	**モジゴケ目** (Graphidales)
サネゴケ目 (Pyrenulales)*	**トリハダゴケ目** (Pertusariales)
パテラリア目 (Lecanidiales)*	**サラゴケ目** (Gyalectales)

けではなく非地衣化菌類も含んでいる。また、太字で示したツメゴケ目・サラゴケ目・トリハダゴケ目・モジゴケ目は、地衣化菌類のみが知られている。

◆地衣体　地衣体は、外形と内部構造の違いにより、葉状地衣類(図 a_1)・樹枝状地衣類（図 a_2）・固着地衣類（図 a_3，b）などに大別される。葉状や樹枝状の地衣体を形成する種は地衣体の内部構造も分化するものが多いが、固着地衣類の多くは地衣体内部の構造は未分化である。地衣類として一般によく知られているものは葉状地衣類や樹枝状地衣類であるが、地衣類全種のうち固着地衣類が過半数の約 56 % を占め、樹枝状地衣類が 23 %、葉状地衣類は全体の約 21 % である。

葉状地衣類の地衣体は薄い紙状で､裏面の仮根でゆるく基物に付着する(口絵 131)。地衣体の内部には上皮層・藻類層・髄層・下皮層の明瞭な層状構造が分化する (図 b)。皮層は地衣体の保護組織で密着した菌糸からなり、属により特定の菌糸系を構成する。藻類層は共生藻類の集まった部分で、上皮層の下部に薄い層を作る。しかし、イワノリ属 *Collema* やアオキノリ属 *Leptogium* のように、共生藻類がシアノバクテリアである場合は髄層全体に散らばっていることが多い。髄層は緩く絡まりあった菌糸からなり、生活活性が最も高く、地衣成分の大部分はここで合成される。また、菌糸間には空隙が多く、地衣体が多量の水分を含んだり短時間で乾燥したりする性質は、このような髄層の特徴に起因する。

樹枝状地衣類の地衣体は小低木状に分枝し、基物から垂れ下がったり、立ち上がったりする（口絵 133)。地衣体の断面は類円形で、皮層・藻類層・髄層に分化し、これらは同心円状に配列する。サルオガセ属 *Usnea* やカラタチゴケ属 *Ramalina* のように、地衣体内部に特殊な地衣体補強組織をもつものもある。

固着地衣類の地衣体は薄い膜状で、髄層の菌糸で基物に密着する（口絵 132)。地衣体内には皮層の分化はみられない。しかし、生育する場所の環境を反映して、チズゴケ属 *Rhizocarpon* のように地衣体表面に亀裂をもつものや、レカノラ・ムラリス *Lecanora muralis* のように地衣体が分厚く変形する場合もある。また、固着地衣類の一形で、レプラゴケ属 *Lepraria* やホソピンゴケ属 *Chaenotheca*（図 c）のように、地衣体は完全に皮層を欠き、綿毛状の髄層を裸出するものもある。

地衣体の形態は属レベルでほぼ決まっているが、地衣類の系統を反映した形質ではない。したがって、ムカデゴケ科やダイダイゴケ科のように、同じ科に属する地衣類が上記の 3 型全ての地衣体をもつ種群を含むこともある（図 a）。しかし、属以下の分類群では、地衣体の外形や内部構造、付属器官の特徴、菌糸組織型の特徴などが重要な分類形質として用いられる。

地衣体内では、共生菌類と共生藻類はハウストリア（haustoria）で結びつく。ハウストリアの構造には接触型・貫入型・陥没型などが知られており、これらは地衣体の内部構造の分化と密接な関連がある（HONEGGER, 1986）。すなわち、共生菌類と共生藻類の細胞が密着するだけの単純な接触型ハウストリアは、皮層をもたない顆粒状の地衣体を形成するホソピンゴケ属（図 c）にみられる。菌糸が共生藻類の細胞膜を破って侵入する貫入型ハウストリアは固着地衣類に多い。また、共生藻類の細胞膜に陥没したり、特殊な柄を作って付着する陥没型ハウストリアは、地衣体内部構造に皮層や髄層が分化する葉状地衣類や樹枝状地衣類に多い。

◆付属器官（図 d） 地衣体には特有の付属器官が発達する。これらは地衣類の種分化や系統を反映していると考えられるものが多く、種の認識形質としても重要である。代表的なものには次のようなものがある。

[仮根(rhizine)**]** 擬根ともいう。葉状地衣類の地衣体裏面にみられる付着器官で、細長く伸びた菌糸の束でできている。通導組織は分化しない。仮根は属レベルでほぼ決まった形態と構造をもつ。ウメノキゴケ属 *Parmelia* とその近縁属では仮根の分枝法が重要な分類形質と考えられており、これに基づく分類体系は分子情報から得られる系統樹でもほぼ裏づけられている。

[シリア(cilia；図 d_1)**]** 仮根と同様の構造をもつが、葉状地衣類の地衣体縁部に生じるものをいう。シリアの有無や形状は種によって決まっている。

[頭状体（cephalodia；図 d_2)**]** シアノバクテリアの入っている特殊な袋状

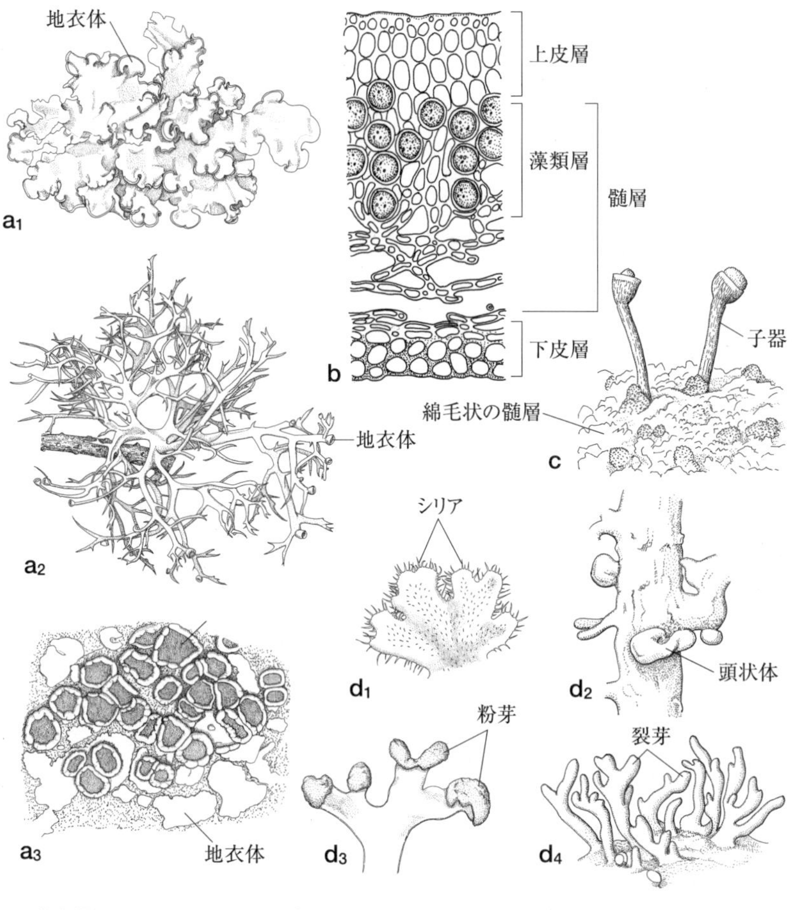

13　地衣類　a：ムカデゴケ科の表現型．a_1：クロウラムカデゴケ属 *Phaeophyscia*，a_2：トルナベニア属 *Tornabenia*，a_3：スミイボゴケ属 *Buellia*．b：地衣体の内部構造（シラゲムカデゴケ *Phaeophyscia hirtuosa*）．c：ホソピンゴケ属の地衣体と子器．d：付属器官．d_1：シリア，d_2：頭状体，d_3：粉芽，d_4：裂芽

の構造をいう。キゴケ属 *Stereocaulon*・ツメゴケ属 *Peltigera*・デージーゴケ属 *Placopsis*・ミカレア属 *Micarea* などの緑藻類を共生藻類とする特定の地衣類にみられる。地衣体内部に形成される場合（内部頭状体）と、地衣体の外部に形成されるもの（外部頭状体）の 2 型がある。

[盃点(cyphellae)**・偽盃点**(pseudocyphellae；口絵 137)**]** 地衣体の表面に生じる穴や亀裂で、髄層に通じている。ヨロイゴケ属 *Sticta*・トコブシゴケ属 *Cetrelia*・キンブチゴケ属 *Pseudocyphellaria* など特定の属に見られ、地衣体表面にもつ属と裏面にもつ属とがある。

[無性生殖器官(asexual propagules)**]** 粉芽や裂芽など。地衣体上に生じ、地衣体から遊離して新個体を形成する能力をもつ。地衣体自体が断裂して無性生殖器官として機能することもある。

◆生殖法 地衣類の生殖法は粉芽や裂芽等による無性生殖と、地衣体に形成される子嚢果内で作られる胞子による有性生殖がある。

[無性生殖] 無性生殖器官には、発生方式や形態的な特徴によって様々なものが知られている（表 III-13-2）。粉芽（図 d_3）や裂芽（図 d_4）は地衣体から簡単に遊離する特徴をもち、いずれの場合も共生菌類と共生藻類の細胞から構成される。遊離した無性生殖器官は適当な条件が揃えばそのまま成長して、新しい地衣体となる。無性生殖器官による繁殖は、両共生者が揃って移動でき、新たに共生者を探して結びつく必要がないため、地衣類の生殖法としては普通に行われていると考えられる。

無性生殖器官を作る種と作らない種は厳密に決まっている。また、無性生殖器官を作る種は有性生殖器官である子嚢果を作りにくいという特徴をもつ。

[有性生殖] 地衣類の有性生殖器官には、胞子を形成する子嚢果（ascoma）と分生子を作る分生子殻(pycnidium)がある。しかし、完成した子嚢果とその周辺組織には共生藻類が取り込まれることが多く、完成した子嚢果は形態的には非常に多様である。

表 III-13-2 地衣類の主な無性生殖器官

名称	英語表記	特徴
断片	fragment	地衣体が細列した断片
パステュール	pustule	円筒状の裂芽の先端が破れて粉芽化したもの
フィリディア	phyllidium	背腹性のある小裂片で皮層をもつ．ロビュールとも呼ぶ
粉芽	soredia	菌糸と藻細胞がゆるく絡まり合った塊りで皮層はない
裂芽	isidia	円筒状～サンゴ状の突起で皮層をもつ

地衣類の大部分を構成する子囊地衣類では、非地衣化菌類と同様に、子囊果は発生様式の違いにより小房子囊性（ascolocular）か層生子囊性（ascohymenial）かのいずれかに属する。小房子囊性の子囊原基は子座の中にできる空隙の中に生じ、完成した子囊果には真性の側糸（paraphyses）や果殻(exciplum)は形成されない。小房子囊性の子囊果は見かけ上、層生子囊性の被子器によく似ているが、これとは区別して擬子囊殻（pseudothecium）と呼ばれる。一方、層生子囊性の子囊果では、その子囊原基は地衣体の藻類層付近に形成される。

分生子（粉子）は、雄性の生殖器官である分生子殻で形成される。分生子殻の多くはフラスコ型の器官で、先端の孔で外界と連絡しているが、葉上生地衣のヨウジョウヒゲゴケ属 *Tricharia* やエキノプラカ属 *Echinoplaca* のように、箒を逆さに立てたようなハイポフォア（hypophore）を形成し、先端部に分生子を形成するものもある。

胞子は、分生子殻で作られた分生子（粉子）がトリコジーン（trychogene）を経由して子囊母細胞と結び付くことから始まり、その形成過程は非地衣化菌とほぼ同様の過程を経ると考えられている（LETROUIT-GALINOU *et al.*, 1994)。層生子囊性の子囊果には、側糸・子囊層・子囊下層・子囊上層などが分化する。発達した子囊果は、裸子器（apothecium；口絵 136)・被子器(perithecium；口絵 134，135)・子宮形子囊殻（hysterothecium＝リレラ状子器）などがある。

◆子囊　非地衣化菌類同様、地衣共生菌類の子囊先端部は分類群によって特徴のある形態となる。これらの構造は子囊の裂開法と密接な関連がある場合が多く、地衣類の分類群を認識する重要な分類形質と考えられている(HAFELLNER, 1984；APTROOT, 1991)。

子囊の裂開法については様々な論議がなされてきたが、子囊の構造と機能を基に、原生子囊(prototunicate ascus)・一重壁子囊(unitunicate ascus)・二重壁子囊(bitunicate ascus)の 3 型が認識されている(HONEGGER, 1982)。原生子囊の子囊は薄い一重の膜でできており、裂開時に特別な方式はみられず、胞子は先端部の裂開または崩壊によって放出される。

原生子嚢はピンゴケ目やリキナ目にみられる。

一重壁子嚢の子嚢膜は二重膜であるが、裂開時にはこれらの膜は分離することはなく、1枚の子嚢膜のように機能する。一重壁子嚢は地衣類最大の目であるチャシブゴケ目や、小房子嚢性地衣類のホシゴケ目・アナツボゴケ目などにみられる。一重壁子嚢の先端部には多様で複雑な構造が認められ、これらが子嚢胞子放出と密接な関連があると考えられている。

二重壁子嚢の子嚢膜はその名のとおり二重壁で、子嚢裂開時には内膜と外膜が分離して胞子が放出される。二重壁子嚢はツメゴケ属やチズゴケ属で知られている。

子嚢の先端構造と裂開法は、地衣類の属レベルの分類群を特徴づける重要な形質と考えられている。

◆二次代謝産物（地衣成分） 地衣類が“地衣成分”と呼ばれる二次代謝産物を作ることは古くからよく知られており、すでに19世紀中頃から、呈色反応や苦み成分の有無が種を区別する特徴として利用されていた。地衣成分は、共生藻類が生産する炭水化物（グルコース・リビトール）などを基に共生菌類の細胞内で作られる。これまでにわかっている地衣成分は主なものだけでも430種類以上があり、その中の約230種類は地衣類特有の化学成分と考えられている（CULBERSON, 1969；CULBERSON & ELIX, 1989）。地衣成分の中には、アトラノリン（atranorin）やウスニン酸（usnic acid）のように、主として皮層に蓄積されるものもあるが、大多数は髄層の菌糸表面に結晶の形で蓄積されている。

地衣成分は、① 酢酸-マロン酸系、② メバロン酸系、③ シキム酸系 のいずれかの生合成過程を経て合成される。地衣成分として知られている物質の大多数は酢酸-マロン酸系で合成される。中でも、代表的な地衣成分で、オルチノール（orcinol）や β-オルチノール（β-orcinol）がエステル化あるいは酸化結合して作られるデプシド(depside)（例：ジロフォール酸）やデプシドン(depsidone)（例：アレクトロン酸，口絵139・サラチン酸，口絵138・スチクチン酸)、高級脂肪酸、ジベンゾフラン(dibenzofuran)、キサントン(xanthone)、アントラキノン(anthraquinone)等はこの系で合成される。他の二つの系で生産される地衣成分は、酢酸-マロン酸系で作られる物質にくらべるとはるかに少ない。ゼオリン(zeorin)をはじめとするテルペン類はメバロン酸系で合成される。プルヴィン酸はシキム酸系で合成される色素類であるが、地衣類では比較的少ない。

これらの地衣成分は、呈色反応・顕微化学的手法・薄層クロマト法・高速液体クロマト法などを用いて検定できる(HUNECK & YOSHIMURA, 1996)。地衣類は地衣成分に関しても種特異性を示し、形態・生態・地理分布と関連をもって現れることが多い。

近縁種間における地衣成分の違いは、① 置換型、② 付加型、③ ケモシンドローム(chemosyndrome)として認識できる(CULBERSON, 1970;BROWN *et al*., 1976;EGAN, 1986)。置換型はある地衣成分が他のものに完全に置き換わったもので、地衣類の多くの群で最も普通にみられる。付加型は主成分のほかに別の物質が付加したもので、付加された物質が恒常的に含まれる場合と突発的に含まれるものがある。また、①、②の変形として、化学成分を完全に欠く場合がある。ケモシンドロームは、1〜少数の主成分と共に、これらと生合成的には似通っている複数の化学成分を少量含むような化学変異をいう。この型の化学変異は近縁の種間で観察されることが多い。

一方、地衣成分の異同や存否が地衣体の形態・内部構造・生態的特性・地理分布のいずれとも関連しないような場合、種内化学変異株の取扱いや微量成分の評価に関する見解はブラウンら(BROWN *et al*., 1976)によって示されてはいるものの、定説は出されていない(表III-13-3)。

種を特徴づける地衣成分は、主として髄層に蓄積されている。しかし、近年になって、属あるいは科レベルの分類群を特徴づける地衣成分としてアトラノリン・アントラキノン・ブルピン酸・ウスニン酸など、皮層に蓄積される成分の有効性がナヨナヨサルオガセ属 *Letharia*・ムカデゴケ属(広義)・テロスキステス属 *Teloschistes* などで指摘されている(KROG, 1976;MOBE-

表 III-13-3 地衣類における化学変異の型と分類形質としての取扱いに関するガイドライン（BROWN *et al*., 1976 による）．“種”は種として認めることを示し，“No”は分類群として区別しないことを示す

1．一つ以上の地衣成分が生合成的に異なる他の成分に置換されている場合
  A. 形態や生態的特徴の違いと関連がある →“種”
  B. 地理的分布と関連がある →“種”
  C. 形態・生態的特徴・地理的分布のいずれとも関連がない →“No”
2．一つ以上の地衣成分が生合成的に近い他の成分に置換されている場合
  A. 形態や生態的特徴の違いと関連がある →“種”
  B. 狭い地域の地理的分布と関連がある →“変種”
  C. 生態や微環境と関連がある →“変種”
  D. 形態・生態的特徴・地理的分布のいずれとも関連がない →“No”
3．置換以外の地衣成分の変異
  A. 地理的分布と関連がある →“種”
  B. 生態的な広がりと関連する →“変種”
  C. 局地的な分布と関連する →“変種”
  D. 形態・生態的特徴・地理的分布のいずれとも関連がない→“No”
4．地衣成分の濃度に関連した変異
  A. 光の強さに関連する →“No”
  B. 基物の重金属に関連する →“No”
  C. 環境や地理的分布などと関連が不明のもの →“No”

RG, 1977；KÄRNEFELT, 1989；ELIX, 1993 など)。

◆系統 近年の分子系統学の研究成果は、地衣類が多系的な分類群からなることを示している。地衣類が子囊地衣類、担子地衣類、不完全地衣類からなることは、形態的な観察からすでに認識されていた（ZAHLBRUCKNER, 1926 など)。近年になって盛んに行われるようになった SSU rDNA や ITS rDNA を用いた系統解析により、多系な地衣類の系統が徐々に解明されつつある（GARGAS *et al*., 1995；WEDIN *et al*., 1998)。特に樹枝状地衣類のうち、子柄や擬子柄を形成する種群の系統解析によると、レカノラ目の単系統性はよく支持され、ホシゴケ目・イワタケ類はそれぞれクラスターを形成する。しかし、ハナゴケ科としてまとめられているクラドニア属 *Cladonia* とギムノデルマ属 *Gymnoderma* は単系統ではないことを示している。同様の試みは、地衣類の様々な種群を用いて盛んになされているが、形態に基づく系統関係の類推との整合性については今後の研究課題である。（柏谷博之)

第 IV 部

細菌の多様性と系統

バクテリアドメインとアーキアドメインという原核生物の 2 大系統の起源や進化にメスを入れながら、現代細菌系統分類学のエッセンスをコラムも交えて概説する。

10　細菌の多様性と系統　　横田　明・平石　明

10-1　細菌の多様性と系統分類

10-1-1　はじめに

細菌とは、広義にはすべての原核生物の総称である（本書第I部1章参照）。細菌の分類が最初に登場したのは1773年のミュラー MÜLLER（1773）の微小動物の分類においてであった。1835年、エーレンバーグ EHRENBERG（1835）はミュラーの命名を発展させ、らせん菌の属スピロヘータ *Spirochaeta*、スピリルム *Spirillum* を記載した。1870年代になり、コーン COHN（1872）は細菌を形態により六つの属に分類し、この研究が細菌の種多様性研究、すなわち細菌分類学の基礎となったといえる。1896年、レーマン LEHMANN とノイマン NEUMANN（1896）により細菌分類書が発表され、1901年にはチェスター CHESTER（1901）による"A Manual of Determinative Bacteriology（『細菌同定便覧』）"が出版された。これは細菌同定のための書であった。1900年、ミグラ MIGULA（1900）は細菌の種1321を記載し、さらに1923年、バージェイ BERGEY ら（1923）によって"Bergey's Manual of Determinative Bacteriology, 1st Ed.『細菌同定便覧（第1版）』"（一般に"バージェイズ・マニュアル"と呼ばれている）が刊行された。これは細菌分類の最初の集大成といえよう。この"バージェイズ・マニュアル"は細菌同定のための標準書としてこれまで第9版まで出版され、さらに新版"Bergey's Manual of Systematic Bacteriology"第1版および第2版に至っている。

細菌分類学の歴史は、コーンに始まる主として形態的性質に基づく分類の時代、生理・生化学的性質に基づく時代、生体成分に基づく化学分類および生体情報高分子のデータに基づく時代、そして、分子進化学に基づく系統解析の時代へと変遷を遂げてきたことになる。

10-1-2　原核生物の種

今日、われわれが見ることのできる多種多様な生物は進化によって創造されたものであり、生物の分類学は元来その進化の過程を踏まえた類縁性、すなわち系統によって分類を行うことを理想としている。高等生物の場合には進化の過程が化石と地質年代から推定されてきたのに対し、化石上の証拠が乏しい微生物の場合はこれまでその系統発生を客観的に推定することは不可能であった。また、原核生物は真核生物にみられるような有性生殖を行わないため、性的隔たりによる種（species）の分類というものができない。このような要因から、原核生物の分類を科学的に系統立てて行うことは動・植物の分類の場合に比べてより困難な状況にあった。

細菌の構造は極度に単純で、形態的形質の差異の範囲があまりにも小さすぎるため、形態的特徴の差異を用いることができず、生理学的・生化学的性質の差異に基づいて“種”を設けてきた。すなわち、細菌の分類はそれらが何を行うかという機能的属性に大きく依存してきたわけであるが、このような表現形質は細菌がもつ遺伝情報が発現されて酵素タンパクが生成され、それらに基づく一次的表現形質と、さらに複数の酵素の機能が有機的に発現した結果として生合成された細胞構成成分に基づく二次的表現形質とに分けられる。これらの表現形質から細菌の本質にせまるためには、表現形質の記述を徹底的にやる以外にはこれまで方法がなかったが、細菌の遺伝子型を特徴付ける分子的な方法が従来の方法にとって代わりうるものとして登場してきた。それはDNAの塩基組成分析、異種生物間の総DNAの類似度を調べるDNA-DNA交雑実験、ならびにリボソームRNA遺伝子の分子進化に基づく系統分類である。この手法は分子的相同性に基づいて細菌を分類するもので、より客観的な細菌の系統発生的分類学をめざして発展してきた。このように、細菌分類学は系統発生的な方法に大きく急速に転換しつつある段階であり、分類体系は従来の生理的または形態的特徴によってまとめられたものが、分子的な証拠によって示された相互関係に基づいて再構築の途上にある。

10-1-3 原核生物の系統分類

原核生物は従来の概念では細菌そのものであったが、1977年ウーズとフォックス（WOESE & FOX, 1977）はメタン生成細菌が従来の原核生物とも真核生物とも系統的に異なることを発見し、第三の生物として古細菌（Archaebacteria）を提唱した。それまでの原核生物は真正細菌（Eubacteria）と古細菌に大別されるようになり、現在では生物界はバクテリア（Bacteria）、アーキア（Archaea）、真核生物（Eucarya）という三つのドメイン（Domain）に分けられている。この説によれば、バクテリアドメインとアーキアドメイン以外のすべての生物は真核生物ドメインに含められる。生物進化や微生物の系統分類を考える場合、原始生物からバクテリアとアーキアという原核生物の2大系統を生じ、その後、この2大系統の微生物の融合（共生）の結果、真核生物が出現したことが多くの証拠から考えられている。

10-1-4 バクテリア・アーキアの初期の系統論と化学分類・分子分類

真正細菌の系統は16S rRNAの情報に基づき、当初12の系統に分けられた（WOESE, 1987）。真正細菌の中で地球上に最初に現れたものは原始地球環境に適応したサーモトガ群 *Thermotoga* と考えられており、次いで緑色非硫黄細菌群、デイノコックス-サーマス群 *Deinococcus-Thermus* などが分岐したものと推定された。その次がシアノバクテリア Cyanobacteria で、この一群は植物と同様酸素存在下で光合成を行い、酸素ガスを発生するため、ラン藻類とも呼ばれ、藻類の扱いをされてきたが、系統分類学的には原核生物であることが明らかである。シアノバクテリアは嫌気的条件で光合成を行う光合成細菌とは異なり水を電子供与体として酸素発生型の光合成を行うが、酸素ガスの存在しなかった原始地球にシアノバクテリアが出現して酸素ガスがつくられ、この酸素により一気に爆発的に好気性真正細菌の進化が促進されたものと考えられている。その大きなものとしてはグラム陽性細菌群（放線菌を含む）の出現が挙げられる。それまで出現した系統はすべてグラム陰性型の細胞壁をもっていたが、グラム陽性菌は分厚いペプチドグリカン層と多糖よりなる細胞壁を有する。その多くは内生胞子または分生胞子を形成し、乾燥・生育環境の変化に耐性を示す特徴をもつ。その他のグラム陰性菌はその後、スピロヘータ、クラミジア *Chlamydia*、バクテロイデス–フラボバクテリウム *Bacteroides–Flavobacterium*、緑色硫黄細菌およびプロテオバクテリア Proteobacteria の各群に分岐したものと考えられている。バクテリア・アーキアの最新の系統論については「**10–2** 原核生物の系統進化」を参照されたい。

シアノバクテリアは長く慣例的に藻類として扱われてきて藻類の分類表に収容されてきたが、系統分類学的に原核生物であることが明らかにされ、今後は国際細菌命名規約のもと、細菌分類の分野でも取り扱われることとなっている。細菌には未整理の分類群も多数残されており、今後さらに未整理群の解消の努力と新しい系統群の増加とが予想される。

細菌の学名は国際細菌命名規約の支配下にあり、1980 年 1 月 1 日に発効した細菌学名承認リスト（Approved Lists of Bacterial Names；SKERMAN *et al*., 1980）（290 属、1693 種）を起点としてその後正式発表による新属・新種の追加、分割・統合などによる既知種の再編が行われ、2001 年 7 月現在でその数は約 1000 属、5000 種に達している。

生物は DNA 上の遺伝情報が発現して形成され、機能している。DNA およびそれから直接読みとられた RNA の塩基配列は遺伝情報そのものであって、表現形質とはいえない。遺伝子上の情報が読みとられて mRNA が合成され、mRNA から（酵素）タンパク質が合成されるが、これは第一次表現形質といえる。さらに酵素のはたらきにより、脂質や多糖、ペプチドグリカンなどの多様な細胞構成成分が生合成されるが、これは第二次表現形質ということができる。これらの表現形質としての細胞成分が化学分類の研究対象となる。特に、グラム陽性細菌では化学分類が属の識別指標として中枢的存在にある。微生物の分類指標となる菌体成分は細胞壁、脂質、タンパク質（酵素）の三つに大別される。細胞壁組成として、グラム陽性細菌においてはペプチドグリカン（PG）のアミノ酸組成、グリカン鎖のグリコリル基の検出、およびPGに結合した細胞壁多糖の糖組成が分類指標として用いられている。グラム陰性細菌では、PG層は薄くアミノ酸組成もほぼ均一なのでPGは分類指標としては用いられない。脂質としては、細菌の細胞膜のリン脂質や糖脂質に局在している菌体脂肪酸は多様性に富み、有用な分類指標となっている。グラム陰性細菌には細胞外膜のリポ多糖に由来する3-ヒドロキシ脂肪酸、グラム陽性細菌の中の抗酸菌の菌群の細胞壁にはミコール酸、アーキアでは脂肪酸エステルではなくイソプレニルエーテルを含んだリン脂質が存在する、などのことから、それぞれが各分類群の重要な分類指標となっている。呼吸鎖に関与するキノン類はイソプレノイド側鎖をもち、ユビキノンとメナキノンに大別される。キノン類の分子種は細菌の分類において属あるいはそれ以上の分類群のグルーピングに重要な指標の一つとなっている。タンパク質の一次構造は遺伝子DNAの塩基配列により決まるので、間接的にDNAの塩基配列を比較していることとなる。したがって、多くの酵素タンパクまたは全菌体タンパク質の比較はDNA-DNA交雑実験と相関する結果が得られることが期待される。また分子分類（molecular taxonomy）は遺伝子（核酸）を対象としたものである。DNAを構成しているA、T、G、Cの4種の塩基の組成比（G+C含量）は生物に固有であり、分類の指標として重要である。また、DNAの塩基配列の類似度を百分率で表したものをDNA相同性（DNA-DNAホモロジー）といい、種の定義、同定に必須なものとなっている。リボソームRNA遺伝子の塩基配列はすべての生物を通じて高度に保存されているので、その相互比較により各分類群間の系統的な関係を推論することが可能である。

［横田　明］

10-2 原核生物の系統進化

10-2-1 生物界の2大系統を占める原核生物

原核生物とは、細胞内に核膜や明瞭な細胞小器官をもたない点で真核生物と区別される微生物群の総称である。染色体DNAはほとんど裸の状態で細胞質の中心に存在しており、構造的に細胞質と区別できない。例外としてプランクトミセス門（Planctomycetes）の菌種には核膜様の構造が存在する（FUERST & WEBB, 1991；LINDSAY *et al*., 1997）。原核生物の名称は文字どおり、細胞構造の差異に基づいて与えられた慣用名であり（STANIER & VAN NIEL, 1962）、分類学的階級を示すものではない。ホイッタカー（1969）は5界説の中で、動物界・菌類界・植物界・原生生物界と並んで、原核生物をモネラ界（Monera）として分類した。原核生物は時として、細菌とほぼ同義語として用いられてきた。

生物界における原核生物の系統的位置づけと重要性が確定したのは、ウーズとフォックス（1977）の報告に端を発する分子系統研究の進展による。彼らはリボソームRNAのリボヌクレアーゼT_1消化物の解析（いわゆるオリゴヌクレオチドカタログ法）の結果から、原核生物の中に従来の細菌とも真核生物とも系統が異なる一群が存在することを発見し、古細菌（archaebacteria）と名づけた。この特筆すべき発見により、原核生物は真正細菌（eubacteria）と古細菌の二つの系統に分類されることになった。後にペプチド鎖伸長因子（elongation factor）のアミノ酸配列に基づく複合系統樹から、古細菌がむしろ真核生物と系統的類縁性をもつことが判明し（IWABE *et al*., 1989）、原核生物と真核生物という区分けの系統的意味合いは薄れた。この結果を受けて、ウーズら（1990）は改めて生物界をArchaea・Bacteria・Eucaryaという三つのドメインに分けることを提唱した。ドメインという言葉は分類命名規約にはないため、正式な分類階級としては認められず（TRÜPER, 1994）、分類学的提案としても無効であるという主張があった（CAVALIER-SMITH, 1993）。しかしながら、Archaea、Bacteriaという名称はすでに一般化しており、バージェイズ・マニュアル第2版（Bergey's Manual of Systematic Bacteriology 2nd. Ed.）でも、最高次の分類階級として採用されている。ここでは便宜上、同義語 eubacteria、Bacteria の対訳としてそれぞれ真正細菌、バクテリア（細菌）を用い、同じく archaebacteria、Archaea を表す語としてそれぞれ古細菌、アーキアを使うことにする。

前述のように、分子系統学の進展は地球上の生物進化を考える場合、バクテリアドメインとアーキアドメインという原核生物の2大系統の発生と進化を基礎にすればよいことを示した。その後の真核生物（ユーカリアドメイン）の出現は、単にアーキアの亜流であったという可能性（BALDAUF *et al.*, 1996）と共に、上記の2系統の原核生物のキメラ的融合の結果が多細胞真核生物の起源となった可能性が細胞構造学（MARGULIS, 1981）、分子進化学（GOLDING & GUPTA, 1995）、および生化学の多方面のデータから示唆されている。ただし、前述のプランクトミセス門の場合を考慮すれば、祖先型真核生物の発生をバクテリアドメインの中に求めることもできる（LINDSAY *et al.*, 1997）。地球上のすべての生命体は DNA を基本遺伝情報として、いわゆるセントラルドグマ（生物系において、遺伝情報は DNA → RNA →タンパク質という一方向的に流れるという学説。中心教義ともいう）に従って表現形質を生み出しており、物質代謝やエネルギー代謝などの多くの面で原核生物と真核生物は共通の仕組みを使っている。言い換えれば、生命の基本設計は原核生物の進化過程の中ですでに完了していた。

10-2-2　生命は熱水環境から生まれた？

古細菌の発見後、さまざまな環境から多数の新規原核生物が分離され、それらを加えた分子系統解析はさらに重要な事実と仮説を生み出した。それは、分子系統樹の根元に近いところから分岐している古い型の原核生物は、超好熱性（生育至適温度が 80 °C 以上）という性質を有していることであり、したがって生物の共通祖先が超好熱性であったかもしれないということである（図 10-1 参照）。この可能性を最初に考察したのはペイス PACE ら（1986）であるが、やや遅れてアシェンバック-リッチャー ACHENBACH-RICHTER ら（1987）およびウーズ（1987）は、当時最も深い分岐を示していた真正細菌サーモトガ属の系統解析から、生物の共通祖先が好熱性であることをより明確に示唆した。その後、続々と超好熱菌がバクテリア、アーキアの両ドメインに発見され、系統樹の根元付近で分岐する現存生物がすべて超好熱菌または好熱菌で占められている事実が確認されるに及んで、生命の起源が熱水環境であるという考え方は生物進化に関する最も有力な説の一つとなっている。

これに対し、好熱性という性質は必ずしも原始生命の性質として考える必要はなく、初期進化の途中で獲得された可能性もあるとする推論も出されている（FORTERRE, 1996）。一般的には、高温環境という選択圧下では生命を維持するための装置は保守的構造を維持する必要があり、またより低温環境への移行に伴い、この構造が崩れていくことで生命は進化していったと推察できる。それゆえ、もし常温から熱水環境への適応が可能であるとするなら、30 億年以上にわたる原核生物の進化の過程で何度も、かつ現存高温環境のいたるところでその保守構造への回帰が起こっていても不思議ではなく、またそれは同一系統内に常温菌と超好熱菌が混在することで説明できる。しかし、進化的に行き着いたと考えられるバクテリアの系統（たとえばプロテオバクテリア門（Proteobacteria））内では、常温菌と超好熱菌が隣り合って存在している事実はない。

とはいえ、この 10 年で著しい進展をみせている生物種の全ゲノム解析とその比較研究は、さまざまな遺伝子がドメインの壁を越えて水平移動した可能性を産み出し（GARCIA-VALLVE *et al*., 2000；SALZBERG *et al*., 2001）、超好熱性という性質もこの例外ではないらしいということが指摘されている。バクテリアドメインに属する超好熱菌サーモトガ・マリティマ *Thermotoga maritima* のゲノム情報（NELSON *et al*., 1999）からは、その 24％の ORF（読み枠）がむしろアーキアにより類似性をもつことが明らかにされ、ドメイン間の遺伝子の水平移動が超好熱菌の進化の原動力であった可能性が示唆されている（NESBO *et al.*, 2001）。現在、200 種以上にも上る原核生物の全ゲノム解析データからは、超好熱性菌に共通の傾向を見いだすことができる。たとえば、比較的小さなゲノムサイズ、縮小化されたタンパクコード遺伝子のサイズ、グルタミン酸が多い単純な配列などがそうであるが、それら自身は必ずしも初期進化的性質を意味するものではない（ISLAS *et al.*, 2003）。

一方、現存の陸上温泉のバイオマット（微生物被膜）においては、環境の温度勾配に対してあたかも過去の温度遷移に対応した生物進化を反映するかのように、異なるエネルギー代謝系（たとえばキノン系）を有する原核生物のみの群集構造が形成されている（HIRAISHI *et al.*, 1999）。この群集構造は高温環境になるほど単純化し、生命の初期進化時代にあったであろう原始生態系の様相を呈してくる。

10-2-3 原核生物の生態進化

生命の起源はかなり古く、グリーンランドにある現存最古の地層における炭素同位体比の解析からは、38 億年以前であろうと推定されている（MOJZSIS *et al.*, 1996）（図 10-1）。この炭素物質は堆積物起源でなく、生命現象とは無関係の地殻深部起源だという議論もなされているが、やはり同じ地域の堆積岩中から生命反応の証拠が得られている（ROSING, 1999）。この時代からカンブリア紀直前までの地層には、われわれが直接視覚的に認識できる化石の証拠はほとんど存在しない。すなわち、生物進化の歴史の 85 % は原核生物または微生物のみの時代であったと考えられる。この時代における原核生物の進化と多様化は、現在の地球環境につながる環境形成に大きく貢献したとする状況証拠が、生物学と地質学の両面から提示されている（川上, 2000）。この意味で果たした原核生物の役割は、現存生態系の微生物群集構造から判断すると、アーキアよりもバクテリアのほうがより大きかったのではないかと推察される。アーキアの中低温環境（たとえば海洋中）での生態

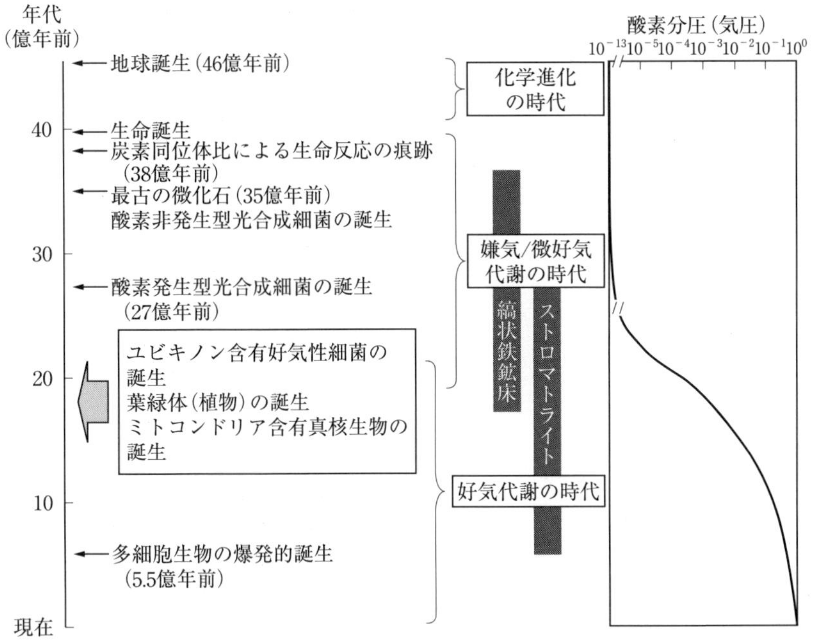

図 10-1　地質年代に対応した生物学的イベントの発生および地球環境（大気中酸素濃度，縞状鉄鉱床，ストロマトライトの発生）の変遷

学的重要性を示唆する報告もあるが（**10-6** 参照)、彼らの多くはいわゆる極限環境の中に取り残されたり、現存生態系に十分に適応できなかった印象がある。ただし、上述したドメイン間の遺伝子伝播がさまざまな原核生物の表現型獲得の原動力となったとするならば、極限環境のアーキアも生態進化に貢献したことになろう。

バクテリアドメインの場合、進化のシナリオは以下の通りである（山本・平石, 1997)（図 10-2 参照)。原始地球においては有機物を巡る生物間の相互作用や生態系は成立しておらず、この時代の種類はアクイフェックス門（Aquificae）の系統にみられるような（超）好熱無機栄養細菌が主体であったと推定される。現存温泉環境に微生物被膜を形成する通称硫黄芝細菌は、これらの末裔の一つと考えられるだろう（YAMAMOTO *et al.*, 1998)。アク

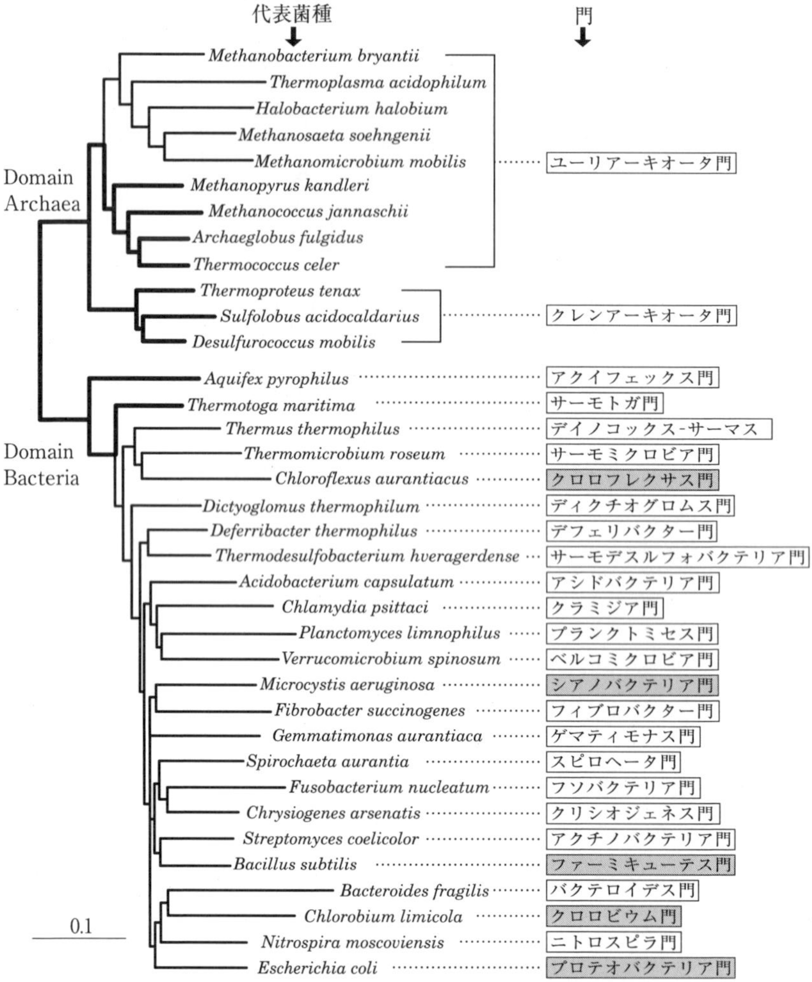

図 10-2 16S rRNA 遺伝子の塩基配列に基づく原核生物の分子系統樹

各系統群（門）を代表する 1 菌種を選択し，近隣結合法により描いた（デイノコックス-サーマス群のみは門としての正式な名称は未提唱である）．太線で描いたラインの菌種は超好熱菌であることを示す．影を付けた門には光合成細菌が含まれる．スケールは 10 % 塩基置換（K_{nuc}）に相当イフェックス・エオリクス *Aquifex aeolicus* の全ゲノム解析（DECKERT *et al*., 1998）や生化学データから類推すると、太古時代の細菌はすでに原始的末端酸化酵素を有しており、無機物を電子供与体として利用しながらごく低濃度の酸素・窒素酸化物・無機硫黄化合物を還元して呼吸エネルギーを得ていた可能性がある。しかし、この系統に属しながら有機栄養性を示す菌種も見つかっている（TAKAI *et al*., 2001）。アクイフェックス門の無機栄養細菌の作り出す有機物の蓄積は、サーモトガ属で代表されるような高分子有機分解活性を有する従属栄養細菌の登場を促した。やがてこれらの超好熱菌の後に酸素非発生型の好熱性光合成細菌（クロロフレクサス属 *Chloroflexus*）が誕生し、その後、酸素発生型光合成を行う藍色細菌（シアノバクテリア Cyanobacteria，ラン藻類ともいう）の系統が発生した。藍色細菌の登場は、地球史の中でも環境形成にかかわる最も重大な生物学的事件であったと考えられる。すなわち、光合成の副産物である酸素の発生・蓄積によって、一躍好気的な環境が地球表層に形成されたのである。大気中への酸素の蓄積は紫外線を防ぐオゾン層の形成へとつながり、本格的な好気呼吸系を備えた細菌を中心とする地球表層生態系の発達を許した。これらの好気性細菌の代表が、ユビキノンを含有するプロテオバクテリアである。またこの系統の好気性細菌がアーキアの系統から派生した祖先型真核生物に進化共生するようになってミトコンドリアとなり、多くの好気性多細胞真核生物が出現したと考えられる。好気環境に適した進化ができなかったものは嫌気的環境に取り残され、またあるものは、オゾン層の形成後陸上に進出した多細胞真核生物の多様化と共に彼らの体内に寄生、共生する道を歩むようになり、新たな嫌気的エネルギー代謝系に改変していったものと考えられる。一方ある種の藍色細菌は、真核生物に取り込まれて共生進化の道をたどり、細胞内で葉緑体となった。

太古の地球においては、生物の絶滅をもたらすような劇的な気候と環境の変化があった可能性が指摘されている。たとえば、約7億年前は全地球が凍結するような一大事件が起こったと考えられている（川上, 2003）。しかしながら、原核生物はこのような危機を乗り越え、基本的な生命の設計図を後世に伝えたに違いない。

現存の生物の大半は、大気濃度の酸素を呼吸の末端電子受容体として利用する好気性生物であって、生物進化の歴史上、藍色細菌による光合成活動の後に獲得されたエネルギー代謝様式と考えられる。この点で、また食物連鎖の一次生産という面で光合成は非常に重要な代謝様式であるが、では、藍色細菌に至る光合成の進化はどのようなものだったであろうか。現存の光合成細菌は生化学、分子系統の面から5系統に大別される（コラム**12**参照）。光合成色素合成系の遺伝子からみた場合、この5群の中で紅色細菌が保有する光合成系が進化上最も古いという仮説が出されている（XIONG *et al.*, 2000）。しかし、超好熱菌を起源とする生物進化を前提とした場合、原核生物の系統樹（図10-2）に加えて現存温泉生態系および各系統群における電子伝達系キノンの分布は、この仮説とは相いれない結果を提示する（HIRAISHI *et al.*, 1999；HIRAISHI, 1999）。すなわち、温度勾配に対して含硫キノン→メナキノン→プラストキノン→ユビキノンというキノン系の進化の序列がみられ、ユビキノンを有する紅色細菌の宿主そのものはより新しい生物であるという推察ができる。

キノンは構造によって酸化還元電位が異なり、呼吸鎖においてどのような電位の末端電子受容体が使われるかによって、かかわるキノン成分も変わってくる。たとえば、酸素呼吸を行うコハク酸酸化系では高酸化還元電位のユビキノンが機能するが、フマール酸還元を行う嫌気呼吸系ではユビキノンでは熱力学的に不都合で、より低電位のメナキノンやロドキノンがかかわっている。アイソザイムとして存在しているコハク酸脱水素酵素とフマール酸還元酵素に基づく分子系統樹をみると、酵素の機能よりもユビキノン系、メナキノン系のどちらのキノンがかかわっているかがより重要であることがわかる（MIYADERA *et al.*, 2003）。すなわち、ユビキノンがかかわる呼吸系は地球上に酸素が蓄積するようになった後に登場したことが推察される。

10-2-4　現存種の多様性

図10-2は、バージェイズ・マニュアル第2版およびInternational Journal of Systematic and Evolutionary Microbiologyに基づくアーキアドメインおよびバクテリアドメインに含まれる門レベルの系統群（GARRITY *et al*., 2005）とそれらの代表的菌種の系統樹を示したものである。ちなみに、このバージェイズ第2版では門に対応する言葉として“phylum”が使われている。

リボソームRNAの解析をはじめとする分子アプローチは、現存生物への系統進化を類推する強力な手段となったが、同時に自然界の微生物群集自体の研究へも分子技法が適用され始めた結果、数多くの予期せぬ系統群が発見されることになった（PACE, 1997；HUGENHOLTZ *et al*., 1998）。現在、培養物として実体が明らかでない16S rRNA遺伝子クローンも含めると、原核生物は門（division、phylum）レベルで少なくとも80の系統群が存在することがわかっている。図10-2に示すように、このうち培養株が存在するバクテリアの系統群は現在24門である。この数字はウーズ（1987）が最初に具体的な系統群を報告して以来、約2倍に増加していることになる。一方のアーキアは、ウーズら（1990）によってクレンアーキオータ（Crenoarchaeota）とユーリアーキオータ（Euryarchaeota）という2系統の界（kingdom）に分けられていたが、バージェイズ・マニュアル第2版ではそれぞれ門として扱われている。熱水環境からは、これらとは別に深い分岐を示す16S rRNA遺伝子クローンが新たに発見され、コルアーキオータ（“Korarchaeota”）と名づけられた（BARNS *et al*., 1996）。また、クレンアーキオータの1種と共生的に生育する新規超好熱菌ナノアーキウム・エクイタンス“*Nanoarchaeum equitans*”に対してナノアーキオータ（“Nanoarchaeota”）が提唱されている（HUBER *et al*., 2002）。さらに、生物としての実体は不明であるが、これらのいずれの系統とも深い分岐を示し、バクテリアドメインにも属さない新規な16S rRNA遺伝子クローンが土壌環境から見つかっている（KIM *et al*., 2000）。現存地球環境における原核生物の量的分布の見積もりからは、植物バイオマスに匹敵するか、あるいはそれ以上の原核生物の存在を示唆する数字がはじき出されている（WHITMAN *et al*., 1998）。特に、大陸地殻内部には、地上の光合成生物を一次生産者とする生態系とは異なる生物圏があることが示唆されている。自然界の多くの微生物は培養困難な存在であるという状況はそれほど変わらないとしても、今後ますます新しい原核生物が発見されていくことが当然予想される。

生物の進化と種分化は、DNA の突然変異の集団への固定化が原動力である。加えて遺伝子の重複や異種間の水平移動も存在し、これらすべての遺伝情報の時空間的変化が表現型の違いとなって現れてくる。しかしながら、原核生物の種は、動植物のそれとは違って表現型のみに基づいて定義することは困難であり、また種の概念（species concept）そのものに関する統一的見解も未だない（COHAN, 2002；ROSSELLÓ-MORA & AMANN, 2001）。便宜的に、原核生物の種の遺伝的判定基準として 2 菌株間のゲノム DNA の相同性（DNA-DNA 交雑形成率）が使われている（WAYNE *et al*., 1987）。また、より高次の分類階級については主に 16S rRNA に基づく系統解析情報が用いられている。バージェイズ・マニュアル第 2 版では、初めてこのような分子系統情報に基づいて門・綱・目・科などの高次分類階級が設定され、原核生物の系統分類は科学の一分野として新たな一歩を踏み出した。

このような系統分類の体系化は、もちろんゲノム単位での比較情報に基づいて行われるのが理想であり、猛烈な勢いで進む原核生物種の全ゲノム配列の解読は、部分的でありながらも、かつ系統的近縁種間（LECOMPTE *et al*., 2001）においてもこのような作業を可能にしている。しかしながら、この作業は普遍的な遺伝子機能とゲノム進化の理解に大きく貢献するであろうと期待されている一方、いざ比較研究が進んでくると予想以上にゲノムの進化と多様化の複雑さが目立っている。たとえば、大腸菌においてさえ ORF の 40 % 近い部分が機能不明であり、挿入配列やウイルスの残骸と思われる部分が多数見つかっている（BLATTNER *et al*., 1997）。比較的類縁のヘモフィルス属 *Haemophilus* と共通遺伝子を比較しても、ゲノム上の配置をみると全く異なっている。大腸菌K12株と大腸菌O157：H7の1株を比較した場合、同種とされているにもかかわらず後者のほうがゲノムサイズは20％近く大きい（HAYASHI *et al*., 2001；PERNA *et al*., 2001）。K12株ゲノムの88％に当たる部分はO157：H7と共通性があるが、残りは菌株に特有の配列がみられる。このようなゲノムの多様化には、バクテリオファージが大きな役割を演じている可能性がある（OHNISHI *et al*., 2001）。アーキアにおいても、最近ゲノム解読されたスルフォロブス・ソルファタリクス *Sulfolobus solfataricus* の場合、三分の一のORFが他の菌種のゲノムにはみられない（SHE *et al*., 2001）。前述したサーモトガ属のゲノム解読では、頻度は少ないかもしれないがドメイン間のダイナミックな遺伝子の水平移動の可能性が示唆されている。もっとも、遺伝子の水平移動がゲノムの系統を変えたり、生物進化全体に影響を及ぼすことは疑わしい（KURLAND *et al*., 2003）。ゲノム生物学の時代を迎え、原核生物の多様化と生態進化に関しては、また新たな局面からの理解が進もうとしている。

［平石　明］

10-3　グラム陰性細菌の主要分類群と特徴

10-3-1　グラム陰性細菌の特徴と系統群

原核生物は、グラム染色によって青紫色に染まる細胞をもつ菌種と、アルコールで染色剤が脱色される細胞をもつ菌種とに大別される。後者の原核生物の一群を指して、従来グラム陰性細菌と称してきた。グラム染色の詳細な機構は現在でも不明であるが、グラム陰性細菌の一般的特徴として、細胞表層に外膜（outer membrane）を有することと、その内側の細胞壁がグラム陽性細菌に比べて薄いことが挙げられる。外膜はリポ多糖とタンパク質の複合体である。リポ多糖の脂質部分はリピドAといわれ、β1→6結合の2個のD-グルコサミンを共通構造として、3-ヒドロキシ脂肪酸がアミドあるいはエステル結合した分子である。リピドAの構造はグラム陰性細菌の化学分類の指標として用いられており、とくに3-ヒドロキシ脂肪酸の構造は属・種を識別するのに重要な指標である。しかし、プロテオバクテリア門に属するある系統群（スフィンゴモナス目 Order “Sphingomonadales”）には、このようなリポ多糖からなる外膜構造は認められず、代わりにスフィンゴ糖脂質が存在する。グラム陰性細菌の細胞壁には二塩基アミノ酸として一般的にジアミノピメリン酸（*meso*-DAP）が含まれる。しかし、系統的に深い分岐を示す系統群にはアクチノバクテリア同様、構成アミノ酸の種類に多様性がみられる。

グラム染色性は、細菌分類の中でも最も古い分類基準として用いられている性状であるが、現在ではグラム陰性細菌の意味は多少異なってきている。すなわちグラム陰性細菌は、グラム反応に陰性である細菌というよりも、典型的なグラム陽性細菌が含まれる系統（アクチノバクテリア門（Actinobacteria）、低 G+C グラム陽性細菌（ファーミキューテス門 Firmicutes）、およびデイノコックス群（Deinococci））（**10-5** 参照）および藍色細菌門（Cyanobacteria）以外の系統群に含まれるバクテリアを指す。グラム陽性菌の系統にもグラム染色性陰性の菌種は多数存在する。つまり、グラム陰性菌とグラム染色性陰性菌とは必ずしも一致しないことを考慮しておく必要がある。またアーキアの系統にもグラム染色性陽性と陰性の菌種が存在することから、単にグラム陰性菌という語を使うときには、どの系統群を指しているのか明確にしておかないと誤解を招きやすい。

16S rRNA 解析などの分子系統の技法が常用される以前は、今日ほど多様な細菌分類群が分離されていなかったため、グラム陰性細菌という場合、そのほとんどが現在でいうプロテオバクテリア門(Proteobacteria）か、あるいはバクテロイデス門（Bacteroidetes）に含まれるシトファガ目（Cytophagales）の系統に属する菌種を指していた。また現在においても、これら二つの系統に属する既知菌種の数が最も多い。しかし、分子技法の発展によって、グラム陰性細菌の範疇に含めることができる門レベルの系統群は、20 以上に達している（Hugenholtz *et al.*, 1998）。この数は上述したグラム陽性細菌の系統に比べて圧倒的に多い。したがってグラム陰性細菌を述べるということは、バクテリアの系統の大部分（**10-2**、図 10-2 参照）を述べることになるので、紙面の関係上ここでは代表的なものだけを取り扱う。なお、系統・分類群の名称に関してはバージェイズ・マニュアル 第2版第2巻（GARRITY *et al.*, 2005）および International Journal of Systematic and Evolutionary Microbiology の情報（2004 年 9 月現在）に従う。

10-3-2　プロテオバクテリア門 Phylum Proteobacteria

この系統は当初、16S rRNA のカタログ解析結果に基づいて紅色細菌（purple bacteria）と呼ばれていた（WOESE *et al.*, 1985）。この名称が選ばれた背景には、この系統に光合成細菌と化学合成細菌とが混在している事実から、光合成能を無くしたものが化学合成細菌になった（すなわち元々はすべて光合成細菌であった）とする仮説があった。しかし、そもそもこの名称は単なる慣用名であり、色素を生産しない化学合成細菌を含めて紅色細菌というのはおかしいという理由もあって、数年後にプロテオバクテリア綱（Proteobacteria）として正式に分類学的階級名が与えられた（STACKEBRANDT *et al.*, 1988）。これは、分子系統学的データに基づいてバクテリアの高次分類群に正式系統名が与えられた最初の例である。プロテオバクテリア綱はバージェイズ・マニュアル第2版ではプロテオバクテリア門に格上げされている。

プロテオバクテリアは、原核生物の中ではアクチノバクテリアと並んで最も記載種が多い系統群であり、分類学的研究も、種属の記載に必要な基準項目の設定も最も進んでいる。プロテオバクテリアの分類法に関する特別委員会（MÜRRAY *et al.*, 1990）は、分類群の決定には表現形質と系統に関するデータが必須であり、属の記載には塩基配列決定または相同性のデータを含むべきであると報告した。一般的には 1000 塩基以上の 16S rRNA 遺伝子の塩基配列に基づいて属の輪郭が決められ、属内においては表現型の相違と共にゲノム DNA-DNA 相同性（DNA-DNA 交雑形成率）が種識別の基準として用いられている。プロテオバクテリアで緒がついたこの分類手法は、現

在 原核生物の多くの系統群の分類に適用されている。

プロテオバクテリア門は 16S rRNA の情報に基づいて定義されたものであり、生理学的にはまとまりがない様々な性質の菌種を含む。ただし原核生物の中では唯一ユビキノン含有菌種が含まれる（HIRAISHI, 1999）。本系統には、便宜的に α・β・γ などの記号で呼ばれるいくつかの亜綱（subclass）が設定されていたが、プロテオバクテリア門の設定に伴い、これらの亜綱は綱に格上げされ、それぞれ、そのままアルファプロテオバクテリア綱、ベータプロテオバクテリア綱、ガンマプロテオバクテリア綱と名づけられている。

アルファプロテオバクテリア綱 Class "Alphaproteobacteria"

主として紅色非硫黄光合成細菌と絶対好気性有機栄養細菌から構成される。また、絶対好気性でありながらバクテリオクロロフィルを有する菌種（aerobic bacteriochlorophyll-containing bacteria）の多くがこの系統に存在する。大部分の化学合成菌種がユビキノン-10 を唯一の呼吸鎖キノンとしてもつことで特徴づけられる。これらの菌種の祖先が、直接ミトコンドリアの祖先となったと考えられている。この綱は 16S rRNA の系統からさらに少なくとも四つのサブグループ（α-1〜α-4）に分けることができるが、通称 α-4 のグループは例外的に、通常のグラム陰性菌特有の外膜構造をもたない（3-ヒドロキシ脂肪酸を欠く）。好気性を含む光合成細菌の属としてアシディフィリウム *Acidiphilium*、ブラストクロリス *Blastochloris*、エリスロバクター *Erythrobacter*、フェオスピリルム *Phaeospirillum*、ロゼオバクター *Roseobacter*、ロドシュードモナス *Rhodopseudomonas*（口絵 9）、ロドスピリルム *Rhodospirillum*、ロドバクター *Rhodobacter* などがあり、化学合成有機栄養細菌としてアセトバクター *Acetobacter*（酢酸菌）、ブラディリゾビウム *Bradyrhizobium*（根粒菌）、マグネトスピリルム *Magnetospirillum*（磁性細菌）、ニトロバクター *Nitrobacter*（硝化菌）、パラコックス *Paracoccus*、スフィンゴモナス *Sphingomonas* などの属が含まれる。

ベータプロテオバクテリア綱 Class “Betaproteobacteria”

主に紅色非硫黄光合成細菌、絶対好気性の有機栄養および無機栄養細菌から構成される。これまで調べられているすべての光合成細菌と化学合成細菌がユビキノン-8をもつ。光合成細菌としてロドシクルス *Rhodocyclus*、ロドフェラクス *Rhodoferax*、ルブリビバクス *Rubrivivax* などの属がある。化学合成有機栄養細菌としてはアシドボラクス *Acidovorax*、アルカリゲネス *Alcaligenes*、アゾアルクス *Azoarcus*、バークホルデリア *Burkholderia*、コマモナス *Comamonas*、タウエラ *Thauera*、ズーグレア *Zoogloea* などの属があり、淡水環境あるいは土壌中の生息細菌が多い。活性汚泥などの有機汚濁環境の優占菌もこの系統の菌種である。硝化菌の代表であるニトロソモナス *Nitrosomonas*、ニトロソロブス *Nitrosolobus*、ニトロソスピラ *Nitrosospira* なども含まれる。一部にはクロモバクテリウム *Chromobacterium* やキンジェラ *Kingella* などの通性嫌気性細菌が存在する。

ガンマプロテオバクテリア綱 Class “Gammaproteobacteria”

主として光合成硫黄細菌、通性嫌気性有機栄養細菌、絶対好気性の有機栄養および無機栄養細菌から構成される。ほとんどの菌種がユビキノン-8またはユビキノン-9を含有する。光合成細菌の属ではアロクロマチウム *Allochromatium*、クロマチウム *Chromatium*、エクトチオロドスピラ *Ectothiorhodospira* などがある。光合成能がない無色硫黄細菌としてベッジアトア *Beggiatoa*、チオマルガリータ *Thiomargarita*（口絵10）、チオミクロスピラ *Thiomicrospira*、チオスリクス *Thiothrix* が含まれる。その他 化学合成有機栄養細菌の主要属として、高等動物の腸内細菌または病原細菌であるアエロモナス *Aeromonas*、エシェリキア *Escherichia*、プロテウス *Proteus*、サルモネラ *Salmonella*（口絵7，8）、ビブリオ *Vibrio*、エルシニア *Yersinia*、主として土壌細菌であるアシネトバクター *Acinetobacter*、モラクセラ *Moraxella*、シュードモナス *Pseudomonas*、キサントモナス *Xanthomonas*、海洋細菌アルテロモナス *Alteromonas*、マリノモナス *Marinomonas* などが存在している。

デルタプロテオバクテリア綱 Class "Deltaproteobacteria"

主として好気性有機栄養細菌および絶対嫌気性有機栄養細菌から構成され、メナキノンを呼吸鎖成分として含有する。光合成細菌は知られていない。細菌寄生菌デロビブリオ *Bdellovibrio*、硫酸還元菌デスルフォバクター *Desulfobacter*、デスルフォビブリオ *Desulfovibrio*、粘液細菌ミクソコックス *Myxococcus* などの属が含まれる。またデスルフロモナス目 Desulfuromonadales の構成菌（デスルフロモナス *Desulfuromonas*、ジオバクター *Geobacter*、ペロバクター *Pelobacter* など）は鉄・硫黄を還元して嫌気生育する。

イプシロンプロテオバクテリア綱 Class "Epsilonproteobacteria"

大部分が絶対嫌気性有機栄養細菌であり、メナキノンあるいはその誘導体を呼吸鎖成分として含有する。光合成細菌は知られていない。アルコバクター *Arcobacter*、カンピロバクター *Campylobacter*、ヘリコバクター *Helicobacter*、ウォリネラ *Wollinela* 各属など、ヒトの寄生病原菌が多く含まれるほか、自然環境での生息も認められている。

10-3-3 バクテロイデス門 Phylum "Bacteroidetes"

グラム陰性好気性細菌の中には古くから黄色・橙色などのカロテノイド色素を生産する菌種が知られており、概してフラボバクテリウム属 *Flavobacterium* として分類されてきた。後に本属菌種は系統的にかなり雑多であることが判明したが、正当なフラボバクテリウム属細菌はバクテロイデス *Bacteroides*、シトファガ *Cytophaga*、フレキシバクター *Flexibacter* 属などと共に、門レベルで一つの系統群を形成することがわかった。ウーズら（1985）の分類法を踏襲した Ribosomal Database Project（MAIDAK *et al*., 1997）においては、この系統群は "Flexibacter-Cytophaga-Bacteroides Phylum" の名で呼ばれていたが、これに対応する系統名としてバクテロイデス門が提唱されている。この門には、バクテロイデス、フラボバクテリア、スフィンゴバクテリアの三つの綱が含まれている。

バクテロイデス綱 Class "Bacteroidetes"

主に動物消化管内や嫌気環境に生息する絶対嫌気性の菌種が含まれる。バクテロイデスが代表的な属であるが、この属からはいくつかの菌種が新属に移行されている。たとえば、リケネラ *Rikenella*、ポルフィロモナス *Porphyromonas*、プレボテラ *Prevotella* などがこれらの属に相当する。

フラボバクテリア綱 Class "Flavobacteria"

好気性・通性嫌気性細菌の菌属が多く含まれる。フラボバクテリウム、クリセオバクテリウム *Chryseobacterium*、エンペドバクター *Empedobacter*、リエメレラ *Riemerella*、ミロイデス *Myroides*、ブラッタバクテリウム *Blattabacterium* が代表的な属である。

スフィンゴバクテリア綱 Class "Sphingobacteria"

本綱には、海洋・土壌・廃水処理系などに分布する好気性あるいは通性嫌気性の細菌種が数多く含まれる。スフィンゴバクテリウム *Sphingobacterium*、サプロスピラ *Saprospira*、フレキシバクター、シトファガ、フラメオビルガ *Flammeovirga*、クレノスリクス *Crenothrix* が代表的な属である。

10-3-4　アシドバクテリア門 Phylum "Acidobacteria"

好気性好酸性細菌アシドバクテリウム・カプスラタム *Acidobacterium capsulatum* は、生理学的性状や生息環境においてはプロテオバクテリア門の好酸性細菌（アシディフィリウム属など）と類似するものの、16S rRNA 遺伝子の配列からは門に相当する程度の独自の系統を示すことが明らかにされた（HIRAISHI *et al*., 1995)。この系統に含まれる記載種はその他ホロファガ・フェチダ *Holophaga foetida* とジオスリクス・フェルメンタンス *Geothrix fermentans* のみで非常に少ないが、16S rRNA 遺伝子クローンの分布からみると様々な土壌、水系環境にこの系統の未記載種が生息している可能性が指摘されている（LUDWIG *et al*., 1997)。この系統群に含まれる潜在菌種の総数はプロテオバクテリアに匹敵するのではないかともいわれている（HUGENHOLTZ *et al*., 1998)。

［平石　明］

10-4 シアノバクテリアの多様性と系統進化

シアノバクテリアは植物と同じメカニズムで光合成を行い、酸素ガスを発生するため、ラン藻類とも呼ばれ、長く慣例的に藻類の扱いをされてきたが、系統分類学的に原核生物であることが明らかにされ、今後は細菌命名規約のもと、細菌分類の分野でも取り扱われることとなっている。シアノバクテリアはその形態・生化学的特徴から明らかに真正細菌に属しており、分子遺伝学的情報からもこのことが支持される。分子系統樹上ではシアノバクテリアは真正細菌内の一つの大きな系統群を形成している。

10-4-1 シアノバクテリアの分布・生態

シアノバクテリアの細胞には、核膜・葉緑体・ミトコンドリア・液胞などの細胞小器官がなく、光合成の場であるチラコイドをもつ。主要光合成色素はクロロフィル（Chl）*a* とフィコシアニン、フィコエリトリンのフィコビリンタンパクで、フィコビリンはチラコイドの表面にフィコビリソームと呼ばれる微細なタンパク顆粒として存在する。その他、炭酸固定のためのRubisCo を著量含んだカルボキシソーム、シアノフィシン、ポリリン酸の顆粒が存在する。光合成によりデンプンを生成・貯蔵する。細胞分裂は細胞膜の貫入による。鞭毛をもつ細胞は知られていない。

シアノバクテリアには、多様な形態的な分化がみられ、球形、楕円形、円筒形の細胞が単独あるいは集合して群体を作るもの、外生胞子を作るもの、内生胞子を作るもの、糸状体のもの、糸状体で異質細胞（heterocyst）、休眠細胞（アキネート akinate）をもつもの、真分枝をもつもの、など様々である。細胞の大きさも多様であり、通常の細菌の大きさである 0.8 μm から約 40 μm のものまで様々である。

シアノバクテリアは地球のあらゆる地域、生息場所に分布しており、極地から赤道、海水域、汽水域、陸水域（湖沼、河川）、土壌、岩面、樹皮、植物体内、動物体内、貝殻などに生息している。また、プランクトンとして生活するもの、他の生物や基質に付着して生活するものがあり、生活形も多様である。主要な生息地は水界である。水界生態系では一次生産者として重要な役割を果たしている。

10-4-2 シアノバクテリアの多様性と進化

原核緑色植物門 Division Prochlorophyta はルーウィン（LEWIN, 1977）によって設立された門で、球形単細胞性のプロクロロン *Prochloron* とプロクロロコックス *Prochlorococcus*、および糸状体のプロクロロトリクス *Prochlorothrix* の3属3種が含まれる（本シリーズ第3巻（千原，1999）参照）。光合成色素として Chl *a* と *b* を含み、フィコビリソームをもたないことから発見当初、原核緑色植物は緑色植物や高等植物の葉緑体の起源生物であろうと考えられた。しかし近年の分子系統解析により、いずれもシアノバクテリアの系統群に含まれることからシアノバクテリアの中に含められることとなった（PALENIK & SWIFT, 1996）。しかも、これらの3属は系統的にお互いに近縁ではなく、他のシアノバクテリアとより近縁であることが判明した（WILMOTTE, 1994；TURNER, 1997）。またフィコビリソームをもたないことで特徴付けられていたが、プロクロロコックスにはフィコエリトリンタンパクの遺伝子が検出され、また少量のフィコエリトリン様タンパクが検出された（HESS *et al*., 1996）ことからも支持された。さらに最近、クロロフィル *d* と少量のクロロフィル *a* とフィコビリンをもつシアノバクテリアも見いだされた（MIYASHITA *et al*., 1997）。このように、新しいタイプのクロロフィルの存在、あるいはフィコビリンタンパクやフィコビリソームの有無は、系統的に重要視されるべき形質ではないことを示している。

10-4-3 シアノバクテリアの系統関係

シアノバクテリアの総合的な分類体系はガイトラー（GEITLER, 1932）によって提案され、当初は3目20科145属1500種が記載・収容された。

1989年に刊行された“Bergey's Manual of Systematic Bacteriology 第1

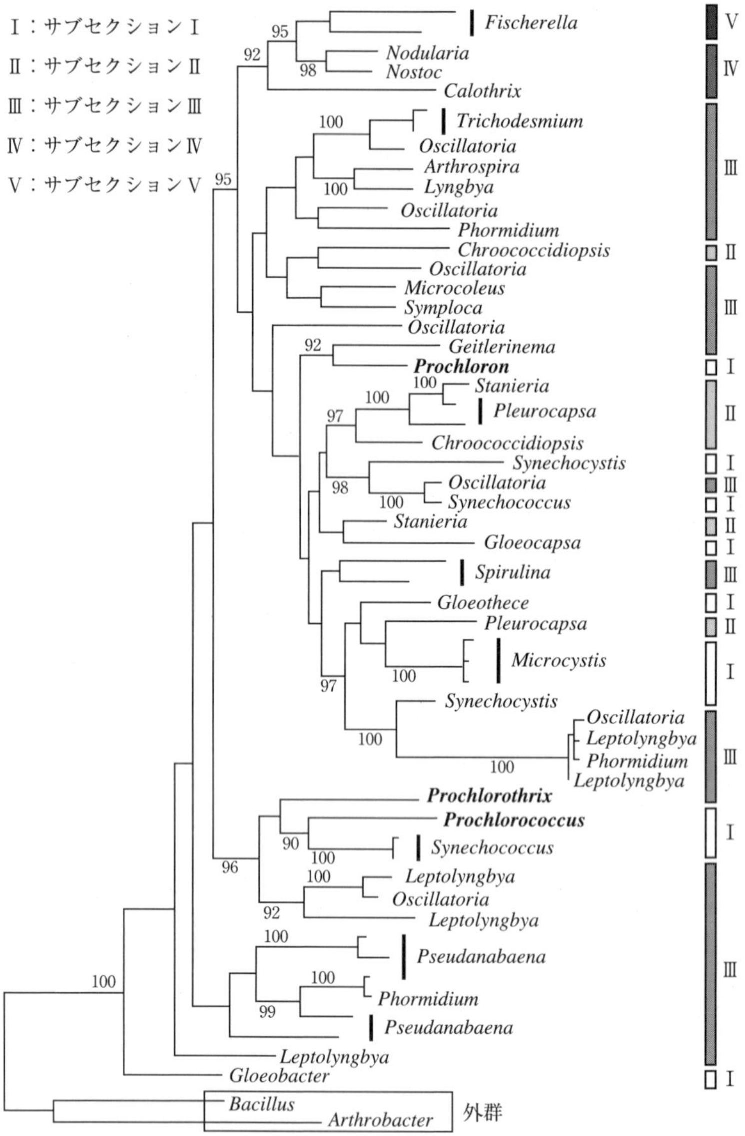

図 10-3 16S rDNA 塩基配列に基づくシアノバクテリアの系統樹（最尤法）
枝上の数値はブーツストラップ確率（80 % 以上のみ記入）．太字は原核緑色植物に分類されている種を示す

版 Vol. 3”（1989）では、シアノバクテリアは酸素発生型光合成細菌（oxygenic photosynthetic bacteria）のシアノバクテリアとして、属レベルまでの分類同定が可能な形でまとめられている。ここでの分類形質は次の二つの範疇に分けられる。

1）形態的・発生学的形質：細胞分裂のタイプ、分裂面、内生胞子（ベオサイト beocyte）の形成、連鎖体の形成と構造、鞘の有無、細胞の形とサイズ、菌糸の隔壁の収縮、菌糸の形態（らせん状か、直線状か、偽分枝*1 あるいは真分枝*1 をするか否かなど）、異質細胞と休眠胞子の存在と位置関係、ガス胞の有無あるいは位置。

2）化学的・遺伝学的・生理学的形質：クロロフィルおよびフィコビリン色素組成、菌体脂肪酸組成、窒素固定能、従属栄養性、DNA の G+C 含量、16S rRNA 塩基配列、DNA-DNA 交雑、ビタミン要求性、運動性および光走性、温度／塩分耐性、特定のシアノファージに対する感受性。

この “Bergey’s Manual of Systematic Bacteriology” では、シアノバクテリアを、クロオコックス目、プレウロカプサ目、ユレモ目、ネンジュモ目、スチゴネマ目、プロクロロン目、の六つの目に分類している（**10-4-4** ならびに口絵 11～15 参照）。

シアノバクテリアはバクテリア内の主要な位置を占める系統群であるが、クロロプラストもこの中で高度に多様化した、別の系統群として含まれる。シアノバクテリアの分類命名は国際細菌命名規約ではなく国際植物命名規約に基づいて行われてきた。シアノバクテリアは系統的にグラム陽性低 G+C 細菌（ファーミキューテス門）に近縁である。シアノバクテリアでは、現在進行中の 16S rDNA に基づいた系統関係と表現形質に基づいた分類とで大きな隔たりがみられる。グラム陰性、単細胞性、コロニー性、あるいは糸状性の酸素発生型光合成細菌は複雑な形態と生活環を示す。シアノバクテリア

＊1　細胞自体が Y 字型ないし T 字型に分岐した部分を介して糸状に伸びているような場合を真分枝，細胞自体が分岐しているのではなく細胞どうしが Y 字型ないし T 字型に結合して枝分かれしているような場合を偽分枝という．

の系統群の全てのメンバーを表す表現形質としては、二つの光合成システム（PSI と PSII）の存在、光合成の際の電子供与体として水を使用することである。通性光合成従属栄養生物と化学合成従属栄養生物も存在しうるが、知られている種はすべて二酸化炭素を炭素源とする光合成独立栄養生物である。グラム陰性細菌と同様に外膜にリポ多糖が存在する。ペプチドグリカン層は薄い。クロロフィル *a* を含み、フィコビリンタンパク（アロフィコシアニン、フィコシアニン、まれにフィコエリトリン）は含む場合と含まない場合とがある。16S rDNA の系統関係に基づいた分類はまだ実現されていないため、現在の分類方法はあくまで表現形質に基づいて体系化したものである。

10-4-4　シアノバクテリアの分類

前記“バージェイズ・マニュアル”では、目に相当するサブセクションとして分類している。

1）サブセクション I はクロオコックス目（Chroococcales）と呼ばれていたグループ

単細胞性あるいは外膜またはゲル状構造体を介して不定数の細胞の集合からなる群体（コロニーとも呼ばれる）を形成するもので、二分裂あるいは出芽（外生胞子）で増殖する。主な色素はクロロフィル *a* とフィコビリン色素。14 属が知られている。

単細胞性で、クロロフィル *a* と *b* をもつが、フィコビリン色素をもたず、かつてプロクロロン目に置かれていたプロクロロン属、プロクロロコックス属の 2 属はこのサブセクションに含められた。

2）サブセクション II はプレウロカプサ目（Pleurocapsales）と呼ばれていたグループ

外膜またはゲル状構造体を介して不定数の細胞の集合からなる群体を形成するもので、二分裂および多数分裂を行うほかに、母細胞壁内での細胞の不定多数分裂により、多数の娘細胞を形成して増殖する「内生胞子形成」を行うもの。主な色素はクロロフィル *a* とフィコビリン色素。二つの科に分けられ、7属が含められている。

3）サブセクション III はユレモ目（Oscillatoriales）と呼ばれていたグループ

単列性糸状体で、トリコーム（細胞の横並び構造）よりなる細胞は偽分枝をもつものもあるが、真分枝やアキネート、異質細胞をもたない。一方向への二分裂をする。

主な色素はクロロフィル *a* とフィコビリン色素。18属が含められている。単細胞性で、クロロフィル *a* と *b* をもつが、フィコビリン色素をもたず、かつてプロクロロン目に置かれていたプロクロロトリクス属はこのサブセクションに含められた。

4）サブセクション IV はネンジュモ目（Nostocales）と呼ばれていたグループ

異質細胞をもつ単列性糸状体で、偽分枝やアキネート形成がみられるものもある。一つの分裂面でのみ細胞分裂が起こる。窒素源が欠乏下、1個ないしそれ以上のトリコームが異質細胞を形成する。あるものは同時にアキネートを形成する。主な色素はクロロフィル *a* とフィコビリン色素。二つの科に分けられ、12属が含められている。

5）サブセクション V はスチゴネマ目（Stigonematales）と呼ばれていたグループ

異質細胞をもつ糸状体で、一つ以上の分裂面で細胞分裂を起こし、多列性あるいは真分枝形成を行うもの。主な色素はクロロフィル *a* とフィコビリン色素。6属が含められている。

［横田　明］

10-5 グラム陽性細菌の主要分類群と特徴

10-5-1 グラム陽性細菌の特徴と系統群

グラム陽性細菌とは、グラム染色によりクリスタルバイオレットとルゴール液で処理した細胞が、アルコールで洗っても色を保持して紫色に染まる菌群を指す（**10-3** 参照）。これは陽性細菌が分厚いペプチドグリカン層よりなる表層構造をもつことに基づいている。しかし、細菌の細胞表層が陽性型と陰性型の 2 種類しかないということではなく、グラム染色性を示さないグラム陽性菌や、グラム陽性であるが系統的にまったく異なった位置を占めるデイノコックス属細菌、またペプチドグリカン層をもたないマイコプラズマ菌群のように、グラム陽性菌の系統のなかに入るがグラム染色性を示さない菌群もあり、このような場合、グラム染色性陰性のグラム陽性細菌と表現される。系統的には高 G+C グラム陽性細菌（アクチノバクテリア門 Actinobacteria）、低 G+C グラム陽性細菌（ファーミキューテス門 Firmicutes）の主に 2 グループに分けられる。デイノコックス属は例外的にグラム染色性陽性であるが異なった系統群（デイノコックス-サーマス *Deinococcus-Thermus* 群）に属する。

10-5-2 アクチノバクテリア門 Phylum Actinobacteria

グラム陽性で染色体 DNA の G+C 含量が約 55 % 以上の高い値を有する細菌群は従来、コリネフォルム細菌とその関連属細菌として取り扱われてきたが、近年蓄積されてきた 16S rRNA 塩基配列に基づく分子系統のデータから、これらをまとめてアクチノバクテリア門と呼ぶことが提唱された。このグループには通常の桿菌、不規則な形状の桿菌、球菌および菌糸状の形態をとることを特徴とする放線菌と呼ばれる菌群までが含まれる。このようにこの細菌グループの多くは、高度に発達した形態分化と培養特性の多様性を示す。抗生物質をはじめとする様々な生理活性物質を生産するという実用的な面からも、放線菌は他の一般細菌と区別して取り扱われることが多いが、形態分化が比較的未発達な一般細菌に近いものからカビに匹敵するほどの形態分化を示すものまで、様々な広範囲な細菌群を含んでおり、今日では他の一般細菌との間に厳密な境界を引くことができなくなってきている。

◆アクチノバクテリア綱 アクチノバクテリア亜綱

ミクロコックス目 Micrococcineae

本分類群には好気性、従属栄養性、グラム陽性、高 G+C、無胞子性球菌および桿菌が含まれ、また有用細菌、人畜病原菌、植物病原菌が同居している。形態的特徴としては球菌と桿菌さらに菌糸状の属までも含まれ、形態的にも化学分類学的にも多様である。10 科、42 属の菌種が含まれる。

ミクロコックス属 *Micrococcus* の菌株はヒト、動物の皮膚をはじめ、自然界に広く分布する。系統分類および化学分類学的性状に基づき本属は、コクリア *Kocuria*、ネステレンコニア *Nesterenkonia*、キトコックス *Kytococcus* およびデルマコックス *Dermacoccus* の各属に分割され、一部はアーソロバクター属 *Arthrobacter* に編入された。アーソロバクター属の菌種は土壌の好気性従属栄養細菌集団の主要な部分を占め、有機物の無機化のための重要な担い手である。顕著な多形性を示し、細胞の分枝、不規則配列、球状細胞の出現が認められる。アーソロバクター属とミクロコックス属とは系統的に非常に近縁であることが知られている。ブレビバクテリウム属 *Brevibacterium* にはかつてグルタミン酸生産株の大半が含められていたが、現在これらは除外されて 11 種よりなる。セルロモナス属 *Cellulomonas* が分枝型の細胞形態を示すのに対し、オエルスコビア *Oerskovia*、プロミクロモノスポラ *Promicromonospora* の各属は菌糸状を示し、さらにプロミクロモノスポラ属の菌株はわずかに気菌糸を着生する。ノカルジオイデス属 *Nocardioides* は、気菌糸を形成して糸状性である 2 種は放線菌として取り扱われているが、この属にはさらに桿状の 3 種が同居している。ここは放線菌と細菌の境界領域といえよう。ミクロバクテリウム *Microbacterium*、クルトバクテリウム *Curtobacterium*、アグロミセス *Agromyces*、クラビバクター *Clavibacter*、ラタイイバクター *Rathayibacter*、ライフソニア *Leifsonia* の各属はBタイプのペプチドグリカン（ペプチド鎖の2位と4位のアミノ酸が架橋を形成する）を有する菌種で、ミクロバクテリウム、クルトバクテリウムが細胞壁にリジンまたはオルニチンを含むのに対して、アグロミセス、クラビバクター、ラタイイバクター、ライフソニア属は2,4-ジアミノ酪酸（A_2bu）を含む点が特徴である。クラビバクター、ラタイイバクターおよびクルトバクテリウム属の一部は植物病原性を示す。

コリネバクテリウム亜目 Corynebacterineae

本分類群には独特の複合的細胞壁をもつ10属、コリネバクテリウム *Corynebacterium*、ミコバクテリウム *Mycobacterium*、ノカルジア *Nocardia*、ゴルドナ *Gordona*、ロドコックス *Rhodococcus*、ツカムレラ *Tsukamurella*、ジエツィア *Dietzia*、スカーマニア *Skermania*、ウイリアムシア *Williamsia* およびツリセラ *Turicella* が含まれる。この中には有用細菌、人畜病原菌が同居している。化学分類学的特徴としては細胞壁にミコール酸とアラビノガラクタンをもち、コリネバクテリウム属およびジエツィア属以外の属のアシルタイプ*2はグリコリル型であり、メナキノンとしてツカムレラ属がMK-9、ノカルジア属がMK-8(H_4）をもつ以外はMK-8(H_2）またはMK-9(H_2）を有している。

コリネバクテリウム属には病原性を有する *C.* ジフテリアエ *C. diphtheriae*（ジフテリア病菌、本属の基準種）、*C.* シュードツベルクロシス *C. pseudotuberculosis*、*C.* レナレ *C. renale*、*C.* ジェイケイウム *C. jeikeium* などの菌種と、グルタミン酸生産菌 *C.* グルタミクム *C. glutamicum*、*C.* アンモニアジェネス *C. ammoniagenes* のように産業上有用な菌種の両方が含まれている。メナキノンがMK-8(H_2）のタイプとMK-9(H_2）の二つのタイプがあり、まだ不均一な属である。平均炭素数が最も短いミコール酸を有し

＊2　細菌のペプチドグリカンのムラミン酸にはアセチル基かグリコリル基がエステル結合で結合しており，二者の結合様式をアシルタイプという．ほとんどの細菌種はアセチルタイプであるが，放線菌の特定の群（ミクロバクテリウム科 Microbacteriaceae，ミクロモノスポラ科 Micromonosporaceae，コリネバクテリウム科 Corynebacteriaceae など）はグリコリル基である．

ており、細胞壁アシルタイプはアセチル型である点は他のミコール酸含有の属と異なる。ミコバクテリウム属は絶対好気性で強い抗酸性を示す。結核、らい病等の病原性細菌、腐生性および中間型に、また生育速度の程度から slow growers と rapid growers に分けられる。桿状ないしは分岐した菌糸状の形態を示すが、気菌糸は形成しない。ノカルジア属は絶対好気性で抗酸性か部分的抗酸性であり、ミコール酸、アラビノガラクタンを含みメナキノンは MK-8(H_4)（ω-cyclo 型）である。長い菌糸状の形態を示し、通常、気菌糸が形成され、さらに桿状ないしは球状の細胞への分断が起こる。人畜に対して日和見感染症を引き起こす菌種が多い。ゴルドナ属は弱い抗酸性を示し、細胞は短桿ないしは球状で桿菌－球菌のライフサイクルを示す。ミコバクテリウム属によく似ているが、ミコール酸の平均炭素数で区別される。ロドコックス属には石油発酵、アミノ酸生産、ステロイド変換などの産業上有用な菌株が多く含まれるが、日和見感染菌も含まれる。桿菌から高度に分岐した菌糸状を呈するが、球菌様の時期を含んだライフサイクルを示すことから“coccus”の属名が付けられている。メナキノンが MK-8(H_2) である点とミコール酸の平均炭素数の違いが、近縁の属との識別のための重要な指標である。

プロピオニバクテリウム亜目 Propionibacterineae

本亜目にはプロピオニバクテリウム科 Propionibaceriaceae とノカルジオイデス科 Nocardioidaceae の2科が属しており、プロピオニバクテリウム *Propionibacterium*、ルテオコックス *Luteococcus*、ミクロルナツス *Microlunatus*、プロピオニフェラクス *Propioniferax*、テッサロコックス *Tessarococcus* の5属が前者に、ノカルジオイデス、アエロミクロビウム *Aeromicrobium*、フリエドマニエラ *Friedmaniella*、ミクロプルイナ *Micropruina*、クリベラ *Kribbella* の5属が後者に属している。プロピオニバクテリウム、プロピオニフェラクス、ルテオコックスは通性嫌気性で、その他は好気性である。ノカルジオイデスの一部の菌種は気菌糸を形成するが、その他は桿菌で、ルテオコックス、ミクロルナツス、フリエドマニエラ、ミクロプルイナは球菌の属である。ノカルジオイデスは活性汚泥の主要構成微生物であるが、ミクロルナツスも活性汚泥より分離された菌種である。プロピオニバクテリウムは桿菌であるがしばしば多形性を示す。スイスチーズから最初に分離された細菌で、チーズの熟成に重要な役割を果たす。乳酸その他の糖を発酵してプロピオン酸、酢酸、および炭酸ガスを生成する。草食動物のルーメンやヒトその他の動物の皮膚に生息する。

シュードノカルジア科 Pseudonocardiaceae

本科の化学分類学的特徴は、メナキノンとしてMK-9(H_4)、細胞壁ジアミノ酸として *meso*-A_2pm を含み、菌体糖組成としてアラビノース、ガラクトースを含む属（シュードノカルジア *Pseudonocardia*、アミコラトプシス *Amycolatopsis*、サッカロモノスポラ *Saccharomonospora*、サッカロポリスポラ *Saccharopolyspora*、アクチノポリスポラ *Actinopolyspora*、アクチノキネオスポラ *Actinokineospora*、キブデロスポランギウム *Kibdelosporangium*）と、アラビノースを含まないその他の属とがある。いずれもミコール酸は含まない。シュードノカルジア属は基生菌糸、気菌糸から鎖状の非運動性胞子が形成され、菌糸は分岐ないしはジグザグ状となる。通性嫌気性で中温性または高温性である。アミコラトプシス属は基生菌糸は分岐しており、気菌糸を形成するが、形成しないものもある。気菌糸は楕円形ないし胞子様の細胞に分断される。胞子嚢、シンネマ（synnemata）*3、菌核（sclerotia，単数形は sclerotium）*3 などは形成せず、運動性もない。バンコマイシンやリファマイシンなど重要な抗生物質生産菌株が含まれる。サッカロモノスポラ属は気菌糸上に通常1個の非運動性胞子を形成する。基生菌糸は分断しない。胞子は農夫肺症を起こすことがある。アクチノキネオスポラ属は分岐した基生菌糸がよく発達し、桿状細胞へと分断される。気菌糸が形成され、多数の胞子の入った胞子連鎖を形成する。桿状の胞子は運動性を示す。アクチノシンネマ属 *Actinosynnema* は基生菌糸が寒天表面上に束となって

＊3　シンネマとは放線菌の基生菌糸が寒天培地の表面上に立ち上がり束状になる場合，菌核とは放線菌の気菌糸が球状の塊を形成する場合を指す．

立ち上がり、いわゆる“シンネマ”を形成する。シンネマに形成された気菌糸は後に分断して胞子鎖となり、胞子は運動性を示す。細胞壁ジアミノ酸として *meso*-A_2pm を含み、全菌体糖組成として特徴的な糖を含まないケモタイプ*4 III/C である。

ミクロモノスポラ科 Micromonosporaceae

本科の形態的特徴は、胞子嚢の中に運動性胞子を形成する分類群（アクチノプラネス *Actinoplanes*、ダクチロスポランギウム *Dactylosporangium*（口絵 20)、ピリメリア *Pilimelia*（口絵 19)）と、胞子嚢は形成せず運動性の分節胞子を形成（カテヌロプラネス *Catenuloplanes*、カウチオプラネス *Couchioplanes*、スピリリプラネス *Spirilliplanes*)、または非運動性の分節胞子または単独の胞子を形成する分類群（ミクロモノスポラ *Micromonospora*、カテラトスポラ *Catellatospora*、ベルコシスポラ *Verrucosispora*）に分けられる。化学分類学的特徴は細胞壁のアシルタイプがグリコリル型でキシロースを含むという共通の性状を示すが、細胞壁ペプチドグリカンのジアミノ酸として *meso*-A_2pm をもつ属と L-リシンをもつ属とが混在している。ミクロモノスポラ属はよく発達し分岐した基底菌糸に直接またはごく短い胞子柄に、運動性をもたない胞子を単独で多数着生する。気菌糸は一般に形成しないが、菌株によっては偽気菌糸を形成するものもある。コロニーは黄色からオレンジ色で、胞子を形成すると黒変する。成熟した胞子の表面は特徴的な小突起を有する。*meso*-A_2pm または 3-OH-*meso*-A_2pm を含み、メナキノンとして MK-10(H_4, H_6)、MK-9(H_4, H_6）を含む。ゲンタマイシンやホーチマイシンなど実用化されたアミノ配糖体抗生物質生産株が含まれる。アクチノプラネス属菌種は気菌糸は形成せず、基生菌糸から直接生じる球状ないし瓶状あるいは不定形の胞子嚢内に多数の運動性胞子を生ずる。胞子嚢は胞子嚢壁内で菌糸が伸長分岐し、コイル状に巻くことによって生じる。胞子の数は 1000 個以上に達する場合もある。基底菌糸の色は通常オレンジ色を

＊4　放線菌の分類に用いられる指標で，細胞壁ジアミノ酸種と糖組成とを組み合わせて表現される．ケモタイプ I～V まである．

呈するが、赤、黄、紫色などを呈する種もある。細胞壁のジアミノ酸は *meso*-A_2pm または 3-OH-*meso*-A_2pm で、メナキノンは MK-9(H_4, H_6)、MK-10(H_4) である。グリコペプチドなど、多くの代謝産物の報告がある。化学走性を活用した選択分離が可能である。カテヌロプラネス属とカウチオプラネス属は気菌糸が分断して桿状の運動性分節胞子を生成する。細胞壁は L-リジンを含み、また全菌体中の糖成分としてキシロースを含む。

ストレプトスポランギウム亜目 Streptosporangineae

本グループには三つの科サーモモノスポラ科 Thermomonosporaceae、ストレプトスポランギウム科 Streptosporangiaceae、ノカルジオプシス科 Nocardiopsaceae が含まれる。サーモモノスポラ科にはサーモモノスポラ *Thermomonospora*、アクチノマズラ *Actinomadura*、エクセロスポラ *Excellospora*、スピリロスポラ *Spirillospora*、アクチノコラリア *Actinocorallia* の 5 属が、ストレプトスポランギウム科には 9 属が、ノカルジオプシス科にはノカルジオプシス *Nocardiopsis*、サーモビフィダ *Thermobifida* の 2 属が含まれる。サーモモノスポラ属はよく発達した分岐を有する基底菌糸および気菌糸に、胞子柄当たり 1 個の胞子を着生する。当初、堆肥などから分離され、至適温度が 45〜55 °C 付近の高温性であったが、その後土壌由来細菌で中温性の菌種が追加され、高温性はこの属の共通の性質ではなくなった。リファマイン O、S 生産菌として報告されている。アクチノマズラ属は熱帯から亜熱帯にかけてマズラ足の起因菌として分離された。本菌はよく発達した分岐する基生菌糸と気菌糸を形成し、気菌糸には連鎖状に胞子が形成される。アクチノマズラ属はポリエーテル系抗生物質をはじめ多くの生理活性物質の生産性の面で注目されている。エクセロスポラ属は 50 °C 付近に生育温度をもつ高温性菌で、よく発達した分岐する基生菌糸と気菌糸を形成し、単胞子または比較的短い連鎖状の胞子を着生する。

ストレプトミセス科 Streptomycetaceae

ストレプトミセス *Streptomyces* とキタサトスポラ *Kitasatospora* の 2 属が含まれる。ストレプトミセス属に属する菌株は土壌、川、海など自然界に広く分布し、また動植物の病原菌としても分離される。

本属は一般によく発達した分岐する基生菌糸と気菌糸を形成し、普通は気菌糸上に分節胞子を連鎖状に形成する（口絵17）。本属には現在450ほどの種が含まれ、細菌の中でも最も多くの種を含む属となっている。本菌群は形態、培養性状、生理生化学的性状がきわめて多様であり、この菌群が化学的に様々な化合物を生産するのはその生理学的多様性の反映である。ストレプトミセス属は多種多様な抗生物質、種々の生理活性物質の生産菌として注目されている（口絵18）。

フランキア亜目 Frankineae

本グループにはフランキア科 Frankiaceae、スポリクチア科 Sporichthya、ゲオデルマトフィラ科 Geodermatophilaceae、ミクロスファエラ科 Microsphaeraceae、アシドサーマ科 Acidothermaceae の五つの科が含まれ、フランキア *Frankia*、クリプトスポランギウム *Cryptosporangium*、ゲオデルマトフィルス *Geodermatophilus*、スポリクチア *Sporichthya*、ブラストコックス *Blastococcus*、ミクロスファエラ *Microsphaera*、アシドサームス *Acidothermus* の7属が含まれる。非マメ科植物に根粒を形成する菌で窒素固定能を有する。気菌糸は形成せず、基生菌糸はまれに分岐し、球形ないし不定形の多室性の胞子嚢を着生する。基準種フランキア・アルニ *Frankia alni* は培養株に基づいたものではないため基準株の指定がない。ゲオデルマトフィルス属は立方体または球形細胞が集合した多室性葉状体を形成する。

10-5-3　ファーミキューテス門 Phylum Firmicutes

この系統の細菌群の多くは内生胞子（エンドスポラ endospore）を形成し、代表菌種として絶対嫌気性菌であるクロストリジウム属 *Clostridium* と好気性菌であるバチルス属細菌 *Bacillus* などが含まれる。内生胞子はきわめて複雑な一連の生合成過程を経て細菌細胞の中に厚い細胞壁をもつ胞子として形成される。したがってこのグループは、内生胞子を形成する絶対嫌気性菌を祖先型として、その後あるものはバチルス属のように好気性での生育に適応する方向に、またスタフィロコックス *Staphylococcus*、ストレプトコックス *Streptococcus* 属などの菌種は胞子形成能力を失う方向にそれぞれ進化したのではないかと推定されている。菌種の DNA の G+C 含量は 25〜55 mol % の範囲にあり、また好気性の菌種は呼吸鎖キノンとしてメナキノンをもつことで特徴付けられる。またこのグループにはグラム染色性陰性のマイコプラズマ菌群も含められる。以下代表菌種について説明する。

◆クロストリジウム綱 Class Clostridia

クロストリジウム属 *Clostridium*

厳密な嫌気条件（絶対嫌気性）で生育する桿菌で、生育に不利な条件になると細胞内に胞子を形成する。いくつかの種はヒトや動物の疾病の原因となる。病原性クロストリジウムは通常土壌中に生息し、これらの細菌による病気は種々の毒素性タンパク質（外毒素）が生産されることに起因する。ボツリヌス中毒はボツリヌス菌 *C. botulinum* の生産するボツリヌス毒によって引き起こされ、強烈な神経毒による神経機能の阻害により引き起こされる。酪酸生成を伴う糖発酵を行う菌群は発酵生産物としてエタノール、アセトン、ブタノールなどを生成する代謝経路を有する。アセトン、ブタノール発酵は *C.* アセトブチリクム *C. acetobutylicum* などでみられ、工業的規模で行われてきた。

デスルフォトマクルム属 *Desulfotomaculum*

嫌気性の内生胞子形成性の硫酸還元菌で、乳酸など有機酸を定量的に酢酸と炭酸ガスに変換し、その際電子受容体として硫酸を使用する。

ヘリオバクテリウム属 *Heliobacterium*

グラム陽性細菌のなかで唯一の光合成細菌である。桿状の細胞をもち滑走運動する。唯一の光合成色素はバクテリオクロロフィル *g* である。通常の光合成細菌およびシアノバクテリアが示す細胞質内膜構造とクロロソーム構造を欠いていることから、光合成色素は細胞膜に存在するものと考えられている。

◆バチルス綱 Class Bacilli

バチルス属 *Bacillus*

好気性運動性桿菌で、すべて化学合成従属栄養性である。生育に不利な条件になると細胞内に胞子を形成する（口絵16)。炭素病の病原体である *B.* アントラキス *B. anthracis* 以外の大部分の菌種は病原性をもたない腐生性（腐敗する有機物を栄養源とする生物）である。ある菌種は65～75 °Cの高温で生育し、また好アルカリ菌と呼ばれるグループの菌はpH 10程度のアルカリ条件下でも生育するものもある。多数のバチルス属菌種がタンパク質、核酸、多糖類、脂質を分解する菌体外加水分解酵素を生産する。酵素のあるものは商業的に多量生産されている。*B.* チューリンゲンシス *B. thuringensis* は昆虫に対して毒性を示すタンパク質を生成し、細菌殺虫剤として活用されている。また、バチルス属細菌の菌種に抗生物質の生産性を示す菌も知られており、*B.* スブチリス *B. subtilis* の作るバチトラシン、*B.* ポリミクサ *B. polymyxa* の作るポリミキシンが有名である。従来のバチルス属は分類学的に非常に広い範囲の菌種を含めてまとめられていたが、最近本属は八つの属に分割整理されている。

乳酸菌（ラクトバチルス *Lactobacillus*、ペジオコックス *Pediococcus*、レウコノストク *Leuconostoc*、ストレプトコックス *Streptococcus*）

これらの属は一般に乳酸菌と呼ばれるグループを形成している。酸素分圧の低い条件下でグルコースのような単糖を発酵し、ホモ発酵性と呼ばれる菌種では乳酸を、ヘテロ発酵性と呼ばれる菌種では乳酸、エタノール、炭酸ガスを生成することによってエネルギーを獲得する。これらの乳酸菌はすべて鞭毛をもたない。ラクトバチルスは桿菌であるが、ペジオコックス、レウコノストク、ストレプトコックスは球菌である。これらの菌は酸性条件に耐性を示す。ストレプトコックス属の中には病原性をもつものも知られている。代表的菌種である化膿連鎖球菌 *S. pyogenes*、肺炎連鎖球菌 *S. pneumoniae* はヒトの大部分の連鎖球菌性疾患の原因となる。

スタフィロコックス属 *Staphylococcus*（ブドウ球菌）

不規則なブドウの房状の細胞の塊として生育する球菌で、通性嫌気性で糖を発酵して乳酸を生成する。非運動性である。バチルス属と近縁であるが内生胞子は作らない。正常なヒトや動物の皮膚が主な生息場所であるが、一部の菌種は感染症または食中毒の原因となる日和見感染菌である。黄色ブドウ球菌 *S. aureus* は化膿を引き起こす様々な感染の原因となる。

◆モリキューテス綱 Class Mollicutes

マイコプラズマ菌群 Mycoplasma

真正細菌のモリキューテス群と呼ばれる、マイコプラズマ *Mycoplasma*、アコレプラズマ *Acholeplasma*、スピロプラズマ *Spiroplasma*、アナエロプラズマ *Anaeroplasma*、ウレアプラズマ *Ureaplasma* などの属を含む菌群で、ペプチドグリカンをもたずに細胞は細胞質膜のみに覆われていることから、グラム染色陰性であるが系統的にはグラム陽性細菌群に入る。以前はグラム陰性細菌と考えられていたが、現在ではマイコプラズマはクロストリジウム属より生じた菌種と推定されている。100 種以上の種を含む大きな分類群である。真核生物に寄生性を示す。

サーモアクチノミセス属 *Thermoactinomyces*

放線菌の仲間として取り扱われてきたサーモアクチノミセス属菌種は、基底菌糸および気菌糸を形成し、バチルス属細菌の場合と同様にジピコリン酸を含んだ内生胞子を生成し、比較的低い G+C 含量をもっていて、系統的にはバチルス属に近縁であることが明らかとなっている。

10-5-4 デイノコックス-サーマス門（ここでは便宜的に門として扱う） Phylum "*Deinococcus-Thermus*"

グラム陽性細菌で放射線に対して高度に耐性であるデイノコックス属は、グラム染色性陰性の好熱性細菌サーマス属 *Thermus* に近縁で、グラム陽性細菌とは系統的に遠く離れて孤立した 1 群を形成している。

［横田　明］

10-6　アーキアの特徴と系統

10-6-1　古細菌の発見と一般的特徴

古細菌は、古くは細菌の仲間として分類されてきた原核生物である。古細菌の系統は、原核生物の 16S rRNA カタログ解析の過程で発見された。すなわち、16S rRNA のリボヌクレアーゼ T_1 処理で得られるオリゴヌクレオチドパターンにおいて、明らかに通常の細菌とは異なる菌群が存在することがウーズとフォックス（1977）によって報告された。この一群には極度の嫌気環境に生息するメタン生成菌をはじめとして、いわゆる極限環境から分離されたものが多かったため、原始地球に酷似した環境に生息する生物の意味合いを込めて古細菌（archaebacteria）と名づけられた。その後、古細菌が真正細菌よりも真核生物に系統的に近いことが明らかにされた（Iwabe *et al*., 1989）。このことから、ウーズら（1990）は古細菌が“細菌”であることはおかしいという理屈で、改めて界（kingdom）の上位の階級としてドメインを設定し、アーキアドメイン（domain Archaea）として呼ぶことを提唱した。ドメインという言葉は分類命名規約にはないため、正式な分類階級ではなく、かつ分類学的提案としても無効であるという主張があった。しかしながら、“domain Archaea”という分類階級と名称はすでに世界的に浸透しており、バージェイズ・マニュアル第 2 版（前出）での採用によって市民権を得た感がある（**10-2** 参照）。一方、和名としての古細菌は archaebacteria の対訳としていち早く定着したが、Archaea そのものに対応する和名は一般化しておらず、一部で始原菌という語が提唱されている以外は古細菌という語がそのまま踏襲されている。しかし、たとえ同義語であっても対訳語を使い分けないで用いることは混乱のもとになり、特に専門外の者にとってはわかりにくいので、ここでは Archaea を arachaebacteria（古細菌）と区別してアーキアと呼ぶことにする。

アーキアは、形態学的には同じ原核生物であるバクテリア（domain Bacteria）と区別することは困難である。しかし、生化学的にはバクテリアと大きく異なる性状を有する（第I部1章表1-4を参照)。たとえば、ペプチド鎖伸長因子のジフテリア毒素による修飾・失活、染色体におけるヒストン様タンパクの存在とクロマチン様構造、DNA依存RNAポリメラーゼの構造、タンパク合成開始反応でのMet-tRNAの使用、糖タンパクの合成などにおいて、バクテリアよりも真核生物に類似した性状を有する。また、アーキアにはイントロンの存在が知られている。現在まで多数のアーキア菌種の全ゲノム解析が終了しているが、翻訳・転写・複製など多くの点で明らかに真核細胞内の核内遺伝子と共通点があることが示されており（BULT *et al.*, 1996；KELMAN & KELMAN, 2004)、両者の生化学的表現型の類似性が遺伝子レベルでも証明されている。しかし、遺伝子の構造を個別的に比較していくと、特に細胞分裂やエネルギー代謝系などにおいてバクテリアに近い部分が見受けられるのも事実である。またバクテリアドメインの菌種の中にアーキアにより近いと考えられる遺伝子が見つかっており、ドメイン間で遺伝子の水平移動が起こった可能性がある（NELSON *et al.*, 1999；NESBO *et al.*, 2001)。

一方、アーキア独自の特徴も存在する。他の生物の細胞膜がグリセロ脂質の脂肪酸エステルを脂質骨格としているのに対し、アーキアはグリセロールにイソプレノイドアルコールがエーテル結合した脂質骨格をもつ。またバクテリアがペプチドグリカン層の細胞壁をもつのに対し、アーキアはシュードムレイン、単純タンパク、あるいは糖タンパクのS-レイヤー（S-layer）などで細胞表層が覆われている。リボソームの大きさはバクテリアとほぼ同じであるが、抗生物質に対する感受性は、他の二つのドメインの生物と異なる。

アーキア全般に関する記述は、古賀・亀倉（1998）による成書に詳しい。

10-6-2　アーキアの系統と種類

アーキアはバクテリアに比較して培養が難しい場合が多く、従来の分類で用いられてきた表現型試験が適用しにくいことや、メタン菌や高度好塩菌などの一部を除いて、大半の菌種は分離・記載の歴史が浅いということもあって、分類には当初から積極的に16S rRNAの情報が取り入れられてきた。その結果、バクテリアの系統分類よりも先行して各分類階級の設定と命名がスムーズに行われてきた経緯がある。現時点での分類体系も合理的に整備されている。アーキアに属する主な系統分類群（門・目・属）を、生理学的特性、生息域と共に表IV-10-1に示す。

アーキアは16S rRNAの情報に基づいてコルアーキオータ門、ナノアーキオータ門、クレンアーキオータ門、ユーリアーキオータ門に分けられている。コルアーキオータは当初、環境からの16S rRNA遺伝子クローンの塩基配列の解析のみに基づいて設定された系統群であったが、このクローンを含む環境試料のケモスタット培養が成功し（BURGGRAF *et al.*, 1997）、この培養微生物群集中にコルアーキオータが存在することもPCRで確認されている（BRUNK & EIS, 1998）。これまでのアーキアの分離培養株は、生理学的には（超）好熱菌、高度好酸性菌、メタン生成菌、および高度好塩菌に分けることができる。しかし、分離源の記載はいわゆる極限環境から通常の海洋、土壌などの自然界全般に広がっている。

（超）好熱菌

好熱性および超好熱性はクレンアーキオータの菌種すべてにみられる性質であり、またユーリアーキオータにも多くの（超）好熱菌が存在する。特に超好熱菌に絞ってみると、バクテリアよりアーキアのほうが圧倒的に種の多様性がみられる（STETTER, 1996）。これまでピロロブス属*Pyrolobus*で110℃を越える最高生育温度が記録されている（BLOCHL *et al.*, 1997）。生育に中性条件を好む超好熱性アーキアは一般的に嫌気性の印象があったが、日本の研究者によって好気性の超好熱菌エロピルム・ペルニクス*Aeropyrum pernix*が分離され（SAKO *et al.*, 1996）、全ゲノム解析も完了している（KAWARABAYASI *et al.*, 1999）。ナノアーキオータの超好熱菌ナノアーキウム・エクイタンス“*Nanoarchaeum equitans*”は0.4 μm程度の小球菌であり（HUBER *et al.*, 2002）、これまで知られている原核生物の中で最小の

表 IV-10-1 アーキアの種類と生息域

門	綱	目	主な属	生理学的特徴	生息環境
コルアーキオータ	16 S rRNA 遺伝子クローンのみ				陸上温泉
ナノアーキオータ			ナノアーキウム "*Nanoarchaeum*"	超好熱性 共生菌	海底熱水孔
クレンアーキオータ	サーモプロテイ	デスルフロコックス Desulfurococcales	アエロピルム *Aeropyrum*	超好熱性 好気性菌	海水噴気孔
			デスルフロコックス *Desulfurococcus*	超好熱性 硫黄還元菌	陸上硫気孔
			ピロジクチウム *Pyrodictium*	超好熱性 硫黄還元菌	海洋熱水域
		スルフォロブス Sulfolobales	アシジアヌス *Acidianus*	超好熱性 好酸菌	陸上温泉
			スルフォロブス *Sulfolobus*	超好熱性 好酸菌	陸上温泉
		サーモプロテウス Thermoproteales	ピロバクルム *Pyrobaculum*	超好熱菌	陸海熱水域
			サーモプロテウス *Thermoproteus*	超好熱性 硫黄還元菌	陸上温泉
ユーリアーキオータ	アルカエグロビ	アルカエグロブス Archaeglobales	アルカエグロブス *Archaeglobus*	超好熱性 硫酸還元菌	海洋熱水域/ 石油鉱床
			フェログロブス *Ferroglobus*	超好熱性 硝酸還元菌	沿岸熱水域
	ハロバクテリア	ハロバクテリウム Halobacteriales	ハロバクテリウム *Halobacterium*	高度好塩菌	塩湖
			ハロフェラクス *Haloferax*	高度好塩菌	塩湖
	メタノバクテリア	メタノバクテリウム Methanobacteriales	メタノバクテリウム *Methanobacterium*	メタン生成菌	嫌気汚泥/ 泥炭沼地
			メタノサームス *Methanothermus*	超好熱性 メタン生成菌	陸上硫気孔
	メタノコッキ	メタノコックス Methanococcales	メタノコックス *Methanococcus*	メタン生成菌	海底
			メタノカルドコックス *Methanocaldococcus*	超好熱性 メタン生成菌	海洋熱水域
		メタノミクロビウム Methanomicrobiales	メタノミクロビウム *Methanomicrobium*	メタン生成菌	湖沼/ 水田底土
			メタノスピリルム *Methanospirillum*	メタン生成菌	湖沼/ 水田底土
		メタノサルシナ Methanosarcinales	メタノサルシナ *Methanosarcina*	メタン生成菌	底泥/ 嫌気汚泥
			メタノサエタ *Methanosaeta*	メタン生成菌	底泥/ 嫌気汚泥
	メタノピリ	メタノピルス Methanopyrales	メタノピルス *Methanopyrus*	超好熱性 メタン生成菌	海洋熱水域
	サーモコッキ	サーモコックス Thermococcales	ピロコックス *Pyrococcus*	好熱性 硫黄還元菌	海洋熱水域
			サーモコックス *Thermococcus**	好熱性 硫黄還元菌	海洋熱水域/ 陸上温泉
	サーモプラスマータ	サーモプラスマ Thermoplasmatales	ピクロフィルス *Picrophilus*	好熱性好酸菌	陸上温泉
			サーモプラスマ *Thermoplasma*	好熱性好酸菌	陸上温泉

* 口絵 22 参照

ゲノムサイズを有する（WATERS *et al*., 2003）。

高度好酸性菌

クレンアーキオータとユーリアーキオータの両門に含まれ、好酸性であると同時に好熱性である。またすべて好気性菌種である。クレンアーキオータのほうはスルフォロブス属 *Sulfolobus* をはじめとして通性独立栄養細菌が多い。一方ユーリアーキオータのほうは従属栄養性である。ピクロフィルス属 *Picrophilus* は pH 0 近くでも生育できる超好酸性菌である（SCHLEPER *et al*., 1995）。

メタン生成菌

すべてユーリアーキオータ門に属し、好熱性と中温性の両方の菌種が存在する。メタン生成菌は偏性嫌気性であるが、その生息域はヒトの周囲の環境とも密接な関係がある。水田土壌や湖沼底泥は活発なメタン発生源であり、中温性メタン生成菌が常在している。ルーメン（反芻動物の第一胃）やシロアリ後腸内も常在環境である。UASB 法*5 と呼ばれる嫌気廃水処理プロセスでは、メタン生成菌がバクテリアドメインの嫌気性細菌と共にグラニュール（粒状フロック）を形成し、空間的な棲み分けを行っている（SEKIGUCHI *et al*., 1999, 2001）。また、活性汚泥のような好気的廃水処理系にもメタン生成菌の分布が確認されている（GRAY *et al*., 2002）。

高度好塩菌

高濃度（1.5～5.2 M）の食塩存在下でのみ生育する好気性菌で、すべてユーリアーキオータ門のハロバクテリウム目に属する。メタン生成菌の中にも高度好塩性の菌種が存在するが、一般的に上記系統に属するものを高度好塩菌と定義している。塩田が赤くなる現象が昔からよく知られているが、カロテノイド色素をもつ高度好塩菌が大量に増殖するのが原因である。いくつかの菌種は、光駆動性イオンポンプのバクテリオロドプシン（アポタンパク・バクテリオオプシン・発色団レチナールの複合体）を有する広義の光合

＊5　upflow anaerobic sludge blanket の略で上向流式嫌気性汚泥ブランケットといい，粒状の汚泥を用いる嫌気性（メタン発酵）廃水処理法.

成生物である。通常の高度好塩菌とは異なり、海水レベルの塩濃度で生育できる好塩性アーキアも見つかっている（PURDY *et al*., 2004）。

10-6-3　非極限環境におけるアーキア

従来アーキアは、一般の生物の生育には不適な高温・強酸性・嫌気条件下など、極限環境に主に生息する風変わりな生物としての印象があった。しかし、培養を伴わない分子技法の適用によって、アーキアが常温環境中にも広く分布していることが明らかになっている。まず、特異的16S rRNAプローブを用いて、海洋中にクレンアーキオータとユーリアーキオータが存在することが明らかにされた（FUHRMAN *et al*., 1992；DELONG, 1992）。その後、海洋中の主要微細プランクトンとしてアーキアが存在するという報告が相次ぎ（HOEFS *et al*., 1997；MASSANA *et al*., 1997）、特に海面からの深度が大きい場所での生態学的重要性が指摘されている（MASSANA *et al*., 1997；FUHRMAN, 2002）。また、海洋環境から直接得られたゲノムDNAのショットガンシークエンス*6からは、アーキア由来と考えられる新規のロドプシン様光受容体が多数検出されている（VENTER *et al*., 2004）。

クレンアーキオータに属する既知菌種はすべて好熱性であるにもかかわらず、この系統の16S rRNA遺伝子クローンが、一見高温とは無縁と思われる環境から見つかっている。たとえば、森林土壌や湖沼底土からこの手のクローンが検出されている（SCHLEPER *et al*., 1997）。リアルタイムPCR*7による定量結果によれば、土壌中に含まれる16S rRNA遺伝子の0.5～3％がクレンアーキオータ由来と考えられるという（OCHSENREITER *et al*., 2003）。土壌DNAから構築されたゲノムライブラリーからは、クレンアーキオータ由来の遺伝子が検出されており（TREUSCH *et al*., 2004）、今後このようなアプローチが常温性クレンアーキオータの実体解明に役立つであろう。イネ土壌の嫌気環境からはメタン生成菌の系統に混じって、既知のいずれの系統にも遠縁のクレンアーキオータが検出されており、*in situ*ハイブリダイゼーション*8により現場での生息が確認されている（GROBKOPF *et* *al*., 1998)。日本国内の土壌からは、クレンアーキオータともユーリアーキオータとも系統的に離れている16S rRNA遺伝子クローンが見つかっている（KUDO *et al*., 1997)。これらがどのような機能や生態学的役割をもつのか現状ではほとんど不明であり、今後の研究の進展が期待される。

[平石　明]

＊6　DNAを数種の制限酵素で断片化した後，それぞれの断片の両末端をランダムに読み，それらのシークエンスをコンピュータ上で組み合わせ，配列を推定する方法.

＊7　リアルタイムPCR：PCR（遺伝子増幅）過程を即時的に追跡し，増幅量を決定する（増幅と定量的検出を同時に行う）方法.

＊8　*in situ* ハイブリダイゼーション：細胞中のDNAあるいはRNAの特定配列を，相補的な配列を有するオリゴヌクレオチドプローブを用いて検出する方法.

11 巨大細菌

細菌は名前の通り顕微鏡下でのみ観察できる微小な形態の生物であるが、ここに来て肉眼でも観察可能な菌種の報告がなされ、注目を集めている。

紅海の草食性クロハギ（*Acanthurus* sp.）は消化器官中に共生細菌エプロピスキウム・フィッシェルソニ *Epulopiscium fishelsoni* を含む (CLEMENS & BULLIVANT, 1991)。この細菌は長さが 576 μm までになる巨大なものである。16S rRNA 遺伝子に基づく系統解析から本菌はファーミキューテス属に属する細菌であることが明らかにされた (ANGERT *et al*., 1993)。一方、モルモットの盲腸に生息し、内生胞子を形成する培養不能な巨大細菌メタバクテリウム・ポリスポラ *Metabacterium polyspora* も報告された（ANGERT *et al*., 1996)。*M.* ポリスポラとエプロピスキウム属種は系統的に互いにごく近縁である。

さらに最近、アフリカ ナミビア海岸の低酸素域の海洋沈殿物から分離された新属新種の硫黄細菌チオマルガリータ・ナミビエンシス *Thiomargarita namibiensis*（口絵 10）は、これまで知られていない巨大硫黄細菌であり、通常の原核生物の 100 倍以上の、肉眼でも観察できるほどの大きさの球菌である（SCHULZ *et al*., 1999)。16S rDNA 塩基配列の解析から海洋性硫黄細菌チオプラオカ属 *Thioplaoca* に近縁であることが判明した。チオプラオカ属に似てこの巨大細菌は硫黄を酸化し、中央部に存在する液胞中に著量蓄積する。本菌は巨大な細胞容積と細胞内の液胞が存在することより、これらの元素を長期にわたって貯蔵し、環境からの供給が制限されたとき生存に役立たせることができるものと推定されている。細菌のまだ知られざる多様性の一面を見せつけられた思いである。

（横田　明）

12 光合成細菌

光エネルギーを、生体膜を介した電気化学ポテンシャル差（$\Delta\tilde{\mu}H^{+}$）に変換して、ATP 合成を行うバクテリアの一群が光合成細菌である。電子伝達反応を担う補欠分子として葉緑素（[バクテリオ］クロロフィル）を含有する。光合成原核生物としてはこのほか、レチナールタンパク介在の光駆動性イオンポンプを有する好塩性アーキアも存在する。16S rRNA に基づく系統からは、糸状性緑色細菌（filamentous green bacteria, クロロフレキシ門）、紅色細菌（purple bacteria, プロテオバクテリア門）、緑色硫黄細菌（green sulfur bacteria, クロロビ門）、およびヘリオバクテリア（heliobacteria, ファーミキューテス門）の 4 系統の酸素非発生型光合成細菌と、酸素発生型光合成細菌である藍色細菌（シアノバクテリア門）が知られている。光合成反応中心の構造と電子伝達成分からみた場合、反応中心タンパクがホモダイマーで鉄硫黄クラスターが電子伝達に関与する PSI 型と、ヘテロダイマーの反応中心タンパクをもちフェオフィチン-キノンが電子伝達にかかわる PSII 型が存在する。PSI 型の光合成細菌として、緑色硫黄細菌とヘリオバクテリアが含まれ、PSII 型として糸状性緑色細菌と紅色細菌が含まれる。また PSI と PSII の融合型が藍色細菌である。通常の酸素非発生型光合成細菌は嫌気光条件下で生育するが、これらとは別に好気条件下でのみ光合成色素を生産し生育する、いわゆる好気性光合成細菌が存在する。近年になって、好酸性好気性光合成細菌アシディフィリウム属 *Acidiphilium* に亜鉛を中心金属としてもつバクテリオクロロフィルが発見され、天然界の葉緑素のすべてがマグネシウムを含むとする従来の常識が覆された。また、アカリオクロリス属 *Acaryochloris* の藍色細菌はクロロフィル *d* を有し、低エネルギーの近赤外光を吸収して酸素発生型の光合成を行う。

（平石　明）

13 化学合成細菌

化学合成細菌（chemosynthetic [chemotrophic] bacteria）とは、栄養基質となる化合物の分解エネルギーを直接利用して、あるいはその酸化エネルギーを膜を介した電気化学ポテンシャル差（$\Delta\tilde{\mu}H^+$）に変換して、ATP 合成を行うバクテリアである。光合成細菌の対語として用いられる。化学合成細菌には、電子供与体および炭素源として有機物を利用する化学合成有機栄養細菌（chemoorganotrophs）と、無機物を酸化してエネルギーを生成し炭酸固定を行う化学合成無機栄養細菌（chemolithotrophs）とがある。酸化エネルギーを得る呼吸系の末端電子受容体としては酸素のほか、窒素酸化物・硫酸塩・硫黄・フマル酸・還元型金属などを利用する様々な菌種が存在する。現在まで分離培養されている菌種の大部分は、プロテオバクテリア門・アクチノバクテリア門・ファーミキューテス門・バクテロイデス門などの系統に属する化学合成有機栄養細菌である。これらの細菌は、自然生態系やヒトのまわりの汚濁環境において有機物の分解摂取と無機化の主要な役割を演じている。近年、深海探査技術や微生物検出技法の進歩によって、深海底熱水噴出孔の周辺には光合成に頼らない化学合成のみの生態系が形成されていることがわかってきた。この環境にはメタンや硫化水素が豊富に存在しており、これらをエネルギー源とする化学合成細菌が有機物生産の担い手となっている。これらのある種のものは、熱水噴出孔の周囲に繁殖している多細胞真核生物に、宿主特異的な共生菌として生息している。同様の化学合成生態系は大陸地殻内にも存在する。光合成細菌が誕生する前の原始地球においては、有機物の生産者はもっぱら化学合成無機栄養細菌であり、熱水環境の中で盛んに有機物合成反応を行い、有機栄養細菌誕生の土台を形成したのではないかというのが有力な説である（**10-2** 参照）。

（平石　明）

14 株の識別が要求される食中毒と院内感染の病原体

細菌がrRNAの配列で分類されるようになり、この情報を使って同定を行っている研究室では分離菌株の系統的な位置を大幅に間違うといった誤同定はなくなった。しかし医学細菌学では、いまだに病原体を生化学的性状だけで同定しているので、しばしば誤同定が起きる。これには、臨床では治療のための情報を迅速に提供しなければならないので、簡易同定キットを使った迅速同定法が選択される事情がある。ところが集団食中毒・院内感染・日和見感染症の場合、原因となる病原体の特定には菌種名だけではなく、菌株の由来を調査することが要求される。菌株の由来の決定は、社会的反響が大きいので特に正確さが要求される。

細菌の菌種は70％以上の染色体の類似度をもつ菌株の集団として定義されており、rRNA配列情報は独立した種間での変化が乏しく、種内の30％の遺伝子の多様性をもった株の識別ができない。そこで染色体を特殊な酵素（6～8塩基認識制限酵素）で切断して比較するパルスフィールドゲル電気泳動（PFGE）が株の識別によく使用される。

PFGEは、食中毒の病原体や院内感染を起こすレベル2以上の重要な病原体に関しては、膨大な株レベルのデータが蓄積しており、感染源や原因食品の特定に利用することができる。PFGEによる遺伝子多型が信頼できるどうかは細菌種のPFGEのデータがどれだけ多く蓄積されているかに依存する。制限酵素の選択を誤ればどの株でも同じパターンにしかならない。また多型を議論する前に菌種の同定が間違いなくなされなければ意味がない。

米国では、病原細菌のPFGEの画像を国内からインターネットで集め、データベース化する作業が行われており、食中毒事例が起きた場合は国全体あるいは世界規模でその由来が追求できる体制が整備されつつある。

（江崎孝行）

第 V 部

ウイルスの多様性と系統

ウイルス学の最近の進歩をベースに、ウイルスの特性・構造から分類・進化まで、ウイルスの全体像をコラムも交えて概説する。

11 ウイルスの多様性と系統

花田耕介・五條堀　孝

11-1　ウイルスの多様性と分類

11-1-1　はじめに

バクテリア、アーキアおよび真核生物という3大生物界（ドメインと呼ばれる）が誕生し多様化してきた歴史の中で、ウイルスの進化的な位置づけは未知の部分がほとんどである。また、ウイルスの起源については、ウイルスがこれら3大生物界の進化過程とはまったく異なった系統から派生したと考える説から、ウイルスの共通祖先は一つではなく複数存在するという多起源説まで諸説が様々に存在するものの、どの説も推測の域を越えることができていないのが現実である。このため、ウイルスの分類は、その基礎となる進化学的背景があいまいであるという状況を認識するところから出発しなければならない。

ウイルスは1880年代に、植物細胞の存在下でのみ増殖し、細菌を通さないフィルターを通りぬけることができる病原体（pathogen）として発見された。その後現在に至るまで、動植物、細菌および藻類に至る幅広い生物種にウイルスが存在することが確認されている。さらに、1930年前後に出現した超遠心機や電子顕微鏡の進歩により、ウイルス研究が加速度的に発展した。その結果、ウイルスは遺伝物質である核酸（nucleic acid）を含み、核酸を保護する外被（キャプシド capsid；カプシドともいう）に包まれて細胞から細胞へ移動できる遺伝因子であることがわかった（図11-1）。そのようなウイルスと他の微生物との特徴的な違いは、次のように示すことができる。つまり、ウイルスは

①エネルギー産生機能（ATP合成能）を欠き、人工培地では増殖でき

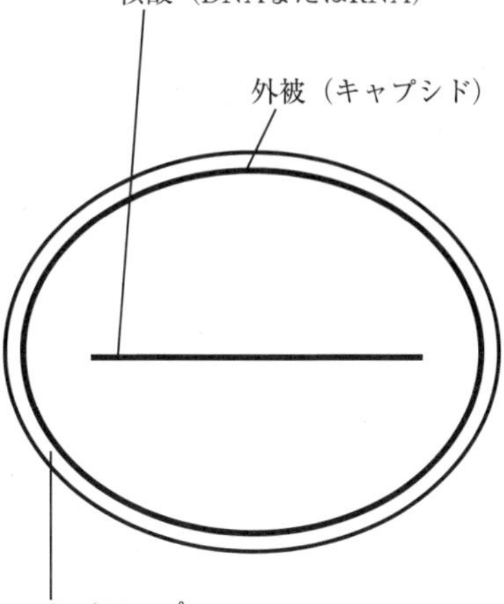

図 11-1　ウイルスの形
中心には DNA や RNA から成り立つ核酸が存在している．生物は遺伝情報として DNA を用いているが，ウイルスは遺伝情報として DNA をもつウイルスと RNA をもつウイルスがあり，それらのまわりには，キャプシドと呼ばれるタンパク質の膜があって核酸を守っている．さらに一部のウイルスはそのまわりにエンベロープと呼ばれる膜で二重に核酸をコートしている

ない。

②宿主細胞を利用してタンパク質の合成を行う。

③細菌やリケッチアにみられる二分裂様式では増殖しない。

④細菌、リケッチアおよびクラミジアの細胞壁成分であるムラミン酸が、ウイルス外被には含まれていない。

ウイルスが発見されてから 100 年以上経過した現在では、4000 種以上のウイルスが確認されている。これらのウイルスはそれらの宿主に何らかの障害を与えた際に発見される場合がほとんどであるので、一般にウイルスは病原体としてしか認識されていないという状況が存在する。しかし、宿主を破壊し続けるウイルス種は、いわば自身の存在場所を消滅させる自殺的行為を行っており、そのようなウイルス種は少数派と考えるべきである。一方、多数派と考えられる非病原性のウイルス種は、発見すること自体が困難であり、発見されても緊急に研究をすることが必要なウイルス種ではないため、このような非病原性ウイルスに関する知見や情報の蓄積はかなり少ない。つまり、現在行われているウイルスの分類は、数多く存在するウイルス種のうち、わずか一部分のウイルスで行われていることを認識する必要がある。し

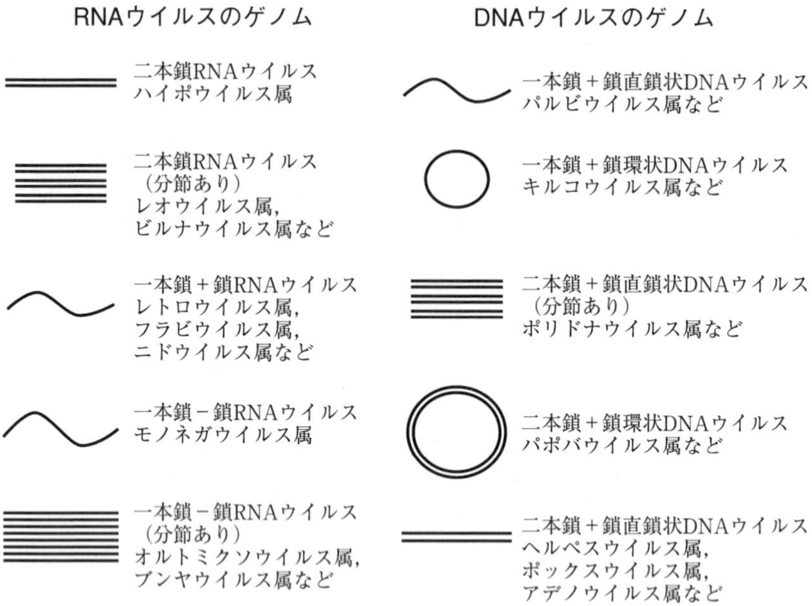

図 11-2 ウイルスゲノム構造の多様性

図 11-3 ヴィリオンの多様性

ヴィリオンの多様性を感染する宿主ごとに示した．スケールは右下に示している．この図から，ウイルスの大きさ，エンベロープの形およびキャプシドの形が，ウイルスによって非常に多様性があることがわかる．以下に細かくそれぞれのヴィリオンを説明する．マイオウイルス：尾をもつヴィリオン．イノウイルス：特異的なひも状のヴィリオン．プラズマウイルス：円形様ではあるが多形性粒子．ハイポウイルス：エンベロープをもたない球状粒．シュードウイルス：エンベロープを保有しないウイルスで，このように正二十面体粒子をもつウイルスは多くある．メタウイルス：エンベロープをもたないため細胞から発芽できないウイルス．クロステロウイルス：長いフィラメント状で，らせん構造をしている．ジェミニウイルス：シュードウイルスと同じような正二十面体粒子が二つくっつき合った構造をしているのでこの名がある（gemini＝双子）．イリドウイルス：正二十面体粒子の中で最も大きいヴィリオンをもつウイルス．バキュロウイルス：エンベロープに包まれて棹状粒子．ラブドウイルス：砲弾型ウイルスで，エンベロープをもつ．ヌクレオキャプシドが砲弾型らせんを巻く．コロナウイルス：棍棒状の突起が多数存在し，これがちょうど太陽のコロナ（corona）のように見えるところからこの名が付いた．ポックスウイルス：レンガ状の大形ウイルス（VAN REGENMORTEL *et al*., 2000 を基に改変）

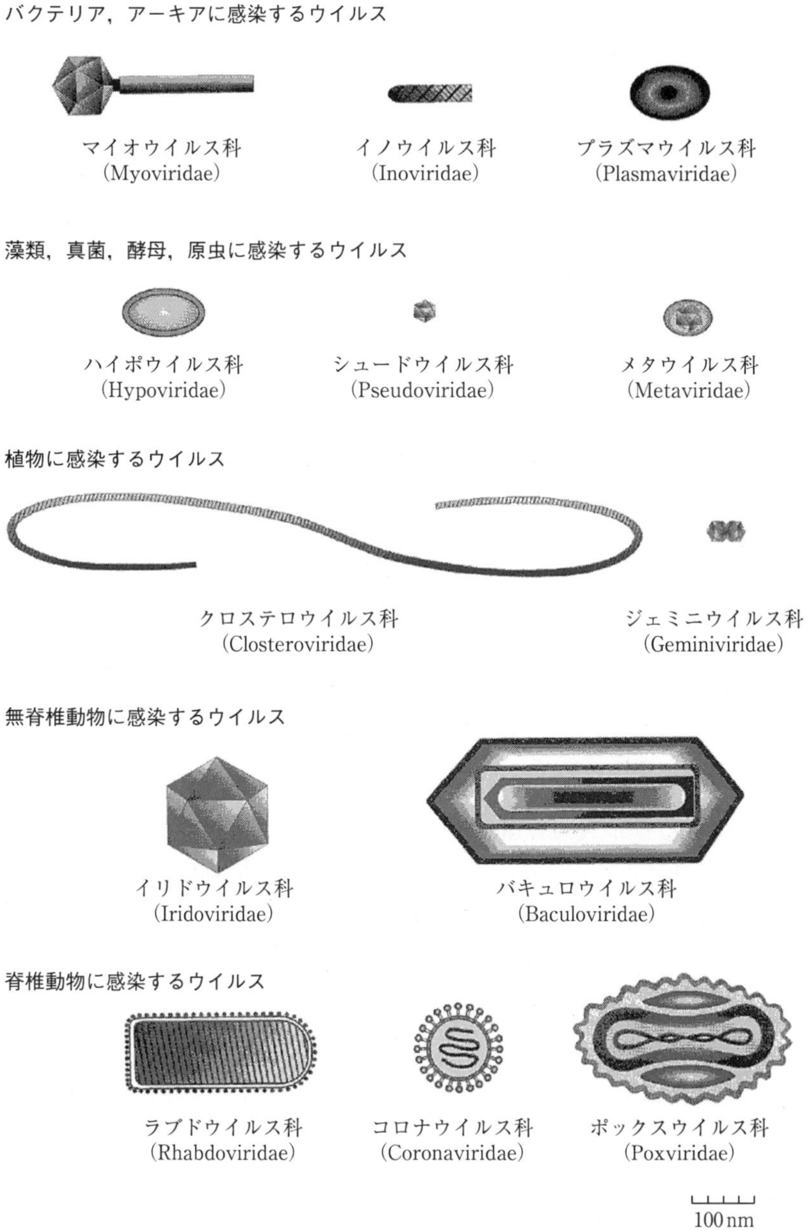
バクテリア，アーキアに感染するウイルス
マイオウイルス科
(Myoviridae)
イノウイルス科
(Inoviridae)
プラズマウイルス科
(Plasmaviridae)
藻類，真菌，酵母，原虫に感染するウイルス
ハイポウイルス科
(Hypoviridae)
シュードウイルス科
(Pseudoviridae)
メタウイルス科
(Metaviridae)
植物に感染するウイルス
クロステロウイルス科
(Closteroviridae)
ジェミニウイルス科
(Geminiviridae)
無脊椎動物に感染するウイルス
イリドウイルス科
(Iridoviridae)
バキュロウイルス科
(Baculoviridae)
脊椎動物に感染するウイルス
ラブドウイルス科
(Rhabdoviridae)
コロナウイルス科
(Coronaviridae)
ポックスウイルス科
(Poxviridae)
100 nm

かしながら、実際に把握されているウイルス種でさえ、ゲノム構造から形態（ヴィリオン virion）に至るまで変化に富んだ多様性が存在する（図 11-2, 図 11-3）。電子顕微鏡や遺伝子工学が発達していない時代のウイルス分類は、宿主範囲（host range）や症状（clinical symptom）あるいは伝播様式（transmission mode）のような疫学的特徴に基づいていたが、近年では、分子生物学の発展と共に塩基配列の比較解析を中心とした分子進化学的手法（molecular evolutionary analysis）が確立され、これらの手法によるウイルス分類が主流になろうとしている。しかし、ウイルスの形態学的特徴や生化学的性質ならびに疫学的性状などは、ウイルスを整理・分類するうえで今でも重要な指標となっている（表 V-11-1）。

このような状況の下に、現在のウイルス分類は、国際ウイルス分類委員会（International Committee on Taxonomy of Viruses, ICTV）の下で体系化されており、数年に一回の割合で改訂されている（ウイルス系統分類に使われる詳細な情報については、表 V-11-1 を参照のこと）。ICTV の第 7 版レポート（VAN REGENMORTEL *et al.*, 2000）では、細菌、藻類、菌類、無脊椎動物、脊椎動物および植物に感染する 4000 以上のウイルス種が、三つの目、56 の科、九つの亜科、233 の属に分類されている。

11-1-2 ウイルスの分類

ICTV によるウイルスの分類は、遺伝情報として存在する DNA あるいは RNA の違いや複製機序（replicant strategy）の違いから、以下の六つのグループに分かれている。すなわち、二本鎖 DNA ウイルスグループ（分類 I；口絵 1）、一本鎖 DNA ウイルスグループ（分類 II；口絵 2）、二本鎖 RNA ウイルスグループ（分類 III；口絵 3）、一本鎖プラス鎖 RNA ウイルスグループ（分類 IV；口絵 4）、一本鎖マイナス鎖 RNA ウイルスグループ（分類 V；口絵 5）、逆転写酵素（reverse transcriptase）をもつウイルスグループ（分類 VI および VII）である。さらにウイロイド・サテライトウイルス・プリオンは、非ウイルス群のグループとして分類されている。このよ

表 V-11-1　ウイルスの分類に使われる指標

1)核　酸	DNA または RNA
	一本鎖または二本鎖
	プラス鎖またはマイナス鎖または両方
	直鎖状または環状
	分節の数や大きさ
	ゲノムサイズ
	核酸組成（GC 含量，繰り返し配列の存在）
	5′ 末端のキャップ構造の有無
	3′ 末端の polyA 配列の有無
2)ウイルスの形態	ヴィリオンの形状
	カプシドの対称性と構造
	ペプロマーの有無
	エンベロープの有無
	ヴィリオンの直径
	ヴィリオンの浮上密度や沈降係数
	ヴィリオンの分子量
	転写酵素の有無と性状
3)複製機構	複製の機序
	ORF の数と位置
	ヴィリオンタンパクの蓄積する細胞内の位置
	ヴィリオンが集まる細胞内の場所
	ヴィリオンの放出機序
4)タンパク質	構造タンパクの数，大きさとその機能
	非構造タンパクの数，大きさとその機能
	特別な機能活性（逆転写酵素，HA，NA など）
	タンパク質への糖付加やリン酸化など
5)血清学的性状	血清学的な方法による抗原性状
6)化学的安定性	pH 感受性
	熱安定性
	脂質溶剤感受性
	放射線安定性
7)生物学的な特徴	宿主の範囲
	感染経路
	媒介動物との関係
	地理的分布
	病原性
	組織，細胞嗜好性

表に示す 1）～5）の項目はウイルスの科と属の決定に使われており，4）以下の方法はウイルスの属，種および型などの決定に使われている

うに、ウイルスは多様なゲノムとその複製経路をもっているが、基本的には宿主の複製機能を利用するため、ウイルスタンパクを生成する mRNA がウイルスに共通した分子メカニズムの出発点になっているといえる。

ICTV のレポートでは、前述したように、科の上位に位置する三つの目 (コードウイルス目 Caudovirales、ニドウイルス目 Nidovirales、モノネガウイルス目 Mononegavirales) が、分子進化学的解析によって特定された。しかし一方で、どの科にも属していない「科未定」とされるウイルス属や、どの属にも属していない「属未定」のウイルス種も数多く存在しており、それらのウイルスの正確な系統分類のための詳細な分子進化学的解析が待たれている。図 11-4 を見ると、2005 年 1 月の DNA データバンク (DDBJ/EMBL/GenBank) に登録されているウイルスの遺伝子配列データの件数において、上位 20 番目までのウイルス種が全ウイルス種の登録件数の約 4 分の 3 を示していることがわかる。さらに、上位 100 番目までのウイルス種の登録件数は全体の 9 割になる。このように、ウイルス研究がいかに特定のウ

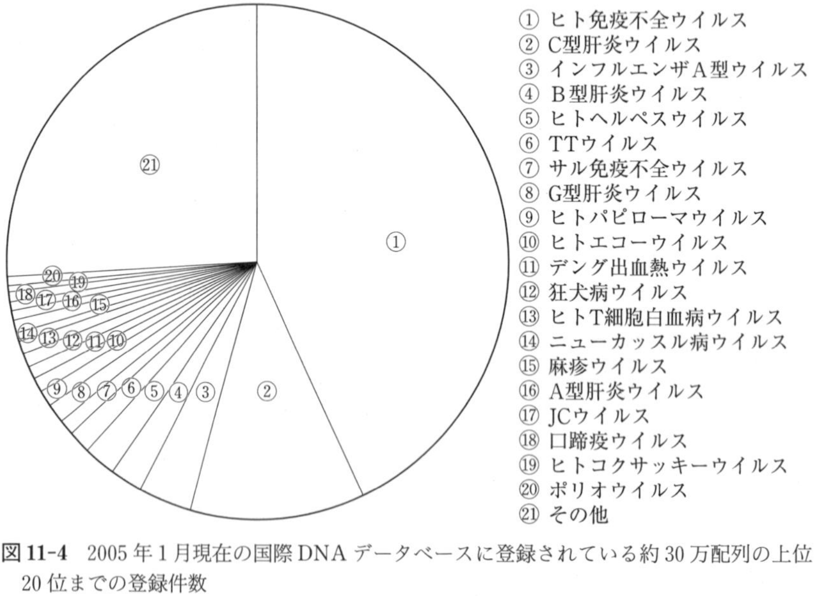

図 11-4 2005 年 1 月現在の国際 DNA データベースに登録されている約 30 万配列の上位 20 位までの登録件数

イルスだけに偏ってなされてきたかを理解すると共に、正確なウイルス分類を行ううえでこの点に留意しておく必要がある。

11-1-3 DNAウイルス（分類I, II）

ウイルス以外の生物のゲノムは、二本鎖DNAのみであるが、ウイルスは様々な形で遺伝情報を次の子孫に与える。DNAウイルスは他の生物と同様に二本鎖DNAをゲノムとする二本鎖DNAウイルスグループ（分類I）と、片方のDNAしかゲノムとして持たない一本鎖DNAウイルスグループ（分類II）に分類されている。DNAウイルスは、一般に宿主の高度な転写装置およびDNA修復機構をそのまま利用できることから、RNAウイルスと比べて複雑な遺伝子発現調節が可能である。そのため、DNAウイルスのゲノムサイズは、大きなものから小さいものまで様々に存在しており、ゲノムサイズの範囲はかなり幅広い。

二本鎖DNAウイルスが、ICTVのレポートの第6版から第7版に改訂される際に新しくなった点は、今まで科未定だったアスファウイルス属 *Asfavirus* が科になったことと、パポバウイルス科 Papovaviridae のパピローマウイルス属 *Papillomavirus* とポリオーマウイルス属 *Polyomavirus* がそれぞれ独立に科に昇格したことである。さらに、細菌に感染する三つのウイルス科（ミオウイルス科 Myoviridae、シポウイルス科 Sipoviridae、ポドウイルス科 Podoviridae）が新しくコードウイルス目としてまとめられている。特に、この目に属するウイルスは、ヴィリオンにテイル（tail）と呼ばれる尾がついており、他のウイルスのヴィリオンと著しく異なる構造をもつという特徴をもっている。

二本鎖DNAウイルスの進化的起源に関する研究として、ヴィラリールら（VILLARREAL *et al*., 2000）はDNA複製酵素（replication enzyme）の保存領域（conserved region）を用いて系統樹（phylogenetic tree）の作成を行った。その結果、藻類に感染性を示すフィコドナウイルス科 Phycodnaviridae のDNA複製酵素が、真核生物の複製酵素の起源に近いところに位置していることを見いだし、過去にこの種類のウイルスが真核生物に複製酵素を与えたという興味深い仮説を提案している。しかし、彼らの解析したDNA複製酵素の保存領域は、進化的に遠く離れた遺伝子であるため短い配列しか使われておらず、その信頼性が低いという問題点の指摘もなされている。

一本鎖DNAウイルスの科の数は、二本鎖DNAウイルスにくらべ非常に少ない。しかし、種まで範囲を広げてみると、一本鎖DNAウイルスの特徴が見えてくる。実際、サーコウイルス科Circoviridaeは近年、ブタ、ヒトおよびトリで次々と新しいウイルス種が単離されており、同じくパルボウイルス科Parvoviridaeでも今まで考えられていたより宿主域が非常に広いことが報告されている。このように、一本鎖DNAウイルスの一つ一つの科は多くの宿主にまたがっていることから、一本鎖DNAウイルスは二本鎖DNAウイルスにくらべて宿主特異性に対する機能的制約（functional constant）が小さいウイルスであると考えられる。

ギブスら（GIBBS *et al*., 1999）は、次に示すように、特定の一本鎖DNAウイルスが、別の一本鎖DNAウイルスとRNAウイルスの組換えによって出現したという可能性を指摘している。今まで、一本鎖DNAウイルスであるサーコウイルス科のゲノムの大部分が、同じ一本鎖DNAウイルスである科未定のナノウイルス属*Nanovirus*のゲノムと高い相同性をもっていることは知られていた。しかし、彼らはサーコウイルス科ウイルスの複製酵素のC末端にのみ、一本鎖プラス鎖RNAウイルスであるカリシウイルス科Caliciviridaeのゲノムの一部と高い相同性領域が存在することを見つけた。つまり、植物にのみ存在するナノウイルス属の祖先ウイルスが脊椎動物に水平感染し、脊椎動物にのみ存在するカリシウイルス科の祖先ウイルスと組換えが生じ、その結果脊椎動物に感染可能になったウイルスがサーコウイルスであると推測された。

このように、ウイルスの進化過程において、新しいウイルスが核酸の種類の枠を越えて組換え（recombination）を起こすことで出現できるとすると、ウイルスの進化様式は際限なく増加するものと考えられる。

11-1-4　RNA ウイルス（分類III, IV, V）

RNA ウイルスは、DNA ウイルスとくらべかなり安定したサイズのゲノムをもっている。実際のゲノムサイズを比較してみると、RNA ウイルスは 7 kb～30 kb の範囲にあり、DNA ウイルスは 3 kb～200 kb になる。この理由は、すでに述べたように、DNA ウイルスは細胞の DNA 修復機構を利用することができるが、RNA ウイルスはその修復機構がないため、複製の過程で生じる誤りが多くなって大きな分子の複写をすることが不可能になるからと考えられている。しかし一方で、この変異体（mutant）を産み出すスピードが有益になることもある。つまり、RNA ウイルスはこの非常に多い複製エラー（replication error）を利用し、ウイルス遺伝子の変異を蓄積させることによって外被タンパク質等の形を変化させ、宿主の免疫系（immune system）による攻撃から猛烈なスピードで逃げ回るのである。

上述した三つの RNA ウイルスグループ（二本鎖 RNA ウイルス、一本鎖プラス鎖 RNA ウイルス、一本鎖マイナス鎖 RNA ウイルス）の特徴を、以下にそれぞれ概観していくことにする。二本鎖 RNA ウイルスは、一つのウイルス科が広い範囲にまたがった宿主域をもつ傾向があるのが特徴である。また、ヴィリオンの形態は、そのサイズが比較的小さくてエンベロープをもたないなどの特徴があり、ゲノム構造も分節（segment）化しているなど同じグループのウイルス種間での共通点が多い。以上のことから、二本鎖 RNA ウイルスは祖先ウイルスを共有している可能性の最も高いグループの一つであるといわれている。

一本鎖 RNA ウイルスは現在わかっているウイルス中最大のグループで、ゲノム RNA がそのまま mRNA として働くプラス鎖 RNA ウイルスと、ゲノム RNA の転写物が mRNA になるマイナス鎖ウイルスに分かれる。このグループに属するウイルス種は、ゲノム構造やヴィリオン構造に多様性が存在し、それぞれの科の宿主域も非常に狭い。たとえば、一本鎖プラス鎖ウイルスのグループ内に、脊椎動物と無脊椎動物に共通するウイルス科はいくつか存在するものの、植物ウイルスと動物ウイルスの間では共通するウイルス科は存在しない。特に、植物ウイルスと動物ウイルスのヴィリオンの形態は明らかに異なっている（図 11-3 参照のこと）。

一本鎖マイナス鎖 RNA ウイルスはほとんどがエンベロープを所有し、類似したヌクレオキャプシド構造をもっている。またこのウイルスグループでは、宿主特異性が低く、ラブドウイルス科 Rhabdoviridae およびブニヤウイルス科 Bunyaviridae などは植物、無脊椎動物、脊椎動物の幅広い宿主で観察されている。

近年、プラス鎖 RNA ウイルスゲノムの複製酵素の構造解析および系統進化学的解析がいくつかのグループによって行われた。その結果、ICTV の第 7 版には生物分類単位としての記載はまだされていないが、プラス鎖 RNA ウイルスは三つのスーパーファミリー（ピコルナ様スーパーファミリー、カルモ様スーパーファミリー、アルファ様スーパーファミリー）からなることが判明している。さらに、クーニンら（KOONIN *et al*., 1993）は、複製酵素の各種機能をもつドメインの位置を比較解析することによって、プラス鎖 RNA ウイルスの進化過程を推測し、すべての RNA ウイルスが共通の祖先ウイルスポリメラーゼという酵素の遺伝子から由来していると指摘している（図 11-5）。また、ストラウスら（STRAUSS *et al*., 2001）も、アルファウイルスとカルモウイルスが共通祖先をもつことをゲノムの全体構造や複製機構の比較から示唆している。

図 11-5 プラス鎖 RNA ウイルス複製領域のゲノム構成と系統関係

系統樹は一本鎖プラス鎖 RNA ウイルスの複製酵素のアミノ酸配列保存領域から作成した系統樹であり（SHUKLA *et al*., 1989 を基に一部改変），ゲノム構成は複製酵素遺伝子中の“core”遺伝子群の配列を表している（KOONIN *et al*., 1993 を基に一部改変）. POL 1，2，3 はポリメラーゼスーパーグループ 1，2，3 に，HEL 1，2，3 はヘリカーゼスーパーファミリー 1，2，3 に，MET 1，2 はメチルトランスフェラーゼのタイプ 1 とタイプ 2 にそれぞれ対応している．S-PRO はキモトリプシン様セリントランスフェラーゼ，C-PRO はキモトリプシン様システイントランスフェラーゼ，P-PRO はパパイン様プロテアーゼを示している．X は機能不明の領域を示す

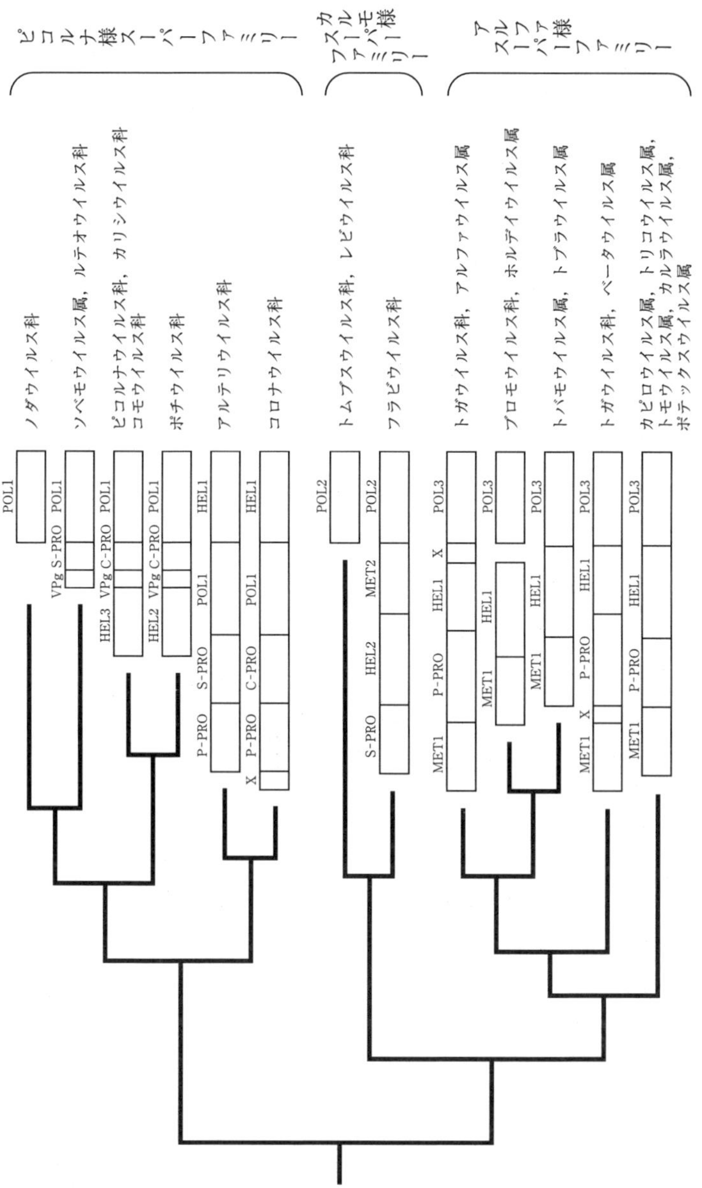
ピコルナ様スーパーファミリー
カルモ様スーパーファミリー
アルファ様スーパーファミリー
ノダウイルス科
ソベモウイルス属，ルテオウイルス科
ピコルナウイルス科，カリシウイルス科
コモウイルス科
ポチウイルス科
アルテリウイルス科
コロナウイルス科
トムブスウイルス科，レピウイルス科
フラビウイルス科
トガウイルス科，アルファウイルス属
ブロモウイルス科，ホルデイウイルス属
トバモウイルス属，トブラウイルス属
トガウイルス科，ベータウイルス属
カピロウイルス属，トリコウイルス属，
トモウイルス属，カルラウイルス属，
ポテックスウイルス属
POL1
VPg S-PRO POL1
HEL3 VPg C-PRO POL1
HEL2 VPg C-PRO POL1
P-PRO S-PRO POL1 HEL1
X P-PRO C-PRO POL1 HEL1
POL2
S-PRO HEL2 MET2 POL2
MET1 P-PRO HEL1 X POL3
MET1 HEL1 POL3
MET1 HEL1 POL3
MET1 X P-PRO HEL1 POL3
MET1 P-PRO HEL1 POL3

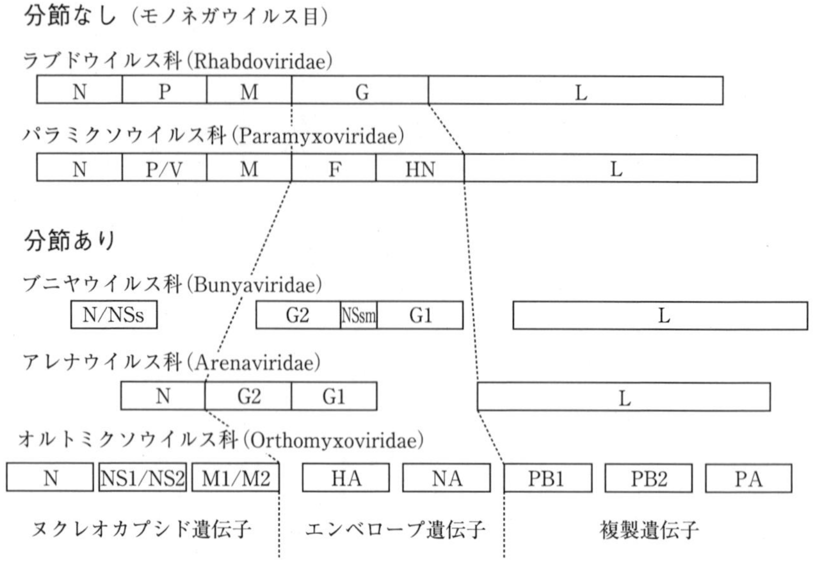

図 11-6　マイナス鎖 RNA ウイルスのゲノム構成

ラブドウイルス，パラミクソウイルス，ブニヤウイルス，アレナウイルスおよびオルトミクソウイルスの遺伝子の中で機能が類似しているものを並べた．N はヌクレオカプシド，P はリンタンパク，M は膜タンパク，G・G1・G2 は糖タンパク，F は融合タンパク，HN はヘマグルチニン-ノイラミンダーゼ，L は複製酵素，NA はノイラミンダーゼ，HA はヘマグルチニン，NS は非構造タンパク，PB1 と PB2 と PB3 はインフルエンザの複製タンパク（STRAUSS *et al*., 1996 を基に一部改変）

マイナス鎖 RNA ウイルスは、図 11-6 に示しているように、ウイルス種間のゲノム構成を比較すると、このグループに属するウイルス種間に類似性があることは明らかである。この図から、マイナス鎖 RNA ウイルスは共通の祖先ウイルスゲノムをもっていたことが推測される。この類似性は、プラス鎖 RNA ウイルスのウイルス種がもつゲノム構成の多様性とは明らかに異なっている特徴である。ただし例外として、第 7 版でマイナス鎖 RNA ウイルスとして新しく追加されたデルタウイルス属 *Deltavirus* とは、進化的起源が異なっていると考えられている。

11-1-5　逆転写酵素をもつウイルス

酵母から哺乳類に至るまで、レトロトランスポゾン（retrotransposon）は幅広い生物種のゲノムに存在し、これらが逆転写酵素をもつウイルスの祖先であるという説が通説となっている。逆転写酵素は、「DNA → RNA → タンパク質」という分子生物学のセントラルドグマに従わない唯一の酵素であり、それによってRNAワールド説の一端を担うことにもなっている。また、個体を越えて別の個体へ遺伝子を移動させるこれらのウイルス種は、生物が進化していく過程でも重要な貢献をしていると考えられており、様々な生物種のゲノム中においてこれらのウイルスグループが数多く見つかっている。さらに、これらのウイルスをベクターとして特定の遺伝子をゲノム中に運ばせることによって医学的な治療を行う「遺伝子治療」にも応用されており、エイズなどの社会的影響の大きな感染症と共に、話題性には事欠かない有名なウイルスである。

ICTVの第6版まで、このウイルスグループには、二本鎖DNAウイルスが2科と一本鎖プラス鎖RNAウイルスが1科の合計3科が存在していたが、第7版では新しく2科が追加されている。その2科はそれまでトランスポゾンとして認められていたもので、メタウイルス科Metaviridaeとシュードウイルス科Pseudoviridaeである。ションら（XIONG *et al.*, 1988）は、逆転写酵素関連遺伝子の塩基配列を集めてRNA依存RNAポリメラーゼをアウトグループとして系統樹を作成している（図11-7）。この系統樹では、アウトグループを境に二つのグループに分かれており、その二つのグループの違いはLTR（long terminal repeat）の有無に一致していることがわかった。このことからICTV第7版では、LTRがあるものをトランスポゾンではなくウイルスとして位置づけ、ウイルスの科としてシュードウイルス科やメタウイルス科を加えている。これらのウイルス科に属するウイルス種は感染性がなく細胞の中でしか動けないため、その系統的位置はレトロウイルス科Retroviridaeより系統樹の根に近いところに存在すると考えられていたが、メタウイルス科などは系統樹の根（root）から非常に遠い位置に

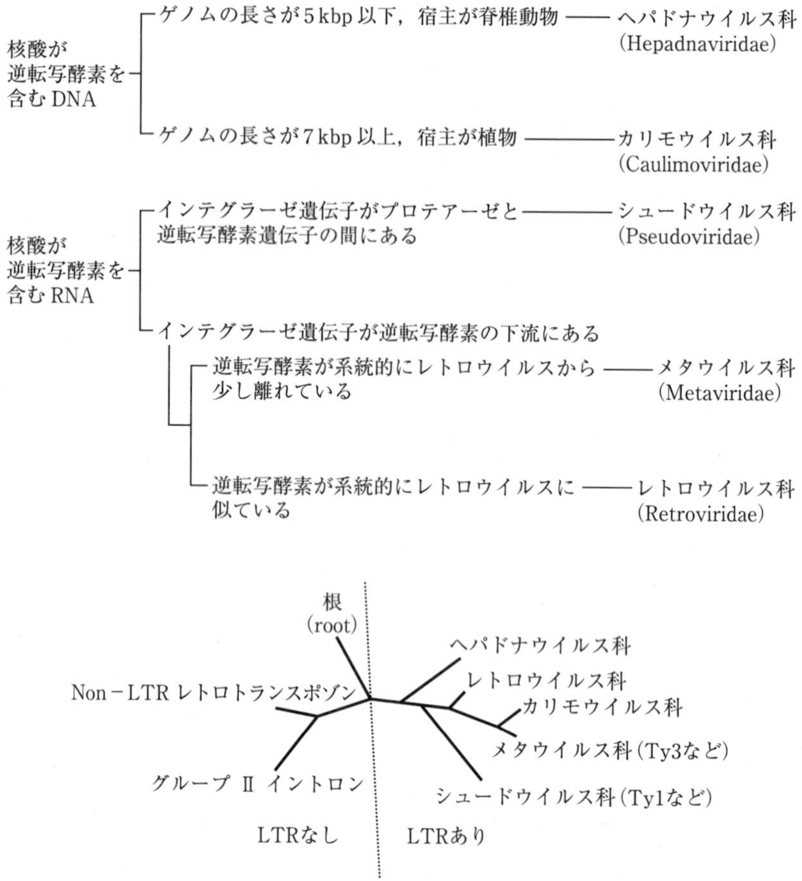

図 11-7 レトロウイルスの系統関係
上図は逆転写酵素のグループに入る科の分類方法である．下図は逆転写酵素に相同性領域をもつものの保存領域から作成した系統樹である（Xiong *et al.*, 1988 を基に一部改変）

存在することがわかった。

11-1-6 ウイロイド

ウイロイドは、自律複製能をもつ約 300 塩基の低分子 RNA であり、タンパク質の外被をもっていない。このような点で、ウイルスとは明らかに進化

	ウイロイド		ウイロイド様サテライトRNA		ウイロイド様一鎖RNAウイルス（デルタウイルス）
	ポスピウイロイド科（Pospiviroidae）	アブサンウイロイド科（Avsunviroidae）	線状	環状	
分子構造	環状一本鎖	環状一本鎖	線状一本鎖	環状一本鎖	環状一本鎖
ヘルパーウイルス	無	無	有	有	有
自己切断の有無	無	有	有	有	有
自己切断の型	タンパク関与？	ハンマーヘッド	ハンマーヘッド	ハンマーヘッド	ハンマーヘッド

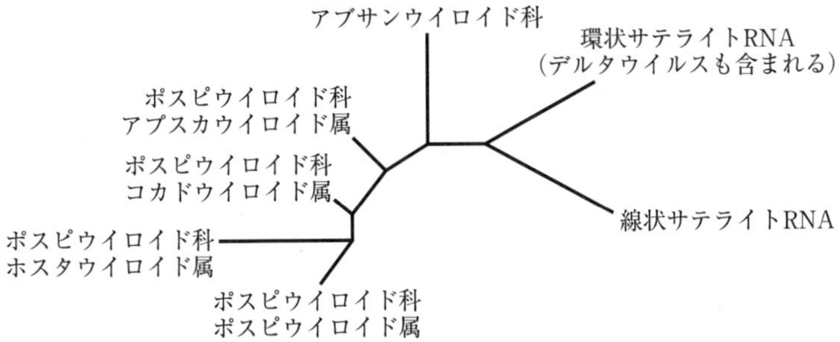

図 11-8　ウイロイドおよびウイロイド近縁なものの関係
上図は，ウイロイドとサテライト RNA（ウイロソイド）とデルタウイルスの性質を表で表したものである．下図は，ウイロイド近縁のものの保存領域から作成した系統樹である（ELENA *et al*., 1991 を基に一部改変）

的起源が異なっていると考えられている。また、ウイロイドと同じ起源であると考えられるウイロソイドが存在するが、ウイロソイドは、あるウイルスと一つの細胞に共感染した場合でのみ複製可能な遺伝因子として定義されている。エレナら（ELENA *et al*., 1991）は、ウイロイド、ウイロイド近縁であるデルタウイルスおよびウイロイド近縁のサテライト RNA（ウイロソイド）の塩基配列から分子系統樹を作成し（図 11-8）、これらの低分子 RNA が共通の祖先 RNA を起源とする可能性があることを示している。また、ICTV 第 7 版では、ウイロイドを二つに分け、ポスピウイロイド科 Pospiviroidae とアブサンウイロイド科 Avsunviroidae の二つの科を構築している。その二つの科の特徴的な違いは、図 11-8 に示すように、自己切断能力の有無である。ウイロイドは、いくつかに切断されることにより複製するが、その様式は次のようなものである。まず、一つのウイロイドから多数のウイロイドが並んで複製され、その後一つ一つのウイロイドごとに切断される。その際の切断方法が、ポスピウイロイド科とアブサンウイロイド科の二つの科で異なっている。つまり、アブサンウイロイド科に属するウイロイドはハンマーヘッドと呼ばれる特殊な構造を有していて自己切断できるが、ポスピウイロイド科に属するウイロイドはこの構造を有していないため自己切断できず、タンパク質の助けによって切断されるのである。

11-1-7　まとめ

ウイルスを利用した研究で、これまで生物の新しい知見が次々と発見されてきた。今後の研究においても、基礎的な分野にとどまらず応用的な臨床分野にウイルスを上手に応用していくことが必要になると考えられる。しかし、上述したように、いまだウイルスの全体像を把握できていない可能性が高く、このような応用的側面へのアプローチを確立するためにも、まだ把握できていない非病原性ウイルスの研究もより精力的に行う必要があると思われる。

11-2　ウイルスの進化

11-2-1　はじめに

ウイルスの進化は、塩基置換突然変異（point mutation）、挿入（insertion）・欠失（deletion）、遺伝子組換え（recombination）、および遺伝子再集合（reassortment）などによって（図 11-9）変異体ウイルスを大量に産生し、そのなかのごく一部のものだけが厳しい宿主生存競争の下で環境生活に適応し生き残っていくという戦略によって起こっている。

ウイルスの中でも強烈な病原性を示すことの多い RNA ウイルスは、真核生物より約 100 万倍速く進化することで宿主の免疫システムから逃れていることが報告されている（GOJOBORI *et al*., 1990）。これは RNA ウイルスが自身のゲノムを複製する際に、たとえ間違った転写が行われた場合でもそれ

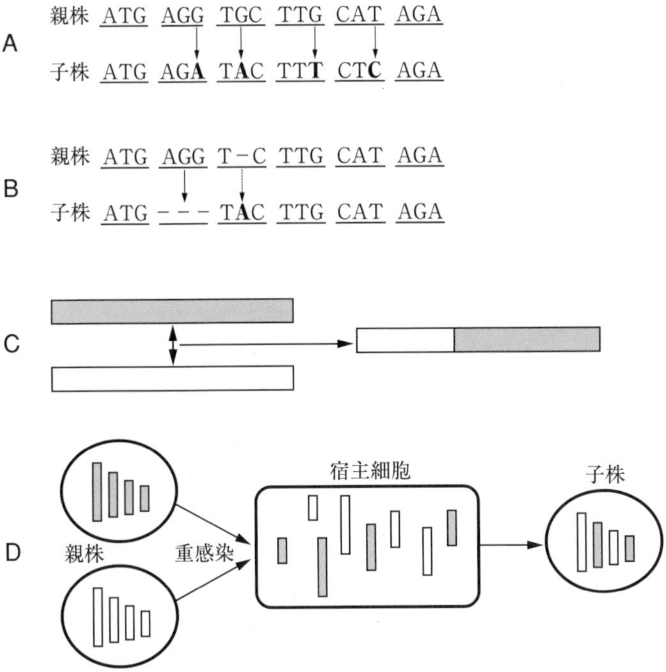

図 11-9　変異体ウイルスの産生機構

A：塩基突然変異．いくつかの塩基座位において親株の塩基が子株で他の種類の塩基に置き換わっている．B：挿入，欠失．子株の塩基配列に親株には存在しなかった塩基座位が挿入（点線）したり欠失（実線）したりしている．C：遺伝子組換え．二つの異なる親株がゲノムの組換えを起こし，新しい子株を産生している．D：遺伝子再集合．二つの異なる親株が宿主細胞内でゲノムの組換えを起こし，新しい子株を産生する

を修正する「プルーフリーディング」と呼ばれる修復機能がないためであると考えられる。普通に考えると、修復機能がないことは、複製の際のエラーをそのまま蓄積するため、そのウイルスにとって有害な変異体が多数産生されてしまう効率の悪い複製機構であると思われがちである。しかし、先に述べたように、RNA ウイルスはこの効率の悪い複製機構を、宿主の免疫系から逃れる変異蓄積メカニズムとして逆に利用しているのである。このように、ウイルスの進化機構を考察することは、そのウイルスの特徴的変異機構を知るためだけでなく、ウイルスの分類の進化的背景を確立するうえでもき

わめて重要なことである。

11-2-2 置換距離の推定法

一般に、ある2本の相同な塩基配列が与えられている時、それが進化的にどれくらい離れているかを表す一つの尺度として塩基置換数を推定する。つまり、塩基置換数は、2本の塩基配列がそれぞれ共通祖先から分岐して現在に至るまでの間に蓄積した塩基サイト当たりの塩基置換の数である。ここでは、この塩基置換数を「進化的距離（evolutionary distance)」と呼ぶことにしよう。

N 個の塩基サイトからなる相同な塩基配列2本を比較するとき、Nd 個の塩基サイトに塩基の差異が見つかったと仮定する。このとき、塩基サイト当たりの塩基の差異の数（p）は

$$p = \frac{Nd}{N}$$

で推定され、これを p-distance と呼ぶ。しかし、この p-distance の問題点は、同じ塩基サイトで2回以上置換する「多重置換（multiple substitution)」の可能性をまったく取り入れていないところにある。

そこで、多重置換の可能性を考慮し、塩基置換パターンのどの塩基間の置換速度もすべてが等しいと仮定した塩基配列モデルに基づく1パラメータ法を用いると、塩基サイトあたりの塩基置換数（d）は

$$d = -\frac{3}{4}\ln\left(1 - \frac{1}{4}p\right)$$

と推定できる。しかし、実際の塩基間の塩基置換速度には偏りがあるため、この塩基置換モデルを改良した様々な塩基置換推定法が考察されている。たとえば、塩基置換モデルの置換速度が二つのみでそれらが独立に異なって存在すると仮定する2パラメータ法や、その塩基置換速度が六つもあってそれらが独立に異なって存在すると仮定する6パラメータ法などがある。

また、このようにして得られた塩基置換数は、同様にして得られるアミノ

酸置換数と共に、進化距離として用いることによって進化系統樹を作成することができる。このようにして作成された系統樹は、すでに **11-1-6** に述べているが、「分子系統樹」と呼ばれる。分子系統樹の作成法には様々なものが存在するが、置換速度を一定に仮定するものとそうでないものに大別される。進化速度の高いウイルスの系統関係を知りたい場合には、単離された年月が一定でない場合が多いので、進化速度の一定性を仮定しない分子系統樹作成法を用いるのがよい。それらには、たとえば近隣結合法（neighbor-joining method）および最尤法（maximum likelihood method）などがある。

11-2-3　ウイルス進化速度の推定

単離年の異なる二つのウイルス株と、それらより以前に分岐したことがわかっている一つのウイルス株（アウトグループあるいは外群）があれば、進化速度をある程度正確に推定することができる。そのようなウイルス株を用いて図 11-10 のような分子系統樹が作成されたとしよう。この場合、進化速度（v）は

$$v = \frac{d_a - d_b}{T_a - T_b}$$

という式によって推定することができる。ここで、d_a および d_b はそれぞれ

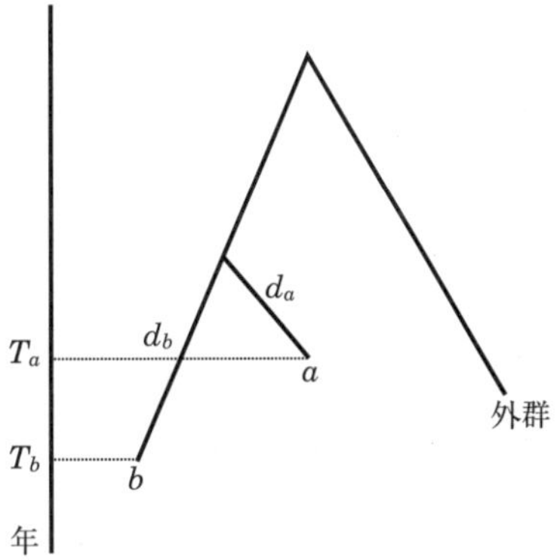

図 11-10　ウイルスにおける進化速度測定法
単離年の異なる 2 ウイルス株とそれらが分岐する前に分岐したことがわかっている 1 ウイルス株を用いて進化速度を推定する．進化速度はウイルス配列の共通祖先配列からの枝の長さ（d_a，d_b）の差をウイルスの単離年で割ることによって推定される

共通祖先からA株とB株までの進化距離であり、T_aとT_bはそれぞれウイルス株の単離年を表している。

ここまでRNAウイルスは進化速度が速いと述べてきたが、実際にどれくらい速いのであろうか。筆者ら (HANADA *et al*., 2004) は約50種類のRNAウイルス種の進化速度を推定し、RNAウイルス間での進化速度の違いの範囲と、その違いを引き起こす主な原因を調べている。ウイルスの塩基置換を調べる際には、自然の淘汰圧に影響されにくいアミノ酸の置換を伴わない同義置換を用い、進化速度は一年当たりの同義置換数を用いた。その結果、RNAウイルスの同義置換速度は、一年当たり一塩基サイト当たり$1.3 \times 10^{-7} \sim 6.2 \times 10^{-2}$と非常に幅があり、RNAウイルス間で約10万倍もの違いがあることを明らかにした。参考までに、真核生物の同義置換速度は平均すると一年当たり一塩基サイト当たり約10^{-9}であり、その変動幅は10倍前後であると考えられている。RNAウイルス間では、真核生物と違いなぜこのように大きな同義置換速度の差があるのだろうか。その原因を以下のように考えてみる。同義置換速度が自然淘汰にほぼ影響しないと仮定すると、その同義置換速度は一回の複製で起こる複製のエラー率と単位時間内に起こる複製の回数から成り立つと考えられる。つまり、RNAウイルスの同義置換速度の多様性は、そのどちらかが、RNAウイルス間で多様性があるため、同義置換速度の多様性を生み出していると考えられる。そこで、RNAウイルスの中で実験的に推定されている複製のエラー率を見てみると、同義置換速度が異なるウイルス種間でもそのエラー率はほぼ一定であった。また、ウイルスの複製回数に影響を及ぼすと考えられる感染様式と同義置換速度を比較すると (図11-11)、ウイルスの感染様式と同義置換速度とに高い相関があることが明らかとなった。以上のことは、RNAウイルスは複製回数の違いによって同義置換速度に多様性を生み出していることを示している。

この、感染様式の違いが複製回数に関連し、ウイルスの進化速度に強く影響するという現象は、非常に興味深いものである。たとえば、短い潜伏期間で、空気を介して次々と宿主に感染し発症するような能力を持つウイルスは

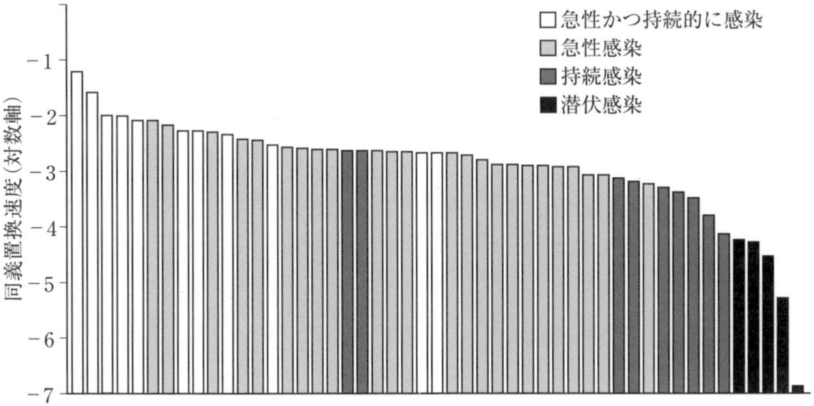

図 11-11 同義置換速度とウイルスの感染様式の比較

縦軸に同義置換速度を対数軸で表しており，横軸にはそれぞれのウイルス種を同義置換速度が速い順に左から並べた．急性感染でかつ持続感染をするウイルスは宿主に感染するとすぐに発症し，かつ長期にまたがってウイルスをその宿主から放出し続けるので，複製の回数が非常に多いと推測できる．急性感染するウイルスはすぐに発症してウイルスもすぐに排出されるため，複製回数は比較的多いと考えられるが，持続感染を伴う感染様式のウイルスよりは複製回数が少ないと考えられる．持続感染のみを行うウイルスは比較的病原性が弱く，そのため宿主内で複製の回数が制限されていると考えられる．潜伏感染を起こすウイルスは複製が強く制限されているウイルスである．以上の感染様式と同義置換速度を比較すると，単位時間当たりの複製回数が多いと考えられるウイルスは同義置換速度が速い傾向にあり，複製が少ないと考えられるウイルスは同義置換速度が遅い傾向にあった

複製回数が多くなるため進化速度が速く、ワクチンなどの対策が難しいということと両立している。

実際に短期間で世界中のブタに感染したと考えられるブタ繁殖呼吸器障害症候群ウイルスは、密飼という特殊な環境下で空気を介した強い感染能力があることが示され、推測される複製回数の多さからも示唆されるように、今まで報告されたウイルスの中で最も速い進化速度をもつウイルスであった (HANADA *et al*., 2005)。また、そのブタ繁殖呼吸器障害症候群ウイルスは非常に速い進化速度をもっており、約 10 年という短期間にアミノ酸レベルで 40 % も異なる二つの型に分岐した進化過程も明らかとなっている。

15 次々と起こるエマージング感染症

エマージング感染症（新興感染症）とは、「新たにヒトや動物の集団の中に出現した感染症、または以前から存在していたものの急激にその発生が増加もしくは広い地域に拡がってきた感染症」と定義されている。このようなエマージング感染症が世界各地で次々と起こっていることは、マスコミ等のニュースによって多くの人が知るところであろう。さらに、航空事情が発達している現在では、世界のどこかで起こっているこのような感染症が、いつわが国で発生してもおかしくない状況であるのは明らかである。

近年、フラビウイルス科に属するウエストナイルウイルスや、コロナウイルス科に属するSARSウイルスなどが人々を騒がせ、社会問題にまで発展している。エマージングウイルスは突然に現れるウイルスであるため、もちろんどのようなウイルスが現れるかなどほとんど予測できない。しかし、ある程度の傾向があり、エマージング感染症の多くがマイナス鎖RNAウイルスであることは興味深い事実である。例を挙げると、この種の有名なウイルス感染症だけでも、マールブルク病、ラッサ熱、エボラ出血熱などがある。その中でも、近年異常に増加しているパラミクソウイルスが起こす被害が、ヒト、家畜および野生動物に見つかっている。パラミクソウイルス科に属するウイルスが起こした大量死を記録した最近の事件を表に列挙しているが、約10年間に世界各地で多くの病害を及ぼしていることがよくわかる。ここに挙げていない小さなパラミクソウイルスが起こす新たな感染症もあわせると、このような事例は途方もない数にのぼることが容易に推察できる。

ライオン、アザラシおよびイルカの大量死などの原因となったウイルスは、パラミクソウイルス科モルビリウイルスに属するイヌジステンパーウイルス（CDV）に近縁なウイルスであった。イヌジステンパー

表 パラミクソウイルスが起こしたエマージング感染症

年代	ウイルス名	場所	大量死の内容
1988年	アザラシモルビリウイルス	北西ヨーロッパの海岸	アザラシの大量死（15000頭以上）
		シベリアのバイカル湖	アザラシの大量死
1990年	イルカモルビリウイルス	地中海	イルカの大量死
1994年	イヌジステンパー近縁のウイルス	タンザニアのセレゲティ国立自然公園	250頭のライオンのうち20％突然死
1994年	ヘンドラウイルス	オーストラリア	ウマ(14頭)と調教師が高熱を出し突然死
1997年	モンクアザラシモルビリウイルス	アフリカ西部	モンクアザラシの大量死
1998年	ニパウイルス	マレーシア	ブタ100万頭殺処分，養豚業者105名が死亡

ウイルスは、今まではイヌ科またはイヌ科に近縁の動物にしか感染しないといわれていた。しかし、1994年に起こったライオン大量死の原因ウイルスは、遺伝子の変異によってライオンに感染可能になったCDV変異体であると考えられている。このような異種間の伝播が可能になった変異体ウイルスに感染した新しい宿主は、強烈な症状を伴うことが多いといわれている。なぜなら、まだ新しい宿主の環境に慣れていないウイルスは、宿主が繰り出す強力な免疫的攻撃に対抗するためにあらゆる防衛手段を用いると考えられるからである。それにしても、ライオンがイヌからCDV感染したにもかかわらず、同じネコ科でライオンよりも感染機会がはるかに多いと考えられるネコがCDVに感染しないのは不思議に思われる。したがって、かつてネコのウイルスがイヌに蔓延しイヌに強烈な症状を与えたパルボウイルスのように、イヌのウイルスであるCDVがネコに感染し、将来大きな問題を起こす可能性は否定できない。先に述べたように、アザラシやイルカの大量死の原因となっている

ウイルスもまた、CDV から由来していると考えられている。これらのウイルスによる海生動物の被害は、日本近海だけでも 1990 年代の後半にいくつか報告されており、これらのウイルスが海を通じて世界中に蔓延していることがわかっている。

一方、1994 年にオーストラリアのヘンドラでサラブレッド競走馬に、高熱を主とする感染症が突然発生した。この事件では、ウマが 14 頭死亡し、ウマを看病した調教師も 2 人が発病しそのうち 1 人が死亡した。この事件は、ウマだけでなく、看病している調教師にまで感染症が波及したことで大きなニュースとして当時取り上げられた。その後の研究で、原因ウイルスはパラミクソウイルス科に属すヘンドラウイルスと名づけられている。自然宿主はオーストラリア原産のオオコウモリ（植物食性）であり、このコウモリのウイルスを含む尿からウマが感染したと考えられている。さらに、1998 年には、ヘンドラウイルスに近縁なニパウイルスが、マレーシアで発生した。このウイルスが感染したブタの多くは不顕性感染であったが、そのブタから感染したヒトは脳炎を主徴とする死亡率の高い疾病になってしまうことが知られている。不思議なことに、このウイルスはヒトからヒトには感染せず、感染経路はブタからヒトへのみであった。このため、マレーシアでは養豚業者に数多くの死亡者が発生し、病気の蔓延を防ぐため 100 万頭ものブタを処理している。このように、パラミクソウイルスは突然大変な病原性を示すウイルスとしてヒトや動物の前に幾度となく出現しているウイルスである。

エマージング感染症の代表格ともいえるエボラウイルスやマールブルクウイルスも、分類上の科は異なるものの、パラミクソウイルスに非常に近いことが分子系統樹からわかっている。パラミクソウイルスがなぜ、突然爆発的な病原性をもってわれわれの前に現れるかはまったくの謎に包まれているが、エマージング感染症が出現する理由は、今まではヒトと隔絶されていたウイルスが自然破壊などの理由で自然界から飛び出してきたからと一般に考えられている。多くのウイルスは、何も悪いことをすることなく、ある宿主生物と平和に暮らしているのだが、それを人間が文明の発展などによって無理やり引きずり出し、それによって人間がしっぺ返しを食らっているという構図が目に浮かんでくる。文明の発達や発展を止めることは難しいので、このようなウイルスが目を覚まさないようにする工夫や、あるいは蔓延を予防する方法を考えなくてはいけないであろう。そう考えるに、エマージング感染症を起こすウイルスの共通性を調べてみると、先にも述べたように、多くがマイナス鎖RNA ウイルスであり、そのなかでもパラミクソウイルスが占める割合がかなり多いことは特筆すべきである。もしエマージングウイルスの進化系統や分類を正確に把握できるとすれば、エマージング感染症を予防できる可能性がある。この可能性を実現するには、いままでのように個々のウイルス種の性質を調べる研究だけではなく、ウイルスの系統を整理しウイルス界の全体像をみるような研究が必要になってくると思われる。森に眠っているまだ病原性を示していないウイルスは、どういう性質をもっているのか。たとえば、このようなことを知るために、すでにわかっているウイルスから未知のウイルスの出現予測がたてられるようにしなくてはならないであろう。そうしなければ、エマージング感染症による被害は、今後も増加することはあっても減少することはないと考えられる。

（花田耕介・五條堀　孝）

分 類 表

広義の菌類 [杉山純多]

本書 第II部で述べたように，広義の菌類を対象にした分子系統学的研究は，その範囲や系統進化的関係を明らかにしつつある．その結果，科以上の高次分類群の分類体系は，現在のところ，流動的である．ここで示した分類体系は，筆者（杉山，1996）の体系を，主として“The Mycota Vol. 7 Part A & B”（McLaughlin *et al*., 2001）所収の分子系統学的知見によって部分的に改訂したものである．本分類表と本文の分担執筆者が用いている分類群とは，範囲や体系上の位置づけが異なる場合があるので留意願いたい．

アクラシス・タマホコリカビ・変形菌（粘菌）・ネコブカビの4門は，界レベルの位置づけが不透明なので，一括して原生生物群（Protists）に収容した．ラビリンツラ・サカゲツボカビ・卵菌の3門は，ストラミニピラ界（Kingdom Straminipila）に包含した．菌類界（Kingdom Fungi），すなわち“真の”菌類には，ツボカビ類・接合菌類・子嚢菌類・担子菌類を独立の門に位置づけ，体系化した．

繰り返すが，ここに掲載した分類表は定着したものではなく，分類体系上の位置づけが不確定な分類群を多数含んでいることに留意していただきたい．とくに高等菌類のうち，子嚢菌門は三大系統群（古生子嚢菌類・半子嚢菌類・真正子嚢菌類）を門に位置づけ，綱レベルに相当する分類群を「類」の名称で示し，旧体系（形態学的特徴を重視した）との対応がつけられるようにした．担子菌門も同様に，三大系統群（クロボキン類・サビキン類・菌蕈類）を門とし，分子系統学的知見を反映した分類体系の現代像を旧体系（丸括弧で明示）と関係づけて提示した．1990年代以降の菌類分子系統研究の帰結として，不完全菌類（アナモルフ菌類）を独立の高次分類群とするような体系化は崩壊したので，ここでは担子菌門の後に一大菌群として代表アナモルフ属のみをアルファベット順に列挙した．その際，[ ] を用いて対応するテレオモルフが判別できるようにした．また，地衣類は菌類界の中に組み入れ，科の学名の後に＊印を付けて示した．担子菌門の†印は酵母が含まれる分類群（系統群）を示す．なお，この付表では，変形菌（粘菌）門の和名は『学術用語集植物学編（増訂版）』（1990）に準じ，「……カビ」の呼称で表記した．

個々の目／科が内包する分類群の詳細については，たとえば“Dictionary of the Fungi” 9 th Ed. (2001) を参照されたい．収容されている属・種の数は下表（表1）の通り．

表1 広義の菌類の属・種の数（Table 6 in Kirk *et al*., 2001）

	属	種		属	種
原生生物群			トリコミケス綱	55	218
アクラシス菌門	6	12	子嚢菌門		
タマホコリカビ門	4	46	古生子嚢菌綱	10	124
変形菌門（粘菌門）	76	833	半子嚢菌綱	71	290
ネコブカビ門	15	47	真正子嚢菌綱	3328	32325
ストラミニピラ界			担子菌門		
ラビリンツラ菌門	13	48	クロボキン綱	119	1464
サカゲツボカビ門	6	23	サビキン綱	195	8057
卵菌門	92	808	担子菌綱（＝菌蕈綱）	1037	20391
菌類界			アナモルフ菌類*	2887	15945
ツボカビ門	123	914	（＝不完全菌類）		
接合菌門					
接合菌綱	124	870	合計		80060

* この数字はテレオモルフ名として集計された種の総数に組み入れる前に15％（推計で）減じてある．

原生生物群 PROTISTS

アクラシス菌門 ACRASIOMYCOTA

アクラシス菌綱 Acrasiomycetes
アクラシス目 Acrasiares
アクラシス科 Acrasiaceae
コプロミクサ科 Copromyxaceae
グッツリノプシス科 Guttulinopsidaceae
フォンチクラ科 Fonticulaceae

タマホコリカビ門 DICTYOSTELIOMYCOTA

タマホコリカビ綱 Dictyosteliomycetes
タマホコリカビ目 Dictyosteliales
アキトステリウム科 Acytosteliceae
タマホコリカビ科 Dictyosteliaceae

変形菌門（粘菌門）MYXOMYCOTA

プロトステリウム菌綱 Protosteliomycetes
プロトステリウム目 Protosteliales
カボステリウム科 Cavosteliceae
プロトステリウム科 Protostelidaceae
ツノホコリカビ科 Ceratiomyxaceae

変形菌綱（粘菌綱）Myxomycetes
エキノステリウム目 Echinostliales
クビナガホコリカビ科 Clastodermataceae
エキノステリウム科 Echinosteliaceae
エキノステリオプシス目 Echinosteliopsidales
エキノステリオプシス科 Echinosteliopsidaceae
コホコリカビ目 Liceales
アミホコリカビ科 Cribrariaceae
コホコリカビ科 Liceaceae
レチクラリア科 Reticulariaceae
ケホコリカビ目 Trichiales
ウツボホコリカビ科 Arcyriaceae
ジアネマ科 Dianemaceae
ケホコリカビ科 Trichiaceae
ムラサキホコリカビ目 Stemonitales
ムラサキホコリカビ科 Stemonitidaceae
モジホコリカビ目 Physarales
カタホコリカビ科 Didymiaceae
モジホコリカビ科 Physaraceae

ネコブカビ門 PLASMODIOPHOROMYCOTA

ネコブカビ綱 Plasmodiophoromycetes
ネコブカビ目 Plasmodiophorales
ファゴミクサ科 Phagomyxaceae
ネコブカビ科 Plasmodiophoraceae

ストラミニピラ界 STRAMINIPILA

ラビリンツラ菌門 LABYRINTHULOMYCOTA

ラビリンツラ菌綱 Labyrinthulomycetes
ラビリンツラ目 Labyrinthulales
ラビリンツラ科 Labyrinthulacese
ヤブレツボカビ目 Thraustochytriales
ヤブレツボカビ科 Thraustochytriaceae

サカゲツボカビ門 HYPHOCHYTRIOMYCOTA

サカゲツボカビ綱 Hyphochytriomycetes
サカゲツボカビ目 Hyphochytriales
サカゲフクロカビ科 Anisolpidiaceae
サカゲカビ科 Rhizidomycetaceae
サカゲツボカビ科 Hyphochytriaceae

卵菌門 OOMYCOTA

卵菌綱 Oomycetes
ミゾキチオプシス目 Myzocytiopsidales
クリプチコラ科 Crypticolaceae
ミゾキチオプシス科 Myzocytiopsidaceae
フクロカビモドキ目 Olpidiopsidales
フクロカビモドキ科 Olpidiopsidaceae
ミズカビ目 Saprolegeniales
レプトゲニア科 Leptogeniaceae
ミズカビ科 Saprogeniaceae
フシミズカビ目 Leptomitales
アポダクリエラ科 Apodachlyellaceae
ズケリエリア科 Ducellieriaceae
レプトレグニエラ科 Leptolegniellaceae
フシミズカビ科 Leptomitaceae
サリラゲニジウム目 Salilagenidiales
サリラゲニジウム科 Salilagenidiaceae
ハリフトロス科 Haliphthoraceae
ツユカビ目 Peronosporales
シロサビキン科 Albuginaceae
ツユカビ科 Peronosporaceae

ササラビョウキン目 Sclerosporales
ササラビョウキン科 Sclerosporaceae
ベルカルブス科 Verrucalvaceae
フハイカビ目 Pythiales
フハイカビ科 Pythiaceae
ピチオゲトン科 Pythiogetonaceae
オオギミズカビ目 Rhipidiales
オオギミズカビ科 Rhipidiaceae
所属位置未確定目
アニソルピジウム目 Anisolpidiales
ラゲニスマ目 Lagenismatales
ロゼロプシス目 Rozellopsidales
プセウドスファエリタ科 Pseudosphaeritaceae
ロゼロプシス科 Rozellopsidaceae
ハプトグロッサ目 Haptoglossales
ハプトグロッサ科 Haptoglossaceae
所属位置未確定科
ラゲナ科 Lagenaceae
エクトロゲラ科 Ectrogellaceae
シロルピジウム科 Sirolpidiaceae

菌類界 FUNGI

ツボカビ門 CHYTRIDIOMYCOTA

ツボカビ綱 Chytridiomycetes
ツボカビ目 Chytridiales
サビツボカビ科 Synchytriaceae
フウセンツボカビ科 Phlyctidiaceae
ネツキツボカビ科 Rhizidiaceae
エダツボカビ科 Cladochytriaceae
ツボカビ科 Chytridiaceae
ハルポキトリウム科 Harpochytriaceae
エンドキトリウム科 Endochytriaceae
オオツボカビ科 Megachytridiaceae
サヤミドロモドキ目 Monoblepharidiales
ゴナポジア科 Gonapodyaceae
サヤミドロモドキ科 Monoblepharidaceae
オエドゴニオミケス科 Oedogoniomycetaceae
コウマクノウキン目 Blastocladiales
ボウフラキン科 Coelomomycetaceae
フシフクロカビ科 Catenariaceae
コウマクノウキン科 Blastocladiaceae
フィソデルマ科 Physodermataceae
スピゼロミケス目 Spizellomycetales
フクロカビ科 Olpidiaceae
スピゼロミケス科 Spizellomycetaceae
ネオカリマスチクス目 Neocallimastigales
ネオカリマスチクス科 Neocallimastigaceae

接合菌門 ZYGOMYCOTA

接合菌綱 Zygomycetes
ケカビ目 Mucorales
イトエダカビ科 Chaetocladiaceae
コウガイケカビ科 Choanephoraceae
クスダマカビ科 Cunninghamellaceae
ギルベルテラ科 Gilbertellaceae
クサレケカビ科 Mortierellaceae
ケカビ科 Mucoraceae
ミコチファ科 Mycotyphaceae
ヒゲカビ科 Phycomycetaceae
ミズタマカビ科 Pilobolaceae
ラジオミケス科 Radiomycetaceae
サクセナ科 Saksenaceae
ハリサシカビモドキ科 Syncepharastraceae
エダカビ科 Thamnidiaceae
ジマルガリス目 Dimargaritales
ジマルガリス科 Dimargaritaceae
キクセラ目 Kickxellales
キクセラ科 Kickxellaceae
トリモチカビ目 Zoopagales
ゼンマイカビ科 Cochlonemaceae
ヘリコケファルム科 Helicocephalidaceae
エダカビ科 Piptocephalidaceae
シグモイデオミケス科 Sigmoideomycetaceae
トリモチカビ科 Zoopagaceae
アツギケカビ目 Endogonales
アツギケカビ科 Endogonaceae
ゲオシフォン目 Geosiphonales
ゲオシフォン科 Geosiphonaceae
グロムス目 Glomales
アカウロスポラ科 Acaulosporaceae
ギガスポラ科 Gigasporaceae
グロムス科 Glomaceae
ハエカビ目 Entomophthorales
アンキリステス科 Ancylistaceae
バシジオボルス科 Baisidiobolaceae
コムプレトリア科 Completoriaceae
ハエカビ科 Entomophthoraceae
メリスタクルム科 Meristacaceae
ネオジギテス科 Neozygitaceae
トリコミケス綱 Trichomycetes
アセラリア目 Asellariales
アセラリア科 Asellariaceae

ハルペラ目 Harpellales
ハルペラ科 Harpellaceae
レゲリオミケス科 Legeriomycetaceae

以下の分類群は，最近の分子系統学研究から“真の”菌類ではなく，動物と菌類のあいだの**メソミケトゾア綱 Mesomycetozoea**（HERR *et al*., 1999；MENDOZA *et al*., 2002）に収容することが提案されている（CAFARO，2005；TANABE *et al*., 2005 参照）.

アモエビジウム目 Amoebidiales
アモエビジウム科 Amoebidiaceae
エクリナ目 Eccrinales
エクリナ科 Eccrinaceae
パラバスキア科 Palavasciaceae
パラタエニエラ科 Parataeniellaceae

子嚢菌門 ASCOMYCOTA

古生子嚢菌綱 Archiascomycetes
プネウモキスチス目 Pneumocystidiales
プネウモキスチス科 Pneumocystidaceae
シキゾサッカロミケス目 Schizosaccharomycetales
シキゾサッカロミケス科 Schizosaccharomycetaceae
ヒメカンムリタケ目 Neolectales
ヒメカンムリタケ科 Neolectaceae
タフリナ目 Taphrinales
タフリナ科 Taphrinaceae
プロトミケス目 Protomycetales
プロトミケス科 Protomycetaceae
半子嚢菌綱 Hemiascomycetes
サッカロミケス目 Saccharomycetales
アスコイデア科 Ascoideaceae
ケファロアスクス科 Cepharoascaceae
ジポドアスクス科 Dipodascaceae
エンドミケス科 Endomycetaceae
エレモテキウム科 Eremotheciaceae
リポミケス科 Lipomycetaceae
メチニコウィア科 Metschnikowiaceae
サッカロミケス科 Saccharomycetaceae
サッカロミコデス科 Saccharomycodaceae
サッカロミコプシス科 Saccharomycopsidaceae
カンジダ科（アナモルフ）Candidaceae
真正子嚢菌綱 Euascomycetes
（**不整子嚢菌類** Plectomycetes）
ハチノスカビ目 Ascosphaerales
ハチノスカビ科 Ascosphaeraceae
エレマスクス科 Eremascaceae
ホネタケ目 Onygenales
アルトロデルマ科 Arthrodermataceae
ギムノアスクス科 Gymnoascaceae
アマウロアスクス科 Amauroascaceae
ホネタケ科 Onygenaceae
エウロチウム目 Eurotiales
ツチダンゴ科 Elaphomycetaceae
ベニコウジカビ科 Monascaceae
ハマユキタケ科 Trichocomaceae
（**核菌類** Pyrenomycetes）
カロスファエリア目 Calosphaeriales
カロスファエリア科 Calosphaeriaceae
グラフォストロマ科 Graphostromataceae
ピンタマカビ目 Coryneliales
ピンタマカビ科 Coryneliaceae
ジアポルテ目 Diaporthales
グノモニア科 Gnomoniaceae
メランコニス科 Melanconidaceae
メログラマ科 Melogrammataceae
バルサ科 Valsaceae
ハロスファエリア目 Halosphaeriales
ハロスファエリア科 Halosphaeriaceae
ボタンタケ目 Hypocreales
ビオネクトリア科 Bionectriaceae
クワイカビ科 Ceratostomataceae
バッカクキン科 Clavicipitaceae
ボタンタケ科 Hypocreaceae
アカツブタケ科 Nectriaceae
メリオラ目 Meliolales
メリオラ科 Meliolaceae
ミクロアスクス目 Microascales
チャデファウジエラ科 Chadefaudiellaceae
ミクロアスクス科 Microascaceae
オフィオストマ目 Ophiostomatales
カチステス科 Kathistaceae
オフィオストマ科 Ophiostomataceae
クロカワキン目 Phallachrorales
クロカワキン科 Phallachroraceae
サネゴケ目 Pyrenulales*
サネゴケ科 Pyrenulaceae*
アオバゴケ科 Strigulaceae*
ホルトノキゴケ科 Trichotheliaceae*
チクビゴケ科 Trypetheliaceae*
フンタマカビ目 Sordariales
バチスチア科 Batistiaceae
ボリニア科 Boliniaceae
カタボトリス科 Catabotrydaceae
クワイカビ科 Ceratostomataceae

ケダマカビ科 Chaetomiaceae
コニオカエタ科 Coniochaetaceae
ラシオスファエリア科 Lasiosphaeriaceae
ニチュキア科 Nitschkiaceae
フンタマカビ科 Sordariaceae
トリコスファエリア目 Trichosphaeriales
トリコスファエリア科 Trichosphaeriaceae
アナイボゴケ目 Verrucariales*
アナイボゴケ科 Verrucariaceae*
クロサイワイタケ目 Xylariales
アンフィスファエリア科 Amphisphaeriaceae
シトネタケ科 Diatrypaceae
ヒポネクトリア科 Hyponectriaceae
クロサイワイタケ科 Xylariaceae
所属位置未確定科
グロメレラ科 Glomerellaceae
マグナポルテ科 Magnaporthaceae
(**ラブルベニア菌類** Laboulbeniomycetes)
ラブルベニア目 Laboulbeniales
ケラトミケス科 Ceratomycetaceae
エウケラトミケス科 Euceratomycetaceae
ヘルポミケス科 Herpomycetaceae
ラブルベニア科 Laboulbeniaceae
ピクシジオフォラ科 Pyxidiophoraceae
(**盤菌類** Discomycetes)
ピンゴケ目 Caliciales*
ピンゴケ科 Caliciaceae*
カリキジア科 Calycidiaceae*
ヌカゴケ科 Coniocybaceae*
ミクロカリキア科 Microcaliciaceae*
クギゴケ科 Mycocaliciaceae*
サンゴゴケ科 Sphaerophoraceae*
スフィンクトリナ科 Sphinctrinaceae*
キッタリア目 Cyttariales
キッタリア科 Cyttariaceae
ウドンコカビ目 Erysiphales
ウドンコカビ科 Erysiphaceae
モジゴケ目 Graphidales*
モジゴケ科 Graphidaceae*
サラゴケ目 Gyalectales*
サラゴケ科 Gyalectaceae*
ビョウタケ目 Helotiales
ビョウタケ科 Helotiaceae
チャシブゴケ目 Lecanorales*
ホウネンゴケ科 Acarosporaceae*
アギリウム科 Agyriaceae*
ホネキリ科 Alectoriaceae*
アンチゴケ科 Anziaceae*
アルクトミア科 Arctomiaceae*
イボゴケ科 Bacidiaceae*
サビイボゴケ科 Bringantiaceae*
ロウソクゴケ科 Candelariaceae*
カチラリゴケ科 Catillariaceae*
ハナゴケ科 Cladoniaceae*
カワラゴケ科 Coccocarpiaceae*
イワノリ科 Collemtaceae*
ワタゴケ科 Crocyniaceae*
エクトレキア科 Ectolechiaceae*
ヘリトリイボタケ科 Fuscideaceae*
ゴムフィルス科 Gomphillaceae*
ザクロゴケ科 Haematommataceae*
ヘップゴケ科 Heppiaceae*
ヘテロデア科 Heterodeaceae*
キッコウイボゴケ科 Hymeneliaceae*
チャシブゴケ科 Lecanoraceae*
ヘリトリゴケ科（広義の）Lecideaceae*
リキナ科 Lichinaceae*
クロコボシゴケ科 Megalosporaceae*
サビゴケ科 Micareaceae*
ミルチデア科 Miltideaceae*
クロアカゴケ科 Mycoblastaceae*
ハナビラゴケ科 Pannariaceae*
ウメノキゴケ科 Parmeliaceae*
ゲパンゴケ科 Peltulaceae*
ムカデゴケ科 Physciaceae*
ヤシノアオバゴケ科 Pilocarpaceae*
ポルピジア科 Porpidiaceae*
マルミゴケ科 Psoraceae*
カラタチゴケ科 Ramalinaceae*
チズゴケ科 Rhizocarpaceae*
キゴケ科 Stereocaulaceae*
チブサゴケ科 Thelotremataceae*
ディジーゴケ科 Trapeliaceae*
イワタケ科 Umbilicariaceae*
ベズダエア科 Vezdaeaceae*
ズキンタケ目 Leotiales
シノウコウヤクタケ科 Ascocorticiaceae
センニンゴケ科 Baeomycetaceae*
ヘソタケ科 Dermataceae
カバイロテングノメシガイ科 Geoglossaceae
ヘミファキジウム科 Hemiphacidiaceae
ヒアロスキファ科 Hyaloscyphaceae
ズキンタケ科 Leotiaceae
ロラミケス科 Loramycetaceae
オルビリア科 Orbiliaceae
ファキジウム科 Phacidiaceae
キンカクキン科 Sclerotiniaceae
メデオラリア目 Medeolariales

メデオラリア科 Medeolariaceae
ピンタケ目 Ostropales
オドントトレマ科 Odontotremataceae
スチクチス科 Stictidaceae
パテラリア目 Patellariales*
アルトロラフィス科 Arthrorhaphidaceae*
パテラリア科 Patellariaceae*
ツメゴケ目 Peltigerales*
レコテキア科 Lecotheciaceae
カブトゴケ科 Lobariaceae*
ウラミゴケ科 Nephromataceae*
ツメゴケ科 Peltigeraceae*
トリハダゴケ目 Pertusariales*
アナツブゴケ科 Coccotremataceae*
トリハダゴケ科 Pertusariaceae*
チャワンタケ目 Pezizales
アスコボルス科 Ascobolaceae
アスコデスミス科 Ascodesmidaceae
バルサミア科 Balsamiaceae
カルボミケス科 Carbomycetaceae
エオテルフェジア科 Eoterfeziaceae
ノボリリュウ科 Helvellaceae
カルステネラ科 Karstenellaceae
アミガサタケ科 Morchellaceae
ウスベニミミタケ科 Otidiaceae
チャワンタケ科 Pezizaceae
ピロネマ科 Pyronemataceae
オオゴムタケ科 Sarcosomataceae
イモタケ科 Terfeziaceae
テレボルス科 Theleboraceae
セイヨウショウロ科 Tuberaceae
リチスマ目 Rhytismatales
アスコジカエナ科 Ascodichaenaceae
リチスマ科 Rhytismataceae
ダイダイキノリ目 Teloschistales*
レトロウイチア科 Letrouitiaceae*
ダイダイキノリ科 Teloschistaceae*
所属位置未確定科
ミクソトリクム科 Myxotrichaeae
(**小房子嚢菌類** Loculoascomycetes)
ホシゴケ目 Arthroniales*
ホシゴケ科 Arthroniaceae*
ワタゴケ科 Chrysotrichaceae*
クロイボタケ目 Dothideales
アンテヌラリア科 Antennulariaceae
アルジンナ科 Argynnaceae
ニセサネゴケ科 Arthopyreniaceae*
ホシガタススビョウキン科 Asterinaceae
ボトリオスファエリア科 Botryosphaeriaceae
ブレフェルジエラ科 Brefeldiellaceae
カプノジウム科 Capnodiaceae
カエトチリウム科 Chaetothyriaceae
コクコジニウム科 Coccodiniaceae
コクコイデア科 Coccoideaceae
クーケラ科 Cookellaceae
ムレタマカビ科 Cucuritariaceae
ダカンピア科 Dacampiaceae
ジアデマ科 Diademaceae
ジジモスファエリア科 Didymosphaeriaceae
クロイボタケ科 Dothideaceae
ドチオラ科 Dothioraceae
エルシノエ科 Elsinoaceae
エングレルラ科 Englerulaceae
エレモミケス科 Eremomycetaceae
エウアンテナリア科 Euantennariaceae
フェネステラ科 Fenestellaceae
ヘルポトリキエラ科 Herpotrichiellaceae
モジカビ科 Hysteriaceae
レプトペルチス科 Leptopelidiaceae
レプトスファエリア科 Leptosphaeriaceae
リケノテリア科 Lichenotheliaceae
ナガクチビタケ科 Lophiostomataceae
マッサリナ科 Massarinaceae
メラノンマ科 Melanommataceae
メリオリナ科 Meliolinaceae
メスニエラ科 Mesnieraceae
メタカプノジウム科 Metacapnodiaceae
ミクロペルチス科 Micropeltidiaceae
ミクロテリオプシス科 Microtheliopsidaceae
タテガタキン科 Microthyriaceae
モリオラ科 Moriolaceae
ミコポルム科 Mycoporaceae
コタマカビ科 Mycosphaerellaceae
タコウキン科 Myriangiaceae
パルムラリア科 Palmulariaceae
パロジエラ科 Parodiellaceae
パロジオプシダ科 Parodiopsidaceae
ファエオスファエリア科 Phaeosphaeriaceae
ファエオトリクム科 Phaeotrichaceae
フラグモペルテカ科 Phragmopelthecaceae
ピエドライア科 Piedraiaceae
プレオマッサリア科 Pleomassariaceae
プレオスポラ科 Pleosporaceae
プセウドペリスポリア科 Pseudoperisporiaceae

ピレノトリクス科 Pyrenotrichaceae
サッカルジアア科 Saccardiaceae
スカエレリア科 Schaereriaceae
シキゾチリウム科 Schizothyriaceae
スポロルミア科 Sporormiaceae
テスツジナ科 Testudinaceae
ツベウフィア科 Tubeufiaceae
ベンツリア科 Venturiaceae
ビゼラ科 Vizellaceae
ゾフィア科 Zophiaceae
キゴウゴケ目 Opegraphales*
キゴウゴケ科 Opegraphaceae*
リトマスゴケ科 Roccellaceae*

担子菌門 BASIDIOMYCOTA

クロボキン綱 Ustilaginomycetes
エントリザ目 Entorrhizales
エントリザ科 Entorrhizaceae
ウロキスチス目 Urocystales
メラノタエニウム科 Melanotaeniaceae
ドアサンシオプシス科 Doassansiopsaceae
ウロキスチス科 Urocystaceae
クロボキン目 Ustilaginales†
ミコシリンクス科 Mycosyringaceae
グロモスポリウム科 Glomosporiaceae
クロボキン科 Ustilaginaceae†
マラッセジア目 Malasseziales†
マラッセジア科 Malasseziaceae†
ゲオルゲフィシェリア目 Georgefischeriales†
ゲオルゲフィシェリア科 Georgefischeriaceae†
チレチアリア科 Tilletiariaceae
ナマグサクロボキン目 Tilletiales
ナマグサクロボキン科 Tilletiaceae
ミクロストロマ目 Microstromatales†
ミクロストロマ科 Microstromataceae†
ボルボキスポリウム科 Volvocisporiaceae
エンチロマ目 Entylomatales
エンチロマ科 Entylomataceae
ドアサンシア目 Doassansiales
メラニエラ科 Melaniellaceae
ドアサンシア科 Doassansiaceae
ラムフォスポラ科 Rhamphosporaceae
モチビョウキン目 Exobasidiales
クビレタンシキン科 Brachybasidiaceae
モチビョウキン科 Exobasidiaceae
クリプトバシジウム科 Cryptobasidiaceae
グラフィオラ科 Graphiolaceae

サビキン綱 Urediniomycetes
(アトラクチエラ系統群)
アトラクチエラ目 Atractiellales
アトラクチエラ科 Atractiellaceae
(ミキシア系統群)†
ミキシア科 Mixiaceae
(ミクロボトリウム系統群)†
アナモルフ酵母諸属
Bensingtonia（一部）
Rhodotorula（一部）
Sporobolomyces（一部）
カンプトバシジウム科 Camptobasidiaceae
クリエグルステネラ科 Krieglsteneraceae
スポリジオボルス科 Sporidiobolaceae
クリプトミココラックス目 Cryptomycocolacales
クリプトミココラックス科 Cryptomycocolacales
ヘテロガストリジウム目 Heterogastridiales
ヘテロガストリジウム科 Heterogastridiaceae
ミクロボトリウム目 Microbotryales
ミクロボトリウム科 Mycrobotryaceae
ウスチレンチロマ科 Ustilentylomataceae
(アガリコスチルバム系統群)†
アガリコスチルバム科 Agaricostilbaceae
キオノスファエラ科 Chionosphaeraceae
(エリトロバシジウム-ナオヒデア-サカグチア系統群)†
エリトロバシジウム属 *Erythrobasidium*
ナオヒデア属 *Naohidea*
サカグチア属 *Sakaguchia*
ロドトルラ属 *Rhodotorula*（一部）
スポロボロミケス属 *Sporobolomyces*（一部）
(サビキン系統群)
プラチグロエア目（狭義の）Platygloeales
エオクロナルチウム科 Eocronartiaceae
プラチグロエア科 Platygloeaceae
モンパキン目 Septobasidiales
モンパキン科 Septobasidiaceae

サビキン目 Uredinales
カコニア科 Chaconiaceae
コレオスポリウム科 Coleosporiaceae
クロナルチウム科 Cronartiaceae
メランプソラ科 Melampsoraceae
ミクロネゲリア科 Mikronegeriaceae
ファコプソラ科 Phakopsoraceae
フラグミジウム科 Phragmidiaceae
ピレオラリア科 Pileolariaceae
プクキニア科 Pucciniaceae
プクキニアストルム科 Pucciniastraceae
プクキニオシラ科 Pucciniosiraceae
ラベネリア科 Raveneliaceae
スファエロフラグミウム科 Sphaerophragmiaceae
ウンコル科 Uncolaceae
ウロピクシス科 Uropyxidaceae
菌蕈綱 Hymenomycetes
(**異担子菌類** Heterobasidiomycetes
=多室担子菌類 Phragmobasidiomycetes)
ツラスネラ目 Tulasnellales
ツラスネラ科 Tulasnellaceae
アカキクラゲ目 Dacrymycetales
アカキクラゲ科 Dacrymycetaceae
キクラゲ目 Auriculariales
キクラゲ科 Auriculariaceae
ヒメキクラゲ科 Exidiaceae
スイショウキン Hyaloriaceae
シロキクラゲ目 Tremellales†
シロキクラゲ科 Tremellaceae
ジュズタンシキン科 Sirobasidiaceae
フラグモクセニジウム科 Phragmoxenidiaceae
クリスチアンセニア科 Christianseniaceae
カルキノミケス科 Carcinomycetaceae
フィロバシジウム目 Filobasidiales†
キストフィロバシジウム科 Cystofilobasidiaceae
フィロバシジウム科 Filobasidiaceae
リンコガストレマ科 Rhynchogastremaceae
(**真正担子菌類** Homobasidiomycetes
=単室担子菌類 Holobasidiomycetes)
多孔菌系統群 Polyporoid clade
(ヒダナシタケ目 Aphyllophorales)
コウヤクタケ科 Corticiaceae
マンネンタケ科 Ganodermataceae
サルノコシカケ科 Polyporaceae
ハナビラタケ科 Sparassidaceae
真正ハラタケ系統群 Euagarics clade
(**菌蕈類**)
(ハラタケ目 Agaricales)
ハラタケ科 Agaricaceae
オキナタケ科 Bolbitaceae
ヒトヨタケ科 Coprinaceae
フウセンタケ科 Cortinariaceae
イッポンシメジ科 Entolomataceae
ヒドナンギウム科 Hydnangiaceae
ヌメリガサ科 Hygrophoraceae
ヒダハタケ科 Paxillaceae
ウラベニガサ科 Pluteaceae
モエギタケ科 Strophariaceae
キシメジ科 Tricholomataceae
(ヒダナシタケ目)
シロソウメンタケ科 Clavariaceae
コウヤクタケ科 Corticiaceae
ケットゴケ科 Dictyonemataceae*
カンゾウタケ科 Fistulinaceae
サルノコシカケ Polyporaceae
スエヒロタケ科 Schizophyllaceae
ヒラタケ属 *Pleurotus* (サルノコシカケ科)
(**腹菌類**)
ホコリタケ目 Lycoperdales
ホコリタケ科 Lycoperdaceae
チャダイゴケ目 Nidulariales
チャダイゴケ科 Nidulariaceae
エツキホコリタケ目 Podaxales
エツキホコリタケ科 Podaxaceae
ケシボウズタケ目 Tulostomatales
ケシボウズタケ科 Tulostomataceae
(**異担子菌類**)
ツノタンシキン目 Ceratobasidiales
ツノタンシキン科 Ceratobasidiaceae
イグチ系統群 Bolete clade
(**菌蕈類**)
(ハラタケ目)
イグチ科 Boletaceae
オウギタケ科 Gomphidiaceae
(ヒダナシタケ目)
イドタケ科 Coniophoraceae
(**腹菌類**)
(ヒメノガステル目 Hymenogastrales)
ヒメノガステル科 Hymenogastraceae
ショウロ科 Rhizopogonaceae
メラノガステル目 Melanogastrales
メラノガステル科 Melanogastraceae
ニセショウロ目 Sclerodermatales
ニセショウロ科 Sclerodermataceae
イボタケ系統群 Thelephoroid clade

（菌蕈類）
（ヒダナシタケ目）
イボタケ科 Thelephoraceae
ベニタケ系統群 Russuloid clade
（菌蕈類）
（ハラタケ目）
ベニタケ科 Russulaceae
（ヒダナシタケ目）
マツカサタケ科 Auriscalpiaceae
ミヤマトンビマイ科 Bondarzewiaceae
コウヤクタケ科 Corticaceae
マンネンハリタケ科 Echinodontiaceae
サンゴハリタケ科 Hericiaccac
ラクノクラジウム科 Lachnocladiaceae
サルノコシカケ科 Polyporaceae
（腹菌類）
（ヒメノガステル目）
アストロガステル科 Astrogastraceae
タバコウロコタケ系統群 Hymenochaetoid clade
（菌蕈類）
（ヒダナシタケ目）
タバコウロコタケ科 Hymenochaetaceae
アンズタケ系統群 Cantharelloid clade
（菌蕈類）
（ヒダナシタケ目）
アンズタケ科 Cantharellaceae
カレエダタケ科 Clavulinaceae
ボトリオバシジウム科 Botryobasidiaceae
ハリタケ科 Hydnaceae
ラッパタケ-スッポンタケ系統群 Gomphoidphalloid clade
（菌蕈類）
（ヒダナシタケ目）
ヌメリスギタケ科 Clavariadelphaceae
ラッパタケ科 Gomphaceae
（腹菌類）
ガウチエリア目 Gautieriales
ガウチエリア科 Gautieriaceae
（ヒメノガステル目）
コンドロガステル属 *Chondrogaster*
（ヒメノガステル科）
（ホコリタケ目）
ヒメツチグリ科 Geastraceae
スッポンタケ目 Phallales
アカカゴタケ科 Clathraceae
ヒステランギウム科 Hysterangiaceae
スッポンタケ科 Phallaceae
プロトファルス科 Protophallaceae
（チャダイゴケ目）
タマハジキタケ科 Sphaerobolaceae

不完全菌類 Deuteromycetes
（＝栄養胞子形成菌類 Mitotic fungi，アナモルフ菌類 Anamorphic fungi）
アクレモニウム属 *Acremonium* ［ボタンタケ目］，アルテルナリア属 *Alternaria* ［クロイボタケ目レウィア属 *Lewia*］，アスコキタ属 *Ascochyta* ［クロイボタケ目コタマカビ科他］，アウレオバシジウム属 *Aureobasidium* ［クロイボタケ目ジスコスファエリナ属 *Discosphaerina*］，コウジカビ属 *Aspergillus* ［エウロチウム目エウロチウム属 *Eurotium*，エメリケラ属 *Emericella*，ヘミカルペンテレス属 *Hemicarpenteles* 他］，バシペトスポラ属 *Basipetospora* ［エウロチウム目ベニコウジカビ属 *Monascus*］，バウベリア属 *Bauveria* ［ボタンタケ目バッカクキン科］，ボトリチス属 *Botrytis* ［ズキンタケ目ボトリチスキンカクキン属 *Botryotinia*，キボリア属 *Ciboria*，キンカクキン属 *Sclerotinia* 他］，ブレラ属 *Bullera* ［シロキクラゲ目ブレロミケス属 *Bulleromyces*］，カンジダ属 *Candida* ［サッカロミケス目諸属］，ケルコスポラ属 *Cercospora* ［クロイボタケ目コタマカビ属 *Mycosphaerella*］，ケファロトリクム属 *Chephalotrichum* ［＝ドラトミケス属 *Doratomyces*；ミクロアスクス科諸属］，クロリジウム属 *Chloridium* ［フンタマカビ目カエトスファエリア属 *Chaetosphaeria*］，クリソニリア属 *Chrysonilia* ［フンタマカビ目アカパンカビ属 *Neurospora*］，クリソスポリウム属 *Chrysosporium* ［ホネタケ目諸属］，クラドスポリウム属 *Cladosporium* ［クロイボタケ目コタマカビ属 *Mycosphaerella*］，コレトトリクム属 *Colletotrichum* ［核菌類グロメレラ科グロメレラ属 *Glomerella*］，クリプトコックス属 *Cryptococcus* ［リポミケス属 *Lipomyces*，タフリナ属 *Taphrina*，シロキクラゲ属 *Tremella* 他］，クルブラリア属 *Curvularia* ［クロイボタケ目コクリオボルス属 *Cochliobolus*］，エピコックム属 *Epicoccum* ［子嚢菌門］，エクソフィアラ属 *Exophiala* ［クロイボタケ目カプロニア属 *Capronia*］，ゲオトリクム属 *Geotrichum* ［サッカロミケス目ジポドアスクス属 *Dipodascus*，ガラクトミケス属 *Galactomyces*］，グリオクラジウム属 *Gliocladium* ［ボタンタケ目スファエロスチルベラ属 *Sphaerostilbella*］，グリオマスチクス属 *Gliomastix* ［子嚢菌門］，グラフィウム属 *Graphium* ［オフィオストマ目 オフィオストマ属 *Ophiostoma*，ミクロアスクス目ミク

ロアスクス属 *Microascus* 他]，フサリウム属 *Fusarium* [ボタンタケ目イネバカナエキン属 *Gibberella*，アカツブタケ属 *Nectria* 他]，ヘルミントスポリウム属 *Helminthosporium* [プレオスポラ目]，クモタケ属 *Isaria* [ボタンタケ目]，レプラゴケ属* *Lepraria* [子嚢菌門]，ヒメキゴケ属* *Leprocaulon* [子嚢菌門]，レプトグラフィウム属 *Leptographium* [オフィオストマ目オフィオストマ属 *Ophiostoma*]，メタリジウム属 *Metarhizium* [ボタンタケ目]，ミクロスポリウム属 *Microsporium* [ホネタケ目]，モニリア属 *Monilia* [ズキンタケ目モニリアキンカクキン属 *Monilinia*]，ミロテキウム属 *Myrothecium* [ボタンタケ目]，ネオチフォジウム属 *Neotyphodium* [ボタンタケ目内生菌類]，ノズリスポリウム属 *Nodulisporium* [クロサイワイタケ目 アカコブタケ属 *Hypoxylon*，クロサイワイタケ属 *Xylaria*]，オイジオデンドロン属 *Oidiodendron* [ホネタケ目ビッソアスクス属 *Byssoascus*，ミクソトリクム属 *Myxotrichum*]，オイジウム属 *Oidium* [ウドンコカビ目ウドンコカビ属 *Erysiphae*]，パエキロミケス属 *Paecilomyces* [エウロチウム目ビッソクラミス属 *Byssochlamys*]，アオカビ属 *Penicillium* [エウロチウム目タラロミケス属 *Talaromyces*，エウペニキリウム属 *Eupenicillium*]，ペスタロチア属 *Pestalotia* [クロサイワイタケ目ブローメラ属 *Broomella*]，フォマ属 *Phoma* [クロイボタケ目レプトスファエリア属 *Leptosphaeria*，プレオスポラ属 *Pleospora*]，フォモプシス属 *Phomopsis* [ジアポルテ目ジアポルテ属 *Diaporte*]，イモチキン属 *Pyricularia* [核菌類マグナポルテ科]，リノクラジエラ属 *Rhinocladiella* [クロイボタケ目カプロニア属 *Capronia*]，ロドトルラ属 *Rhodotorula* [ミクロボトリウム系統群ロドスポリジウム・エリスロバシジウム-ナオヒデア-サカグチア系統群の諸属]，スコプラリオプシス属 *Scopulariopsis* [ミクロアスクス目ミクロアスクス属 *Microascus*]，スポロボロミケス属 *Sporobolomyces* [ミクロボトリウム系統群ロドスポリジウム・エリスロバシジウム-ナオヒデア-サカグチア系統群の諸属]，ステムフィリウム属 *Stemphylium*，スチルベラ属 *Stilbella* [ボタンタケ目]，テルモミケス属 *Thermomyces* [子嚢菌門]，チレチオプシス属 *Tilletiopsis* [クロボキン綱]，トリコデルマ属 *Trichoderma* [ボタンタケ目ボタンタケ属 *Hypocrea* 他]，ハクセンキン属 *Trichophyton* [ホネタケ目アルトロデルマ属 *Arthroderma*＝ナンニッジア *Nannizzia*]，トリポスペルムム属 *Tripospermum* [クロイボタケ目トリコメリウム属 *Trichomerium*]，ツベルクラリア属 *Tubercularia* [ボタンタケ目アカツブタケ属 *Nectria*]，ウロクラジウム属 *Ulocladium* [プレオスポラ目]，ベルチキリウム属 *Verticilium* [ボタンタケ目ヒポミケス属 *Hypomyces*，ネクトリオプシス属 *Nectriopsis* 他]，クセロミケス属 *Xeromyces* [エウロチウム目]，ワルドミケス属 *Wardomyces* [ミクロアスクス目ミクロアスクス属 *Microascus*]

広義の細菌 [横田　明]

広義の細菌の分類体系は今大きく変動している．バージェイズ・マニュアル第2版（BOONE *et al.*, 2001）では，広義の細菌の分類は，リボソームRNA遺伝子の塩基配列の情報に基づく分子系統分類に完全に移行し，分子系統の情報に基づいて階層的分類階級の設定が行われている．ただし，階層的分類階級の構築を優先させているため，まだ正式に発表されていない学名がたくさん使われている．バージェイズ・マニュアル第2版では，ウーズ（WOESE, 1987）が提唱したアーキアドメイン（Domain Archaea）およびバクテリアドメイン（Domain Bacteria）が最高次の分類階級として採用されている（本文p. 324参照）．ドメイン以下，ほとんどすべての種について門（phylum），綱（class），目（order），科（family）の高次分類階級への帰属が行われている（表1）．これらの高次分類群の記載は，それぞれの属や種の系統的位置を階層的に捉えるのに役立つ．また，門を表す階級名称として“phylum”が使われていて，アーキアでは2門，バクテリアでは23門が記載されている．なお，ごく最近，バクテリアで24番目に見いだされた新門ゲマティモナス門については本表に追加記載してある．

ここではバージェイズ・マニュアル第2版第1巻に収録されている分類体系の骨子を示した．なお，表中二重引用符（“　”）の付いた学名は国際細菌命名規約上の地位がないことを示す．すなわち，本バージェイズ・マニュアルの準備段階までに，他で有効に発表された（effectively published）けれども，International Journal of Systematic Bacteriologyに正式に発表された（validly published）ものとして扱わない．

表1　バージェイズマニュアル第2版第1巻に採用された分類体系の要約

分類階級	計	アーキア	バクテリア
ドメイン	2	1	1
門	25	2	23*
綱	40	8	32
亜綱	5	0	5
目／サブセクション	89	12	77
亜目	14	0	14
科	203	21	182
属	942	69	873
種	5224	217	5007

* デイノコックス-サーマスは，バージェイズ・マニュアル第2版では“門”に相当するとして扱われている．

アーキアドメイン（古細菌）

クレンアーキオータ門 CRENARCHAEOTA

サーモプロテイ綱 Thermoprotei
- サーモプロテウス目 Thermoproteales
- デスルフロコックス目 Desulfurococcales
- スルフォロブス目 Sulfolobales

ユーリアーキオータ門 EURYARCHAEOTA

メタノバクテリア綱 Methanobacteria
- メタノバクテリア目 Methanobacteriales

メタノコッキ綱 Methanococci
- メタノコックス目 Methanococcales
- メタノミクロビウム目 Methanomicrobiales
- メタノサルシナ目 Methanosarcinales

ハロバクテリア綱 Halobacteria
- ハロバクテリウム目 Halobacteriales

サーモプラスマータ綱 Thermoplasmata
- サーモプラスマ目 Thermoplasmatales

サーモコッキ綱 Thermococci
- サーモコックス目 Thermococcales

アルカエグロビ綱 Archaeglobi
- アルカエグロブス目 Archaeglobales

メタノピリ綱 Methanopyri
メタノピルス目 Methanopyrales

バクテリアドメイン（真正細菌）

アクイフェックス門 AQUIFICAE

アクイフェックス綱 Aquificae
アクイフェックス目 Aquificales

サーモトガ門 THERMOTOGAE

サーモトガ綱 Thermotogae
サーモトガ目 Thermotogales

サーモデスルフォバクテリア門 THERMODESULFOBACTERIA

サーモデスルフォバクテリア綱 Thermodesulfobacteria
サーモデスルフォバクテリウム目 Thermodesulofobacteriales

デイノコックス-サーマス群(門に相当) "*Deinococcus-Thermus*"

デイノコックス綱 Deinococci
デイノコックス目 Deinococcales
サーマス目 Thermales

クリシオジェネス門 CHRYSIOGENETES

クリシオジェネス綱 Chrysiogenetes
クリシオジェネス目 Chrysiogenales

クロロフレクサス門 CHLOROFLEXI

クロロフレクサス綱 "Chloroflexi"
クロロフレクサス目 "Chloroflexales"
ヘルペトシフォン目 "Herpetosiphonales"

サーモミクロビア門 THERMOMICROBIA

サーモミクロビア綱 Thermomicrobia
サーモミクロビウム目 Thermomicrobiales

ニトロスピラ門 NITROSPIRAE

ニトロスピラ綱 "Nitrospira"
ニトロスピラ目 "Nitrospirales"

デフェリバクター門 DEFERRIBACTERES

デフェリバクター綱 Deferribacteres
デフェリバクター目 Deferribacterales

シアノバクテリア門 CYANOBACTERIA

シアノバクテリア綱 "Cyanobacteria"
サブセクション I Subsection I
アオコ属 *Microcystis*，プロクロロン属 *Prochloron*
サブセクション II Subsection II
シアノキスチス属 *Cyanocystis*，プレウロカプサ属 *Pleurocapsa*
サブセクション III Subsection III
ユレモ属 *Oscillatoria*，スピルリナ属 *Spirulina*
サブセクション IV Subsection IV
アナバエナ属 *Anabaena*，ネンジュモ属 *Nostoc*，スキトネマ属 *Scytonema*，ヒゲモ属 *Rivularia*
サブセクション V Subsection V
フィスケレラ属 *Fischerella*，スチゴネマ属 *Stigonema*

クロロビウム門 CHLOROBI

クロロビウム綱 "Chlorobia"
クロロビウム目 Chlorobiales

プロテオバクテリア門 PROTEOBACTERIA

アルファプロテオバクテリア綱 "Alphaproteobacteria"
ロドスピリルム目 Rhodospirillales
リケッチア目 Rickettsiales
ロドバクター目 "Rhodobacterales"
スフィンゴモナス目 "Sphingomonadales"
カウロバクター目 Caulobacterales
リゾビウム目 "Rhizobiales"
リゾビウム科 Rhizobiaceae
他9科
ベータプロテオバクテリア綱 "Betaproteobacteria"
バークホルデリア目 "Burkholderiales"
バークホルデリア科 "Burkholderiaceae"
他4科
ヒドロゲノフィルス目 "Hydrogenophilales"
メチロフィルス目 "Methylophilales"
ナイゼリア目 "Neisseriales"

ニトロソモナス目 “Nitrosomonadales”
ニトロソモナス科 “Nitrosomonadaceae”
他2科
ロドサイクルス目 “Rhodocyclales”
ガンマプロテオバクテリア綱 “Gammaproteobacteria”
クロマチウム目 “Chromatiales”
アシドチオバチルス目 Acidithiobacillales
キサントモナス目 “Xanthomonadales”
カルディオバクテリウム目 “Cardiobacteriales“
チオスリックス目 “Thiothrichales”
レジオネラ目 “Legionellales”
メチロコックス目 “Methylococcales”
オセアノスピリルム目 “Oceanospirillales”
シュードモナス目 Pseudomonadales
アルテロモナス目 “Alteromonadales”
ビブリオ目 “Vibrionales”
エンテロバクター目 “Enterobacteriales”
パスツレラ目 “Pasteurellales”
デルタプロテオバクテリア綱 “Deltaproteobacteria”
デスルフレラ目 “Desulfurellales”
デスルフォビブリオ目 “Desulfovibrionales”
デスルフォビブリオ科 “Desulfovibrionaceae”
他3科
デスルフォバクター目 “Desulfobacterales”
デスルフォバクター科 “Desulfobacteraceae”
他2科
デスルフロモナス目 “Desulfuromonadales”
デスルフロモナス科 “Desulfuromonadaceae”
他2科
シントロフォバクター目 “Syntrophobacterales”
デロビブリオ目 “Bdellovibrionales”
ミクソコックス目 Myxococcales
イプシロンプロテオバクテリア綱 “Epsilonproteobacteria”
カンピロバクター目 “Campylobacterales”

ファーミキューテス門 FIRMICUTES

クロストリジウム綱 “Clostridia”
クロストリジウム目 “Clostridiales”
クロストリジウム科 Clostridiaceae
他7科
サーモアナエロバクター目 “Thermoanaerobacteriales”
ハロアナエロビウム目 Haloanaerobiales
モリキューテス綱 Mollicutes
マイコプラズマ目 Mycoplasmatales
エントモプラズマ目 Entomoplasmatales
アコレプラズマ目 Acholeplasmatales
アナエロプラズマ目 Anaeroplasmatales
バチルス綱 “Bacilli”
バチルス目 Bacillales
バチルス科 Bacillaceae
他8科
ラクトバチルス目 “Lactobacillales”
ラクトバチルス科 Lactobacillaceae
他5科

アクチノバクテリア門 ACTINOBACTERIA

アクチノバクテリア綱 Actinobacteria
アシディミクロビウム亜綱 Acidimicrobidae
アシディミクロビウム目 Acidimicrobiales
アシディミクロビウム亜目 “Acidimicrobineae“
ルブロバクター亜綱 Rubrobacteridae
ルブロバクター目 Rubrobacteriales
ルブロバクター亜目 “Rubrobacterineae”
コリオバクテリウム亜綱 Coriobacteridae
コリオバクター目 Coriobacteriales
コリオバクター亜目 “Coriobacterineae”
スフェロバクター亜綱 Sphaerobacteridae
スフェロバクター目 Sphaerobacterales
スフェロバクター亜目“Sphaerobacterineae”
アクチノバクテリア亜綱 Actinobacteridae
アクチノミセス目 Actinomycetales
アクチノミセス亜目 Actinomycineae
ミクロコックス亜目 Micrococcineae
ミクロコックス科 Micrococcaceae
他12科
コリネバクテリウム亜目 Corynebacterineae
コリネバクテリウム科 Corynebacteriaceae
他6科
ミクロモノスポラ亜目 Micromonosporineae

ミクロモノスポラ科 Micromonosporaceae
プロピオニバクテリウム亜目 Propionibacterineae
シュードノカルジア亜目 Pseudonocardineae
シュードノカルジア科 Pseudonocardiaceae
ストレプトミセス亜目 Streptomycineae
ストレプトスポランギウム亜目 Streptosporangineae
フランキア亜目 Frankineae
フランキア科 Frankiaceae
他5科
グリコミセス亜目 Glycomycineae
ビフィドバクテリウム目 Bifidobacteriales

プランクトミセス門 PLANCTOMYCETES

プランクトミセス綱 "Planctomycetacia"
プランクトミセス目 Planctomycetales

クラミジア門 CHLAMYDIAE

クラミジア綱 "Chlamydiae"
クラミジア目 Chlamydiales
クラミジア科 Chlamydiaceae
他3科

スピロヘータ門 SPIROCHAETES

スピロヘータ綱 "Spirochaetes"
スピロヘータ目 Spirochaetales
スピロヘータ科 Spirochaetaceae
他2科

フィブロバクター門 FIBROBACTERES

フィブロバクター綱 "Fibrobacteres"
フィブロバクター目 "Fibrobacterales"

アシドバクテリア門 ACIDOBACTERIA

アシドバクテリア綱 "Acidobacteria"
アシドバクテリウム目 "Acidobacteriales"
アシドバクテリウム科 "Acidobacteriaceae"

バクテロイデス門 BACTEROIDETES

バクテロイデス綱 "Bacteroidetes"
バクテロイデス目 "Bacteroidales"
バクテロイデス科 Bacteroidaceae
他3科
フラボバクテリア綱 "Flavobacteria"
フラボバクテリウム目 "Flavobacteriales"
フラボバクテリウム科 Flavobacteriaceae
他2科
スフィンゴバクテリア綱 "Sphingobacteria"
スフィンゴバクテリウム目 "Sphingobacteriales"
スフィンゴバクテリウム科 Sphingobacteriaceae
他4科

フソバクテリア門 FUSOBACTERIA

フソバクテリア綱 "Fusobacteria"
フソバクテリウム目 "Fusobacteriales"

ベルコミクロビア門 VERRUCOMICROBIA

ベルコミクロビア綱 Verrucomicrobiae
ベルコミクロビウム目 Verrucomicrobiales

ディクティオグロムス門 DICTYOGLOMUS

ディクティオグロムス綱 "Dictyoglomi"
ディクティオグロムス目 "Dictyoglomales"

ゲマティモナス門 GEMATIMONADETES

ゲマティモナス綱 Gematimonadetes
ゲマティモナス目 Gemmatimonadales

ウ イ ル ス [花田耕介・五條堀 孝]

多くのウイルスが未だ発見されていないと考えられている．その全体像は未知であるため，ウイルス分類は手探りで進めているといえる．また，種が同定されているウイルスも互いに系統的に離れているため，他の生物群と異なり門や綱などはウイルスには存在していない．その中で，ゲノムの構造と複製機構の違いから，二本鎖DNAウイルスグループ（分類I），一本鎖DNAウイルスグループ（分類II），二本鎖RNAウイルスグループ（分類III），一本鎖プラス鎖RNAウイルスグループ（分類IV），一本鎖マイナス鎖RNAウイルスグループ（分類V），ならびに逆転写酵素をもつウイルスグループ（分類VIおよびVII）に分類することができる．しかし，それぞれのグループ内では科，属などの分類は安定していない．さらに，ウイルス種の定義はあいまいであるため，それぞれの科や属にどれくらいの種が存在しているかは未知である．このようにウイルスの分類は未だ不安定な要素はあるものの，国際ウイルス分類委員会（ICTV）が数年に一回，ウイルス分類の見直しをしてウイルス分類表（BENKO et al., 2004）を出版している．そのため，現在認知されている分類を理解するのは他の生物に比べて比較的容易ともいえるかもしれない．

なお，本分類表はICTVの第7版レポート（VAN REGENMORTEL *et al*., 2000）によった．

表1 ウイルス分類

核酸の種類	目	科	属	種*
二本鎖DNA	1	21	70	1,925〜
一本鎖DNA		5	20	804〜
二本鎖RNA		6	22	652〜
一本鎖プラス鎖RNA	1	23	83	3,678〜
一本鎖マイナス鎖RNA	1	7	30	5,926〜
逆転写酵素をもつDNA, RNA		5	19	651〜

表2 ウイロイド分類

科	属	種*
2	6	74〜

表3 ウイルス以外の分類

エージェント	グループ	タイプ	サブグループ	種*
サテライト	2	4	6	106〜
プリオン		1	1	?

* 種の数は，GenBankに登録されている配列から推測された概数である．

二本鎖DNAウイルスグループ（分類I）

コードウイルス目 Caudovirales
　マイオウイルス科 Myoviridae
　サイフォウイルス科 Siphoviridae
　ポドウイルス科 Podoviridae
　テクティウイルス科 Tectiviridae
コルチコウイルス科 Corticoviridae
プラズマウイルス科 Plasmaviridae
リポスリクスウイルス科 Lipothrixviridae
ルディウイルス科 Rudiviridae
フセロウイルス科 Fuselloviridae
ポックスウイルス科 Poxviridae
　コードポックスウイルス亜科 Chordo-

poxvirinae
エントモポックスウイルス亜科 Entomopoxvirinae
アスファウイルス科 Asfarviridae
イリドウイルス科 Iridoviridae
フィコドナウイルス科 Phycodnaviridae
バキュロウイルス科 Baculoviridae
ヘルペスウイルス科 Herpesviridae
アルファヘルペスウイルス亜科 Alphaherpesvirinae
ベータヘルペスウイルス亜科 Betaherpesvirinae
ガンマヘルペスウイルス亜科 Gammaherpesvirinae
アデノウイルス科 Adenoviridae
科未分類　リジディオウイルス属 *Rhizidiovirus*
ポリオーマウイルス科 Polyomaviridae
パピローマウイルス科 Papillomaviridae
ポリドナウイルス科 Polydnaviridae
アスコウイルス科 Ascoviridae

一本鎖 DNA ウイルスグループ(分類 II)

イノウイルス科 Inoviridae
ミクロウイルス科 Microviridae
ジェミニウイルス科 Geminiviridae
サーコウイルス科 Circoviridae
科未分類　ナノウイルス属 *Nanovirus*
パルボウイルス科 Parvoviridae
パルボウイルス亜科 Parvovirinae
デンソウイルス亜科 Densovirinae

二本鎖 RNA ウイルスグループ(分類 III)

シストウイルス科 Cystoviridae
レオウイルス科 Reoviridae
ビルナウイルス科 Birnaviridae
トティウイルス科 Totiviridae
パルティティウイルス科 Partitiviridae
ハイポウイルス科 Hypoviridae
科未分類　バリコサウイルス属 *Varicosavirus*

一本鎖プラス鎖 RNA ウイルスグループ(分類 IV)

レビウイルス科 Leviviridae
ナルナウイルス科 Narnaviridae
ピコルナウイルス科 Picornaviridae
科未分類　クリケット麻痺ウイルス属 Criket paralysis virus
セキウイルス科 Sequiviridae
コモウイルス科 Comoviridae
ポティウイルス科 Potyviridae
カリシウイルス科 Caliciviridae
科未分類　E 型肝炎様ウイルス属 Hepatitis E-like viruses
アストロウイルス科 Astroviridae
ノダウイルス科 Nodaviridae
テトラウイルス科 Tetraviridae
科未分類　ソベモウイルス属 *Sobemovirus*，マラフィウイルス属 *Marafivirus*，ルテオウイルス属 *Luteovirus*，アンブラウイルス属 *Umbravirus*，トンブスウイルス属 *Tombusvirus*
ニドウイルス目 Nidovirales
コロナウイルス科 Coronaviridae
アルテリウイルス科 Arteriviridae
フラビウイルス科 Flaviviridae
トガウイルス科 Togaviridae
科未分類　トバモウイルス属 *Tobamovirus*，トブラウイルス属 *Tobravirus*，ホルデイウイルス属 *Hordeivirus*，フロウイルス属 *Furovirus*，ポモウイルス属 *Pomovirus*，ペクルウイルス属 *Pecluvirus*，ベニウイルス属 *Benyvirus*
ブロモウイルス科 Bromoviridae
科未分類　ウルミアウイルス属 *Ourmiavirus*，イデオウイルス属 *Idaeovirus*
クロステロウイルス科 Closteroviridae
科未分類　カピロウイルス属 *Capillovirus*，トリコウイルス属 *Trichovirus*，ヴィティウイルス属 *Vitivirus*，ティモウイルス属 *Tymovirus*，カルラウイルス属 *Carlavirus*，ポテクスウイルス属 *Potexvirus*，アレクシウイルス属 *Allex-*

ivirus，フォベアウイルス属 *Foveavirus*
バルナウイルス科 Barnaviridae

一本鎖マイナス鎖 RNA ウイルスグループ（分類 V）

モノネガウイルス目 Mononegavirales
ボルナウイルス科 Bornaviridae
フィロウイルス科 Filoviridae
パラミクソウイルス科 Paramyxoviridae
パラミクソウイルス亜科 Paramyxovirinae
ニューモウイルス亜科 Pneumovirinae
ラブドウイルス科 Rhabdoviridae
オルトミクソウイルス科 Orthomyxoviridae
ブニヤウイルス科 Bunyaviridae
科未分類　テヌイウイルス属 *Tenuivirus*，オフィオウイルス属 *Ophiovirus*
アレナウイルス科 Arenaviridae
科未分類　デルタウイルス属 *Deltavirus*

逆転写酵素をもつ DNA・RNA ウイルスグループ（分類 VI，VII）

ヘパドナウイルス科 Hepadnaviridae
カリモウイルス科 Caulimoviridae
シュードウイルス科 Pseudoviridae
メタウイルス科 Metaviridae
レトロウイルス科 Retroviridae

ウイロイド（Viroid）

ウイロイドはタンパク質をコードしていない遺伝物質であり，自己複製できるところに特徴がある．
ポスピウイロイド科 Pospiviroidae
アブサンウイロイド科 Avsunviroidae

サテライト（Satellite）

サテライトはウイロイドと構造的には類似しているが自己複製できない．複製するためには，他のウイルス等の複製酵素を利用する必要がある．
サテライトウイルス
一本鎖 RNA タイプ
サテライト核酸
一本鎖 DNA タイプ
二本鎖 RNA タイプ
一本鎖 RNA タイプ

プリオン（Prion）

感染はタンパク質の感染因子によって引き起こされていると考えられており，核酸の存在は認められていない．

引用文献 ならびに 参考文献

原則として，本文および分類表にて引用した文献を挙げたが，引用の少ない項では参考となる総説等を含めた場合もある．分類表については“全般”に示した．

全 般

AINSWORTH, G. C. *et al.* eds. (1973) “The Fungi, An Advanced Treatise” Vol. 4A (A Taxonomic Review with Keys), Academic Press, London

ALEXOPOULOS, C. J. *et al.* (1996) “Introductory Mycology” 4th Ed., John Wiley & Sons, New York

BOONE, D. R., CASTENHOLZ, R. W. (Volume Editors) (2001) “Bergey's Manual of Systematic Bacteriology” 2nd Ed., Vol. 1 (The Archaea and the Deeply Branching and Phototrophic *Bacteria*), Springer-Verlag, New York

CAFARO, M. J. (2005) Mol. Phylogenet. Evol. **35**: 21-34

HERR, R. A. *et al.* (1999) J. Clin. Microbiol. **37**: 2750-2754

KIRK, P. M. *et al.* eds. (2001) “Dictionary of the Fungi (以下，D. F. と略記)” 9th Ed., CAB International, Wallingford

MCLAUGHLIN, D. J. *et al.* (Volume Editors) (2001) “The Mycota” Vol. 7A & B (Systematics and Evolution), Springer-Verlag, Berlin

MENDOSA, L. *et al.* (2002) Annu. Rev. Microbiol. **56**: 315-344

文部省・日本植物学会 編 (1990)『学術用語集 植物学編 (増訂版)』丸善

VAN REGENMORTEL, H. V. *et al.* (2000) “Virus Taxonomy: Seventh Report of the International Committee on Taxonomy of Viruses” Academic Press, San Diego

杉山純多 (1996b) 生物分類表 (菌類)『岩波 生物学辞典 第4版』八杉龍一ら 編，岩波書店，p. 1560-1574

WEBSTER, J. (1980) “Introduction to Fungi” 2nd Ed., Cambridge Univ. Press, London

WOESE, C. R. (1987) Microbiol. Rev. **51**: 221-271

第I部 (1章)

AINSWORTH, G. C. (1973) “The Fungi, An Advanced Treatise” Vol. 4A (全般参照) p. 1-7

別府輝彦 (1982)『東京大学公開講座 ミクロの世界』東京大学出版会，p. 53-87

別府輝彦 編 (1995)『微生物機能の多様性』学会出版センター

BROCK, T. D. (1961) “Milestones in Microbiology” Prentice-Hall, Wisconsin (日本語版；藤野恒三郎 監訳『微生物学の一里塚』近代出版, 1985)

BUCHANAN, R. E., GIBBONS, N. E. eds. (1974) “Bergey's Manual of Determinative Bacteriology” 8th Ed., Williams & Wilkins, Baltimore

CAVALIER-SMITH, T. (1987) “Evolutionary Biology of the Fungi” RAYNER, A. D. M. *et al.* eds., Cambridge Univ. Press, Cambridge, p. 339-353

CAVALIER-SMITH, T.（2002）Int. J. Syst. Evol. Microbiol. **52**: 7-76
千原光雄 編（1999）『藻類の多様性と系統』裳華房
COPELAND, H. F.（1956）"The Classification of Lower Organisms" Pacific Books, Palo Alto, California
DICK, M. W.（2001）"Straminipilous Fungi, Systematics of the Peronosporomycetes Including Accounts of the Marine Straminipilous Protists, the Plasmodiophorids and Similar Organisms" Kluwer Academic Publishers, Dordrecht
EICHLER, A.（1883）"Syllabus der Vorlesungen über Specille und Medicinisch-Pharmaceutische Botanik" 3rd Ed.（Dritte verbesserte Auflage）, Gebründer Borntreager, Berlin
GONZALEZ, J. M. *et al.*（1998）Extremophiles **2**: 123-130
GROOMBRIDGE, B. ed.（1992）"Global Biodiversity：Status of the Earth's Living Resources" World Conservation Monitering Centre, Chapman Hall, London
HAECKEL, E.（1866）"Generelle Morphologie der Organismen" Georg Riemer, Berlin
長谷川政美・岸野洋久（1996）『分子系統学』岩波書店
橋本哲男（2004）学術月報 **57**(12)：12-18
HILLIS, D. M., MORITZ, C.（1990）"Molecular Systematics" Sinauer Associates, Sunderland
HILLIS, D. M. *et al.* eds.（1996）"Molecular Systematics" 2nd Ed. 本章参照
堀 寛（1999）『生物の進化と多様性』森脇和郎・岩槻邦男 編，(財)放送大学教育振興会，p. 44
HORI, H., OSAWA, S.（1987）Mol. Biol. Evol. **4**: 445-472
今堀宏三ら 編（1986）『続 分子進化学入門』培風館
井上 勲（2001）蛋白質 核酸 酵素 **46**: 1324-1331
井上 勲（2004）遺伝 **58**(6)：29-35
KIMURA, M.（1968）Nature **217**: 624-626
KIMURA, M.（1983）"The Neutral Theory of Molecular Evolution" Cambridge Univ. Press, Cambridge（日本語版；木村資生 監訳『分子進化の中立説』紀伊国屋書店，1986）
木村資生 編（1984）『分子進化学入門』培風館
KIRK, P. M. *et al.* eds.（2001）（全般参照）p. 360
DE KRUIF, P.（1926）"Microbe Hunters"（日本語版；秋元寿恵夫 訳『微生物の狩人』全2冊，岩波文庫，岩波書店，1980）
黒岩常祥（2004）学術月報 **57**(12)：24-34
MADIGAN, M. T. *et al.*（1997）"Brock Biology of Microorganisms" 8th Ed., Prentice-Hall, Upper Saddle River
MARGULIS, L.（1971）Sci. Am. **225**: 48-57
MARGULIS, L.（1981）"Symbiosis in Cell Evolution, Life and Its Environment on the Early Earth" W. H. Freeman, San Francisco（日本語版；永井 進 監訳『細胞の共生進化』上・下，学会出版センター，1985）
MARGULIS, L., SAGAN, D.（1997）"Slanted Truth, Essay on Gaia, Symbiosis, and Evolution" Springer-Verlag, New York

MARGULIS, L., SCHWARTZ, K. V. (1982) "Five Kingdoms, An Illustrated Guide of the Phyla of Life on Earth" W. H. Freeman, San Francisco（日本語版；川島誠一郎・根平邦人 訳『五つの王国』日経サイエンス社，1987）
MAYR, E. (1998) Proc. Natl. Acad. Sci. USA **95**: 9720-9723
宮田 隆（1998）『分子進化－解析の技法とその応用』共立出版
NOZAKI, H. (2005) J. Plant Res. **118**: 247-255
PATTERSON, D. J. (1989) "The Chromophyte Algae, Problems and Perspectives" GREEN, J. C. *et al.* eds., Clarendon Press, Oxford, p. 357-379
白山義久 編（2000）『無脊椎動物の多様性と系統（節足動物を除く）』裳華房
STALEY, J. T. (2002) "Biodiversity of Microbial Life" STALEY, J. T., REYSENBACH, A.-L. eds., John Wiley & Sons, New York, p. 3-23
杉山純多ら 編（1999）『新版 微生物学実験法』講談社
WHITTAKER, R. H. (1969) Science **163**: 150-160
WOESE, C. R. (1987) Microbiol. Rev. **51**: 221-271
WOESE, C. R. (1990) Proc. Natl. Acad. Sci. USA **87**: 4576-4579
WOESE, C. R. (1994) Microbiol. Rev. **58**: 1-9
柳田友道（1980）『微生物科学 1－分類・代謝・細胞生理』学会出版センター
ZUCKERKANDL, E., PAULING, L. (1965) "Evolving Genes and Proteins" BRYSON, V., VOGEL, H. J. eds., Academic Press, New York, p. 97-166

第II部（2〜9章）

2章

AINSWORTH, G. C. (1973) "The Fungi, An Advanced Treatise" Vol. 4 A（全般参照）p. 1-7
AINSWORTH, G. C. (1976) "Introduction to the History of Mycology" Cambridge Univ. Press, Cambridge
AINSWORTH, G. C. *et al.* eds. (1965, 1966, 1968, 1973a, b) "The Fungi, An Advanced Treatise" Vols. 1-4 A & B, Academic Press, New York
ALEXOPOULOS, C. J. *et al.* (1996) 全般参照
BARR, D. J. (1992) Mycologia **84**: 1-11
BARTNICKI-GARCIA, S. (1970) "Phytochemical Phylogeny" HARBORNE, J. B. ed., Academic Press, London, p. 81-103
BARTNICKI-GARCIA, S. (1987) "Evolutionary Biology of the Fungi" RAYNER, A. D. M. *et al.* eds., Cambridge Univ. Press, Cambridge
BERBEE, M. L., TAYLOR, J. W. (1993) Can. J. Bot. **71**: 1114-1127
BERBEE, M. L., TAYLOR, J. W. (1999) "Molecular Fungal Biology" OLIVER, R. P., SCHWEIZER, M. eds., Cambridge Univ. Press, Cambridge, p. 21-77
BERBEE, M. L., TAYLOR, J. W. (2001) "The Mycota" Vol. 7B（全般参照）p. 229-245
BESSEY, E. A. (1942) Mycologia **34**: 355-379
BESSEY, E. A. (1950) "Morphology and Taxonomy of Fungi" McGraw-Hill, New York
BESSEY, E. A. (1964) " Morphology and Taxonomy of Fungi" Hafner Publ. Co., New

York
BLANZ, P. A., UNSELD, M. (1987) "The Expanding Realm of Yeast-like Fungi" DE HOOG, G. S. *et al.* eds., Elsevier, Amsterdam, p. 247-258
BRUNS, T. D. *et al.* (1991) Annu. Rev. Ecol. Syst. **22**: 525-564
CAIN, R. F. (1972) Mycologia **64**: 1-14
CAVALIER-SMITH, T. (1981) BioSystems **14**: 461-481
CAVALIER-SMITH, T. (1987) "Evolutionary Biology of the Fungi" (本章参照) p. 339-353
CAVALIER-SMITH, T. (2001) "The Mycota" Vol. 7A (全般参照) p. 3-37
千原光雄 編 (1999) 1章参照
DEMOULIN, V. (1974) Bot. Rev. **40**: 315-345
ERDMANN, V. A., WOLTERS, J. (1986) Nucl. Acids Res. **14**: r1-r59
ESSER, K., LEMKE, P. A. eds. (1994, 1995, 1996a, b, 1997a-c, 2001a-c) "The Mycota" Vols. 1-7 A & B (全般参照) (各巻の編集者名は紙幅の関係で割愛する)
GARGAS, A. *et al.* (1995) Science **268**: 1492-1495
GÄUMANN, E. A. (1952) "The Fungi, A Description of Their Morphological Features and Evolutionary Development" Hafner Publishing Co., New York
GÄUMANN, E. A. (1964) "Die Pilze. Grundzüge ihrer Entwicklungsgeschichte und Morphologie" 2. Aufl. Birkhäuser Verlag, Basel
HAWKSWORTH, D. L. *et al.* (1983) "D. F." 7th Ed. (全般参照) p. 152-155
HAWKSWORTH, D. L. *et al.* (1995) "D. F." 8th Ed. (全般参照) p. 169-173； p. 497-616
HECKMAN, D. S. *et al.* (2001) Science **293**: 1129-1133
HENNING, W. (1950) "Grundzüge einer Theorie der Phylogenetischen Systematik" Deutcher Zentralverlag, Berlin
HIBBETT, D. S. *et al.* (1995) Nature **377**: 487
HIBBETT, D. S. *et al.* (1997) Am. J. Bot. **84**: 981-991
HORI, H., OSAWA, S. (1987) Mol. Biol. Evol. **4**: 445-472
井上 勲 (1996) 科学 **66**: 255-263
井上 勲 (2001) 1章参照
LÉ JOHN, H. B. (1974) Evol. Biol. **7**: 79-125
KOHN, L. M. (1992) Mycologia **84**: 139-153
LUTZONI, F. *et al.* (2004) Am. J. Bot. **91**: 1446-1480
MCLAUGHLIN, D. J. *et al.* eds. (2001) 全般参照
三中信宏 (1997) 『生物系統学』東京大学出版会
NAGAHAMA, T. *et al.* (1995) Mycologia **87**: 203-209
NISHIDA, H., SUGIYAMA, J. (1993) Mol. Biol. Evol. **10**: 431-436
NISHIDA, H., SUGIYAMA, J. (1994) Mycoscience **35**: 361-366
REDECKER, D. *et al.* (2000) Science **289**: 1920-1921
REYNOLDS, D. R., TAYLOR, J. W. eds. (1993) "The Fungal Holomorph: Mitotic, Meiotic and Pleomorphic in Fungal Systematics" CAB International, Wallingford
SACHS, J. (1874) "Lehrbuch der Botanik" Wilhelm Engelmann, Leipzig
SADEBECK, R. (1884) Jarhb. Hamburg. Wissensch. Anst. **1**: 93-124

SAVILE, D. B. O. (1955) Can. J. Bot. **33**: 60–104
SAVILE, D. B. O. (1968) "The Fungi, An Advanced Treatise" Vol. 3（本章参照）p. 649–675
白山義久 編（2000）1 章参照
SMITH, G. (1962) "Microbial Classification" AINSWORTH, G. C., SNEATH, P. H. A. eds., Cambridge Univ. Press, Cambridge, p. 111–118
杉山純多（1996a）科学 **66**: 318–322
杉山純多（1996b）全般参照
SUGIYAMA, J. (1998) Mycoscience **39**: 487–511
SUTTON, B. C. ed. (1996) "A Century of Mycology" Cambridge Univ. Press, Cambridge
TAYLOR, J. W. (1995) Can. J. Bot. **73** (Suppl. 1): S754–S759
TAYLOR, J. W., FISHER, M. C. (2003) Current Opinion in Microbiol. **6**: 351–356
TAYLOR, J. W. *et al.* (1999a) Clin. Microbiol. Rev. **12**: 126–146
TAYLOR, J. W. *et al.* (1999b) Annu. Rev. Phytopathol. **37**: 197–246
TAYLOR, T. N. *et al.* (1999) Nature **399**: 648
VOGEL, H. J. (1965) "Evolving Genes and Proteins"（1 章参照）p. 25–40
WALKER, W. F., DOOLITTLE, W. F. (1982a) Nature **299**: 723–724
WALKER, W. F., DOOLITTLE, W. F. (1982b) Nucl. Acids Res. **10**: 5717–5721
WHITTAKER, R. H. (1969) Science **163**: 150–160

3 章

ALEXOPOULOS, C. J. *et al.* (1996) 全般参照
BARR, D. J. S. (1990) "Handbook of Protoctista" Jones and Bartlett, Boston
BARR, D. J. S. (2001) "The Mycota" Vol. 7A（全般参照）p. 94–112
BERBEE, M. L. (1996) Mol. Biol. Evol. **13**: 462–470
BERBEE, M. L., TAYLOR, J. W. (1992) Mol. Biol. Evol. **9**: 278–284
BRACKER, C. E., BUTLER, E. E. (1963) Mycologia **55**: 35–58
BULLER, A. H. R., VANTERPOOL, T. C. (1933) "Researches on Fungi 5" Longmans, Green & Co., London
CHADEFAUD, M. (1973) Bull. Soc. Mycol. France **89**: 127–170
FENNELL, D. I. (1973) "The Fungi" Vol. 4B（全般参照）p. 45–68
GAMS, W. *et al.* (1980) "CBS Course of Mycology" 2nd Ed., Centraalbureau voor Schimmelcultures, Baarn
GÄUMANN, E. A. (1964) 2 章参照
GROVE, S. N., BRACKER, C. E. (1970) J. Bacteriol. **57**: 245–266
HANSSEN, A., JAHNS, H. J. (1974) "Lichenes. Eine Einfurung in die Flechtenkunde" Verlag, Stuttgart
HENNEBERT, G. L., SUTTON, B. C. (1994) "Ascomycete Systematics: Problems and Perspectives in the Nineties" HAWKSWORTH, D. L. ed., Plenum Press, New York, p. 65–76
HESSELTINE, C. W., ELLIS, J. J. (1973) "The Fungi" Vol. 4B.（全般参照）p. 187–217
INGOLD, C. T. (1933) New Phytol. **32**: 175–196
INGOLD, C. T. (1965) "Spore Liberation" Oxford Univ. Press, Oxford

KHAN, S. R., KIMBROUGH, J. W. (1982) Mycotaxon **15**: 103-120
KHAN, S. R. *et al.* (1981) Can. J. Bot. **59**: 2450-2457
KIMBROUGH, J. W. (1994) "Ascomycete Systematics" (本章参照) p. 127-141
KORF, R. P. (1958) Japanese Discomycete Notes I-VIII. Sci. Rep. Yokohama Nat. Univ. Sect. II: 7-35
KURTZMAN, C. P., SUGIYAMA, J. (2001) "The Mycota" Vol. 7A (全般参照) p. 179-200
LI, J. *et al.* (1991) Can. J. Bot. **69**: 580-589
LICHTWARDT, R. W. (1973) "The Fungi" Vol. 4B (全般参照) p. 237-243
LINDER, D. H. (1940) Mycologia **32**: 419-447
LUTTRELL, E. S. (1951) Univ. Missouri Stud. **24**(3): 1-20
MCLAUGHLIN, D. J. *et al.* (1995) Can. J. Bot. **73** (Suppl. 1): S684-S692
MIMS, C. W. *et al.* (1987) Can. J. Bot. **65**: 1236-1244
MUNN, E. A. *et al.* (1988) BioSystems **22**: 67-81
NISHIDA, H., SUGIYAMA, J. (1993) Mol. Biol. Evol. **10**: 431-436
O'DONNELL, K. L. *et al.* (1978) Can. J. Bot. **56**: 91-100
RAPER, J. R., FLEXER, A. S. (1971) "Evolution in the Higher Basidiomycetes" PETERSEN, R. H. ed., Univ. Tennessee Press, Knoxville, p. 149-167
REIJNDERS, A. F. M. (1975) Persoonia **8**: 307-319
SMITH, G. M. (1955) "Cryptogamic Botany" 2nd. Ed., McGraw-Hill Book Co., New York
SPARROW, F. K. (1960) "Aquatic Phycomycetes" Univ. Michigan Press, Ann Arbor, Michigan
SPATAFORA, J. W. *et al.* (1995) J. Clin. Microbiol. **33**: 1322-1326
STALPERS, J. A. (1987) "Pleomorphic Fungi: The Diversity and Its Taxonomic Implications" SUGIYAMA, J. ed., Kodansha/Elsevier, Tokyo/Amsterdam, p. 201-220
SUGIYAMA, J., NISHIDA, H. (1995) "Biodiversity and Evolution" ARAI, R. *et al.* eds., National Science Museum Foundation, Tokyo, p. 177-195
SUH, S., SUGIYAMA, J. (1994) Mycoscience **35**: 367-375
SWANN, E. C., TAYLOR, J. W. (1993) Mycologia **85**: 923-936
SWANN, E. C., TAYLOR, J. W. (1995) Can. J. Bot. **73**: (Suppl. 1): S862-S868
TEIXEIRA, A. R. (1962) Biol. Rev. **37**: 51-81
寺川博典 (1984)『菌類系統分類学』養賢堂
THAXTER, R. (1888) Memoirs of the Boston Society for Natural History **4**: 133-201
宇田川俊一ら (1978)『菌類図鑑 (上)』講談社
WEBSTER, J. (1980) 全般参照

4章

ALEXOPOULOS, C. J. *et al.* (1996) 全般参照
ANDO, K. (1984) Trans. Mycol. Soc. Japan **25**: 295-304
ARTHUR, J. C. *et al.* (1929) "The Plant Rusts (Uredinales)" Wiley, New York
平塚直秀 (1955)『植物銹菌学研究』笠井出版社

JACKSON, H. S. (1931) Mem. Torrey Bot. Club **18**: 1-108
日本動物学会・日本植物学会 編 (1998)『生物教育用語集』東京大学出版会, p. 92
PONTECORVO, G. (1956) Annu. Rev. Microbiol. **10**: 393-400
RAPER, J. A. (1966) "The Fungi, An Advanced Treatise" Vol. 2, AINSWORTH, G. C., Sussman, A.S. eds., Academic Press, New York, p. 589-617
WEBSTER, J. (1980) 全般参照

5章

ALVES, A. M. C. R. *et al.* (1996) J. Bacteriol. **78**: 149-155
BARTNICKI-GARCIA, S. (1987) (2章参照) p. 389-403
BOWMAN, B. J., BOWMAN, E. J. (1996) "The Mycota" Vol. 3, BRAMBL, R., MARZLUF, G. A. eds., Springer-Verlag, Berlin
DAVIS, R. H. (1996) "The Mycota" Vol. 3 (本章参照) p. 289-319
FRISVAD, J. C. *et al.* (1998) "Chemical Fungal Taxonomy" FRISVAD, J. C. *et al.* eds., Marcel Dekker, New York, p. 289-319
JESPERSEN, H. M. *et al.* (1991) Biochem. J. **280**: 51-55
KOCH, J. L. F., BOTHA, A. (1998) "Chemical Fungal Taxonomy" (本章参照) p. 219-246
KURAISHI, H. *et al.* (1991) Bull. JFCC **7**: 111-133
LARSEN, T. O. (1998) "Chemical Fungal Taxonomy" (本章参照) p. 263-287
PATERSON, R. R. M. (1998) "Chemical Fungal Taxonomy" (本章参照) p. 183-217
RAGAN, M. A., CHAPMAN, D. J. (1978) "A Biochemical Phylogeny of The Protists" Academic Press, New York
白山義久 編 (2000) 1章参照
WEETE, J. D., GANDHI, S. R. (1996) "The Mycota" Vol. 3 (本章参照) p. 421-438
矢部希見子 (1998) 農化 **72**: 63-67

6章

BARTNICKI-GARCIA, S. (1987) (2章参照) p. 389-403
FRISVAD, J. C. *et al.* eds. (1998) 5章参照
GEISER, D. M. *et al.* (1998) Proc. Natl. Acad. Sci. USA **95**: 388-393
GOODFELLOW, M., O'DONNELL, A. G. (1993) "Handbook of New Bacterial Systematics" Academic Press, London
HAMAMOTO, M. *et al.* (1986) J. Gen. Appl. Microbiol. **32**: 215-223
HAMAMOTO, M. *et al.* (1987) J. Gen. Appl. Microbiol. **33**: 57-73
HAMAMOTO, M. *et al.* (1988) J. Gen. Appl. Microbiol. **34**: 119-125
KLICH, M. A., PITT, J. I. (1988) Trans. Br. Mycol. Soc. **91**: 99-108
駒形和男 編 (1982)『微生物の化学分類実験法』学会出版センター
KURAISHI, H. *et al.* (1985) Trans. Mycol. Soc. Japan **26**: 383-395
KURAISHI, H. *et al.* (1990) "Modern Concepts in *Penicillium* and *Aspergillus* Classification" SAMSON, R. A., PITT, J. I. eds., Plenum Press, New York, p. 407-421
KURAISHI, H. *et al.* (1991) Bull. JFCC **7**: 111-133
KURTZMAN, C. P. (1998) "The Yeasts, A Taxonomic Study" 4th Ed., KURTZMAN, C. P., FELL, J. W. eds., Elsevier, Amsterdam, p. 63-68

KURTZMAN, C. P. *et al.* (1986) Mycologia **78** : 955-959
O'DONNELL, K. (1999) "Diversity and Use of Agricultural Microorganisms" KATO, K. *et al.* eds., Research Council Secretariat of MAFF and National Institute of Agrobiological Resources, Tsukuba, p. 7-25
OKADA, K. *et al.* (1998) FEBS Letters **431** : 241-244
ROEIJMANS, H. *et al.* (1998) "The Yeasts, A Taxonomic Study" 4th Ed. (本章参照) p. 103-105
SUGIYAMA, J. *et al.* (1985) J. Gen. Appl. Microbiol. **31** : 519-550
鈴木健一朗 (1990)『図解 微生物学ハンドブック』石川辰夫ら 編，丸善，p. 496-497
SUZUKI, M., NAKASE, T. (1988) J. Gen. Appl. Microbiol. **34** : 95-103
山田雄三 (1990)『図解 微生物学ハンドブック』(本章参照) p. 507-508
YAMADA, Y. (1998) "The Yeasts, A Taxonomic Study" 4th Ed. (本章参照) p. 101-102
YAMATOYA, K. *et al.* (1990) "Modern Concepts in *Penicillium* and *Aspergillus* Classification" (本章参照) p. 395-405
YAMAZAKI, M. *et al.* (1998) "The Yeasts, A Taxonomic Study" 4th Ed. (本章参照) p. 49-53

7章

AN, K. D. *et al.* (2002) BMC Evol. Biol. **2** : 6
BRUNS, T. D. *et al.* (1990) Mycologia **82** : 175-184
DIETRICH, F. S. *et al.* (2004) Science **304** : 304-307
GOFFEAU, A. *et al.* (1996) Science **274** : 546-567
堀内裕之・高木正道 (1998) 蛋白質 核酸 酵素 **43** : 2182-2190
JONES, T. *et al.* (2004) Proc. Natl. Acad. Sci. USA **101** : 7329-7334
NISHIDA, H., NISHIYAMA, M. (2000) J. Mol. Evol. **51** : 299-302
NISHIDA, H. *et al.* (1999) Genome Res. **9** : 1175-1183
TAYLOR, T. N. *et al.* (1999) Nature **399** : 648
冨田　勝 (1999) 実験医学 **17** : 18-23
WOOD, V. *et al.* (2002) Nature **415** : 871-880

8章

ANDERSON, J. B., STASOVSKI, E. (1992) Mycologia **84** : 505-516
AVISE, J. C., WOLLENBERG, K. (1997) Proc. Natl. Acad. Sci. USA **94** : 7748-7755
BAKKEREN, G., KRONSTAD, J. W. (1994) Proc. Natl. Acad. Sci. USA **91** : 7085-7089
BRASIER, C. M., KIRK, S. (1993) Mycol. Res. **97** : 811-816
BRASIER, C. M., METHROTRA, M. D. (1995) Mycol. Res. **99** : 205-215
BRYGOO, Y. *et al.* (1998) "Molecular Variability of Fungal Pathogens" BRIDGE, P. D. *et al.* eds., CAB International, Wallingford, p. 133-148
CARLIER, J. *et al.* (1996) Mol. Ecol. **5** : 499-510
FINCHAM, J. R. S. *et al.* (1979) "Fungal Genetics" 4th Ed., Blackwell, London
FLOR, H. H. (1947) J. Agric. Res. **74** : 241-262
FREEMAN, S., RODRIGUEZ, R. J. (1993) Science **260** : 75-78
FUTUYMA, D. J. (1986) "Evolutionary Biology" 2nd Ed. (日本語版；岸　由二ら 訳『進化生物学』蒼樹書房，1991)

GEISER, D. M. *et al.* (1998) Proc. Natl. Acad. Sci. USA **95**: 388-393
GIRAUD, T. *et al.* (1999) Phytopathology **89**: 967-973
GRASER, Y. *et al.* (1996) Proc. Natl. Acad. Sci. USA **93**: 12473-12477
HATTA, R. *et al.* (2002) Genetics **161**: 59-70
KENDRICK, B. (2000) "The Fifth Kingdom" 3rd Ed., Focus Publishing, R. Pullins Co., Newburyport, MA
KISTLER, H. C. (1997) Phytopathology **87**: 474-479
KUHLMAN, E. G., BHATTACHARYYA, H. (1984) Phytopathology **74**: 659-664
LOTT, T. J. *et al.* (1999) Microbiology **145**: 1137-1143
MASEL, A. M. *et al.* (1996) Molecular Plant-Microbe Interactions **9**: 339-348
MUELLER, G. M., GARDES, M. (1991) Mycol. Res. **95**: 592-601
西原夏樹 (1971) 日植病報 **37**: 283-290
NISHIMURA, S. (1980) Proc. Japan Acad. Ser. B **56**: 362-366
PIPE, N. D. *et al.* (1997) Mycol. Res. **101**: 415-421
PULHALLA, J. E. (1985) Can. J. Bot. **63**: 179-183
SCHARDL, C. L. *et al.* (1997) Mol. Biol. Evol. **14**: 133-143
SCHEFFER, R. P. *et al.* (1967) Phytopathology **57**: 1288-1291
SETOGUCHI, H. *et al.* (1997) J. Plant Res. **110**: 469-484
SHIMIZU, K. *et al.* (1998) J. Gen. Appl. Microbiol. **44**: 251-258
SIDUH, G. S. (1986) Can. J. Bot. **64**: 117-121
SMITH, M. L. *et al.* (1992) Nature **356**: 428-431
TAYLOR, J. W. *et al.* (1999) Clin. Microbiol. Rev. **12**: 126-146
TIBAYRENC, M. *et al.* (1991) Proc. Natl. Acad. Sci. USA **88**: 5129-5133
TSUDA, M., UEYAMA, A. (1987) "Pleomorphic Fungi: The Diversity and its Taxonomic Implications" SUGIYAMA, J. ed., Kodansha/Elsevier, Tokyo/Amsterdam, p. 181-220
ZEIGLER, R. S. *et al.* (1997) Phytopathology **87**: 284-289

9章

COOKE, R. C., WHIPPS, J. M. (1993) "Ecophysiology of Fungi" Blackwell Scientific Pub., London
DEACON, J. W. (1997) "Modern Mycology" 3rd Ed., Blackwell Scientific Pub., London
ELLIS, M. B., ELLIS, J. P. (1997) "Microfungi on Land Plants" Enlarged Ed., Richmond Pub., Slough
LANGE, L. (1974) Dansk. Bot. Ar. **30**: 1-105
VAN MAANEN, A., GOURBIERE, F. (1997) Can. J. Bot. **75**: 699-710
MILLAR, C. S. (1974) "Biology of Plant Litter Decomposition" Vol. 1, DICKINSON, C. H., PUGH, G. J. F. eds., Academic Press, London, p. 105-128
O'DONNELL, K. *et al.* (1998) Mycologia **90**: 465-493
SWIFT, M. J. (1982) "Experimental Microbial Ecology" BURNS, G., SLATER, J. H. eds., Blackwell, Oxford
ZHOU, D., HYDE, K. D. (2001) Mycol. Res. **105**: 1449-1457

第 III 部

アクラシス菌門（III-1）

ALEXOPOULOS, C. J. *et al.*（1996）全般参照
BLANTON, R. L.（1990）"Handbook of Protoctista"（3 章参照）p. 75-87
OLIVE, L. S.（1975）"The Mycetozoans" Academic Press, New York
RAPER, K. B.（1984）"The Dictyostelids" Princeton Univ. Press, Princeton

タマホコリカビ門（III-2）

ALEXOPOULOS, C. J. *et al.*（1996）全般参照
HAGIWARA, H.（1989）"The Taxonomic Study of Japanese Dictyostelid Cellular Slime Molds" National Science Museum, Tokyo
OLIVE, L. S.（1975）III-1 参照
RAPER, K. B.（1984）III-1 参照

変形菌門（III-3）

ALEXOPOULOS, C. J. *et al.*（1996）全般参照
BALDAUF, S. L., DOOLITTLE, W. F.（1997）Proc. Natl. Acad. Sci. USA **94**: 12007-12012
萩原博光ら（1995）『日本変形菌類図鑑』平凡社
LEIPE, D. D. *et al.*（1993）Mol. Biochem. Parasitol. **59**: 41-48
OLIVE, L. S.（1975）III-1 参照
SPIEGEL, F. W.（1990）"Handbook of Protoctista"（3 章参照）p. 484-497
SPIEGEL, F. W. *et al.*（1995）Can. J. Bot. **73**（Suppl. 1）: S738-S746
山本幸憲（1998）『図説 日本の変形菌』東洋書林

ネコブカビ門（III-4）

ALEXOPOULOS, C. J. *et al.*（1996）全般参照
DYLEWSKI, D. P.（1990）"Handbook of Protoctista"（3 章参照）p. 399-416
池上八郎ら（1996）『新編 植物病原菌類解説』養賢堂
KARLING, J. S.（1968）"The Plasmodiophorales" Hafner Publishing Co., New York
OLIVE, L. S.（1975）III-1 参照

ラビリンツラ菌門・サカゲツボカビ門・卵菌門・ツボカビ門（III-5～8）

ALEXOPOULOS, C. J. *et al.*（1996）全般参照
BARR, D. J.（1990）"Handbook of Protoctista"（3 章参照）p. 454-466
COOKE, R. C., WHIPPS, J. M.（1993）"Ecophysiology of Fungi" Blackwell Scientific Publications, Oxford
DEACON, J. W.（1997）9 章参照
DICK, M. W.（1990）"Handbook of Protoctista"（3 章参照）p. 661-685
DICK, M. W.（1995）Can. J. Bot. **73**（Suppl. 1）: S712-S725
DICK, M. W.（2001）1 章参照
FULLER, M. S.（1990）"Handbook of Protoctista"（3 章参照）p. 380-387
FULLER, M. S., CLAY, R. P.（1992）Mycologia **85**: 38-45
FULLER, M. S., JAWORSKI, A. eds.（1987）"Zoosporic Fungi in Teaching and Research" Southeastern Publisher, Athens, Georgia
KIRK, P. M. *et al.* eds.（2001）全般参照

小林義雄・今野和子 (1980)『日本産水棲菌類図説』自費出版
LEANDER, C. A., PORTER, D. (2001) Mycologia **93**: 459-464
LI, J., HEATH, I. B. (1993) Can. J. Bot. **71**: 393-407
LUTZONI, F. *et al.* (2004) Amer. J. Bot. **91**: 1446-1480
PORTER, D. (1990) "Handbook of Protoctista" (3章参照) p. 388-398
SPARROW, F. K., Jr. (1960) "Aquatic Phycomycetes" 2nd Ed., Univ. Michigan Press, Ann Arbor
WEBSTER, J. (1980) 全般参照

接合菌門 (III-9)

ALEXOPOULOS, C. J. (1962) "Introductory Mycology" 2nd. Ed., John Wiley & Sons, New York, p. 184-210
BENNY, G. L. (2001) "The Mycota" Vol. 7A (全般参照) p. 147-160
BENNY, G. L., O'DONNELL, K. (2000) Mycologia **92**: 1133-1137
BENNY, G. L. *et al.* (2001) "The Mycota" Vol. 7A (全般参照) p. 113-146
BESSEY, E. A. (1950) "Morphology and Taxonomy of Fungi" Hafner Press, New York, p. 150-191
CHADEFAUD, M. (1960) "Traité de Botanique" Tome 1, CHADEFAUD, M., EMBERGER, L. eds., Masson, Paris, p. 786-818
GARRAWAY, M. O., EVANS, R. C. (1984) "Fungal Nutrition & Physiology" A Wiley-Interscience Publication, John Wiley & Sons, New York, p. 264-292
INGOLD, C. T. (1978) "The Biology of *Mucor* and its Allies" The Institute of Biology's Studies in Biology no. 88, Edward Arnold, London, p. 43-51
JENSEN, A. B. *et al.* (1998) Fung. Gen. Biol. **24**: 325-334
MANIER, J.-F., LICHWARDT, R. W. (1968) Ann. Sci. Nat. Bot., Ser. 12, p. 519-532
MIKAWA, T. (1976) Trans. Mycol. Soc. Japan **17**: 4-8
MIKAWA, T. (1989) Bull. Nat. Sci. Mus., Tokyo, Ser. B **15**: 49-62
MIKAWA, T. (1993) "Cryptogamic Flora of Pakistan" Nakaike, T., Malik, S. eds., Vol. 2, National Science Museum, Tokyo, p. 65-92
MISRA, J. K., LICHTWARDT, R. W. (2000) "Illustrated Genera of Trichomycetes - Fungal Symbionts of Insects and Other Arthropods" Science Publishers, Enfield, New Hampshire
NAGAHAMA, T. *et al.* (1995) Mycologia **87**: 203-209
O'DONNELL, K. *et al.* (1998) Mycologia **90**: 624-639
SCHÜßLER, A. (2002) Plant and Soil **244**: 75-83
SCHÜßLER, A., KLUGE, M. (2001) "The Mycota" Vol. 9 (Fungal Association) HOCK, B. ed., Springer-Verlag, Berlin, p. 155
SCHÜßLER, A. *et al.* (2001) Mycol. Res. **105**: 1413-1421
SEMPLE, J. C., KENDRICK, B. (1992) "An Evolutionary Survey of Fungi, Algae and Plants: Their Morphology, Classification and Phylogeny" Mycologue Publications, Univ. Waterloo, p. 10-11
STEINHAUS, E. A. (1949) "Principles of Insect Pathology" McGraw-Hill Book Co., New York, p. 318-416

THAXTER, R. (1922) Proc. Am. Acad. Arts Sci. **57**: 291-351
USTINOVA, I. *et al.* (2000) Protist **151**: 253-262

子嚢菌門 (III-10)

AINSWORTH, G. C. (1973) "The Fungi" Vol. 4B (全般参照) p. 1-7
ALEXOPOULOS, C. J. (1962) "Introductory Mycology" 2nd. Ed. III-9 参照
ALEXOPOULOS, C. J. *et al.* (1996) 全般参照
VON ARX, J. A. (1967) "Pilzkunde" Verlag von J. Cramer, Lehre
VON ARX, J. A. (1987) Persoonia **13**: 273-300
ASAI, I. *et al.* (2004) Bull. Nat. Sci. Mus. Tokyo Ser. B **30**: 1-7
BARNETT, J. A. *et al.* (2000) "Yeasts, Characteristics and Identification" 3rd. Ed., Cambridge Univ. Press, Cambridge
BARR, M. E. (1987) "Prodromus to Class Loculoascomycetes" Published by the author
BENJAMIN, R. K. (1971) Introduction and Supplement of Roland Thaxter's Contribution towards a Monograph of the Laboulbeniaceae (Bot. Mycol. **30**), Cramer
BENJAMIN, R. K. (1973) "The Fungi" Vol. 4A (全般参照) p. 223-246
BERBEE, M. L., TAYLOR, J. W. (1993) Can. J. Bot. **71**: 1114-1127
BERBEE, M. L., TAYLOR, J. W. (2001a) "Molecular Fungal Biology" (2 章参照) p. 21-77
BERBEE, M. L., TAYLOR, J. W. (2001b) "The Mycota" Vol. 7B (全般参照) p. 229-245
BERBEE, M. L. *et al.* (1995) Mycologia **87**: 210-222
BERBEE, M. L. *et al.* (2000) Mol. Phylogenet. Evol. **17**: 337-344
BLACKWELL, M. (1994) Mycologia **86**: 1-17
CURRAH, R. S. (1985) Mycotaxon **24**: 1-216
CURRAH, R. S. (1994) "Ascomycete Systematics" (3 章参照) p. 281-293
EDMAN, J. C. *et al*. (1988) Nature **334**: 519-522
FELL, J. W. *et al.* (2001) "The Mycota" Vol. 7 (全般参照) p. 3-35
FISCHER, E. (1897) "Die Natülichen Pflanzenfamilien" Vol. 1, ENGLER, A., PRANTL, K. eds., Englmann Verl., Leipzig, p. 290-320
GAMS, W. *et al.* (1985) "Advances in *Penicillium* and *Aspergillus* Systematics" SĂMSON, R. A., PITT, J. I. eds., Plenum Press, New York, p. 55-62
GĂUMANN, E. A. (1964) 2 章参照
GEISER, D. M., LOBGLIO, K. F. (2001) "The Mycota" Vol. 7A (全般参照) p. 201-219
GEISER, D. M. *et al.* (1996) Mol. Biol. Evol. **13**: 809-817
GEISER, D. M. *et al.* (1998) Mycologia **90**: 831-845
HAWKSWORTH, D. L. ed. (1994) "Ascomycete Systematics" 3 章参照
HAWKSWORTH, D. L. *et al.* (1983) "D. F." 7th Ed., Commonwealth Mycol. Inst., Kew, Surrey
HAWKSWORTH, D. L. *et al.* (1995) "D. F." 8th Ed., International Mycol. Inst., Wallingford
DE HOOG, G. S. *et al.* eds. (1987) "The Expanding Realm of Yeast-like Fungi" 2 章参照
HOWARD, D. H., MILLER, J. D. eds. (1996) "The Mycota" Vol. 6 (Human and Animal

Relationships）全般参照
石川辰夫ら 編（1990）『図解 微生物学ハンドブック』6 章参照
JOHNSTON, P. R., MINTER, D. W.（1989）Mycol. Res. **92**: 422-430
KENDRICK, B.（1992）"The Fifth Kingdom" 2nd Ed., Focus Information Group, MA.
KIRK, P. M. *et al.* eds.（2001）全般参照
KOBAYASI, Y.（1941）Sci. Rep. Tokyo Bunrika Daigaku B. **84**: 53-260
KOBAYASI, Y.（1960）Nagaoa **7**: 35-50＋Pl. 5-6
小林義雄（1959）Nagaoa **6**: 87
小林義雄ら（1959）Nagaoa **6**: 52-58
KOHLMEYER, J.（1973）Mycologia **65**: 614-647
KORF, R. P.（1958）3 章参照
KORF, R. P.（1973）"The Fungi, An Advanced Treatise" Vol. 4A（全般参照）p. 249-319
KREGER-VAN RIJ, N. H. W. ed.（1984）"The Yeasts, a Taxonomic Study" 3rd Ed., Elsevier, Amsterdam
KURAISHI, H. *et al.*（1990）（6 章参照）p. 407-421
KURAISHI, H. *et al.*（1991）Mycol. Res. **95**: 701-711
KURAISHI, H. *et al.*（2000）Antonie van Leeuwenhoek **77**: 179-186
KURTZMAN, C. P., FELL, J. W. eds.（1998）"The Yeasts, A Taxonomic Study" 4th Ed., Elsevier, Amsterdam
KURTZMAN, C. P., ROBNETT, C. J.（1994）"Ascomycete Systematics"（3 章参照）p. 249-258
KURTZMAN, C. P., SUGIYAMA, J.（2001）"The Mycota" Vol. 7A（全般参照）p. 179-200
LANDVIK, S.（1996）Mycol. Res. **100**: 199-202
LANDVIK, S. *et al.*（1996）Mycoscience **37**: 237-241
LIU, Y. J. J. *et al.*（1999）Mol. Biol. Evol. **16**: 1799-1808
LOBUGLIO, K. F. *et al.*（1993）Mycologia **85**: 592-604
LOBUGLIO, K. F. *et al.*（1996）Mol. Phylogenet. Evol. **6**: 287-294
LODDER, J. ed.（1970）"The Yeasts, a Taxonomic Study" 2nd Ed., North-Holland, Amsterdam
LODDER, J., KREGER-VAN RIJ, N. J. W.（1952）"The Yeasts, a Taxonomic Study" 1st Ed., North-Holland, Amsterdam
LUTTRELL, E. S.（1951）Univ. Missouri Studies **24**(3): 1-120
LUTTRELL, E. S.（1955）Mycologia **47**: 511-532
LUTTRELL, E. S.（1973）"The Fungi, An Advanced Treatise" Vol. 4A（全般参照）p. 135-219
MALLOCH, D.（1981）"Ascomycete Systematics, The Luttrelian Concept" RYNOLDS, D. R. ed., Springer-Verlag, New York, p. 73-91
MALLOCH, D.（1985）"Advances in *Penicillium* and *Aspergillus* Systematics"（本章参照）p. 365-382
MALLOCH, D., CAIN, R. F.（1972）Can. J. Bot. **51**: 1647-1648
MASUYA, H., ASAI, U.（2004）Bull. Nat. Sci. Mus. Tokyo, Ser. B **30**: 9-13
MILLER, O. K. *et al.*（2001）Mycol. Res. **105**: 1268-1272

宮治　誠（1995）『人に棲みつくカビの話』草思社
文部省・日本植物学会 編（1990）全般参照
村上英也 編（1986）『麹学』（財）日本醸造協会
NANNFELDT, J. A. (1932) Nova Acta Regiae Soc. Sci. Upsal **8**: 1-368
NISHIDA, H., SUGIYAMA, J. (1993) Mol. Biol. Evol. **10**: 431-436
NISHIDA, H., SUGIYAMA, J. (1994) Mycoscience **35**: 361-366
OGAWA, H. *et al.* (1997) Mycologia **89**: 756-771
OGAWA, H., SUGIYAMA, J. (2000) "Integration of Modern Taxonomic Methods for *Penicillium* and *Aspergillus* Classification" SAMSON, R. A., PITT, J. I. eds., Harwood Academic Publishers, Amsterdam, p. 149-161
大嶋泰治（1981）『酵母の解剖』柳島直彦ら 編，講談社，p. 71
大谷吉雄（1990）日菌報 **31**: 117-143
PETERSON, S. W. (1995) Mycol. Res. **99**: 1349-1355
PETERSON, S. W. (2000a) "Integration of Modern Taxonomic Methods for *Penicillium* and *Aspergillus* Classification"（本章参照）p. 163-178
PETERSON, S. W. (2000b) 前掲書，p. 323-355
PHAFF, H. J. *et al.* (1978) "The Life of Yeasts" 2nd Ed., Harvard Univ. Press, Cambridge（永井　進 訳『酵母菌の生活』学会出版センター，1985）
PITT, J. I. (1979) "The Genus *Penicillium* and Its Teleomorphic States *Eupenicillium* and *Talaromyces*" Academic Press, London
PITT, J. I., HOCKING, A. D. (1985) Mycologia **77**: 810-824
PITT, J. I., SAMSON, R. A. (1993) Regnum Vegetabile **128**: 13-57
PITT, J. I. *et al.* (2000) "Classification of *Penicillium* and *Aspergillus*: Integration of Modern Taxonomic Methods" Harwood Academic Publishers, Amsterdam, p. 9-47
REHNER, S. A., SAMUELS, G. J. (1995) Can. J. Bot. **73** (Suppl. 1): S816-S823
SAKURAI, S. *et al.* (1977) Agric. Biol. Chem. **41**: 395-398
SAMSON, R. A., PITT, J. I. (1985) "Advances in *Penicillium* and *Aspergillus* Systematics" 本章参照
SAMSON, R. A., PITT, J. I. eds. (1990) "Modern Concepts in *Penicillium* and *Aspergillus* Classification" 6 章参照
SAMSON, R. A., PITT, J. I. eds. (2000) "Integration of Modern Taxonomic Methods for *Penicillium* and *Aspergillus* Classification" 本章参照
SJAMSURIDZAL, W. *et al.* (1997) Mycoscience **38**: 267-280
SMITH, G. M. (1955) "Cryptogamic Botany" Vol. 1, 2nd Ed., McGraw-Hill, New York
SPATAFORA, J. W., BLACKWELL, M. (1993) Mycologia **85**: 912-922
SPATAFORA, J. W., BLACKWELL, M. (1994a) "Ascomycete Systematics"（3 章参照）p. 233-241
SPATAFORA, J. W., BLACKWELL, M. (1994b) Mycol. Res. **98**: 1-9
杉山純多（1991）醸協 **86**: 1-2
SUGIYAMA, J. (1998) Mycoscience **39**: 487-511
杉山純多・土居祥兌（1988）日本分類学会会報 **7**: 37-44

SUGIYAMA, J., OGAWA, H. (2003) "Handbook of Fungal Biotechnology" 2nd. Ed., ARORA, D. K. ed., Marcel Dekker, New York, p. 429-440
SUGIYAMA, J. *et al.* (1999) "IX ICM IXth International Congress of Mycology, 16-20 August 1999, Sydney" (Abstract Book), International Union of Microbiological Societies, p. 187
TAKADA, M. (1969) Trans. Mycol. Soc. Japan **9**: 128
TAMURA, M. *et al.* (2000) "Integration of Modern Taxonomic Methods for *Penicillium* and *Aspergillus* Classification" (本章参照) p. 357-372
TAYLOR, J. W. *et al.* (1994) "Ascomycete Systematics: Problems and Perspectives in the Nineties" (3 章参照) p. 201-212
TRAPPE, J. M. (1979) Mycotaxon **9**: 297-340
宇田川俊一 (1973) 日本植物学会ニュース, No. 17, p. 43-46
宇田川俊一 (1978)『菌類図鑑 上』宇田川俊一ら 編, 講談社, p. 430
宇田川俊一 (1997) 日菌報 **38**: 143-157
WOOD, V. *et al.* (2002) Nature **415**: 871-880
YOSHIDA, Y. (1989) J. Protozool. **36**: 53-60

担子菌門 (III-11)

ALEXOPOULOS, C. J. *et al.* (1996) 全般参照
有田郁夫 (1990)『図解 微生物学ハンドブック』(6 章参照) p. 572
BANNO, I. (1967) J. Gen. Appl. Microbiol. **13**: 167-196
BAUER, R. *et al.* (1997) Can. J. Bot. **75**: 1273-1314
BAUER, R. *et al.* (2001) "The Mycota" Vol. 7B (全般参照) p. 57-83
BEGEROW, D. *et al.* (1997) Can. J. Bot. **75**: 2045-2056
BERBEE, M. L., TAYLOR, J. W. (2001) "The Mycota" Vol. 7 (全般参照) p. 229-245
BINDER, M., HIBBETT, D. S. (2002) Mol. Phylogent. Evol. **22**: 76-90
BLACKWELL, M., SPATAFORA, J. W. (2004) "Biodiversity of Fungi, Inventory and Monitoring Methods" MUELLER, G. M. *et al.* eds., Elsevier, Amsterdam, p. 7-21
BOEKHOUT, T. *et al.* (1998) "The Yeasts, A Taxonomic Study" 4th Ed. (6 章参照) p. 609-636
江塚昭典 (1990) 日菌報 **31**: 439-455
FELL, J. W., TALLMAN, A. S. (1984) "The Yeasts, A Taxonomic Study" 3rd Ed. (III-10 参照) p. 918
FELL, J. W. *et al.* (2001) "The Mycota" Vol. 7B (全般参照) p. 3-35
HAMAMOTO, M. *et al.* (1988) J. Gen. Appl. Microbiol. **34**: 279-287
HAWKSWORTH, D. L. *et al.* (1983) III-10 参照
HAWKSWORTH, D. L. *et al.* (1995) III-10 参照
HIBBETT, D. S. THORN, R. G. (2001) "The Mycota" Vol. 7B (全般参照) p. 121-168
HIBBETT, D. S. *et al.* (1997) Proc. Natl. Acad. Sci. USA **94**: 12002-12006
HIRATSUKA, Y., CUMMINS, G. B. (1983) "Illustrated Genera of Rust Fungi" Revised Ed., The American Phytopathological Society, St. Paul
HIRATSUKA, Y., CUMMINS, G. B. (2003) "Illustrated Genera of Rust Fungi" 3rd Ed., American Phytopathological Society, St. Paul

HIRATSUKA, N. *et al.* (1992) "The Rust Flora of Japan" Tsukuba Shuppankai, Tsukuba
HOWARD, D. H., MILLER, J. D. eds. (1996) "The Mycota" Vol. 6 (Human and Animal Relationships) 全般参照
ISAAC, S. *et al.* eds. (1993) "Aspects of Tropical Mycology" Cambridge Univ. Press, Cambridge
伊藤誠哉 (1936)『大日本菌類誌』第2巻第1号, 養賢堂
JÜLICH, W. (1981) "Higher Taxa of Basidiomycetes" J. Cramer, Vaduz
柿嶌　眞 (1983) 筑波大学農林学研究 **1**: 1-124
KAMIYA, M. *et al.* (1978) Agric. Biol. Chem. **42**: 1239-1243
KIRK, P. M. *et al.* eds. (2001) 全般参照
小林享夫ら 編 (1992)『植物病原菌類図説』全国農村教育協会
小林義雄 (1952) Nagaoa **1**: 32-38
KWON-CHUNG, K. F. (1998) "The Yeasts, A Taxonomic Study" 4th Ed. (6章参照) p. 657, 666
宮治　誠 (1995) III-10参照
MOORE, R. T. (1997) Antonie van Leeuwenhoek **72**: 209-218
NAKASE, T. (2000) J. Gen. Appl. Microbiol. **46**: 189-216
NISHIDA, H. *et al.* (1995) Can. J. Bot. **73** (Suppl. 1): S660-S666
OBERWINKLER, F. *et al.* (1982) Plant Syst. Evol. **140**: 251-277
SAVILE, D. B. O. (1955) Can. J. Bot. **33**: 60-104
SAVILE, D. B. O. (1968) "The Fungi, An Advanced Treatise" Vol. 4A (全般参照) p. 649-675
SJAMSURIDZAL, W. *et al.* (1997) Mycoscience **38**: 267-280
SJAMSURIDZAL, W. *et al.* (1999) Mycoscience **40**: 21-27
杉山純多 (1996b) 全般参照
SUGIYAMA, J. (1998) Mycoscience **39**: 487-511
SUGIYAMA, J., HAMAMOTO, M. (1998) "The Yeasts, A Taxonomic Study" 4th Ed. (6章参照) p. 654-655
SUGIYAMA, J., SUH, S. O. (1998) "The Yeasts, A Taxonomic Study" 4th Ed. (6章参照) p. 846-847
SUGIYAMA, J. *et al.* (1991) Antonie van Leeuwenhoek **59**: 95-108
SUGIYAMA, J. *et al.* (1997) "Progress in Microbial Ecology" MARTINS, M. T. *et al.* eds., Brazilian Soc. Microbiol., São Paulo, p. 173-180
SUH, S. O., SUGIYAMA, J. (1993) J. Gen. Microbiol. **139**: 1595-1598
SUH, S. O., SUGIYAMA, J. (1994) Mycoscience **35**: 367-375
SWANN, E., TAYLOR, J. W. (1995a) Mycol. Res. **99**: 205-210
SWANN, E., TAYLOR, J. W. (1995b) Can. J. Bot. **71** (Suppl. 1): S862-S868
高島昌子 (2000) Microbiol. Cult. Coll. **16**: 41-50
VÁNKY, K. (1987) "Illustrated Genera of Smut Fungi", Cryptogamic Studies, Vol. 1, Gustav Fischer Verlag, New York
VÁNKY, K. (2002) "Illustrated Genera of Smut Fungi" 2nd Ed., Am. Phytopathol. Soc.,

St. Paul
WALKER, J. (1996) "Fungi of Australia" Vol. 1A, ORCHARD, A. E. *et al.* eds., Australina Biological Resources Study, Canberra, p. 1-66

不完全菌類（III-12）

BERBEE, M. L. (1996) Mol. Biol. Evol. **13**: 462-470
BERBEE, M. L., TAYLOR, J. W. (1993) Can. J. Bot. **71**: 1114-1127
BOOTH, C. (1971) "The Genus *Fusarium*" Commonwealth Mycol. Inst., Kew, Surrey, p. 27-35
BRUNS, T. D. *et al.* (1991) Annu. Rev. Ecol. Syst. **22**: 525-564
CARMICHAEL, J. W. *et al.* (1980) "Genera of Hyphomycetes" Univ. Alberta Press, Edmonton
GERLACH, W., NIRENBERG, H. (1982) "The Genus *Fusarium*: A Pictorial Atlas" Vol. 209, Paul Parey, Berlin
GLENN, A. E. *et al.* (1996) Mycologia **88**: 369-383
GUADET, J. *et al.* (1989) Mol. Biol. Evol. **6**: 227-242
HANLIN, R. T. (1990) "Illustrated Genera of Ascomycetes" APS Press, St. Paul, MN
HAWKSWORTH, D. L. *et al.* (1983) "D. F." 7th Ed., Commonwealth Mycol. Inst., Kew
HAWKSWORTH, D. L. *et al.* (1995) "D. F." 8th Ed., CAB International, Wallingford
JASALAVICH, C. A. *et al.* (1995) Mycol. Res. **99**: 604-614
小林享夫ら 編（1992）『植物病原菌類図説』（III-11 参照）p. 357, 375, 385
MORDUE, J. E. M., HOLLIDAY, P. (1971) C. M. I. Descr. Pathogen. Fungi Bact., No. 318
O'DONNELL, K. (1998) "The Fifth International Workshop on Genetic Resources" National Institute of Agrobiological Resources ed., National Institute of Agrobiological Resources, Tsukuba, p. 7-24
O'DONNELL, K. (1999) "Diversity and Use of Agricultural Microorganisms" KATO, K. *et al.* eds., MAFF : AFFRC/NIAR, Tsukuba, p. 7-25
O'DONNELL, K. *et al.* (1998) Mycologia **90**: 465-493
O'DONNELL, K. *et al.* (2000) Mycoscience **41**: 61-78
OKADA, G. *et al.* (1997) Mycoscience **38**: 409-420
REYNOLDS, D. R., TAYLOR, J. W. eds. (1993) "The Fungal Holomorph: Mitotic, Meiotic and Pleomorphic Speciation in Fungal Systematics" CAB International, Wallingford
SEIFERT, K. A. (1993) "The Fungal Holomorph: Mitotic, Meiotic and Pleomorphic Speciation in Fungal Systematics" REYNOLDS, D. R., TAYLOR, J. W. eds., International Mycol. Inst., Surrey, p. 79-85
SIGLER, L., CARMICHAEL, J. W. (1976) Mycotaxon **4**: 349-488
SIMMONS, E. G. (1986) Mycotaxon **1**: 287-308
SIVANESAN, A. (1984) "The Bitunicate Ascomycetes and their Anamorphs" J. Cramer, Vaduz
杉山純多（1994）農化 **68**: 48-53
SUGIYAMA, J. *et al.* (1999) "IUMS IXth International Congress of Mycology, 16-20 August 1999, Sydney" (Abstract Book), International Union of Microbiology

Societies, p. 187
SUTTON, B. C. (1980) "The Coelomycetes" Commonwealth Agricultural Bureaux, Slough
TUBAKI, K. (1981) "Hyphomycetes-their Perfect-Imperfect Connections" J. Cramer, Vaduz
WOLLENWEBER, H. W., REINKING, O. A. (1935) "Die Fusarien, Ihre Beschreibung, Schadwirkung und Bekämpfung" Paul Parey, Berlin

地衣類 (III-13)

APTROOT, A. (1991) Biblioth. Lichenol. **44**: 1-78
BROWN, D. H. *et al.* eds. (1976) "Lichenology: Progress and Problems" Academic Press, London, p. 1-551
CULBERSON, C. F. (1969) "Chemical and Botanical Guide to Lichen Products" Univ. North Carolina Press, Chapel Hill, p. 1-628
CULBERSON, C. F., ELIX, J. A. (1989) "Methods in Plant Biochemistry Vol. 1. Plant Phenolics" HARBORNE, J. B. ed., Academic Press, London, p. 509-535
CULBERSON, W. L. (1970) Annu. Rev. Ecol. Syst. **1**: 153-170
EGAN, R. S. (1986) Bryologist **89**: 99-110
ELIX, J. A. (1993) Bryologist **96**: 359-383
ERIKSSON, O., HAWKSWORTH, D. L. (1994) "Ascomycete Systematics" (3 章参照) p. 129-156
GARGAS, A. *et al.* (1995) Science **268**: 1492-1495
HAFELLNER, J. (1984) Beih. Nova Hedwigia **62**: 1-248
HAWKSWORTH, D. L., HILL, D. J. (1984) "The Lichen-Forming Fungi" Chapman & Hall, New York
HONEGGER, R. (1982) J. Hattori Bot. Lab. **52**: 417-429
HONEGGER, R. (1986) New Phytologist **103**: 785-795
HUNECK, S., YOSHIMURA, I. (1996) "Identification of Lichen Substances" Springer, New York
KÄRNEFELT, I. (1989) Cryptogam. Bot. **1**: 147-203
KROG, H. (1976) Norwegian J. Bot. **23**: 83-106
LETROUIT-GALINOU, M.-A. *et al.* (1994) "Ascomycete Systematics" (3 章参照) p. 23-36
MOBERG, R. (1977) Symbol. Bot. Upsal. **22**: 1-108
STENROOS, S. K., DEPRIEST, P. T. (1998) Am. J. Bot. **85**: 1548-1559
WEDIN, M. *et al.* (1998) Pl. Syst. Evol. **209**: 75-83
ZAHLBRUCKNER, A. (1926) "Die Natürlichen Pflanzenfamilien" 2 Aufl. Vol. 8, Engler, A., Prantl, K. eds., Verlag von Wilhelm Engelman, Leipzig, p. 61-270

第 IV 部 (10 章)

ACHENBACH-RICHTER, L. *et al.* (1987) Syst. Appl. Microbiol. **9**: 34-39
BALDAUF, S. L. *et al.* (1996) Proc. Natl. Acad. Sci. USA **93**: 7749-7754
BARNS, S. M. *et al.* (1996) Proc. Natl. Acad. Sci. USA **93**: 9188-9193

BERGEY, D. H. *et al.* (1923) "Bergey's Manual of Determinative Bacteriology" 1st Ed., Williams and Wilkins Co., Baltimore

BLATTNER, F. T. *et al.* (1997) Science **277**: 1453-1474

BLOCHL, E. *et al.* (1997) Extremophiles **1**: 14-21

BRUNK, C. F., EIS, N. (1998) Appl. Environ. Microbiol. **64**: 5064-5066

BULT, C. J. *et al.* (1996) Science **273**: 1058-1073

BURGGRAF, S. *et al.* (1997) Nature **385**: 780

CAVALIER-SMITH, T. (1993) Microbiol. Rev. **57**: 953-994

CHESTER, F. D. (1901) "A Manual of Determinative Bacteriology" The Macmillan Co., New York

千原光雄 編 (1999) 1章参照

COHAN, F. M. (2002) Annu. Rev. Microbiol. **56**: 457-487

COHN, F. (1872) Beitr. Biol. Pflanz. **1**: 127-224

DECKERT, G. *et al.* (1998) Nature **392**: 353-358

DELONG, E. F. (1992) Proc. Natl. Acad. Sci. USA **89**: 5685-5689

EHRENBERG, C. G. (1835) Abh. Preuss. Akad. Wiss. Phys. (Berlin) aus den Jahre 1833-1835, p. 143-336

FORTERRE, P. (1996) Cell **85**: 789-792

FUERST, J. A., WEBB, R. I. (1991) Proc. Natl. Acad. Sci. USA **88**: 8184-8188

FUHRMAN, J. A. (2002) Antonie van Leeuwenhoek **81**: 521-527

FUHRMAN, J. A. *et al.* (1992) Nature **356**: 148-149

GARCIA-VALLVE, S. *et al.* (2000) Genome Res. **10**: 1719-1725

GARRITY, G. M. *et al.* (2005) "Bergey's Manual of Systematic Bacteriology" 2nd Ed., Vol. 2 (The Proteobacteria, Part A), Brenner, D. J. *et al.* eds., Springer, New York, p. 159-166

GEITLER, L. (1932) "Rabenhorst's Kryptogamen-Flora von Deutschland, Östrreich und der Schweiz 14" Akademische Verlagsgesellschaft, Leipzig

GOLDING, G. B., GUPTA, R. S. (1995) Mol. Biol. Evol. **12**: 1-6

GRAY, N. D. *et al.* (2002) Environ. Microbiol. **4**: 158-168

GROBKOPF, R. *et al.* (1998) Appl. Environ. Microbiol. **64**: 4983-4989

HAYASHI, T. *et al.* (2001) DNA Res. **8**: 11-22

HESS, W. R. *et al.* (1996) Proc. Natl. Acad. Sci. USA **93**: 11126-11130

HIRAISHI, A. (1999) J. Biosci. Bioeng. **88**: 449-460

HIRAISHI, A. *et al.* (1995) FEMS Microbiol. Lett. **132**: 91-94

HIRAISHI, A. *et al.* (1999) Appl. Environ. Microbiol. **65**: 198-205

HOEFS, M. J. L. *et al.* (1997) Appl. Environ. Microbiol. **63**: 3090-3095

HUBER, H. *et al.* (2002) Nature **417**: 63-67

HUGENHOLTZ, P. *et al.* (1998) J. Bacteriol. **180**: 4765-4774

ISLAS, S. *et al.* (2003) Int. Microbiol. **6**: 87-94

IWABE, N. *et al.* (1989) Proc. Natl. Acad. Sci. USA **86**: 9355-9359

川上紳一 (2000)『生命と地球の共進化』日本放送出版協会

川上紳一 (2003)『全地球凍結』集英社

KAWARABAYASI, Y. *et al.* (1999) DNA Res. **6**: 83-101
KELMAN, L. M., KELMAN, Z. (2004) Trends Microbiol. **12**: 399-401
KIM, H. *et al.* (2000) Microbiology **146**: 2309-2315
古賀洋介・亀倉正博 編 (1998)『古細菌の生物学』学会出版センター
KUDO, Y. *et al.* (1997) Biosci. Biotech. Biochem. **61**: 917-920
KURLAND, C. G. *et al.* (2003) Proc. Natl. Acad. Sci. USA **100**: 9658-9662
LECOMPTE, O. *et al.* (2001) Genome Res. **11**: 981-993
LEHMANN, K. B., NEUMANN, R. (1896) "Atlas und Grundriss der Bakteriologie und Lehrbuch der Speciellen Bakteriologischen Diagnostik" 1st Ed., J. F. Lehmann, München
LEWIN, R. A. (1977) Phycologia **16**: 216
LINDSAY, M. R. *et al.* (1997) Microbiology **143**: 739-748
LUDWIG, W. *et al.* (1997) FEMS Microbiol. Lett. **153**: 181-190
MAIDAK, B. L. *et al.* (1997) Nucl. Acids Res. **25**: 109
MARGULIS, L. (1981) "Symbiosis in Cell Evolution" W. H. Freeman & Co., San Francisco
MASSANA, R. *et al.* (1997) Appl. Environ. Microbiol. **63**: 50-56
MIGULA, W. (1900) "System der Bakterien" Vol. 2, Gustav Fischer, Jena
MIYADERA, H. *et al.* (2003) Eur. J. Biochem. **270**: 1863-1874
MIYASHITA, H. *et al.* (1997) Nature **383**: 402
MOJZSIS, S. J. *et al.* (1996) Nature **384**: 55-59
MÜLLER, O. F. (1773) Succincta Historia **1**: 1-135
MURRAY, R. G. E. *et al.* (1990) Int. J. Syst. Bacteriol. **40**: 213-215
NELSON, K. E. *et al.* (1999) Nature **399**: 323-329
NESBO, C. L. *et al.* (2001) Mol. Biol. Evol. **18**: 362-375
OCHSENREITER, T. (2003) Environ. Microbiol. **5**: 787-797
OHNISHI, M. *et al.* (2001) Trends Microbiol. **9**: 481-485
PACE, N. R. (1997) Science **276**: 734-749
PACE, N. R. *et al.* (1986) Cell **45**: 325-326
PALENIK, B., SWIFT, H. (1996) J. Phycol. **32**: 638-646
PERNA, N. T. *et al.* (2001) Nature **409**: 529-533
PURDY, K. J. *et al.* (2004) Environ. Microbiol. **6**: 591-596
ROSING, M. T. (1999) Science **283**: 674-676
ROSSELLÓ-MORA, R., AMANN, R. (2001) FEMS Microbiol. Rev. **25**: 39-67
SAKO, Y. *et al.* (1996) Int. J. Syst. Bacteriol. **46**: 1070-1077
SALZBERG, S. L. *et al.* (2001) Science **292**: 1903-1906
SCHLEPER, C. *et al.* (1995) J. Bacteriol. **177**: 7050-7059
SCHLEPER, C. *et al.* (1997) Appl. Environ. Microbiol. **63**: 321-323
SEKIGUCHI, Y. *et al.* (1999) Appl. Environ. Microbiol. **65**: 1280-1288
SEKIGUCHI, Y. *et al.* (2001) Curr. Opin. Biotechnol. **12**: 277-282
SHE, Q. *et al.* (2001) Proc. Natl. Acad. Sci. USA **98**: 7835-7840
SKERMAN, V. B. D. *et al.* (1980) Int. J. Syst. Bacteriol. **30**: 225-420

STACKEBRANDT, E. *et al.* (1988) Int. J. Syst. Bacteriol. **38**: 321-325
STANIER, R. Y., VAN NIEL, C. B. (1962) Arch. Microbiol. **42**: 17
STETTER, K. O. (1996) FEMS Microbiol. Rev. **18**: 149-158
TAKAI, K *et al.* (2001) Int. J. Syst. Evol. Microbiol. **51**: 1425-1435
TREUSCH, A. H. *et al.* (2004) Environ. Microbiol. **6**: 970-980
TRÜPER, H. G. (1994) Int. J. Syst. Bacteriol. **44**: 368-369
TURNER, S. (1997) Plant Syst. Evol. Suppl. **11**: 13-52
VENTER, J. C. *et al.* (2004) Science **304**: 58-60
WATERS, E. *et al.* (2003) Proc. Natl. Acad. Sci. USA **100**: 12984-12988
WAYNE, L. G. (1987) Int. J. Syst. Bacteriol. **37**: 463-464
WHITMAN, W. B. *et al.* (1998) Proc. Natl. Acad. Sci. USA **95**: 6578-6583
WHITTAKER, R. H. (1969) Science **163**: 150-160
WILMOTTE, A. (1994) "The Molecular Biology of Cyanobacteria" Kluyver Academic Publishers, Dordrecht, p. 1-25
WOESE, C. R. (1987) Microbiol. Rev. **51**: 221-271
WOESE, C. R., FOX, G. E. (1977) Proc. Natl. Acad. Sci. USA **74**: 5088-5090
WOESE, C. R. *et al.* (1985) Syst. Appl. Microbiol. **6**: 143-151
WOESE, C. R. *et al.* (1990) Proc. Natl. Acad. Sci. USA **87**: 4576-4579
XIONG, J. *et al.* (2000) Science **289**: 1724-1730
山本啓之・平石　明 (1997) 日本生態学会誌 **47**: 77-82
YAMAMOTO, H. *et al.* (1998) Appl. Environ. Microbiol. **64**: 1680-1687

第V部 (11章) (およびコラム⑮)

ELENA, S. F. *et al.* (1991) Proc. Natl. Acad. Sci. USA **88**: 5631-5634
GIBBS, M. J. *et al.* (1999) Proc. Natl. Acad. Sci. USA **96**: 8022-8027
GOJOBORI, T. *et al.* (1990) Proc. Natl. Acad. Sci. USA **87**: 4108-4111
HANADA, K. *et al.* (2004) Mol. Biol. Evol. **21**: 1074-1080
HANADA, K. *et al.* (2005) Mol. Biol. Evol. **22**: 1024-1031
KNOPF, C. *et al.* (1998) Virus Genes **16**: 47-58
KOONIN, E. V. *et al.* (1993) Crit. Rev. Biochem. Mol. Biol. **28**: 375-430
VAN REGENMORTEL, H. V. *et al.* (2000) 全般参照
SHUKLA, D. D. *et al.* (1989) Arch. Virol. **106**: 171-200
STRAUSS, E. G. *et al.* (1996) "Fields Virology" 2nd Ed., Lippincott-Raven, New York, p. 153-172
STRAUSS, J. H. *et al.* (2001) Cell **105**: 5-8
VILLARREAL, L. *et al.* (2000) J. Virol. **74**: 7079-7084
XIONG, Y. *et al.* (1988) Mol. Biol. Evol. **5**: 675-690

コラム①

NOGI, Y. *et al.* (1998) Arch. Microbiol. **170**: 331-338
NOGI, Y., KATO, C. (1999) Extremophiles **3**: 71-77
GONZALEZ, J. M. *et al.* (1998) Extremophiles **2**: 123-130
太田　秀 (1987) 科学 **57**: 308-316

コラム2

KEELING, P. J. *et al.* (2000) Mol. Biol. Evol. **17** : 23-31
TANABE, Y. *et al.* (2002) Mycol. Res. **106** : 1380-1391
TANABE, Y. *et al.* (2005) J. Gen. Appl. Microbiol. **51** : 267-276
VOSSBRINCK, C. R. *et al.* (1987) Nature **326** : 411-414

コラム3

Saccharomyces cerevisiae http://www.yeastgenome.org/
Schizosaccharomyces pombe http://www.genedb.org/genedb/pombe/index.jsp
Candida albicans http://www.candidagenome.org/
Cryptococcus neoformans
http://www.broad.mit.edu/annotation/fungi/cryptococcus_neoformans/index.html
Neurospora crassa
http://www.broad.mit.edu/annotation/fungi/neurospora_crassa_7/index.html
Aspergillus fumigatus http://www.tigr.org/tdb/e2k1/afu1/
Aspergillus nidulans http://www.broad.mit.edu/annotation/fungi/aspergillus/
Aspergillus oryzae http://staff.aist.go.jp/m.machida/index.html
http://www.nrib.go.jp/ken/EST/est.htm
Fusarium graminearum http://www.broad.mit.edu/annotation/fungi/fusarium/
Magnaporthe grisea http://www.broad.mit.edu/annotation/fungi/magnaporthe/
Rhizopus oryzae http://www.broad.mit.edu/annotation/fungi/rhizopus_oryzae/
Ustilago maydis http://mips.gsf.de/genre/proj/ustilago/
Phanerochaete chrysosporium
http://genome.jgi-psf.org/whiterot1/whiterot1.home.html
Coprinus cinereus http://www.broad.mit.edu/annotation/fungi/coprinus_cinereus/

コラム4

AYALA, F. J. (1999) BioEssays **21** : 71-75
DETTMAN, J. R. *et al.* (2003) Evolution **57** : 2721-2741
KASUGA, T. *et al.* (2003) Mol. Ecol. **12** : 3383-3401
TAYLOR, J. W., BERBEE, M. L. (2006) Mycologia **98** : 838-849
TAYLOR, J. W. *et al.* (2000) Fungal Genet. Biol. **31** : 21-32

コラム6

NIKOH, N., FUKATSU, T. (2000) Mol. Biol. Evol. **17** : 629-638

コラム8

KLICH, M. A. *et al.* (1995) Appl. Microbiol. Biotechnol. **44** : 439-443
KURTZMAN, C. P. *et al.* (1987) Antonie van Leeuwenhoek **53** : 147-158
KUSUMOTO, K. *et al.* (1998) Appl. Microbiol. Biotechnol. **50** : 98-104
KUSUMOTO, K. *et al.* (2000) Curr. Genet. **37** : 104-111
MATSUSHIMA, K. *et al.* (2001) Appl. Microbiol. Biotechnol. **55** : 585-589
WATSON, A. J. *et al.* (1999) Appl. Environ. Microbiol. **65** : 307-310
WEI, D. L., JONG, S. C. (1986) Mycopathologia **93** : 19-24
YU, J. *et al.* (1995) Appl. Environ. Microbiol. **61** : 2365-2371

コラム⑨

BRAUN, U. *et al.* (2002) "The Powdery Mildews" BELANGER, R. R. *et al.* eds., ABS Press, St. Paul, p. 13-55

MATSUDA, S., TAKAMATSU, S. (2003) Mol. Phylogenet. Evol. **27**: 314-327

MORI, Y. *et al.* (2000) Mycologia **92**: 74-93

TAKAMATSU, S. (2004) Mycoscience **45**: 147-157

コラム⑩

BAS, C. (1969) Personia **5**: 285-579

ODA, T. *et al.* (1999) Mycoscience **40**: 57-64

ODA, T. *et al.* (2002) Mycol. Prog. **1**: 355-365

ODA, T. *et al.* (2004) Mycol. Res. **108**: 885-896

SINGER, R. (1986) "The Agaricales in Modern Taxonomy" 4th Ed., Koeltz Sci., Königstein, p. 442-453

コラム⑪

CLEMENS, K. D., BULLIVANT, S. (1991) J. Bacteriol. **173**: 5359-5362

ANGERT, E. R. *et al.* (1993) Nature **362**: 239-241

ANGERT, E. R. *et al.* (1996) J. Bacteriol. **178**: 1451-1456

SCHULZ, H. N. *et al.* (1999) Science **284**: 493-495

人名索引

ア 行

アイヒラー　Eichler, A.　16
アインスワース　Ainsworth, G. C.　36
ウーズ　Woese, C. R.　23, 320, 323, 357

カ 行

木村資生　22
キャヴァリエ-スミス　Cavalier-Smith, T.　26, 47
ド・クライフ　de Kruif, P. H.　2
ケイン　Cain, R. F.　46
ゴイマン　Gäumann, E. A.　44
コッホ　Koch, R.　3
コーン　Cohn, F.　318

サ 行

サッカルド　Saccardo, P. A.　33
サボー　Savile, D. B. O.　45

タ 行

ツッカーカンドル　Zuckerkandl, E.　22

ハ 行

バージェイ　Bergey, D. H.　318
パスツール　Pasteur, L.　2
ド・バリ　de Bary, H. A.　34, 179
フック　Hooke, R.　2
フリース　Fries, E. M.　33, 179
フレミング　Fleming, A.　13, 109
ヘッケル　Haeckel, E. H.　16
ベッセイ　Bessey, E. A.　43
ペルズーン　Persoon, C. H.　33
ホイッタカー　Whittaker, R. H.　18, 36
ポーリング　Pauling, L.　22

マ 行

マーグリス　Margulis, L.　20
ミグラ　Migula, W.　318
ミケーリ　Micheli, P. A.　32
ミュラー　Müller, O. F.　318

ラ 行

リンネ　Linnaeus, C. von　16
ルットレル　Luttrell, E. S.　249, 256
レイパー　Raper, J. A.　92
レーウェンフック　Leeuwenhoek, A. van　2

ワ 行

ワックスマン　Waksman, S. A.　13

生物名索引

ア

アウクサルスロン属　303
アウレオバシジウム属　296,
299
アエロピルム属　360
アエロミクロビウム属　349
アエロモナス属　337
アオカビ　13
——属　36,228,231,
233,236,237,296,299
アオキノリ属　309
アオギリ　261
アオダモ　261
アオツヅラフジ　261
アオモジホコリ　183
アカカゴタケ属　32
アカキクラゲ科　45
アカキクラゲ属　63
アカキクラゲ目　77,282,
286,口絵 6
アカコブタケ属　246
赤だんご病菌　144,口絵 5
アカツブタケ属　69,243
アカバナ属　98
アカパンカビ　31,135,143
——属　93
アカマツ　165,口絵 6
アカムシ　215
アカリオクロリス属　365
アーキア(アーケア)　3,8,
24,320,333,357,370,口絵
1
——ドメイン　5,9,23,
320,357
アキカラマツ属　278
アキチョウジ　261
アキトステリウム科　175
アキトステリウム・スブグロ
ボスム　178
アキトステリウム属　178
アキニレ　261
アキネトバクター・カルコア
ケチクス　108
アーキバクテリア　5,23
アクイフェックス・エオリク
ス　329
アクイフェックス門　327,
328
アクチノキネオスポラ属
350
アクチノコラリア属　352
アクチノバクテリア亜綱
347
アクチノバクテリア綱　347
アクチノバクテリア門　328,
334,346,366,口絵 1
アクチノプラネス属　351
アクチノポリスポラ属　350
アクチノマズラ属　352
アクラシス科　172
アクラシス型細胞性粘菌
172
アクラシス菌綱　38,51
アクラシス菌門　39,172,口
絵 2
アクラシス菌類　51,103
アクラシス属　173
アクラシス目　口絵 2
アクラシス・ロゼア　173
アクレモニウム属　303
アクロスペルムム科　241
アグロバクテリウム属　104
アグロミセス属　347
アーケゾア　185
アコレプラズマ属　356
アザラシ　392
——モルビリウイルス
393
アシジアヌス属　360
アシディフィリウム属　336,
339,365
アシドサーマ科　353
アシドサームス属　353
アシドバクテリア門　328,
339
アシドバクテリウム・カプス
ラタム　339
アシドボラクス属　337
アシネトバクター属　337
アシュビア・ゴシピイ　224
アスケルソニア属　241
アスコイデア科　43,226
アスコイデア属　69
アスコキタ属　299
アスココリネ属　300
アスコスファエラ・アピス
230
アスコデスミス属　69
アスコボルス属　69
アステロスポリウム属　299
アスファウイルス属　377
アスペルギルス・オリザエ
110,135,146,259
アスペルギルス・グラウクス
36
アスペルギルス属　259
アスペルギルス・ソヤエ
259
アスペルギルス・ニドゥラン
ス　31,110,135,228
アスペルギルス・パラシチク
ス　110,228,259
アスペルギルス・フミガツス
135,228
アスペルギルス・フラブス
110,120,146,228,259
アセトバクター　336
——属　104
アセラリア属　91
アセラリア目　91,213,215,
口絵 3
アゾアルクス属　337
アゾトバクター属　7
アーソロバクター属　347
アツギケカビ目　49,53,54,

209,211,212
アデノウイルス　口絵1
アデノウイルス属　372
アテリア属　266
アナイボゴケ目　308
アナエロプラズマ属　356
アナタケ科　286
アナツボゴケ目　314
アナモルフ菌類　39,53,295,307
アナモルフ酵母　220
アピコンプレックス類　26
アファノアスクス属　69
アブサンウイロイド科　385
アプスカウイロイド属　385
アブラナ科　186,口絵2
アブラムシ　145,209
アポダクリエラ科　195
アマウロアスクス科　233
アマゾニア属　248
アマモ属　188
アミガサタケ属　30,256
アミコラトプシス属　350
アミコラトプシス・メタノリカ　106
アミスギタケ　288
アミホコリ属　179,181
アメーバ　209
アモエビジウム属　91
アモエビジウム目　85,91,205,213,215
アモルフォミケス・ファラグリアエ　252
アラカシ　261
アラゲキクラゲ　口絵6
アリ　242
RNA ウイルス　372,379
アルカエグロビ綱　360
アルカエグロブス目　360
アルカリゲネス属　337
アルコバクター属　338
アルソロデルマ科　233,234
アルテリウイルス科　381
アルテルナリア・アルテルナタ　149
アルテルナリア属　256,300,303
アルテルナリア・ブラッシキコラ　305
アルテルナリア・ラファニ　305
アルテロモナス属　337
アルファウイルス属　381
アルファプロテオバクテリア綱　336
アルファ様スーパーファミリー　381
アルベオラータ界　26
アルベオラータ類　50
アルボラノサ節　303
アレナウイルス科　382
アロクロマチウム属　337
アンズタケ　291
——科　286,292
——系統群　口絵7
——目　286,292,口絵7
アンフィスファエリア科　246,248
アンブロシア菌類　144

イ

硫黄細菌　10,11,364
維管束植物　19,98,201
イクチオフォヌス・ホフェリ　205
イグチ科　286,290
イグチ系統群　口絵7
イグチ目　286,287,290,口絵7
イサリア属　241
異担子菌亜綱　38
異担子菌類　266
イチゴ　149
一重壁子嚢菌類　38
一本鎖DNA ウイルス　378,口絵1
一本鎖プラス鎖 RNA ウイルス　372,378,379,口絵1
一本鎖＋鎖環状 DNA ウイルス　372
一本鎖＋鎖直鎖状 DNA ウイルス　372
一本鎖マイナス鎖 RNA ウイルス　372,380,口絵1
イッポンシメジ科　287
イトエダカビ属　85
イドタケ科　290
イヌ科　393
イヌジステンパーウイルス（CDV）　392
イヌビエ　276
イヌマキ科　249
イネいもち病菌　142
イネ科　145,196
イネバカナエ病菌　304,306
イノウイルス科　372
イーノフィタ門　18
イプシロンプロテオバクテリア綱　338
イボタケ科　45,286,290
イボタケ系統群　口絵7
イボタケ目　286,290,口絵7
イボタノキ　261
イボテングタケ　293,294,口絵7
いもち病菌　135
イラクサ科　130
イリドウイルス科　372
イルカ　392
——モルビリウイルス　393
イロハカエデ　261
イワタケ類　316
イワノリ属　309
インフルエンザウイルス　口絵1
インフルエンザ A 型ウイルス　376
インフルエンザ菌　134

ウ

ウイリアムシア属　348
ウイルス　4,6,7,15,152,186,370,口絵1
ウイロイド　384,385
ウイロソイド　385
ウエストナイルウイルス　392
ウォリネラ属　338
ウサギ　107,174
ウスチラゴ・クルスガリ

276
ウスチラゴ・マイジス　135
ウストミケス綱　39
渦鞭毛藻類　3,26
ウチワタケ　口絵 7
ウツボホコリ　183
ウドンコカビ　144,260
——科　248
——属　69
——目　43,217,248,
口絵 4
ウマ　394
ウメノキゴケ属　310
ウラベニガサ科　286,289
ウリ科　153
ウレアプラズマ属　356
ウレジノプシス属　99,216
ウロコタケ科　286,292
ウロフィリクチス科　201
ウンキヌラ属　260

エ

栄養胞子形成菌類　307
エウケラトミケス科　252
エウチパ属　246
エウペニキリウム-エウロチウム系統群　231
エウペニキリウム属　69,231
エウペニシリウム属　69
エウロチウム属　9,68,231
エウロチウム・ヘルバリオルム　36
エウロチウム目　217,228,
229,230,232,233,235,302,
口絵 4
エウロフィウム属　245
エオクロナルチウム属　280
A 型肝炎ウイルス　376
エキノプラカ属　313
エキビョウキン　197
——属　192,195
エクシジア属　63
エクセロスポラ属　352
エクトゲラ科　194
エクトチオロドスピラ属
337
エクリナ目　85,213,215
エゴノキ　261
エシェリキア属　337
エゾアキカラマツ　276
エダカビ属　86
エダケカビ属　86
エダツボカビ科　43,200
エダツボカビ属　83
エノキ　261
エビ　102
エピクロエ属　145,304
エピコックム属　299
エプロピスキウム属　364
エプロピスキウム・フィッシェルソニ　364
エフロリザ属　283
エムモンシア属　233
エメリケラ属　231
エメリケラ・ニドゥランス
228
エメリケロプシス属　69
エラフォミケス・ヤポニクス
230
エリシファエ属　69
エリシフェ属　260
エリスロバクター属　336
エリスロバシジウム属　266,
270,271
エリスロバシジウム・ハセガウィアヌム　272
襟鞭毛虫門　50
襟鞭毛虫類　47,48,49,52,54
エリマキツチグリ　291
エルシニア属　337
エレマスクス科　228,229,
230,232
エレマスクス・フェルチリス
230
エレモテキウム科　226
エレモテキウム属　69
エロピルム・ペルニクス
359
エンタモエバ　185
——・ヒストリチカ　106
——門　50
エンチロマ・タリクトリ
276
エンテロブリウス属　86
エンドキトリウム科　200
エンドコクルス属　211
エンドゴネ属　211
エンドチエラ属　299
エンドミケス科　43,226
エンドミケス属　226
エンドミケス目　44
エンドミケス門　47,49
エンペドバクター属　339

オ

オイジオデンドロン属　233,
234
黄金色藻植物　19
黄金色藻類　25,26
黄色ブドウ球菌　356
オエドゴニオミケス科　202
オエルスコビア属　347
オオギミズカビ亜綱　194
オオギミズカビ科　43
オオギミズカビ属　195
オオギミズカビ目　195
オオコウモリ　394
オオスポリジウム属　226
オオセミタケ　口絵 4
オオツルタケ　294
オオバヤナギ　261
オオムギ　口絵 6
オキナタケ科　287
オクトミクサ属　187
オストロパ目　255,308
オックルチフル属　271
オニゲナ目　234
オニココラ属　233
オパリナ類　26
オフィオストマ・ウルミ
150,244
オフィオストマ科　243,245
オフィオストマ属　69,243,
245
オフィオストマ・ノボ-ウルミ　151
オフィオストマ・ヒマル-ウルミ　151
オフィオストマ目　217,243,
245
オルトミクソウイルス科

382
オルトミクソウイルス属　372

カ

蚊　199,201
カイガラムシ　145,284
灰色植物　25
回虫類　6
カイドウ　口絵 6
海綿動物　19
カウチオプラネス属　351
カウロキトリウム科　201
カエトチリウム科　257
カエトプシナ属　299,304
カエトミウム属　243
カエル　200
化学合成細菌　335,337,366
化学合成無機栄養細菌　366
化学合成有機栄養細菌　336,366
カキ　231
カキノミタケ属　231
核菌綱　35,38,216
核菌類　38,44,67,68,69,218,229,239,251,302,303,304,口絵 4
カシ　261
カシ類葉ぶくれ病菌　口絵 4
カタホコリ科　181
褐藻植物　19
褐藻類　25,26
カテヌロプラネス属　351
カテラトスポラ属　351
カナナスクス属　300
カナリーヤシ　281
カニ　102,215
化膿連鎖球菌　355
カノシタ科　286,292
カバイロツルタケ　294
カバノキ科　130,169
カバノキ属　163
カビ　3,7,8,12,14,15,30,33,102,109,115,141,208
カピロウイルス属　381
カプノジウム科　246
カプロキン門　38
カボステリウム科　181
カボステリウム属　184
ガラクトミケス・ゲオトリクム　226
ガラクトミケス属　224
カラタチゴケ属　309
カリシウイルス科　378,381
カリニ肺炎菌　218,219
カリモウイルス科　384
カルモ様スーパーファミリー　381
カルラウイルス属　381
カルリンギア属　201
カレエダタケ科　286,292
カワタケ科　286,292
カワリミズカビ　49,203
——属　93,95,201
柑橘　149
環形動物　19
カンジダ・アルビカンス　102,135,147,224
カンジダ科　226
カンジタ・ステラトイデア　148
カンジダ属　59,270
カンジダ・ドゥブリネンシス　147
カンジダ・パラプシロシス　147
カンゾウタケ科　286,290
ガンタケ　294
カンピロバクター属　338
緩歩動物　199
ガンマプロテオバクテリア綱　337

キ

ギアルジア・ラムブリア　106
キイロタマホコリカビ　175,口絵 2
キウロコタケ　288
キオノカエタ属　299,303,304
偽菌類　32,47,51,104,108
キクセラ目　49,85,205,208,211,212,215
キクラゲ科　45,77
キクラゲ属　63,79,266
キクラゲ目　44,282,286,口絵 6
キクラゲ類　79,266,282,口絵 6
キゴケ属　311
キコブタケ　291
キサントモナス・カンペストリス　108
キサントモナス属　337
偽子嚢殻形成菌類　44,218,256
キシメジ科　286,289
キストフィロバシジウム属　79,81,270,273
キストフィロバシジウム・ビスポリジイ　113
キストフィロバシジウム目　273
寄生性担子菌類　273,口絵 6
キタサトスポラ属　352
キタマゴタケ　294
キッタリア科　155
キッタリア属　145,155
キッタリア・ハリオチ　155
キッタリア目　217,255,口絵 5
キツネタケ属　143
キツネヤナギ　261
ギッペレラ・フジクロイ　143
キトコックス属　347
キトリオミケス属　200
キネトプラスト類　185
キノコ　3,12,15,30,76,102,138,157,179,222,263,293
基部子嚢菌類　218
キプデロスポランギウム属　350
ギムノアスクス科　43,228,233,234
ギムノアスクス属　67
ギムノデルマ属　316
狂犬病ウイルス　376
極嚢胞子虫類　19
棘皮動物　19

巨大硫黄細菌　364,口絵 1
キルコウイルス属　372
菌根菌類　13,169
キンジェラ属　337
菌蕈亜綱　38
菌蕈綱　35,38,39,61,62,75,77,81,216,265,266,269,273
菌蕈類　44,45,75,93,263,282,285,293,口絵 6,口絵 7
——系統群　79,80,81
キンブチゴケ属　312
菌類　2,6,9,16,23,30,48,108,128,134,137,158,185,308
——界　18,19,20,21,25,26,38,48,50,63,123,124,196,198,323
——連合群　48

ク

クギタケ科　290
クサフジ　261
クサリカビ科　204
クサリフクロカビ科　43
クサリフクロカビ目　194,196
クサリフクロカビ類　196
クサレケカビ属　67,211
クサレケカビ目　208,211,212
クスダマカビ属　85
クスノキ科　280
クセロミケス属　9
クダモ目　44
グッツリナ属　173
グッツリナ・ロゼア　172
グッツリノプシス科　172
グッツリノプシス属　173
グノモニア科　245
クビナガホコリ　183
クマシデ属　163
クマムシ　199
クモノスカビ属　30,86,206,207,208
クモノスツボカビ属　82
クモノスホコリ　183
クモ類　6
クラウン生物　185
クラウン生物群　181
グラジエラ属　211
クラドニア属　316
クラビバクター属　347
グラフィオラ属　222,266,270,271
グラフィオラ・フォエニキス・フォエニキス　281
グラフィオラ目　273,275,279,口絵 6
クラミジア　321,371
——門　328
グラム陰性細菌　23,25,333,口絵 1
グラム陽性細菌　23,23,25,321,322,346,口絵 1
グラム陽性低 G+C 細菌　343
クリシオジェネス門　328
クリセオバクテリウム属　339
クリセラ属　63,77
クリソスポリウム属　233,234
クリ胴枯病菌　143
クリプチスタ類　50
クリプトコックス属　270,273
クリプトコックス・テルレウス　102
クリプトコックス・ネオフォルマンス　135,224,272,273
クリプト植物門　49
クリプトスポランギウム属　353
クリプト藻類　26
クリプトバシジウム目　273,275,280
クリペオスファエリ科　246
クリベラ属　349
グルタミン酸生産菌　348
クルトバクテリウム属　347
クレノスリクス属　339
——　23,331,362
クレンアーキオータ　23,331,362
——門　328,359,360
クロイボタケ科　258
クロイボタケ目　74,217,217,256,257,302,303,308,口絵 5
クロウメモドキ　261
クロウラムカデゴケ属　311
クロオコックス目　343,344,口絵 1
クロカワカビ属　245
クロカワキン科　245
クロカワキン目　217,243
クロサイワイタケ科　246
クロサイワイタケ属　69,246,247
クロサイワイタケ目　217,241,245,308
クロステロウイルス科　372
クロストリジウム・アセトブチリクム　354
クロストリジウム綱　354
クロストリジウム属　353,354,356
クロナルチウム・リビコラ　271
クロハギ　364
クロボキン科　77,274
クロボキン系統群　79,80
クロボキン綱　38,39,61,62,76,81,216,265,269,271
クロボキン属　63,79,80,216,266,271
クロボキン目　45,60,76,273,274,275,口絵 6
クロボキン類（黒穂菌類）　13,35,44,79,263,266,271
クロボタンタケ　240
クロマチウム属　337
クロミスタ界　26,39,48,50,51,63,104,194
クロムカデゴケ　口絵 8
グロムス菌門　204,212
グロムス目　46,53,54,159,204,209,211,212,口絵 3
クロモジ　261

クロモバクテリウム属　337
クロラッパタケ　口絵 7
クロリジウム属　297,299
クロロキシバクテリア　20
クロロビウム門　328
クロロビ門　365
クロロフレキシ門　365
クロロフレクサス属　329
クロロフレクサス門　328
クワイカビ科　243,246
クワ裏うどんこ病菌　口絵 4

ケ

珪藻類　18,25,26
ゲオシフォン属　211
ゲオシフォン目　204,209,211,212
ゲオスミチア属　231,233,237
ゲオデルマトフィラ科　353
ゲオデルマトフィルス属　353
ゲオトリクム属　87,224,299,口絵 8
ゲオミケス属　233,234
ケカビ科　43
ケカビ属　32,33,207,208
ケカビ目　43,49,52,85,206,208,211,212,口絵 3
ケカビ類　35,44
ケシボウズタケ科　286,289
ケシボウズタケ目　235
ケダマカビ科　243,246
ケダマカビ属　243,246,247
ケファロアスクス科　226
ケホコリ目　181,184,口絵 2
ゲマティモナス門　328
ゲラシノスポラ属　246
ケラチオミクセラ属　184
ケラチオミクセラ・タヒチエンシス　182
ケラトキスチス科　243
ケラトキスチス属　243
ケラトバシジウム属　283
ケラトミケス科　251
ケロウジ　口絵 7
原核生物　128,318,357
原核微細藻類　3
原核緑色植物門　341
嫌気性細菌　10
原索動物　19
原始子嚢菌類　78
原生生物界　16,18,19,21,123,124,323
原生生物群　25,32,39
原生タフリナ　45
原生担子菌　45
原生動物　2,6,7,12,21,45,48,185,205
——界　26,39,50,51,104
原生壁子嚢菌亜綱　38,251

コ

コアカミゴケ　口絵 8
コアネフォラ属　86
好圧性細菌　28
好アルカリ性バチルス属　9
好塩細菌　23
好塩性アーキア　365
甲殻類　6,213
好気性菌　353
好気性好酸性細菌　339
好気性細菌　21
好気性有機栄養細菌　338
光合成型不等毛類　48
光合成細菌　10,12,320,335,336,337,365,口絵 1
好酸性好気性光合成細菌　365
コウジカビ　31,36,259
——科　43
——属　30,32,33,109,116,135,228,231,233,236,237,239,口絵 4
麹菌　105,239,259
高 G+C グラム陽性細菌　346
紅色硫黄細菌　11
紅色細菌　330,365
紅色植物門　50
紅色非硫黄光合成細菌　336,337
紅色非硫黄細菌　11,12
後生細菌　5,23,25
後生動物　25
紅藻植物　19
紅藻類　25,44,45
コウタケ　288
後端鞭毛類　48
腔腸動物　19
口蹄疫ウイルス　376
高等菌類　38
高度好塩菌　360,361
高度好塩性細菌　9
高度好酸性菌　361
高度好熱菌　9
好熱菌　325
好熱性硫黄還元菌　360
好熱性光合成細菌　329
好熱性好酸菌　360
酵母　3,7,12,14,15,30,31,58,109,115,222,265
——様菌類　222
コウボウフデ　235,口絵 4
コウマクノウキン科　43,201
コウマクノウキン目　54,82,83,199,200,201,204,212,口絵 2
コウヤクタケ科　287
コウヤクタケ属　78
コエノニア属　175
コエマンシア属　211
コカドウイロイド属　385
コガネテングタケ　294
ゴキブリ　252
コクキジオイデス・イムミチス　146
コクリア属　347
コクリオボルス・カルボヌム　150
コクリオボルス・ビクトリアエ　150
コクリオボルス・ヘテロストロフス　256
コケ植物　19
古細菌　3,23,25,128,320,323,357
コザラタケ属　73
古生菌門　49
古生菌類　38,44
古生子嚢菌綱　39,218,219,

226
古生子嚢菌類　67,68,70,74,93,218,265,268,269,口絵4
古生動物亜界　48
枯草菌　134
コタマゴテングタケ　294
コテングタケモドキ　294
コードウイルス目　376,377
ゴナポジア科　202
ゴナポジア属　202
コナラ　165
コニオカエタ科　246
コニオカエチジウム属　69
コニジオボルス属　87,211
コプリヌス・キネレウス　135
コプロミクサ科　172
コプロミクサ属　173
コプロミクセラ属　173
コホコリ科　180
コホコリ目　179,181,口絵2
コマモナス属　337
コムギ　98,276
——赤さび病菌　278
——黒さび病菌　96,97
コモウイルス科　381
コリネ型細菌　108
コリネ属　300
コリネバクテリウム亜目　348
コリネバクテリウム・アンモニアジェネス　348
コリネバクテリウム科　348
コリネバクテリウム・グルタミクム　108,348
コリネバクテリウム・ジェイケイウム　348
コリネバクテリウム・ジフテリアエ　348
コリネバクテリウム属　348
コリネバクテリウム・レナレ　348
コリネフォルム細菌　346
コリネフォルム属　13
コリネリア・ウベラタ　249
コルアーキオータ　331
——門　359,360
コールカロマ属　300
コルジケプス・ウニラテラリス・クラバタ　242
コルディケプス属　157
ゴルドナ属　348
コレトトリクム・グロエオスポリオイデス　153
コレトトリクム・マグナ　152
コロナウイルス科　372,381,392
コロノフォラ科　248
コロノフォラ目　248
根足虫門　50
昆虫類　6
コンドア属　270,271
根粒菌　13,336

サ

細菌　2,6,7,8,12,14,15,16,18,19,23,108,115,128,318
——界　49
——寄生菌　338
サイトエラ・コンプリカタ　117,220
サイトエラ属　218,226
サイトファーガ　23
細胞性粘菌類　19,32
サカグチア属　266,270,271
サカグチア・ダクリオイデア　113
サカゲカビ科　190
サカゲカビ属　190
サカゲツボカビ科　43,190
サカゲツボカビ綱　38,51,63
サカゲツボカビ属　190
サカゲツボカビ目　190,口絵2
サカゲツボカビ門　39,50,123,188,190,191,196,口絵2
サカゲツボカビ類　19,26,32,43,47,51,103,108,124
サカゲフクロカビ科　190
サカゲフクロカビ属　190
サカヅキキクラゲ　口絵6
酢酸菌　336
サクラ　219
サーコウイルス科　378
ササラビョウキン科　196
ササラビョウキン属　196
ササラビョウキン目　194,196
SARS ウイルス　392
サッカロポリスポラ属　350
サッカロミケス科　43,226
サッカロミケス綱　47,49
サッカロミケス・セレビシアエ　31,93,94,102,115,121,134,222,223,224
サッカロミケス属　7,30,69,218,222
サッカロミケス目　226,口絵4
サッカロミコデス科　226
サッカロミコデス・ルドウィギイ　93
サッカロミコプシス科　226
サッカロモノスポラ属　350
サナギタケ　157
サネゴケ属　口絵8
サネゴケ目　241,308,口絵8
サビキン　161
——系統群　79,80
——綱　38,39,61,62,76,81,96,216,265,269,271
——目　60,96,266,273,275,276,口絵6
——類　35,44,46,77,78,96,99,139,144,145,263,266,271
サビツボカビ科　43,200
サビツボカビ属　199,200
サプロスピラ属　339
サーマス属　356
サーモアクチノミセス属　356
サーモコッキ綱　360
サーモコックス目　360
サーモコックス属　360
サーモデスルフォバクテリア門　328
サーモトガ群　320

サーモトガ属　325,329,333
サーモトガ・マリティマ　325
サーモトガ目　23
サーモトガ門　328
サーモビフィダ属　352
サーモプラスマ属　360
サーモプラスマ目　360
サーモプラスマ類　20
サーモプラスマータ綱　360
サーモプロテイ綱　360
サーモプロテウス目　360
サーモミクロビア門　328
サーモモノスポラ科　352
サーモモノスポラ属　352
サヤミドロモドキ　203
——科　43,202
——属　202
——目　64,83,200,202
左右相称動物門　50
サラゴケ目　308
サラシナショウマ　261
サリラゲニジウム目　194,196
サルオガセ属　309
サルスベリ　261
サルノコシカケ属　32
サルノコシカケ類　79
サル免疫不全ウイルス　376
サルモネラ属　337
サワグルミ　261
サワシバ　261
サワフタギ　261
サンゴハリタケ科　286,292
酸素発生型光合成細菌　327,343,365
酸素非発生型光合成細菌　327,365

シ

ジアトリペ属　247
シアノバクテリア　3,10,11,12,18,20,23,25,48,55,108,204,308,320,329,340,口絵1
シアノバクテリア門　328,365
ジアポルテ・イムプルサ　242
ジアポルテ科　245
ジアポルテ属　69
ジアポルテ目　217,245
JCウイルス　376
ジエツィア属　348
ジェミニウイルス科　372
ジオスリクス・フェルメンタンス　339
ジオバクター属　338
C型肝炎ウイルス　376
G型肝炎ウイルス　376
シキゾサッカロミケス属　47,74,218,219,224,226
シキゾサッカロミケス・ポンベ　102,121,135,220,224
シキゾサッカロミケス目　口絵4
シキゾプラスモディウム属　184
ジクチオステリウム・アウレオスチペス　178
ジクチオステリウム型細胞性粘菌　174
ジクチオステリウム・セプテントリオナリス　178
ジクチオステリウム・デリカツム　178
ジクチオステリウム・フィルミバシス　178
ジクチオステリウム・プレフェルジアヌム　178
ジクチオステリウム・ポリケファルム　178
ジクチオステリウム・マクロケファルム　178
ジクチオステリウム・ミクロスポルム　178
ジクチオステリウム・ミヌツム　178
ジクチオステリウム・モノカシオイデス　178
糸状菌類　7
糸状子嚢菌類　74,218,257
糸状性緑色細菌　365
糸状不完全菌綱　38
シストトレマ属　63
磁性細菌　336
シダ　169
——植物　19,98,209
シドウィエラ属　69
シトネタケ科　246
シトネタケ属　246
シトファガ属　338,339
シトファガ目　334
シネンシストウチュウカソウ　157
子嚢殻形成菌類　41,218
子嚢菌亜門　38,216
子嚢菌系不完全菌類　口絵8
子嚢菌綱　35,38
子嚢菌酵母　70,72,94,102,134,216,218,222
子嚢菌門　39,47,49,50,54,59,67,123,198,216,口絵4,口絵5,口絵8
子嚢菌類　19,25,32,34,35,43,44,45,46,51,53,67,73,87,91,102,107,124,136,137,139,140,164,216,302,308
シノウコウヤクタケ属　78
子嚢地衣類　308,313
子嚢盤形成菌類　218,253
シビレタケ属　264
ジプロフリクチス属　83
シポウイルス科　377
ジポダスクス属　224
ジポダスコプシス・ユニヌクレアツス　226
ジポドアスクス科　226
ジマルガリス属　211
ジマルガリス目　85,209,211,212
ジメロミケス・アフリカヌス　252
ジメロミケス属　250
ジャガイモ　106,107,192
——エキビョウキン　192
ジャガイモタケ科　290
車軸藻植物　19
車軸藻類　25
射出胞子形成酵母群　271

ジュズタンシキン　口絵 6
シュードウイルス科　372,383,384
シュードノカルジア科　350
シュードノカルジア属　350
シュードモナス・アエルギノサ　108
シュードモナス属　337
シュロソウ植物　98
シュワネラ・ビオラセア　28
常温菌　325
硝化菌　336
硝化細菌　11
小房子嚢菌亜綱　257
小房子嚢菌綱　38,216,257
小房子嚢菌類　67,68,70,73,74,137,218,246,248,249,256,302,303,口絵 5
小房子嚢性地衣類　314
ショウロ科　290
触手動物　19
植物　6,23,108,158,185
——界　16,18,19,20,25,48,50,123,124,323
初生子嚢菌類　218
シラゲムカデゴケ　311
シラベ　口絵 7
シロアリタケ類　144
シロウリガイ類　28
シロエノカタホコリ　183
シロオニタケ　294
——亜属　293
シロカビモドキ　178
シロキクラゲ　口絵 6
——科　45,77,81
——属　79,81,216,222,266,270,273
——目　44,273,282,286,口絵 6
——目酵母　口絵 6
——類　35,79
シロサカズキホコリ　183
シロサビ科　195
シロサビキン科　43
シロサビキン属　195
シロソウメンタケ科　290
シロタマゴテングタケ　293,294
シロルピジウム科　194
シワタケ科　286,287
真核生物　23,24,320,357,370
——ドメイン　23,320
真核微細藻類　3
真菌門　38
真菌類　16
真正細菌　320,323,340,357
真正子嚢菌亜門　49
真正子嚢菌綱　39,218,226,227
真正子嚢菌類　74,218
真正担子菌類　266,284,口絵 7
真正粘菌類　32
真正ハラタケ系統群　口絵 7
真正壁子嚢菌亜綱　38
シンポジオミコプシス属　266,270,271
シンポジオミコプシス・パフィオペジリ　272

ス

水生変形菌類　188
スイライカビ属　69
スエヒロタケ科　286,289
スカーマニア属　348
ズキンタケ目　72,78,217,248,256,308,口絵 5
ズーグレア属　337
スコプラリオプシス属　300
スジチャダイゴケ　288
ススカビ(類)　145,248,256,口絵 5
ススビョウキン目　246
スタフィロコックス属　354,356
スチゴネマ目　343,345,口絵 1
スチペラ属　67
スッポンタケ　291
——科　286,292
——目　286,292,口絵 7
ステリグマトスポリジウム属　270
ストラミニピラ　39,191
——界　26,32,39,51,63,196
——生物群　188,190
ストラメノピラ　39
——界　39
ストレプトコックス属　354,355
ストレプト植物門　50
ストレプトスポランギウム亜目　352
ストレプトスポランギウム科　352
ストレプトミセス科　352
ストレプトミセス属　352
スノキ　261
スピゼロミケス科　201
スピゼロミケス属　83,201
スピゼロミケス目　54,82,83,200,201
スピゾミケス綱　49
スピリリプラネス属　351
スピリルム属　318
スピリロスポラ属　352
スピロプラズマ属　356
スピロプラズマ類　20
スピロヘータ　21,321
——属　318
——門　328
——類　20
スファエロプシス目　38
スファケロテカ・ヒドロピペリス　276
スフィンゴバクテリア綱　339
スフィンゴバクテリウム属　339
スフィンゴモナス属　336
スフィンゴモナス目　334
スペルモフトラ科　224
スポリクチア科　353
スポリクチア属　353
スポリジウム科　113
スポリジオボルス系統群酵母　口絵 6
スポリジオボルス属　266,270,271

スポレンドネマ属　89
スポロボロミケス属　270，271
スポロボロミケス・ロセウス　102,272
スポンゴスポラ属　187
スミイボゴケ属　311
スミッチウム属　91
スミレモ属　55
スルフォロブス属　361
スルフォロブス・ソルファタリクス　333
スルフォロブス目　360

セ

正担子菌亜門　49
セイヨウショウロ目　69,217
セイヨウショウロ類　35
脊椎動物　6,19
接合菌亜門　38,48,49
接合菌綱　38,49,65,85,87,204,205,口絵 3
接合菌門　39,50,54,59,65,123,159,198,204,口絵 3
接合菌類　19,32,42,43,44,46,47,52,56,59,65,91,93,102,107,124,139
節足動物　19
絶対嫌気性菌　353
絶対嫌気性有機栄養細菌　338
絶対好圧性細菌　28,口絵 1
絶対好気性無機栄養細菌　337
絶対好気性有機栄養細菌　336,337
セプトリア属　299
セミ　157,口絵 4
セミタケ　157
セルロモナス属　347
線虫　199,209
センニンソウ　261
ゼンマイ　口絵 6
繊毛虫類　7,23,26

ソ

藻菌綱　35,38,45
藻菌類　35,38,43,191
双子葉植物　195
草本性植物　45
ゾウリムシ属　26
藻類　6,7,10,12,21,26,158,308
ソベモウイルス属　381
ソロジスクス属　187
ソロスファエラ属　187

タ

袋形動物　19
ダイダイゴケ科　310
大腸菌　7,28,134,332
タウエラ属　337
ダクチロスポランギウム属　351
タケニグサ　261
タコウキン科　43,258,286,287
多孔菌系統群　口絵 7
多孔菌目　286,287,口絵 7
多室担子菌亜綱　38
タチウロコタケ科　287
タチフンホコリ　口絵 2
タテガタキン目　246
タナテフォルス属　283
タニウツギ　261
ダニ類　6,209,250
タバコ　149
タバコウロコタケ科　286,292
タバコウロコタケ系統群　口絵 7
タバコウロコタケ目　286,292,口絵 7
タフリナ・カルピニ　46
タフリナ菌綱　47,49
タフリナ属　45,45,69,71,74,131,218,219,222,226,270,271
タフリナ・デフォルマンス　70
タフリナ目　13,44,47,口絵 4
タマカビ属　245
タマカビ目　43,243,245,248,249
タマゴタケ　293,294
タマゴテングタケモドキ　294
タマシロオニタケ　294
タマホコリカビ　174,178,口絵 2
タマホコリカビ科　175
タマホコリカビ綱　38
タマホコリカビ属　175,177,178
タマホコリカビ目　176,口絵 2
タマホコリカビ門　39,50,123,174,口絵 2
タマホコリカビ類　124,172,185
タラロミケス属　69,231,238
単細胞性藻菌類　45
担子菌亜門　38
担子菌系不完全菌類　口絵 8
担子菌綱　35,38,39
担子菌酵母　102,113,117,263,266,267,口絵 6
担子菌門　39,47,49,50,54,59,96,123,198,216,235,263,口絵 6,口絵 7
担子菌類　19,25,32,41,43,45,46,51,53,75,87,91,102,107,135,137,139,164,169,263,302,308
担子地衣類　308
単室担子菌亜綱　38,45

チ

地衣化菌類　308
地衣構成盤菌類　255
地衣類　13,16,35,51,55,73,158,308,口絵 8
チオスリクス属　337
チオバチルス属　11
チオプラオカ属　364
チオマルガリータ属　337
チオマルガリータ・ナミビエ

ンシス　364
チオミクロスピラ属　337
チシャベと病菌　口絵 2
チズゴケ属　309,314
チチタケ属　266
チフス菌　口絵 1
チフロカエタ属　261
チャコブタケ属　246
チャシブゴケ目　43,217,308,314,口絵 8,口絵 8
チャダイゴケ科　286,290
チャタマゴタケ　294
チャワンタケ属　69
チャワンタケ目　43,72,217,217,255,口絵 5
中生動物　19
チューブワーム　28
超好熱菌　325,330,359
超好熱性アーキア　9,口絵 1
超好熱性硫黄還元菌　360
超好熱性共生菌　360
超好熱性好気性菌　360
超好熱性好酸菌　360
超好熱性硝酸還元菌　360
超好熱性メタン生成菌　360
超好熱性硫酸還元菌　360
超好熱無機栄養細菌　327
チレチアリア属　216,270
チレチオプシス属　271

ツ

通性嫌気性細菌　10
ツガ　口絵 3
ツガサルノコシカケ科　286
ツカムレラ属　348
ツクバネガシ　261
ツチグリ属　63
ツチダンゴ科　43,217,227,229,232,235
ツチダンゴ属　231,235
ツチダンゴタケ科　230
ツチダンゴ目　255,口絵 4
ツチダンゴ類　157
ツツジ科　159,280
ツツジ属　口絵 5
ツツジ類もち病菌　281
ツノタンシキン目　283
ツノホコリ科　181
ツノホコリカビ綱　38
ツノホコリ属　184
ツバキ科　280
ツボカビ亜門　49
ツボカビ科　200
ツボカビ綱　38,44,63,199
ツボカビ属　82,200
ツボカビ目　54,82,83,200,200,口絵 2
ツボカビ門　39,50,54,59,63,65,123,196,198,口絵 2
ツボカビ類　19,21,32,43,44,45,47,48,51,52,56,82,95,102,107,124,188,198,204,212
ツマミタケ　口絵 7
ツメゴケ属　311,314
ツメゴケ目　308
ツヤエリホコリ　183
ツユカビ亜綱　194
ツユカビ科　43,192,195
ツユカビ綱　194
ツユカビ属　195
ツユカビ目　193,195,197,口絵 2
ツユカビ類　35
ツラスネラ目　283
ツリセラ属　348
ツルウメモドキ　261
ツルタケ　294
ツルフジバカマ　261

テ

DNA ウイルス　372,377
ディクチオグロムス門　328
低 G+C グラム陽性細菌　334,346
ディソフォラ属　86
TT ウイルス　376
デイノコックス群　334
デイノコックス-サーマス　328
——群　320,346
——門　356
デイノコックス属　346,356
デージーゴケ属　311
デスマジエレラ・アキコラ　163
デスルフォトマクルム属　354
デスルフォバクター属　338
デスルフォビブリオ属　11,338
デスルフロコックス目　360
デスルフロモナス属　338
デスルフロモナス目　338
テツイロハナビラゴケ　口絵 8
テッサロコックス属　349
テトラミクサ属　187
デバリオミケス・ハンセニイ　102
デフェリバクター門　328
テリオスポア形成酵母群　266,267,271,273
デルタウイルス　385
デルタプロテオバクテリア綱　338
デルマコックス属　347
テルモアスクス属　238
テロスキステス属　315
デロビブリオ属　338
デロビブリオ類　20
デング出血熱ウイルス　376
テングタケ　288,293,294
——亜属　293
——属　30,264,293
テングツルタケ　294

ト

等脚類　213
動菌亜綱　38
動菌類　45
冬虫夏草　157,241,口絵 4
トウヒ属　163
動物　23,185
——界　16,18,19,20,25,48,50,123,124,323
——鞭毛虫類　19
トガウイルス科　381,381
ドクツルタケ　293,294
トゲトコブシゴケ　口絵 8
トコブシゴケ属　312

トバモウイルス属 381
トビムシ類 213
トブラウイルス属 381
トマト 149
トムブスウイルス科 381
トメバリキン科 45
トモウイルス属 381
トリコウイルス属 381
トリコスファエリア科 248
トリコスポロン属 273
トリコテキウム属 297,299
トリコフィトン属 233,234
トリコミケス菌綱 67,85
トリコミケス綱 38,39,49,54,91,204,213,口絵 3
トリコミケス類 52
トリコモナス類 23
トリハダゴケ属 73
トリハダゴケ目 308
トリプテロスポラ科 246
トリポスペルムム属 299
トリモチカビ目 49,85,87,211,212,口絵 3
トリモチケカビ目 209
トルナベニア属 311
トルロミケス属 87
ドレクスレラ属 299
トレボウクシア属 55
トンビマイタケ科 286

ナ

内生菌根菌類 144
ナエグレリア 185
ナギ 249
ナシ 149
ナドソニア・エロンガタ 102
ナノアーキウム・エクイタンス 331,359
ナノアーキウム属 360
ナノアーキオータ 331
——門 359,360
ナノウイルス属 378
ナマグサクロボキン科 76,274
ナマグサクロボキン属 61,63,79,80,216,266,271
なまぐさ黒穂病菌 276
ナメクジ 285
ナヨナヨサルオガセ属 315
ナラタケ 58
——属 138,143
ナンキョクブナ亜属 155
ナンキョクブナ属 145,155,255,口絵 5
軟体動物 6,19
——門 28

ニ

ニイニイゼミ 157
ニエスリア属 300
ニオイコベニタケ 口絵 7
肉質虫類 19,45
肉質鞭毛虫類 49
ニクハリタケ科 287
二重壁子嚢菌類 38
ニセショウロ科 286,290
ニセタマカビ目 43
ニチュキア科 246,248
ニドウイルス属 372
ニドウイルス目 376
ニトロスピラ門 328
ニトロソスピラ属 337
ニトロソモナス属 11,337
ニトロソロブス属 337
ニトロバクター属 11,336
ニハイチュウ 25
ニパウイルス 393
二本鎖 RNA ウイルス 372,379,口絵 1
二本鎖 DNA ウイルス 377,口絵 1
二本鎖＋鎖環状 DNA ウイルス 372
二本鎖＋鎖直鎖状 DNA ウイルス 372
ニホンナシ 149
二枚貝綱 28
乳酸菌 355
ニューカッスル病ウイルス 376
ニワトコ 261
ニンギョウタケモドキ科 286,287
ニンジン 261

ヌ

ヌスビトハギ 261
ヌメリイグチ科 290
ヌメリスギタケ 264

ネ

ネウロスポラ・クラッサ 31,135
ネオカリマスチクス科 202
ネオカリマスチクス属 202
ネオカリマスチクス目 54,83,200,202
ネオチフォジウム-エピクロエ菌群 145
ネオチフォジウム属 152,303
ネオチフォジウム・チフィヌム 304
ネオレクタ属 74,218,219
ネクトリア科 241,242
ネクトリア・キンナバリナ 242
ネクトリア属 240
ネコ科 393
ネコハギ 261
ネコブカビ 186,口絵 1
——綱 38,44,51
——属 187
——目 口絵 2
——門 39,186,口絵 2
——類 19,32
根こぶ病菌 186
ネステレンコニア属 347
ネバリコウヤクタケ科 286
ネマトスポラ・コリリ 224
粘液細菌 338
粘菌綱 51
粘菌門 51
粘菌類 18,21,35,51,179
ネンジュモ属 55
ネンジュモ目 343,345,口絵 1

ノ

ノイバラ 261

ノカルジア属　348
ノカルジオイデス科　349
ノカルジオイデス属　347,349
ノカルジオプシス科　352
ノカルジオプシス属　352
ノストック属　209
ノダウイルス科　381
ノムシタケ属　241

ハ

ハイイロオニタケ　294
肺炎連鎖球菌　355
ハイポウイルス科　372
ハイポウイルス属　372
パイロコッカス・ホリコシイ　28
ハエカビ科　43,204
ハエカビ目　49,52,54,87,204,205,206,208,209,211,212,口絵3
ハエカビ類　47
パエキロミケス属　228,231,233,236,238,241,304
パエキロミケス・テヌイペス　304
パエキロミケス・バリオチイ　238,304
パエキロミケス・ビリジス　238
ハオリムシ綱　28
バキュロウイルス科　372
ハクサイ　口絵2
バクテリア　8,24,320,370
——ドメイン　5,23,320
バクテリオファージ　333
バクテロイデス綱　339
バクテロイデス属　338
バクテロイデス-フラボバクテリウム　321
バクテロイデス門　328,334,338,366
バークホルデリア属　337
バシジオボルス科　204
バシジオボルス属　87,211
バシジオボルス目　209,211,212
バシペトスポラ属　231,238,300
バーチシリウム属　296,299
ハチノスカビ科　228,229,230,232
ハチノスカビ目　217,228,229,230,232
バチルス・アンスラシス　3
バチルス・アントラキス　355
バチルス綱　355
バチルス・スブチリス　355
バチルス属　9,353,355
バチルス・チューリンゲンシス　355
バチルス・ポリミクサ　355
バッカクキン(麦角菌)　14
——科　217,241
——属　240,241
——目　241,303,口絵4
バッタ　209
ハツタケ　288
パテラリア目　308
ハナイカダ　261
ハナゴケ科　316
ハナタデ　276
バナナ　150
ハナビラタケ科　286,287
パネオルス属　264
パピローマウイルス属　377
ハプト植物門　49
パポバウイルス科　377
パポバウイルス属　372
バラ科　130
パラコックス属　336
パラコックス類　20
ハラタケ科　286,287
ハラタケ目　286,287,口絵7
ハラタケ類　78
パラミクソウイルス　392
——科　382,392
ハリサシカビモドキ属　86
ハリホコリ　183
——科　180
バルサ科　245
バルサ目　245
ハルニレ　261
パルビウイルス属　372
ハルペラ属　67,91
ハルペラ目　67,91,205,212,213,215,口絵3
パルボウイルス科　378
ハロスファエリア科　248
ハロバクテリア綱　360
ハロバクテリウム属　360
ハロバクテリウム目　360,361
ハロフェラクス属　360
盤菌綱　35,38,216,248
盤菌類　44,67,68,69,71,73,74,163,218,251,253,口絵5
半子嚢菌綱　38,39,216,218,222,226
半子嚢菌類　67,68,70,74,218,222,268,口絵4,口絵8
ハンセヌラ・アノマラ　102
ハンノキ　261

ヒ

ヒアロスキファ科　口絵5
ヒアロプソラ属　99
B型インフルエンザウイルス　口絵1
B型肝炎ウイルス　376
ピクシジオフォラ科　243,251
ピクロフィルス属　360,361
ヒゲカビ属　67
ヒゲハラムシ　23
ピコルナウイルス科　381
ピコルナ様スーパーファミリー　381
微細藻類　3,12,15
ヒステランギウム科　292
ヒストプラスマ・カプスラツム　136,146
ヒストプラスマ属　233
微生物　108
ヒダハタケ科　286,290
非地衣化菌類　309
ピチオゲトン科　195
ビッソクラミス属　69,231,238

ビッソクラミス-タラロミケス系統群　231
ビッソクラミス・ニベア　238
ビッソクラミス・フルバ　238
ヒト　8,107,134,220,271,338,347,355,392
——エコーウイルス　376
——コクサッキーウイルス　376
——T 細胞白血病ウイルス　376
——パピローマウイルス　376
——ヘルペスウイルス　376
——免疫不全ウイルス　376
ヒドナンギウム科　290
ヒトヨタケ科　286,287
ヒトヨタケ属　143,266
ヒノキ　口絵 3
ビブリオ属　18,337
微胞子虫類　23,48,56
ヒポクレラ属　241
ヒポデルミウム類　35
ヒポミケス科　243
ヒポミケス属　243
非マメ科植物　353
ヒマワリ　98
ヒメアカキクラゲ　口絵 6
ヒメカタショウロ　288
ヒメキクラゲ科　77
ヒメコガネツルタケ　294
ヒメツチグリ科　286,292
ヒメツチグリ属　32
ヒメノガステル科　290
紐形動物　19
ビョウタケ目　78,256
ヒラタケ科　286,289
ヒラタケ属　143
ピリメリア属　351
ビルナウイルス属　372
ピレノフォラ・グラミネア　256
ピロコックス属　360
ピロコックス・ホリコシイ　9
ピロジクチウム・オックルム　9
ピロジクチウム属　360
ピロネマ・オムファロイデス　71
ピロバクルム属　360
ピロロブス属　359
ピンゴケ目　217,308,314
ビンタマカビ科　249
ビンタマカビ目　249

フ

ファージ　15
ファッフィア属　273
ファネロカエテ・クリソスポルム　135
ファーミキューテス属　364
ファーミキューテス門　328,343,346,353,365,366,口絵 1
フィアロフォラ属　296,299
VA 菌根菌類　161,209,口絵 3
フィコドナウイルス科　377
フィソデルマ科　201
フィソデルマ属　201
フィトフトラ・インフェスタンス　31
フィブロバクター門　328
フィラクチニア属　262
フィラコラ・グラミニス　244
フィロバシジウム科　113,273
フィロバシジウム属　61,79,81,216,266,270,273
フィロバシジウム・フロリフォルメ　272
フィロバシジウム目　273
フィロバシジエラ属　61,63,79,81,270,273
フィロバシジエラ・ネオフォルマンス　272,273
フウセンタケ科　286,287
フウセンタケ類　口絵 7
フウリンタケ科　287
フェオスピリルム属　336
フェログロブス属　360
フェロミケス属　270,273
フォマ属　256
フォンチクラ・アルバ　172
フォンチクラ科　172
フォンチクラ属　173
不完全菌亜門　38,302
不完全菌類　34,38,43,53,87,91,93,102,107,164,295,308,口絵 8
不完全酵母　220
不完全地衣類　308
プクキニア・エピロビイ　98
プクキニア・エピロビイ-フレイスケリ　98
プクキニア科　45
プクキニアストルム科　45
プクキニア属　63,98
プクキニア・プルベルレンタ　98
プクキニア・ベラトリ　98
プクキニア・ヘリアンチ　98
腹菌綱　35,38,45
腹菌類　38,44,76,179,266,285,口絵 7
フクロカビ科　43,201
フクロカビ属　83,201
フクロカビモドキ科　43
フクロカビモドキ目　194
フクロツルタケ　294
フサヒメホウキタケ属　292
フサリウム・オキシスポルム　143,153
フサリウム・グラミネアルム　135
フサリウム（フザリウム）属　95,303,305,306
フシフクロカビ科　201
フシフクロカビ属　83
フシミズカビ科　43,195
フシミズカビ属　195
フシミズカビ目　193,194
不整子嚢菌綱　38,49,216
不整子嚢菌類　44,67,68,72,

75,218,227,248,302,口絵4
プセウドジマ属　271
プセウドツロストマ属　235
プセウドトレボウクシア属　55
プセウドバルサ科　245
プセウドモナス・アエルギノサ　108
フソバクテリア門　328
ブタ　394
フタナシツボカビ属　83,200
フタバガキ科　169
ブタ繁殖呼吸器障害症候群ウイルス　391
不等毛門　49,50
フトモモ科　169
ブナ科　169
フナムシ　215
ブニヤウイルス科　380,382
プネウモキスチス属　218
フハイカビ科　43,195
フハイカビ属　195
フハイカビ目　194,195
フハイビョウキン　197
冬胞子菌亜綱　38
冬胞子菌綱　38,39
プラシノ藻類　25
ブラジリオミケス属　261
プラス鎖RNAウイルス　380
ブラストクロリス属　336
ブラストコックス属　353
ブラストミケス属　233
プラズマウイルス科　372
プラチグロエア目　273,280
ブラッタバクテリウム属　339
ブラディリゾビウム属　336
フラビウイルス科　381,392
フラビウイルス属　372
フラビ節　259
フラボバクテリア　23
——綱　339
フラボバクテリウム属　338,339
フラメオビルガ属　339
フランキア亜目　353
フランキア・アルニ　353
フランキア科　353
フランキア属　353
プランクトミセス門　323,328
フリエドマニエラ属　349
ブリオシア属　296,299
プレウロカプサ目　343,344,口絵1
プレオスポラ科　257
プレオスポラ属　69,303
プレオスポラ目　74,300
フレキシバクター属　338,339
ブレビバクテリウム属　347
ブレビバクテリウム・フラブム　108
プレボテラ属　339
ブレラ・アルバ　266
ブレラ属　270,273
ブレロミケス属　266,270,273
プロクロロコックス属　341
プロクロロトリクス属　341
プロクロロン属　341
プロクロロン目　343
プロタモエバ属　18
プロチグロエア目　275
プロチスタ　16
——類　51
プロテウス属　337
プロテオバクテリア　21,23,321,329
——綱　335
——門　325,328,334,335,365,366,口絵1
プロトクチスタ界　20,21
プロトステリウム科　181
プロトステリウム菌綱　38,39,181
プロトステリウム属　184
プロトステリウム目　口絵2
プロトステリウム類　179,185
プロトスポランギウム属　184
プロトミケス綱　35
プロトミケス属　69,74,218,219,222,226
プロトミケス目　47,271
プロトモナス属　18
プロピオニバクテリウム亜目　349
プロピオニバクテリウム科　349
プロピオニバクテリウム属　349
プロピオニバクテリウム・フレウデンレイキイ　106
プロピオニフェラクス属　349
プロミクロモノスポラ属　347
ブロモウイルス科　381
分芽菌綱　38
粉状そうか病菌　186
分生子果不完全菌綱　38
フンタマカビ科　246
フンタマカビ属　69,240,246
フンタマカビ目　217,246,248,302,303,304
ブンヤウイルス属　372
分裂菌類　16
分裂酵母　102,口絵4

へ

閉子嚢殻形成菌類　218
ペジオコックス属　355
ペスタロチオプシス属　299
ヘスペロミケス・ビレスセンス　252
ベータウイルス属　381
ベータプロテオバクテリア綱　337
ベッジアトア属　337
ペニキリウム・ノタツム　109
ペニキリウム・マルネッフェイ　228
ベニコウジカビ科　43,228,229,231,232,238
ベニコウジカビ属　228,231,300

ベニタケ科　286,290
ベニタケ系統群　口絵 7
ベニタケ目　286,290,口絵 7
ベニテングタケ　163,293, 294,口絵 7
ヘパドナウイルス科　384
ベベルイケラ属　87
ヘモフィルス属　332
ヘリオバクテリア　365
ヘリオバクテリウム属　354
ヘリコバクター属　338
ヘリコバシジウム属　280
ヘリコミケス属　299
ペリスポリウム科　248
ペリデルミウム属　266
ベルカルブス科　196
ベルコシスポラ属　351
ベルコミクロビア門　328
ベルコロゾア門　50
ベルチア科　248
ベルチキクラジウム・トリフィズム　163
ベルチキリウム・ダーリアエ　143
ベルチキリウム（バーティシリウム）属　95
ペルツサリア・ペルツサ　73
ヘルペスウイルス属　372
ヘルポミケス科　252
ヘルミントスポリウム属　146
ペロバクター属　338
変形菌綱　35,38,39,51,180
変形菌門　38,39,50,51,179, 口絵 2
変形菌(類)　18,19,21,23, 35,44,51,179,185
扁形動物　19
ベンシントニア属　271
ヘンドラウイルス　393,394
鞭毛菌亜門　38,51,63
鞭毛菌類　42,51,191
鞭毛藻類　44,45
鞭毛虫類　18,23,26

ホ

ホウキタケ科　45,286,292
帽菌類　169
胞子虫類　19,26
放射相称動物門　50
放線菌　3,14,15,25,108, 109,321,346,348,口絵 1
ボウフラ　82,201,215
ボウフラキン科　201
ボウフラキン属　82,201
ホウライタケ科　286,287
ホコリタケ科　286,289
ホコリタケ類　266
ホシゴケ目　308,314,316
ホスタウイロイド属　385
ポスピウイロイド科　385
ポスピウイロイド属　385
ホソエノヌカホコリ　183, 口絵 2
ホソピンゴケ属　309,311
ボタンタケ科　241,242
ボタンタケ属　69,243
ボタンタケ目　217,229,242, 302,303,304,口絵 4
ポチウイルス科　381
ポックスウイルス科　372
ポックスウイルス属　372
ボツリヌス菌　354
ポテックスウイルス属　381
ポドウイルス科　377
ポドスポラ属　246,247
ボトリオチニア属　69
ボトリオバシジウム科　286
ボトリチス・キネレア　153
ボトリチス属　32
ボトリチス・トランスポサ　153
ボトリチス・バクマ　153
哺乳動物　7
ホネタケ　230
——科　228,233,234
——属　232
——目　217,228,229,230, 232,233,235,302,口絵 4
——類　35
ホヤ類　104
ポリオウイルス　376,口絵 1
ポリオ 3 型ウイルス　口絵 1
ポリオーマウイルス属　377
ポリスチグマ属　245
ポリスチグマ目　245
ポリスチグマ・ルブルム　244
ポリスフォンジリウム・アルブム　178
ポリスフォンジリウム・カンジズム　178
ポリスフォンジリウム・プセウド-カンジズム　178
ポリドナウイルス属　372
ポリパエキルム属　233,236, 237
ポリミクサ属　187
ホルデイウイルス属　381
ホルトノキゴケ属　口絵 8
ポルフィロモナス属　339
ボロニナ属　187
ホロファガ・フェチダ　339

マ

マイオウイルス科　372
マイコプラズマ菌群　346, 356
マイコプラズマ属　356
マイナス鎖 RNA ウイルス　382
マグナポルテ・グリセア　135
マグネトスピリルム属　336
麻疹ウイルス　376
マダケ　口絵 5
マツ科　163,169,266
マツカサタケ科　286,292
マツカサタケ属　292
マツ属　163
マツタケ　121
マツノコブビョウキン属　266
マツノネクチタケ属　143
マツバハリタケ科　286,290
マツ類こぶ病菌　口絵 6
マメ科　153
マメザヤタケ属　246
マメザヤタケ目　245
マメホコリ　183,口絵 2
——属　181

マメ類　224
マユハキタケ　227
——科　228,229,230,232,233,235,236
——属　231
マラッセジア属　271
マラッセジア・フルフル　224
マラリア病原虫　26
マリノモナス属　337
マルブランケア・アルボルテア　303
マルブランケア属　233,234,299,303
マンネンタケ科　286,287
マンネンハリタケ科　286,292

ミ

ミオウイルス科　377
ミカレア属　311
ミキシア科　271
ミキシア属　216,270,271
ミクソコックス属　338
ミクソトリクム科　233,234
ミクロアスクス科　243
ミクロアスクス属　243
ミクロアスクス・ソルジズス　244
ミクロアスクス目　217,243,300,303
ミクロコックス属　347
ミクロコックス目　347
ミクロスファエラ科　353
ミクロスファエラ属　260,353
ミクロスポルム属　233,234
ミクロバクテリウム科　348
ミクロバクテリウム属　347
ミクロプルイナ属　349
ミクロモノスポラ科　348,351
ミクロモノスポラ属　351
ミクロルナツス属　349
ミケリオプトラ属　233
ミコスファエレラ・フィジエンシス　150
ミコスファエレラ・ムシコラ　150
ミコバクテリウム属　348
ミジンコ　201
ミズカビ亜綱　194,196
ミズカビ科　43,194
ミズカビ属　194,197
ミズカビ目　193,194,口絵2
ミズカビ類　35,190
ミズキ　261
ミズサシホコリ　183
ミズナラ　261
ミツバウツギ　261
ミトコンドリア　25
ミトゾア亜界　49
ミドリムシ類　19,25,48
ミミナミハタケ属　292
ミヤマトンビマイ科　286,290
ミレシナ属　98
ミロイデス属　339
ミロテキウム属　150

ム

ムカデゴケ科　310
ムカデゴケ属　315
ムギ類裸くろぼ病菌　口絵6
ムラキア属　270,273
ムラサキカビモドキ　178
——属　175,178
ムラサキタマホコリカビ　178
ムラサキツメクサ　261
ムラサキハシドイ　261
ムラサキホコリ　183
——目　181,口絵2

メ

メギ属　98
メタウイルス科　372,383,384
メタノカルドコックス属　360
メタノコッキ綱　360
メタノコックス属　360
メタノコックス目　360
メタノサエタ属　360
メタノサームス属　360
メタノサルシナ属　360
メタノサルシナ目　360
メタノスピリルム属　360
メタノバクテリア綱　360
メタノバクテリウム属　360
メタノバクテリウム目　360
メタノピリ綱　360
メタノピルス属　360
メタノピルス目　360
メタノミクロビウム属　360
メタノミクロビウム目　360
メタバクテリウム・ポリスポラ　364
メタン細菌　9,10
メタン酸化細菌　10
メタン生成菌　357,360,361
メタン生成細菌　320
メチェニコビア科　226
メデオラリア目　255
メドハギ　261
メラスミア属　299
メラノガステル科　290
メラノストマ目　246
メラノスポラ科　243,243,246
メラノスポラ・キオネア　244
メラノスポラ属　243
メラノスポラ目　243
メラノンマ科　258
メランコニウム目　38
メランコニス科　245
メランコニス属　240
メランプソラ科　45
メリオラ・アンフィトリカ　244
メリオラ科　248
メリオラ・コラリナ　244
メリオラ属　244,248
メリオラ目　246
メリムブラ属　233
メログランマ科　245

モ

毛顎動物　19
モエギタケ科　286,289

モエギタケ属　264
木本性双子葉植物　45
モジゴケ目　308,口絵 8
モジホコリ科　180
モジホコリ目　179,180,182
モチビョウキン科　45
モチビョウキン属　61,63,
　77,79,80
モチビョウキン目　61,273,
　275,280
モナスクス・プルプレッセン
　ス　238
モナスクス・ルベル　230,
　238
モニリア目　38
モネラ界　18,19,20,323
モネラ群　18
モノキリウム属　300
モノネガウイルス属　372
モノネガウイルス目　376
モノブレファリス・スファエ
　リカ　64
モノブレファリス・ポリモル
　ファ　64
モノブレファレラ属　48,83,
　202
モミ属　99,163
モモ　219
　——縮葉病菌　219,221,口
　絵 4
モラクセラ属　337
モリキューテス群　356
モリキューテス綱　356
モリテラ・ヤヤノシイ　28
モリノカレバタケ属　143
モルビリウイルス属　392
モルモット　364
モンクアザラシモルビリウイ
　ルス　393
モンパキン科　45
モンパキン属　79,284
モンパキン目　284

ヤ

ヤシ科　271,279
ヤスデ(類)　213,215,250
ヤナギ科　169
ヤブマメ　261
ヤブレツボカビ科　189
ヤブレツボカビ属　189
ヤブレツボカビ目　188,
　口絵 2
ヤブレツボカビ類　47,51
ヤマグワ　261,262
ヤマドリタケモドキ　288,
　口絵 7
ヤマボウシ　261

ユ

有鬚動物門　28
有毛虫類　19
ユーグレノイド　185
ユスリカ　199
ユミケカビ属　208
ユーリアーキオータ　23,
　331,362,口絵 1
　——門　328,359,360
ユリ科　255
ユレモ目　343,345,口絵 1

ヨ

葉状植物　43
　——門　16
ヨウジョウヒゲゴケ属　313
ヨトウムシ　209
ヨロイゴケ属　312

ラ

ライオン　392
ライフソニア属　347
ラクトバチルス属　355
ラクノクラジウム科　286
ラシオスファエリア科　246
ラジオミケス属　67
裸子植物　267
らせん菌　318
ラタイイバクター属　347
ラッパタケ科　286,292
ラッパタケ-スッポンタケ系
　統群　口絵 7
ラッパムシ　7
ラビリンツラ科　189
ラビリンツラ菌綱　38,189
ラビリンツラ菌門　39,50,
　123,188,191,196,口絵 2
ラビリンツラ菌類　26,124
ラビリンツラ属　189
ラビリンツラ目　38,51,188,
　口絵 2
ラビリンツラ類　19,32,47,
　51
ラブドウイルス科　372,380,
　382
ラブルベニア科　251
ラブルベニア菌亜門　49
ラブルベニア菌綱　38,216
ラブルベニア菌類　44,67,
　218,250
ラブルベニア属　250
ラブルベニア目　243,251
ラン　285
卵菌綱　38,44,51,63
卵菌門　39,50,123,188,190,
　191,196,口絵 2
卵菌類　19,21,26,32,43,47,
　51,103,124,185,186,188,
　191
藍色細菌　3,329,330,365
　——門　334
ラン藻類　3,11,18,19,21,
　23,25,204,320,329,340
ランポミケス綱　49

リ

リエメレラ属　339
リキナ目　314
陸上植物　25
リケッチア　371
リケネラ属　339
リケノイデア節　303
リゾクトニア属　283
リゾビウム属　104
リゾプス・オリザエ　135
リゾムコル属　208
リチスマ目　217,255
リッキア属　250
リノクラジエラ属　297,299
リポミケス科　226
硫酸還元菌　11,338
緑色硫黄細菌　11,321,365
緑色植物　10

——門　50
緑色非硫黄細菌　23
——群　320
緑藻植物　19
緑藻類　11,25,44,55,308
リンゴ　149
鱗翅目　157

ル

ルテオウイルス科　381
ルテオコックス属　349
ルブリビバクス属　337
ルリホコリ　口絵 2

レ

レウイア属　303
レウコキトスポラ属　299
レウコスポリジウム属　266,
270,271
レウコノストク属　355
レオウイルス属　372
レカノラ・ムラリス　309
レカノラ目　316
レトロウイルス　384
——科　383,384
——属　372
レビウイルス科　381
レプトスファエリア属　69
レプトスファエルリナ属　69
レプトレグニエラ科　195
レプラゴケ属　310

ロ

ロゼオバクター属　336
ロセリニア属　240
六脚上綱　250
ロドコックス属　348
ロドシクルス属　337
ロドシュードモナス属　336
ロドスピリルム属　336
ロドスポリジウム・クラトチビロバエ　117
ロドスポリジウム属　216,
266,270,271
ロドスポリジウム・ダクリオイデウム　113
ロドスポリジウム・トルロイデス　117,267
ロドトルラ・グルチニス
102,116,117,267
ロドトルラ属　220,270
ロドバクター属　336
ロドフェラクス属　337
ロパロミケス属　85,86
ロホゾニア亜属　155

ワ

ワクシニアウイルス　口絵 1
ワタカビ属　194
ワヒダタケ　口絵 7
ワムシ　199
ワラジムシ　215

学名・英名索引

A

Abies 99,163
Absidia 124,208
Acanthamoeba 50
Acanthocoepsis 50
Acanthurus sp. 364
Acaryochloris 365
Acaulospora 50
Acetobacter 104,336
—— *pasterianus* 13
Achlya 50,194
Acholeplasma 356
Acidianus 360
Acidiphilium 336,365
Acidobacteria 339
Acidobacterium capsulatum 328,339
Acidothermaceae 353
Acidothermus 353
Acidovorax 337
Acinetobacter 337
—— *calcoaceticus* 108
Acrasiomycota 172
Acrasis rosea 173,口絵 2
Acremonium 301,303
—— *alcalophilum* 口絵 8
—— *chrysogenum* 14
Actinobacteria 334,346
Actinocorallia 352
Actinodendron 301
Actinokineospora 350
Actinomadura 352
Actinoplanes 351
—— *teichomyceticus* 128
Actinopolyspora 350
Actinostilbe 301
Actinosynnema 350
Acytostelium subglobosum 178
Adenovirus 口絵 1
Aeromicrobium 349
Aeromonas 337
Aeropyrum 360
—— *pernix* 359
Agaricus arvensis 275
Agrobacterium 104
Agromyces 347
Ajellomyces 68,301
Akanthomyces 301
Albolanosa 303
Albugo 195
Alcaligenes 337
Allochromatium 337
Allomyces 50,95,201
—— sp. 口絵 2
Alnus 130
Alphaproteobacteria 336
Alternaria alternata 149,302
Alternaria brassicicola 302,305
Alternaria raphani 302,306
Alteromonas 337
Alveolata 26
Amanita 30,293,294
—— *hemibapha* 293
—— *ibotengutake* 293,口絵 7
—— *muscaria* 163,293
—— *pantherina* 288,293
—— *verna* 293
—— *virosa* 293
Amauroascopsis 233
Amauroascus 233,301
Amazonia 248
ambrosia fungi 144
Amidella 294
Amoebidium 91
Amorphomyces falagriae 252
Amycolatopsis 350
—— *methanolica* 106,107
Anabaena flos-aquae 口絵 1
Anaeroplasma 356
anamorphic fungi 295,307
Anemonia 50,123
Animalia 16,18,25
Anisolpidium 190
Anixiopsis 301

Antennatula shawiae 口絵 5
Aphanoascus 69
Apicomplexa 26
Apinisia 301
apothecial fungi 253
Aquifex aeolicus 128, 329
Aquifex pyrophilus 328
Aquificae 327
Arabidopsis 124
Arachiniotus 301
Archaea 5, 23, 320, 323, 328, 357
archaebacteria 23, 323, 357
Archaebacteria 5, 23, 320
Archaeglobales 360
Archaeglobus 360
—— *fulgidus* 128, 328
Archezoa 48
Archiascomycetes 219
Archimycetes 44
Arcobacter 338
Arcyria denudate 183
Arenaviridae 382
Armillaria 138
—— *mellea* 58
Artemia 50
Arthoniales 308
Arthrobacter 342, 347
—— *simplex* 14
Arthrobotryum hyalospora 口絵 8
Arthroderma 301
Arthrospira 342
Aschersonia 241
Aschosphaera apis 230
Ascobolus 69
Ascochyta 299
Ascocorticium 78
Ascocoryne 300
Ascodesmis 69
Ascoidea 69
Ascomycetes 35
ascomycetous yeasts 222
Ascomycota 216
Asellaria 91
—— *ligiae* 口絵 3
asexual fungi 307
Asfavirus 377
Ashbya gossypii 14, 224
Aspergillus 30, 116, 123, 124, 229, 259, 301
—— *awamori* 13
—— *flavus* 110, 114, 119, 259, 口絵 4
—— *fumigatus* 228
—— *glaucus* 36
—— *kawachii* 13, 105
—— *nidulans* 31, 109
—— *niger* 14, 15, 105
—— *oryzae* 13, 105, 110, 114, 119, 259
—— *parasiticus* 110, 119, 259
—— *saitoi* 13, 15
—— *sojae* 13, 119, 259
—— spp. 15, 119
—— *tamarii* 119
—— *toxicarius* 114
Asperisporium 301
Asterosporium 299
Astraeus 63
Athelia 50, 52, 266
—— *bombacina* 265
Aurantiosporium subnitens 275
Aureobasidium 50, 296
Auricularia 79
—— *auricula-judae* 275
—— *polytricha* 265, 269, 口絵 6
auricularioids 282
Auxarthron 68, 233, 303
—— *umbrinum* 口絵 4
—— *zuffianum* 302
Avsunviroidae 385
Azoarcus 337
Azotobacter 7, 10

B

Bacillaria 50
bacilli 355
Bacillus 342, 353, 355
—— *amyloliquefaciens* 15
—— *anthracis* 3, 355
—— *cerculans* 105
—— *cereus* 105
—— *licheniformis* 14, 15
—— *polymyxa* 105, 355
—— spp. 14
—— *stearothermophilus* 105, 105, 107
—— *subtilis* 13, 14, 15, 134, 328, 355, 口絵 1

—— *thuringensis* 355
Bacteria 5,23,320,323,328,357
Bacteroides 338
—— *fragilis* 328
—— *-Flavobacterium* 321
Bacteroidetes 334,338,339
Baculoviridae 373
ballistospore-forming yeasts 271
basal ascomycetes 218
Basidiobolus 50,52,54,87,123
Basidiomycetes 35
basidiomycetous yeasts 267
Basidiomycota 263
Basipetospora 229,231
—— *ruber* 230
Battarrea japonicum 235
Bdellovibrio 338
Beggiatoa 337
Beijerinckia 10
Bensingtonia 271
Berberis 98
Betaproteobacteria 337
Betula 130,163
Beveruijkella 87
Bipolaris victoriae 150
—— *zeicola* 150
Blastcladiella 54
Blastochloris 336
Blastocladiella 50,52,123
Blastococcus 353
Blattabacterium 339
Blumeria 54,68
Boletus 54,266
—— *reticulates* 288,口絵 7
—— *rubinellus* 275
—— *satanas* 265,269
Botryotinia 69
Botrytis 32
—— *cinerea* 15,153
—— *transposa* 153
—— *vacuma* 153
Bradyrhizobium 336
Brassospora 156
Bremia lactucae 口絵 2
Brevibacterium 347
—— *ammoniagenes* 14
—— *flavum* 108
Briosia 296
Buellia 311
Bullera 50,273
—— *alba* 265,266,269
Bulleromyces 266
Bunyaviridae 380,382
Burkholderia 337
Byssochlamys 69,229,231,301
—— *fulva* 238
—— *nivea* 238,302

C

Caecomyces 54
Caesareae 294
Caliciales 308
Caliciviridae 378
Calocera comea 265
—— *viscosa* 275
Calonectria 301
Calostilbella 301
Calothrix 342
Campylobacter 338
Candida 59
—— *albicans* 54,102
—— *diddensiae* 14
—— *dublinensis* 148
—— *lipolytica* 15
—— *parapsilosis* 147,148
—— *stellatoidea* 148
—— *tropicalis* 14
—— *utilis* 15
Candidi 116
Cantharellus cibarius 291
Capronia 54
Carpinus 163
Catellatospora 351
Catenaria 83
Catenuloplanes 351
Caudovirales 376
Caulimoviridae 384
Cavostelium 184
Cellulomonas 347
Cephalosporium acremonium 14
Cephalotheca 301
Ceratiomyxa 184
—— *fruticulosa* 口絵 2
Ceratiomyxella 184

—— *tahitiensis* 182
Ceratobasidium 283
Ceratocystis 243
Cercoseptoria 301
Cercospora 301
Cercosporella 301
Cervini 116
Cetrelia 312
—— *braunsiana* 口絵 8
Chaenotheca 310
Chaetocladium 85
Chaetomium 243
—— *elatum* 302
Chaetopsina 301,304
—— *fulva* 302
Chaetosartorya 301
chemolithotrophs 366
chemoorganotrophs 366
chemosynthetic [chemotrophic] bacteria 366
Chlamydia 321
—— *psittaci* 328
Chlamydomonas 50
Chlonostachys 301
Chlorella 15
Chloridium 297
Chlorobium limicola 328
Chloroflexus 329
—— *aurantiacus* 328
Choanephora sp. 86
Choanephora trispora 口絵 3
Choanociliata 47,48
Chromatium 337
Chromobacterium 337
Chromocleista cinnabarina 229
Chromocleista malachitea 229
Chroococcales 344
Chroococcidiopsis 342
Chroogomphus 54
Chrysella 63,77
Chryseobacterium 339
Chrysiogenes arsenatis 328
Chrysosporium 301
Chytridiomycota 198
Chytridium 50,52,54,82,123
Chytriomyces 200
—— sp. 口絵 2
Circoviridae 378
Circumdati 116
Cladochytrium 83
Cladonia 316
—— *macilenta* 口絵 8
Cladosporium 301
—— *colocasiae* 口絵 8
Clastoderma debaryanum 183
Clathrus 32
Claussenomyces atrovirens 口絵 5
Claustula fischeri 口絵 7
Clavati 116
Clavibacter 347
Claviceps 241
—— *pasapali* 14
Closteroviridae 373
Clostridia 354
Clostridium 353,354
—— *acetobutylicum* 14,354
—— *botulinum* 354
—— *pasteurianum* 10
—— *thermohydrosulfuricum* 105
—— *thermosulfurogenes* 105
Coccidioides immitis 146
Cochliobolus carbonum 150
Cochliobolus heterostrophus 256
Cochliobolus victoriae 150
Coelomomyces 82
Coemansia 211
—— *mojavensis* 66
Coenonia 175
Collaria arcyrionema 183
Collema 309
Colletotrichum gloeosporioides 153
Colletotrichum magna 153
Collybia 143
Comamonas 337
conidial fungi 307
Conidiobolus 52,54,87,211
—— *coronatus* 口絵 3
Coniochaeta 301
Coniochaetidium 69
Coprinus 54,143
—— *cinereus* 265,269
Copromyxa 173
Copromyxella 173
Cordyceps 157,241,301

—— *heteropoda*　口絵 4
—— *militaris*　157
—— *sinensis*　157
—— *sobolifera*　157
—— *tuberculata*　302
—— *unilateralis* var. *clavata*　242
Coremiella cubispora　口絵 8
Coronaviridae　373
Corticium　78
Cortinarius stuntzii　275
Coryne　300
Corynebacteriaceae　348
Corynebacterineae　348
Corynebacterium　348
—— *ammoniagenes*　348
—— *diphtheriae*　348
—— *glutamicum*　14,108,348
—— *jeikeium*　348
—— *pseudotuberculosis*　348
—— *renale*　348
Coryneforum　13
Corynelia uberata　249
Coryneliales　249
Couchioplanes　351
Craterellus cornucopioides　口絵 7
Craterium leucocephalum　183
Cremei　116
Crenoarchaeota　331
Crenothrix　339
Cribraria　179
—— *cancellata*　183
Cronartium　54,266
—— *orientale*　口絵 6
—— *ribicola*　265,269,271
Cryphonectria parasitica　143
Crypthecodinium　50
Cryptococcus　273
—— *neoformans*　224,273
—— *terreus*　102
Cryptomonas　50
Cryptosporangium　353
Ctenomyces　301
Cucurbitaria　301
Cunninghamella　85
Curtobacterium　347
Cyanobacteria　320,329,334
Cyathus striatus　288
Cyclomyces fuscus　口絵 7
Cylindrocarpon　301
Cylindrocladiella　301
Cystofilobasidium　79
—— *bisporidii*　113
—— *capitatum*　265,269
Cytophaga　338
Cytophagales　334
Cyttaria　68,145,155
—— *beteroi*　156
—— *darwinii*　156
—— *espinosae*　156
—— *exigua*　156
—— *gunnii*　156
—— *harioti*　155,156
—— *hookeri*　156
—— *johowii*　156
—— *nigra*　156
—— *pallida*　156,口絵 5
—— *septentrionalis*　156

D

Dacrymyces　63
—— *chrysospermus*　265,269
—— *stillatus*　口絵 6
Dacryoma　301
Dactylosporangium　351
—— sp.　口絵 1
Daldinia　246
Dasyscyphus　73
Debaryomyces　68
—— *hansenii*　102
Deferribacter thermophilus　328
Deinococci　334
Deinococcus-Thermus　320,346,356
Deltaproteobacteria　338
Dermacoccus　347
Dermocystidium　54
Desmazierella acicola　163
Desulfobacter　338
Desulfotomaculum　354
Desulfovibrio　10,11,338
Desulfurococcales　360
Desulfurococcus　360
—— *mobilis*　328
Desulfuromonadales　338
Desulfuromonas　338

Deuteromycetes 295
Diaphanoeca 50,52,54
Diaporthe 69
—— *impulsa* 242
Diatrype 246
Dichlaena 301
Dictyoglomus thermophilum 328
Dictyosporae 34
Dictyosteliomycota 174
Dictyostelium 50,123,175
—— *aureo-stipes* 178
—— *brefeldianum* 178
—— *delicatum* 178
—— *discoideum* 175,口絵 2
—— *firmibasis* 178
—— *macrocephalum* 178
—— *microsporum* 178
—— *minutum* 178
—— *monochasioides* 178
—— *mucoroides* 174,178,口絵 2
—— *polycephalum* 178
—— *purpureum* 178
—— *septentrionalis* 178
Didymella 301
Didymium squamulosum 183
Dietzia 348
Dimeromyces 250
—— *africanus* 252
Diplophlyctis 83
Dipodascopsis 54,68
—— *uninucleatus* 226
Dipodascus 224
—— sp. 口絵 8
Discina 68
Discomycetes 35,253
Dissophora decumbens 86
Doassansia epilobii 275
Dothidea 68
Dothideales 308
Drechslera 299
Drosophila 124
—— *melanogaster* 107

E

early ascomycetes 218
Echinochloa crus-galli 276
Echinoplaca 313
Echinostelium minutum 183
Ectothiorhodospira 337
Elaphomyces 229,235
—— *japonicus* 230
—— spp. 157
Emericella 229,301
—— *nidulans* 128,228
—— *variecolor* 口絵 4
Emericellopsis 69,301
Emmonsia 233
Empedobacter 339
Endocochlus 211
Endogone 50,54,211
Endomyces 226
—— *scopularum* 226
Endothiella 299
Entamoeba 23,50
—— *histolytica* 106,107
Enterobryus sp. 86
Entomophthora 50,52,54
—— *sepuchralis* 66
Entorrhiza aschersoniana 275
Entorrhiza casparyana 275
Entyloma microsporum 275
Entyloma thalictri 276
Eocronartium 280
—— *muscicola* 275
Ephemeroascus 301
Ephulorhiza 283
Epichloë 145,301,304
Epicoccum 299
Epilobium 98
Epsilonproteobacteria 338
Epulopiscium fishelsoni 364
Eremascus 54
—— *fertilis* 230
Eremothecium 69
—— *ashbyii* 14
Erysiphe 69,260
Erythrobacter 336
Erythrobasidium 266
—— *hasegawianum* 265,269,272
Escherichia 337
—— *coli* 7,14,28,105,128,134,328
Euascomycetes 227,257
eubacteria 323
Eubacteria 320

Eucarya 23,320,323
Eupenicillium 68,69,229,301
—— *brefeldianum* 口絵 4
Europhium 245
Eurotium 9,54,68,69,229,301
—— *herbariorum* 36
Euryarchaeota 331
Eutryblidiella 301
Eutypa 246
Excellospora 352
Exidia 63
—— *recisa* 口絵 6
Exobasidium 61
—— *japonicum* 281
—— *vaceinii* 275

F

Fellomyces 273
—— *fuzhouensis* 口絵 6
Fenestella 301
Fennellia 229,301
Ferroglobus 360
Fibrobacter succinogenes 328
filamentous fungi 30
filamentous green bacteria 365
Filobasidiella 61,124,273
—— *neoformans* 265,269,273
Filobasidium 61,266
—— *floriforme* 265,269,272
Firmicutes 334,346,353
Fischerella 342
—— *major* 口絵 1
Flagellata 44
flagellated fungi 51
Flammeovirga 339
Flavi 116,259
Flavipedes 116
Flavobacteria 339
Flavobacterium 338
Flechten 35
Flexibacter 338
Fonticula alba 172
Frankia 353
—— *alni* 353
Frankiaceae 353
Frankineae 353
Friedmaniella 349
Fucus 50
Fulvisporium restifaciens 275
Fumigati 116
fungi 30
Fungi 18,25,30
—— Imperfecti 307
fungus 30
Fusarium 96,301
—— *graminearum* 15
—— *moniliforme* 14
—— *oxysporum* 143
Fuscospora 156
Fusicladiella 301
Fusobacterium nucleatum 328

G

Galactomyces 54,224
—— *geotrichum* 226
Gammaproteobacteria 337
Ganoderma microsporum 275
Gasteromycetes 35,285
Geastrum 32
—— *triplex* 291
Geitlerinema 342
Gelasinospora 246
Geminiviridae 373
Gemmatimonas aurantiaca 328
Geobacter 338
Geodermatophilaceae 353
Geodermatophilus 353
Georgefischeria riveae 275
Geosiphonales 209,211
Geosmithia 229,231
Geothrix fermentans 339
Geotrichum 87,口絵 8
Giardia lamblia 106,107
Gibberella 301
—— *fujikuroi* 14,143,304
Gigaspora 54
—— sp. 口絵 3
Gilbertella persicaria 口絵 3
Glaziella 211
Gloeobacter 342
Gloeocapsa 342
Gloeocercospora 301
Gloeothece 342
Glomales 46

Glomeromycota 159,204
Glomus 50,52,123
—— *intrardices* 54
—— *mosseae* 54
Gonapodia 202
Gongronella lacrispora 口絵 3
Gordona 348
Gracilaria verrucosa 128
Graphidales 308
Graphiola 222,266
—— *cylindrica* 269,口絵 6
—— *phoenicis* var. *phoenicis* 281
green sulfur bacteria 365
Guttulina rosea 172
Guttulinopsis 173
Gyalectales 308
Gymnoascus 67,301
Gymnoderma 316
Gymnosporangium yamadae 口絵 6

H

Haemonchus contortus 107
Haemophilus 332
—— *influenzae* 128,134
Halobacteriales 360
Halobacterium 360
—— *halobium* 328
Haloferax 360
Hamigera 229,301
Hansenula anomala 102
—— *jardinii* 14
Hapsidospora 301
Harpella 67
—— *melusinae* 66
Helicobacter 338
Helicobasidium 280
—— *mompa* 275
Helicomyces 299
heliobacteria 365
Heliobacterium 354
Helminthosporium 146
Helvella 68
Hemiascomycetes 222
Hemicarpenteles 229,301
Hemitrichia clavata var. *calyculata* 183, 口絵 2
Hepadnaviridae 384
Herdmania 50,123
Herpotrichia 54
Hesperomyces virescens 252
heterobasidiomycetes 266
Heterobasidion 143
Heterosporium 301
Hirsutella 301
Histoplasma 233
—— *capsulatum* 146
HIV Human immunodeficiency virus 口絵 1
Holophaga foetida 339
Homo 50
—— *sapiens* 128
homobasidiomycetes 266,284
Hyalopsora 99
Hyaloscypha sp. 口絵 5
Hydra 124
Hydrococcus rivularis 口絵 1
Hydromyxomycetes 188
Hymenomycetes 35,282,285
Hymenostilbe 301
Hyphochytriomycota 190
Hyphochytrium 50,123,190
—— *catenoides* 口絵 2
Hypocrea 68,69,243,301
—— *lutea* 302
—— sp. 口絵 4
Hypocrella 241
Hypodermii 35
Hypomyces 54,243
Hypoviridae 373
Hypoxylon 246

I

Ichthyophonus 54
—— *hoferi* 205
Inermisia 68
Influenzavirus 口絵 1
Inoviridae 373
Iridoviridae 373
Irpex lacteus 15
Isaria 241

J

Jnophyta 18

K

Kalmusia coniothyrium 口絵 5
Kananascus 300
Karlingia 201
Kibdelosporangium 350
Kingella 337
Kionochaeta 303
── *ivoriensis* 302
── *ramifera* 302
── *spissa* 302
Kitasatospora 352
Klebsiella aerogenes 105
Kocuria 347
koji molds 239
Koorchaloma 300
Korarchaeota 331
Kribbella 349
Kriegeria eriophori 275
Kutilakesopsis 301
Kytococcus 347

L

Laboulbenia 250
Laboulbeniomycetes 250
Labyrinthula 189
── sp. 口絵 2
Labyrinthulomycota 188
Laccaria 143
Lachnum sp. 口絵 5
Lactarius lividatus 289
Lactobacillus 355
── *burgaricus* 13
── *delbruckii* 14
── spp. 13
Lactococcus lactis 107,128
Lagenidium 50,123
Lalaria 226
Lamproderma columbinum 口絵 2
Lecanidiales 308
Lecanora 54
── *muralis* 309
Lecanorales 308
Lecanosticta 301
Leifsonia 347
Leotiales 308
Lepidella 293,294
Lepraria 310
Leptogium 309
Leptolyngbya 342
Leptomitus 195
Leptosphaeria 68,69,301
Leptosphaerulina 69
Letharia 315
Leucocytospora 299
Leuconostoc 355
Leucosporidium 54,266
── *scottii* 265
Levispora 301
Lewia 303
Licea operculata 183
Lichenoidea 303
lichens 308
Lindbladia cribrarioides 口絵 2
Loculoascomycetes 256,257
Lophozonia 155,156
Luteococcus 349
Lycogala 181
── *epidendrum* 183,口絵 2
Lyngbya 342
Lysus mokusin 口絵 7

M

Magnetospirillum 336
Malassezia 271
── *furfur* 224
Malbranchea 303
── *albolutea* 302,303
── *dendritica* 302
── *filamentosa* 302
Mappae 294
Marasmius delectans 275
Mariannaea 301
Marinomonas 337
Mastigosporium 301
Medeola 255
Melampsora lini 275
Melanospora chionea 244
Melasmia 299
Meliola 244
── *amphitricha* 244
── *corallina* 244
Meliolales 244
Merimbla 229,233

metabacteria 23
Metabacteria 5
Metabacterium polyspora 364
Metaviridae 373,383,384
Methanobacteriales 360
Methanobacterium 23,360
—— *bryantii* 328
—— *thermoautotrophicum* 128
Methanocaldococcus 360
Methanococcales 360
Methanococcus 23,360
—— *jannaschii* 128,328
Methanomicrobiales 360
Methanomicrobium 360
—— *mobilis* 328
Methanopyrales 360
Methanopyrus 360
—— *kandleri* 328
Methanosaeta 360
—— *soehngenii* 328
Methanosarcina 23,360
Methanosarcinales 360
Methanospirillum 360
Methanothermus 360
Metschnikowia koreensis 口絵 4
Micarea 311
Microascus 68,243
—— *sordidus* 244
Microbacteriaceae 348
Microbacterium 347
Microbotryum violaceum 275
Microciona 50,123
Micrococcineae 347
Micrococcus 347
Microcoleus 342
Microcystis 342
—— *aeruginosa* 328,口絵 1
Microdochium 301
Microlunatus 349
Micromonospora 351
Micromonosporaceae 348,351
Microporus affinis 口絵 7
Micropruina 349
Microsphaera 260,353
Microsphaeraceae 353
Microsporidia 48
Milesina 99
mitosporic fungi 307
Miuraea 301
Mixia 216,271
—— *osmundae* 265,269,口絵 6
Mnemiopsis 50
molds 30
Molicutes 356
Mollisia sp. 口絵 5
Monascus 68,228,229
—— *purpurescens* 238
—— *ruber* 14,230,238
Monera 18,323
Moneres 18
Monoblepharella 48,83,202
Monoblepharis 202
—— *polymorpha* 64
—— *sphaerica* 64
Monocillium 300
Mononegavirales 376
Moraxella 337
Morchella 30,54,68
—— sp. 口絵 5
Moritella yayanosii 28,口絵 1
Mortierella 67,211
—— *epigama* 66
—— *zonata* 66
Morus australis 262
moulds 30
Mrakia 273
Mucor 32,50,52
—— *pusillus* 15
Mucorini 35
Mus 123,124
mushrooms 30
Myceliophthora 233
Mycetozoa 45
Mycoarachis 301
Mycobacterium 348
—— *leprae* 128
—— spp. 14
—— *tuberculosis* 3,128
Mycocentrospora 301
Mycocitrus 301
Mycoplasma 356
Mycoplasma 356
Mycosphaerella 68,301
—— *fijiensis* 150

—— *musicola* 150
Mycovellosiella 301
Myoviridae 373,377
Myroides 339
Myrothecium 150,301
Myxococcus 338
Myxomycetes 35
Myxomycota 179
Myxotrichum cancellatum 口絵 4

N

Nadsonia commutata 口絵 4
Nadsonia elongata 102
Naegleria 50
—— *fowleri* 107
Nannizzia 301
Nanoarchaeota 331
Nanoarchaeum 360
—— *equitans* 331,359
Nanovirus 378
Nectria 69,301
—— *cinnabarina* 242
Nectriopsis 301
Nematospora coryli 224
Neocallimastix 50,52,202
—— *frontalis* 54
—— *joynii* 54
—— sp. 54
Neocosmospora 301
Neolecta 74,218
Neosartorya 229,301
—— *glabra* 口絵 4
Neotyphodium 304
—— *typhinum* 303
—— -*Epichloë* 145
Nesterenkonia 347
Neurospora 54,68
—— *crassa* 31,105,143
Nidovirales 376
Nidulantes 116
Niesslia 300
Nigri 116
Nigrosabulum 301
Nitrobacter 10,11,336
Nitrosolobus 337
Nitrosomonas 10,11,337
Nitrosospira 337
Nitrospira moscoviensis 328
Nocardia 348
Nocardioidaceae 349
Nocardioides 347
Nocardiopsaceae 352
Nocardiopsis 352
Nodularia 342
Nomuraea 301
Nostoc 55,209,342
Nostocales 345
Nothofagus 155,156,口絵 5
—— *menziesii* 口絵 5
—— spp. 145,255
Nowakowskiella 82
Nyssopsora cedrelae 口絵 6

O

Occultifur 271
Ochromonas 50
Octomyxa 187
Oerskovia 347
Olpidium 83
Onychocola 233
Onygena 232
—— *equina* 230
Onygenei 35
Oomycota 191
Oosporidium 226
Opalina 26
Ophiostoma 54,68,69
—— *himal-ulmi* 151
—— *novo-ulmi* 151
—— *ulmi* 150,244
Opisthokonta 48
Ornati 116
Orphella haysii 口絵 3
Orthomyxoviridae 382
Oscillatoria 342
Oscillatoriales 345
Osmunda 123
Ostropales 308
Ostrya 130
Ovigerae 294
Ovularia 301
oxygenic photosynthetic bacteria 343
Oxytricha 50

P

Paecilomyces 228,229,241,301
—— *tenuipes* 302,304
—— *variotii* 238,302,304
—— *viridis* 238
Paneolus 264
Pannaria lurida 口絵 8
Papillomavirus 377
Papovaviridae 377
Paracoccus 336
Paraisaria 301
Paramecium 26
Paramyxoviridae 382
parasitic basidiomycetes 273
Parmelia 310
Parvoviridae 378
Passalora 301
Peckiella 301
Pediococcus 355
Pelobacter 338
Peloronectriella 301
Peltigera 311
Peltigerales 308
Penicillifer 301
Penicilliopsis 229,231
Penicillium 229,301
—— *chrysogenum* 14
—— *citrinum* 14,15,109,口絵 4
—— *marneffei* 228
—— *notatum* 15,109
—— spp. 13
Peridermium 266
—— *harknessii* 265
Peronospora 195
Peronosporae 35
Pertusaria 73
—— *pertusa* 73
Pertusariales 308
Pestalotiopsis 299
Petromyces 229,301
Peziza 54,69
Phaeoisaria clematidis 口絵 8
Phaeoisariopsis 301
Phaeophyscia 311
—— *hirtuosa* 311
—— *limbata* 口絵 8
Phaeoramularia 301
Phaeospirillum 336
Phaffia 273
Phalloideae 294
Phallus impudicus 291
Phellinus igniaris 291
Phialophora 296
Phoenix canariensis 281
Pholiota adiposa 264
Phoma 256,301
Phormidium 342
Phragmocapnias betle 口絵 5
Phycodnaviridae 377
Phycomyces 67
—— *blakesleeanus* 14,66,128
Phycomycetes 35,43,191
Phyllachora 245
—— *graminis* 244
Phyllactinia 262
—— *moricola* 口絵 4
Physarum 50
—— *viride* 183
Physoderma 201
Phytophthora 50,123,124
—— *cinnamomi* 192
—— *infestans* 31,192
Picea 163
Pichia 68
—— *membranifaciens* 口絵 4
Picrophilus 360,361
Pileolaria klugkistiana 口絵 6
Pilimelia 351
—— sp. 口絵 1
Pilobolus kleinii 66
Pinus 163
—— *densiflora* 165
Piptocephalis lepidula 86
—— *virginiana* 66
Piromyces 54
Placopecten 50
Placopsis 311
Planctomyces limnophilus 328
Planctomycetes 323
Plantae 16,18,25
Plasmaviridae 373
Plasmodiophora 187
—— *brassicae* 186,口絵 2

Plasmodiophoromycota 186
Plasmodium 26
Plectomycetes 227
Pleospora 54,68,69,301
—— *herbarum* 302
Pleurocapsa 342
Pleurocapsales 344
Pleurotus 143
Pneumocystis 54,68,218
—— *carinii* 219,265
Podocarpaceae 249
Podospora 246
Podoviridae 377
Poliovirus 口絵 1
Polygonum posumbu var. *laxiflorum* 276
Polymyxa 187
Polyomavirus 377
Polypaecilum 237
Polyporus 32
—— *arcularius* 288
Polysphondylium 175
—— *album* 178
—— *candidum* 178
—— *pallidum* 178
—— *pseudo-candidum* 178
—— *violaceum* 178
Polystigma 245
—— *rubrum* 244
Polythrincium 301
Polytrichum 123
Porina sp. 口絵 8
Porphyra 50
Porphyromonas 339
Porpidia 54
Pospiviroidae 385
Poxviridae 373
Preussia 301
Prevotella 339
Prochlorococcus 341,342
Prochloron 341,342
Prochlorophyta 341
Prochlorothrix 341,342
Promicromonospora 347
Propionibaceriaceae 349
Propionibacterineae 349
Propionibacterium 14,349
—— *freudenreichii* 106,107
Propioniferax 349
Protamoeba 18
Proteobacteria 21,321,325,334,335
Proteus 337
Protista 16,18,21
protists 25
protobasidiomycete 46
Protocrea 301
Protoctista 20,21
Protomonas 18
Protomyces 68,69,74
—— *inouyei* 265
Protomycetes 35
Protosporangium 184
Protostelium 184
—— *mycophaga* 口絵 2
Prototaphrina 45
Prototunicatae 251
Prunus 130
Pseudanabaena 342
Pseudeurotium 301
Pseudocercospora 301
Pseudocyphellaria 312
pseudofungi 51
Pseudofungi 47,51
Pseudogibbellula 301
Pseudogymnoascus 301
Pseudomonas 10,337
—— *aeruginosa* 108
—— *amyloderamosa* 105
—— *saccharophila* 105
Pseudonocardia 350
Pseudonocardiaceae 350
pseudothecial fungi 256
Pseudotrebouxia 55
Pseudotulostoma 235
—— *japonicum* 口絵 4
Pseudoviridae 373,383,384
Pseudozyma 271
Psilocybe 264
Puccinia 63,98,124
—— *epilobii* 98
—— *epilobii-fleischeri* 98
—— *graminis* 275
—— *graminis* f. sp. *tritici* 96
—— *helianthi* 98
—— *phragmitis* 口絵 6

—— *pulverulenta* 98
—— *recondita* 275
—— *recondita* f. sp. *tritici* 278
—— *sessilis* 口絵 6
—— *suzutake* 口絵 6
—— *veratri* 98
purple bacteria 365
Pyrenomycetes 35,239
Pyrenopeziza rosea 口絵 5
Pyrenophora graminea 256
Pyrenula sp. 口絵 8
Pyrenulaes 308
Pyricularia oryzae 142
Pyrobaculum 360
Pyrococcus 360
—— *horikoshii* 9,28,128,口絵 1
Pyrodictium 23,360
—— *occulum* 9
Pyrolobus 359
Pyronema omphaloides 71
Pythium 195
Pyxidiophoraceae 251

Q

Quercus serrata 165

R

Radiomyces 67
—— *spectabilis* 66
Ramalina 309
Ramularia 301
Ramulispora 301
Rathayibacter 347
Restricti 116
Retroviridae 383,384
Rhabdoviridae 373,380,382
Rhinocladiella 297
Rhipidium 195
Rhizidiomyces 190
Rhizobium 10,104
Rhizocarpen 309
Rhizoctonia 283
Rhizomucor 123,208
—— *circinelloides* 128
—— *pusillus* 15,128
Rhizophydium 83,200
—— sp. 口絵 2
Rhizopus 30
—— *delemar* 14
—— *homothallicus* 口絵 3
—— *nigricans* 14
—— *niveus* 128
—— *oryzae* 15,105,口絵 3
—— *sexualis* 66
—— spp. 15
—— *stolonifer* 86
Rhizostilbella 301
Rhodobacter 336
Rhodococcus 348
Rhodocyclus 337
Rhodoferax 337
Rhodopseudomonas 336
—— *palustris* 口絵 1
Rhodospirillum 336
Rhodosporidium 123,216
—— *dacryoideum* 113
—— *glutinis* 117
—— *kratochvilovae* 117
—— *toruloides* 117,265,267,269,口絵 6
Rhodotorula glutinis 102,116,267
Rhopalomyces 85
—— *elegans* 86
Rickia 250
Riemerella 339
Rikenella 339
Roanokenses 294
Rollandina 301
Roseobacter 336
Rubrivivax 337
Russula 54
—— *mairei* 275
—— *mariae* 口絵 7

S

Saccharomonospora 350
Saccharomyces 7,13,50,52,54,68,123,124
—— *cerevisiae* 13,14,31,105,107,128,口絵 4
—— *pasterianus* 13
Saccharomycodes ludgwigii 93
Saccharopolyspora 350
Saitoella 68,218
—— *complicata* 117,220
Sakaguchia 266

—— *dacryoidea* 113
Salilagenidiales 194
Salmonella 337
—— *enterica* serovar Typhi 口絵 1
Saprolegnia 194
—— *terrestris* 口絵 2
Saprolegniae 35
Saprospira 339
Sarcocystis 50,123
Sarcodina 45
Sarcodon imbricatus 289
—— *scabrosus* 口絵 7
Sarcographa macrohydrina 口絵 8
Sarophorum 229
Schizochytrium limacinum 口絵 2
Schizophyllum 123
—— *commune* 265
Schizoplasmodium 184
Schizosaccharomyces 47,50,52,54,68,74,
123,124
—— *pombe* 102,128,265,口絵 4
Sclerocleista 301
Scleroderma areolatum 289
Sclerospora 196
Sclerotinia 54,68
Scopulariopsis 300
Segenoma 301
Septobasidium 79
—— *carestianum* 275
Septoria 299,301
Sesquicillium 301
Shewanella violacea 28
Shiraia bambusicola 144,口絵 5
Siphonales 44
Sipoviridae 377
Sirobasidium magnum 口絵 6
Sistotrema 63
Skeletonema 50,123
Skermania 348
Smittium 52,54,91
—— sp. 口絵 3
Solanum 106
sooty moulds 口絵 5
Sordaria 69,246
Sorodiscus 187
Sorosphaera 187
Sparsi 116
Spathularia 68
Sphacelotheca hydropiperis 276
Sphingobacteria 339
Sphingobacterium 339
Sphingomonadales 334
Sphingomonas 336
Spirilliplanes 351
Spirillospora 352
Spirillum 318
Spirochaeta 21,318
—— *aurantia* 328
Spiromastix 233
Spiroplasma 356
Spirulina 342
—— *subsalsa* 口絵 1
Spizellomyces 50,52,54,83
Spongipellis 54
Spongospora 187
—— *subterranea* var. *subterranea* 186
Sporendonema 89
Sporichthya 353
Sporichthya 353
Sporidiobolus 266
—— *johnsonii* 265,口絵 6
Sporobolomyces 271
—— *holsaticus* 口絵 6
—— *roseus* 102,265,269,272
Sporormia 68
Sporothrix 301
Stanieria 342
Staphylococcus 354,356
—— *aureus* 356
Stemonitis fusca 183
Stentor 7
Stereocaulon 311
Stereum hirsutum 289
Sticta 312
Stigonematales 345
Stilbella 301
Stramenopila 26,39
stramenopile 26
Straminipila 26,39
straminipile 26
Streptococcus 354,355
—— *mutans* 105
—— *pneumoniae* 355
—— *pyogenes* 355

—— *thermophilus* 13
Streptomyces 14,352
—— *albus* 14
—— *coelicolor* 128,328
—— *griseus* 14,15,口絵 1
—— *limosus* 105
—— sp. 15,口絵 1
—— *tsukubaensis* 109
Streptomycetaceae 352
Streptosporangiaceae 352
Streptosporangineae 352
Stropharia 264
Stypella 67
Suillus 54
Sulfolobales 360
Sulfolobus 360,361
—— *acidocaldarius* 328
—— *solfataricus* 333
Sus scrofa 128
Sydowiella 69
Symploca 342
Sympodiomycopsis 266
—— *paphiopedili* 269,272
Syncephalastrum rocemosum 66,86
Syncephalis cornu 口絵 3
Synchytrium 199
Synechococcus 342
Synechocystis 342

T

Talaromyces 54,69,229,231,301
—— *bacillisporus* 302
Taphrina 46,54,68,69,131
—— *betulina* 130
—— *caerulescens* 口絵 4
—— *californica* 269
—— *carnea* 130
—— *carpini* 46
—— *communis* 130
—— *confusa* 130
—— *deformans* 70,219,221,口絵 4
—— *flavorubra* 130
—— *maculans* 269
—— *mirabilis* 130
—— *populina* 265
—— *pruni* 130
—— *robinsoniana* 130
—— *ulmi* 130
—— *virginica* 130
Taphrinomycetes 47
teliospore-forming yeasts 266
Teloschistes 315
Termitomyces spp. 144
Terrei 116
Tessarococcus 349
Tetrahymena 50,123,124
Tetramyxa 187
Thalictrum thunbergii 276
Thallophyta 43
Thamnidium elegans 86
Thanatephorus 283
Thauera 337
Thaxterogaster porphyreum 口絵 7
The union Fungi 48
Thecaphora seminis-convolvuli 275
Thermoactinomyces 356
Thermoascus 229,238,301
Thermobifida 352
Thermococcales 23
Thermococcales 360
Thermococcus 360
—— *celer* 328
—— *peptonophilus* 口絵 1
Thermodesulfobacterium hveragerdense 328
Thermomicrobium roseum 328
Thermomonospora 352
Thermomonosporaceae 352
Thermomyces lanuginosus 15
Thermoplasma 360
—— *acidophilum* 328
Thermoplasmatales 360
Thermoproteales 360
Thermoproteus 23,360
—— *tenax* 328
Thermotoga 320
—— *maritima* 325,328
Thermus 356
—— *thermophilus* 128,328
Thielavia 301
Thiobacillus 10,11
Thiomargarita 337
—— *namibiensis* 364,口絵 1
Thiomicrospira 337
Thioplaoca 364

Thiothrix 337
thraustochytrids 47
Thraustochytrium 50
Tilletia 54,61,266
—— *caries* 265,269,275,276
Tilletiaria 216
Tilletiopsis 271
toadstools 30
Tolypocladium inflatum 14
Tornabenia 311
Torrubiella 301
—— *luteorostrata* 302
Torulomyces 87
Torulopsis mannitofaciens 14
Traustochytrium 189
Trebouxia 55
Tremella 54,79
—— *foliacea* 265,269
—— *fuciformis* 口絵 6
—— *globospora* 265,269
—— *mesenterica* 275
—— *moriformis* 265,269
Tremellini 35
Trentepohlia 55
Tretopileus sphaerophorus 口絵 8
Tricharia 313
Trichocoma 229,231,301
—— *paradoxa* 227
Trichoderma sp. 口絵 4
Trichoderma viride 15
Trichodesmium 342
Trichomycetes 213
Trichoplax 50
Trichosphaerella 301
Trichosporon 273
Trichothecium 297
Tripospermum 299
Triticum aestivum 98,276
Tsukamurella 348
Tuberacei 35
Tubercularia 301
Tulostomatales 235
Turicella 348

U

Ulkenia 50,123
Ulmus 130
Uncinula 260
Ureaplasma 356
Uredinei 35
Uredinopsis 99,216
Urnula 68
urochordates 104
Urocystis rarunculi 275
Usnea 309
Usti 116
Ustilaginei 35
Ustilago 54,79
—— *crus-galli* 276
—— *hordei* 265,269,275
—— *maydis* 265,269
—— *nuda* 口絵 6
Ustilentyloma fluitans 275

V

Vacciniavirus 口絵 1
Vaginatae 294
Validae 294
Verrucariales 308
Verrucomicrobium spinosum 328
Verrucosispora 351
Versicolores 116
Verticicladium trifidum 163
Verticillium 95,301
—— *dahliae* 143
Vibrio 18,337
—— *cholerae* 3
Virgatospora 301
Volutella 301
Volvox 124

W

Warcupiella 229,301
Wentii 116
Westerdykella 301
Williamsia 348
Wollinela 338
Woronina 187

X

Xanthomonas 337
—— *campestris* 108
Xenopus 50,123,124
Xeromyces 9

Xylaria 68,69,246
Xylariales 308

Y

yeast-like fungi 222
yeasts 30
Yersinia 337

Z

Zamia 50
Zea 123,124
Zoogloea 337
Zoophthora 52
zoosporic fungi 191
Zostera 188
Zygomycetes 205
Zygomycota 204
Zygorhynchus moelleri 66
Zymomonas mobilis 14

事項索引

数　字

1パラメータ法　388
2-アミノアジピン酸経路（AAA経路）　107
2界体系　2-kingdom system　16
2パラメータ法　388
3界体系　3-kingdom system　16
3ドメイン体系　22
3-ヒドロキシ脂肪酸　333
5界体系　5-kingdom system　18,36
6 PGDH（6-ホスホグルコン酸デヒドロゲナーゼ）　114
6パラメータ法　388
16 S rRNA　22
18 S rRNA　22
23 S rRNA　37
28 S rRNA　37

英　字

β-1,3結合グルカン　102
β-1,6結合グルカン　102
AAA型リジン合成経路　47
*aflR*遺伝子　259
AROM複合体　109
ATP　12
A菌根　口絵3
DAP型リジン合成経路　47
DNA-DNAハイブリッド形成　118
DNA塩基組成　117
DNA相同性（DNA-DNAホモロジー）　322
DNAチップ　134
DNA複製酵素　replication enzyme　377
EF-1 α　183
G 6 PDH（グルコース-6-リン酸デヒドロゲナーゼ）　114
host-recurrence　163
*in situ*ハイブリダイゼーション　362
ITS 2　147
ITS領域　260
LTR　long terminal repeat　383
meso-A_2pm　350
ORF（読み枠）　325
O層（有機物層）　164
PCR（法）　polymerase chain reaction　22,40
p-distance　388
PSI（型）　344,365
PSII（型）　344,365
RAPD　random amplified polymorphism DNA　40
RFLP　restriction fragment length polymorphism　40
Ribosomal Database Project　338
RNA依存RNAポリメラーゼ　383
RNAワールド説　383
RubisCo　340
Saccharomyces Genome Database　121
S-レイヤー　S-layer　358
T_m法　midpoint temperature　118
TCAサイクル　108
UASB法　361
VA菌根　vesicular-arbuscular　159,169
——菌類　209

ア

アイソザイム　113
アイヒラー-エングラーの体系　16
アインスワース体系　34,36,38,53
アーキアドメイン　Domain Archaea　5,320,357,360
アキネート　akinate　340
アーキバクテリア　Archaebacteria　5
アクラシン　acrasin　174
アシルタイプ　348,351
アスペルギラム　237
アスペルギルス症　aspergillosis　228
アデノシン三リン酸　12
アトラノリン　atranorin　314
アナモルフ　anamorph　57,86,92,122,216,228,239,267,295,296,299,301
——酵母　220
——性ホロモルフ　140
——属　235
アネロ型　90,口絵8
アフラトキシン　110,119,120,259,口絵4

——生合成系遺伝子クラスター 259
アペンデージ 口絵 3
アミノアジピン酸経由 127
アミノ酸 14,107
——発酵 13
α-アミラーゼ 104
——ファミリー 105
アミロイド 242,285,290,293
——性 72,239
アメーバ状細胞 172,174,179,181,213,215,口絵 2
アラビノガラクタン 349
アルコール 14
——発酵 13
アルファ様スーパーファミリー 380
アレウロ型 89
アレクトロン酸 口絵 8
アントラキノン anthraquinone 314

イ

硫黄循環 10
医学細菌学 367
異核(共存)体 141
異型(形)動配偶子接合 anisogamy 63,199
異型(形)配偶子嚢性 heterogametangic 65
石垣状分生子 297
異質細胞 heterocyst 340
異種完生型 hetero-eu-form 98
——生活環 98
異種寄生性 heteroecious, heteroecism 98,278
一核性菌糸体 94
一菌糸型 monomitic 284
一次隔壁 59
一次托 primary receptacle 250
一重壁 unitunicate 239
——子嚢 unitunicate ascus 72,222,313
一胞子性胞子嚢 213
イディオモルフ idiomorph 139
遺伝子組換え recombination 386
遺伝子工学技術 15
遺伝子再集合 reassortment 386
遺伝子対遺伝子（gene for gene）仮説 144
遺伝子治療 383
遺伝子伝播 327
遺伝子の水平移動 122,153,333
インテグラーゼ遺伝子 384
院内感染 367
インフルエンザ 口絵 1
隠蔽種（潜在種）cryptic species 41,136,146

ウ

ウイルス 4
ウイロソイド 385
ウォロニン小体 Woronin body 60
ウスニン酸 usnic acid 314
渦巻状分生子 297

エ

柄 284
AIDS 口絵 1
栄養獲得形式 159,162
栄養型 9
栄養菌糸不和合性 143
栄養菌糸和合群 vegetative compatibility groups 143
栄養体 vegetative body 7
栄養胞子形成菌類 mitosporic fungi 307
液胞 vacuole 5,364
柄細胞 口絵 2
エネルギー産生機能（ATP 合成能） 370
エボラ出血熱 392
エマージング感染症（新興感染症） 392
塩基置換推定法 388
塩基置換数（d） 136,388
塩基置換速度 388
塩基置換突然変異 point mutation 386
塩基置換頻度 122
塩基配列モデル 388
エンドスポラ endospore 353
エンベロープ 371

オ

大形菌類 large fungi, macrofungi 30
沖縄トラフ 28,口絵 1
オリゴヌクレオチドカタログ法 323
オルガネラ organella 5
オルチノール orcinol 314

カ

開始 tRNA 23
外生菌根 ectomycorrhiza, ECM 159,169,255,口絵 7
外生不動精子型 exogenous spermatium

250
外生分芽型　89
外生分節型　87
階層体系　33
解糖系　106
外被　370
外膜　outer membrane　333
海洋細菌　337
化学系統分類学　chemosystematics　111
化学合成細菌　366
化学合成従属栄養性　355
化学合成従属栄養(微)生物　11,344
化学合成生物　28
化学合成独立栄養微生物　11
化学分類　321
——学　chemotaxonomy　111
——的形質　112
かぎ形構造　71
花器感染　flower infection　274
核外遺伝物質　222
核酸　nucleic acid　370
——関連物質　14
核相　137
殻皮　288
隔壁孔キャップ　septal pore cap　60
核帽　nuclear cap　83
仮根　rhizoid　57
——状菌糸体　rhizomycelium　198
仮根　rhizine　309,310
傘　284,287,口絵 7
かすがい連結　clamp connection　60,263
褐色腐朽　brown rot　160
——菌類　285
活性汚泥　337,350
滑走運動　189
活物栄養　biotrophy　161
カビ　moulds, molds　30
——毒　110,228
カルボキシソーム　340
カルモ様スーパーファミリー　380
カロテノイド色素　338
桿菌　347
管孔　290,口絵 7
環状 AMP（cAMP）　175
管状小毛　tubular hairs　26
管状クリステ　172
完生型　eu-form　96,277
貫生伸長　percurrent proliferation　90
冠毛細胞　262,口絵 4

キ

偽隔壁　pseudoseptum　299
偽気菌糸　351
基脚部　foot　250
気菌糸　349
偽菌類　pseudofungi　48,51,104,108
擬根　310
キサントン　xanthone　315
基質嗜好性　8
基質上の菌類遷移　substratum succession
165
偽子嚢殻　psendothecium　256,口絵 5
——形成菌類　pseudothecial fungi　256
擬子嚢殻　pseudothecium　313
擬子柄　口絵 8
擬似有性　parasexuality　141
——生活環　parasexual life cycle　92,95
——的組換え　parasexual recombination
95
寄生　parasitism　8
基生菌糸　350
偽側糸（pseudoparaphysis）型　257
キチン　102,112,130
——合成酵素　130
——質菌類　103
——シンターゼ　103
——生合成　102
基底菌糸　351
キトサン　102
キネトソーム（鞭毛基）　200
キノコ　mushrooms, toadstools　30,76,263
キノン系　326
——の進化　330
キノン類　115,322
偽盃点　pseudocyphellae　312,口絵 8
偽変形体　174
基本体　285
キャヴァリエ-スミスの説　47
逆転写酵素関連遺伝子　383
キャプシド　capsid　370
吸器　haustorium　58,250,274
求基的　basipetal　90
球菌　347
吸収型　19

求頂的　acropetal　89
休眠細胞　340
休眠胞子嚢　resting sporangium　63,201
共進化　144,155
共生　symbiosis　8,31,169,308
——菌類　mycobionts　209,308
——細菌　364
——藻類　photobionts　308
凝乳酵素（レンネット）　208
極限環境　8,169
局部感染　local infection　274
巨大細菌　364,口絵 1
極管　polar tube　56
菌芽　genma　193
菌核　sclerotium, sclerotia　58,91,350
——状子嚢果　sclerotioid ascoma　69
菌学　mycology　31
菌寄生菌　209
菌根　mycorrhiza　31,58,159,169,口絵 3,口絵 7
——化　159
——菌類　169,285
菌糸　hypha　57
——細胞　58
——組織　hyphal tissue；texture　253
——体　mycelium　57,274
——時代　13
——の隔壁　septum　59
菌足　hyphodium　58
菌体生産　15
菌体糖組成　112,350
近隣結合法　neighbor-joining method　260,389
菌類　fungi, fungus　3,30
——化石　41
——近縁説　56
——ゲノム解析プロジェクト　134
——集団　138
——遷移パターン　166
——全ゲノム塩基配列　121
——における生命の樹アセンブル　Assembling the Fungal Tree of Life, AFTOL　42
——の種概念　41
——の生活史　57
——の分岐年代　53,55
——の葉状体（栄養体）　57
——分子系統分類学　fungal molecular systematics　37
——連合群　The union Fungi　48

ク

クギヌキ型　206
組換え　recombination　378
——DNA 技術　15
クラウン生物群　crown group　181
グラスエンドファイト　grass endophytes　145,152
グラム染色　333,334,346
クランプ　clamp　60
クリステ　223
クリプトコックス症　cryptococcosis　273
グルカン　102,112
グルタミン酸生産株　347
グルタミン酸発酵　13
クレイド　293
グレオシスチジア　292
グレバ　gleba　285
黒穂胞子　smut spore, ustospore, ustilospore　76,274
グロリン　glorin　175
クロロフィル *a*　26,340
クロロフィル *c*　26
クロロフィル *d*　341,365
クローン　142
——性　146
群体　340,344

ケ

形成菌糸　generative hypha　284
形態進化　293
系統樹　dendrogram, phylogenetic tree　18
茎葉体　cormus　31
結核　3
欠失　deletion　125,386
ゲノム構成　380
ゲノム構造　379
ゲノム微生物学　3
ケモシンドローム　chemosyndrome　315
ケモスタット培養　359
原核細胞　procaryotic cell　5,21
原核(微)生物　3,324,331,340
幻覚を起こすキノコ　hallucinogenic fungi　264
嫌気呼吸発酵　10

原始子嚢菌類　78
減数胞子嚢　53,263
原生子嚢　prototunicate ascus　313
原生タフリナ　Prototaphrina　45
原生担子器　76
原生動物　3
——起源説　44
原生壁子嚢　proto-tunicate ascus　72
ゲンタマイシン　351

コ

好気的酸化反応　10
孔口　ostiole　239,241
光合成　10,12,340
——型　18
——細菌　365
——色素　340
——システム　344
——従属栄養微生物　11
——生物　3
——独立栄養(微)生物　9,344
抗酸菌　322
麴菌　259
高脂血症治療薬　109
高水圧　28
後生細菌　Metabacteria　5
高性能複合顕微鏡　35
抗生物質　14
——生産工業　13
酵素　15
後担子器　metabasidium　75
膠着菌糸　binding hypha　284
高等菌類の起源　53
高等菌類の独立起源説　46
交配型(の)分化　139,143
厚壁胞子　chlamydospore　81,90,263,口絵 3
酵母　yeasts　13,30,222
——細胞　59,70
——時代　13
——の栄養体（葉状体）　58
——様菌類　yeast-like fungi　222
剛毛体　292
小型菌核　bulbil　91,口絵 8
呼吸　10,12
——欠損変異株　223
——鎖　322
国際 DNA データベース　376
国際ウイルス分類委員会　International Committee on Taxonomy of Viruses, ICTV 374
国際細菌命名規約　321,343
国際植物命名規約　343
黒色酵母　black yeast　256
古細菌　3
固着地衣類　309,口絵 8
骨格菌糸　skeletal hypha　284,289
ゴルジ体　5
コレラ　3
コロニー　口絵 6
根状菌糸束　rhizomorph　58,285
ゴンドワナ起源　306
ゴンドワナ大陸　155
ゴンドワナ要素　145

サ

細菌　3
——学名承認リスト　approved lists of bacterial names　321
——殺虫剤　355
——分類学　318
最節約系統樹　155
最適生育温度　9
細胞構造　24
細胞小器官　5
細胞体制　21
細胞内共生　56
——説　20
細胞内膜系（ICM）　口絵 1
細胞壁　101
——ジアミノ酸　351
——組成　47,51,112,322
——ペプチドグリカン　351
細毛体　180
最尤法　maximum likelihood method　342, 389
酢酸-マロン酸系　314
サッカルド体系　33
サッカルドの胞子グループ　34
殺生栄養(殺死体栄養)　necrotrophy　161, 192
サテライト RNA　385
さび胞子　aeciospore　96,277,口絵 6
——ステージ　99
——世代　277

——堆　aecium　96,277,口絵 6
鞘　343
サラチン酸　口絵 8
三菌糸型　trimitic　285,287
酸素発生型光合成　12
酸素非発生型光合成　12

シ

シアネル（チアネル）cyanelle　25
シアノフィシン　340
ジアミノピメリン酸　*meso*-DAP　334
——経路（DAP 経路）　107
ジェネット　genet　138
子器　311,口絵 8
色素　14
シキミ酸経路　108
シキム酸系　314
子宮形子嚢殻　hysterothecium　313
軸糸　21
資源単位拘束性　resource-unit restriction　164
嗜好性　preference　163
子座　stroma　58,239,口絵 4
脂質顆粒　200
子実層　hymenium　72,263,284,287,口絵 4,口絵 5
——托　hymenophora　284,287
子実体　口絵 2,口絵 5,口絵 6
——形成菌糸層　subiculum　口絵 5
シスト　213
雌性配偶子嚢　193
自然淘汰　390
自然分類体系　natural system　307
時代　277
至適 pH　9
シトリニン　口絵 4
シナプトネマ構造　synaptonemal complex　174,186
子嚢　ascus　67,口絵 4,口絵 5
——果　ascoma　67,口絵 5
——中心体　ascocarp centrum　249
——内菌糸組織　hamathecium　239,243,257
——外壁　exotunica　73
——殻　perithecium　69,239,口絵 4
——形成菌類　perithecial fungi　74,239
——菌類の化石　125
——菌類の進化　74
——形成過程　71
——子座　70,296
——時代　35
——植物　ascophytes　46
——地衣類　308,312
——内壁　endotunica　73
——盤　apothecium　70,253,254,口絵 5
——形成菌類　apothecial fungi　253
——胞子　ascospore　73,口絵 4,口絵 5
——母細胞　71
子苗感染　seeding infection　274
ジベンゾフラン　dibenzofuran　315
射出性分生子　205,209,212
射出胞子　ballistospore　78,口絵 6
——形成酵母群　ballistospore-forming yeasts　271
雌雄異株　dioecious　250
汁管菌糸　289
集合種　aggregate species　151
周糸　periphysis　243
周糸状体　periphysoid　241
——型　257
自由生活　21
収束進化　304
雌雄同株　monoecious　250
修復機能　387
収斂進化　304
宿主転換　157
宿主特異性　host specificity　157,162,250
宿主範囲　host range　374
樹枝状菌根　口絵 3
樹枝状体　arbuscule　209
樹枝状地衣類　309,口絵 8
受精毛　receptive hypha, trichogyne　279
出芽痕　102
出芽胞子　口絵 4
シュードムレイン　358
種の概念　species concept　331
種分化　293
純粋培養法　35
硝化　10,11
消化型　19
条件的殺生栄養腐生菌類　166
条件的腐生栄養殺生栄養菌類　166
小サブユニットリボソーム RNA　SSU rRNA　22

症状　clinical symptom　374
小生型　micro-form　96,98
小生子　sporidium　271,274
醸造・発酵食品工業　31
小担子器　basidiole, basidiolum　284
小児麻痺　口絵 1
小柄　sterigma　75,263
小房　locule　70,256
小胞子嚢　sporangiolum　85,口絵 3
　——性　ascolocular　313
　　——地衣類　314
小胞体　endoplasmic reticulum　5
常緑樹寄生菌類　262
食菌類　161
食作用　20,172
食中毒　367
植物遺体　166
植物ウイルス　380
植物病原菌類　163
ショットガンシークエンス　362
シリア　cilia　310
深海環境　28
真核細胞　eucaryotic cell　5,21
真核生物ドメイン　320
真核微生物　3
進化系統樹　389
進化速度（v）　122,389
進化的距離　evolutionary distance　388
真菌症　228,232
神経毒　354
針状分生子　297
“真正の”分生子　204
シンネマ　synnemata　350
“真の”菌類　21,48,51,56,107
シンポジオ型　90,口絵 8

ス

髄層　309
水分活性　water activity, Aw　9
すす病　256,口絵 5
ステージ　stage　96
ストレプトマイシン　口絵 1
スーパーファミリー　380
スフィンゴ糖脂質　334
スポロクラジア　sporocladium　85

セ

生活環　life cycle　57,92,93
生活史　life history　92
制限酵素　363
制限断片長多型　40
精子　spermatium　96,277
　——器　spermogonium　96,277
　——ステージ　99
　——世代　279
生殖隔離機構　139
生殖菌糸　292
生態進化　326
生態的多様度　7
性的ヘテロカリオン型　206
正二十面体粒子　372
生命の起源　326
生卵器　193,口絵 2
生理活性物質　13,14
ゼオリン　zeorin　315
世代　stage　277
石灰　180
接合枝　zygophore　65,205
接合胞子　zygospore　64,口絵 3
接合様式　65
絶対寄生菌類　250,262,276
絶対嫌気性微生物　12
絶対好気性微生物　12
絶対的寄生菌類　obligate parasites　162,196
セファロスポリン生合成経路　109
セルロース　104
　——質菌類　103
　——分解菌類　160
前菌糸　274
　——体　promycelium　271
全実性　holocarpic　59,82,192,199
前進発生型　90
前担子器　probasidium　75
先端成長　apical growth　57
線虫捕捉器官　58
セントラルドグマ　324,383
繊毛　口絵 1

ソ

相　277
造精器　193,口絵 2
層生子嚢性　ascohymenial　313

相同性検索　132
挿入　insertion　125,386
造嚢糸　ascogenous hypha　71
草本寄生菌類　262
藻類起源説　43
藻類層　309
側系統群　155
側糸　paraphysis, paraphyses　239,313
側糸状体（paraphysoid）型　257
束状分生子柄　296
祖先型真核生物　329
ソロシスト　sorocyst　172

タ

対応進化　corresponding evolution　144
体細胞接合　199
大サブユニット rRNA　37
代謝活性　7
大腸菌 K 12　333
大腸菌 O 157：H 7　333
多核管状体　204
多極型　90
托　receptacle　250
——外皮層　ectal excipulum　253
——髄層　medulary excepulum　253
——組織　253,口絵 5
多型的生活環　pleomorphic life cycle　216
多細胞　7
——性星形分生子　299
——分生子　297
多重置換　multiple substitution　388
多心性　polycentric　82,190
脱窒　10,11
多犯性種　195
多胞子性胞子嚢　213,口絵 3
たる形孔隔壁　dolipore septum　60
単極型　90
単系統群　293
単細胞　7
——分生子　297
弾糸　291
担子器　basidium　75,263,274,277
——果　basidioma　75,口絵 6
——植物　basidiophytes　46
担子地衣類　308
単室担子器　77
担子胞子　basidiospore　75,77,96,263,274,277
単純形分生子　297
単純孔隔壁　simple pore septum　60
単純造精器型　simple antheridium　250
単心性　monocentric　82,190
炭水化物　101
短生型　brachy-form　96,277
短世代型　microcyclic　278
単相時代　13
炭素循環　10
炭疽病　3
タンパク質　104
単列性糸状体　345

チ

地衣化菌類　308
地衣構成盤菌類　255
地衣成分　314
地衣体　lichen thallus　31,58,308,309
地衣類の系統　55
地下生子嚢菌類　235
地下性のキノコ　157
置換型地衣成分　315
置換速度　136
地質年代　327
窒素固定　10,11
——能　353
窒素循環　10
中温性　mesophilic　8
柱軸　columella　85
中心教義　324
虫生菌類　161
中性糖　113
頂環　apical ring, apical annulus　239,245
超好熱性　324
頂生側糸　apical paraphysis　239
長世代型　macrocyclic　277
頂栓　apical plug　245
頂端成長　57
腸内細菌　337
頂嚢　236
直列多室担子器　77
チラコイド　340

ツ

通性光合成従属栄養生物　344
ツボ　288,口絵 7

テ

ディプロビオント（diplobiont）型生活環　94
適応進化　149
デキストリノイド　285
デプシド　depside　314
デプシドン　depsidone　314
テリオスポア　teliospore　267
——形成酵母群　teliospore-forming yeasts　266,273
テレオモルフ　teleomorph　57,92,122,216,295,299,301
電気泳動　113
てんぐ巣　280
天敵農薬　209
点突然変異　122
伝播様式　transmission mode　374
デンプン加水分解酵素　105

ト

糖依存菌類　sugar fungi　208
同義置換　390
同型(形)動配偶子接合　isogamy　63,199
同型配偶子嚢性　homogametangic　65
同種寄生性　autoecious, autoecism　98,278
同種類生型　98
頭状体　cephalodia　310
痘瘡ワクチン　口絵1
冬虫夏草　157,口絵4
動配偶子　planogamete　63
動物ウイルス　380
糖類　14
土壌菌類　166
土壌細菌　337
ド・バリの分類体系　35
ドメイン　5,22,323
——構造　105
——シャフリング　domain shuffling　106
トランスポゾン　125,153
トリコスポア　trichospore　91,213,215,口絵3
トリコーム　345

ナ

内生型　endo-form　96
内生菌根　159
内生菌類　153,166
内生分芽型　89
内生分節型　87,口絵8
内生鞭毛　21
内生胞子　343,353
夏胞子　urediniospore　96,277,口絵6
——ステージ　99
——世代　277
——堆　uredinium　96,277

ニ

二塩基アミノ酸　334
二核化　dikaryotization　279
二核性　dikaryotic　60
——菌糸体　94
二核相　dicaryon　94
——時代　13
二菌糸型　dimitic　284,287
二形性　102
二元的分類体系　dual system　307
二細胞分生子　297
二次代謝産物　109
二重壁子嚢　bitunicate acsus　72,74,78,256,313
二名法　binomial nomenclature　16,33
乳酸発酵　13
ニレ萎凋病　Dutch elm disease　150

ネ

熱水環境　324
熱水噴出孔　366

ノ

嚢状体　vesicule　209
嚢状体（シスチジア）cystidium　263,284

ハ

バイオテクノロジー　31
バイオマット（微生物被膜）　326
配偶子　gamete　63
——嚢　gametangium　63,口絵3
——接合　gametangial conjugation　193,199
——接着　gametangial contact　193
背着生　287
盃点　cyphellae　312
ハウストリア　haustoria　310

白色腐朽　white rot　160,292
——菌類　285
バクテリアドメイン　Domain Bacteria　5, 320
バクテリアルセルロース　104
バクテリオクロロフィル　336,365
バクテリオクロロフィル g　354
バクテリオファージ　333
バクテリオロドプシン　361
波状足　undulipodia　20
バソジック型　89
裸の子嚢　219
バチトラシン　355
発芽孔　germ pore　73,243
発芽溝　germ slit　73
発酵　12
——・醸造工業　228
ハプロビオント（haplobiont）型生活環　93
パルスフィールドゲル電気泳動（PFGE） 367
パレントソーム　parenthosome　60
バンコマイシン　350
板状クリステ　172

ヒ

非アミロイド　285
——性　72,239
皮下子座　hypostroma　296
非形成型　258
非光合成生物　4
ピコルナ様スーパーファミリー　380
微細藻類　3
微細プランクトン　362
被子器　perithecium　313,口絵 8
被実性　angiocarpic, angiocarpous　76
微小管　microtubule　6
微小菌類　microscopic fungi, microfungi　30
微小動物　animalcules　2
皮層　309
ヒダ　288,口絵 7
ビタミン　14
非地衣化菌類　309
びっくり箱式子嚢　Jack-in-the-box ascus 73
非病原性ウイルス　371
皮膚糸状菌類　232
被膜嚢（シスト）　190
ヒューレ細胞　Hülle cell　237
病原細菌　337,367
病原(性)酵母　135,224
病原体　pathogen　3,367,370
日和見感染　149
——菌　349,356
——症　208

フ

フィアライド　phialide　90,237
フィアロ型　口絵 8
——分生子　235
フィコエリトリン　340
フィコシアニン　340
フィコビリソーム　340
フィコビリン　340
部位特異性　250
フェニルアラニン　108
深い菌糸　Deep Hypha　42
付加型地衣成分　315
不完全菌類　307
不完全地衣類　308
複合造精器型　compound antheridium　250
複製エラー　replication error　379
複製酵素　380
腐植分解菌類　285
腐生　saprophytism　8
——栄養　saprotrophy　161
——菌　12
——類　163,285
付属糸　appendage　91,260,口絵 3
プチ　petite　223
付着器　appresorium　58
付着器　holdfast　213,口絵 3
不定隔壁　59
不動精子　spermatium　250
不動胞子　204
冬胞子　teliospore　96,277,口絵 6
——ステージ　99
——世代　279
——堆　telium　96,277
ブラスト型　89,口絵 8
プラスミド（核外遺伝子）　15,153
プルヴィン酸　315
プルーフリーディング　387
プロテオーム　134
粉芽　312

粉塊状子実体　mazaedium　232
分芽型　89
分子系統学　22
分子系統樹　389
分子系統分類学　22
分子進化　293
——学　22,324
——的手法　molecular evolutionary analysis　374
——の中立説　22
分実性　eucarpic　82,190,192,199
分子時計　22,53,136,305
——仮説　136
分子分類　molecular taxonomy　322
糞生菌類　209
分生子　conidium　81,85,87,263,口絵3,口絵4,口絵8
——果　296
——殻　pycnidium　245,296,312
——形成構造体　conidiogenous structure 230,237
——形成細胞　conidiogenous cell　90,297
——個体発生様式　conidium ontogeny　87
——時代　35
——層　acervulus　296
——柄　conidiophore　296
分生子（粉子）　313
分節　segment　379
——型　87,口絵8
——分生子　232
——胞子　arthrospore　91,215,351,口絵3
——嚢　merosporangium　85
——形成群　205
粉胞子器　pycnidium　245
分類階級　16
分裂子　oidium　263

ヘ

平行進化　293
閉子嚢殻　67,227,262,口絵4
——型　cleistothecial　239
——形成菌類　74
並列多室担子器　77
ベオサイト　beocyte　343
ベクター　15,383
ヘテロカリオン　heterokaryon　60,141
ヘテロタリック型　heterothallic type　139
ヘテロタリック種　口絵3
ヘテロ発酵　355
ペニシリウム症　penicilliosis　228
ペニシリン　109
ペプチドグリカン　321,348
——層　344,346
ペプチド鎖伸長因子　elongation factor 323,358
変異体　mutant　379
——ウイルス　386
変形体　plasmodium　174,179,186
鞭毛　6,20,21,口絵1,口絵2
——菌類　flagellated fungi　51

ホ

胞子塊　口絵6
胞子グループ　spore groups　34
胞子堆　274,279
胞子嚢　sporangium　85,193,350,口絵3
——形成群　205
——柄　sporangiophore　85
——胞子　81,85,213,215
放線菌　3,13,346,口絵1
補酵素　14
星形分生子　297
ホスホフルクトキナーゼ　PFK　104,106,107
ホーチマイシン　351
ボツリヌス中毒　354
ホモカリオン　homokaryon　60
ホモタリック型　homothallic type　139
ホモ発酵　355
ホヤ類の被嚢　tunic, test　104
ポリエーテル系抗生物質　352
ポリケタイド合成系　110
ポリミキシン　355
ポリメラーゼ連鎖反応　polymerase chain reaction　22,40
ポリリン酸　340
ホールドファスト　口絵3
ポロ型　89
——分生子　89
ホロモルフ　holomorph　92
——会議　Holomorph Conference　306

マ

マイコトキシン　mycotoxin　109,228
マスチゴネマ　mastigonema　26

マズラ足　352
マリアナ海溝　口絵 1
マールブルク病　392
マンナン　112

ミ

ミクロボディ　microbody　59
ミクロボディ-脂質(小球)粒複合体　microbody-lipid globule complex (MLC)　83,200
ミコール酸　348
ミトコンドリア　5,20,21,56,329,336

ム

無機栄養細菌　329
無性生活環　asexual life cycle　92,95
無性生殖　192,199,204
無性繁殖　140
無性胞子　35,90,91
むち形鞭毛　63,188,198
無柄（sessile）子嚢盤　253
無弁型　inoperculate　239
無弁子嚢　inoperculate ascus　72,253
ムラミン酸　371

メ

メタン発酵　361
メトレ　237
メナキノン　115,330,338,348
メバロチン　109
メバロン酸系　314
メルツァー試薬　Melzer's reagent　72,254,285
免疫系　immune system　379
免疫抑制剤　FK 506　109

モ

網状構造　ectoplasmic network　188
木材腐朽菌類　285
モデル生物　132,135
モモ縮葉病　70,219,口絵 4
紋枯病　283

ユ

遊泳細胞　202
有機酸　14
有機態硫黄　10
融合　anastomosis　57
有性生活環　sexual life cycle　92,93
有性生殖　139,193,199
——器官　63
雄性配偶子嚢　193
有性胞子　35
遊走子　zoospore　81,186,188,190,191,199,200,口絵 2
——嚢　zoosporangium　82,190,192,199,口絵 2
有柄（stipitate）子嚢盤　253
有柄分生子　口絵 6
有弁　operculate　83
——子嚢　operculate ascus　72,253
有用酵素　13
有用物質　14
ユビキノン　115,327,329,336
——系　115,116,237

ヨ

溶剤　14
葉状仮足　172
葉状体　thallus　7,31,57
葉状地衣類　309,口絵 8
葉緑体　5,21,329,341

ラ

落葉（リーフリター）　165
——枝分解菌類　285
裸子器　apothecium　313,口絵 8
裸実性　gymnocarpic, gymnocarpous　76
裸子嚢殻　gymnothecium　67
裸生子嚢　74
ラッサ熱　392
卵球　oosphere　64,195
卵子生殖　oogamy　64,199
卵胞子　oospore　64
ランポソーム　rumposome　83

リ

リアルタイム PCR　362
リグニン　160,285
——分解菌類　292
リジン　46
——生合成　47,107,127
——経路　51,129,190
リソソーム　risosome　5

リター生息微小菌類　167
リピドA　333
リファマイシン　350
リーフリター生息菌類　166
リポ多糖　333
リボヌクレアーゼ T_1 消化物　323
硫酸還元反応　10
リレラ状子器　313
鱗片　288

ル

類生型　opsis-form　96,277
類（生）世代型　demicyclic　277
ルーメン　350,361

レ

裂芽　312
裂開壁子嚢　fissitunicate ascus　73
レトロトランスポゾン　retrotransposon　383
レトロポゾン　125
連鎖球菌性疾患　355
連鎖体　343

ロ

ロドキノン　330

監修者 紹介

岩槻邦男（いわつき くにお）

1934年　兵庫県に生まれる　　1963年　京都大学大学院理学研究科博士課程修了
京都大学教授，東京大学教授，立教大学教授，放送大学教授を経て，
現　在　兵庫県立人と自然の博物館長　理学博士
主　著　『多様性の生物学』（岩波書店），『シダ植物の自然史』（東京大学出版会），『文明が育てた植物たち』（東京大学出版会），『日本の野生植物　シダ』（平凡社），ほか

主な研究分野はシダ植物の系統分類学，東アジアおよび東南アジア植物相，保全生物学．シダ植物を通じて生物多様性を，可能な限りの解析手法を用いて広く形質を探り，ナチュラルヒストリーの視点で生きているとはどういうことかを統合的に追究しようとする．

馬渡峻輔（まわたり しゅんすけ）

1946年　東京都に生まれる　　1974年　北海道大学大学院理学研究科博士課程修了
現　在　北海道大学理学研究科教授　理学博士
主　著　『動物分類学の論理』（東京大学出版会），『動物の自然史』（編著，北海道大学図書刊行会），『原色検索日本海岸動物図鑑』（共著，保育社），ほか

主な研究分野は水棲無脊椎動物の分類学．付着性汚損生物のコケムシ類（触手動物）やヒドロ虫類（刺胞動物）のほか，甲殻類（節足動物）や多毛類および貧毛類（環形動物）など，様々な動物群に関する分類学的研究を行っている．

編集者 紹介

杉山純多（すぎやま じゅんた）

（第I部，第II部2，4，6章，第III部10-2，10-3•1，11-1，分類表（広義の菌類）ならびに口絵担当）

1939年　東京都に生まれる　　1969年　東京大学大学院理学系研究科博士課程修了
三菱化成工業（株）総合研究所主任研究員，東京大学分子細胞生物学研究所教授を経て，
現　在　（株）テクノスルガ・ラボ 東京事務所 学術顧問，東京大学名誉教授　理学博士
主　著　“Pleomorphic Fungi：The Diversity and Its Taxonomic Implications”（編著，Kodansha, Tokyo and Elsevier, Amsterdam），『図解 微生物学ハンドブック』（共編著，丸善），『新版 微生物学実験法』（共編著，講談社），『微生物学キーノート』（共訳，シュプリンガー・フェアラーク東京）ほか

主な研究分野は菌類系統分類学・微生物系統分類学．特に菌類の類縁・系統・進化などの研究をしている．

執筆者 紹介

安藤勝彦（あんどう かつひこ）（第II部3，4章，第III部10-3•3，10-3•4，10-3•5および12章担当）

1953年　静岡県に生まれる　1981年　筑波大学農林学系農学研究科博士課程修了
現　在　製品評価技術基盤機構（NITE）バイオテクノロジー本部生物遺伝資源開発部門部門長　農学博士
主　著　『不完全菌類図説』（共著，アイピーシー），『コーワン微生物分類用語辞典』（共訳，学会出版センター），『新版 微生物学実験法』（共著，講談社），ほか
主な研究分野は菌類系統分類学．特に不完全菌の多様性研究，および菌類生態学．最近では特に熱帯産菌類の生態学的研究を行っている．

北本勝ひこ（きたもと かつひこ）（第II部5章，コラム3担当）

1950年　神奈川県に生まれる　1972年　東京大学農学部農芸化学科卒業
現　在　東京大学大学院農学生命科学研究科教授　農学博士
主　著　『バイオテクノロジーのための基礎分子生物学』（共著，化学同人），『分子麹菌学』（共著，日本醸造協会），『酵母からのチャレンジ』（共著，技法堂出版）
主な研究分野は発酵醸造学および微生物生理学．酵母と麹菌の細胞構造について分子レベルで解析するとともに，有用物質生産のための細胞工場としての利用について研究している．

西田洋巳（にしだ ひろみ）（第II部6，7章，第III部10-1担当）

1966年　大阪府に生まれる
1995年　東京大学大学院農学生命科学研究科博士課程修了
現　在　東京大学大学院農学生命科学研究科アグリバイオインフォマティクス人材養成ユニット特任准教授　博士（農学）
主　著　『農芸化学の事典』（共著，朝倉書店），ほか
主な研究分野は進化学，ゲノム科学．

津田盛也（つだ みつや）（第II部8章，コラム10担当）

1939年　京都府に生まれる　1971年　京都大学大学院農学研究科博士課程修了
現　在　京都大学名誉教授　農学博士
主な研究分野は微生物環境制御学．農作物・農林生産物由来素材の菌類加害からの保護，菌類多様性などを網羅的に研究している．

田中千尋（たなか ちひろ）（第II部8章，コラム10担当）

1963年　兵庫県に生まれる　1993年　京都大学大学院農学研究科博士課程修了
現　在　京都大学大学院農学研究科准教授　博士（農学）
主な研究分野は菌類生理遺伝学・分類学．突然変異株を用いた植物病原糸状菌の環境適応メカニズムの研究や，テングタケ属菌の分類・生物地理学的研究をしている．

徳増征二（とくますせいじ）（第II部9章，第III部5〜8章担当）

1945年　群馬県に生まれる　　1973年　東京教育大学大学院理学研究科博士課程修了
現　在　筑波大学大学院生命環境科学研究科教授　理学博士
主　著　『新・土と微生物（6）』（共著，博友社），『不完全菌類図説』（共著，アイピーシー），『菌類研究法』（共著，共立出版），ほか
主な研究分野は菌類の系統分類学，生態学．微小菌類の地理的分布や種分化などについて研究している．

萩原博光（はぎわらひろみつ）（第III部1〜4章担当）

1945年　群馬県に生まれる
1970年　北海道大学大学院農学研究科修士課程1年単位修得後退学
現　在　国立科学博物館名誉研究員　農学博士
主　著　『森の魔術師たち—変形菌の華麗な世界—』（共著，朝日新聞社），『日本変形菌類図鑑』（共著，平凡社），『変形菌の世界』（国立科学博物館）
主な研究分野は細胞性粘菌の分類学．日本ばかりでなくヒマラヤなどの高山における細胞性粘菌の垂直分布も調査している．

三川　隆（みかわたかし）（第III部9章担当）

1946年　北海道に生まれる　　1977年　東京教育大学大学院理学研究科博士課程修了
現　在　三菱化学メディエンス感染症検査部次長　理学博士
主　著　『図解 微生物学ハンドブック』（共著，丸善），『植物病理学事典』（共著，養賢堂），『新版　微生物学実験法』（共著，講談社），『生物薬科学実験講座 XIII 抗生物質』（共著，廣川書店）
主な研究分野は下等菌類の系統分類学．最近では医真菌の分子系統解析などについて研究している．

土居祥兌（どいよしみち）（第III部10-3•2担当）

1939年　京都府に生まれる　　1965年　京都大学大学院農学研究科修士課程中退
現　在　菌学教育研究会主宰　理学博士
主　著　『キノコ・カビの生態と観察　増補改訂版』（築地書館）
主な研究分野は子嚢菌門核菌類ボタンタケ目ボタンタケ科の分類学的研究．まだ半数以上の種名が明らかになっていないと考えられる日本産菌類の種名を，菌学教育研究会の活動を中心に，できるだけ早く明らかにすることを定年以降の活動目標としている．

柿嶌　眞（かきしままこと）（第III部11-2，11-3•1担当）

1949年　長野県に生まれる　　1974年　東京教育大学大学院農学研究科修士課程修了
現　在　筑波大学大学院生命環境科学研究科教授　農学博士
主　著　『The Rust Flora of Japan』（共著，筑波出版会），『植物病原菌類図説』（共著，全国農村教育協会）
主な研究分野は植物に寄生・共生する担子菌類の分類学．形態学的および生態学的特徴や分類・系統学的位置づけについて研究を行っている．

根田　仁（第III部11-3•2担当）

1957年　東京都に生まれる　1980年　東京大学農学部林学科卒業
現　在　森林総合研究所きのこ・微生物研究領域チーム長　博士（農学）
主　著　『きのこの増殖と育種』（共著，農業図書），『植物病原菌類図説』（共著，全国農村教育協会），ほか
主な研究分野はきのこの分類学．基準標本およびDNAをもとに研究している．

柏谷博之（第III部13章担当）

1944年　兵庫県に生まれる　1972年　広島大学大学院理学研究科博士課程修了
現　在　国立科学博物館名誉研究員　理学博士
主　著　『多様性の植物学』（共著，東京大学出版会）
主な研究分野は地衣類の系統分類学．

横田　明（第IV部10-1，10-4，10-5，コラム11ならびに分類表（広義の細菌類）担当）

1947年　福島県に生まれる　1971年　九州大学大学院農学研究科修士課程修了
現　在　東京大学分子細胞生物学研究所准教授　農学博士
主　著　『微生物の分類・同定実験法』（共著，シュプリンガー・フェアラーク東京），『応用微生物学』（共著，朝倉書店），『放線菌の分類と同定』（共著，日本学会事務センター），『新版 微生物学実験法（共著，講談社）』，ほか
主な研究分野は細菌系統分類学．グラム陽性細菌，グラム陰性細菌，シアノバクテリアの系統分類について研究している．

平石　明（第IV部10-2，10-3，10-6，コラム12，13担当）

1951年　福岡県に生まれる
1985年　東京都立大学大学院理学研究科博士課程満期退学
現　在　豊橋技術科学大学エコロジー工学系教授　理学博士
主　著　『エコテクノロジー入門』（共著，朝倉書店），『微生物の分類・同定実験法』（編著，シュプリンガー・フェアラーク東京）
主な研究分野は，微生物生態学，微生物を利用した環境バイオテクノロジー．

花田耕介（第V部11章，コラム15ならびに分類表（ウイルス）担当）

1973年　福岡県に生まれる
2003年　総合研究大学院大学生命科学研究科博士課程修了
現　在　理化学研究所植物科学研究センター研究員　理学博士
主　著　『生命情報学キーノート』（共訳，シュプリンガー・フェアラーク東京）
主な研究分野は，分子進化学．様々な生物を用いて自然選択の研究および，ウイルスを介した遺伝重複または水平移行の研究を行っている．

五條堀　孝（ごじょうぼり たかし）（第V部11章，コラム15ならびに分類表（ウイルス）担当）

1951年　福岡県に生まれる　　1979年　九州大学大学院理学研究科博士課程修了
現　在　国立遺伝学研究所副所長 生命情報・DDBJ研究センターセンター長・教授，総合研究大学院大学生命科学研究科教授（併）　理学博士
主　著『人間は生命を創れるか—進化学のあゆみと未来—』（丸善，1995），ほか
主な研究分野は分子進化学，情報生物学．

能木裕一（のぎ ゆういち）（コラム1担当）

1957年　神奈川県に生まれる
1983年　日本大学大学院農学科農芸化学専攻修士課程修了
現　在　海洋研究開発機構極限環境生物圏研究センターグループリーダー　農学博士
主な研究分野は深海微生物の系統分類．好圧性細菌，好冷性細菌を中心に幅広く深海環境に生育する細菌の研究を行っている．

田辺雄彦（たなべ ゆうひこ）（コラム2担当）

1972年　東京都に生まれる
2001年　東京大学大学院農学生命科学研究科博士課程単位取得退学
現　在　国立環境研究所ポストドクトラルフェロー　博士（農学）
主な研究分野は接合菌類の分子系統学・分子進化学，有毒シアノバクテリアの生物地理学・集団遺伝学．

春日孝夫（かすが たかお）（コラム4担当）

1966年　東京都に生まれる
1995年　アバディーン大学分子細胞学部遺伝学科博士課程修了
現　在　カリフォルニア大学デービス校，米農務省主任研究官　Ph. D.
主な研究分野は菌類の進化学．集団遺伝学，ゲノムおよび遺伝子発現解析を用いて研究している．

瀬戸口浩彰（せとぐち ひろあき）（コラム5担当）

1962年　東京都に生まれる　　1993年　東京大学大学院理学系研究科博士課程修了
現　在　京都大学大学院人間・環境学研究科准教授　博士（理学）
主　著『多様性の植物学』（共著，東京大学出版会），『花の観察学入門』（共著，培風館）
主な研究分野は維管束植物の植物地理学・保全植物学．特に琉球列島や東アジア，南太平洋ならびにゴンドワナ大陸に由来する地域に関心をもって研究している．

深津武馬（ふかつ たけま）（コラム6担当）

1966年　東京都に生まれる　　1994年　東京大学大学院理学系研究科博士課程修了
現　在　産業技術総合研究所生物機能工学研究部門研究グループ長　理学博士
主　著　『アブラムシの生物学』（共著，東京大学出版会），『進化にワクワクする本』（共著，朝日新聞社），『ウォーレス現代生物学（上・下）』（共訳，東京化学同人）
主な研究分野は昆虫類における内部共生微生物の機能，起源，進化に関する研究．生物界における多様な共生・寄生現象について，分子レベルから進化，生態レベルに至る多角的なアプローチからの総合的な解明をめざしている．

小川　眞（おがわ まこと）（コラム7担当）

1937年　京都府に生まれる　　1967年　京都大学大学院農学研究科博士課程修了
現　在　大阪工業大学環境工学科客員教授　農学博士
主　著　『マツタケの生物学』（築地書館），『きのこの自然誌』（築地書館），『菌を通して森を見る』（創文），『作物と土をつなぐ共生微生物』（農文協）
主な研究分野は森林土壌微生物，菌根，炭の農林業利用，地球温暖化対策など．

阿部敬悦（あべ けいえつ）（コラム8担当）

1959年　岩手県に生まれる　　1981年　東北大学農学部農芸化学科卒業
現　在　東北大学大学院農学研究科准教授　農学博士
主　著　『ゲノミクスとプロテオミクスの新展開—生物情報の解析と応用—』（共著，STN出版）
主な研究分野はアスペルギルス属糸状菌の細胞生物学とその産業利用．特にシグナル伝達について，またアスペルギルス属糸状菌の生産する界面活性タンパク質の固液界面での酵素反応促進機能とその産業利用について研究している．

高松　進（たかまつ すすむ）（コラム9担当）

1953年　石川県に生まれる　　1978年　三重大学大学院農学研究科修士課程修了
現　在　三重大学大学院生物資源学研究科教授　農学博士
主　著　『土壌微生物生態学』（共著，朝倉書店）
主な研究分野は植物寄生菌の分子系統学および進化学．うどんこ病菌を主な研究材料とし，宿主植物との共進化および生物地理に注目して研究している．

江崎孝行（えざき たかゆき）（コラム14担当）

1951年　熊本県に生まれる　　1982年　岐阜大学大学院医学系研究科博士課程修了
現　在　岐阜大学大学院医学系研究科教授　医学博士
主　著　"The Prokaryotes"（共著，Springer-Verlag），『難培養微生物研究の最前線』（共著，シーエムシー出版）
主な研究分野は，細菌の系統分類，病原細菌学，細胞内寄生細菌の分子機構，感染症診断，微生物のモニター手法開発．

バイオディバーシティ・シリーズ 4
菌類・細菌・ウイルスの多様性と系統

2005 年 11 月 20 日　第 1 版発行
2009 年 2 月 25 日　第 2 版発行

検印
省略

定価はカバーに表
示してあります.

編者　杉山純多
発行者　吉野和浩
発行所　東京都千代田区四番町 8 番地
電話　03-3262-9166(代)
郵便番号 102-0081
株式会社　裳華房
印刷所　株式会社　真興社
製本所　株式会社　青木製本所

社団法人
自然科学書協会会員

ISBN 978-4-7853-5827-3